光盘导航

光盘界面

案例欣赏

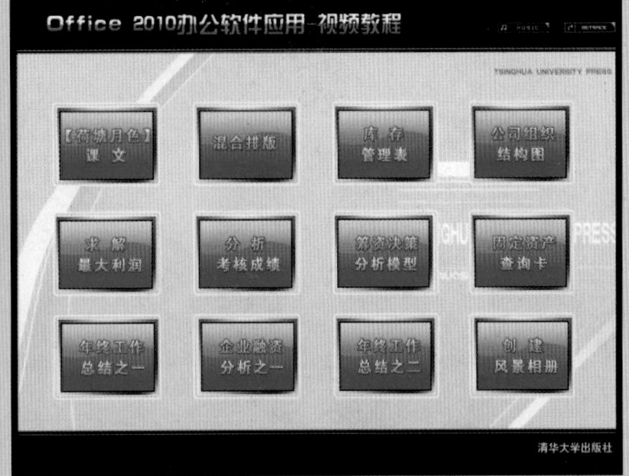

案例欣赏

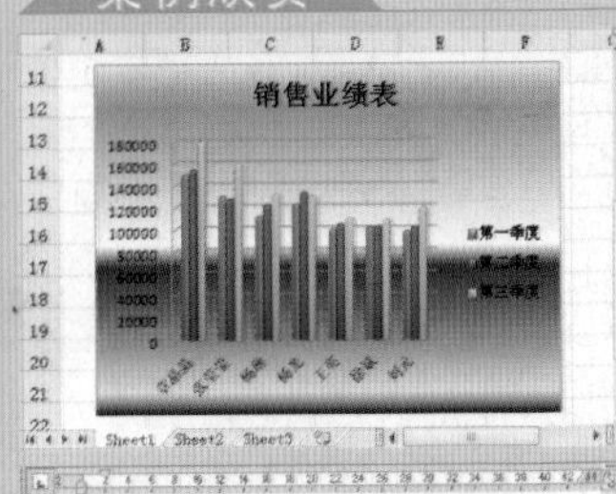

视频文件

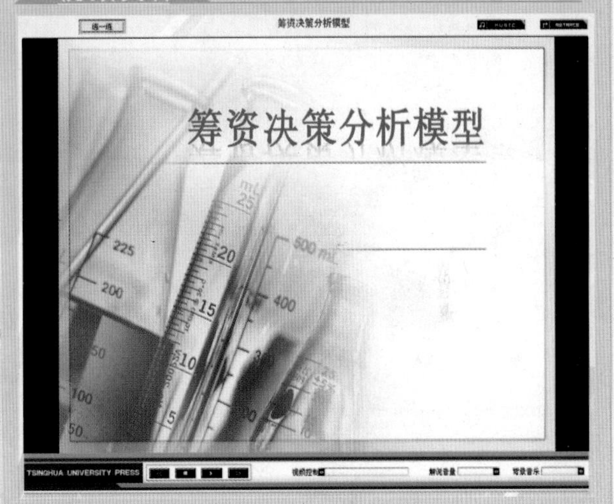

视频文件

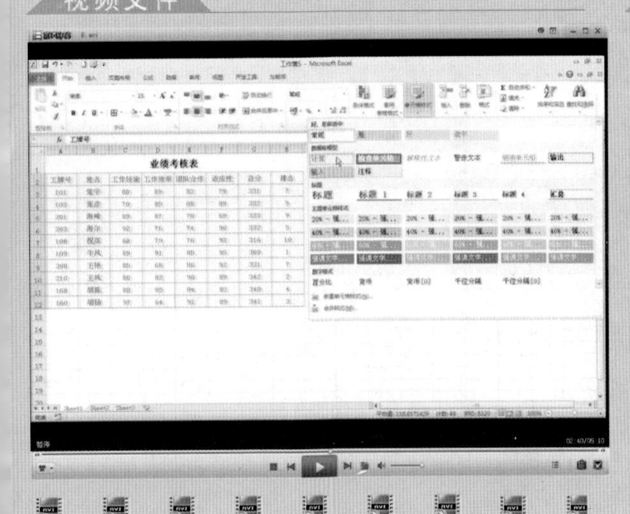

素材下载

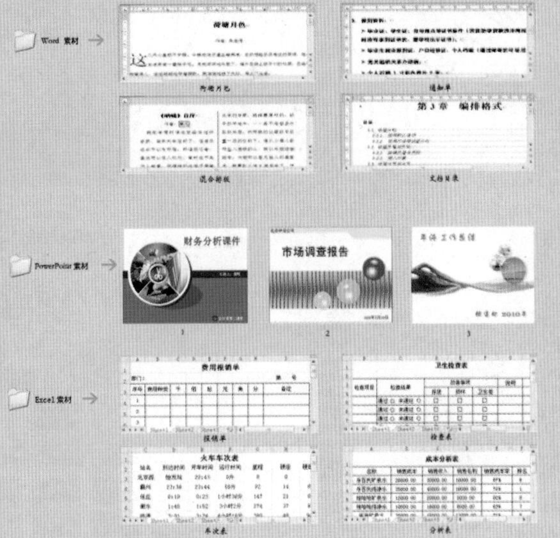

Office 2010 办公软件应用标准教程

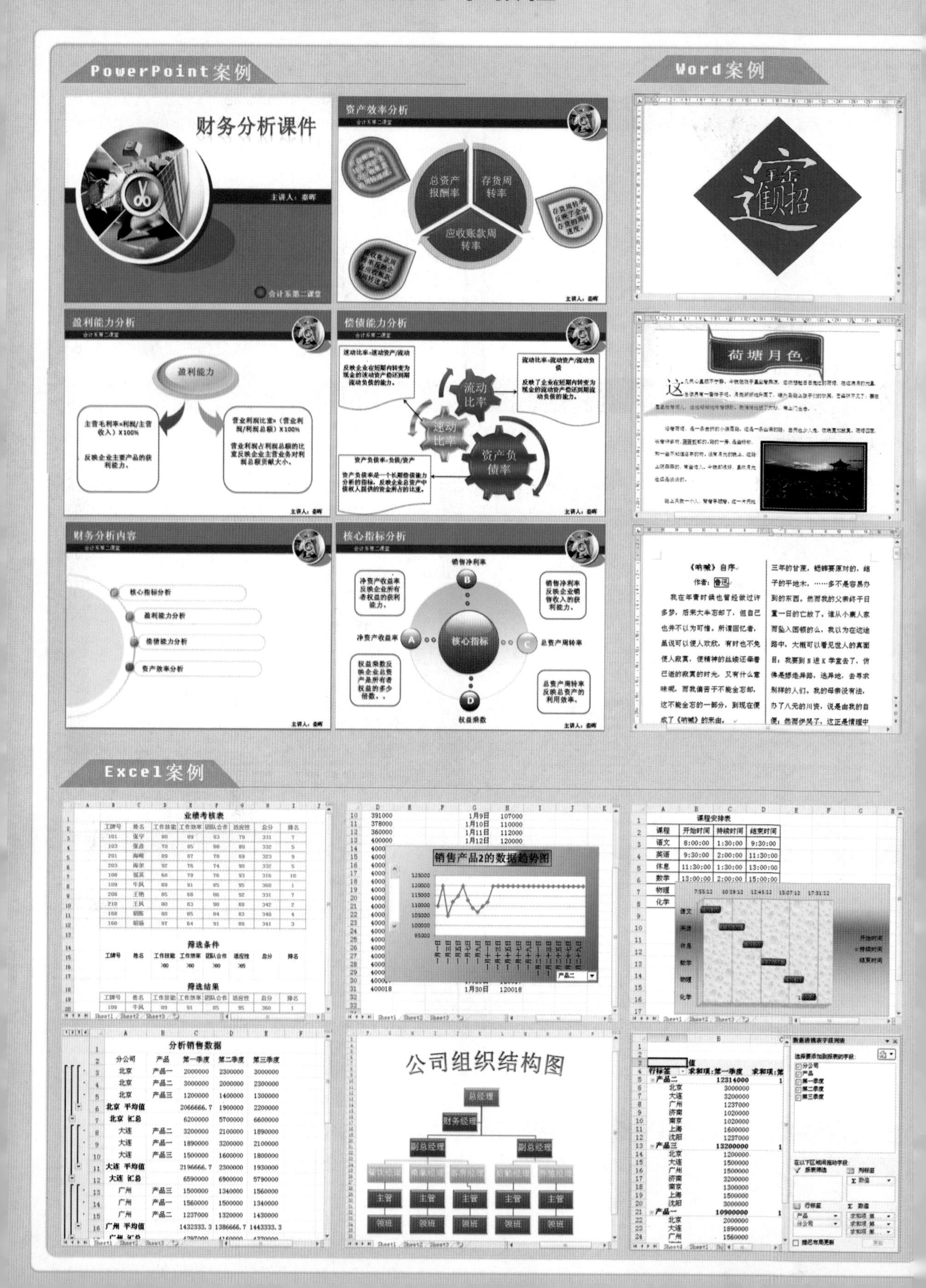

清華 电脑学堂

Office 2010 办公软件应用 标准教程

■ 吴华 兰星 等编著

清华大学出版社
北 京

内 容 简 介

本书系统全面地介绍了使用Office 2010办公应用的基础知识与技巧。全书共分为16章，内容涵盖Word中的编排格式、图文混排、文表混排等内容；Excel中的美化工作表、公式与函数、使用图表、分析数据与高级应用等内容；PowerPoint中的创建和编辑幻灯片、使用表格与图表、设置动画效果与放映与输出等内容。每章均有相应的实验指导及适当的思考与练习，光盘中提供了本书实例中的完整素材文件和配音教学视频文件。

本书适合办公自动化人员、大中院校师生及计算机培训人员使用，同时可作为Office用户的自学参考书。

本书封面贴有清华大学出版社防伪标签，无标签者不得销售。
版权所有，侵权必究。侵权举报电话：010-62782989　13701121933

图书在版编目（CIP）数据

Office 2010办公软件应用标准教程／吴华，兰星等编著．—北京：清华大学出版社，2012.1
（清华电脑学堂）
ISBN 978-7-302-26285-5

Ⅰ．①O…　Ⅱ．①吴…　②兰…　Ⅲ．①办公自动化－应用软件，Office 2010－教材
Ⅳ．TP317.1

中国版本图书馆CIP数据核字（2011）第141696号

责任编辑：冯志强
责任校对：徐俊伟
责任印制：李红英
出版发行：清华大学出版社
http://www.tup.com.cn
社　总　机：010-62770175
投稿与读者服务：010-62795954，jsjjc@tup.tsinghua.edu.cn
质　量　反　馈：010-62772015，zhiliang@tup.tsinghua.edu.cn
地　址：北京清华大学学研大厦A座
邮　编：100084
邮　购：010-62786544
印 刷 者：清华大学印刷厂
装 订 者：三河市溧源装订厂
经　销：全国新华书店
开　本：185×260　印　张：22.5　插　页：1　字　数：565千字
附光盘1张
版　次：2012年1月第1版　印　次：2012年1月第1次印刷
印　数：1～5000
定　价：39.80元

产品编号：042825-01

前　言

Office 2010 是微软公司最新推出的办公自动化软件，也是 Office 产品史上最具创新与革命性的一个版本。其全新设计的用户界面、稳定安全的文件格式、无缝高效的沟通协作等优点深受广大用户的青睐。在 Office 2010 的各组件中，最具有影响力的新增功能，便是由智能显示相关命令的 Ribbon 界面替换了延续多年的传统下拉式菜单，从而给人一种赏心悦目的感觉。

本书从 Office 2010 基础知识和基本操作出发，采用知识点讲解与上机练习相结合的方式，详细介绍 Office 2010 的新增功能及主要组件的使用方法。在本书的每一章中，都结合大量实例，并配合丰富的插图说明，使用户能够迅速上手，轻松掌握功能强大的 Office 2010 在日常生活和办公中的应用。

1. 本书内容介绍

全书系统全面地介绍 Office 2010 的应用知识，每章都提供课堂练习，用来巩固所学知识。本书共分为 16 章，内容概括如下。

第 1 章：全面介绍 Office 2010 的特色及新功能，并对 Office 2010 的语言功能和协作应用进行简单的介绍。

第 2～5 章：全面讲解 Word 2010 的应用知识，介绍 Word 2010 基础操作中的设置文本格式、设置段落格式、设置版式等内容；编排格式中的设置分页、设置分栏、使用样式等内容；图文混排中的插入图片、插入形状、插入艺术字等内容；文表混排中的创建表格、设置表格格式、数据计算等内容。

第 6～11 章：全面讲解 Excel 2010 的应用知识，介绍 Excel 2010 基础操作中的编辑工作表、管理工作表等内容；美化工作表中的设置数据格式、设置边框格式、填充颜色等内容；公式与函数中的使用运算符、创建公式、求和计算等内容；使用图表中的创建图表、编辑图表、设置图表样式与布局等内容；分析数据中的排序数据、筛选数据、分类汇总数据等内容。

第 12～16 章：全面讲解 PowerPoint 2010 的应用知识，介绍 PowerPoint 2010 基础操作中的创建演示文稿、编辑演示文稿等内容；编辑 PowerPoint 中的设置模板、插入对象、创建相册等内容；幻灯片的演示与输出中的自定义动画、设置动画效果、设置超链接、发布演示文稿等内容。

2. 本书主要特色

- **系统全面**　本书提供 30 多个办公案例，通过实例分析、设计过程讲解 Office 2010 的应用知识，涵盖 Office 2010 中的各个主要组件。
- **课堂练习**　本书各章都安排课堂练习，全部围绕实例讲解相关内容，灵活生动地展示 Office 2010 各组件的功能。课堂练习体现本书实例的丰富性，方便读者组织学习。每章后面还提供思考与练习，用来测试读者对本章内容的掌握程度。

- **全程图解** 各章内容全部采用图解方式，图像均做大量地裁切、拼合、加工，信息丰富，效果精美，阅读体验轻松，上手容易。
- **随书光盘** 本书使用 Director 技术制作了多媒体光盘，提供本书实例完整素材文件和全程配音教学视频文件，便于读者自学和跟踪练习图书内容。

3. 本书使用对象

本书从 Office 2010 基础知识入手，全面介绍 Office 2010 面向应用的知识体系。本书制作的多媒体光盘，图文并茂，能有效吸引读者学习。本书适合作为高职高专院校学生学习使用，也可作为计算机办公应用用户深入学习 Office 2010 的培训和参考资料。

参与本书编写的除了封面署名人员之外，还有王海峰、马玉仲、席宏伟、祁凯、徐恺、王泽波、王磊、张仕禹、夏小军、赵振江、李振山、李文才、李海庆、王树兴、何永国、李海峰、王蕾、王曙光、牛小平、贾栓稳、王立新、苏静、赵元庆、郭磊、何方、徐铭、李大庆等。由于时间仓促，水平有限，疏漏之处在所难免，敬请读者朋友批评指正。

编　者

2011 年 5 月

目　录

第1章

初识 Office 2010

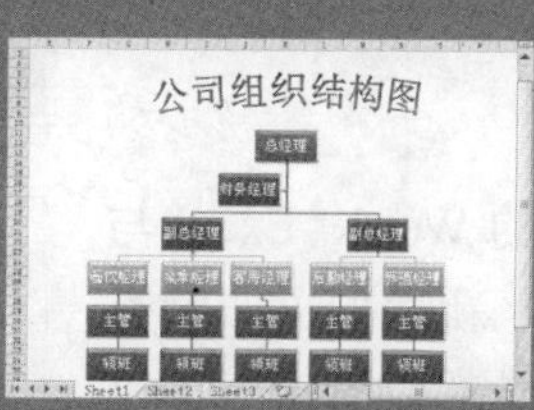

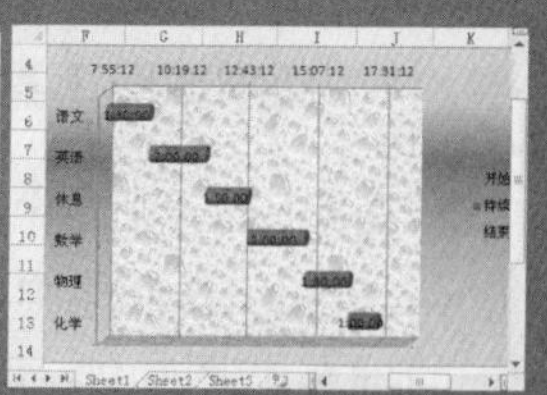

Office 2010 是微软公司推出的最新版本的 Office 系列软件，它包括 Word、Excel、PowerPoint、Access 和 Outlook 等组件，不仅窗口界面比旧版本界面更美观大方，给人以赏心悦目的感觉，而且功能设计比旧版本更加完善、更能提高工作效率。本章通过学习 Office 2010 的特色及其新功能来了解该办公软件的使用方法。

本章学习要点：

- Office 2010 的特色
- Office 2010 的新增功能
- Office 2010 的窗口操作
- Office 2010 的功能简介

1.1 Office 2010 简介

Office 2010 是一个庞大的办公软件与工具软件的集合体，并以新颖实用的界面博得广大用户的青睐。Office 2010 中的图像功能可以帮助用户创建美观的文档、电子表格与演示文稿，高级的数据集成功能可帮助用户筛选、分类、可视化与分析数据，强大的管理任务与日程的日历功能可以帮助用户筛选、分类、排序邮件。另外，用户还可以利用 Office 2010 新增的功能区、图形与格式设置、时间与通信管理工具等功能，快速、高效与轻松地完成各种艰难任务。

1.2 Office 2010 的特色与新增功能

Office 2010 中的【文件】选项替代了旧版本中的【Office 按钮】功能，从而使用户方便、快速地查找相应的功能。除了新增的功能区之外，Office 2010 相对于旧版本还新增了许多功能。

1. 新增截图工具

在 Office 2010 中的 Word、Excel 与 PowerPoint 等组件中，新增加了非常有用的屏幕截图功能。屏幕截图功能可以支持多种截图模式，并且还会自动缓存当前打开窗口的截图。用户可以在 Excel 2010 中，通过执行【插入】|【插图】|【屏幕截图】命令，轻松地帮助用户截取屏幕中的图片，如图 1-1 所示。

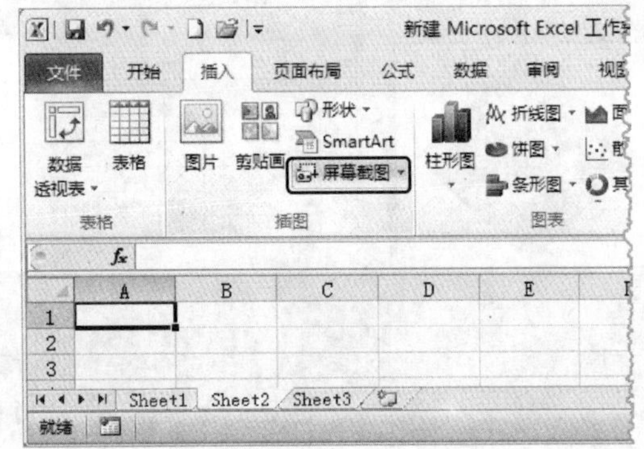

图 1-1　屏幕截图

另外，屏幕截图功能还为用户提供了自定义截图功能，并且会自动隐藏 Office 组件窗口，从而避免遮挡需要截图的内容。此时，用户可以通过鼠标来选取截图区域。

2. 背景移除工具

Office 2010 还为用户提供了背景移除工具，当用户将图片插入到 Excel 或 Word 组件中时，可通过执行【格式】|【删除背景】命令，选中图片中的背景。然后，在【消除背景】选项卡中，保留或删除标记，如图 1-2 所示。

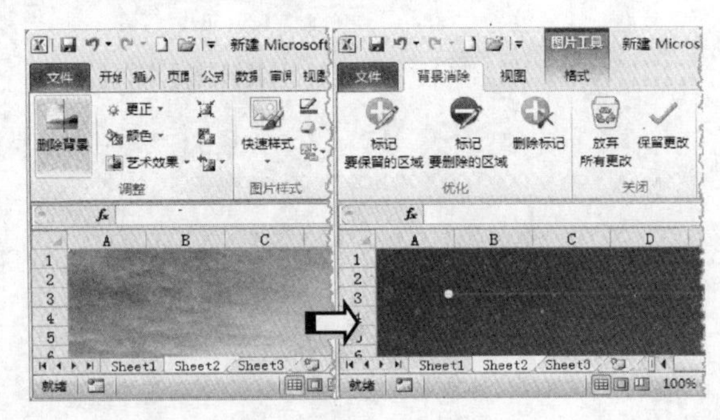

图 1-2　移除背景

另外，背景移除功能还可以在图片属性菜单里找到。运用该功能，只需执行简单的抠图操作即可，无需动用其他专业软件了，而且还可以添加、去除水印。

3. 新的 SmartArt 模板

SmartArt 是 Office 2007 引入的一个新功能，可以轻松快捷地制作出精美的业务流程图，而 Office 2010 在现有类别上进一步扩充，其“图片”标签便是新版 SmartArt 的最大亮点，用它能够帮助用户轻松制作图文混合的流程图效果，如图 1-3 所示。

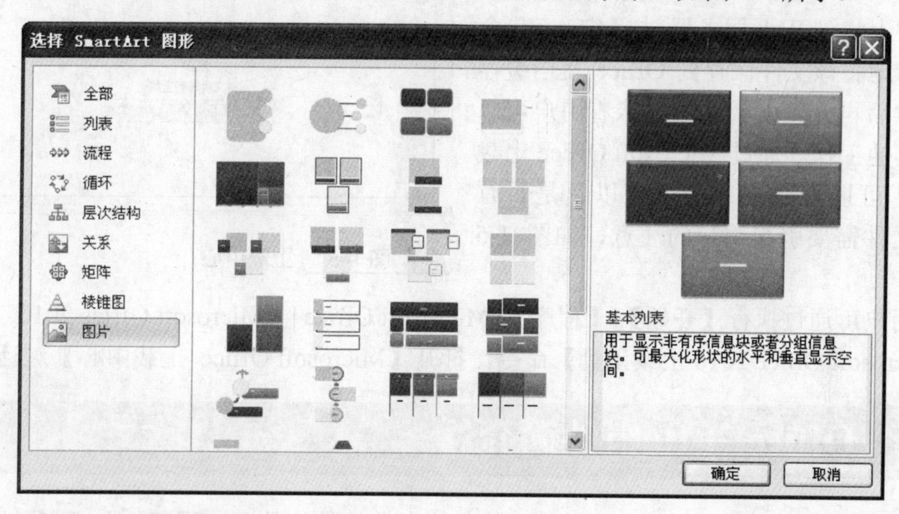

图 1-3　新版 SmartArt 图形

4. 新增加的【文件】选项

在 Office 2010 中，新增加的【文件】选项替代了 Office 2007 版本中的【Office 按钮】功能，使其更像一个控制面板。在【文件】选项界面分为 3 栏，其最左侧是功能选项，中间是功能选项卡，最右侧是预览窗格。在【文件】选项中，主要包括信息、新建、最近使用文件、打印、保存并发送、选项等功能，如图 1-4 所示。

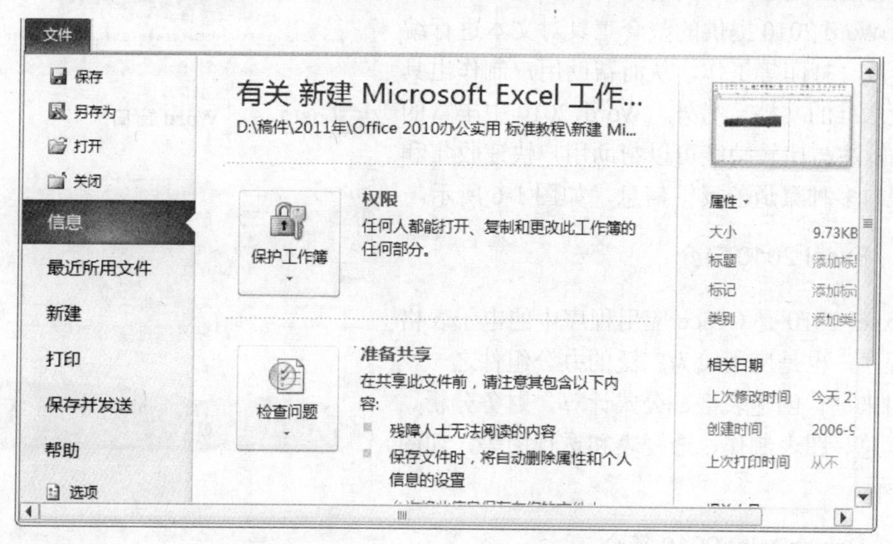

图 1-4　【文件】选项

5. 上载中心

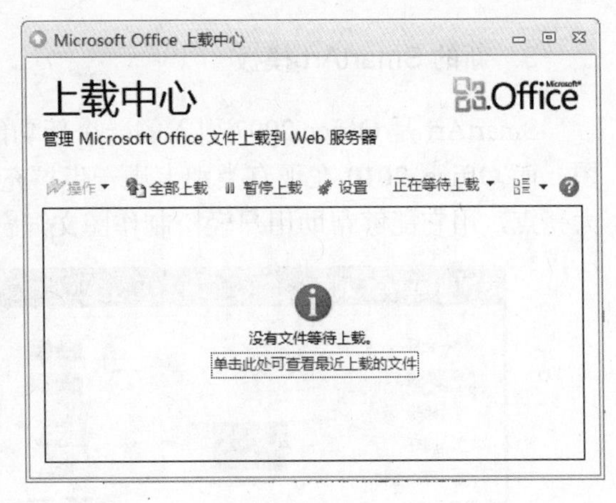

图 1-5　上载中心

Office 2010 还为用户提供了一种上载文件的方法，使用户可以在一个位置查看要上载到服务器的文件的状态。另外，在将文件上载到 Web 服务器时，Microsoft 会先在本地将该文件保存到 Office 文档缓存中，然后再开始上载，这意味着用户可以继续其他工作。通过 Microsoft Office 上载中心，可以跟踪上载的进度以及是否有任何文件需要引起用户的注意，如图 1-5 所示。

用户可通过执行【开始】|【程序】| Microsoft Office |【Microsoft Office 2010 工具】|【Microsoft Office 2010 上载工具】命令，打开【Microsoft Office 上载中心】对话框。

1.3　Office 2010 组件简介

Office 2010 是 Microsoft 公司推出的主流办公软件，其应用程序包含了应用于各个领域的多个组件，例如用于文字处理的 Word、用于电子表格处理的 Excel、用于创建演示文稿的 PowerPoint 等组件。

1. Word 2010 简介

Word 2010 是 Office 应用程序中的文字处理程序，也是应用最为广泛的办公组件之一。用户可运用 Word 2010 提供的整套工具对文本进行编辑、排版、打印等工作，从而帮助用户制作出具有专业水准的文档。另外，Word 2010 中丰富的审阅、批注与比较功能可以帮助用户快速收集和管理来自多种渠道的反馈信息，如图 1-6 所示。

图 1-6　Word 窗口

2. Excel 2010 简介

Excel 2010 是 Office 应用程序中的电子表格处理程序，也是应用较为广泛的办公组件之一，主要用来进行创建表格、公式计算、财务分析、数据汇总、图表制作、透视表和透视图等，如图 1-7 所示。

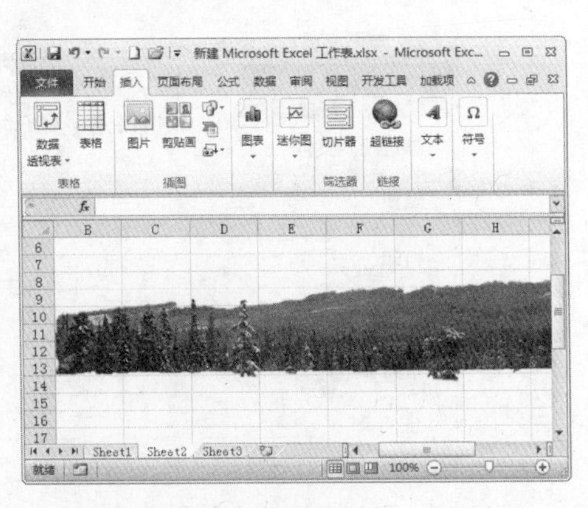

图 1-7　Excel 窗口

3. PowerPoint 2010 简介

PowerPoint 2010 是 Office 应用程序中的演示

文稿程序，用户可运用 PowerPoint 2010 提供的组综合功能，创建具有专业外观的演示文稿，如图 1-8 所示。PowerPoint 2010 的新增功能包括创建并播放动态演示文稿、共享信息、保护并管理信息等。

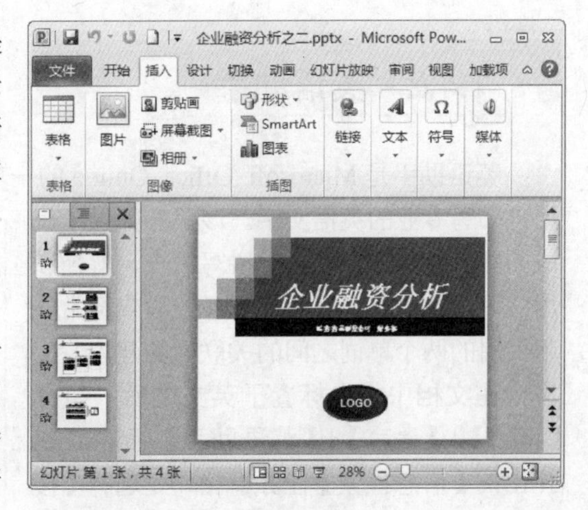

图 1-8 PowerPoint 窗口

4. Outlook 2010 简介

Outlook 2010 是 Office 应用程序中的一个桌面信息管理应用程序，提供全面的时间与信息管理功能。其中，利用即时搜索与待办事项栏等新增功能，可组织与随时查找所需信息。通过新增的日历共享功能、信息访问功能，可以帮助用户与朋友、同事或家人安全地共享存储在 Outlook 2010 中的数据，如图 1-9 所示。

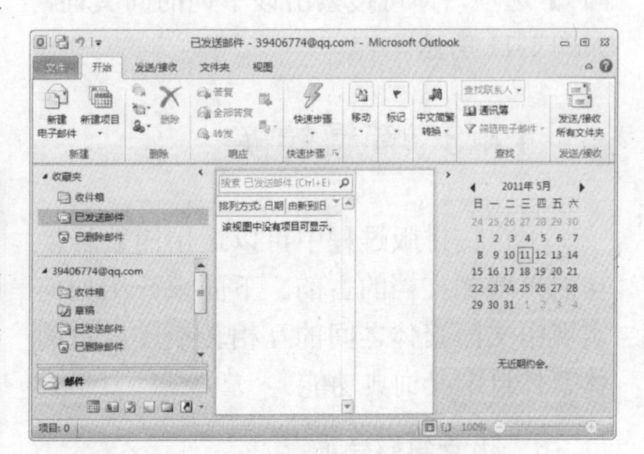

图 1-9 Outlook 窗口

1.4 语言功能

在 Office 2010 中，用户还可以实现翻译文字与简繁转换的语言处理。其中，翻译文字是把一种语言产物在保持内容不变的情况下转换为另一种语言产物的过程，而简繁转换是将文字在简体中文与繁体中文之间相互转换的一种语言过程。

1.4.1 翻译文字

用户可以运用 Office 2010 中的"信息检索"（或直接运用"翻译"）功能，来实现双语词典翻译单个字词或短语，以及搜索字典、百科全书或翻译服务的参考资料。

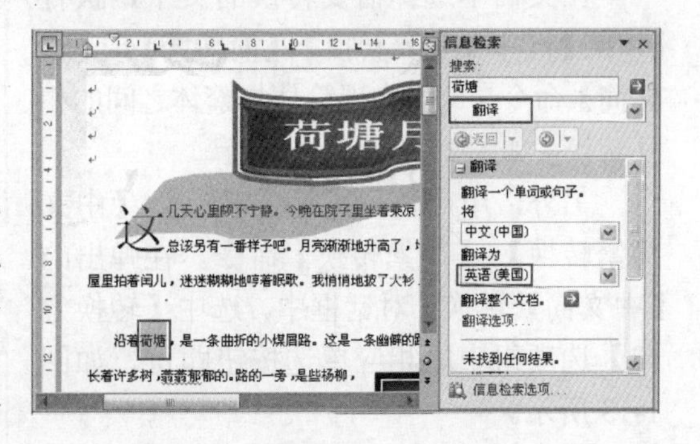

图 1-10 翻译文字

在文档中选择需要翻译的文字，执行【审阅】|【校对】|【信息检索】命令。在弹出的【信息检索】任务窗格中，选择【搜索】下拉列表中的【翻译】选项。同时，单击【翻译为】下三角按钮，选择相应的语言，单击该任务窗格中的【开始搜索】按钮，即可翻译出所需的信息，如图 1-10 所示。

技 巧

用户可通过单击【校对】选项组中的【翻译】按钮，在弹出的【信息检索】任务窗格中翻译文字。

1.4.2 英语助手

英语助手是Microsoft Office Online的一项服务，用于帮助以英语为第二语言的Office用户书写专业的英语文字。该服务提供了集成的参考指南，帮助提供拼写检查、解释和用法，以及对同义词和搭配（一般或经常一起使用的两个单词之间的关联）的建议。

在文档中将光标置于英文之后，执行【审阅】|【语言】|【英语助手】命令。在弹出的【信息检索】任务窗格中，选择【搜索】下拉列表中的【同义词库：英语（美国)】选项，即可搜索出该单词的同义词，如图1-11所示。

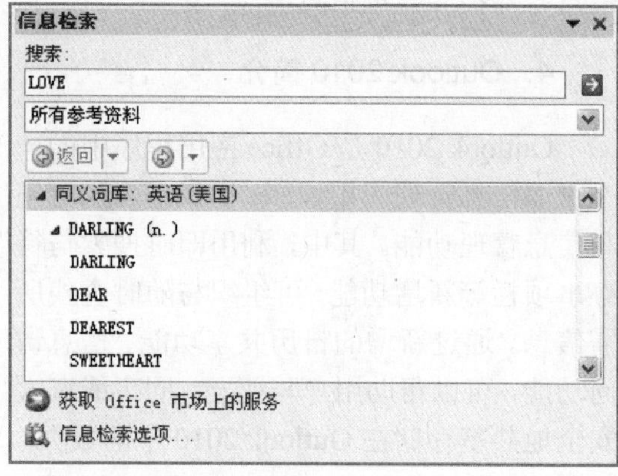

图 1-11 使用英语助手

1.4.3 简繁转换

用户在排版过程中可以运用简繁转换功能来增加文档的古韵。下面来介绍如何实现中文简繁体之间的互相转换，以及简体繁体自定义词典功能。

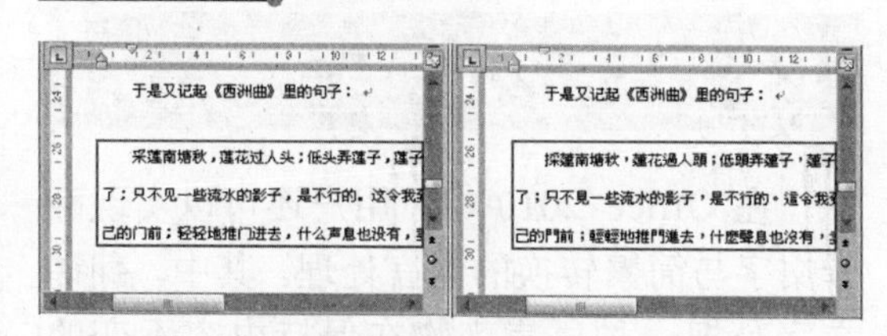

图 1-12 简繁转换

1. 中文简繁转换

在文档中选择需要转换的文字，执行【审阅】|【中文简繁转换】|【简转繁】或【繁转简】命令，即可实现简体与繁体之间的相互转换，如图1-12所示。

另外，用户也可执行【审阅】|【中文简繁转换】|【简繁转换】命令。在弹出的【中文简繁转换】对话框中，选中【转换方向】选项组中的相应单选按钮即可，如图1-13所示。

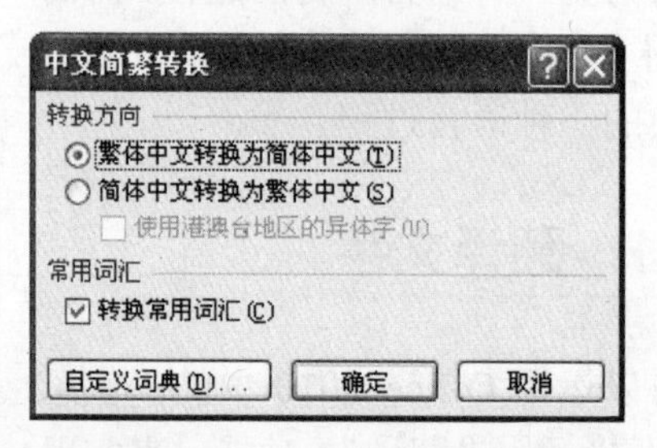

图 1-13 【中文简繁转换】对话框

2. 自定义词典

单击【中文简繁转换】对话框中的【自定义词典】按钮，在弹出的【简体繁体自定义词典】对话框中设置相应的选项即可，如图1-14所示。

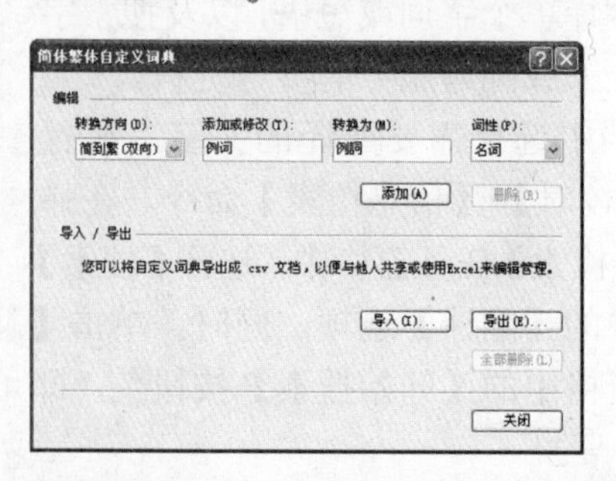

图 1-14 【简体繁体自定义词典】对话框

该对话框中各选项的功能如表1-1所示。

表 1-1 【简体繁体自定义词典】选项

选项		功能
编辑	转换方向	主要用来设置转换文字的方向，包括简到繁、简到繁（双向）、繁到简、繁到简（双向）4 种类型
	添加或修改	用来输入需要转换的文字
	转换为	用来显示转换后的文字，会随着【添加或修改】文本框中的内容的改变而改变
	词性	用来设置转换文字的词性，包括名词、动词等词性
	添加	单击该按钮，可添加已设置的文本转换内容
	删除	单击该按钮，可删除已添加的文本转换内容
导入/导出	导入	单击该按钮，可在弹出的【打开】对话框中导入词汇
	导出	单击该按钮，可在弹出的【另存为】对话框中导出词汇
	全部删除	单击该按钮，即可删除导入或导出的全部数据

1.5 Office 2010 协作应用

在一般情况下，用户很少同时使用 Office 2010 套装中的多个组件进行协同工作。实际上，用户完全可以运用 Office 各组件协同工作，在提高工作效率的同时增加 Office 文件的美观性与实用性。

1.5.1 Word 与其他组件的协作

Word 是 Office 套装中最受欢迎的组件之一，也是各办公人员必备的工具之一。利用 Word 不仅可以创建精美的文档，而且还可以调用 Excel 中的图表、数据等元素。另外，Word 还可以与 PowerPoint 及 Outlook 进行协同工作。

1. Word 与 Excel 之间的协作

Word 与 Excel 之间的协作主要是以 Word 为主文档，调用 Excel 中的图片、数据、行列转置，或在 Excel 中插入 Word 数据等功能。

- **Word 调用 Excel 图表功能**　对于一般的数据，用户可以使用 Word 中自带的表格功能来实现。但是对于数据比较复杂而又具有分析性的数据，用户还是需要调用 Excel 中的图表来直观显示数据的类型与发展趋势。在 Word 文档中执行【插入】|【表格】|【Excel 电子表格】命令。在弹出的 Excel 表格中输入数据，并执行【插入】|【图表】|【柱形图】命令，选择【三维簇状柱形图】选项即可，如图 1-15 所示。

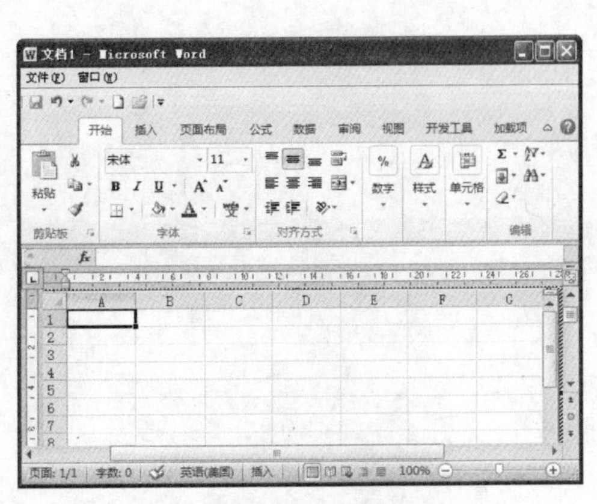

图 1-15 调用 Excel 图表

- **Word 调用 Excel 数据**　在 Word 中不仅可以调用 Excel 中的图表功能，而且还可以调用 Excel 中的数据。对于一般的数据，可以利用邮件合并的功能来实现，例如在 Word 中调用 Excel 中的数据打印名单的情况。但是当用户需要在一个页面中打印多项数据时，此时邮件合并的功能将无法满足上述要求。用户可以运用 Office 里的 VBA 来实现。

- **在 Excel 中插入 Word 文档**　Office 系列软件的一大优点就是能够互相协同工作，不同的应用程序之间可以方便地进行内容交换。使用 Excel 中的插入对象的功能，就可以很容易地在 Excel 中插入 Word 文档。

2．Word 与 Outlook 之间的协作

在 Office 各组件中，用户可以使用 Word 与 Outlook 中的邮件合并的功能，实现在批量发送邮件时根据收信人创建具有称呼的邮件。

1.5.2　Excel 与其他组件的协作

Excel 除了可以与 Word 组件协作应用之外，还可以与 PowerPoint 与 Outlook 组件进行协作应用。

1．Excel 与 PowerPoint 之间的协作

在 PowerPoint 中不仅可以插入 Excel 表格，而且还可以插入 Excel 工作表。在 PowerPoint 中执行【插入】|【文本】|【对象】命令，在对话框中选择【由文件创建】选项，并单击【浏览】按钮，在对话框中选择需要插入的 Excel 表格即可。

2．Excel 与 Outlook 之间的协作

用户可以运用 Outlook 中的导入/导出的功能，将 Outlook 中的数据导入到 Excel 中，或将 Excel 中的数据导入到 Outlook 中。有关该知识点，将在后面的 Outlook 章节中讲解。

第 2 章

Word 2010 基础操作

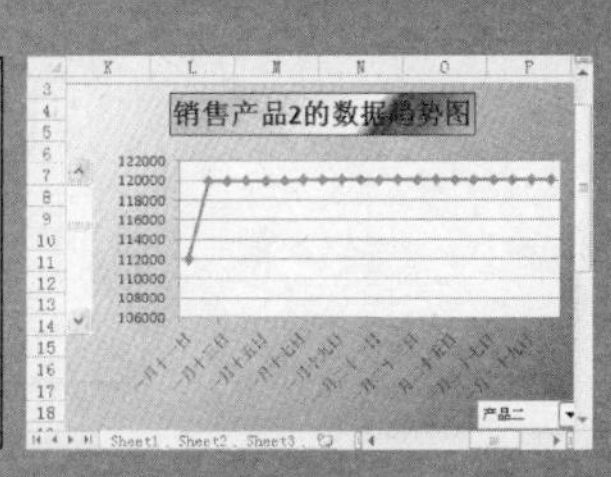

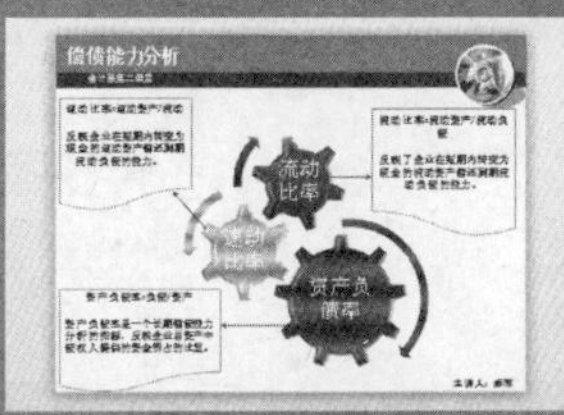

Word 2010 是 Office 2010 软件中的文字处理组件，也是计算机办公应用使用最普及的软件之一。利用 Word 2010 可以创建纯文本、图表文本、表格文本等各种类型的文档，还可以使用字体、段落、版式等格式功能进行高级排版。本章主要来了解一下 Word 2010 的工作界面、文本操作，以及设置文本与段落格式。另外，用户还可以从本章学习设置版式的基础知识与技巧。

本章学习要点：

- Word 2010 界面介绍
- 文档的基础操作
- 编辑文档
- 设置文本格式
- 设置段落格式
- 设置版式

2.1 Word 2010 界面介绍

Word 2010 相对于旧版本的 Word 窗口界面而言，更具有美观性与实用性。在 Word 2010 中，选项卡与选项组替代了传统的菜单栏与工具栏，用户可通过双击的方法快速展示各组命令。另外，【文件】选项还替代了【Office 按钮】功能，使其整体设置更具有实用性，如图 2-1 所示。

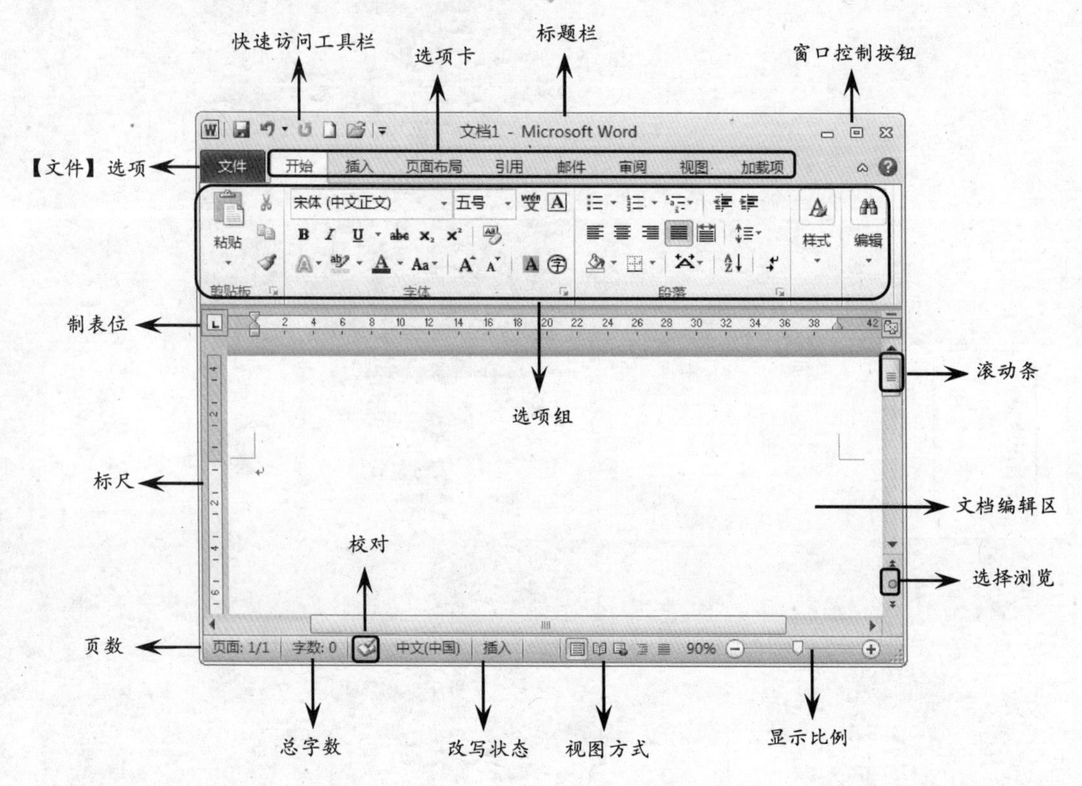

图 2-1 Word 2010 界面

窗口的最上方是由 Word 图标、快速访问工具栏、当前工作表名称与窗口控制按钮组成的标题栏，下面是功能区，然后是文档编辑区。本节将详细介绍 Word 2010 界面的组成部分。

2.1.1 标题栏

标题栏位于窗口的最上方，由 Word 图标、快速访问工具栏、当前工作表名称、窗口控制按钮组成。通过标题栏，不仅可以调整窗口大小，查看当前所编辑的文档名称，还可以进行新建、打开、保存等文档操作。

1. Word 图标

在 Word 2010 中，Word 图标位于窗口的左上角，其功能与 Word 2003 旧版本中的 Word 图标功能相同，不仅可以最大化、最小化、移动与关闭 Word 文档，而且还可以调整文档的大小，如图 2-2 所示。

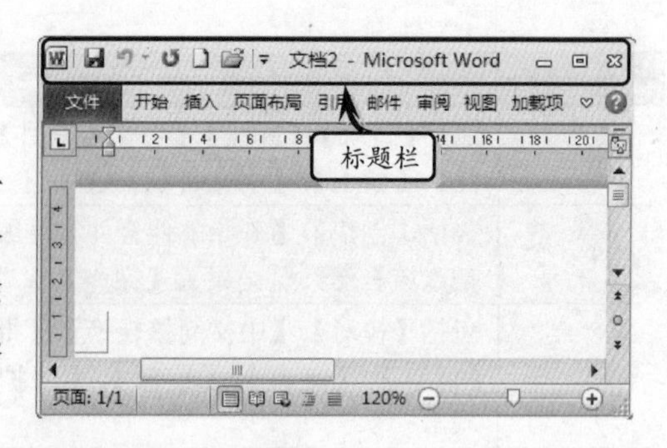

图 2-2 标题栏

2．快速访问工具栏

快速访问工具栏在默认情况下，位于Word 图标的右侧，主要放置一些常用的命令按钮。单击旁边的下三角按钮，可添加或删除快速访问工具栏中的命令按钮。另外，用户还可以将快速工具栏放于功能区的下方。

3．当前工作表名称

当前工作表名称位于标题栏的中间，前面显示文档名称，后面显示文档格式。例如，名为“幻灯片”的 Word 文档，当前工作表名称将以“幻灯片-Microsoft Word”的格式进行显示。

4．窗口控制按钮

窗口控制按钮是由【最小化】、【最大化】与【关闭】按钮组成的，位于标题栏的最右侧。单击【最小化】按钮可将文档缩小到任务栏中，单击【最大化】按钮可将文档放大至满屏，单击【关闭】按钮可关闭当前 Word 文档。

技 巧

用户可通过双击标题栏的方法来调整窗口的大小，或者通过双击 Word 图标的方法关闭文档。

2.1.2 功能区

Word 2010 中的功能区位于标题栏的下方，相当于旧版本中的各项菜单。唯一不同的是功能区是通过选项卡与选项组来展示各级命令，便于用户查找与使用。用户可通过双击选项卡的方法展开或隐藏选项组，同时用户也可以使用访问键来操作功能区。

1．选项卡与选项组

在 Word 2010 中，选项卡替代了旧版本中的菜单，选项组则替代了旧版本菜单中的各级命令。用户直接单击选项组中的命令按钮便可以实现对文档的编辑操作，各选项卡与选项组的功能如表 2-1 所示。

表 2-1 选项卡与选项组

选 项 卡	选 项 组	版 本 比 较
开始	包括【剪贴板】、【字体】、【段落】、【样式】、【编辑】选项组	相当于旧版本中的【编辑】与【格式】菜单
插入	包括【页】、【表格】、【插图】、【链接】、【页眉和页脚】、【文本】、【符号】、【特殊符号】选项组	相当于旧版本中的【插入】与【表格】菜单，以及【视图】菜单中的部分命令
页面布局	包括【主题】、【页面设置】、【稿纸】、【页面背景】、【段落】、【排列】选项组	相当于旧版本中的【编辑】与【格式】菜单中的部分命令

续表

选项卡	选项组	版本比较
引用	包括【目录】、【脚注】、【引文与书目】、【题注】、【索引】、【引文目录】选项组	相当于旧版本中的【插入】菜单中的【引用】命令
邮件	包括【创建】、【开始邮件合并】、【编写与插入域】、【预览结果】、【完成】选项组	相当于旧版本中的【工具】菜单中的【信函与邮件】命令
审阅	包括【校对】、【中文简繁转换】、【批注】、【修订】、【更改】、【比较】、【保护】选项卡	相当于旧版本中的【工具】菜单命令
视图	包括【文档视图】、【显示/隐藏】、【显示比例】、【窗口】、【宏】选项组	相当于旧版本中的【视图】与【窗口】菜单命令，及【工具】菜单中的宏命令
加载项	默认情况下只包括【菜单命令】选项组，可通过【Word 选项】对话框加载选项卡	相当于旧版本中的【插入】菜单中的【特殊符号】命令，可通过【工具】菜单中的【模版和加载项】命令加载其他命令

2. 访问键

Word 2010 为用户提供了访问键功能，在当前文档中按 Alt 键，即可显示选项卡访问键。按选项卡访问键进入选项卡之后，选项卡中的所有命令都将显示命令访问键，如图 2-3 所示。单击或再次按 Alt 键，将取消访问键。

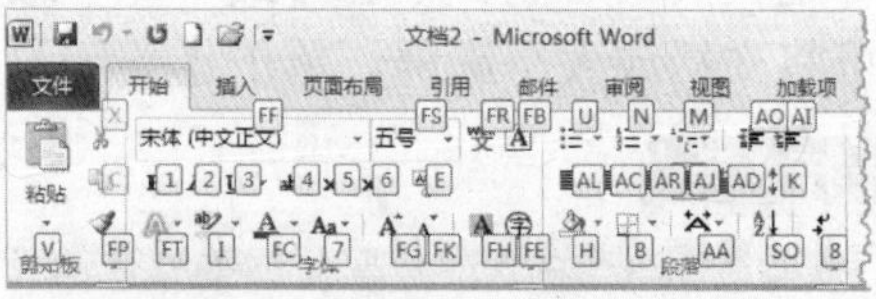

图 2-3 显示访问键

2.1.3 编辑区

编辑区位于 Word 2010 窗口的中间位置，可以进行输入文本、插入表格、插入图片等操作，并对文档内容进行删除、移动、设置格式等编辑操作。编辑区主要分为制表位、滚动条、标尺、文档编辑区与选择浏览对象 5 个部分。

1. 制表位

制表位位于编辑区的左上角，主要用来定位数据的位置与对齐方式。执行【制表位】命令，可以转换制表位格式。Word 2010 中主要包括左对齐式、右对齐式、居中式、小数点对齐式、竖线对齐式等 7 种制表位格式，具体功能如表 2-2 所示。

表 2-2 制表位功能

图标	名称	功能
	左对齐式	设置文本的起始位置
	右对齐式	设置文本的右端位置
	居中式	设置文本的中间位置
	小数点对齐式	设置数字按小数点对齐
	竖线对齐式	不定位文本，只在制表位的位置插入一条竖线
	首行缩进	设置首行文本缩进
	悬挂缩进	设置第二行与后续行的文本位置

2．滚动条

滚动条位于编辑区的右侧与底侧，右侧的称为垂直滚动条，底侧的称为水平滚动条。在编辑区中，可以拖动滚动条或单击上、下、左、右三角按钮来查看文档中的其他内容。另外，还可以单击【上一页】按钮与【下一页】按钮，查看前页与后页文档。

3．标尺

标尺位于编辑区的上侧与左侧，上侧的称为水平标尺，左侧的称为垂直标尺。在Word中，标尺主要用于估算对象的编辑尺寸，例如通过标尺可以查看文档表格中的行间距与列间距。

4．选择浏览对象

编辑区中的【选择浏览对象】按钮位于【上一页】按钮与【下一页】按钮之间，单击【选择浏览对象】按钮可以按页、按节、按表格、按图表等浏览方式查看文档，其具体的浏览方式及功能如表2-3所示。

表2-3 浏览方式及功能

按 钮	名 称	功 能
	按页浏览	单击此按钮，可以逐页浏览文档中的内容
	按节浏览	单击此按钮，可以浏览文档中的小节
	按批注浏览	单击此按钮，可以浏览文档中的批注
	按脚注浏览	单击此按钮，可以浏览文档中的脚注
	按尾注浏览	单击此按钮，可以浏览文档中的尾注
	按域浏览	单击此按钮，可以按域浏览文档。此时的【上一页】与【下一页】按钮变为【前一域】与【下一域】按钮
	按表格浏览	单击此按钮，可以浏览文档中所有的表格。此时的【上一页】与【下一页】按钮变为【前一张表格】与【下一张表格】按钮
	按图形浏览	单击此按钮，可以浏览文档中所有的图形。此时的【上一页】与【下一页】按钮变为【前一张图形】与【下一张图形】按钮
	按标题浏览	单击此按钮，可以按标题浏览文档。此时的【上一页】与【下一页】按钮变为【前一条标题】与【下一条标题】按钮
	按编辑位置浏览	单击此按钮，可以浏览文档中的编辑位置
	查找	单击此按钮，弹出【查找与替换】对话框，查找或替换制定的文本
	定位	单击此按钮，弹出【查找与替换】对话框，在【定位】选项卡中定位目标类型

5．文档编辑区

文档编辑区位于编辑区的中央，主要用来创建与编辑文档内容，例如输入文本、插入图片、编辑文本、设置图片格式等。

2.1.4 状态栏

状态栏位于窗口的最底端，主要用来显示文档的页数、字数、编辑状态、视图与显示比例。

1. 页数

页数位于状态栏的最左侧，主要用来显示当前页数与文档的总页数。例如“页面：1/2”表示文档的总页数为两页，当前页为第一页。

2. 字数

字数位于页数的左侧，用来显示文档的总字符数量。例如“字数：4”表示文档包含4个字符。

3. 编辑状态

编辑状态位于字数的左侧，用来显示当前文档的编辑情况。例如当输入正确的文本时，编辑状态则显示为【无校对错误】图标；当输入的文本出现错误或不符合规定时，编辑状态则显示为【发现校对错误，单击可更正】图标。

4. 视图

视图位于显示比例的右侧，主要用来切换文档视图。在视图中，从左至右依次显示为页面视图、阅读版式视图、Web 版式视图、大纲视图与草稿 5 种视图。

5. 显示比例

显示比例位于状态栏的最右侧，主要用来调整视图的百分比，其调整范围为 10%～500%。

2.2 文档的基础操作

对 Word 2010 的工作界面有了一定的了解之后，便可以对文档进行简单地操作了。在本节中，主要讲解如何创建文档、保存文档、打开文档以及在文档以中输入文本、转换文档视图等基础操作。

2.2.1 创建文档

当用户启动 Word 2010 时，系统会默认打开名为“文档 1-Microsoft Word”的新文档。除了系统自带的新文档之外，用户还可以利用【文件】选项或【快速访问工具栏】来创建空白文档或模板文档。

1. 创建空白文档

在 Word 2010 中，执行【文件】|【新建】命令，在展开的【可用模板】列表中选择

需要创建的文档类型，单击【创建】按钮，便可以创建一个新文档，如图 2-4 所示。另外，用户还可以单击【快速访问工具栏】中的下三角按钮，在下拉列表中选择【新建】选项，快速创建文档。

2. 创建模板文档

执行【文件】|【新建】命令后，用户不仅可以创建模板类文档，而且还可以创建 Office .com 中的模板文档。Word 2010 为用户提供了费用报表、会议议程、名片、日历、信封等 30 多种模板，以及【其他类别】中的 40 多种其他类型的模板。在 Office.com 模板列表下选择选项，然后在对话框中间展开的列表框中选择模板，在预览栏中查看预览效果，最后单击【下载】按钮即可。

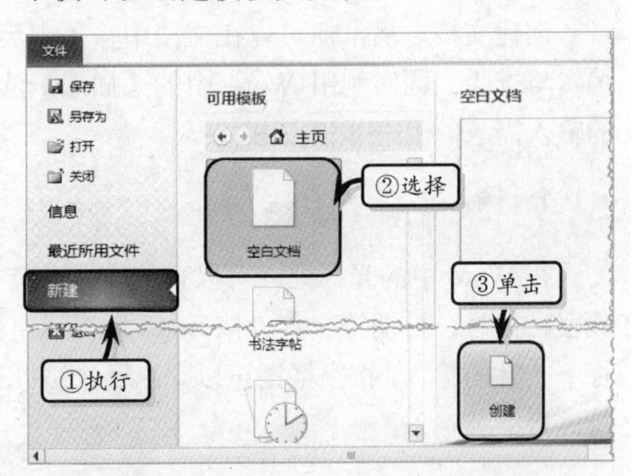

图 2-4 【新建文档】对话框

- **空白文档和最近打开的模板** 此类型的模板主要用于创建空白文档，或创建最近经常使用的文档类型。在【可用模板】列表中，选择此选项，单击【创建】按钮即可创建空白文档。另外，单击【最近打开的模板】按钮，在展开的列表中选择最近使用的某文档类型即可创建该类型的新文档。
- **样本模板** 此类型的模板主要用于创建 Word 2010 自带的模板文档。选择此选项，在对话框中间的列表框中选择 50 多个模板文档的任一模板即可。

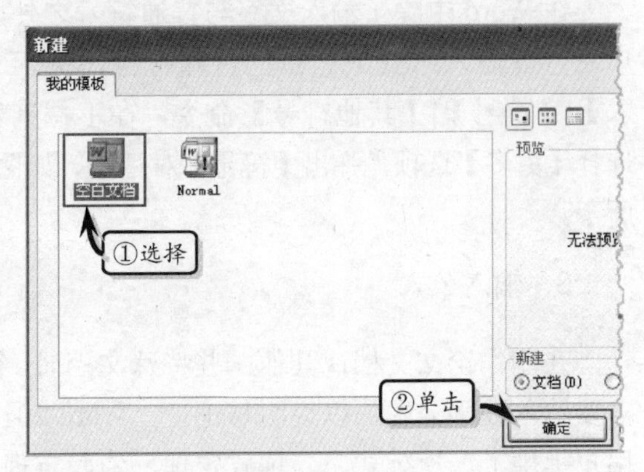

图 2-5 【新建】对话框

- **我的模板** 此类型的模板主要根据用户创建的模板创建新文档。选择此选项，便可弹出【新建】对话框。在对话框中选择需要创建的模板类型，单击【确定】按钮即可，如图 2-5 所示。
- **根据现有内容新建** 此类型的模板主要根据本地计算机磁盘中的文档来创建一个新的文档。选择此选项，便可以弹出【根据现有文档新建】对话框。选择某文档，单击【新建】按钮即可，如图 2-6 所示。

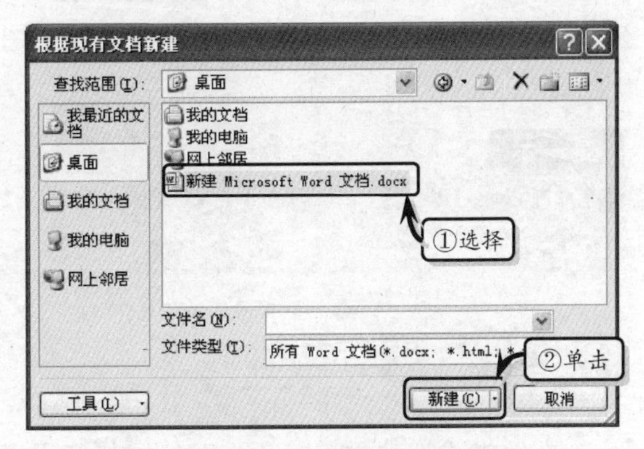

图 2-6 【根据现有文档新建】对话框

技 巧

在 Word 2010 中，用户也可以通过 Ctrl+N 键来创建一个空白文档。

2.2.2 输入文本

创建文档之后，便可以在文档中输入中英文、日期、数字等文本，以便对文档进行编辑与排版。同时利用 Word 中的【插入】选项卡，还可以满足用户对公式与特殊符号的输入需求。

1. 输入文字

在 Word 中的光标处，可以直接输入中英文、数字、符号、日期等文本。按 Enter 键可以直接进行下一行的输入，按空格键可以空出一个或几个字符后再继续输入。

2. 输入特殊符号

在 Word 中除了输入文字与普通符号之外，用户还可以输入 Word 自带的特殊符号。执行【插入】|【符号】|【其他符号】命令，在下拉列表中选择【更多】选项，弹出【符号】对话框，如图 2-7 所示。

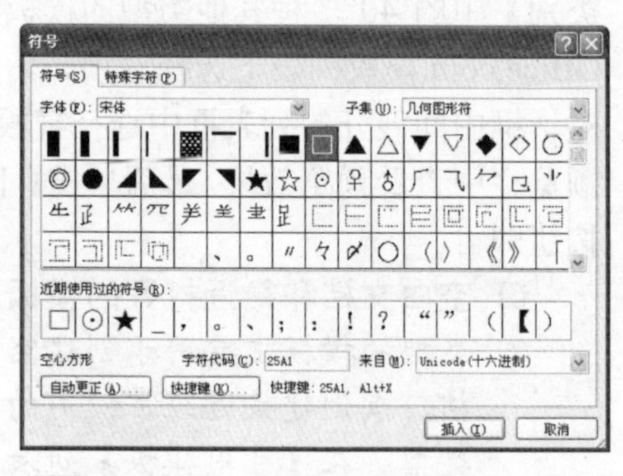

图 2-7 【符号】对话框

3. 输入公式

在制作论文文档或其他一些特殊文档时，往往需要输入数学公式加以说明与论证。Word 2010 为用户提供了二次公式、二项式定理、勾股定理等 9 种公式，执行【插入】|【符号】|【公式】命令，在打开的下拉列表中选择公式类别即可，如图 2-8 所示。

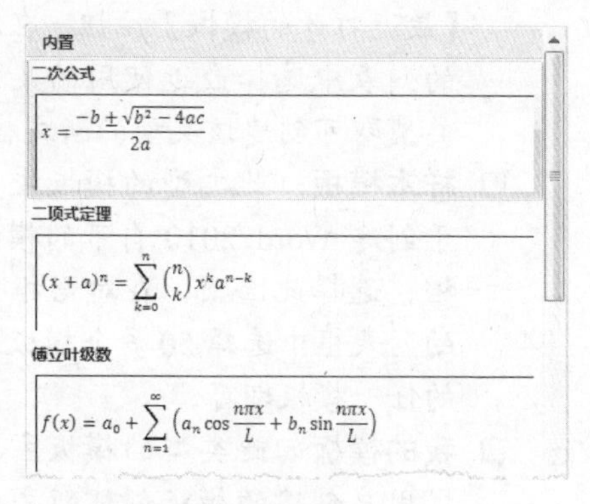

图 2-8 选择公式

提 示

用户可以在【公式】下拉列表中选择【插入新公式】选项，在【设计】选项卡中设置公式结构或公式符号来创建新公式。

2.2.3 保存文档

在编辑或处理文档时，为了保护劳动成果应该及时保存文档。保存文档主要通过执行【文件】|【保存】或【另存为】命令，保存新建文档、保存已经保存过的文档及保护

文档。

1．保存文档

对于新建文档来讲，执行【文件】|【保存】命令或单击【快速访问工具栏】中的【保存】按钮，即可弹出【另存为】对话框。在对话框中选择保存位置与保存类型即可，如图 2-9 所示。

对于已经保存过的文档来讲，执行【文件】|【另存为】命令，在弹出的【另存为】对话框中选择保存位置或保存类型，即将文档保存为副本或覆盖原文档。

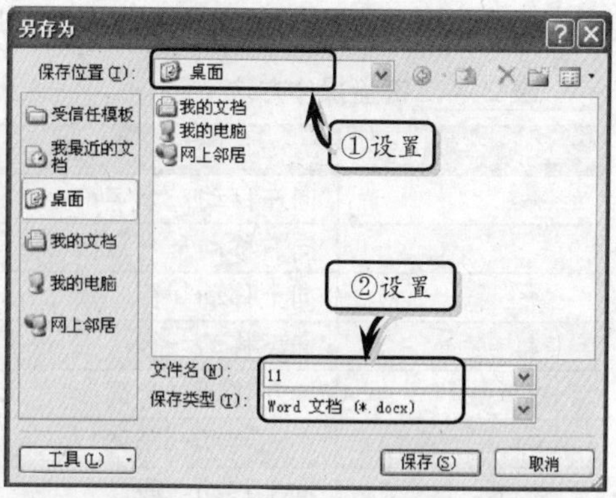

图 2-9 【另存为】对话框

2．保护文档

对于一些具有保密性内容的文档，需要添加密码以防止内容外泄。在【另存为】对话框中单击【工具】下三角按钮，在下拉列表中选择【常规选项】选项，弹出【常规选项】对话框。在【打开文件时的密码】文本框中输入密码，单击【确定】按钮，弹出【确认密码】对话框。输入密码，单击【确定】按钮即可添加文档密码，如图 2-10 所示。

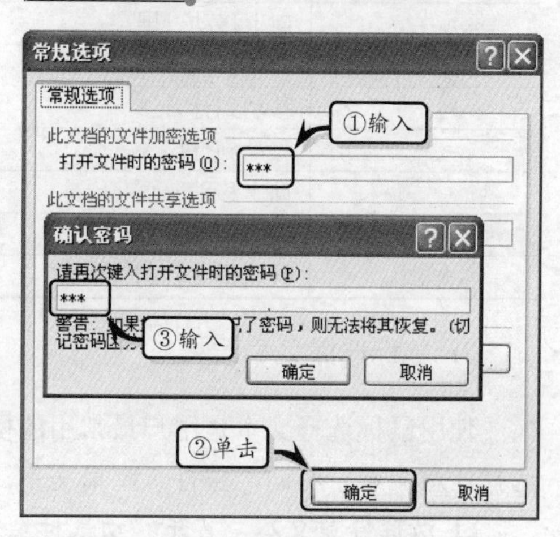

图 2-10 添加密码

提 示

用户也可以通过执行【文件】|【信息】命令，单击【保护文档】下拉按钮，在其下拉列表中选择【用密码进行加密】选项，来为文档添加密码。

2.3 编辑文档

在使用 Word 2010 制作文档时，编辑文档是最重要、最基础的操作。在编辑文档时，首先需要利用键盘或鼠标选择文本，然后对选择的文本进行删除、剪切、复制等操作。另外，用户还可以在整个文档中查找并替换部分文本。

2.3.1 选择文本

在 Word 2010 中，用户可以根据使用习惯选择使用键盘或鼠标操作方法来选择单个字符、词、段、整行或者整篇文本。

1．键盘选择文本

使用键盘选择文本，主要是使用方向键与快捷键来选择单个字符、词、段、整行等文本，其键盘操作的具体方法如表 2-4 所示。

表 2-4　键盘操作方法

组 合 键	功 能	组 合 键	功 能
←	向左移动一个字符	Ctrl+end	移动到文档的结尾
→	向右移动一个字符	Shift+→	选择下一个字符
↑	向上移动一行	Shift+←	选择上一个字符
↓	向下移动一行	Shift+↑	选择上一行
Ctrl+←	向左移动一个词	Shift+↓	选择下一行
Ctrl+→	向右移动一个词	Ctrl+Shift+→	选择词尾
Ctrl+↑	向上移动一段	Ctrl+Shift+←	选择词首
Ctrl+↓	向下移动一段	Shift+Home	选择到行首
PageUp	向上移动一屏	Shift+End	选择到行尾
PageDown	向下移动一屏	Shift+PageUp	选择到上屏
Home	移动到行首	Shift+PageDown	选择到下屏
End	移动到行尾	Ctrl+Shift+Home	选择到文本开头
Ctrl+Alt+PageUp	向上移动一页	Ctrl+Shift+End	选择到文本结尾
Ctrl+Alt+PageDown	向下移动一页	Ctrl+A	选择全部文本
Ctrl+home	移动到文档的开头		

2．鼠标选择文本

使用鼠标选择文本是用户最常用的操作方法，主要是通过拖动或单击鼠标的方法来选择任意文本、单词、整行、整篇文本。

- **选择任意文本**　首先移动鼠标至文本的开始点，拖动鼠标即可选择任意文本。
- **选择单词**　双击单词的任意位置，即可选择单词。
- **选择整行**　将鼠标移动至行的最左侧，当光标变成↗时单击即可选择整行。
- **选择多行**　将鼠标移动至行的最左侧，当光标变成↗时拖动鼠标即可选择多行。
- **选择整段**　选择整段与选择整行的方法大体一致，也是移动鼠标至整段的最左侧，当光标变成↗时双击即可选择整段。
- **选择全部文本**　将鼠标移动至任意文本的最左侧，当光标变成↗时按住 Ctrl 键并单击，即可选择全部文本。同时，用户也可以执行【开始】选项卡【编辑】选项组中的【选择】命令，选择【全选】选项，即可选择全部文本。

2.3.2　编辑文本

选择文本之后，便可以利用【开始】选项卡中的【剪贴板】选项组中的命令来移动与复制文本。同时还可以利用【快速访问工具栏】来撤销与恢复文本、利用【开始】选项卡中的【编辑】选项组来查找与替换文本。下面便详细讲解编辑文本的具体内容。

1．删除文本

在文档中拖动鼠标选择需要删除的文本，或者将光标定位在需要删除文本的前面，按 Delete 键即可删除文本。另外将光标定位在需要删除文本的结尾处，按 Back Space 键从后往前删除文本。

2. 移动文本

移动文本即是剪切文本，属于文本的绝对移动，是将文本从一个位置转移到另外一个位置，移动文本只能在文档中显示一个该文本。在文档中选择需要移动的文本，执行【开始】|【剪贴板】|【剪切】命令，然后选择放置文本的位置，执行【剪贴板】|【粘贴】命令即可，如图 2-11 所示。

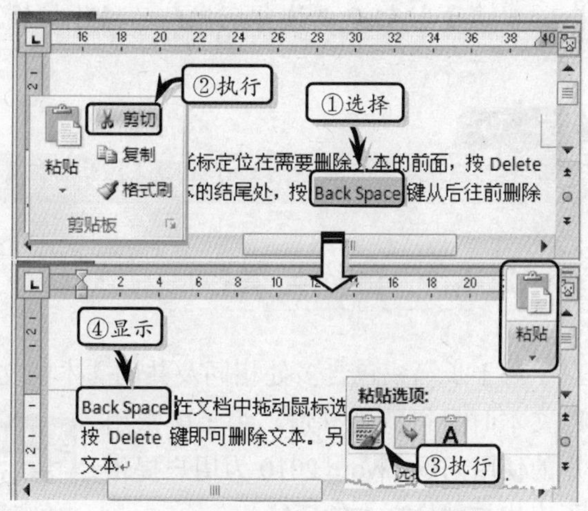

图 2-11　移动文本

> **技　巧**
> 在 Word 2010 中，用户也可以通过 Ctrl+X 键与 Ctrl+V 键来移动文本。或在文本上右击，在快捷菜单中执行【剪切】与【粘贴】命令。

3. 复制文本

复制文本属于文本的相对移动，是将该文本以副本的方式移动到其他位置，复制文本可以在文档中显示多个该文本。在文档中选择需要复制的文本，执行【开始】|【剪贴板】|【复制】命令，然后选择放置文本的位置，执行【剪贴板】|【粘贴】命令即可，如图 2-12 所示。

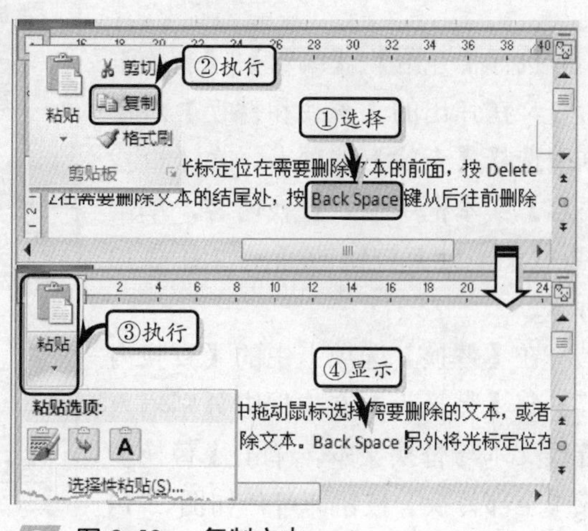

图 2-12　复制文本

> **技　巧**
> 在 Word 2010 中，用户也可以通过 Ctrl+C 键与 Ctrl+V 键来复制文本。或在文本上右击，在快捷菜单中执行【复制】与【粘贴】命令。

4. 撤销与恢复文本

在 Word 2010 中，用户可以撤销或恢复 100 项操作，并且还可以重复任意次数的操作。

- **撤销**　单击【快速访问工具栏】中的【撤销】按钮，便可以撤销上次的操作。另外，单击【撤销】按钮旁边的下三角按钮，选择需要撤销的操作，便可以撤销多级操作。
- **恢复**　单击【快速访问工具栏】中的【恢复】按钮，便可以恢复已撤销的操作。

另外，多次单击【恢复】按钮，可以复制已撤销的内容。例如，第一次单击【恢复】按钮是恢复已撤销的操作，第二次单击【恢复】按钮则复制已撤销的文本。

技 巧

用户也可以通过Ctrl+Z键与Ctrl+Y键来撤销与恢复文本。

2.3.3 查找与替换

对于长篇或包含多处相同及共同文本的文档来讲，修改某个单词或修改具有共同性的文本时显得特别麻烦。为了解决用户的使用问题，Word 2010为用户提供了查找与替换文本的功能。

1. 查找与替换文本

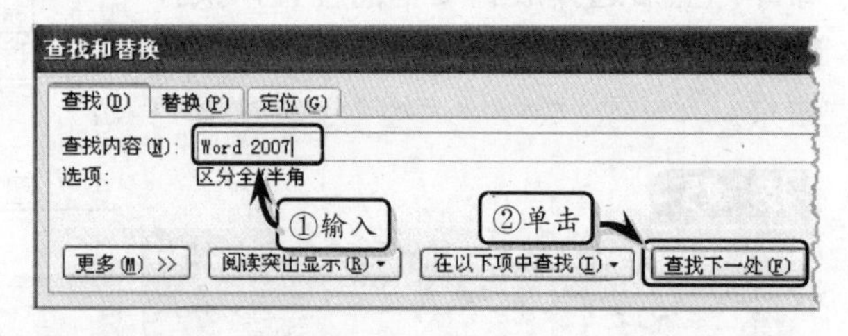

图2-13 查找文本

执行【开始】|【编辑】|【替换】命令，在弹出的【查找和替换】对话框中选择【查找】选项卡。在【查找内容】文本框中输入查找内容，单击【查找下一处】按钮即可，如图2-13所示。

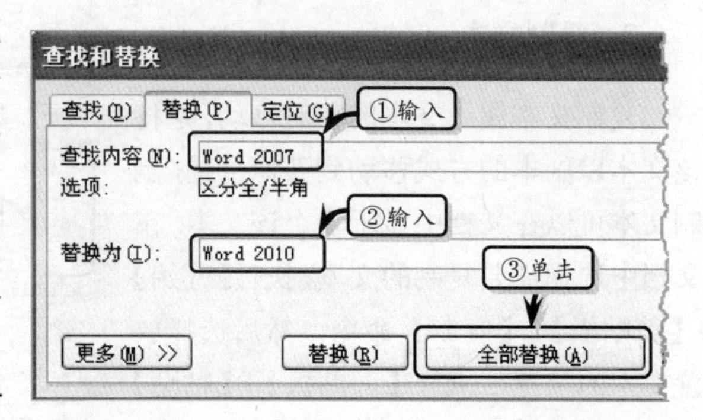

图2-14 替换文本

在【替换】选项卡中的【查找内容】与【替换为】文本框中分别输入查找文本与替换文本，单击【替换】或【全部替换】按钮即可，如图2-14所示。

2. 搜索选项

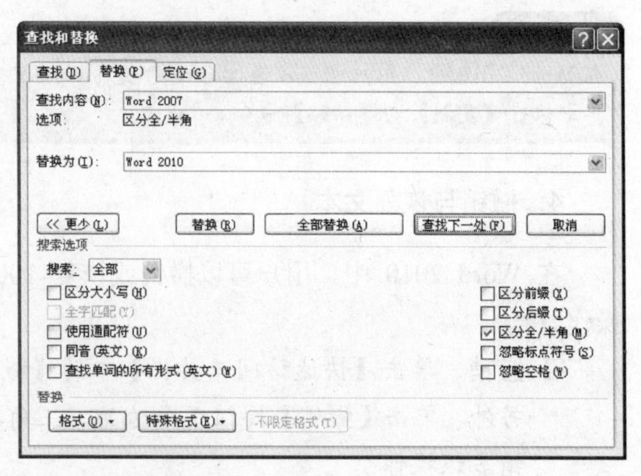

图2-15 展开【搜索选项】选项组

在【查找和替换】对话框中单击【更多】按钮，即可展开【搜索选项】选项组，在此可以设置查找条件、搜索范围等内容，如图2-15所示。

单击【搜索】下三角按钮，在打开的下拉列表中选择【向上】选项即可从光标处开始搜索到文档的开头，选择【向下】选项即可从光标处搜索到文章的结尾，选择【全部】选项即搜索整篇文档。同时，用户还可以利用取消选中或选中复选框的方法来设置搜索条件。其【搜索选项】选项组中选项的具体功能如表 2-5 所示。

表 2-5 【搜索选项】

名　称	功　能	名　称	功　能
区分大小写	表示在查找文本时将区分大小写，例如查找 A 时，a 不在搜索范围	区分前缀	表示查找时将区分文本中单词的前缀
全字匹配	表示只查找符合全部条件的英文单词	区分后缀	表示查找时将区分文本中单词的后缀
使用通配符	表示可以使用匹配其他字符的字符	区分全/半角	表示在查找时候区分英文单词的全角或半角字符
同音（英文）	表示可以查找发音一致的单词	忽略标点符号	表示在查找的过程中将忽略文档中的标点符号
查找单词的所有形式（英文）	表示查找英文时，不会受到英文形式的干扰	忽略空格	表示在查找时，不会受到空格的影响

3. 查找与替换格式

在【查找和替换】对话框中，除了可以查找和替换文本之外，还可以查找和替换文本格式。在【替换】选项卡底端的【替换】选项组中，单击【格式】下三角按钮，选择【字体】选项。在弹出的【替换字体】对话框中，可以设置文本的字体、字形、字号及效果等格式，如图 2-16 所示。然后在【查找内容】与【替换为】文本框中输入文本，单击【全部替换】或【替换】按钮即可。在【替换】选项组中，除了可以设置字体格式之外，还可以设置段落、制表位、语言、图文框、样式和突出显示格式。

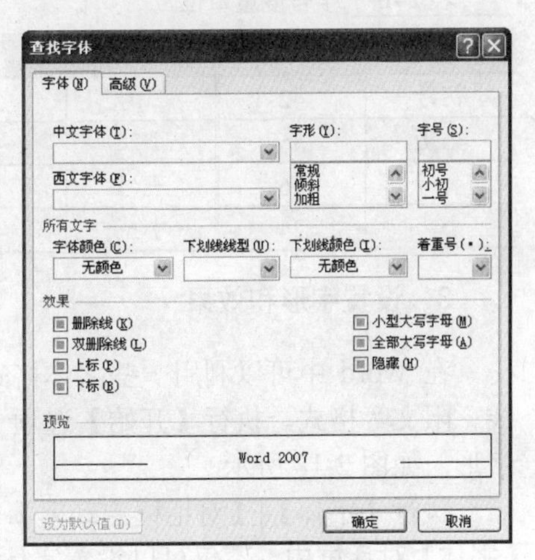

图 2-16 设置字体格式

2.4 设置文本格式

输入完文本之后，为了使整体文档更具有美观性与整齐性，需要设置文本的字体格式与段落格式。例如，设置文本的字体、字号、字形与效果等格式，设置段落的对齐方式、段间距与行间距、符号与编号等格式。

2.4.1 设置字体格式

在所有的 Word 文档中，都需要根据文档性质设置文本的字体格式。用户可以在【开始】选项卡中的【字体】选项组中设置文本的字体、字形、字号与效果等格式。

1. 设置字体

在文档中选择需要设置字体格式的文本，用户可通过【字体】选项组或右击【微型工具栏】来设置文本的字体格式，如图 2-17 所示。

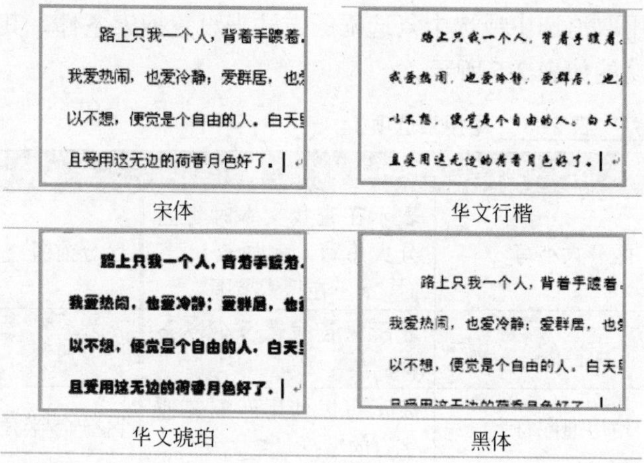

宋体　华文行楷　华文琥珀　黑体

图 2-17　设置字体

2. 设置字号

用户可执行【字体】选项组中的【字号】命令来设置文字的大小，Word 2010 中主要包括“号”与“磅”两种度量单位。其中“号”单位的数值越小，“磅”单位的数值就越大。字号度量单位的具体说明如表 2-6 所示。

表 2-6　字号度量单位

字号	磅	字号	磅	字号	磅	字号	磅
初号	42	二号	22	四号	14	六号	7.5
小初	36	小二	18	小四	12	小六	6.5
一号	26	三号	16	五号	10.5	七号	5.5
小一	24	小三	15	小五	9	八号	5

3. 设置字形和效果

在 Word 中可以利用一些字体格式改变文字的形状，主要包括加粗、下划线、删除线、阳文等格式。执行【开始】选项卡【字体】选项组中的各项命令，可以设置文本的字形，如图 2-18 所示。

执行【字体】|【对话框启动器】命令，弹出【字体】对话框，如图 2-19 所示。在【字体】对话框中，不仅可以设置字体、字形与字号，而且还可以在【所有文字】与【效果】选项组中设置字体的效果。

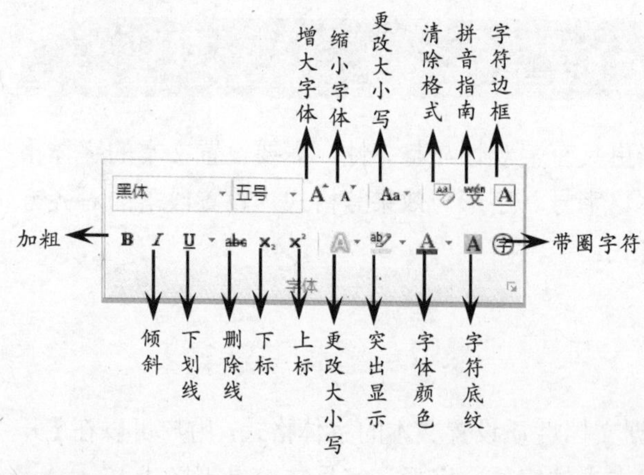

图 2-18　字形命令

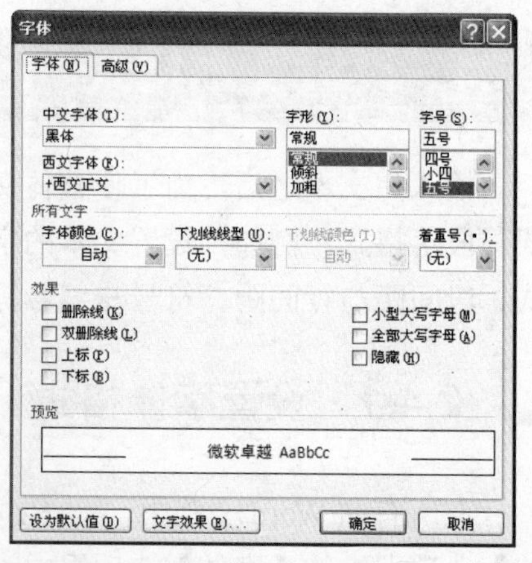

图 2-19　设置字体效果

在【所有文字】选项组中，主要可以设置文字颜色、下划线线型、下划线颜色与着重号 4 种格式，例如可以将【文字颜色】设置为蓝色、将【下划线线型】设置为“字下加线”、将【下划线颜色】设置为红色、将【着重号】设置为“ · ”。在【效果】选项组中，主要可以设置文字的删除线、阴影、空心等效果，具体效果的功能与示例如表 2-7 所示。

表 2-7　字体效果

效果名称	效果功能	效果示例
删除线	在文字中间添加一条横线	~~Word 2010~~
双删除线	在文字中间添加两条横线	~~Word 2010~~
上标	缩小并提高文字	Word^{2010}
下标	缩小并降低文字	Word$_{2010}$
小型大写字母	缩小文字并将文字变成大写字母	WORD 2010
全部大写字母	将文字全部变成大写字母	WORD 2010
隐藏	对指定的文字进行隐藏，使其不可见	

4．设置字符间距

在【字体】对话框中选择【高级】选项卡，在此主要设置文字的缩放、间距以及文字位置等，如图 2-20 所示。

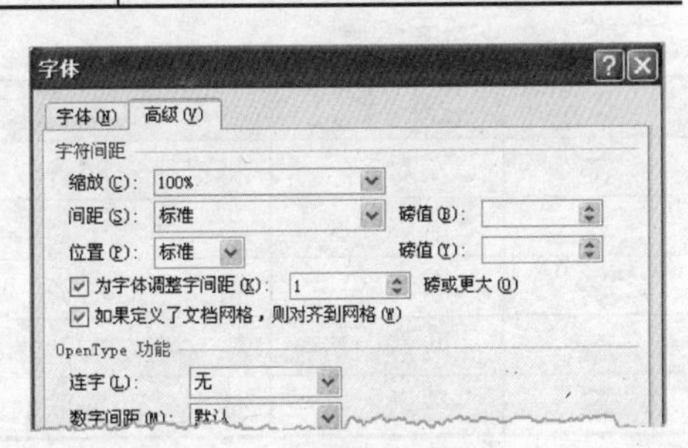

图 2-20　设置字符间距

- **缩放**　主要用于设置字符的缩放比例，其缩放值为 33%~200%。单击【缩放】下三角按钮，在其下拉列表中选择选项即可。当选择的缩放比例小于 100%时，文字变得更加紧凑；当选择的缩放比例大于 100%时，文字将会横向扩大，如图 2-21 所示。

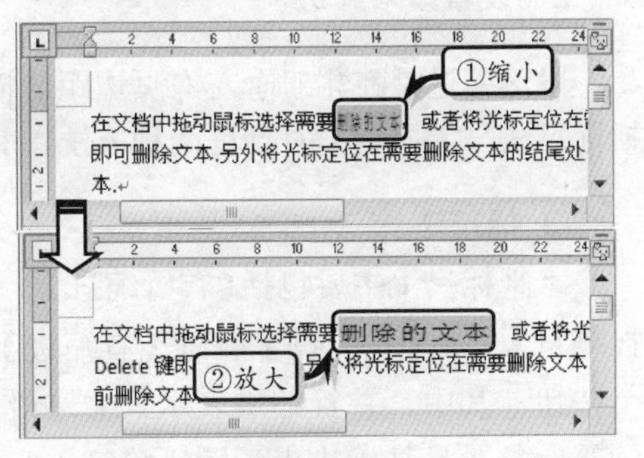

图 2-21　缩放文字

- **间距**　单击【间距】下三角按钮，在其下拉列表中选择【加宽】或【紧缩】选项即可调整字符之间的距离，同时可以通过【磅值】微调框来设置间距值。例如，选择【加宽】选项，并将【磅值】设置为“13”；或者选择【紧缩】选项，并将【磅值】设置为“5”，如图 2-22 所示。

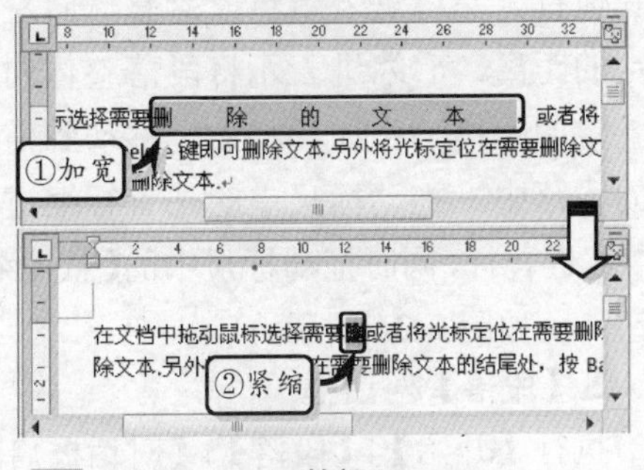

图 2-22　调整间距

- **位置**　单击【位置】下三角按钮，在其下拉列表中选择【提升】或【降低】选项即可调整字符的位置，同时可以通过【磅值】微调框来设置字符提升或降低的幅度。例如，选择【提升】选项，并将【磅值】设置为“7”；或者选择【降低】选项，并将【磅值】设置为“7”，如图 2-23 所示。

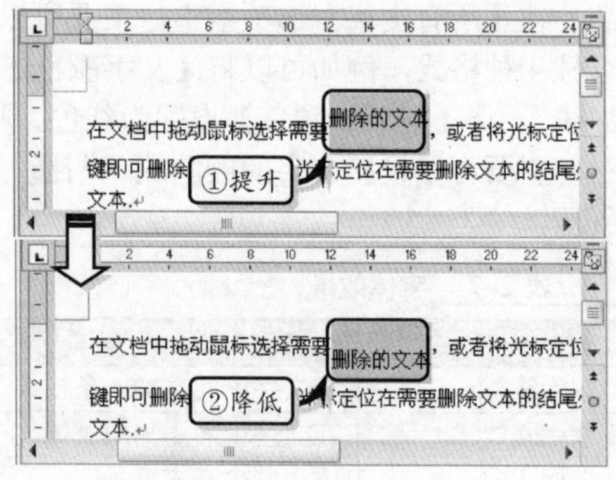

图 2-23 调整字符位置

2.4.2 设置段落格式

设置完字体格式之后，还需要设置段落格式。段落格式是指以段落为单位，设置段落的对齐方式、段间距、行间距与段落符号及编号。

1. 设置对齐方式

Word 2010 为用户提供了左对齐、右对齐、居中、两端对齐与分散对齐 5 种对齐方式。执行【开始】选项卡【段落】选项组中的命令，可以直接设置段落的对齐方式。各对齐方式的说明如表 2-8 所示。

表 2-8 对齐方式

按 钮	名 称	功 能	快 捷 键
	左对齐	将文字左对齐	Ctrl+L
	居中	将文字居中对齐	Ctrl+E
	右对齐	将文字右对齐	Ctrl+R
	两端对齐	将文字左右两端同时对齐，并根据需要增加字符间距	Ctrl+J
	分散对齐	使段落两端同时对齐，并根据需要增加字符间距	Ctrl+Shift+J

2. 设置段落缩进

段落缩进是在相对于左右页边距的情况下，将段落向内缩进。设置段落缩进主要包括标尺法与【段落】对话框两种方法，其具体内容如下所述。

❑ 标尺法

水平标尺上主要包括【首行缩进】、【悬挂缩进】、【左缩进】与【右缩进】4 个按钮。其中，首行缩进表示只缩进段落中的第一行，悬挂缩进表示缩进除第一行之外的其他行。左缩进表示将段落整体向左缩进一定的距离，右缩进表示将段落整体向右缩进一定的距离。例如，将光标移动到需要缩进的段落中，拖动标尺中的【首行缩进】按钮缩进首行，同时拖动标尺中的【悬挂缩进】按钮，如图 2-24 所示。

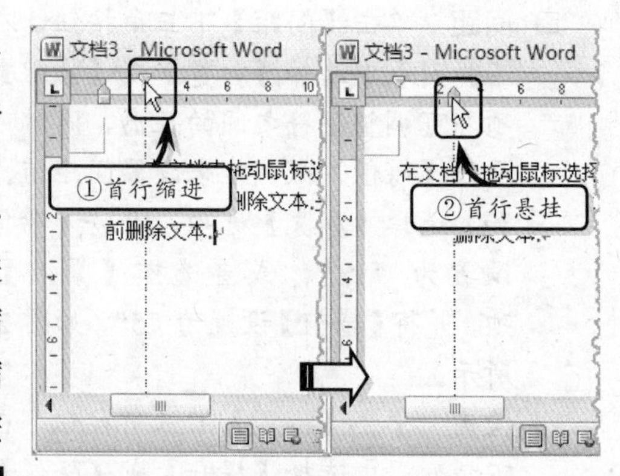

图 2-24 标尺法缩进段落

❑【段落】对话框

执行【开始】|【段落】|【对话框启动器】命令，弹出【段落】对话框。在【缩进和间距】选项组中，用户可以按照特殊格式设置首行缩进与悬挂缩进。例如，在【特殊

格式】下拉列表中选择【首行缩进】选项，并在旁边的【磅值】微调框中设置缩进值。同时，也可以按照自定义左侧与右侧的方法设置段落的整体缩进。例如，在【左侧】与【右侧】微调框中设置缩进值，如图2-25所示。另外，当用户选中【对称缩进】复选框时，【左侧】与【右侧】微调框将变为【内侧】与【外侧】微调框，两者的作用大同小异。

图 2-25 设置缩进参数

3. 设置段间距与行间距

段间距是指段与段之间的距离，行间距是指行与行之间的距离。在【段落】对话框中的【间距】选项组中，可以设置段间距与行间距，如图2-26所示。其具体设置方法如下所述。

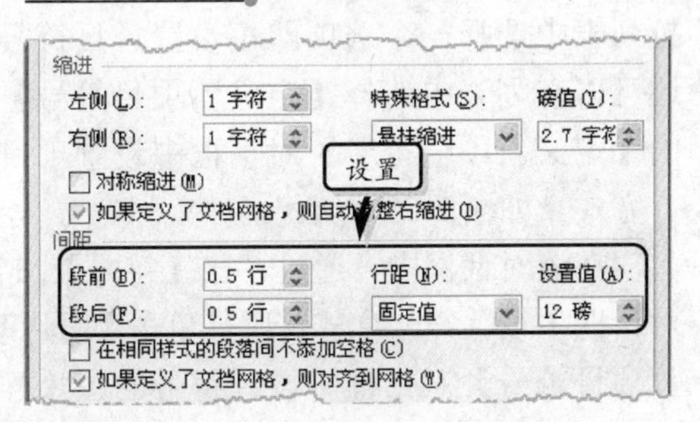

图 2-26 设置段间距与行间距

- **段间距** 段间距包括段前与段后两个距离，在【段前】微调框中设置该段距离上段的行数，在【段后】微调框中设置该段距离下段的行数。例如，将【段前】与【段后】值分别设置为“2 行”，表示该段与前后段间隔两行的距离。

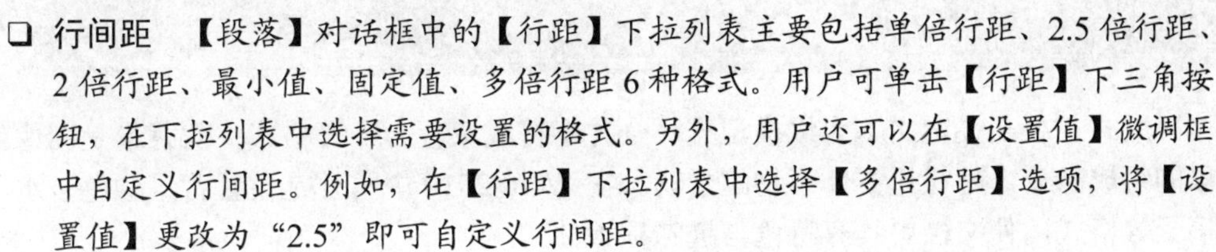

- **行间距** 【段落】对话框中的【行距】下拉列表主要包括单倍行距、2.5倍行距、2倍行距、最小值、固定值、多倍行距6种格式。用户可单击【行距】下三角按钮，在下拉列表中选择需要设置的格式。另外，用户还可以在【设置值】微调框中自定义行间距。例如，在【行距】下拉列表中选择【多倍行距】选项，将【设置值】更改为“2.5”即可自定义行间距。

4. 设置符号与编号

为了使文档具有层次性，需要为文档设置行编号、段编号与项目符号，从而突出或强调文档中的重点，如图2-27所示。

- **设置行编号**

执行【页面布局】|【页面设置】|【行号】命令，在列表中选择【连续】选项即可为每行添加行编号。【行号】列表中，主要包括无、连续、每页重编行号、每节重编行号与禁止用于当前段落5种选项。

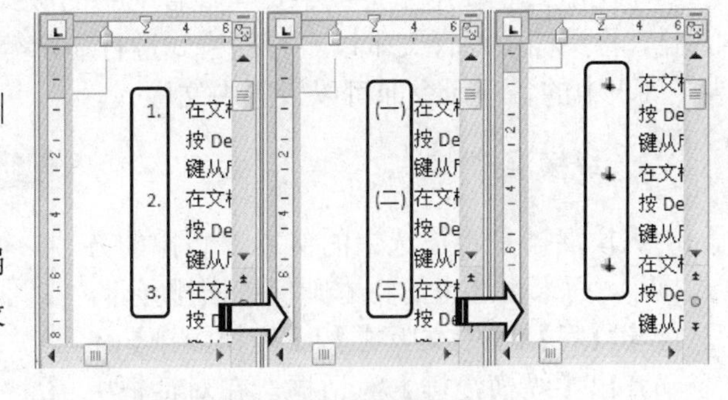

图 2-27 设置符号与编号

- **设置段编号**

执行【开始】|【段落】|【编号】命令，在列表中选择一种选项即可设置段编号。另外，用户还可以在列表中选择【定义

新编号格式】选项，在弹出的【定义新编号格式】对话框中设置编号样式与对齐方式，如图 2-28 所示。

例如，单击【编号样式】下三角按钮，选择一种样式并单击【字体】按钮，在弹出的【字体】对话框中设置字体格式。然后单击【对齐方式】下三角按钮，在其下拉列表中选择【左对齐】、【居中】或【右对齐】选项即可。

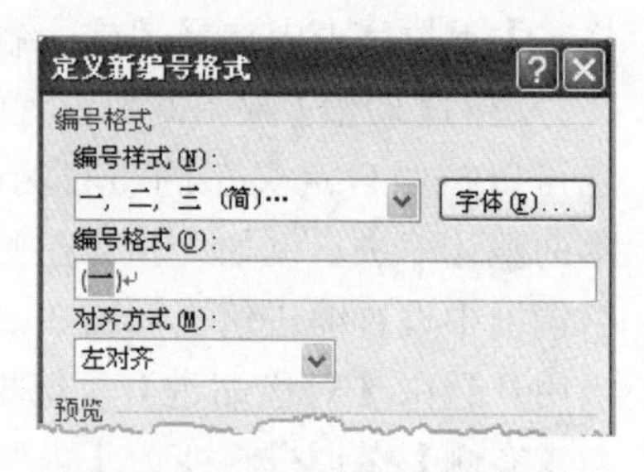

图 2-28　自定义编号格式

❑ 设置项目符号

执行【开始】|【段落】|【项目符号】命令，在其下拉列表中选择一个选项即可设置项目符号。另外，用户还可以在列表中选择【定义新项目符号】选项，在弹出的【定义新项目符号】对话框中设置项目符号字符与对齐方式，如图 2-29 所示。

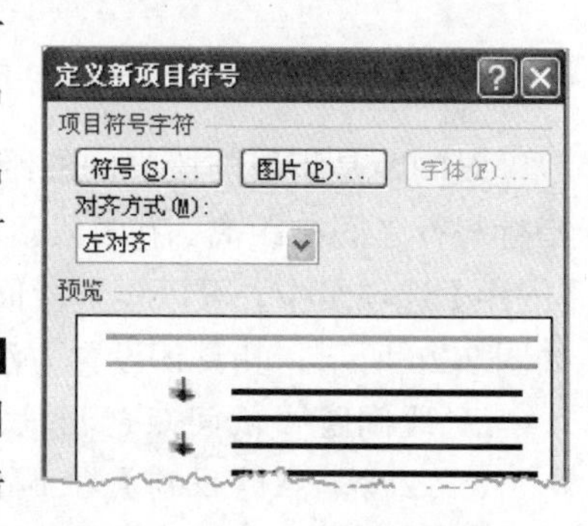

图 2-29　自定义项目符号

在该对话框中，通过单击【符号】按钮可在【符号】对话框中设置符号样式；通过单击【图片】按钮可在【图片项目符号】对话框中设置符号的图片样式；通过单击【字体】按钮可在【字体】对话框中设置符号的字体格式。最后单击【对齐方式】下三角按钮，在其下拉列表中选择【左对齐】、【居中】或【右对齐】选项即可。

2.5 设置版式与背景

版式主要是设置文本为纵横混排、合并字符或双行合一等格式；而背景是图像或景象的组成部分，是衬托主体事物的景物。在 Word 2010 中主要是设置背景颜色、水印与稿子等格式，使文档更具有特色与趣味标识性。

2.5.1 设置中文版式

中文版式主要用来定义中文与混合文字的版式。例如，将文档中的字符合并为上下两排，将文档中两行文本以一行的格式进行显示等。执行【开始】|【段落】|【中文版式】列表中的各项命令即可以设置中文版式。

1. 纵横混排

纵横混排是将被选中的文本以竖排的方式显示，而未被选中的文本则保持横排显示。执行【段落】|【中文版式】|【纵横混排】命令，弹出【纵横混排】对话框。在对话框中选中【适应行宽】复选框，将使文本按照行宽的尺寸进行显示。反之，则以字符本身的尺寸进行显示，如图 2-30 所示。

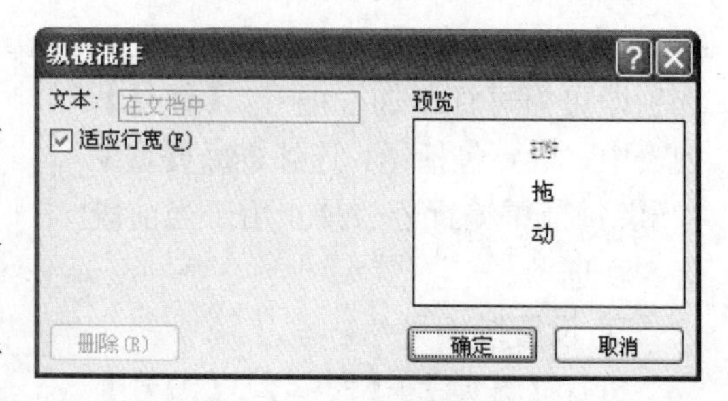

图 2-30　纵横混排文本

提 示

【纵横混排】对话框中的【删除】按钮，只有在应用了该格式之后才可以使用。另外，单击【删除】按钮可以取消应用“纵横混排”的格式。

2. 合并字符

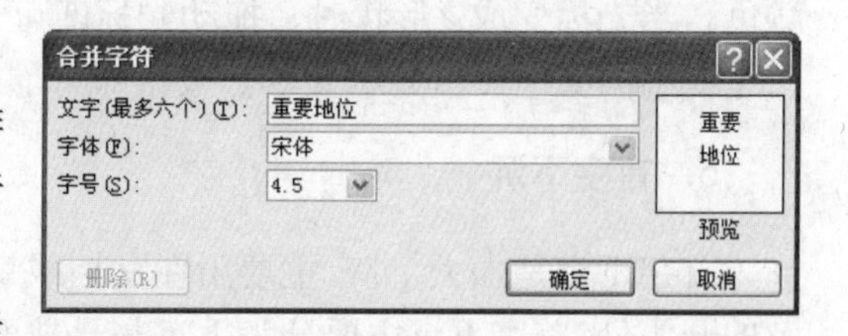

图 2-31 【合并字符】对话框

合并字符是将选中的字符按照上下两排的方式进行显示，显示所占据的位置以一行的高度为基准。执行【段落】|【中文版式】|【合并字符】命令，弹出【合并字符】对话框，如图 2-31 所示。该对话框主要包括文字、字体、字号与【删除】按钮。

- **文字** Word 2010 规定用户只能合并 6 个以内的字符，在文档中选中需要合并的字符后，【文字】文本框将会自动显示选中的文字。另外，还可以在【文字】文本框中输入文档中不存在的文本，新输入的文本以合并字符的格式显示在文档的光标处。
- **字体** 在【字体】下拉列表中可以设置合并字符的字体格式。例如，将字体设置为“黑体”、“楷体”等字体格式。
- **字号** 对话框中的字号主要以磅为单位进行显示，单击【字号】下三角按钮，在其下拉列表中选择需要设置的字号即可。设置完字号之后，可以在右侧的【预览】列表框中查看设置效果。
- **【删除】按钮** 【删除】按钮位于对话框的左下角，在用户第一次设置“合并字符”格式时该按钮显示为灰色，表示不可用。当用户第二次设置相同字符的“合并字符”格式时，此按钮显示为可用状态，单击【删除】按钮即可取消文本的“合并字符”格式。

3. 双行合一

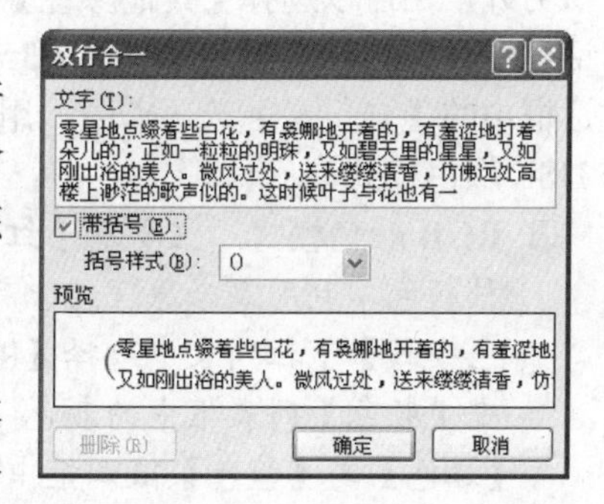

图 2-32 【双行合一】对话框

双行合一是将文档中的两行文本合并为一行，并以一行的格式进行显示。在文档中选择需要合并的行，执行【段落】|【中文版式】|【双行合一】命令，弹出【双行合一】对话框，如图 2-32 所示。该对话框主要包括文字、带括号与括号样式选项。

选中需要合并的字符后，【文字】文本框将会自动显示选中的文字。另外，还可以在【文字】文本框中输入文档中不存在的文本，新输入的文本以合并字符的格式显示在文档的光标处。系统默认的情况下【带括号】复选框为取消选中状态，选中此复选框之后将使【括号样式】下拉列表转换为可用状态。其中，括号样式主要包括()、[]、< >与{}4 种样式。

4. 突出显示文本

突出显示文本，即是以不同的颜色来显示文本，从而使文字看上去好像用荧光笔做了标记一样。执行【开始】|【字体】|【以不同颜色突出显示文本】命令，在列表中选择颜色。当光标变成形状时，拖动光标即可。另外，用户也可以首先选择文本，然后单击【以不同颜色突出显示文本】按钮即可。

5. 首字下沉

首字下沉是加大字符，主要用在文档或章节的开头处。首字下沉主要分为下沉与悬挂两种方式，下沉即是首个字符在文档中加大，占据文档中4行的首要位置；悬挂即是首个字符悬挂在文档的左侧部分，不占据文档中的位置。执行【插入】|【文本】|【首字下沉】命令，选择【下沉】或【悬挂】选项即可，如图2-33所示。

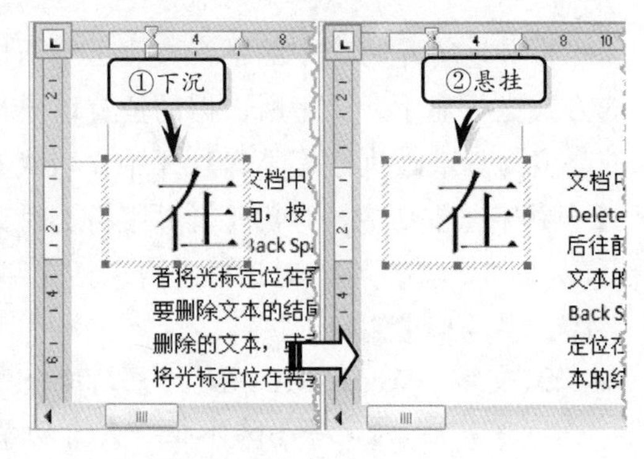

图2-33 首字下沉

提 示

用户也可以执行【插入】|【文本】|【首字下沉】|【无】命令，取消首字下沉。

2.5.2 设置纯色背景

在Word 2010中默认的背景色是白色，用户可执行【页面布局】|【页面背景】|【页面颜色】命令中的纯色背景颜色，来设置文档的背景格式。例如，可以将背景颜色设置为“紫色，强调文字颜色4，深色25%”，如图2-34所示。

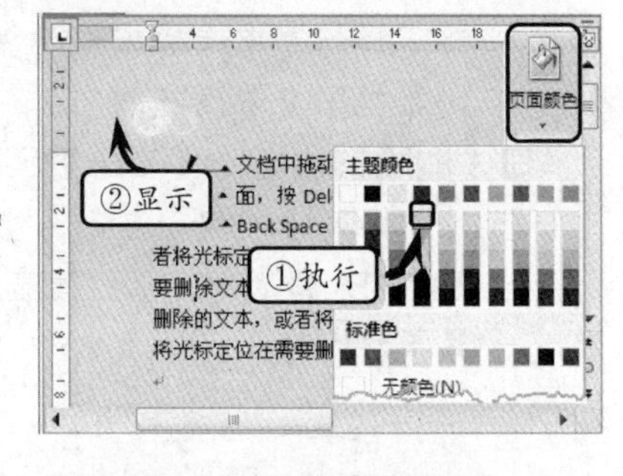

图2-34 设置背景颜色

另外，还可以选择【其他颜色】选项，在【颜色】对话框中设置自定义颜色，如图2-35所示。在【颜色】对话框中的【自定义】选项卡中，用户可以设置RGB与HSL颜色模式。

- **RGB颜色模式** 主要基于红色、蓝色与绿色3种颜色，利用混合原理组合新的颜色。在【颜色模式】下拉列表中选择【RGB】选项后，单击【颜色】列表框中的颜色，然后在【红色】、【绿色】与【蓝色】微调框中设置颜色值即可。
- **HSL颜色模式** 主要基于色调、饱和度与亮度3种效果来调整颜色。在【颜色模式】下拉列表中选择【HSL】选项后，单击【颜色】列表框中的颜色，然后在【色调】、【饱和度】与【亮

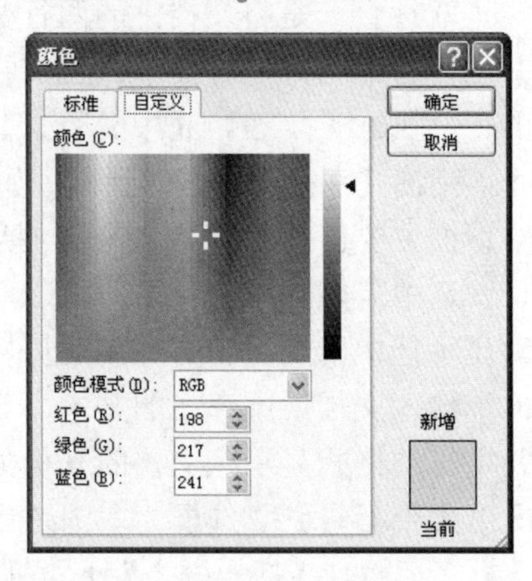

图2-35 自定义颜色

度】微调框中设置数值即可。其中，各数值的取值范围为 0～255。

2.5.3 设置填充背景

在文档中不仅可以设置纯色背景，还可以设置多样式的填充效果，例如渐变填充、图案填充、纹理填充等效果。执行【页面背景】|【页面颜色】|【填充效果】命令，在【填充效果】对话框中设置渐变、纹理、图案与图片 4 种效果，从而使文档更具有美观性。

1. 渐变

渐变是颜色的一种过渡现象，是一种颜色向一种或多种颜色过渡的填充效果。在【填充效果】对话框中的【渐变】选项卡中可以设置颜色与底纹样式，如图 2-36 所示。

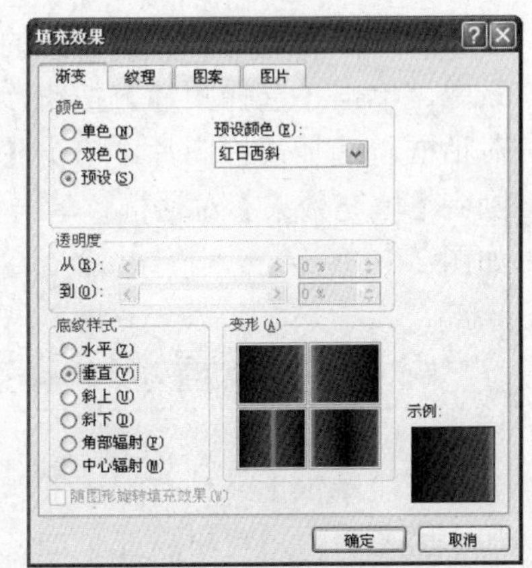

图 2-36 渐变填充

- ❑ **颜色** 主要可以设置单色填充、双色填充与多色填充效果。其中，选中【单色】单选按钮表示一种颜色向黑色或白色渐变。例如，滑块向【深】滑动时颜色向黑色渐变，滑块向【浅】滑动时颜色向白色渐变。选中【双色】单选按钮则表示一种颜色向另外一种颜色渐变，选中【预设】单选按钮则表示使用 Word 2010 自带的 24 种渐变颜色。
- ❑ **底纹样式** 主要通过改变渐变填充的方向来改变颜色填充的格式，也就是一种渐变变形。在【底纹样式】选项组中可以设置水平、垂直、中心辐射等渐变格式，其具体功能如表 2-9 所示。

表 2-9 底纹样式

名 称	功 能	名 称	功 能
水平	由上向下渐变填充	斜下	由右上角向左下角渐变填充
垂直	由左向右渐变填充	角部辐射	由某个角度向外渐变填充
斜上	由左上角向右下角渐变填充	中心辐射	由中心向外渐变填充

2. 纹理

【纹理】选项卡为用户提供了鱼类化石、纸袋、画布等几十种纹理图案。通过对纹理的应用，可以在文档背景中实现纹理效果。单击【纹理】列表框中的纹理类型即可，如图 2-37 所示。另外，用户还可以使用自定义纹理来填充文档背景。单击【其他纹理】按钮，在弹出的【选择纹理】对话框中选择一种纹理即可。

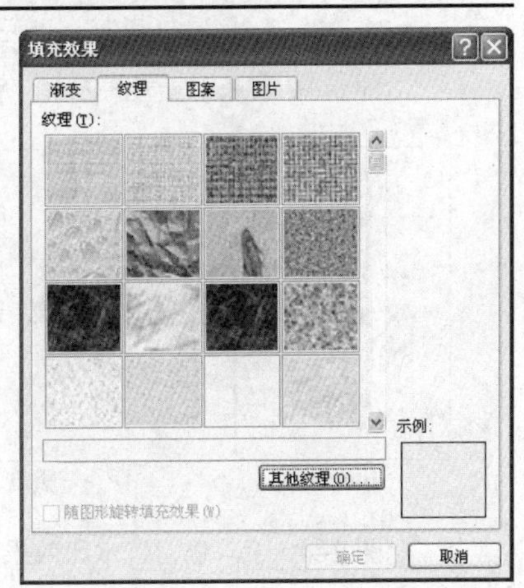

图 2-37 纹理填充

3. 图案

图案填充效果是由点、线或图形组合而成的一种填充效果。Word 2010 为用户提供了 48 种图案填充效果，如图 2-38 所示。在【图案】列表框中选择某种图案后，可以单击【前景】与【背景】下三角按钮来设置图案的前景与背景颜色。其中，前景表示图案的颜色，背景则表示图案下方的背景颜色。

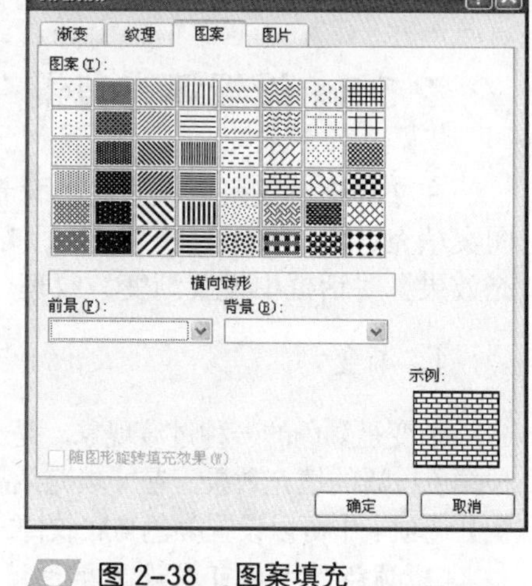

图 2-38 图案填充

4. 图片

图片填充是将图片以填充的效果显示在文档背景中，单击【选择图片】按钮，弹出【选择图片】对话框。选择某种图片，单击【插入】按钮即可返回到【填充效果】对话框，单击【确定】按钮即可，如图 2-39 所示。

图 2-39 图片填充

2.5.4 设置水印背景

水印是位于文档背景中的一种文本或图片。添加水印之后，用户可以在页面视图、全屏阅读视图下或在打印的文档中看见水印。执行【页面布局】|【页面背景】|【水印】命令，可以通过系统自带样式或自定义样式的方法来设置水印效果。

1. 自带样式

Word 2010 中自带了机密、紧急与免责声明 3 种类型共 12 种水印样式，用户可根据文档内容设置不同的水印效果。

- **机密** 在【机密】选项中主要包括“机密”与“严禁复制”两种类型的水印效果，其中“机密”效果包括“机密 1”与“机密 2”两种水印效果，“严禁复制”效果包括“严禁复制 1”与“严禁复制 2”两种水印效果，如图 2-40 所示。

机密

机密 1

机密

机密 2

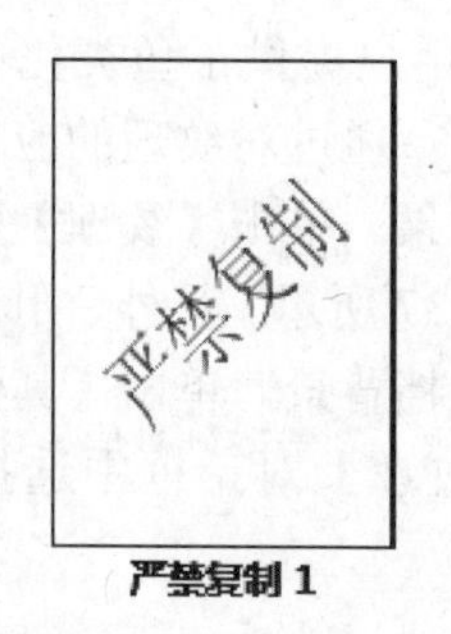

严禁复制 1

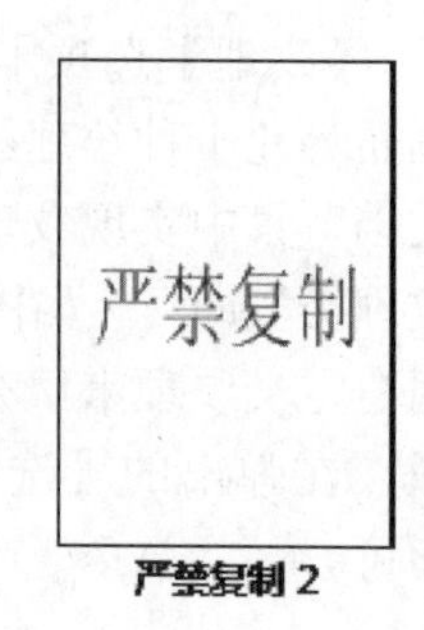

严禁复制 2

图 2-40 “机密”水印效果

- **紧急** 在【紧急】选项中主要包括“紧急”与“尽快”两种类型的水印效果，其中“紧急”效果包括“紧急 1”与“紧急 2”两种水印效果，“尽快”效果包括“尽快 1”与“尽快 2”两种水印效果，如图 2-41 所示。

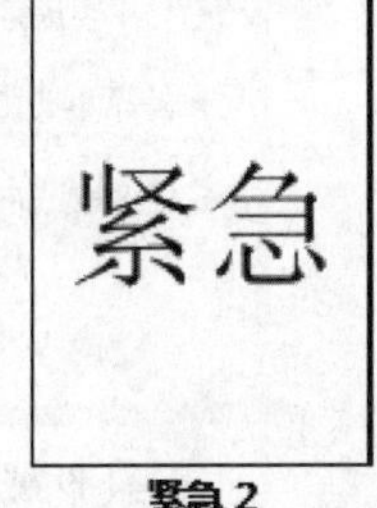

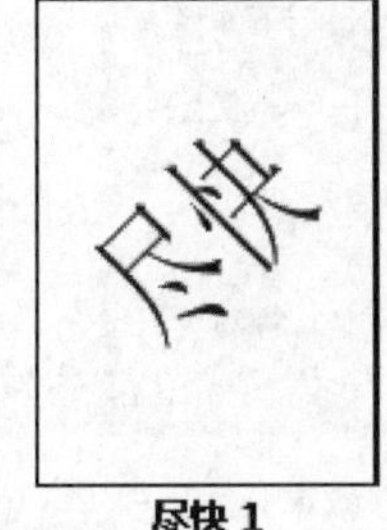

图 2-41 “紧急”水印效果

- **免责声明** 在【免责声明】选项中主要包括“草稿”与“样本”两种类型的水印效果，其中“草稿”效果包括“草稿 1”与“草稿 2”两种水印效果，“样本”效果包括“样本 1”与“样本 2”两种水印效果，如图 2-42 所示。

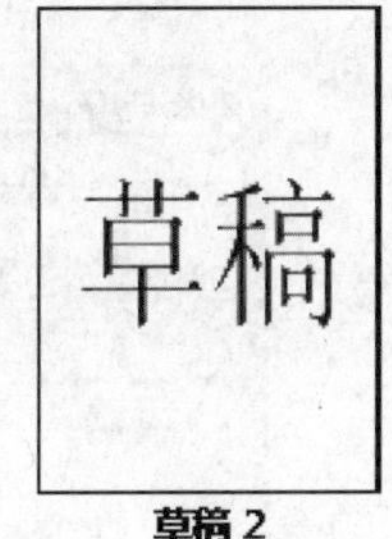

图 2-42 “免责声明”水印效果

2. 自定义水印效果

在 Word 2010 中除了使用自带水印效果之外，还可以自定义水印效果。在【水印】下拉列表中选择【自定义水印】选项，弹出【水印】对话框，如图 2-43 所示。在该对话框中主要可以设置无水印、图片水印与文字水印 3 种水印效果。其中，无水印即在文档中不显示水印效果。

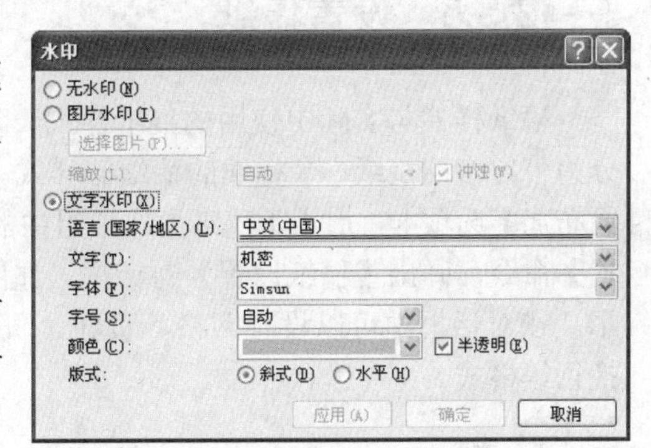

图 2-43 【水印】对话框

- **图片水印** 选中【图片水印】单选按钮，在选项组中单击【选择图片】按钮，在弹出的【插入图片】对话框中选择需要插入的图片。然后单击【缩放】下三角按钮，在列表中选择缩放比例。最后选中【冲蚀】复选框，淡化图片避免图片影响正文。其最终效果如图 2-44 所示。

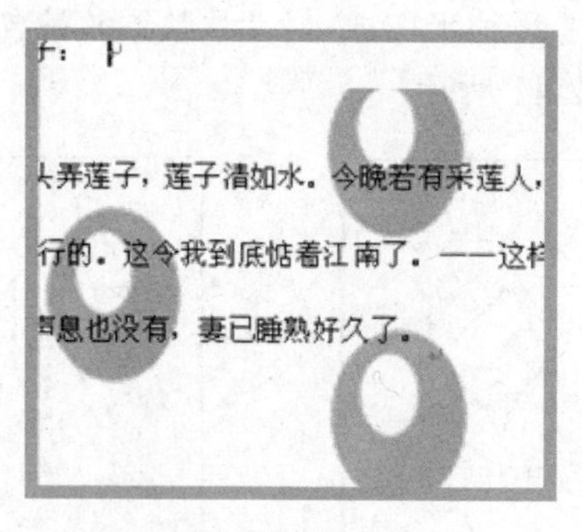

设置“缩放”效果

设置“冲蚀”效果

图 2-44　图片水印

- **文字水印**　选中【文字水印】单选按钮，在选项组中可以设置语言、文字、字体、字号、颜色与版式，另外还可以通过【半透明】复选框设置文字水印的透明状态。例如，将【文字】设置为“中国北京”，将【字体】设置为“华文彩云”，将【颜色】设置为“茶色”，如图 2-45 所示。

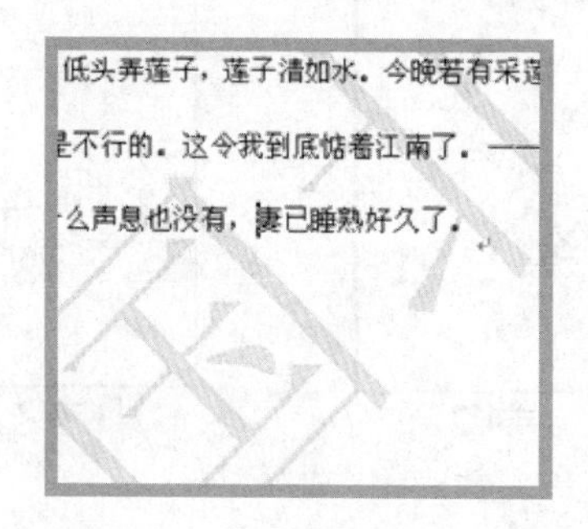

默认效果

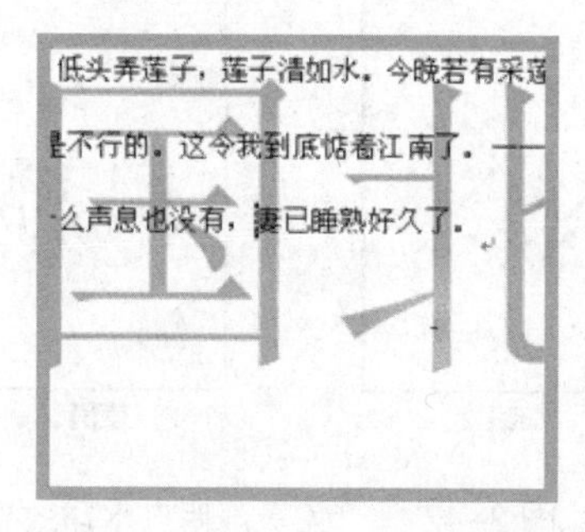

设置“颜色”与“版式”效果

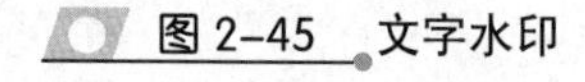

图 2-45　文字水印

2.5.5　设置稿纸

稿纸样式与实际中使用的稿纸样式一致，可以区分为带方格的稿纸、带行线的稿纸等样式。选择【页面布局】选项卡，启用【稿纸】选项组中的【稿纸设置】命令，弹出【稿纸设置】对话框，如图 2-46 所示。在对话框中可以设置网格、页面、页眉/页脚、换行等格式。

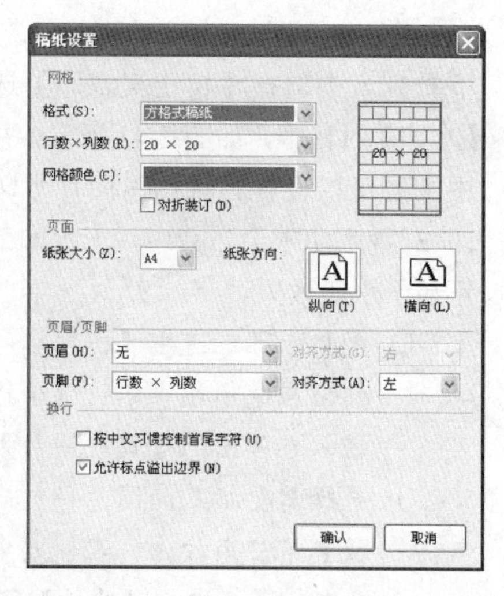

图 2-46　【稿纸设置】对话框

1. 网格

【网格】选项组主要包括格式、行数×列数、网格颜色与【对折装订】复选框。其中每种格式的样式与功能，如表 2-10 所示。

表 2-10 【网格】选项组

名称	包含样式	功能
格式	非稿纸文档	显示为空白背景
	方格式稿纸	以方格的样式显示背景
	行线式稿纸	以行线的样式显示背景
	外框式稿纸	为文档添加外框线
行数×列数	10×20	表示每页稿纸以 10 行 20 列的格式显示文本
	15×20	表示每页稿纸以 15 行 20 列的格式显示文本
	20×20	表示每页稿纸以 20 行 20 列的格式显示文本
	20×25	表示每页稿纸以 20 行 25 列的格式显示文本
	24×25	表示每页稿纸以 24 行 25 列的格式显示文本
网格颜色	常用的 40 种颜色	用来设置稿纸中网格的颜色
对折装订	无	选中此复选框则表示每页文档以对折的形式进行显示，即将一页文档平分为两页

2．页面

【页面】选项组主要包括纸张大小与纸张方向。其中，纸张大小主要包括 A3、A4、B4 与 B5，而纸张方向主要包括横向与纵向。在设置纸张方向为“横向”时，文档中的文本方向也会变成横向，并且文本开头以古书的形式从右侧开始，如图 2-47 所示。

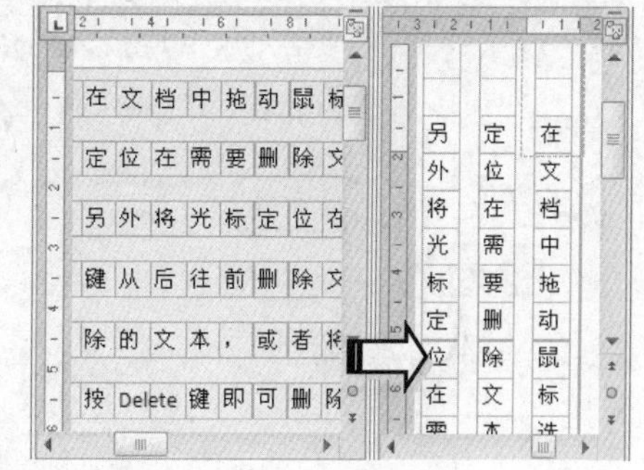

图 2-47 纵向与横向

3．页眉/页脚

在【页眉/页脚】选项组中可以设置页眉与页脚的显示文本与对齐方式。【页眉】与【页脚】下拉列表中主要包括“第 X 页 共 Y 页”、“行数×列数”、“行数×列数=格数”、“-页数-”、“第 X 页”、“日期”、“作者”、“作者,第 X 页,日期”8 种样式。另外，【对齐方式】列表中主要包括左、右、中 3 种样式。

4．换行

【换行】选项组主要包括【按中文习惯控制收尾字符】与【允许标点溢出边界】复选框。其中，选中【按中文习惯控制收尾字符】复选框时，文档中将会按照中文格式控制每行的首尾字符；而选中【允许标点溢出边界】复选框时，文档中的标点将会显示在稿纸外侧。

2.6 课堂练习：“荷塘月色”课文

在日常生活或工作中，用户往往需要利用 Word 2010 来制作工作报告、经典课文、散文诗歌等文档。下面便利用 Word 2010 中的基础知识来制作“荷塘月色”课文，如图 2-48 所示。在本练习中，主要运用字体格式、段落格式等功能来制作“荷塘月色”课文。

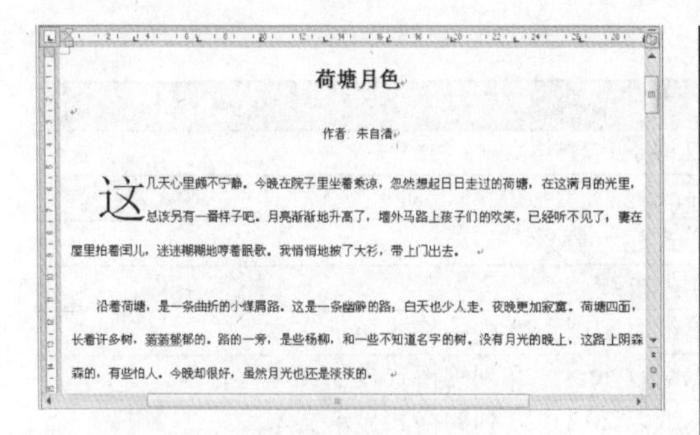

图 2-48 “荷塘月色”课文

操作步骤

1 启动 Word 2010，在文档中输入“荷塘月色”课文的标题、作者与内容。选择标题文本，执行【开始】|【段落】|【居中】命令，如图 2-49 所示。

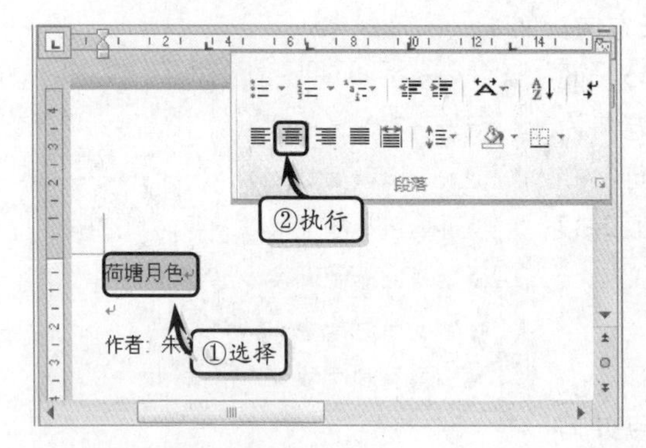

图 2-49 设置对齐方式

2 执行【开始】|【字体】|【字号】命令，选择【小三】选项，同时单击【加粗】按钮，如图 2-50 所示。

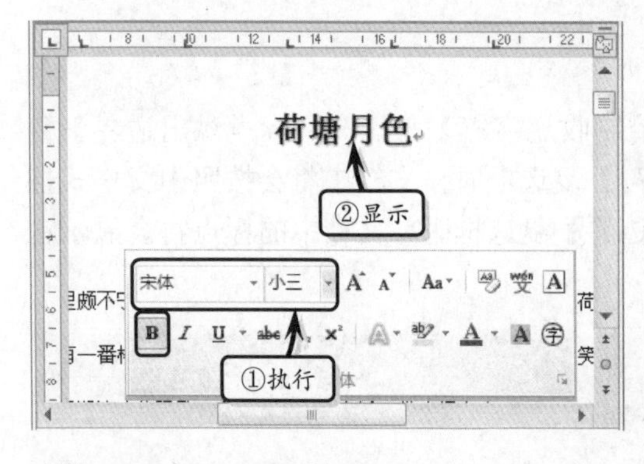

图 2-50 设置字体效果

3 选择“作者：朱自清”文本，在【段落】选项组中单击【居中】按钮，在【字体】选项组中单击【字号】下三角按钮，选择【小四】选项。

4 选择全部正文，单击【段落】选项组中的【对话框启动器】按钮。单击【特殊格式】下三角按钮，选择【首行缩进】选项，将【磅值】设置为“2 字符”，如图 2-51 所示。

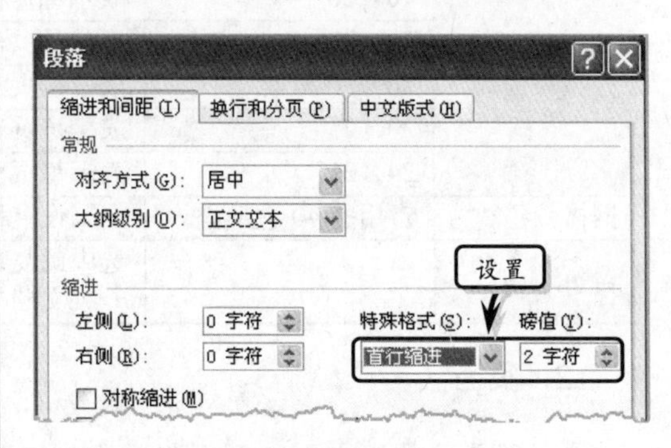

图 2-51 设置段落缩进

5 在【间距】选项组中单击【行距】下三角按钮，选择【1.5 倍行距】选项。将【段前】与【段后】都设置为“1 行”，单击【确定】按钮，如图 2-52 所示。

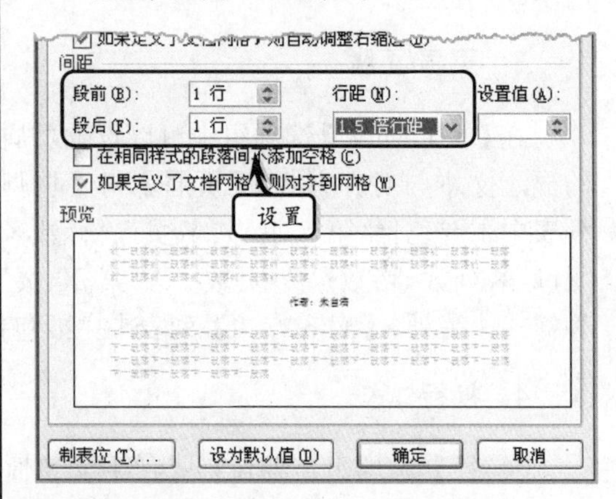

图 2-52 设置段间距与行间距

6 选择标题，在【字体】选项组中单击【对话框启动器】按钮。单击【文字效果】按钮，选择【阴影】选项卡，并设置【预设】选项，如图 2-53 所示。

7 将光标置于第一段中，选择【插入】选项卡，在【文本】选项组中单击【首字下沉】下三角按钮，选择【下沉】选项，如图 2-54 所示。

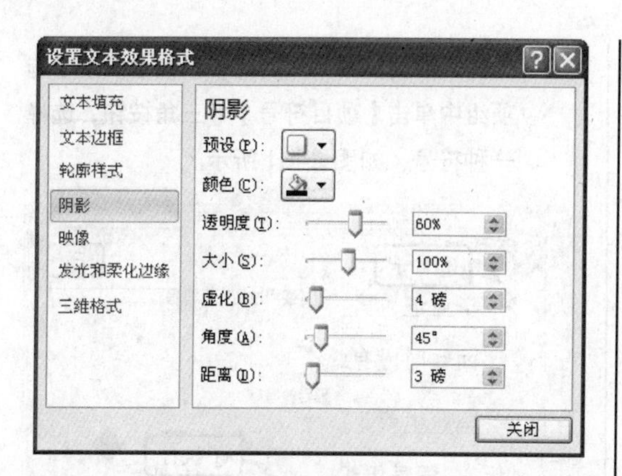

图 2-53 设置字体效果

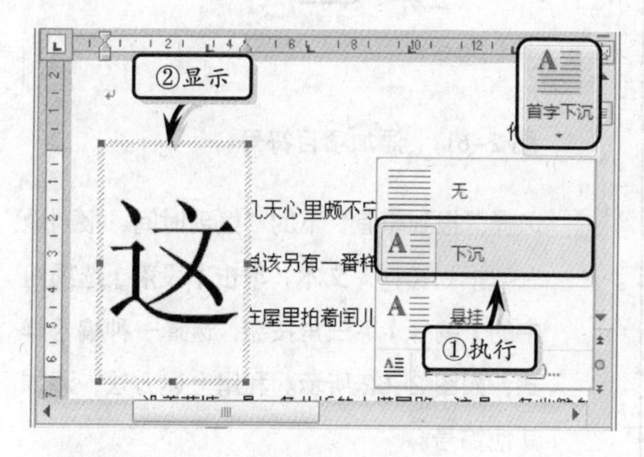

图 2-54 设置首字下沉

8 在【首字下沉】下拉列表中选择【首字下沉】选项，将【下沉行数】设置为“2 行”，单击【确定】按钮，如图 2-55 所示。

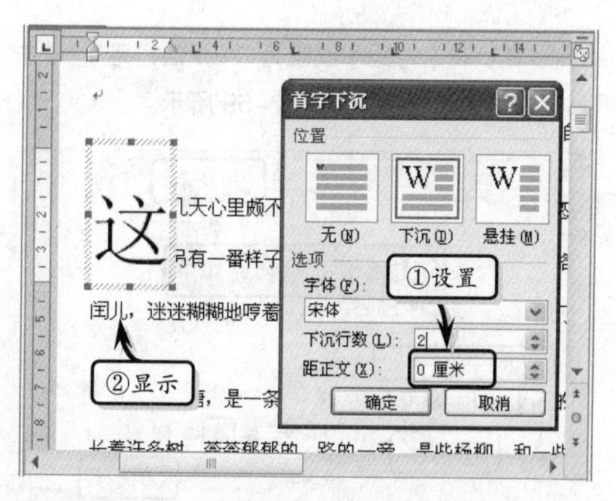

图 2-55 设置首字下沉行数

9 在【快速访问工具栏】中单击【保存】按钮，弹出【另存为】对话框。在【文件名】文本框中输入“荷塘月色”，单击【保存】按钮，如图 2-56 所示。

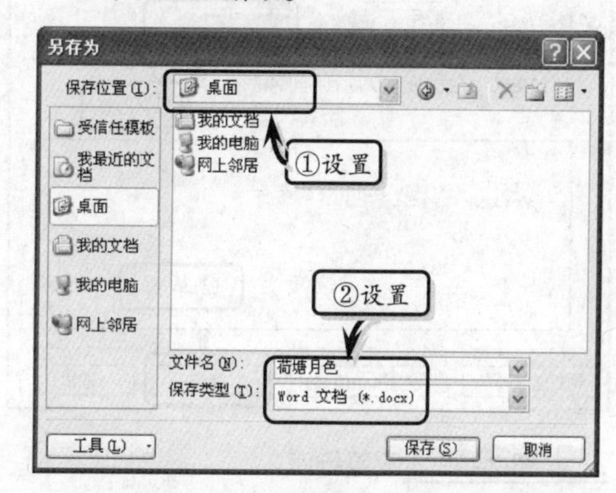

图 2-56 保存文档

2.7 课堂练习：员工报到、培训通知单

制作通知单是办公室人员必备的工作之一，通知单是传达开会、培训等所使用的应用文。下面便利用 Word 2010 来制作一个员工报到、培训通知单，如图 2-57 所示。通过本练习，加深学习 Word 2010 中项目编号、项目符号与设置文档背景的应用。

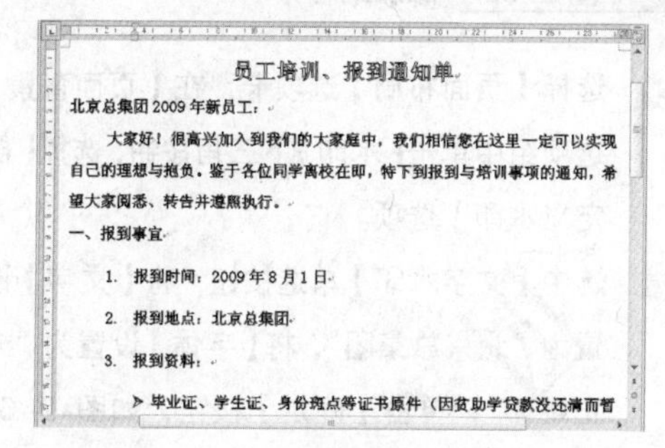

图 2-57 员工报到、培训通知单

操作步骤

1 新建 Word 2010 文档，输入文档内容。选择标题，执行【开始】|【段落】|【居中】命令。同时，执行【字体】|【加粗】命令，并将【字号】设置为“三号”，如图 2-58 所示。

2 选择正文，将【字号】设置为“小四”。单击【段落】选项组中的【对话框启动器】按钮，将【行距】设置为“1.5倍行距”，单击【确定】按钮，如图2-59所示。

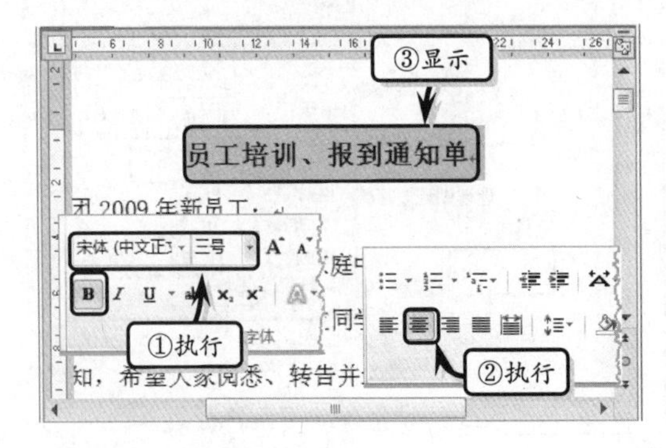

图2-58 设置标题

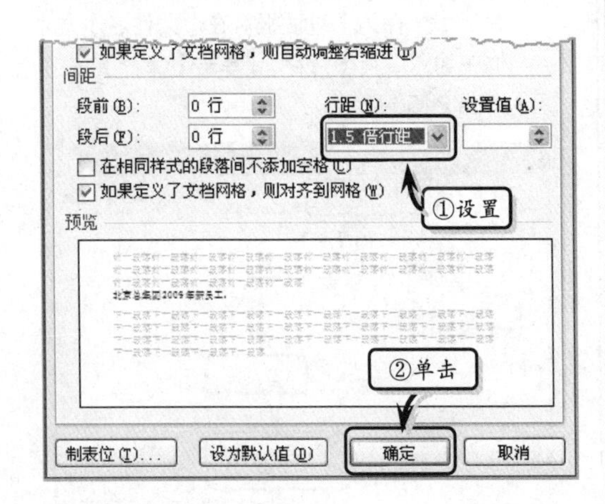

图2-59 设置行距

3 将光标放置于第二段中的第一个字符前，拖动标尺中的【首行缩进】按钮。利用上述方法，分别调整其他段落的首行缩进，如图2-60所示。

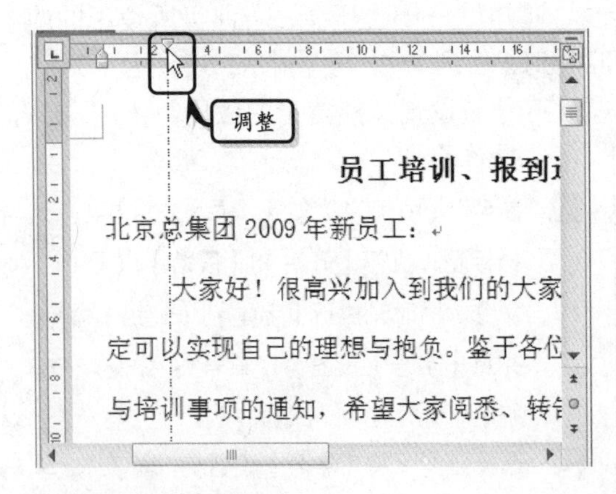

图2-60 调整段落

4 选择“报到资料”下的内容，在【段落】选项组中单击【项目符号】下三角按钮，选择一种符号，如图2-61所示。

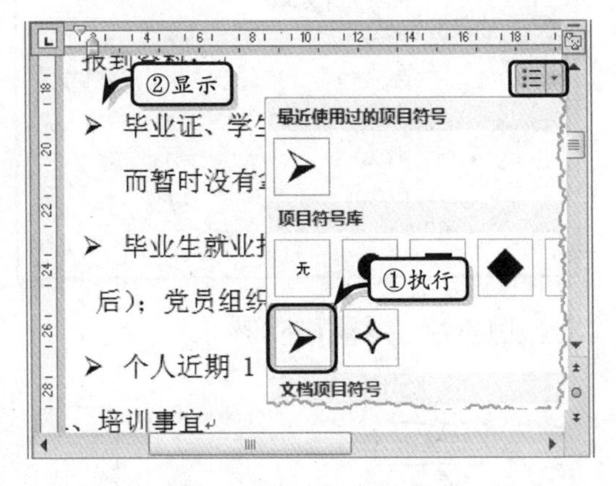

图2-61 添加项目符号

5 选择“报到事宜”下的“报到时间、报到地点与报到资料”文本，单击【段落】选项组中的【编号】下三角按钮，选择一种编号样式，如图2-62所示。利用上述方法，添加其他编号。

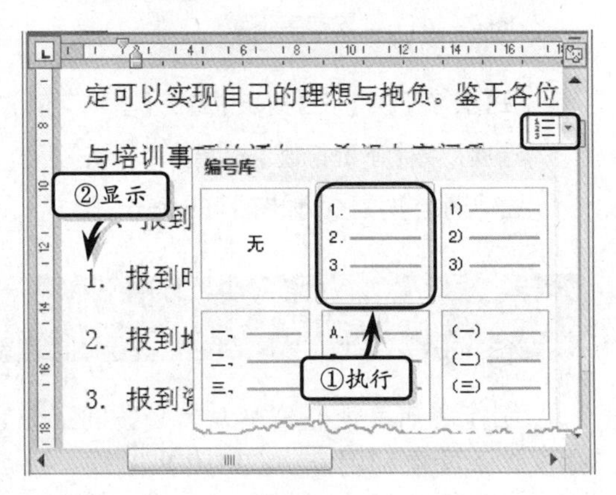

图2-62 添加编号

6 选择【页面布局】选项卡，在【页面背景】选项组中单击【水印】下三角按钮，选择【自定义水印】选项。

7 选中【文字水印】单选按钮，将【文字】设置为“北京总集团”，将【字体】设置为“方正姚体”，单击【确定】按钮，如图2-63所示。

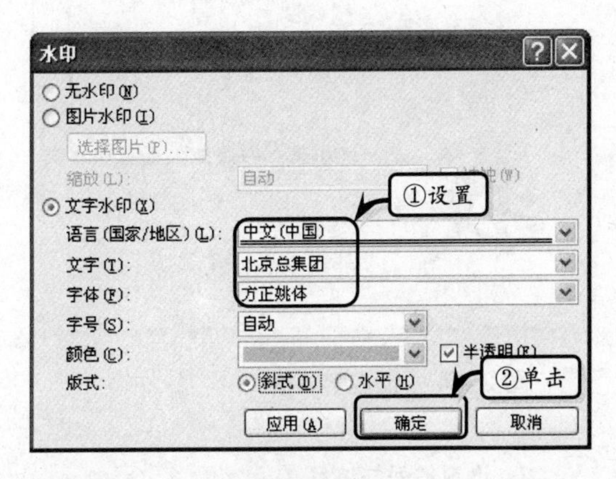

图 2-63 设置文字水印

8 最后，通过启用【Office 按钮】中的【保存】命令，对文档进行保存。

2.8 思考与练习

一、填空题

1. 在 Word 2010 中，标题栏主要包括当前工作表名称、窗口控制按钮、______与______。

2. Word 2010 为用户提供了二次公式、二项式定理、勾股定理等 9 种公式。用户需要在________选项卡中的________中插入公式。

3. 在利用查找和替换功能时，不仅可以替换文档中的文本，而且还可以替换文档中的________。

4. 在缩放字体间距时，最大可以缩放到________%。

5. 首字下沉又分为________与________两种样式。

6. 在 Word 2010 中，按________键可以打开访问键。

7. Word 2010 中主要包括左对齐、右对齐、居中式、________、________等 7 种制表位格式。

8. 显示比例位于状态栏的最右侧，主要用来调整视图的百分比，其调整范围为________。

9. 在文档还可以设置多样式的填充效果，主要包括_________、_________、_________、________4 种效果。

二、选择题

1. 在设置稿纸时，主要可以设置为方格式稿纸、外框式稿纸与________稿纸。

A. 行线式　　B. 线性式
C. 平行式　　D. 田字格式

2. 在设置图片水印时，选中【冲蚀】复选框表示________。

A. 淡化图片
B. 改变图片颜色
C. 改变图片透明度
D. 强化图片

3. 中文版式中的合并字符功能最多能合并________个字符。

A. 5　　B. 6
C. 8　　D. 2

4. 在 Word 2010 中不仅可以添加项目编号与行号，而且还可以添加________。

A. 段编号　　B. 图片编号
C. 文本编号　　D. 章编号

5. 在创建模板时选择【根据现有内容新建】选项，表示是根据________中的文档来创建一个新的文档。

A. 本地计算机磁盘
B. 运行中的文档
C. Word 模板
D. 当前模板文件

6. 保护文档是在【工具】下拉列表中选择________选项并输入打开密码。

A. 【常规选项】
B. 【属性】
C. 【保存选项】
D. 【Web 选项】

7. 在 Word 2010 中，用户可以撤销或恢复_____项操作，并且还可以重复任意次数的操作。

A. 1000　　B. 100

C. 10　　　　　　D. 200

8. Word 2010 中主要包括“号”与“磅”两种度量单位。其中“号”单位的数值________“磅”单位的数值就越大。

A. 越大　　　　　B. 越小

C. 升序　　　　　D. 降序

9. Word 2010 自带了机密、紧急与________3种类型共 12 种水印样式，用户可根据文档内容设置不同的水印效果。

A. 免责声明　　　B. 严禁复制

C. 样本　　　　　D. 尽快

三、问答题

1. 简述设置字体格式的内容。
2. 简述设置水印的操作步骤。
3. 简述设置段落缩进的方法。

四、上机练习

1. 设置字体格式

该练习将根据 Word 2010 中的【字体】选项组来设置文本的字体格式与效果，如图 2-64 所示。首先在文档中输入并选择文本，在【开始】选项卡中的【字体】选项组中，将文本格式设置为“加粗”，将【字号】设置为“四号”，将【字体】设置为“楷体”。然后单击【字体】选项组中的【对话框启动器】按钮，在【字体】对话框中设置文本的“阴影”效果。最后在【插入】选项卡中的【文本】选项组中，设置【首字下沉】中的【下沉】格式。

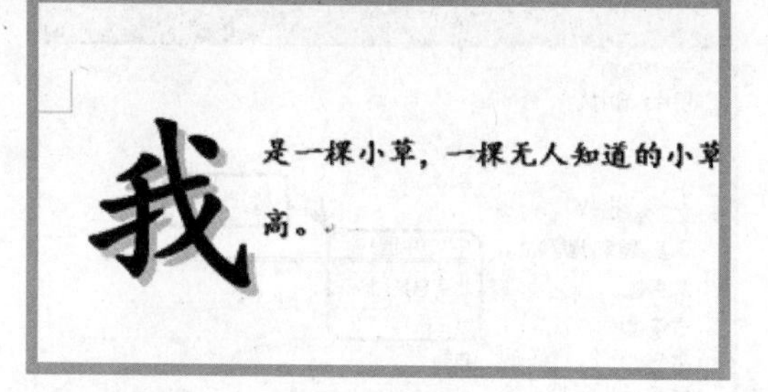

图 2-64　设置字体格式

2. 设置符号与编号

该练习将为文档中的文本设置符号与编号，如图 2-65 所示。首先在【页面布局】选项卡中的【页面设置】选项组中单击【行号】下三角按钮，在列表中选择【连续】选项为每行添加行编号。然后在【开始】选项卡中的【段落】选项组中单击【项目符号】下三角按钮，在列表中选择一种选项。

1　在苍茫的大海上，狂风卷集着乌
2　燕像黑色的闪电，在高傲地飞翔
3　一会儿翅膀碰到波浪，一会儿箭
4　——就在这鸟儿勇敢的叫喊声中

图 2-65　设置符号与编号

第 3 章

编排格式

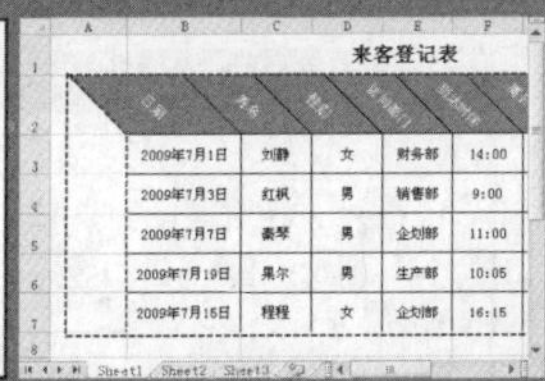

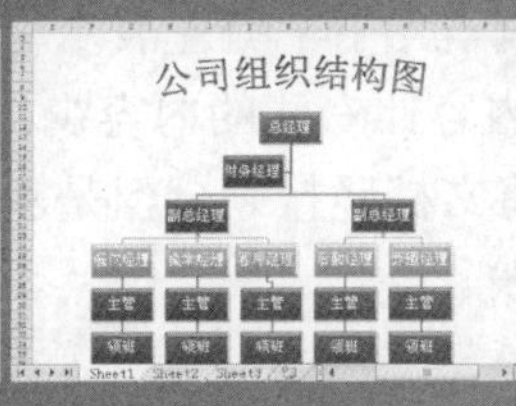

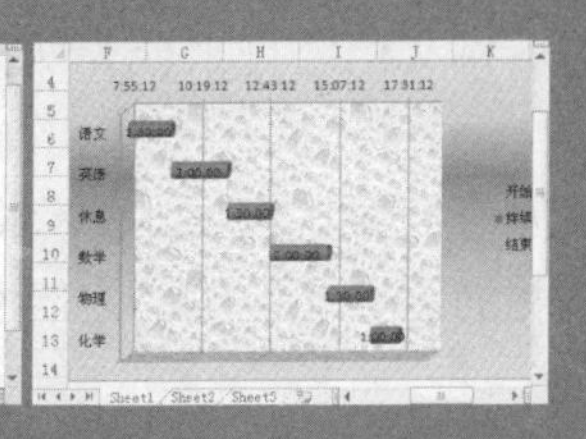

在 Word 2010 中，版面是文档的灵魂，一个优秀的文档首先需要具有一个美观与简洁的版面。用户可以通过设置文档的分页、分节、插入分栏等格式，来提高文档版式的灵活性；并通过设置页眉/页脚等格式来增加文档的美观性。另外，用户还可以利用目录与索引，来了解文档的结构并快速查找内容信息。在本章中，主要介绍分页、分节、页眉/页脚与分栏的设置，以及使用样式、目录与索引等编排格式的相关知识。

本章学习要点：

- 设置分页
- 设置分栏
- 设置分节
- 使用目录与索引
- 设置页眉与页脚
- 使用样式

3.1 设置分栏

Word 2010 中的分栏功能可以调整文档的布局，从而使文档更具有灵活性。例如，利用分栏功能可以将文档设置为两栏、三栏、四栏等格式，并根据文档布局的要求控制栏间距与栏宽。同时，利用分栏功能还可以将文档设置为包含一栏、两栏与三栏布局的混排效果。

3.1.1 使用默认选项

设置分栏在一般的情况下可以利用系统固定的设置，即执行【页面布局】|【页面设置】|【分栏】命令，在列表中选择【一栏】、【两栏】、【三栏】、【偏左】与【偏右】5 种选项中的一种即可，如图 3-1 所示。其中，两栏与三栏表示将文档竖排平分为两排与 3 排；偏左表示将文档竖排划分，左侧的内容比右侧的内容少；偏右与偏左相反，表示将文档竖排划分但是右侧的内容比左侧的内容少。

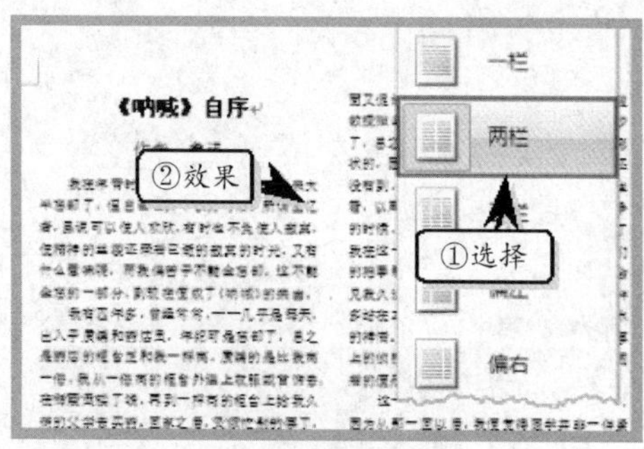

图 3-1 选项卡设置分栏

3.1.2 使用对话框设置分栏

上述 5 种设置文档分栏的固定选项在日常工作中无法满足用户的需求，也无法控制栏间距与栏宽。执行【页面设置】|【分栏】|【更多分栏】命令，在弹出的【分栏】对话框中可以设置栏数、栏宽、分隔线等，如图 3-2 所示。

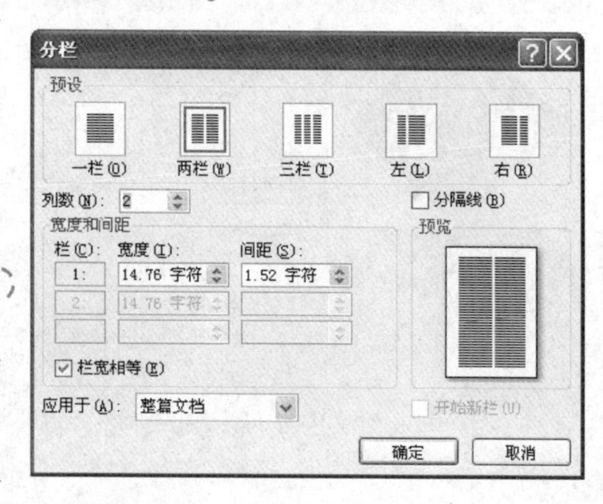

图 3-2 【分栏】对话框

1．设置栏数

如果仔细观察，用户会发现在【分栏】对话框中的【预设】选项组中，最多只能将文档设置为 3 栏。用户可通过单击【分栏】对话框中的【列数】微调按钮将文档设置 1～12 个分栏。例如，在【列数】微调框中输入“4”，即可将文档设置为 4 栏。

2．设置分隔线

设置分隔线即是在栏与栏之间添加一条竖线，用于区分栏与栏之间的界限，从而使版式具有整洁性。选中【列数】微调框右侧的【分隔线】复选框即可，在【预览】列表中可以查看设置效果。

3．设置栏宽

默认情况下系统会平分栏宽（除左右栏之外），也就是设置的两栏、三栏、四栏等各栏之间的栏宽是相等的。用户也可以根据版式需求设置不同的栏宽，即在【分栏】对话框中取消选中【栏宽相等】复选框，在【宽度】微调框中设置栏宽即可。例如，在“三栏”的状态下，可将第一栏与第二栏的【宽度】设置为“10”。

提 示

值得注意的是在设置栏宽时间距值会跟随栏宽值的变动而改变，用户无需单独设置间距值。

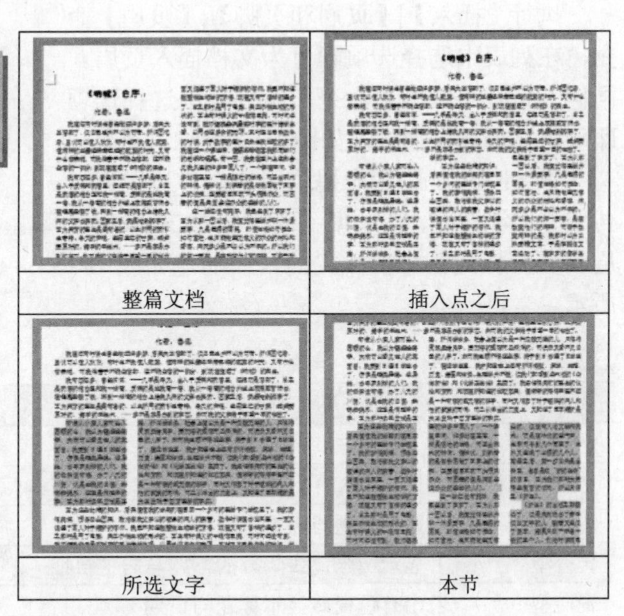

图 3-3 分栏范围

4. 控制分栏范围

控制分栏，主要是运用【分栏】对话框中的【应用于】选项来设置文档的格局。其中，利用【应用于】下拉列表中的选项可将分栏设置为“整篇文档”、“插入点之后”、“本节”与“所选文字”等格式，如图 3-3 所示。

- **整篇文档** 选择该选项表示将分栏应用于整篇文档。
- **插入点之后** 选择该选项表示将分栏应用于光标之后的文本。这时【开始新栏】复选框将变成可用状态。选中该复选框，即可将光标之后的文本以新的一节在新的一页中显示。例如，将插入点之后的文本设置为“三栏”格式。
- **所选文字** 当用户选择文档中的某段文本时，在【应用于】下拉列表中将会显示【所选文字】选项，即表示将分栏应用于所选文字中。例如，选择该选项并单击【预设】选项组中的【两栏】按钮，单击【确定】按钮即将选择的文字设置为两栏。
- **本节** 为选择文本设置完分栏之后，选择其他段落的文本时，【应用于】下拉列表中会显示【本节】选项，即表示将分栏应用于本节之中。值得注意的是为所选文字设置完分栏之后，普通文档即被划分为两小节：被选文字为一节，剩余的文字为另一节。当用户设置剩余文字小节的分栏时，即表示设置所有剩余文字的分栏。

3.2 设置页眉与页脚

页眉与页脚分别位于页面的顶部与底部，是每个页面的顶部、底部和两侧页边距中的区域。在页眉与页脚中，主要可以设置文档页码、日期、公司名称、作者姓名、公司徽标等内容。下面主要通过插入、编辑页眉与页脚和插入页码 3 个方面，来详细讲解设置页面与页脚的基础知识。

3.2.1 插入页眉与页脚

执行【插入】|【页眉和页脚】|【页眉】命令，在列表中选择选项即可为文档插入页眉。同样，执行【页脚】命令，在列表中选择选项即可为文档插入页脚，如图 3-4 所示。

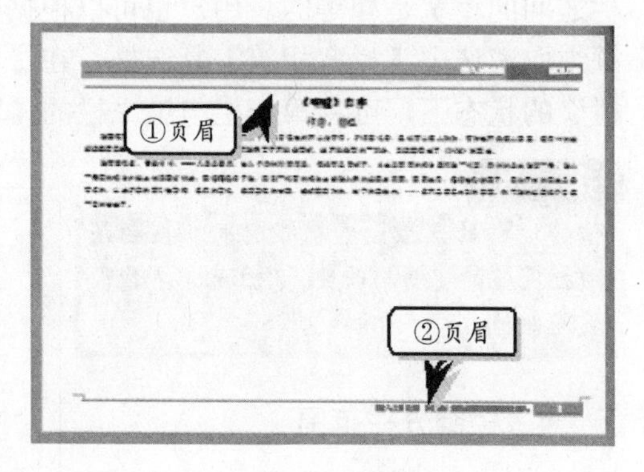

图 3-4 插入页面与页脚

Word 2010 为用户提供了空白、边线型、传统型、年刊型、条纹型、现代型等 20 多种页眉和页脚样式。每种样式的具体功能如表 3-1 所示。

表 3-1 页眉样式

页眉样式	功能
空白	无页眉
空白（三栏）	显示左对齐、右对齐与居中对齐的空白页眉
边线型	显示标题与竖直强调线
传统型	显示由强调线隔开的标题与居中日期
瓷砖型	由有色瓷砖显示标题与日期
堆积型	显示文字、页码与强调线
反差型	偶数页显示章标题、页码与强调线，奇数页显示公司名称、文档标题、页码与强调线
飞越型	显示带强调底纹的标题与日期
年刊型	显示标题、日期与强调线
拼板型	显示标题与强调框中的页码
朴素型	显示带强调底纹的标题与日期
条纹型	显示标题和强调底纹
现代型	显示圆形图标中的日期和居中的标题
小室型	显示标题、副标题、作者与强调线
运动型	偶数页显示标题与强调框中的页码，奇数页显示章标题与强调框中的页码
照射型	显示强调颜色下的标题和日期
字母表型	显示双线边框及上方的标题

3.2.2 编辑页眉与页脚

插入完页眉与页脚之后，用户还需要根据实际情况自定义页眉与页脚，即更改页眉与页脚的样式、更改显示内容及删除页眉与页脚等。

1. 更改样式

更改页眉与页脚的样式与插入页眉和页脚的操作一致，可以在【插入】选项卡或【设计】选项卡中执行【页眉和页脚】选项组中的【页眉】或【页脚】命令，在列表中选择需要更改的样式即可。

2．更改显示内容

插入页眉与页脚之后，还需要根据文档内容更改或输入标题名称等。执行【插入】|【页眉与页脚】|【页眉】|【编辑页眉】命令，更改页眉内容即可，如图 3-5 所示。同样，执行【页脚】命令，选择【编辑页脚】选项即可更改页脚内容。

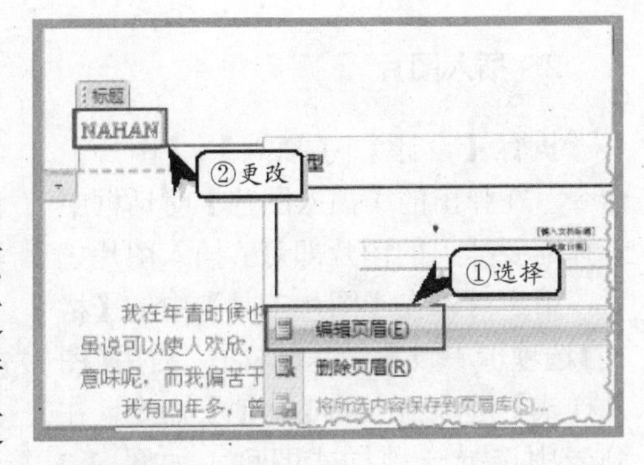

图 3-5　编辑页眉

提　示

用户也可以通过双击页眉或页脚来激活页眉或页脚，从而实现更改页眉或页脚内容的操作。另外，用户也可以右击页眉或页脚，选择【编辑页眉】或【编辑页脚】选项。

3．删除页眉与页脚

执行【插入】|【页眉与页脚】|【页眉】|【删除页眉】命令，即可删除页眉。同样，执行【页脚】|【删除页脚】命令即可删除页脚。

3.2.3　插入对象

为了使页眉与页脚更具有美观性与实用性，需要为其插入日期和时间、图片等对象。同时，通过【设计】选项卡用户还可以设置日期和时间的显示样式与语言状态，以及图片的显示样式。

1．插入日期和时间

在文档中将光标放置于需要插入日期和时间的页眉或页脚中，执行【设计】|【插入】|【日期和时间】命令，弹出【日期和时间】对话框。在【可用格式】列表框中选择一种样式即可，如图 3-6 所示。

另外，用户可以通过单击【语言（国家/地区）】下三角按钮，选择【英语（美国）】或【中文（简体，中国）】选项，来选择不同语言中的日期和时间样式。

如果用户选中【使用全角字符】复选框，则插入的日期和时间将以“全角”字符的样式进行显示；如果选中【自动更新】复选框，则插入的日期和时间将随本地计算机中的日期进行更新。当选中【自动更新】复选框时，【使用全角字符】复选框将自动变为不可用。

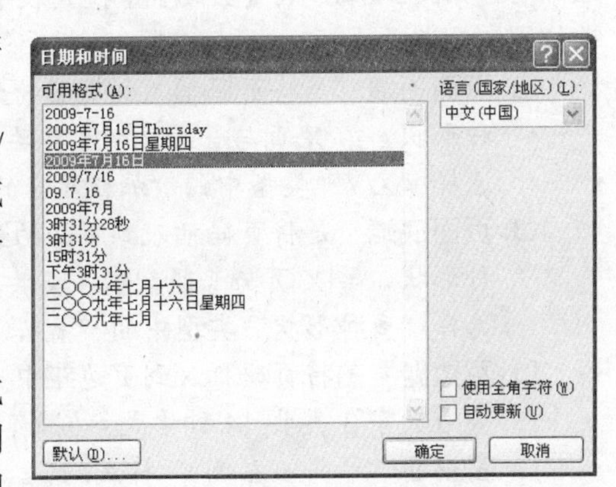

图 3-6　【日期和时间】对话框

2. 插入图片

执行【设计】|【插入】|【图片】命令，在弹出的【插入图片】对话框中选择需要插入的图片即可。插入图片之后，用户可以在【图片工具】中的【格式】选项卡中设置图片的样式。启用【图片样式】选项组中的【其他】命令，在列表中选择一种样式即可，如图 3-7 所示。

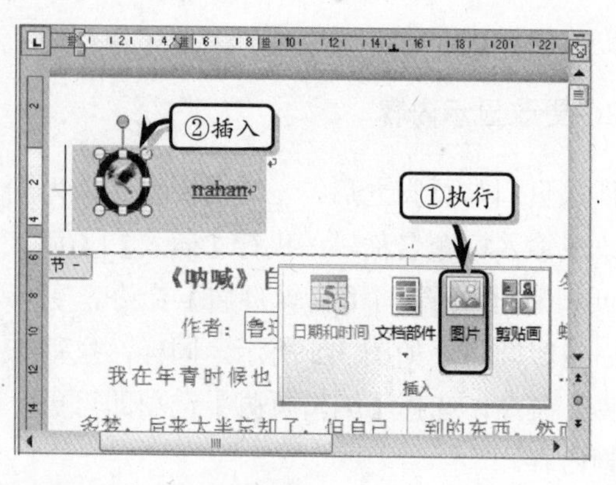

图 3-7 插入图片

提 示

在【页眉和页脚】选项组中，单击【页眉】或【页脚】下三角按钮，选择【删除页眉】或【删除页脚】选项，即可删除页眉或页脚。

3.2.4 插入页码

在使用文档时，用户往往需要在文档的某位置插入页码，以便于查看与显示文档当前的页数。在 Word 2010 中，可以将页码插入到页眉与页脚、页边距与当前位置等文档不同的位置中。

1. 设置页码位置

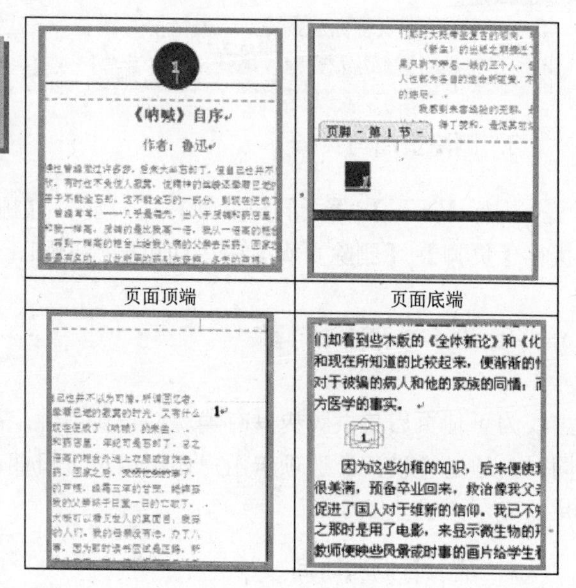

图 3-8 插入页码

执行【插入】|【页眉和页脚】|【页码】命令，在下拉列表中选择相应的选项即可，如图 3-8 所示。【页码】下拉列表中主要包括页面顶端、页面底端、页边距与当前位置 4 个选项。

- **页面顶端** 是将页码插入到页面的最上端。其中，主要包括简单、X/Y、带有多种形状、第 X 页与普通数字 5 类共 25 种格式。例如，在【页面顶端】选项中，选择"X/Y"类型中的"加粗显示的数字 1"样式。
- **页面底端** 是将页码插入到页面的最下端。其中，主要包括简单、X/Y、带有多种形状、第 X 页与普通数字 5 类共 58 种格式。例如，在【页面底端】选项中，选择"多种形状"类型中的"箭头 1"样式。
- **页边距** 是将页码插入到页边距中。其中，主要包括带有多种形状、第 X 页与普通数字 3 类共 14 种格式。例如，在【页边距】选项中，选择"多种形状"类型中的"箭头（左侧）"样式。
- **当前位置** 是将页码插入到光标处。其中，主要包括简单、X/Y、纯文本、带有多种形状、第 X 页与普通数字 6 类共 17 种格式。例如，在【当前位置】选项中，选择"纯文本"类型中的"颚化符"样式。

2．设置页码格式

插入页码之后，用户可以根据文档内容、格式、布局等因素设置页码的格式。在【页码】下拉列表中选择【设置页码格式】选项，在弹出的【页码格式】对话框中可以设置编号格式、包含章节号与页码编号，如图 3-9 所示。

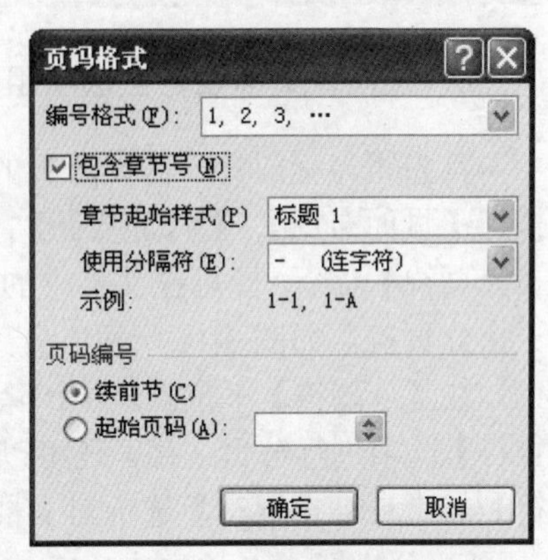

图 3-9 【页码格式】对话框

- **编号格式** 单击【编号格式】下三角按钮，在列表中选择样式即可。【编号格式】列表主要包括数字、字母、英文数字与汉字数字等类型的序号。
- **包含章节号** 选中【包含章节号】复选框可使其选项组变成可用状态。单击【章节起始样式】下三角按钮，在列表中选择标题 1～标题 9 中的样式；单击【使用分隔符】下三角按钮，在列表中选择一种分隔符样式即可。选中【包含章节号】复选框时，需要在题注与页码中包含章节号。
- **页码编号** 选中【续前节】单选按钮，即当前页中的页码数值按照前页中的页码数值进行排列。选中【起始页码】单选按钮，即当前页中的页码以某个数值为基准进行单纯排列。

3.3 设置分页与分节

在文档中，系统默认为以页为单位对文档进行分页，只有当内容填满一整页时 Word 2010 才会自动分页。当然，用户也可以利用 Word 2010 中的分页与分节功能，在文档中强制分页与分节。

3.3.1 分页功能

分页功能属于人工强制分页，即在需要分页的位置插入一个分页符，将一页中的内容分布在两页中。如果想在文档中插入手动分页符来实现分页效果，可以使用【页码设置】与【页】选项组进行设置。

1．使用【页】选项组

首先将光标放置于需要分页的位置，然后执行【插入】|【页】|【分页】命令，即会在光标处为文档分页，如图 3-10 所示。

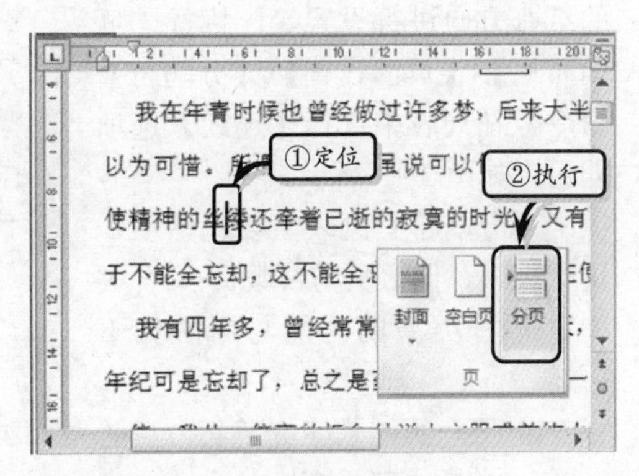

图 3-10 使用按钮法分页

技 巧

用户可通过 Ctrl+Enter 组合键在文档中的光标处插入分页符。

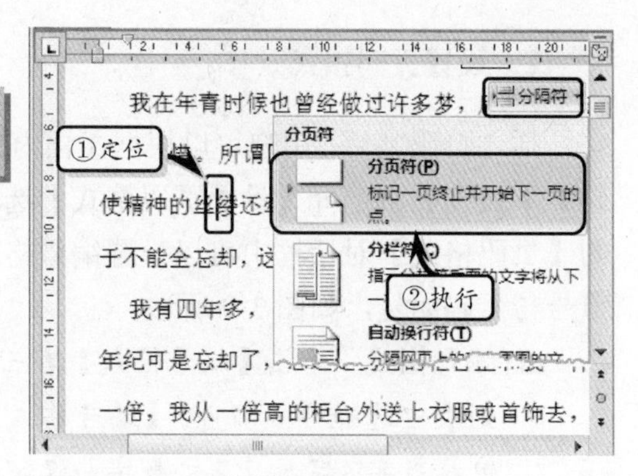

图 3-11 插入分页符

2. 使用【页面设置】选项组

首先将光标放置于需要分页的位置，然后执行【页面布局】|【页面设置】|【分隔符】|【分页符】命令，即可在文档中的光标处插入一个分页符，如图 3-11 所示。

在【分隔符】下拉列表中，除了利用【分页符】选项进行分页之外，还可以利用【分栏符】与【自动换行符】选项对文档进行分页。

- ❑ **分栏符** 选择该选项可使文档中的文字以光标为分界线，光标之后的文档将从下一栏开始显示。
- ❑ **自动换行符** 选择该选项可使文档中的文字以光标为基准进行分行，如图 3-12 所示。同时，该选项也可以分割网页上对象周围的文字，如分割题注文字与正文。

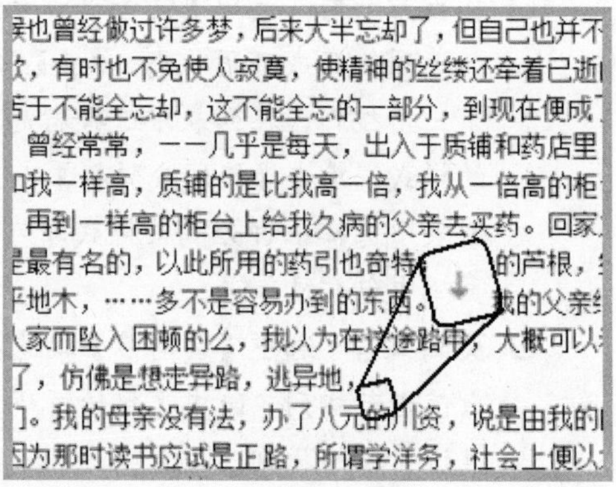

图 3-12 自动换行

3.3.2 分节功能

在文档中，节与节之间的分界线是一条双虚线，该双虚线被称为“分节符”。用户可以利用 Word 2010 中的分节功能为同一文档设置不同的页面格式。例如，将各个段落按照不同的栏数进行设置，或者将各个页面按照不同的纸张方向进行设置等。执行【页面布局】|【页面设置】|【分隔符】命令，在列表中选择【连续】选项即可，如图 3-13 所示。

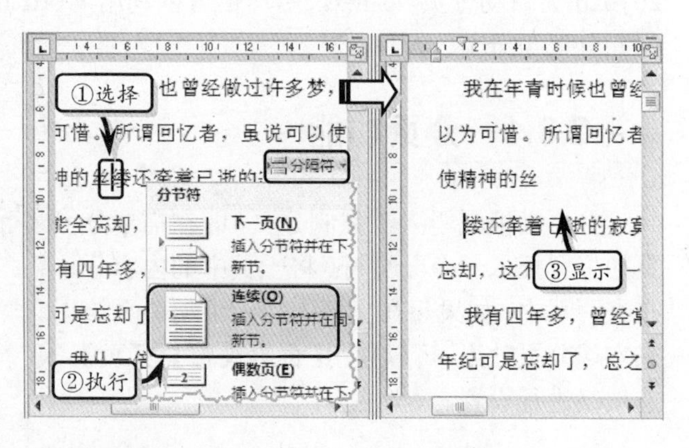

图 3-13 文档分节

【分隔符】列表主要包括下一页、连续、偶数页与奇数页 4 种类型。每种类型的功能与用法如下所述。

- ❑ **下一页** 表示分节符之后的文本在下一页以新节的方式进行显示。该选项适用于前后文联系不大的文本。
- ❑ **连续** 表示分节符之后的文本与前一节文本处于同一页中。该选项适用于前后文联系比较大的文本。

- ❑ **偶数页** 表示分节符之后的文本在下一偶数页上进行显示，如果该分节符处于偶数页上，则下一奇数页为空页。
- ❑ **奇数页** 表示分节符之后的文本在下一奇数页上进行显示，如果该分节符处于奇数页上，则下一偶数页为空页。

3.4 使用目录与索引

在使用 Word 2010 编辑或查看文档时，用户可以利用目录与索引功能了解整个文档的层次结构，以及文档中某个词或短语在文档中出现的次数及其所在的页码。目录与索引功能可以帮助用户实现快速查看与查找文档信息。

3.4.1 创建目录

对于内容复杂的文档，需要创建一个文档目录用来查看整个文档的结构与内容，从而帮助用户快速查找所需信息。在 Word 2010 中不仅可以手动创建目录，而且还可以在文档中自动插入目录。

1. 手动创建目录

首先将光标放置于文档的开头或结尾等位置，然后执行【引用】|【目录】命令，选择相应的选项即可。最后在插入的目录样式中输入目录标题。【目录】下拉列表主要包括【手动表格】、【自动目录 1】与【自动目录 2】选项，如图 3-14 所示。其中，【手动表格】选项表示插入的目录可以手动填写标题，不受文档内容的影响。而【自动目录 1】与【自动目录 2】选项表示插入的目录包含用标题 1～标题 3 样式进行了格式设置的所有文本。

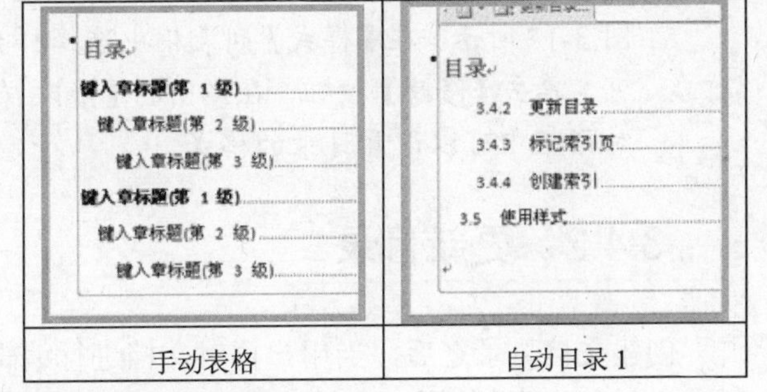

图 3-14 手动创建目录

2. 自动创建目录

首先将光标放置于文档的开头或结尾等位置，然后执行【引用】|【目录】|【插入目录】命令，弹出【目录】对话框，如图 3-15 所示。

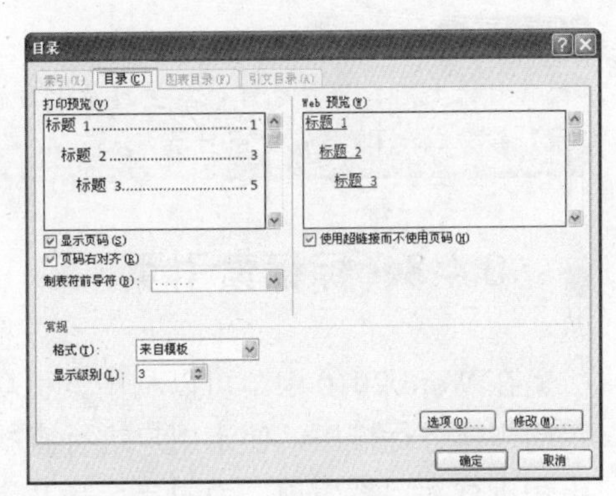

图 3-15 【目录】对话框

- ❑ **打印预览** 在该列表框中主要显示目录的最终打印效果。选中【显示页码】复选框，表示在目录最终打印时将连同页码一起打印。选中【页码右对齐】复选框，表示目录中的页码将实行右对齐格式。单击【制表符前导符】下三角按钮，在下拉列表中可以选择前导符的样式。

- **Web 预览**　在该列表框中主要显示目录在Web网页中的效果。选中【使用超链接而不使用页码】复选框，表示目录在Web网页中不会显示页码，只会以超链接的方式进行显示，单击目录中的标题将会跳转到链接位置。
- **常规**　该选项组中主要包括【格式】与【显示级别】两种选项。其中，【格式】选项用来显示目录的格式，主要包括古典、流行、现代等7种格式；而【显示级别】是用来显示目录中标题的显示级别，取值范围为1~9。
- **选项**　主要用来设置目录的样式与级别。单击【选项】按钮，即可弹出【目录选项】对话框。在该对话框中选中【样式】复选框，即可设置目录的样式与级别，如图3-16所示。
- **修改**　主要用来修改目录的样式与格式。单击【修改】按钮，即可弹出【样式】对话框，如图3-17所示。在【样式】列表框中选择样式即可，单击【修改】按钮，在弹出的【修改样式】对话框中可以设置目录的格式。

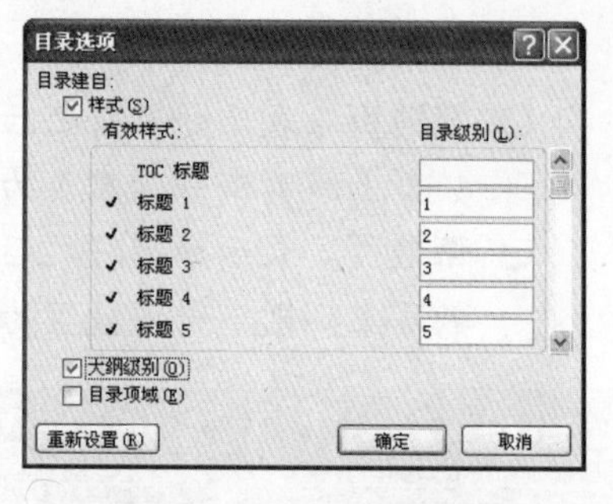

图 3-16　【目录选项】对话框

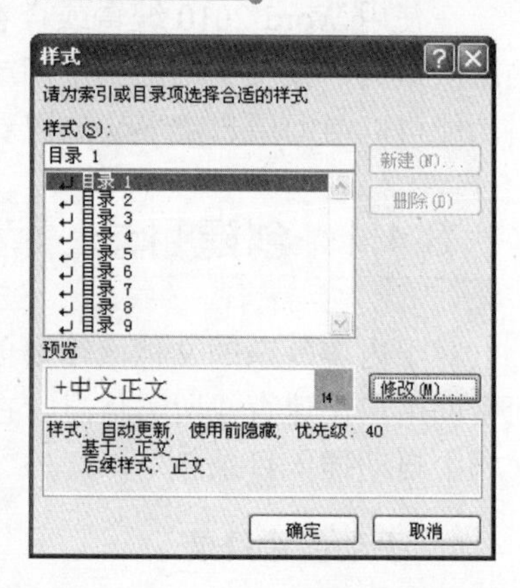

图 3-17　【样式】对话框

3.4.2 更新目录

创建文档目录之后，当用户再对文档进行编辑时，为了适应文档内容需要重新编制目录，此时便可以使用Word 2010中的更新目录功能来更新文档目录。选择文档目录，执行【引用】|【目录】|【更新目录】命令，在弹出的【更新目录】对话框中选中【更新整个目录】单选按钮即可，如图3-18所示。

技　巧

选择目录之后，用户也可以单击目录上方的【更新目录】按钮或按F9键来更新目录。

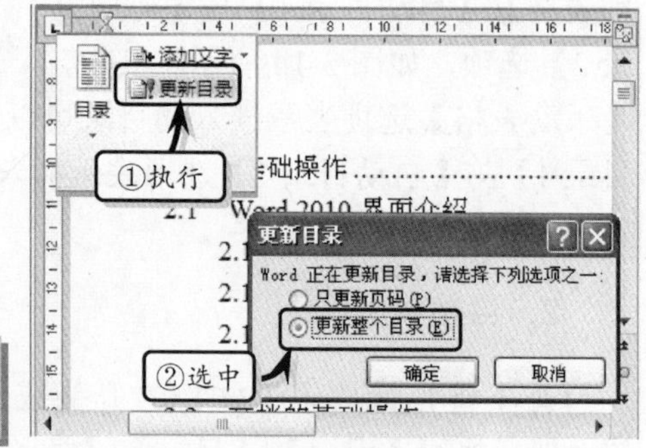

图 3-18　更新目录

3.4.3 标记索引页

在Word 2010中，可以利用索引功能标注关键词或语句的出处与页码，并能按照一定的规律进行排序，便于用户进行查找。在创建索引之前，需要将创建索引的关键词或语句进行标记索引项。当用户选择文本并将其标记为索引项时，系统会自动添加一个特殊的XE（索引项）域。

在文档中选择需要标注的文本，执行【引用】|【索引】|【标记索引项】命令，在弹出的【标记索引项】对话框中设置索引项格式，如图 3-19 所示。

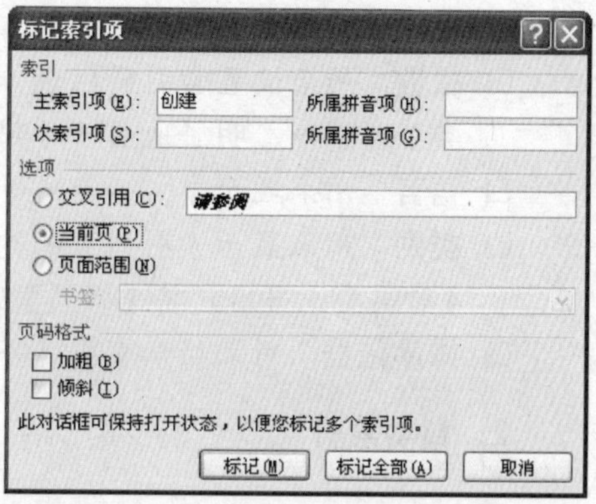

图 3-19 【标记索引项】对话框

- ❑ **索引** 【主索引项】文本框中会显示在文档中选中的文本，可以在【次索引项】文本框中输入关键词或语句作为【主索引项】下的次索引项。
- ❑ **选项** 选中【交叉引用】单选按钮时，会在文档的某个位置中引用另外一个位置的内容，其作用类似于超链接，唯一的区别是交叉引用是引用同一个文档中的内容。选中【当前页】单选按钮时，表示在当前页中插入索引项。选中【页面范围】单选按钮时，表示与索引相关的内容跨越了多页。
- ❑ **页码格式** 表示将标记的索引文本设置为加粗或倾斜格式。
- ❑ **标记** 表示标记选中的文本。
- ❑ **标记全部** 表示标记文档中所有显示的文本，该按钮只有在选中【当前页】单选按钮时才可用。

3.4.4 创建索引

为文本标记索引页之后，便可以为标记的索引文本创建索引，从而帮助用户快速、便捷地查找关键内容。创建索引分为插入索引与自动索引两种创建方法。

1. 插入索引

首先将光标放置于需要插入索引的位置，然后执行【引用】|【索引】|【插入索引】命令，弹出【索引】对话框，如图 3-20 所示。

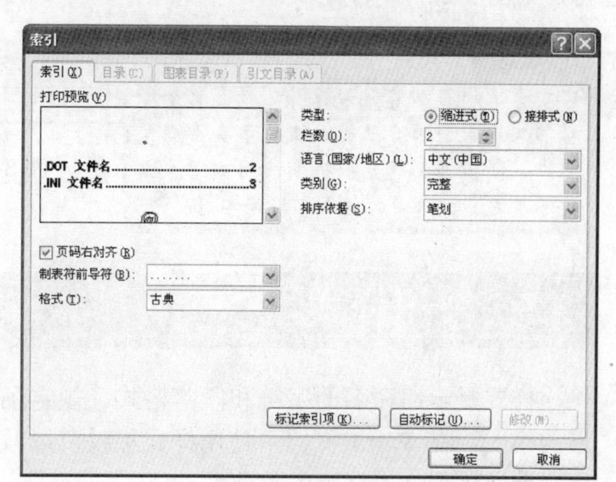

图 3-20 【索引】对话框

- ❑ **打印预览** 用来预览创建索引格式的最终打印效果。
- ❑ **页码右对齐** 选中此复选框表示索引中的页码按照右对齐格式进行显示。
- ❑ **制表符前导符** 用来显示前导符的样式，只有选中【页码右对齐】复选框时，该选项才可用。
- ❑ **格式** 用来选择"来自模板"、"古典"、"流行"、"现代"、"项目符号"5种样式中的一种。
- ❑ **类型** 用来选择索引显示类型，主要包括"缩进式"与"接排式"两种类型。当选中【接排式】单选按钮时，【页码右对齐】复选框将不可用。

- **栏数** 用来设置索引的栏数，当用户将索引设置为多栏时，可以使用“接排式”类型，清晰、明了地显示各列。
- **语言** 用来显示中文、英文等语言格式。
- **类别** 用来显示索引列表的类型，主要分为“无”、“粗略”、“普通”与“完整”4种类型。当用户将【格式】选项设置为“来自模板”样式时，该选项将不可用。
- **排序依据** 用来显示索引是否按照“比划”或“拼音”的方式进行排序。

2. 自动索引

自动索引是单击【索引】对话框中的【自动标记】按钮，根据创建的标记索引项文档来创建索引。前面所讲的插入索引是将索引以列表的方式插入到文档中，而自动索引是将创建的索引项插入到索引文本中。

首先在空白文档中创建一个索引项表格，并将空白文档保存在本地磁盘中，如图3-21所示。然后单击【索引】对话框中的【自动标记】按钮，弹出【打开索引自动标记文件】对话框。选择文档并单击【打开】按钮即可，如图3-22所示。

文本	索引项
到N进K学堂	N指南京，K学堂指江南水师学堂
鲁迅	原名樟寿，后改名树人，字豫山，后改为豫才

图3-21 创建索引项表格

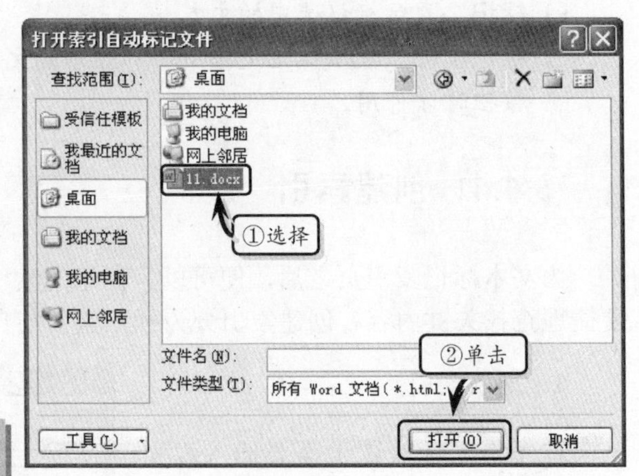

图3-22 【打开索引自动标记文件】对话框

> **提 示**
>
> 由于在使用自动索引功能时，含有首个字母的文本索引项有可能无法显示在索引文本中，所以在创建索引项表格时，用户需要尽量避免文本中的首个字符为字母。

3.5 使用样式

样式是一组命名的字符和段落格式，规定了文档中的字、词、句、段与章等文本元素的格式。在Word文档中使用样式不仅可以减少重复性操作，而且还可以快速地格式化文档，确保文本格式的一致性。

3.5.1 创建样式

在Word 2010中，用户可以根据工作需求与习惯创建新样式。执行【开始】|【样式】|【对话框启动器】命令，在弹出的【样式】窗格中，单击【新建样式】按钮，弹出【根

据格式设置创建新样式】对话框，如图3-23所示。

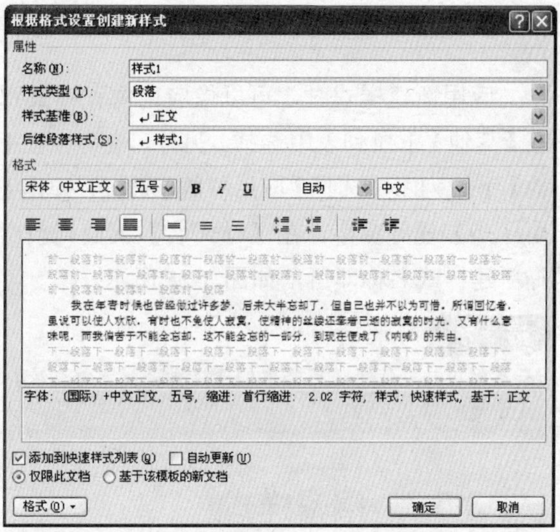

图 3-23 【根据格式设置创建新样式】对话框

1．属性

在【属性】选项组中，主要设置样式的名称、类型、基准等一些基本属性。

- □ **名称** 输入文本用于对新样式的命名。
- □ **样式类型** 主要用于选择“段落”、“字符”、“表格”、“列表”与“链接段落和字符”类型。
- □ **样式基准** 主要用于设置正文、段落、标题等元素的样式标准。
- □ **后续段落样式** 主要用于设置后续段落的样式。

2．格式

在【格式】选项组中，主要设置样式的字体格式、段落格式、应用范围与快捷键等。

- □ **字体格式** 主要用于设置样式的字体、字号、效果、颜色与语言等字体格式。
- □ **段落格式** 主要用于设置样式的段落对齐方式、行。
- □ **添加到快速样式列表** 选中该复选框表示将新建样式添加到快速样式库中。
- □ **自动更新** 选中该复选框表示将自动更新新建样式与修改后的样式。
- □ **仅限此文档** 选中【仅限此文档】单选按钮，表示新建样式只使用于当前文档。选中【基于该模板的新文档】单选按钮，表示新建样式可以在此模板的新文档中使用。
- □ **格式** 单击该按钮，可以在相应的对话框中设置样式的字体、段落、制表位、边框、快捷键等格式。

3.5.2 应用样式

创建新样式之后，用户可以将新样式应用到文档中了。另外，用户还可以应用Word 2010自带的标题样式、正文样式等内置样式。

1．应用内置样式

首先选择需要应用样式的文本，然后执行【开始】|【样式】|【其他】命令，在下拉列表中选择相应的样式类型，即可在文本中应用该样式。例如，应用“强调”与“明显参考”样式，如图3-24所示。

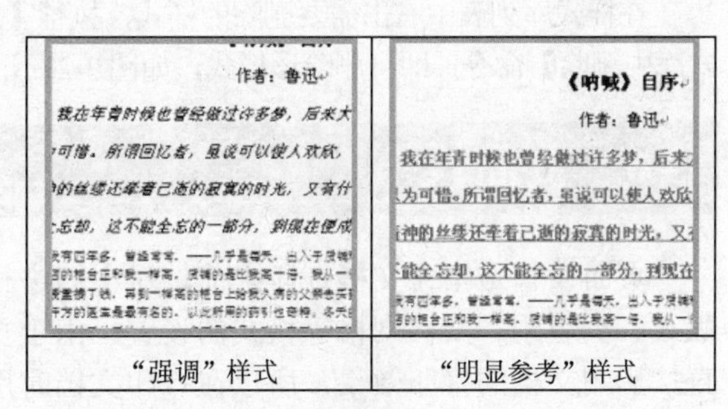

图 3-24 应用内置样式

2．应用新建样式

应用新建样式时，可以像应用内置样式那样在【其他】下拉列表中选择。另外，也可以在【其他】下拉列表中选择【应用样式】选项，弹出【应用样式】任务窗格。在【样式名】下拉列表中选择新建样式名称即可，如图 3-25 所示。

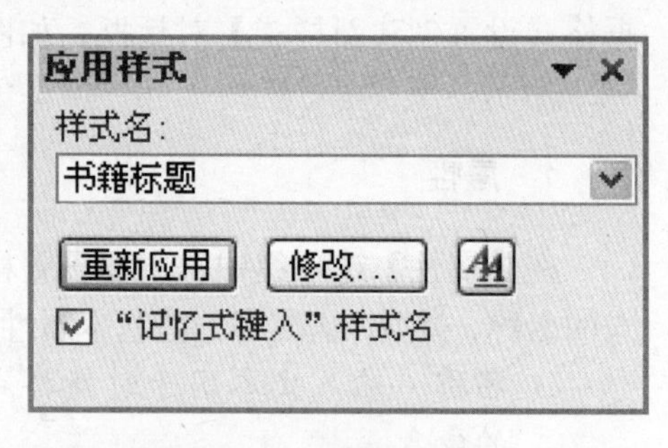

图 3-25　应用新建样式

提　示

在【应用样式】任务窗格中的【样式名】下拉列表框中输入新的样式名称后，【重新应用】按钮将会变成【新建】按钮。

3.5.3　编辑样式

在应用样式时，用户常常会需要对已应用的样式进行更改与删除，以便符合文档内容与工作的需求。

1．更改样式

选择需要更改的样式，执行【样式】|【更改样式】命令，在下拉列表中选择需要更改的选项即可。【更改样式】下拉列表主要包括【样式集】、【颜色】与【字体】选项。

另外，用户也可以在需要更改的样式上右击执行【修改】命令，在弹出的【修改样式】对话框中修改样式的各项参数。值得注意的是【修改样式】对话框与创建样式中的【根据格式设置创建新样式】对话框内容一样，如图 3-26 所示。

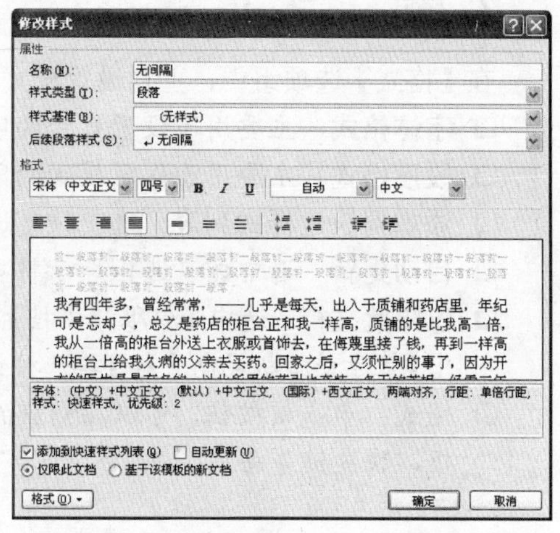

图 3-26　【修改样式】对话框

2．删除样式

在样式库列表中右击需要删除的样式，执行【从快速样式库中删除】命令，即可删除该样式，如图 3-27 所示。

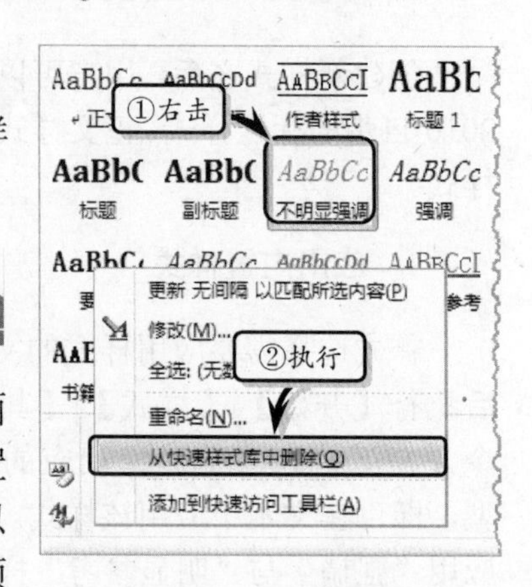

图 3-27　删除样式

3.6　页面设置

页面设置是指在文档打印之前，对文档进行的页面版式、页边距、文档网格等格式的设置。由于页面设置直接影响文档的打印效果，所以在打印文档时用户可以根据要求在【页面布局】选项卡中的【页面设置】选项组中随意更改页面布局。

3.6.1 设置页边距

图 3-28 设置页边距

页边距是文档中页面边缘与正文之间的距离，默认情况下顶端与底端的页边距数值为 2.54cm，左侧与右侧的页边距数值为 3.17cm。用户可执行【页面设置】|【页边距】命令，在下拉列表中选择相应的选项即可，如图 3-28 所示。

另外，用户也可以在【页边距】下拉列表中选择【自定义边距】选项，在弹出的【页面设置】对话框中的【页边距】选项卡中全面地设置页边距效果，如图 3-29 所示。

- ❑ **页边距** 主要用于设置上、下、左、右页边距的数值。另外，如果用户需要将打印后的文档进行装订，还要设置装订线的位置与装订线距离页边距的距离。值得注意的是装订线的位置只能设置在页面的左侧或上方，如图 3-30 所示。

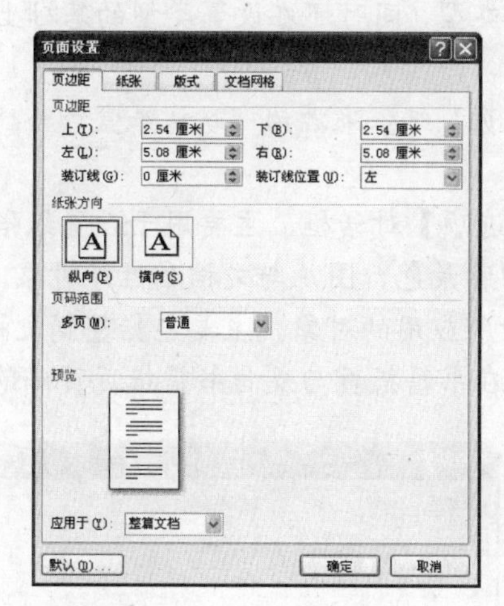

图 3-29 自定义页边距

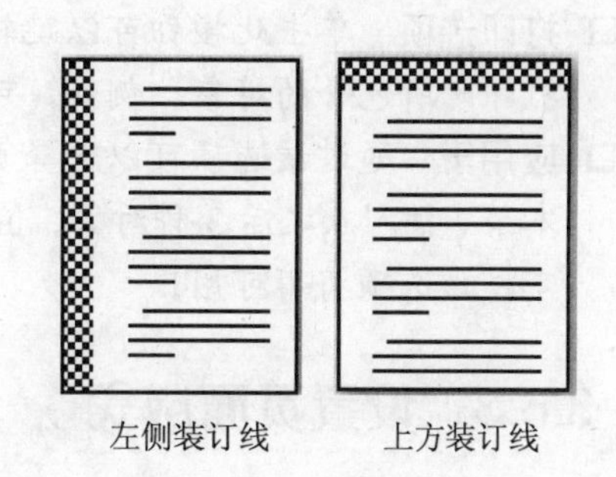

图 3-30 设置装订线

- ❑ **纸张方向** Word 2010 默认纸张方向为纵向，用户可在【纸张方向】选项组中单击【纵向】或【横向】按钮来设置纸张方向，如图 3-31 所示。
- ❑ **页码范围** 用于设置页码的范围格式，主要包括对称页边距、拼页、书籍折页与反向书籍折页等范围格式，单击【多页】下三角按钮，即可选择相应的页码范围，如图 3-32 所示。

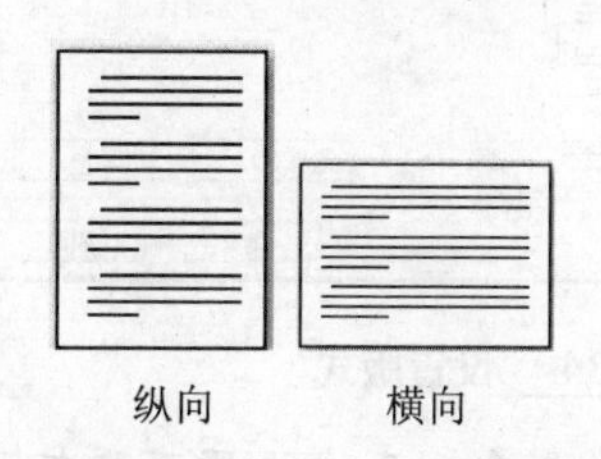

图 3-31 设置纸张方向

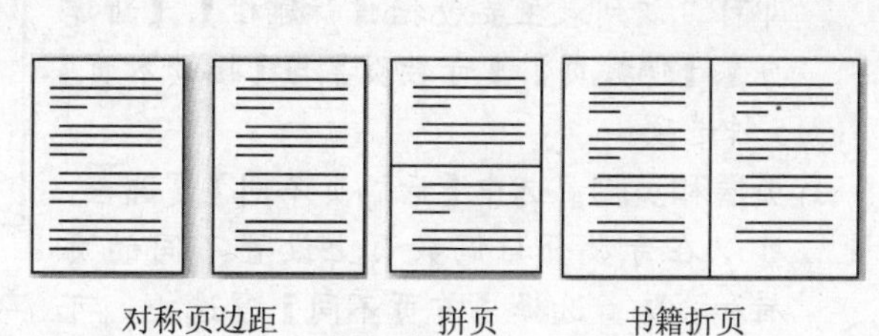

图 3-32 设置页码范围

第 3 章 编排格式

- **应用于** 通过该选项可以选择页面设置参数所应用的对象，主要包括整篇文档、本节、插入点之后 3 种对象。值得注意的是，在书籍折页与反向书籍折页页码范围下，该选项将不可用。

3.6.2 设置纸张大小

纸张大小主要是设置纸张的宽度与高度，默认情况下纸张的宽度是 21cm，高度是 29.7cm。用户可通过执行【页面设置】|【纸张大小】命令，在下拉列表中选择相应的选项即可。另外，用户也可以在【纸张大小】下拉列表中选择【其他页面大小】选项，在弹出的【页面设置】对话框中的【纸张】选项卡中全面地设置纸张大小与纸张来源等，如图 3-33 所示。

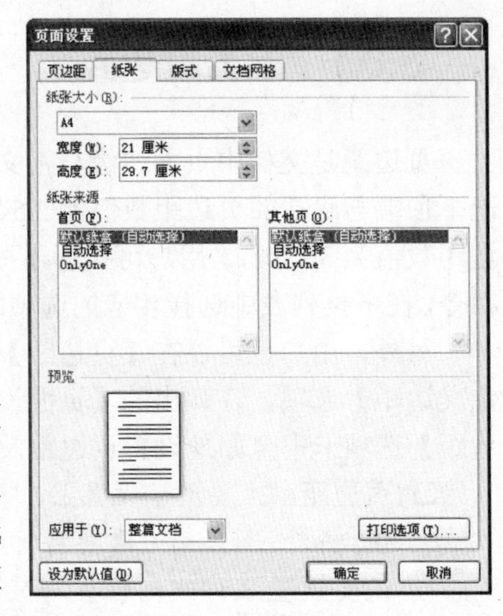

图 3-33 设置纸张大小

- **纸张大小** 可以设置纸张为 A4、A3、B5 等类型，同时还在设置类型的基础上设置纸张的宽度值与高度值。
- **纸张来源** 主要用于设置“首页”与“其他页”纸张来源为“默认纸盒”与“自动选择”类型。
- **打印选项** 单击此按钮可以跳转到【Word 选项】对话框，主要用于设置纸张在打印时所包含的对象。例如，可以设置打印背景色、图片与文档属性等对象。
- **应用于** 通过该选项可以选择页面设置参数所应用的对象，主要包括整篇文档、本节、插入点之后 3 种对象。值得注意的是在书籍折页与反向书籍折页页码范围下，该选项将不可用。

3.6.3 设置页面版式

在【页面设置】对话框中，除了可以设置页边距与纸张大小之外，还可以在【版式】选项卡中设置节的起始位置、页眉和页脚、对齐方式等格式，如图 3-34 所示。

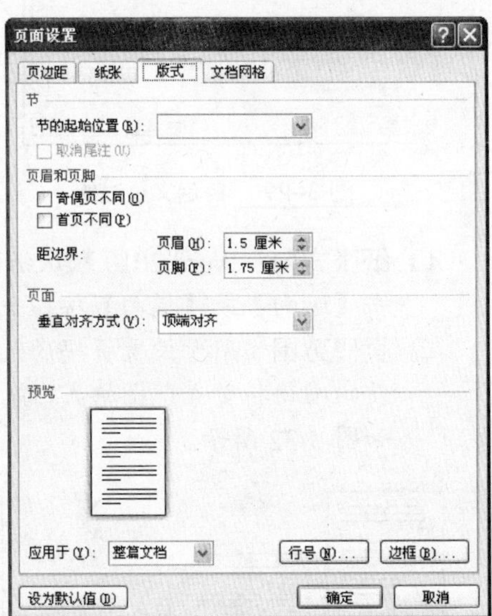

图 3-34 设置版式

- **节** 具有对文档进行分节的功能，在【节的起始位置】下拉列表中选择相应的选项即可。该列表主要包括【新建栏】、【新建页】、【偶数页】、【奇数页】与【接续本页】5 种选项。
- **页眉和页脚** 选中【奇偶页不同】复选框，可以在奇数页与偶数页上设置不同的页眉和页脚。选择【首页不同】复选框，可以将首页设置为空页眉状态。另外，用户可以在【距边界】列表中设置页眉与页脚的边界值。

- ❑ **页面**　主要用于设置页面的垂直对齐方式，可以设置为顶端对齐、居中、两端对齐、底端对齐 4 种对齐方式。
- ❑ **行号**　主要用于设置页面的起始编号、行号间隔与编号等格式。单击【行号】按钮，在弹出的【行号】对话框中选中【添加行号】复选框即可，如图 3-35 所示。
- ❑ **边框**　主要用于设置页面的边框样式。单击【边框】按钮，在弹出的【边框和底纹】对话框中设置各项选项即可，如图 3-36 所示。

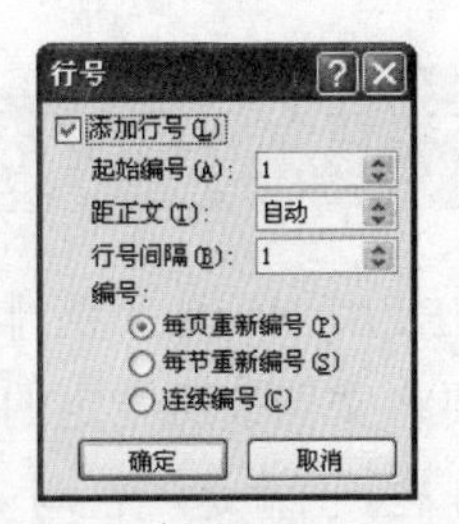

图 3-35　【行号】对话框

图 3-36　设置页面边框

3.6.4　设置文档网格

在 Word 2010 中还可以利用【页面设置】对话框中的【文档网络】选项卡中的各项参数，来设置文档中文字的排列行数、排列方向、每行的字符数及行与字符之间的跨度值等格式，如图 3-37 所示。

- ❑ **文字排列**　通过【方向】选项可以将文字设置为水平方向与垂直方向，在【栏数】微调框中可以设置文字的分栏值。

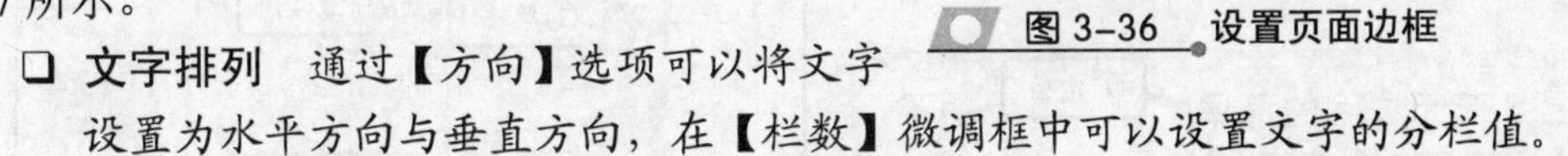

- ❑ **网格**　主要根据不同的选项来设置字符数与行数。当选中【无网格】单选按钮时，需要使用默认的行数与字符数参数值；当选中【指定行和字符网格】单选按钮时，需要设置每行与每页及跨度的参数值；当选中【只指定行网络】单选按钮时，需要设置每页与跨度的参数值；当选中【文字对齐字符网格】单选按钮时，需要设置每行与每页的参数值。
- ❑ **字符数与行数**　根据【网格】选项来设置每行的行数与跨度值，以及每页的字符数与跨度值。
- ❑ **绘图网格**　主要用来设置绘制网格的对象对齐、网格设置、网格起点、显示网格等格式。单击此按钮，即可弹出【绘图网格】对话框，如图 3-38 所示。
- ❑ **字体设置**　主要用来设置字体格式与字符间距。

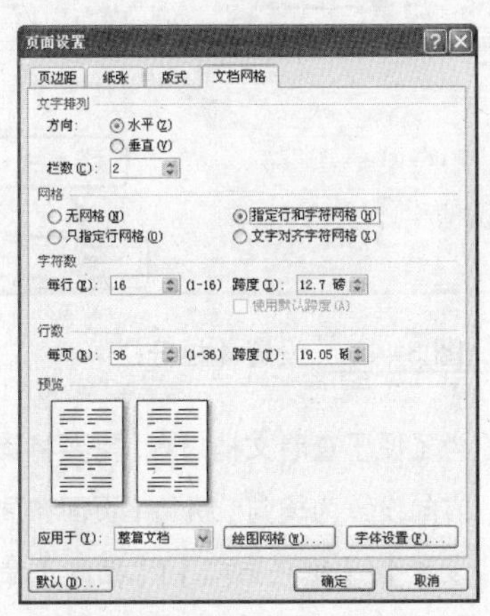

图 3-37　设置文档网格

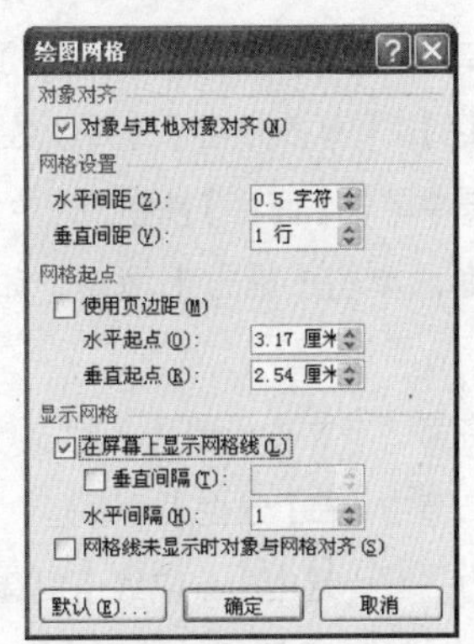
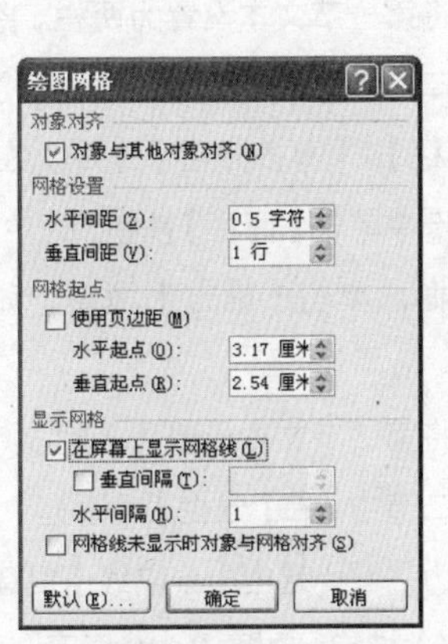

图 3-38　【绘图网格】对话框

3.7 课堂练习：混合排版

在使用 Word 文档排版或编写文章时，往往需要将文档按照一定的样式排版成一栏、两栏或 3 栏，也就是一栏与多栏混合排版的情况。同时，根据文档内容的需要改变纸张方向，如图 3-39 所示。下面便通过"呐喊"一文来讲解混合排版的具体操作。

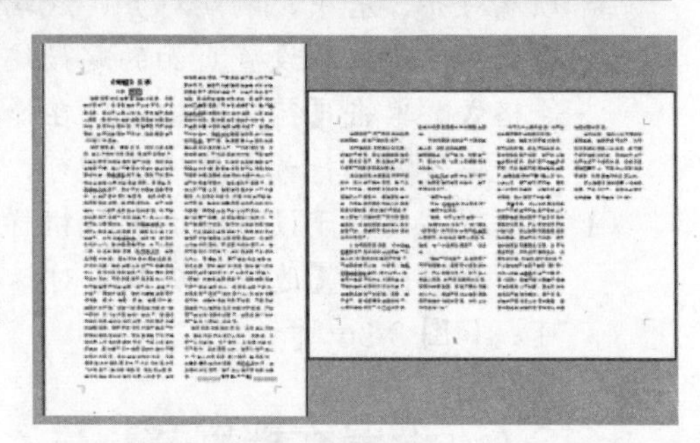

图 3-39 混合排版

操作步骤

1 混合排版的第一步便是设置分节功能，将整篇文档分为两节。将光标放于第一页的最后一段末尾处，执行【页面布局】|【页面设置】|【分隔符】|【连续】命令，如图 3-40 所示。

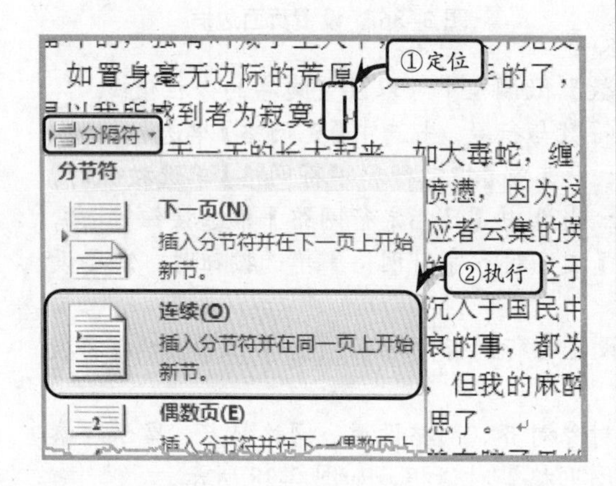

图 3-40 准备分栏

2 然后将第一节文本设置为两栏。将光标放置于第二段中，执行【页面布局】|【页面设置】|【分栏】|【更多分栏】命令。在【预设】选项卡中单击【两栏】按钮，选中【分隔线】复选框，单击【确定】按钮，如图 3-41 所示。

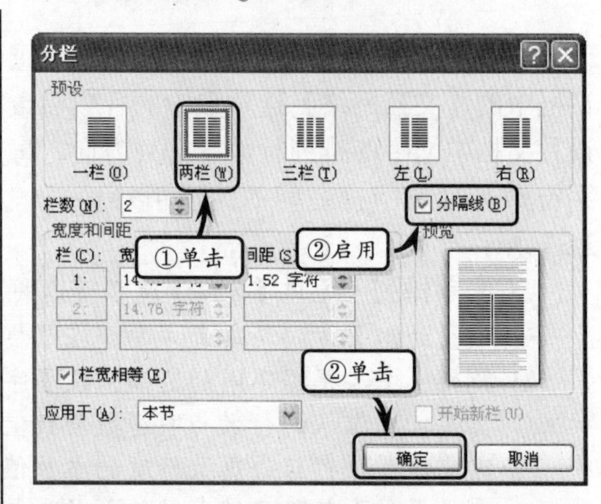

图 3-41 设置两栏分栏

3 下面将第二节文本设置为 4 栏。将光标放置于第二节中，在【分栏】对话框中将【列数】设置为"4"，选中【分隔线】复选框，单击【确定】按钮，如图 3-42 所示。

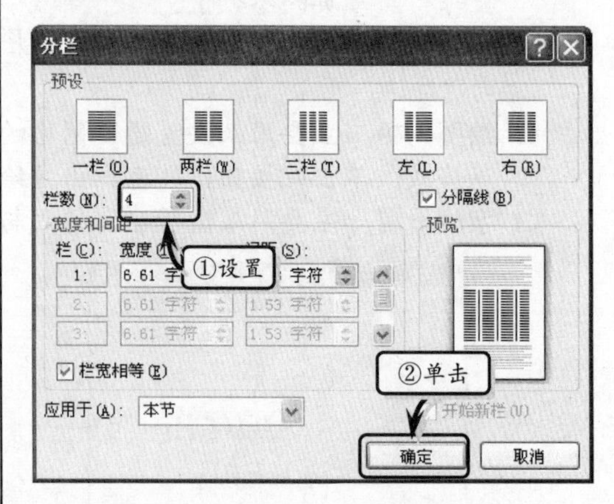

图 3-42 设置 4 栏分栏

4 为了便于查看文档内容，需要将第二节页面方向设置为横向。执行【页面布局】|【页面设置】|【纸张方向】|【横向】命令，如图 3-43 所示。

图 3-43 设置页面方向

5 由于文章的作者已逝世，所以需要设计样式来标注作者名称。执行【开始】|【样式】|【对话框启动器】按钮，单击【新建样式】按钮，如图 3-44 所示。

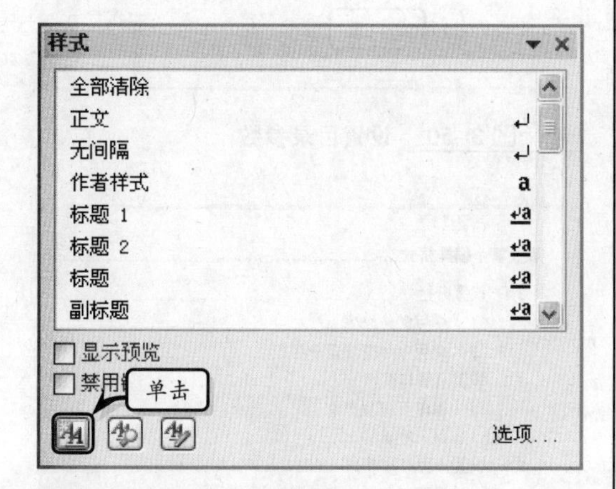

图 3-44 准备新建样式

6 将【名称】设置为“作者样式”，将【样式类型】设置为“字符”，将【样式基准】设置为“(基本属性)”，如图 3-45 所示。

7 单击【格式】下三角按钮，选择【边框】选项。在【边框和底纹】对话框中单击【三维】按钮，并单击【确定】按钮，如图 3-46 所示。最后单击【确定】按钮。

8 最后一步便是为文本应用样式。选择“鲁迅”文本，在【样式】选项组中的样式列表中选择【作者样式】选项即可，如图 3-47 所示。

图 3-45 设置样式参数

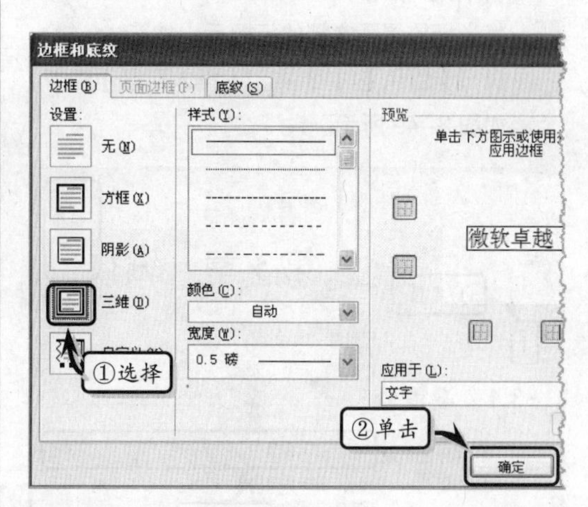

图 3-46 设置边框格式

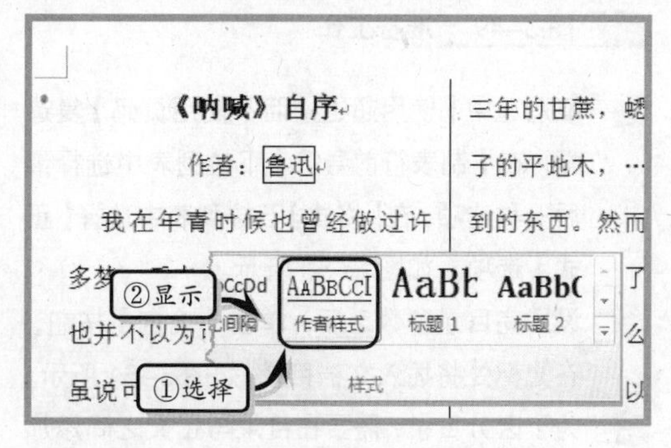

图 3-47 应用样式

3.8 课堂练习：提取文档目录

在 Word 2010 中，用户可以使用提取目录的功能，快速了解整个文档的结构与主要内容。同时，用户还可以利用【分节】的功能，在目录与正文之间添加分隔线，如图 3-48 所示。下面便通过“编排格式”文档来详细讲解提取文档目录的具体操作。

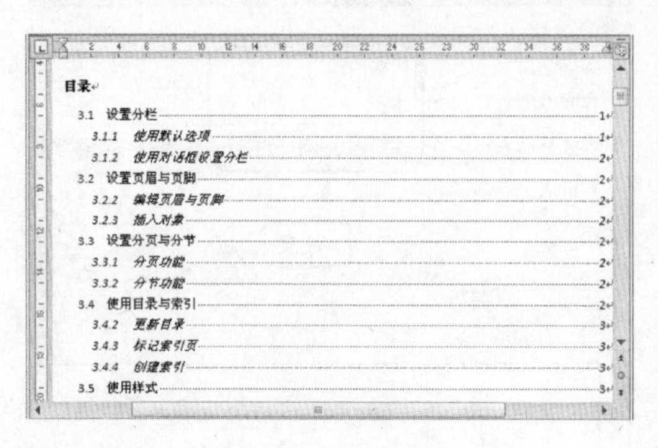

图 3-48 提取文档目录

操作步骤

1 将光标放置于文档的标题后，按 Enter 键。执行【引用】|【目录】|【插入目录】命令，如图 3-49 所示。

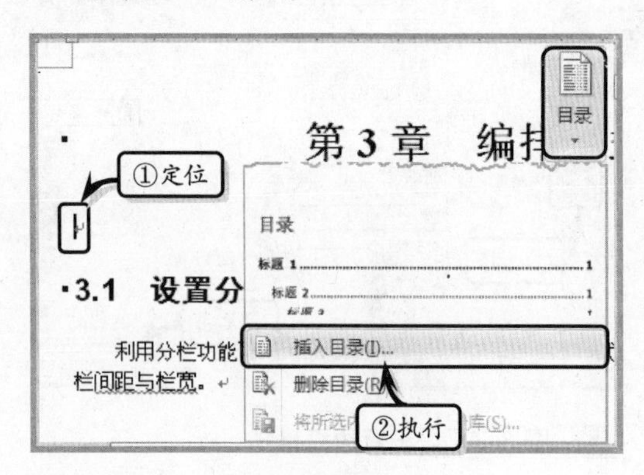

图 3-49 准备工作

2 取消选中【使用超链接而不使用页码】复选框，在【制表符前导符】下拉列表中选择最后一种选项，在【格式】下拉列表中选择【正式】选项，如图 3-50 所示。

3 设置完目录参数之后，单击【确定】按钮，在光标处将插入文档目录，如图 3-51 所示。

4 为了区分目录，需要在目录与正文之间添加一条分隔线。执行【页面布局】|【页面设置】|【分隔符】|【下一页】命令，如图 3-52 所示。

5 编辑完目录之后，还要更新文档目录。单击目录，执行【引用】|【目录】|【更新目录】命令，选中【更新整个目录】选项，单击【确定】按钮即可，如图 3-53 所示。

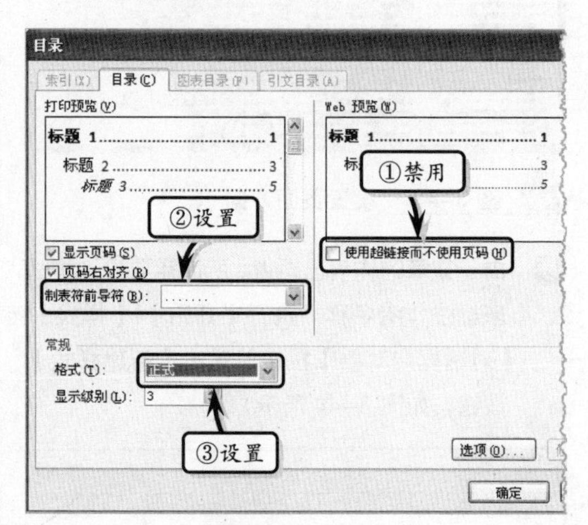

图 3-50 设置目录参数

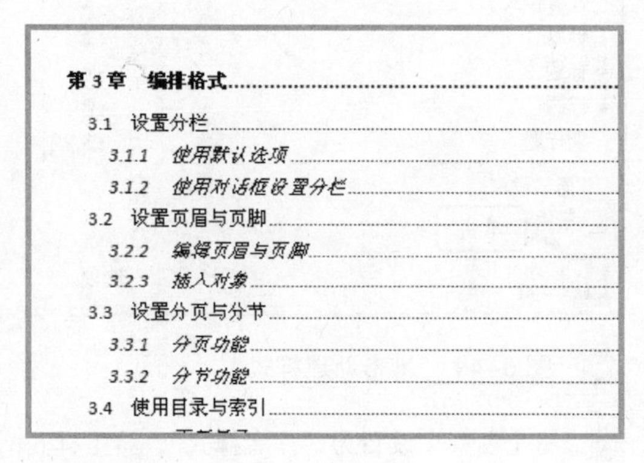

图 3-51 插入目录

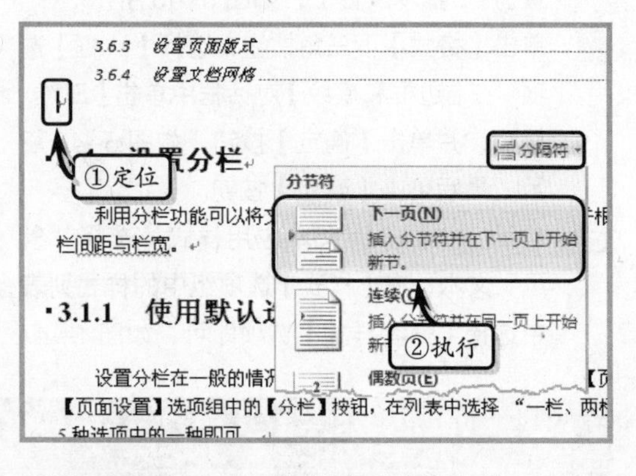

图 3-52 添加分割线

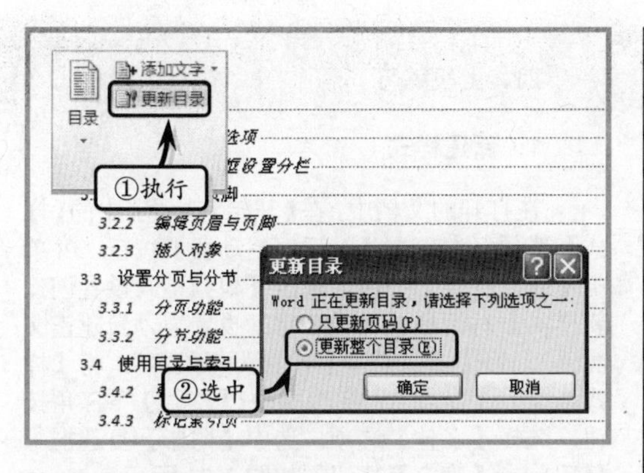

图 3-53 更新目录

6 选择目录中的第 1 行，将文字更改为“目录”。此时，已完成提取目录的操作。

3.9 思考与练习

一、填空题

1．在 Word 2010 中不仅可以将文档设置为两栏、三栏、四栏等格式，同时还可以在栏与栏之间添加分隔线，只需在________对话框中选中________复选框即可。

2．页眉与页脚分别位于页面的顶部与底部，是每个页面的________中的区域。

3．在文档中，节与节之间的分界线是一条双虚线，该双虚线被称为________。

4．在 Word 2010 中，可以利用索引功能标注关键词或语句的出处与页码，并能按照一定的规律进行排序。在创建索引之前，需要将创建索引的关键词或语句进行________。

5．样式是一组命名的________，规定了文档中的字、词、句、段与章等文本元素的格式。

6．在【开始】选项卡中的【样式】选项组中单击【对话框启动器】按钮，并单击【新建样式】按钮，在弹出的________对话框中设置样式格式。

7．在【页面设置】对话框中的【页边距】选项卡中，可以设置普通、对称页边距、拼页、________与________等 5 种页码范围。

8．用户可以在【页面设置】对话框中的________选项卡中，设置页面中节的起始位置、页眉和页脚、对齐方式等格式。

二、选择题

1．在【页面设置】对话框中的【文档网络】选项卡中，当选择________选项时，只能设置每行与每页的参数值。

A．【无网格】

B．【只指定行网格】

C．【指定行与字符网格】

D．【文字对齐字符网格】

2．在【分栏】对话框中设置【列数】时，其列数值范围为________。

A．1～10　　B．1～12

C．1～15　　D．1～20

3．在设置【宽度】时，________值会跟随【宽度】值的变化而改变。

A．【宽度】　　B．【列数】

C．【间距】　　D．【栏宽】

4．更改页眉与页脚的显示内容时，除了在【插入】选项卡中的【页眉与页脚】选项组中单击【页眉】下三角按钮并选择【编辑页眉】选项之外，还可以通过________方法来激活页眉与页脚，从而实现编辑页眉与页脚的操作。

A．双击页眉或页脚

B．按 F9 键

C．单击页眉

D．右击页眉与页脚

5．用户可通过单击【插入】选项组中的【图片】按钮为页眉或页脚插入图片，同时用户可以在________上选项卡________下选项卡中设置图片的样式。

A．图片工具　　B．页眉和页脚工具

C．格式　　D．设计

6．用户可以在文档的页面顶端、页面底端、________与当前位置插入页码。

A．页边距　　B．页眉

C．页脚　　D．文档中

7．在更新目录时，按________键，可以直接更新目录。

A．F9　　　B．F10

C．F6　　　D．F12

三、问答题

1．简述插入页眉与页脚的操作步骤。

2．简述目录与索引的作用，并简述创建目录的操作步骤。

3．简述应用样式的方法。

四、上机练习

1．新建样式

在打开的文档中，在【开始】选项卡中的【样式】选项组中单击【对话框启动器】按钮，并单击【新建样式】按钮，弹出【根据格式设置创建新样式】对话框。将【名称】设置为“新建正文颜色”，将【样式类型】设置为“段落”，将【样式基准】设置为“正文”。单击【格式】下三角按钮，选择【字体】选项，选中【阴影】复选框。最后单击【确定】按钮，如图3-54所示。

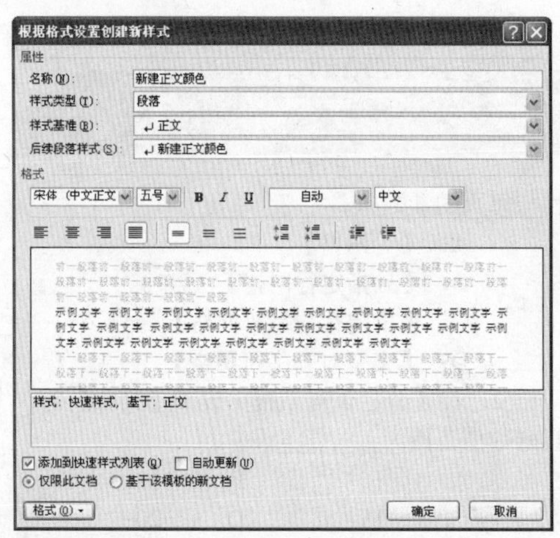

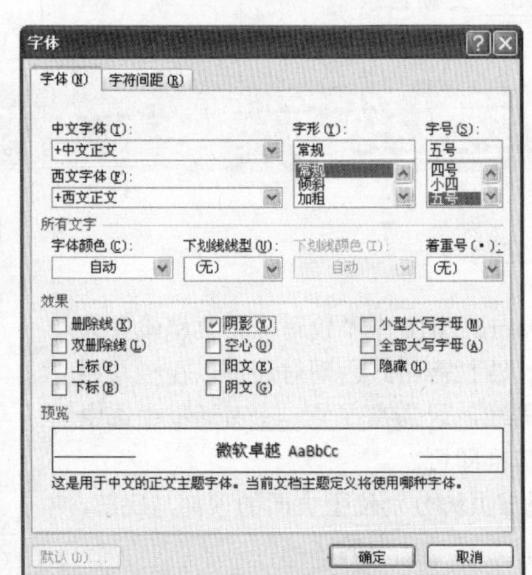

图3-54　创建模板文档

2．创建自动索引

新建一个空白文档，在文档中创建索引项表格，保存并关闭文档。然后新建【会议议程】模板文档，在【引用】选项卡中的【索引】选项组中单击【插入索引】按钮。在【索引】对话框中单击【自动标记】按钮，弹出【打开索引自动标记文件】对话框。选择文档并单击【打开】按钮创建自动索引，如图3-55所示。

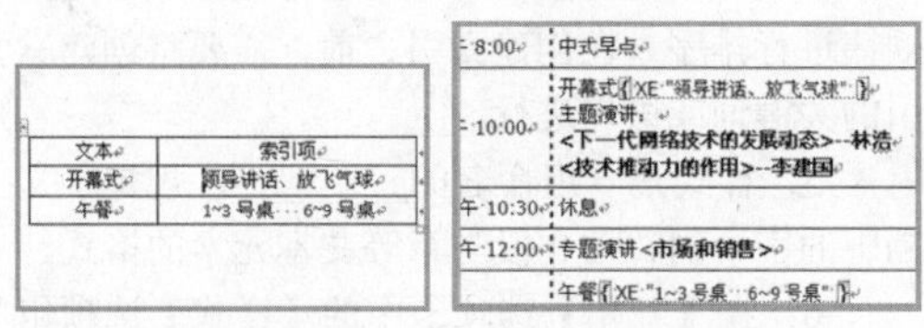

创建索引表格　　　　自动索引

图3-55　创建自动索引

第 4 章

图文混排

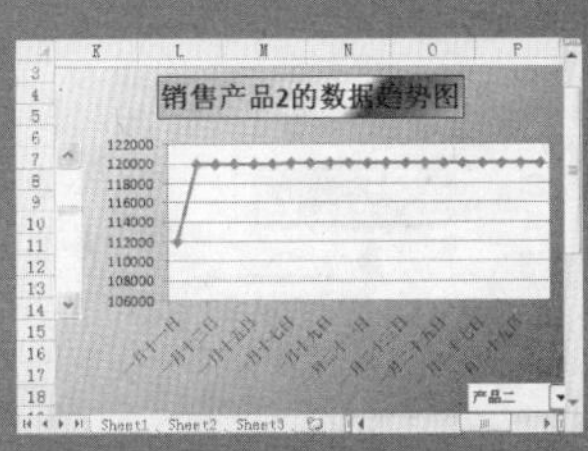

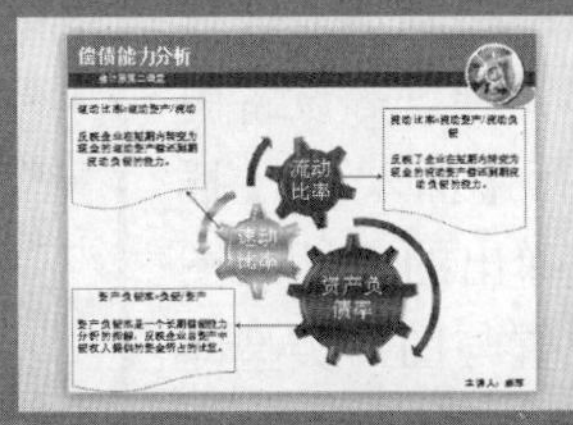

在 Word 2010 中不仅可以实现分页、分节、插入页眉和页脚等排版功能，而且还可以实现图片、艺术字等美化图像的功能。该功能可以轻松设计出图文混排、丰富多彩的文档。例如，在文档中可以通过插入图片与艺术字，以及编辑图片与艺术字效果等操作，来实现图文混排的效果。本章将详细讲解在 Word 文档中使用图片、形状，以及艺术字与文本框的基础知识，使图片与文字完美地结合在文档中。

本章学习要点：

- 使用图片
- 使用形状
- 使用 SmartArt 图形
- 使用艺术字
- 使用文本框

4.1 使用图片

使用图片是利用 Word 2010 中强大的图像功能，在文档中插入剪贴画、照片或图片，并通过 Word 2010 中的【格式】命令设置图片的尺寸、样式、排列等效果。在一定程度上增加了文档的美观性，使文档变得更加丰富多彩。

4.1.1 插入图片

文档中插入的图片不仅可以来自剪贴画库、扫描仪或数码相机，而且还可以来自本地计算机与网页。

1. 插入本地图片

插入本地图片，即是插入本地计算机硬盘中保存的图片，以及链接到本地计算机中的照相机、U 盘与移动硬盘等设备中的图片。用户可通过执行【插入】|【插图】|【图片】命令，在弹出的【插入图片】对话框中选择图片位置与图片类型即可插入本地图片，如图 4-1 所示。

提 示

在【插入图片】对话框中，双击选中的图片文件，可快速插入图片。

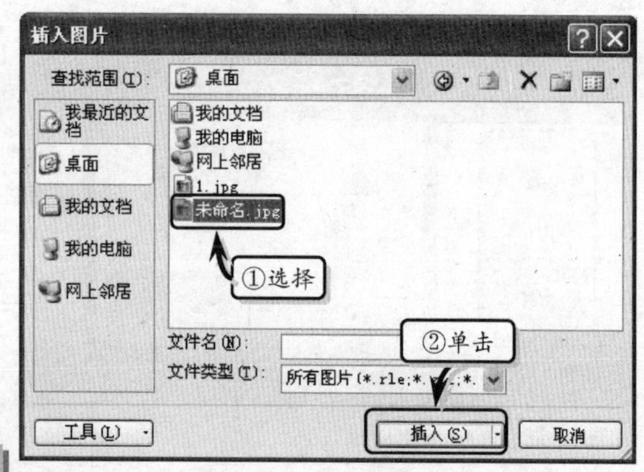

图 4-1 【插入图片】对话框

2. 插入网页图片

不仅可以将网页中的图片保存到本地计算机硬盘中，像插入本地图片那样插入到文档中，而且还可以将网页中的图片直接插入到文档中。在打开的网页中右击图片执行【复制】命令，然后在文档中右击空白处执行【粘贴】命令即可。

3. 插入剪贴画

Word 2010 为用户提供了大量的剪贴画，可通过执行【插入】|【插图】|【剪贴画】命令，弹出【剪贴画】任务窗格。在【搜索文字】文本框中输入搜索内容，单击【搜索】按钮，然后单击搜索结果中的图片即可，如图 4-2 所示。

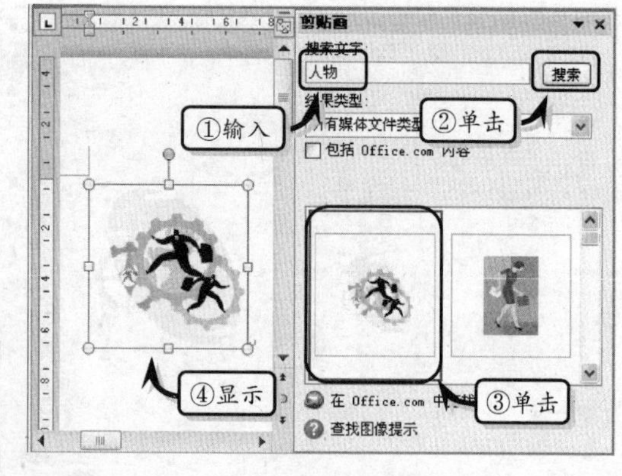

图 4-2 插入剪贴画

技　巧

在【剪贴画】任务窗格中，无需在【搜索文字】文本框中输入搜索内容，直接单击【搜索】按钮，可搜索出所有的剪贴画。

【剪贴画】任务窗格中主要包括【搜索文字】、【结果类型】等 7 种选项，其具体功能如表 4-1 所示。

表 4-1　【剪贴画】任务窗格

选项名称	功　能
搜索文字	用于输入搜索剪贴画的描述文字
结果类型	用于设置搜索类型，包括剪贴画、照片、影片与声音
包括 Office.com 类型	选中该复选框，表示搜索范围包含 Office.com 中的类型
图片预览	用于预览搜索到的剪贴画
在 Office.com 中查找详细信息	选择该选项，可以在 Office.com 网站中查找剪贴画
查找图像提示	选择该选项，可以在【Word 帮助】窗口中查找关于剪贴画的相关信息

4.1.2　设置图片格式

设置图片格式即调整图片的大小、排列方式、亮度、对比度与样式等图片效果。例如，为图片重新着色、设置图片的文字环绕效果等操作。通过设置图片格式，可以增加文档的美观性与合理性。

1．调整图片尺寸

插入图片之后，用户需要根据文档布局调整图片的尺寸。用户可通过拖动鼠标与输入数值来调整图片的大小，同时还可以根据尺寸剪裁图片。

❑ 鼠标调整大小

选中图片，将光标移至图片四周的 8 个控制点处，当光标变为双向箭头“↘”、“↕”、“↗”或“↔”时，按住左键拖动图片控制点即可调整图片的大小，如图 4-3 所示。

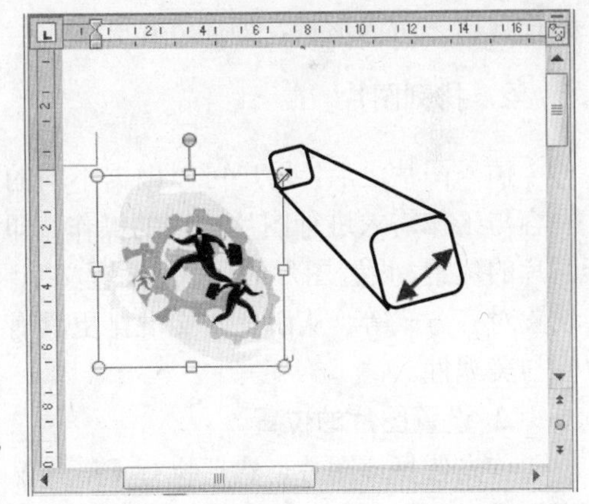

图 4-3　调整图片大小

技　巧

按住 Shift 键，拖动对角控制点“↘”时可以等比例缩放图片。按住 Ctrl 键，拖动图片可以复制图片。

❑ 输入数值调整大小

用户可通过在【格式】选项卡中的【大小】选项组中，输入【高度】与【宽度】值来调整图片的尺寸。另外，单击【大小】选项卡中的【对话框启动器】按钮，在弹出的

【布局】对话框中的【大小】选项组中输入【高度】与【宽度】值即可调整图片尺寸，如图 4-4 所示。

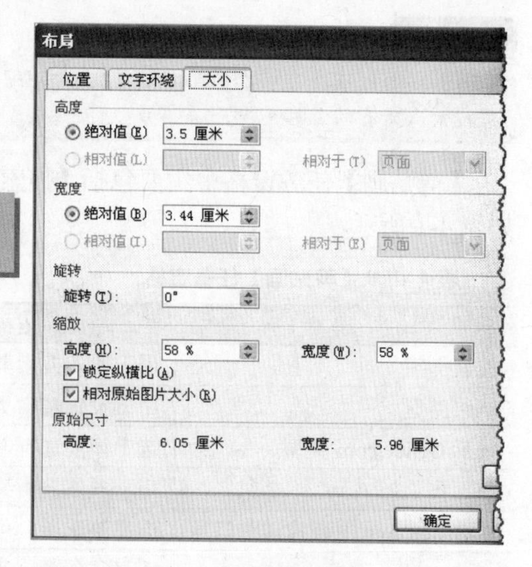

图 4-4 【大小】对话框

提 示

在图片上右击选择【大小】选项，即可弹出【大小】对话框。

❑ **剪裁图片**

裁剪图片即拖动鼠标删除图片的某个部分。选中需要剪裁的图片，执行【格式】|【大小】|【裁剪】|【裁剪】命令，光标会变成“裁剪”形状，而图片周围会出现黑色的断续边框。将鼠标放置于尺寸控制点上，拖动鼠标即可，如图 4-5 所示。

图 4-5 剪裁图片

提 示

在剪裁图片时，移动鼠标至图片的某角时鼠标会由形状变成直角形状。

另外，在剪裁图片时，用户还可以通过执行【格式】|【大小】|【裁剪】|【裁剪为形状】命令，在其列表中选择一种形状样式，即可将图片裁剪为所选形状，如图 4-6 所示。

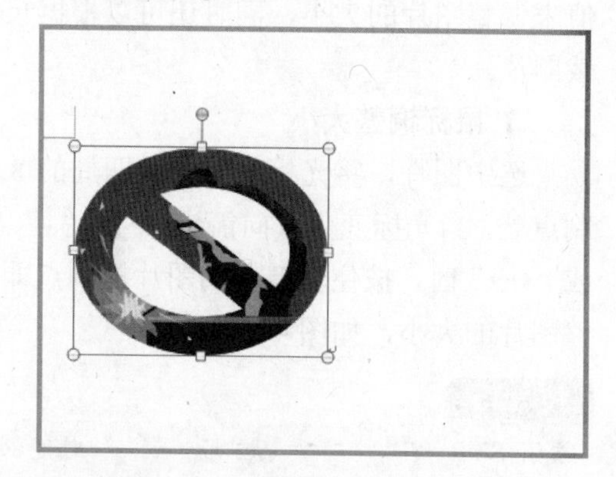

图 4-6 按数值裁剪图片

2. 排列图片

插入图片之后，用户可以根据不同的文档内容与工作需求进行图片排列的操作，即更改图片的位置、设置图片的层次、设置文字环绕、设置对齐方式等。从而使图文混排更具有条理性与美观性。

❑ **设置图片的位置**

首先选择该图片，然后执行【格式】|【排列】|【位置】命令，在下拉列表中选择不同的图片位置排列方式，如图 4-7 所示。

在 Word 2010 中，图片的位置排列方式主要有嵌入文本行中和文字环绕两类，其中文字环绕分为 9 种位置排列方式，具体情况如下所述。

- **顶端居左** 通过该选项可以将所选图片放置于文档顶端最左侧的位置。
- **顶端居中** 通过该选项可以将所选图片放置于文档顶端中间的位置。
- **顶端居右** 通过该选项可以将所选图片放置于文档顶端最右侧的位置。

嵌入文本行中

中间居左

中间居右

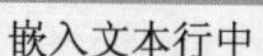

图 4-7 设置图片位置

- ➢ **中间居左** 通过该选项可以将所选图片放置于文档中部最左侧的位置。
- ➢ **中间居中** 通过该选项可以将所选图片放置于文档正中间的位置。
- ➢ **中间居右** 通过该选项可以将所选图片放置于文档中部最右侧的位置。
- ➢ **底端居左** 通过该选项可以将所选图片放置于文档底部最左侧的位置。
- ➢ **底端居中** 通过该选项可以将所选图片放置于文档底部中间的位置。
- ➢ **底端居右** 通过该选项可以将所选图片放置于文档底部最右侧的位置。

❑ **设置环绕效果**

首先选择图片，然后执行【排列】|【文字环绕】命令，在下拉列表中选择环绕方式即可，如图 4-8 所示。

穿越型环绕

浮于文字上方

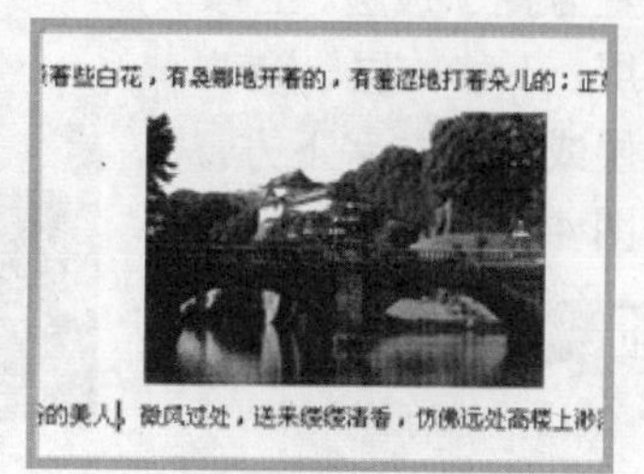

上下型环绕

图 4-8 设置文字环绕

Word 2010 为用户主要提供了 7 种设置图片环绕文字的方式，具体情况如下所述。

- ➢ **嵌入型** 通过该选项可以将插入的图片当做一个字符插入到文档中。
- ➢ **四周型环绕** 通过该选项可以将图片插入到文字中间。
- ➢ **紧密型环绕** 通过该选项可以使图片效果类似四周型环绕，但文字可进入到图片空白处。
- ➢ **衬于文字下方** 通过该选项可以将图片插入到文字的下方，而不影响文字的显示。
- ➢ **浮于文字上方** 通过该选项可以将图片插入到文字上方。
- ➢ **上下型环绕** 通过该选项可以使图片在两行文字中间，旁边无字。
- ➢ **穿越型环绕** 通过该选项可以使图片效果类似四周型环绕，但文字可进入到图片空白处。

另外，在【文字环绕】下拉列表中，用户可通过执行【编辑环绕顶点】命令来编辑环绕顶点。选择该命令后，在图片四周显示红色虚线（环绕线）与图片四角出现的黑色实心正方形（环绕控制点），单击环绕线上的某位置并拖动鼠标或单击并拖动环绕控制点即可改变环绕形状，此时将在改变形状的位置中自动添加环绕控制点，如图 4-9 所示。

提 示

【文字环绕】下拉列表中的【编辑环绕顶点】选项，只有在"紧密型环绕"与"穿越型环绕"时才可用。

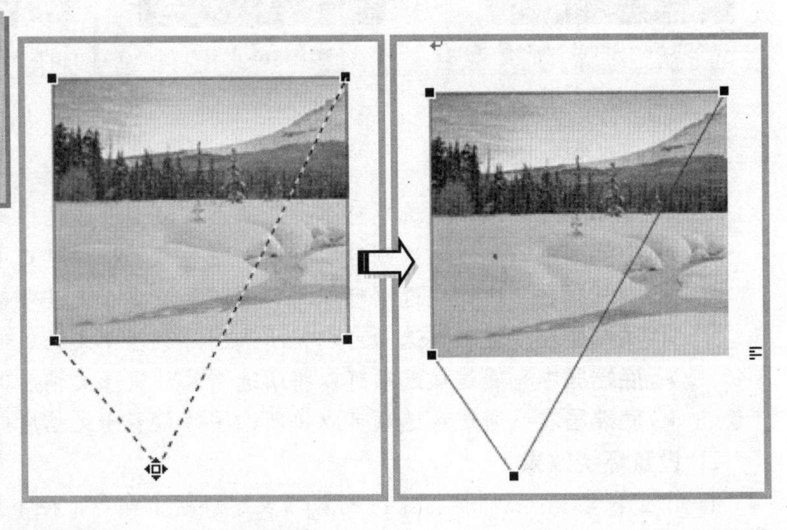

图 4-9 编辑环绕顶点

❑ 设置图片的层次

当文档中存在多幅图片时，用户可执行【排列】选项组中的【置于底层】或【置于顶层】命令来设置图片的叠放次序，即将所选图片设置为置于顶层、上移一层、下移一层、置于底层或衬于文字下方，如图 4-10 所示。

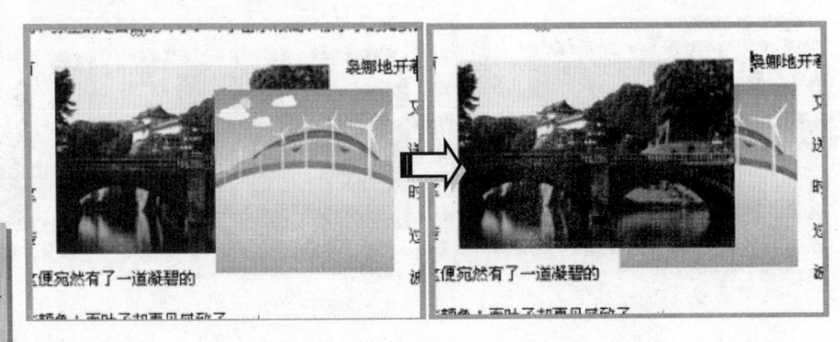

图 4-10 设置图片的层次

提 示

在设置图片的层次时，用户需要注意的是在默认的"嵌入型"环绕类型中无法调整图片的层次。

❑ 设置对齐方式

图形的对齐是指在页面中精确地设置图形位置，主要作用是使多个图形在水平或者垂直方向上精确定位，执行【排列】|【对齐】命令即可，如图 4-11 所示。

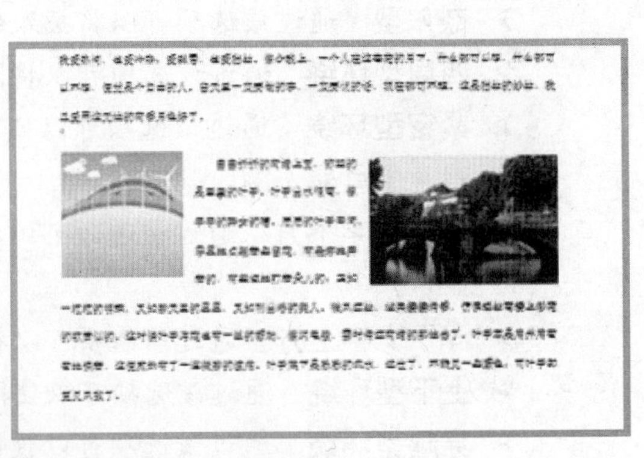

图 4-11 设置对齐方式

另外，在【对齐】命令中用户需要选择对齐的方式，主要包括按页面与边距对齐两种方式。例如执行【对齐页面】命令，则所有的对齐方式相对于页面行对齐；若执行【对齐边距】命令，则所有的对齐方式相对于页边距对齐。每种类型中主要包含以下几种对齐方式，其功能如表 4-2 所示。

表 4-2 对齐方式

按 钮	名 称	功 能
	左对齐	图片相对于页面（边距）左对齐
	左右居中	图片相对于页面（边距）水平方向上居中对齐
	右对齐	图片相对于页面（边距）右对齐
	顶端对齐	图片相对于页面（边距）顶端对齐
	上下居中	图片相对于页面（边距）垂直方向上居中对齐
	底端对齐	图片相对于页面（边距）底端对齐

提 示

在设置图片的对齐方式时，用户需要注意的是在默认的“嵌入型”环绕类型中无法调整图片的层次。

❑ **旋转图片**

旋转图片是根据度数将图形任意向左或者向右旋转，或者在水平方向或者在垂直方向翻转图形。用户可通过执行【排列】|【旋转】命令来改变图片的方向，如图 4-12 所示。

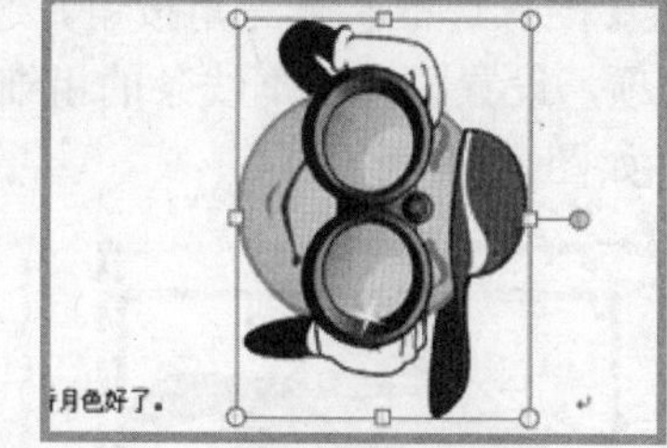

向右旋转 90°

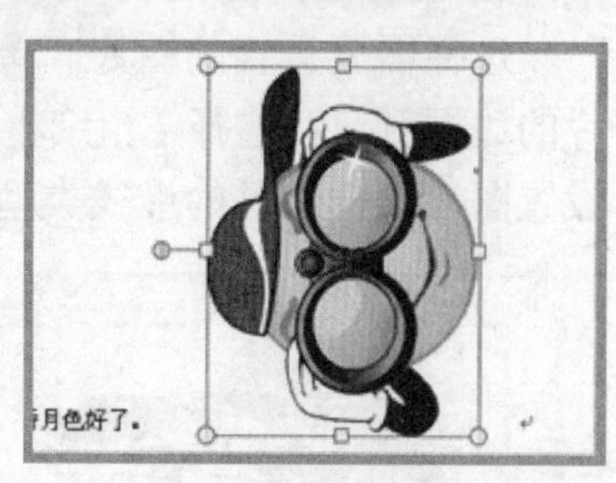

向左旋转 90°

图 4-12 旋转图片

其中，【旋转】命令中主要包含 4 种旋转方式，其功能如表 4-3 所示。

表 4-3 旋转方式

按 钮	名 称	功 能
	向右旋转 90°	选择该选项图片向右（顺时针）旋转 90°
	向左旋转 90°	选择该选项图片向左（逆时针）旋转 90°
	垂直翻转	选择该选项图片垂直方向旋转 180°
	水平翻转	选择该选项图片水平方向旋转 180°

另外，执行【旋转】|【其他旋转选项】命令，可在弹出的【布局】对话框中根据具体需求在【旋转】微调框中输入图片旋转度数，对图片进行自由旋转，如图 4-13 所示。

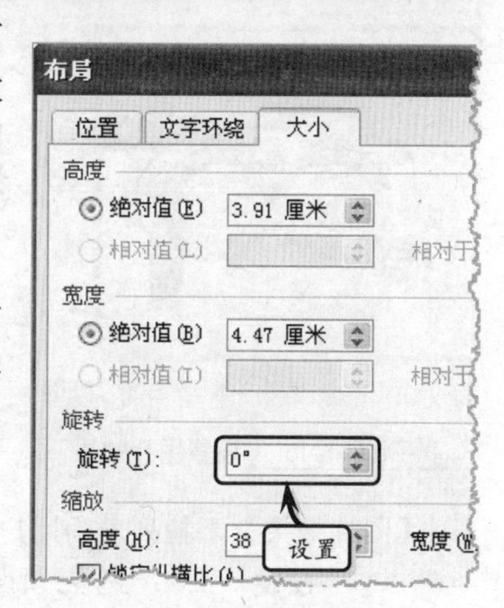

图 4-13 自由旋转

3. 设置图片样式

Word 2010 为用户提供了 28 种内置样式，用户可以通过执行【格式】选项卡【图片样式】选项组中的各项命令，来设置图片的外观样式、图片的边框与效果。

❑ **设置外观样式**

首先选择需要设置的图片，单击【其他】下三角按钮，在其下拉列表中选择图片的外观样式即可，如图 4-14 所示。

棱台形椭圆，黑色

柔化边缘矩形

棱台透视

图 4-14 设置外观样式

❑ 设置图片边框

选择需要设置的图片，单击【图片边框】下三角按钮。选择【颜色】选项，设置图片的边框颜色；选择【粗细】选项，设置图片边框线条的粗细程度；选择【虚线】选项，设置图片边框线条的虚线类型，如图 4-15 所示。

设置边框颜色

设置边框粗细

设置边框虚线

图 4-15 设置图片边框

❑ 设置图片效果

设置图片效果是为图片添加阴影、棱台、发光等效果。单击【图片样式】选项组中的【图片效果】下三角按钮，在其下拉列表中选择相符的效果即可，如图 4-16 所示。

预设效果

映像效果

三维旋转效果

图 4-16 设置图片效果

【图片效果】下拉列表为用户提供了 7 种类型的效果，其具体功能如下所述。

- **预设** 主要包含无预设与预设类别中的 12 种内置的预设效果。
- **阴影** 主要包含无阴影、外部、内部和透视 4 类共 22 种效果。
- **映像** 主要包含无映像与映像变体中的 9 种内置的映像效果。

- **发光**　主要包含无发光与发光变体类型中的24种内置的发光效果。
- **柔化边缘**　主要包含无柔化边缘、1磅、2.5磅、5磅、10磅、25磅与50磅这7种效果。
- **棱台**　主要包含无棱台项和棱台项类型中的12种内置的棱台效果。
- **三维旋转**　主要包含无旋转、平行、透视和倾斜4种类型共25种旋转样式。

技　巧

用户可通过右击图片选择【设置图片格式】选项，或通过单击【对话框启动器】按钮弹出【设置图片格式】对话框的方法来设置图片的效果。

4.2　使用形状

在Word 2010中，不仅可以通过使用图片来改变文档的美观程度，同时也可以通过使用形状来适应文档内容的需求。例如，在文档中可以使用矩形、圆、箭头或线条等多个形状组合成一个完整的图形，用来说明文档内容中的流程、步骤等内容，从而使文档具有条理性与客观性。

4.2.1　插入形状

Word 2010为用户提供了线条、基本形状、箭头总汇、流程图、标注、星与旗帜6种类型的形状。执行【插入】|【插图】|【形状】命令，在下拉列表中选择相符的形状，此时光标将会变成“十”字形，拖动鼠标即可开始绘制相符的形状，释放鼠标即可停止绘制，如图4-17所示。

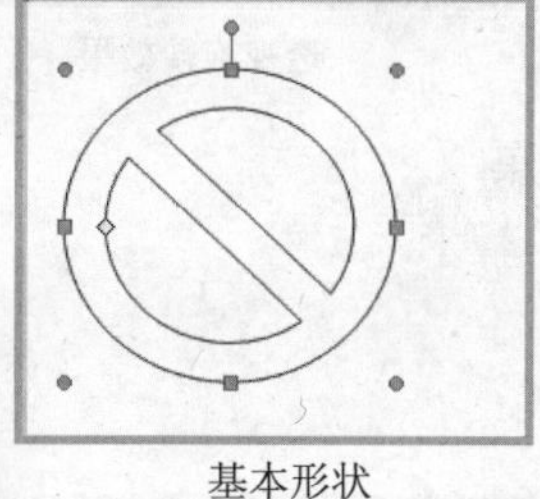

基本形状

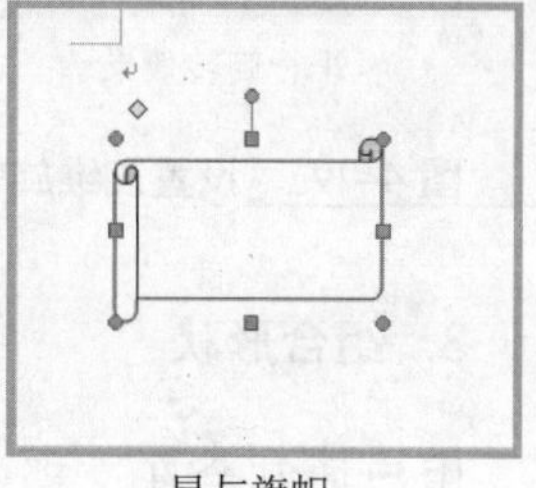

星与旗帜

图4-17　插入形状

技　巧

插入形状之后，在形状周围会出现实心的圆点与方框，主要用于编辑形状的大小。

4.2.2　设置形状格式

插入形状后，用户便可以设置形状样式、阴影效果、三维效果以及组合多个形状，为形状添加文字等格式。其中，设置形状样式中的操作方法与设置图片样式的操作大体相同。在此主要介绍设置形状的阴影效果、三维效果等形状格式。

1．设置阴影效果

在Word 2010中，可以将形状的阴影效果设置为无阴影效果、外部阴影、透视阴影、内部阴影样式等效果。同时，用户还可以设置阴影与形状之间的距离。执行【格式】|

【形状样式】|【形状效果】|【阴影】命令，在其列表中选择相符的阴影样式即可，如图 4-18 所示。

提 示

执行【阴影】|【阴影选项】命令，可以在弹出的【设置形状格式】对话框中设置详细参数。

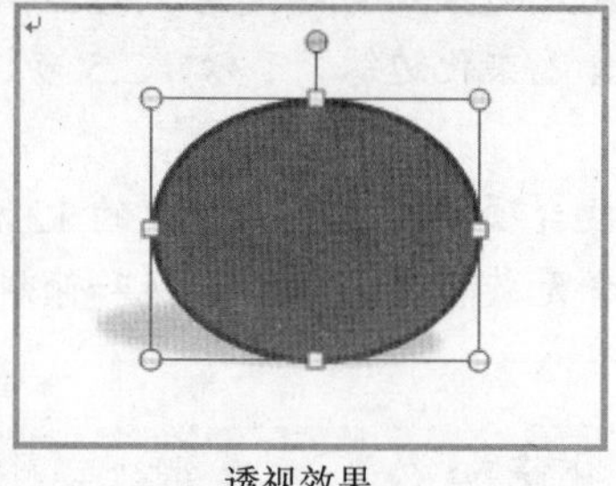

透视效果

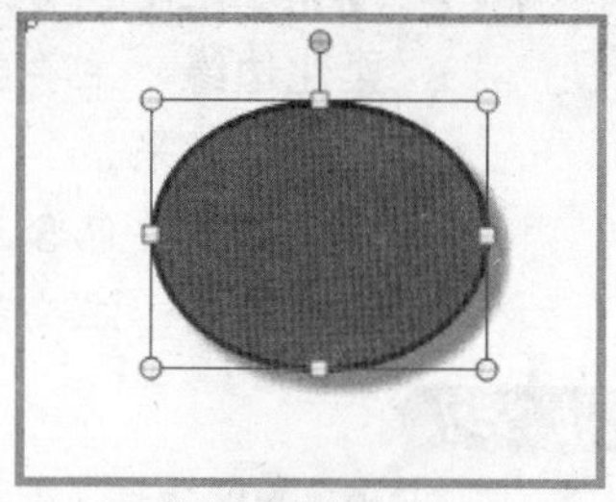

外部阴影效果

图 4-18 设置阴影效果

2. 设置三维旋转效果

设置三维效果是使插入的平面形状具有三维的立体感。Word 2010 中主要包括无旋转、平行、透视、倾斜 4 种类型。首先选择需要设置的形状，然后执行【格式】|【形状样式】|【形状效果】|【三维旋转】命令，在其下拉列表中选择相符的三维效果样式即可，如图 4-19 所示。

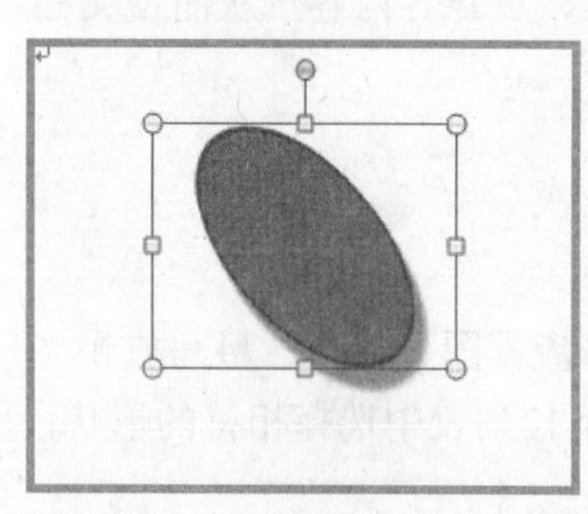

平行旋转效果

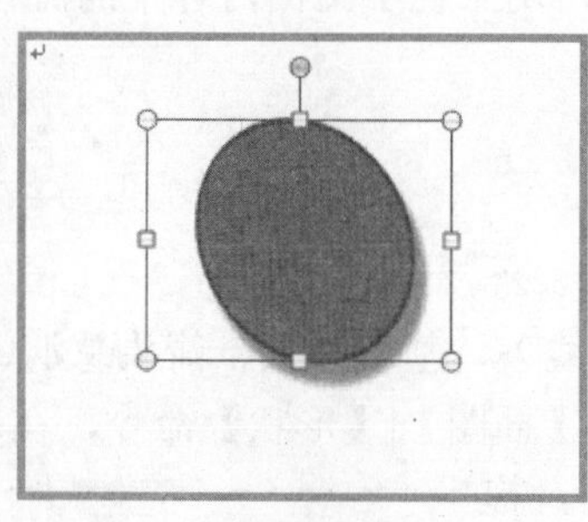

透视旋转效果

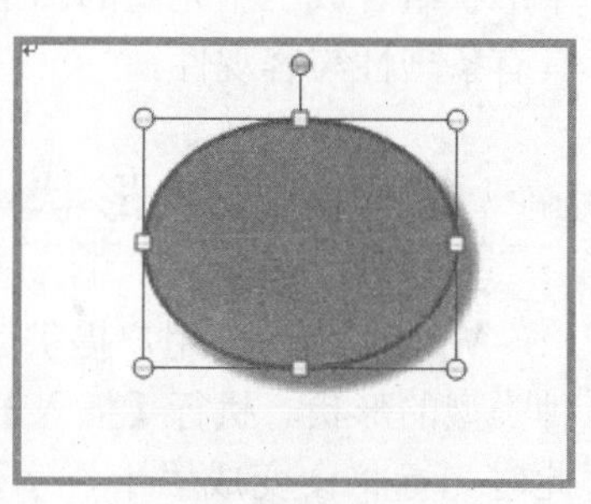

倾斜旋转效果

图 4-19 设置三维旋转效果

3. 组合形状

用户通常会在文档中插入两个或多个形状，为了便于文档的排版需要将多个形状组合在一起，使其变成一个形状。首先选择其中一个形状，在按住 Ctrl 键或 Shift 键的同时选择另外一个形状。执行【格式】|【排列】|【组合】命令，选择【组合】选项即可将两个形状组合在一起，如图 4-20 所示。同样，选择已组合的形状，执行【组合】|【取消组合】命令，即可取消形状的组合。

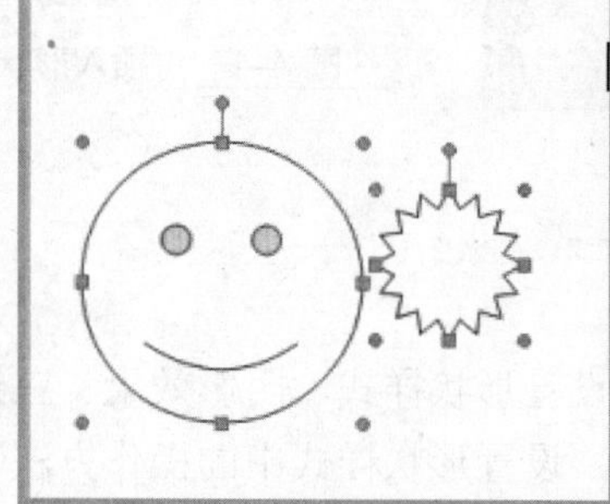

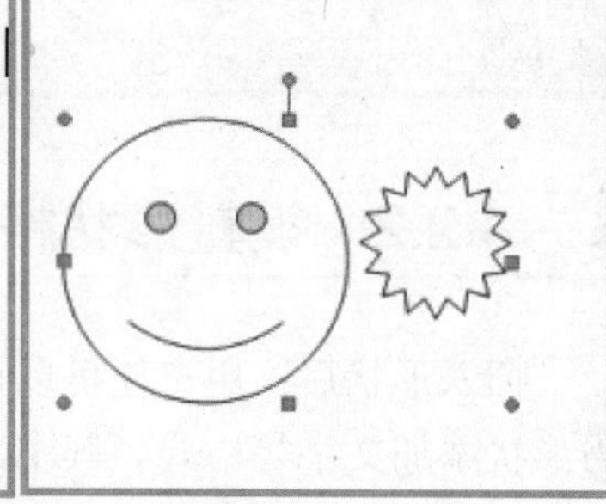

图 4-20 组合形状

4. 添加文字

在文档中添加形状后，可以向形状中添加文字以注明形状的用途与作用。首先选择需要添加文字的形状，然后右击形状执行【添加文字】命令即可。另外，用户可通过执行【开始】选项卡【字体】选项组中的各个命令，设置文字的字形、加粗或颜色等字体格式，如图 4-21 所示。

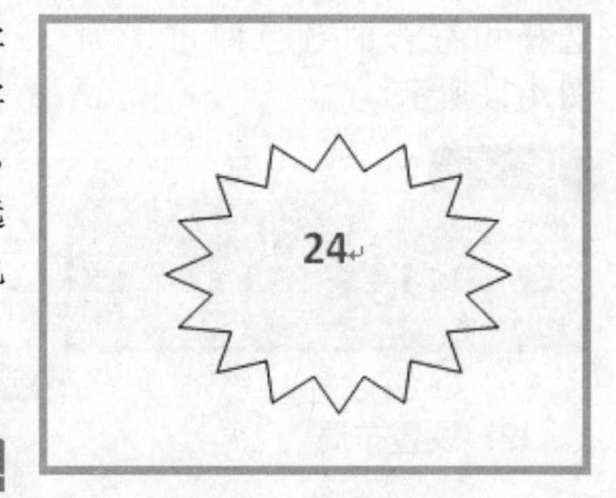

图 4-21 添加字体

4.3 使用 SmartArt 图形

SmartArt 图形是信息和观点的视觉表示形式，可以通过从多种不同布局中进行选择来创建 SmartArt 图形，从而快速、轻松、有效地传达信息。在使用 SmartArt 图形时，用户不必拘泥于一种图形样式，可以自由切换布局，图形中的样式、颜色、效果等格式将会自动带入到新布局中，直至用户寻找到满意的图形为止。

4.3.1 插入 SmartArt 图形

执行【插入】|【插图】|【SmartArt】命令，在弹出的【选择 SmartArt 图形】对话框中选择符合的图形类型即可，如图 4-22 所示。

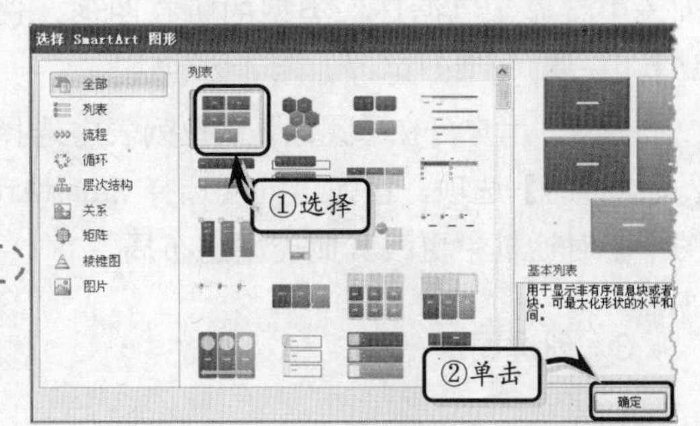

图 4-22 【选择 SmartArt 图形】对话框

4.3.2 设置 SmartArt 格式

SmartArt 图形与图片一样，也可以为其设置样式、布局、艺术字样式等格式。同时，还可以进行更改 SmartArt 图形的方向、添加形状与文字等操作。通过设置 SmartArt 图形的格式可以使 SmartArt 更具有流畅性。

1. 设置 SmartArt 样式

SmartArt 样式是不同格式选项的组合，主要包括文档的最佳匹配对象与三维两种类型共 14 种样式。执行【设计】|【SmartArt 样式】|【其他】命令，在其下拉列表中选择相符合的样式即可，如图 4-23 所示。

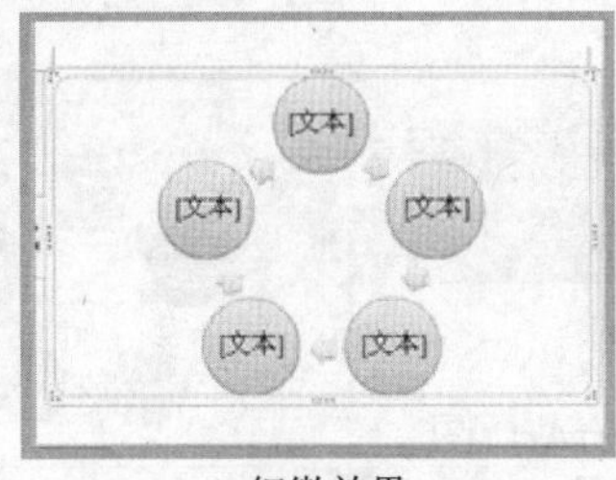

细微效果

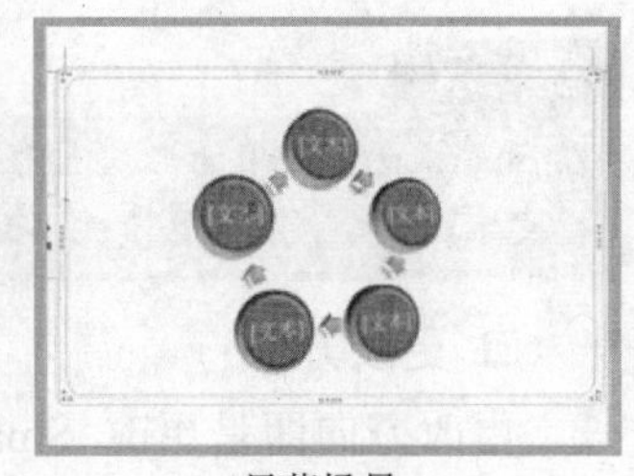

日落场景

图 4-23 设置 SmartArt 样式

另外，在【SmartArt 样式】选项组中还可以设置 SmartArt 图形的颜色。其中，颜色类型主要包括主题颜色（主色）、彩色、强调颜色 1～强调颜色 6 等 8 种颜色类型。执行【更改颜色】命令，在下拉列表中选择相符合的颜色即可，如图 4-24 所示。

技 巧

执行【设计】|【重设】选项组中的【重设图形】命令，将使图形恢复到最初状态。

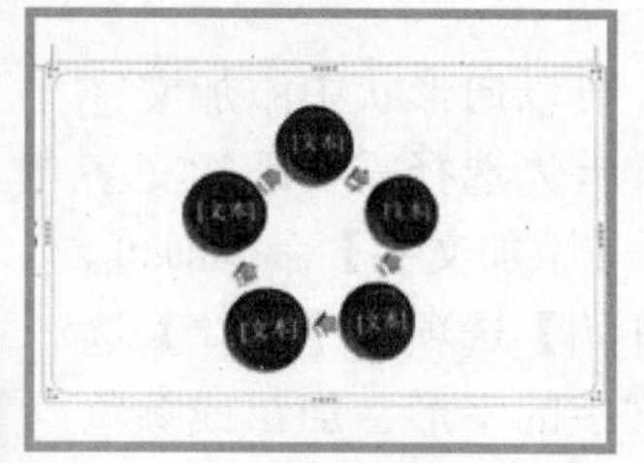

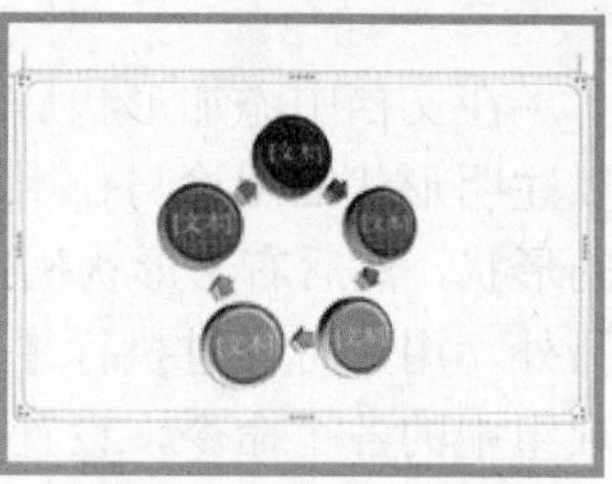

图 4-24 更改样式颜色

2．设置布局

设置布局即是更换 SmartArt 图形，当用户插入“循环”类型的 SmartArt 图形时，执行【设计】|【布局】|【其他】命令，在下拉列表中将显示“循环”类型的所有图形，选择其中一种类型即可，如图 4-25 所示。

另外，用户可在【其他】下拉列表中选择【其他布局】选项，在弹出的【选择 SmartArt 图形】对话框中更改其他类型的布局。

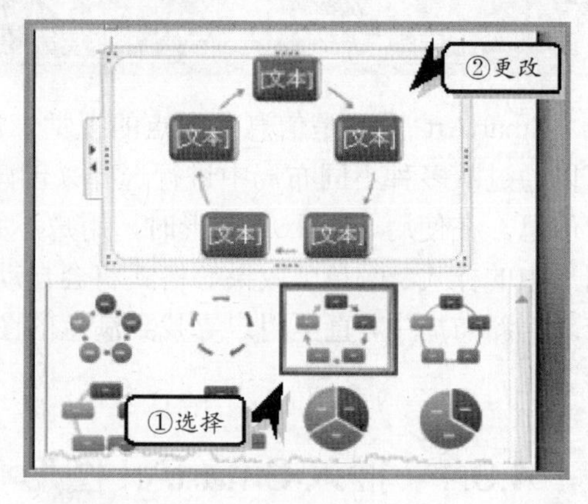

图 4-25 设置布局

3．创建图形

创建图形主要是更改 SmartArt 图形的方向、添加或减少 SmartArt 图形的个数，以及为其添加文字等操作。

❑ 添加文字

插入 SmartArt 图形之后，用户还需要为其添加文字。执行【设计】|【创建图形】|【文本窗格】命令，在弹出的【在此处键入文字】任务窗格中根据形状输入相符的内容即可，如图 4-26 所示。

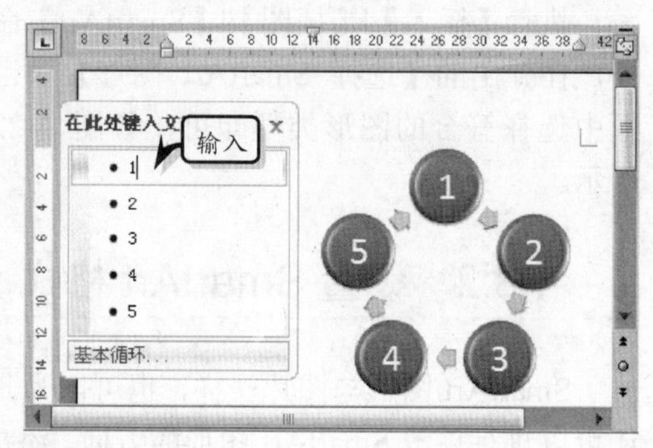

图 4-26 添加文字

提 示

在 SmartArt 图形中的形状上右击执行【编辑文字】命令，也可以为形状添加文字。

❑ 更改方向

更改方向即是更改 SmartArt 图形的连接线方向，选择需要更改方向的 SmartArt 图形，执行【设计】|【创建图形】|【从右向左】命令，即可更改 SmartArt 图形的方向，如图 4-27 所示。

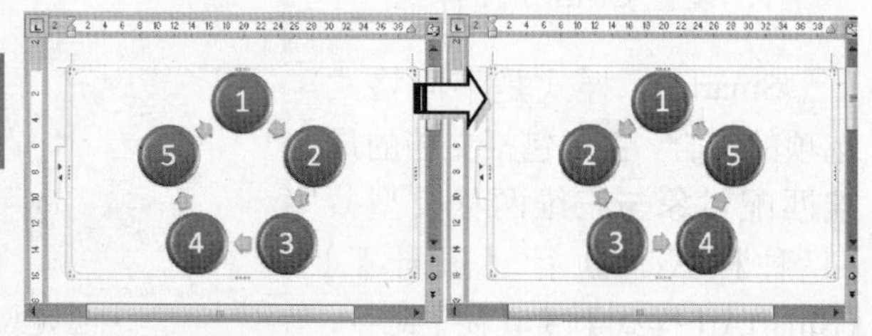

图 4-27 更改方向

❑ 添加形状

在使用 SmartArt 图形时，用户还需要根据图形的具体内容从前面、后面、上方或下方添加形状。另外，还可以为“层次结构”中的部分样式添加助理形状。选择需要添加形状的位置，执行【设计】|【创建图形】|【添加形状】命令，在下拉列表中选择相符的选项即可，如图 4-28 所示。

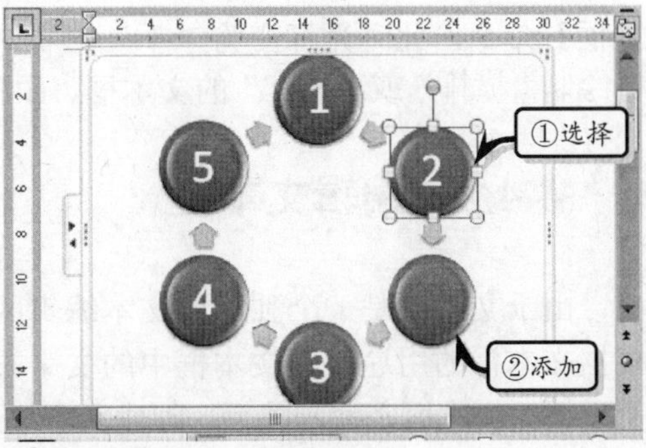

图 4-28 添加形状

提 示

当用户需要删除 SmartArt 图形中的形状时，选中某个形状，直接按 Delete 键即可。

4. 设置艺术字样式

为了使 SmartArt 图形更加美观，可以设置图形文字的字体效果。选择需要设置艺术字样式的图形，执行【格式】|【艺术字样式】|【其他】命令，在下拉列表中选择相符的样式即可，如图 4-29 所示。

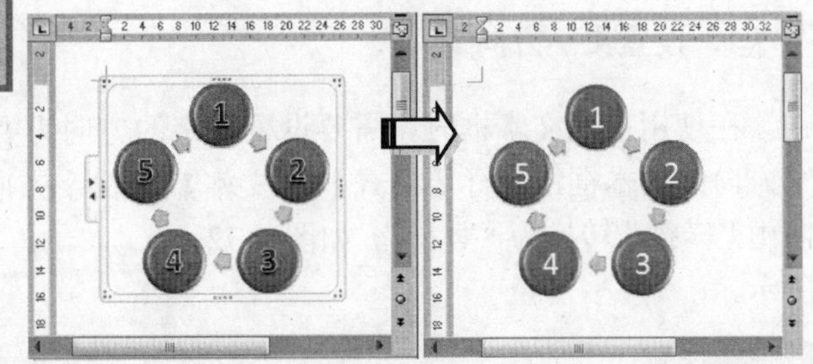

图 4-29 设置艺术字样式

4.4 使用文本框

文本框是一种存放文本或者图形的对象，不仅可以放置在页面的任何位置，而且还可以进行更改文字方向、设置文字环绕、创建文本框链接等一些特殊的处理。

4.4.1 添加文本框

在 Word 文档中不仅可以添加系统自带的 36 种内置文本框，并且还可以绘制“横排”或“竖排”的文本框。

1. 插入文本框

执行【插入】|【文本】|【文本框】命令，在下拉列表中选择相符的文本框样式即可，如图 4-30 所示。

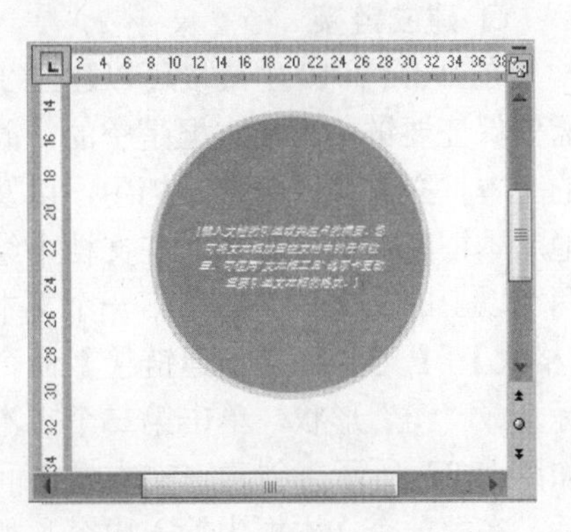

图 4-30 插入文本框

2. 绘制文本框

在 Word 2010 中，用户可以根据文本框中文本的排列方向，绘制“横排”文本框和“竖排”文本框。执行【插入】|【文本】|【文本框】|【绘制文本框】或者【绘制竖排文

本框】命令，此时光标变为“十”形状，拖动鼠标即可绘制“横排”或“竖排”的文本框，如图 4-31 所示。

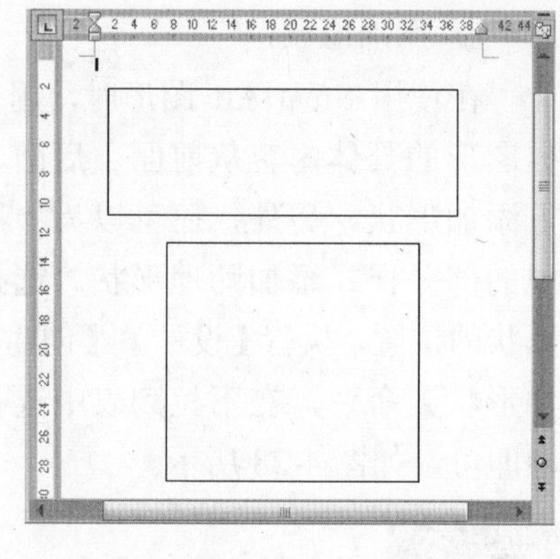

图 4-31　绘制文本框

4.4.2 编辑文本框

由于文本框是一个独立的文本编辑区，所以需要根据文本框的用途设置文本框中的文字方向，并且还需要根据文本框之间的关系，创建文本框之间的链接。通过编辑文本框，可使文本框的功能处于最优状态，从而帮助用户实现强大的文档格式的编排。

1. 设置文字方向

在使用内置文本框时，需要设置文字的方向为“竖排”或“横排”。选择需要设置文字方向的文本框，执行【格式】|【文本】|【文字方向】命令，即可将文本框中的文字方向由“横排”转换为“竖排”，如图 4-32 所示。

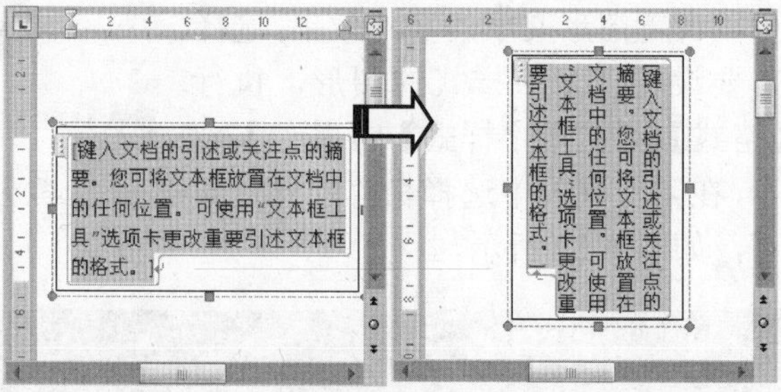

提　示

用户可以在【形状填充】、【形状轮廓】和【更改形状】下拉列表中设置文本框的外观样式。

图 4-32　设置文字方向

2. 链接文本框

为了充分利用版面空间，需要将文字安排在不同版面的文本框中，此时可以运用文本框的链接功能来实现上述要求。

❑ **建立链接**

在 Word 2010 中最多可以建立 32 个文本框链接。在建立文本框之间的链接关系时，需要保证要链接的文本框是空的，并且所链接的文本框必须在同一个文档中，以及它未与其他文本框建立链接关系。在文档中绘制或插入两个以上的文本框，选择第一个文本框，执行【格式】|【文本】|【创建链接】命令，此时光标变成“🍵”形状，单击第二个文本框即可，如图 4-33 所示。创建完文本框之间的链接之后，在第一个文本框中输入内容，如果第一个文本框中的内容无法完整显示，则内容会自动显示在链接的第二个文本框中。

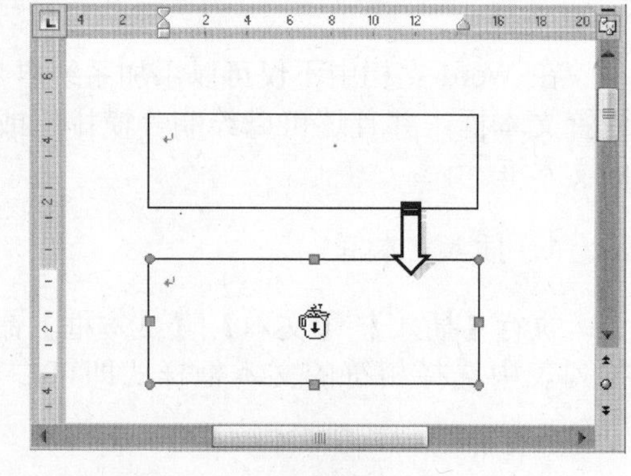

图 4-33　创建链接

❑ **断开链接**

要断开一个文本框和其他文本框的链接，首先选择这个文本框，执行【格式】|【文本】|【断开链接】命令即可。

4.5 使用艺术字

艺术字是一个文字样式库，不仅可以将艺术字添加到文档中以制作出装饰性效果，而且还可以将艺术字扭曲成各种各样的形状，以及将艺术字设置为阴影与三维效果的样式。

4.5.1 插入艺术字

执行【插入】|【文本】|【艺术字】命令，在下拉列表中选择相符的艺术字样式。在艺术字文本框中输入文字内容，并设置艺术字的【字体】与【字号】，如图4-34所示。

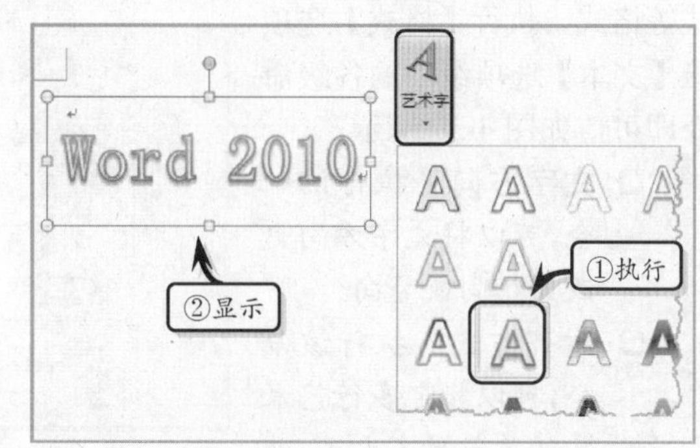

图4-34 插入艺术字

4.5.2 设置艺术字格式

为了使艺术字更具有美观性，可以像设置图片格式那样设置艺术字格式，即设置艺术字的样式、设置文字方向、间距等艺术字格式。

1．设置艺术字样式

设置艺术字样式与设置图片样式的内容与操作大体一致，主要包括设置艺术字的快速样式、设置填充颜色以及更改形状。由于设置填充颜色与前面的设置图片的填充颜色大体一致，在此主要讲解设置艺术字的快速样式与更改形状两部分的内容。

❑ 设置快速样式

Word 2010一共为用户提供了30种艺术字样式。选择需要设置快速样式的艺术字，执行【格式】|【艺术字样式】|【其他】命令，在其下拉列表中选择相符的艺术字样式即可，如图4-35所示。

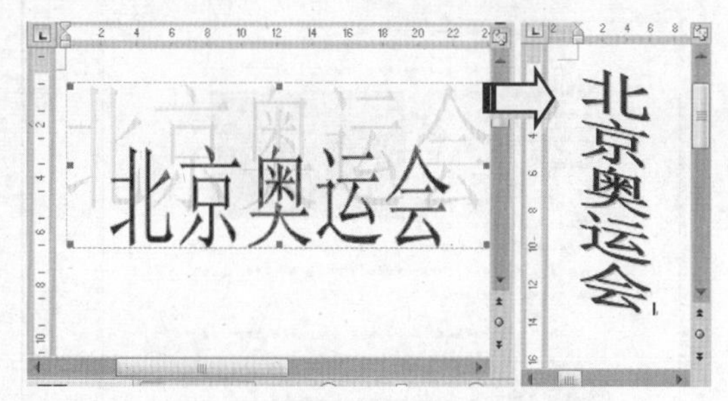

图4-35 设置艺术字样式

❑ 设置转换效果

更改艺术字的转换效果，即将艺术字的整体形状更改为跟随路径或弯曲形状。其中，跟随路径形状主要包括上弯狐、下弯狐、圆与按钮4种形状，而弯曲形状主要包括左停止、倒V形等36种形状。执行【格式】|【艺术字样式】|【文本效果】|【转换】命令，在其下拉列表中选择一种形状即可，如图4-36所示。

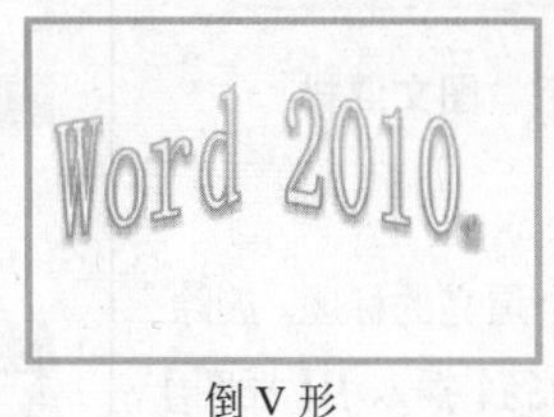

倒V形　　右牛角形

图4-36 更改形状

2. 设置文字格式

设置文字格式即是设置艺术字的文字方向与对齐方式等格式，执行【格式】选项卡【文本】选项组中的各级命令即可，如图 4-37 所示。

- ❑ **文字方向** 执行该命令，可以将文字方向更改为横向或竖向。
- ❑ **对齐方式** 执行该命令，可以指定多行艺术字的单行对齐方式。其中，主要包括【左对齐】、【居中】、【右对齐】、【单词调整】、【字母调整】、【延伸调整】等选项。

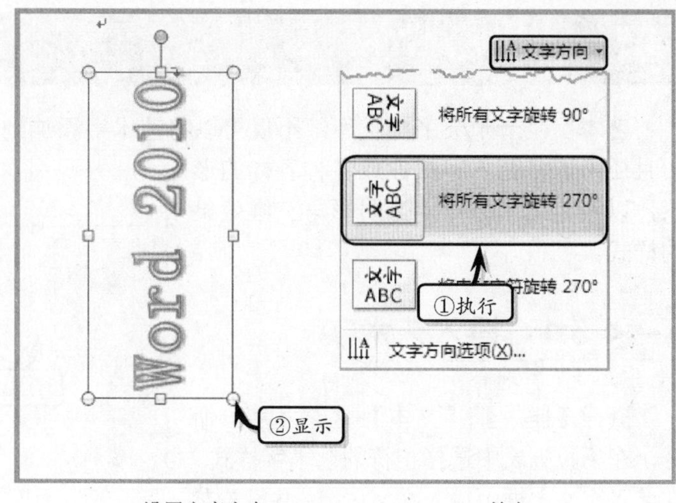

图 4-37 设置文字方向

4.6 课堂练习："荷塘月色"图文混排

为了使"荷塘月色"这篇文章更具有美观性，需要对该篇文章进行图文混排，即实现图片、形状等对象与文字紧密结合在一个版面上的效果，如图 4-38 所示。在本练习中，将主要运用插入形状、插入图片、添加水印、设置页眉和页脚等基础知识，来制作一篇图文并茂的 Word 文档。

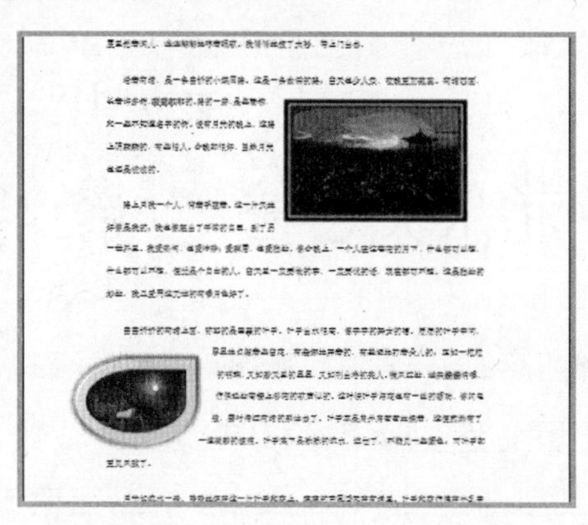

图 4-38 "荷塘月色"图文混排

操作步骤

1 首先需要为文章制作一个漂亮的标题。删除文章中的标题与作者，执行【插入】|【插图】|【形状】下三角按钮，选择【流程图：资料带】选项，在文档的标题部分绘制形状，如图 4-39 所示。

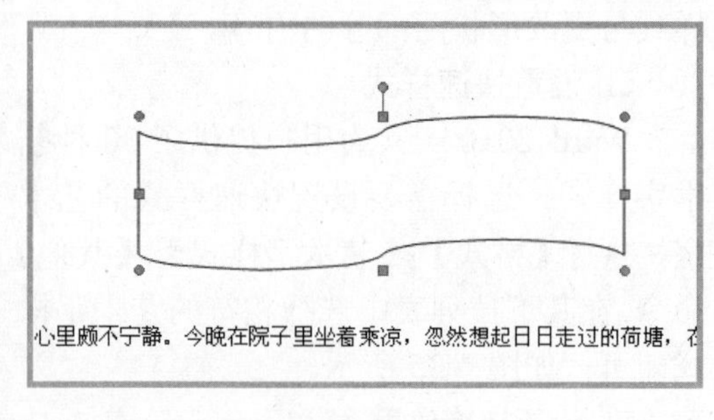

图 4-39 绘制形状

2 在【格式】选项卡中的【形状样式】选项组中，设置形状的【填充颜色】、【边框颜色】与【形状效果】选项，如图 4-40 所示。

3 执行【格式】|【阴影效果】命令，选择【阴影样式 12】选项。连续单击【略向左移】按钮，使阴影位置到达第一个文字的前面，如图 4-41 所示。

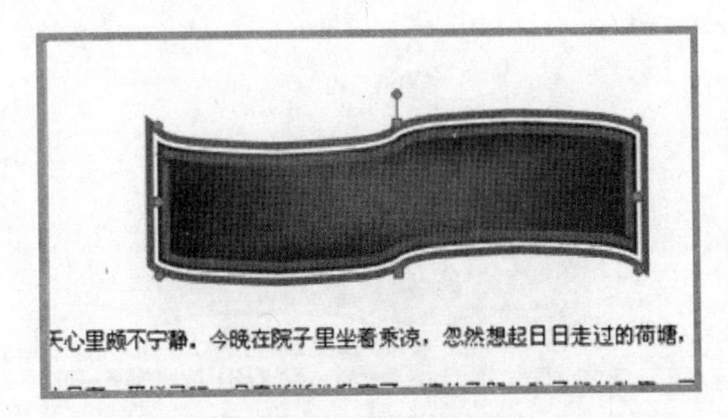

图 4-40 设置形状样式

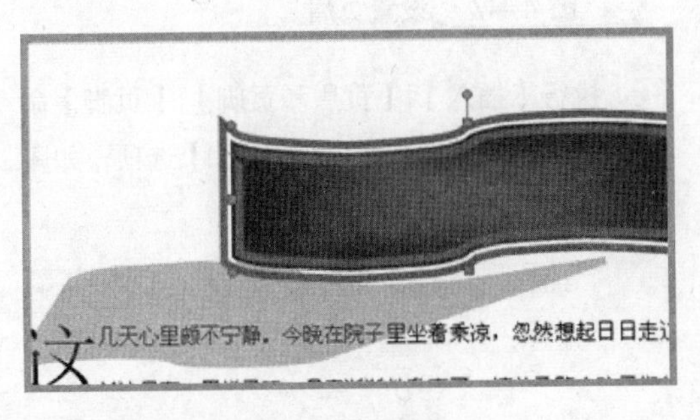

图 4-41 设置阴影效果

4 右击形状执行【添加文字】命令，输入“荷塘月色”文本。将【字体格式】设置为“小二”、“加粗”，将【颜色】设置为“白色”。执行【开始】选项卡【段落】选项组中的【中文版式】命令，将【字符缩放】设置为“150%”，如图 4-42 所示。

图 4-42 添加形状字体

5 下面开始在文章中插入图片。选择添加图片的位置，执行【插入】|【插图】|【图片】命令，选择图片，单击【插入】按钮，如图 4-43 所示。

6 在【格式】选项卡中的【图片样式】选项组中，将【图片样式】设置为“复杂框架，黑色”。在【排列】选项组中，将【文字环绕】设置为“四周型环绕”，如图 4-44 所示。

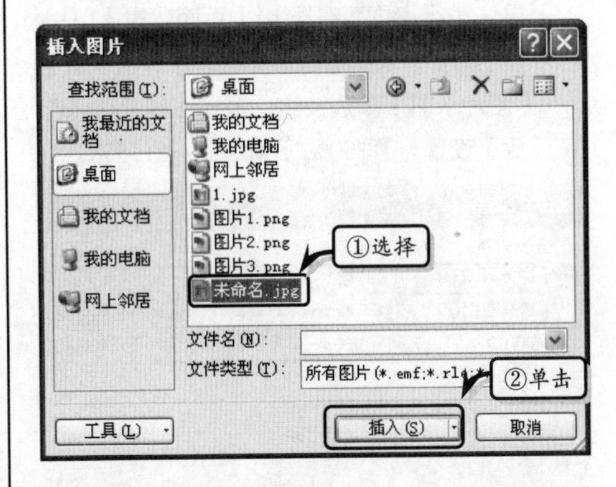

图 4-43 插入图片

图 4-44 设置图片格式

7 在文档中插入第二张图片，在【格式】选项卡中的【图片样式】选项组中，将【图片样式】设置为“金属椭圆”，将【图片形状】设置为“泪滴型”。在【排列】选项组中，将【文字环绕】设置为“紧密型环绕”，如图 4-45 所示。

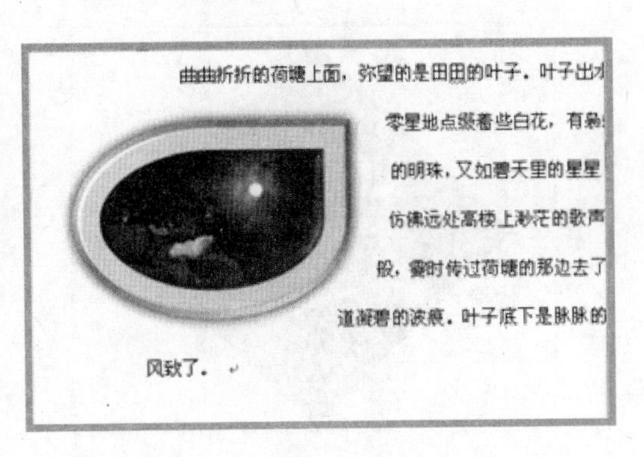

图 4-45 设置第二张图片

8 为了增加整体感觉，需要为文档添加水印效果。执行【页面布局】|【页面背景】|【水印】命令，选择【自定义水印】选项。选中【图片水印】单选按钮，选择图片并将【缩放】设置为“150%”，如图 4-46 所示。

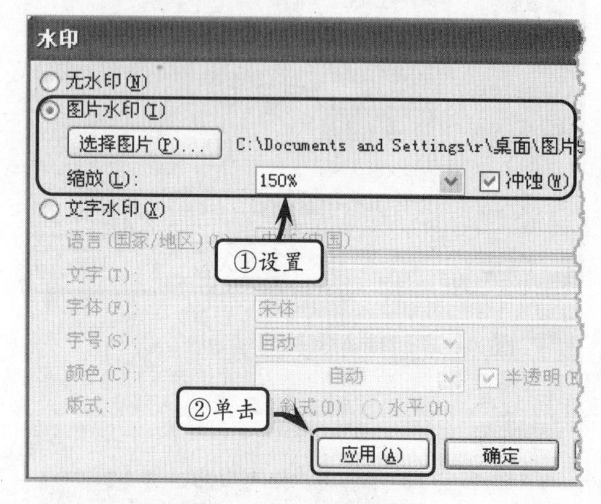

图 4-46 设置水印

9 最后，需要为文档插入页眉和页脚。执行【插入】|【页眉和页脚】|【页眉】命令，选择【空白】选项，输入“作者：朱自清”文本，如图 4-47 所示。

图 4-47 设置页眉

10 执行【插入】|【页眉和页脚】|【页脚】命令，选择【现代型（偶数页）】选项，如图 4-48 所示。

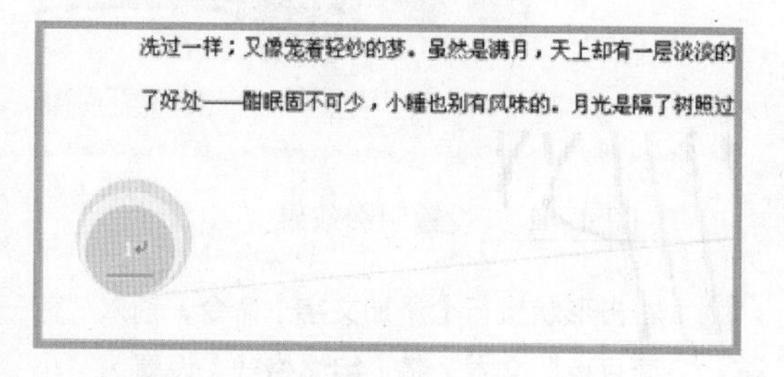

图 4-48 设置页脚

4.7 课堂练习：招财进宝吉祥图

春节是中国的传统节日，也是俗语中的年。在过年时，家家户户在准备年夜饭、鞭炮、烟花的同时，还需要准备张贴剪艺窗花、红福字、招财进宝吉祥图等喜庆装饰。而对于招财进宝吉祥图，用户会感觉图中的合成字需要专业技术才能制作，如图 4-49 所示。在本练习中，将利用 Word 2010 中的艺术字、插入形状等功能，来讲解制作招财进宝图的操作技巧。

图 4-49 招财进宝吉祥图

操作步骤

1 首先需要添加“分解图片”工具。执行【文件】|【选项】命令。选择【快速访问工具栏】选项卡，单击【从下列位置选择命令】下三角按钮，选择【不在功能区中的命令】选项。在下拉列表中选择【分解图片】选项，单击【添加】按钮，如图 4-50 所示。

2 然后开始截取偏旁部首。执行【插入】|【文本】|【艺术字】|【填充-茶色，文本 2，轮廓-背景 2】命令。在文本框中输入文字，

将【字体颜色】设置为“黑色”，将【字体】设置为“华文楷体”，将【字号】设置为“48”，如图 4-51 所示。

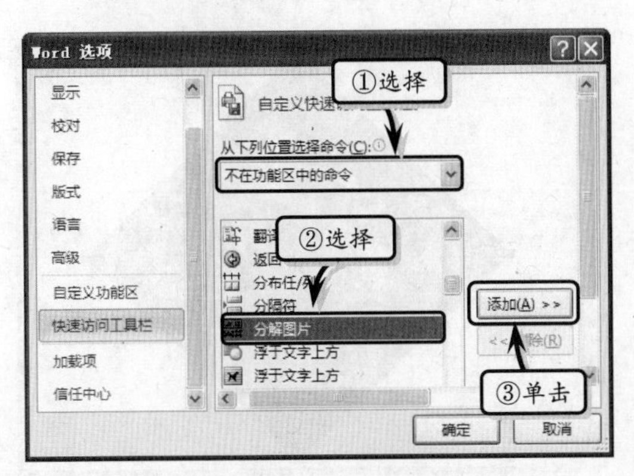

图 4-50 添加“分解图片”工具

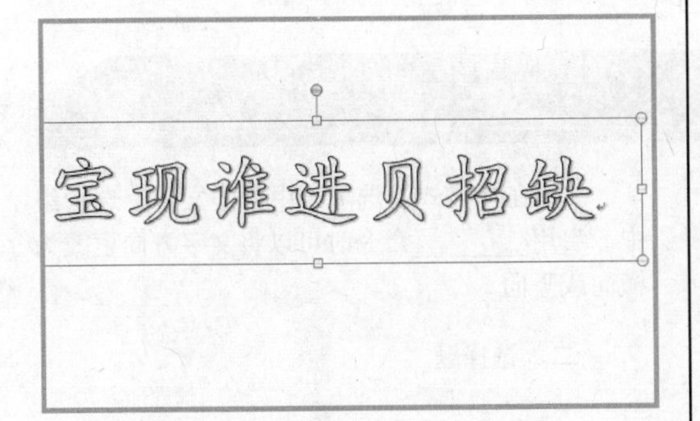

图 4-51 设置艺术字

3 选中艺术字，执行【开始】|【剪贴板】|【复制】命令。选择复制位置，在【粘贴】下拉列表中选择【选择性粘贴】选项。选择【图片（Windows 图片文件）】选项，如图 4-52 所示。

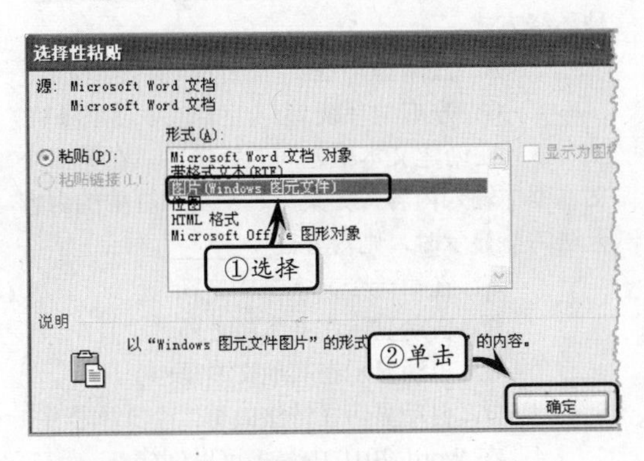

图 4-52 选择性粘贴

4 单击【快速访问工具栏】中的【分解图片】按钮，将分解后的文本按偏旁需求进行删除，如图 4-53 所示。

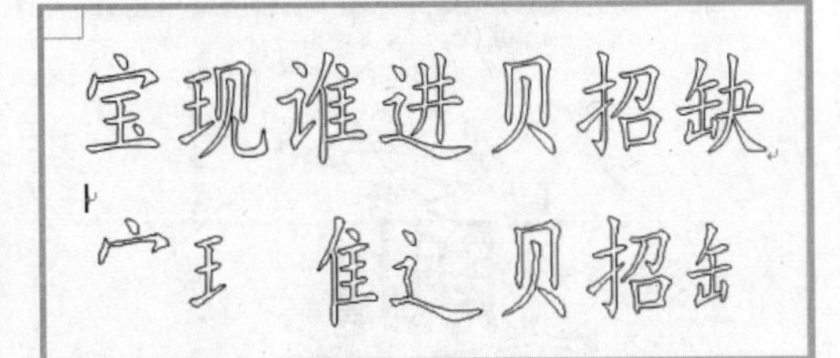

图 4-53 截取偏旁

5 下面开始拼凑合成字。选择一个偏旁中的所有部首，执行【格式】|【排列】|【组合】命令，组合部首。根据文字排列位置，拖动偏旁进行拼凑，如图 4-54 所示。

图 4-54 拼凑偏旁

6 开始美化合成字。选择所有的偏旁，执行【格式】|【排列】|【组合】命令。单击【形状填充】下三角按钮，选择【黄色】选项。选择合成字中的“口”字，将颜色设置为“深红”，如图 4-55 所示。

图 4-55 美化字体

7 最后为合成字添加背景形状。执行【插入】

|【插图】|【形状】命令，插入一个菱形图。右击形状将【叠放次序】设置为“置于底层”，如图 4–56 所示。

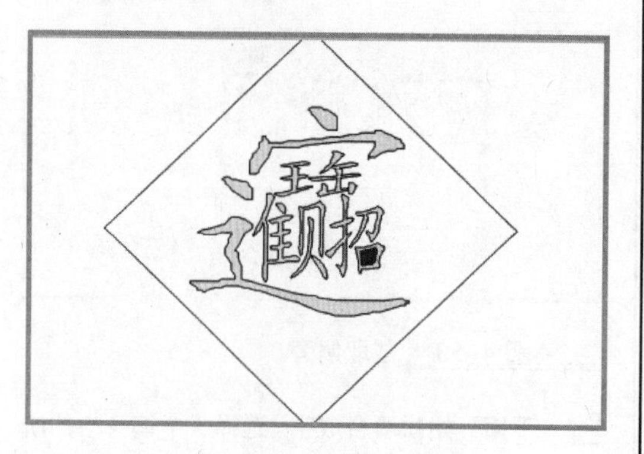

图 4–56　添加形状

8　选择形状，执行【格式】|【形状样式】|【形状填充】命令，将背景色设置为“深红”。同时选中形状与合成字，执行【排列】|【组合】命令，如图 4–57 所示。

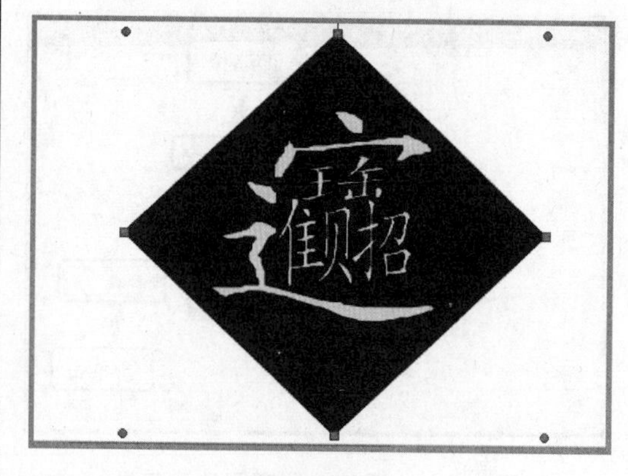

图 4–57　最终效果

4.8　思考与练习

一、填空题

1. 在 Word 2010 中插入图片，不仅可以插入本地图片，而且还可以插入________图片与________中的图片。

2. 在旋转图片时，除了可以向左、向右、垂直与水平旋转之外，还可以在________对话框中自由旋转。

3. 在 Word 2010 中为用户提供了线条、基本形状、箭头总汇、________、标注、________6 种类型的形状。

4. 在为形状添加文字时，不仅可以通过执行【开始】选项卡【字体】选项组中的命令来添加，而且还可以通过________执行【添加文字】命令的方法来添加。

5. 更改方向即是更改 SmartArt 图形的连接线方向，用户可执行【设计】选项卡【创建图形】选项组中的________命令，来更改 SmartArt 图形的方向。

6. 在 Word 文档中不仅可以添加系统自带的 36 种内置文本框，并且还可以手动绘制________或________的文本框。

7. 在建立文本框之间的链接关系时，需要保证要链接的文本框________，并且所链接的文本框________，以及________。

8. 在【格式】选项卡中的【文字】选项组中，启用________命令时可以将文字方向更改为横向或竖向。

二、选择题

1. 在调整图片尺寸时，按住________键拖动对角控制点“↖↘”可以等比例缩放图片。按住________键时可以复制图片。

A. Shift　　B. Alt
C. Ctrl　　D. Enter

2. 在设置图片的文字环绕时，可以将图片设置为嵌入型、四周型环绕、紧密型环绕、衬于文字下方、浮于文字上方、________与________7 种环绕方式。

A. 上下型环绕　　B. 穿越型环绕
C. 左右型环绕　　D. 穿透型环绕

3. 在创建文本框之间的链接时，在第一个文本框中输入内容，如果第一个文本框中的内容无法完整显示时，则内容会________。

A. 在第一个文本框中中断
B. 自动显示在文本框之外
C. 自动显示在其他文本框中
D. 自动显示在链接的第二个文本框中

4. 在 Word 2010 中最多可以创建________个文本框链接。

A. 30　　　　　　B. 32
C. 31　　　　　　D. 20

5. 在设置图片层次时，在________文字环绕方式下无法调整层次关系。

A. 四周型环绕　　B. 紧密型环绕
C. 嵌入型　　　　D. 上下型环绕

6. 在使用 SmartArt 图形时，运用________图形类型可以表示各部分与整体之间的关系。

A. 列表　　　　B. 流程
C. 矩阵　　　　D. 棱锥图

7. 在设置 SmartArt 图形效果或样式时，如果用户不满意于当前的设置，可以执行________命令快速恢复到原来的状态。

A. 【布局】
B. 【SmartArt 样式】
C. 【重设图形】
D. 【更改形状】

三、问答题

1. 插入图片主要包括哪 3 种方法，简述主要操作步骤。

2. 简述排列图片的操作内容。

3. 简述组合形状的具体方法。

4. 插入文本框主要包括哪两种方法，其操作内容与特点有何不同？

5. 简述设置艺术字样式与格式的操作步骤。

四、上机练习

1. 制作书签

在本练习中，将运用 Word 2010 中的插入形状、图片功能来制作一个简单实用的书签。首先在文档中插入一个“图片”，将【图片样式】设置为“棱台矩形”，将【图片边框】设置为“粗细：3 磅”。然后在图片的右上角插入一个“流程图：联系”形状。在图片中插入一个“垂直文本框”形状。右击形状选择【设置形状格式】选项，将【透明度】设置为“100%”。在【形状填充】列表中，将【形状边框】设置为“白色，背景 1，深色 50%”。最后在“垂直文本框”形状中插入艺术字，并调整艺术字的样式，如图 4-58 所示。

图 4-58　制作书签

2. 制作艺术字标题

在本练习中，主要运用 Word 2010 中的艺术字功能，将文章的标题更改为艺术字效果。首先，选择文章标题，执行【插入】|【艺术字】命令，选择【艺术字样式 28】选项，将【字号】设置为“40”。然后将【艺术字形状】设置为“两端远”，将【阴影效果】设置为“阴影样式 2”。最后将【三维效果】设置为“三维样式 10”，将【深度】设置为“288 磅”，将【照明】设置为“45°”，如图 4-59 所示。

图 4-59　制作艺术字标题

第 5 章

文表混排

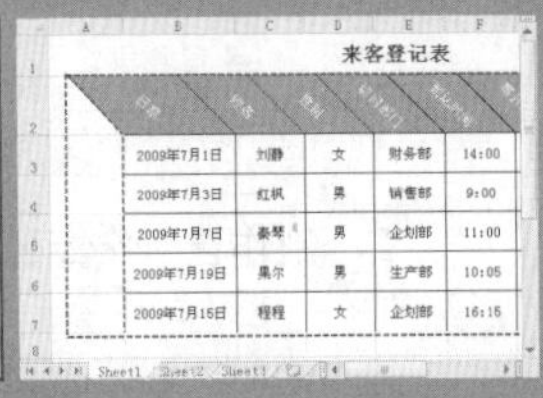

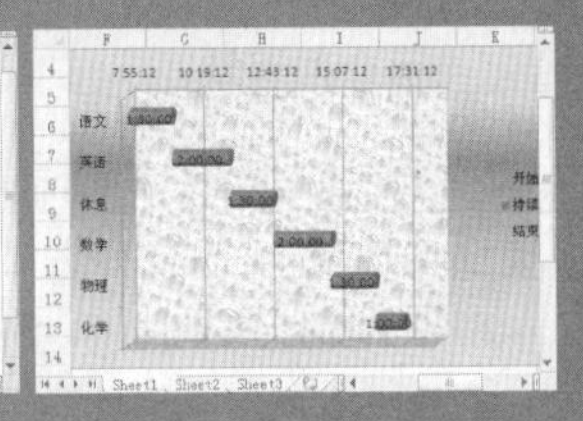

表格是使用编排文档中数据信息的一种工具，它不仅具有严谨的结构，而且还具有简洁、清晰的逻辑效果。由于表格在文档处理中占据着重要的地位，所以 Word 2010 为用户提供了强大的创建与编辑表格的功能，不仅可以帮助用户创建形式各异的表格，而且还可以对表格中的数据进行简单地计算与排序，并能够在文本信息与表格格式之间互相转换。本章主要介绍创建表格、设置表格格式、处理表格数据等基本知识。

本章学习要点：

- 创建表格
- 表格的基本操作
- 设置表格格式
- 处理表格数据

5.1 创建表格

表格是由表示水平行与垂直列的直线组成的单元格，创建表格即是在文档中插入与绘制表格。Word 2010 中主要包括插入表格、绘制表格、表格模板创建、插入 Excel 表格等多种创建表格的方法。

5.1.1 插入表格

插入表格即是运用 Word 2010 中的菜单或命令，按照固定的格式在文档中插入行列不等的表格。本节主要讲解【表格】菜单法、【插入表格】命令法、插入 Excel 表格等 4 种插入表格的方法。

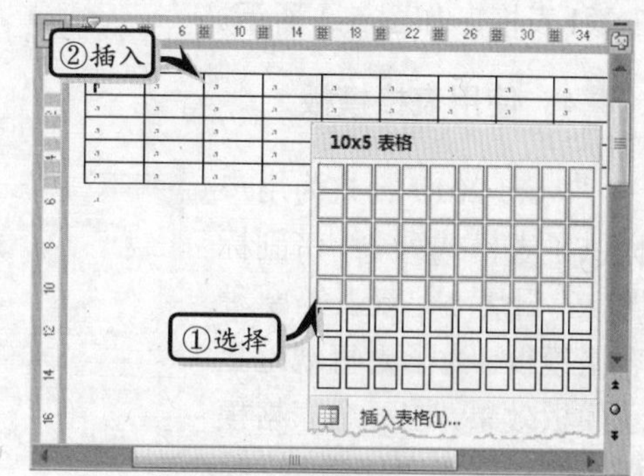

图 5-1 插入表格

1.【表格】菜单法

在文档中，将光标定位在需要插入表格的位置，执行【插入】|【表格】命令，选择需要插入表格的行数或列数，单击即可，如图 5-1 所示。

提 示

在表格中输入文本与在文档中输入文本的方法一致，单击某个表格直接输入即可。

图 5-2 【插入表格】对话框

2.【插入表格】命令法

执行【插入】|【表格】|【插入表格】命令，弹出【插入表格】对话框，如图 5-2 所示。在对话框中设置【表格尺寸】与【“自动调整”操作】选项即可，每种选项的具体功能如表 5-1 所示。

表 5-1 【插入表格】选项

选 项		功 能
表格尺寸	行数	表示插入表格的行数
	列数	表示插入表格的列数
“自动调整”操作	固定列宽	为列宽指定一个固定值，按照指定的列宽创建表格
	根据内容调整表格	表格中的列宽会根据内容的增减而自动调整
	根据窗口调整表格	表格的宽度与正文区宽度一致，列宽等于正文区宽度除以列数
为新表格记忆此尺寸		选中该复选框，当前对话框中的各项设置将保存为新建表格的默认值

3. 插入 Excel 表格

Word 2010 中不仅可以插入普通表格，而且还可以插入 Excel 表格。执行【插入】|【表格】|【Excel 电子表格】命令，即可在文档中插入一个 Excel 表格，如图 5-3 所示。

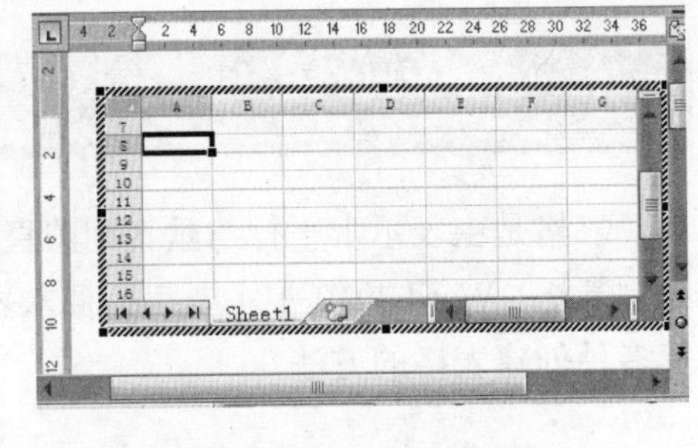

图 5-3 插入 Excel 表格

4. 使用表格模板

Word 2010 一共为用户提供了表格式列表、带副标题 1、日历 1、双表等 9 种表格模板。为了更直观地显示模板效果，在每个表格模板中都自带了表格数据。执行【表格】|【快速表格】命令，选择相符的表格样式即可，如图 5-4 所示。

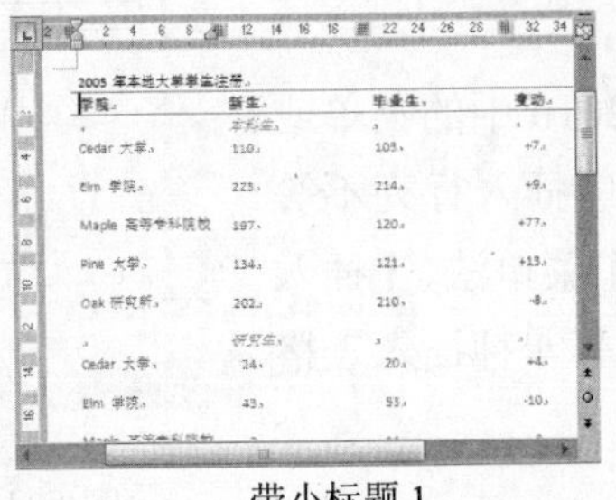

带小标题 1

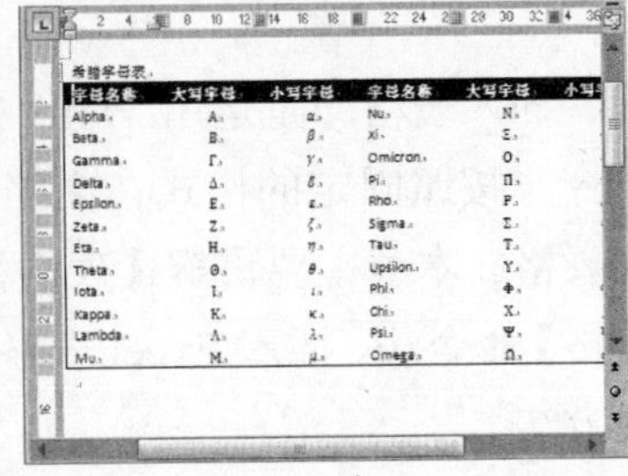

双表

图 5-4 使用表格模板

5.1.2 绘制表格

在 Word 2010 中用户还可以运用铅笔工具手动绘制不规则的表格。执行【表格】|【绘制表格】命令，当光标变成"✎"形状时，拖动鼠标绘制虚线框后，松开左键即可绘制表格的矩形边框。从矩形边框的左边界开始拖动鼠标，当表格边框内出现水平虚线后松开鼠标，即可绘制出表格的一条横线，如图 5-5 所示。

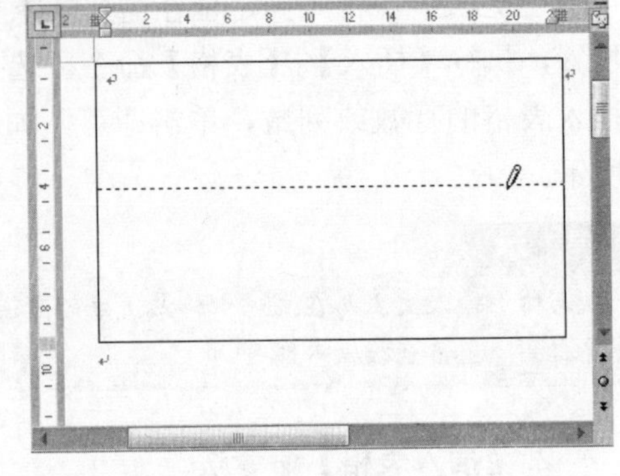

图 5-5 绘制表格

5.2 表格的基本操作

在使用表格制作高级数据之前，用户还需要掌握表格的基础操作，例如选择单元格、插入单元格、调整单元格的宽度与高度、合并拆分单元格等。

5.2.1 操作表格

使用表格的首要步骤便是操作表格，操作表格主要包括选择单元格、选择整行、选择整列、插入单元格、删除单元格等。

1. 选择单元格

在操作单元格之前，首先需要选择要操作的表格对象，选择表格的具体方法如下所述。

- ❑ **选择当前单元格**　将光标移动到单元格左边界与第一个字符之间，当光标变成"↗"形状时，单击即可。
- ❑ **选择后（前）一个单元格**　按 Tab 或 Shift+Tab 键，可选择插入符所在的单元格后面或前面的单元格。
- ❑ **选择一整行**　移动光标到该行左边界的外侧，当光标变成"↗"形状时，单击即可。
- ❑ **选择一整列**　移动光标到该列顶端，待光标变成"⬇"形状时，单击即可。
- ❑ **选择多个单元格**　单击要选择的第一个单元格，按住 Ctrl 键的同时单击需要选择的所有单元格即可。
- ❑ **选择整个表格**　单击表格左上角的按钮⊞即可。

2．插入单元格、行或列

在文档中制作表格时，用户可以根据表格内容，在表格中插入行列或单元格。

❑ **插入行或列**

在表格中选择需要插入行或列的单元格，执行【布局】选项卡【行和列】选项组中的命令，即可插入行或列。【行和列】选项组中的各项命令的功能如表 5-2 所示。

表 5-2　【行和列】命令

插入项	命令	功能
行	在上方插入	在所选单元格的上方插入一行
	在下方插入	在所选单元格的下方插入一行
列	在左侧插入	在所选单元格的左侧插入一列
	在右侧插入	在所选单元格的右侧插入一列

技巧

在选择的单元格上右击，执行【插入】命令即可插入行或列。

❑ **插入单元格**

选择需要插入单元格的相邻单元格，执行【布局】|【行和列】|【表格插入单元格对话框启动器】命令，在弹出的【插入单元格】对话框中选中相应的选项即可，如图 5-6 所示。该对话框中所包含的 4 种选项的具体内容如下所述。

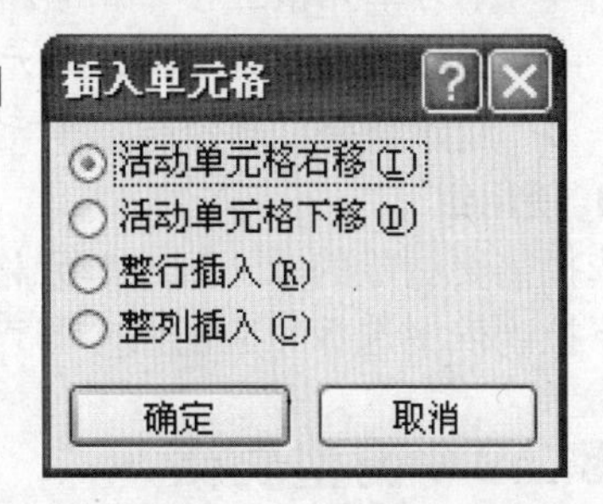

图 5-6　【插入单元格】对话框

- ➢ **活动单元格右移**　可在选择的单元格左侧插入一个单元格，且右侧的单元格右移。
- ➢ **活动单元格下移**　可在选择的单元格上方插入一个单元格，且下方的单元格下移。
- ➢ **整行插入**　可在选择的单元格的上方插入一行，且新插入的行位于所选行的上方。

> ➢ **整列插入** 可在选择的单元格的左侧插入一列，且新插入的列位于所选列的左侧。

技　巧

在文档中，将光标定位在行尾处，按 Enter 键自动插入一行。同样，将光标定位在最后一行或最后一个单元格，按 Tab 键自动追加新行。

3．移动、复制单元格

移动鼠标到表格左上角的【表格标签】按钮⊞上，当光标变为 4 向箭头时，拖动鼠标即可移动表格，如图 5-7 所示。

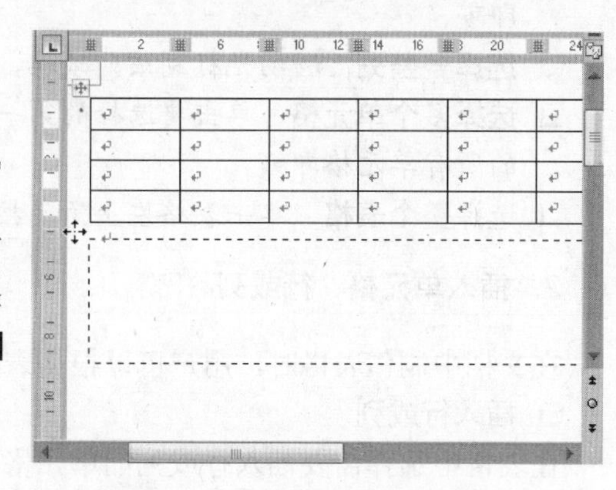

图 5-7　移动表格

首先单击【表格标签】按钮⊞，执行【剪贴板】选项组中的【复制】命令。然后选择插入点，执行【粘贴】下拉列表中的【粘贴】命令，即可粘贴表格。

4．删除单元格

插入单元格之后，用户还可以根据单元格的具体内容删除整个表格、行、列或单元格等。

❑ **使用快捷菜单**

选择需要删除的行或列，右击执行相应的命令即可删除行或列。选择需要删除的单元格，右击执行【删除单元格】命令。在【删除单元格】对话框中选择相应的选项，单击【确定】按钮即可，如图 5-8 所示。该对话框中包含如下 4 种选项。

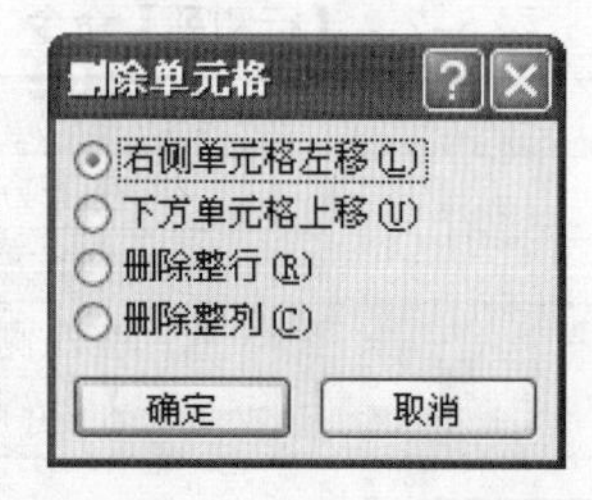

图 5-8　【删除单元格】对话框

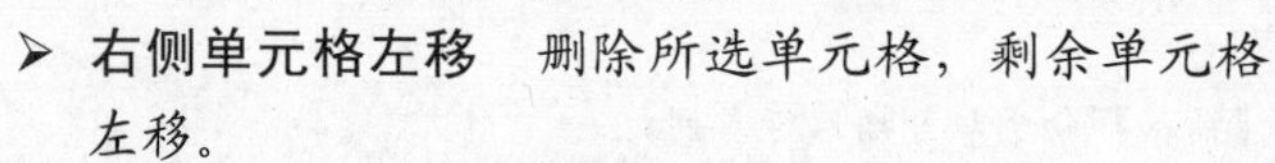

- ➢ **右侧单元格左移** 删除所选单元格，剩余单元格左移。
- ➢ **下方单元格上移** 删除所选单元格，剩余单元格上移。
- ➢ **删除整行** 删除所选单元格所在的整行。
- ➢ **删除整列** 删除所选单元格所在的整列。

❑ **使用组**

选择需要删除的行、列、单元格或表格，执行【布局】|【行和列】|【删除】命令，在其下拉列表中选择相应的命令即可。

5.2.2　调整表格

为了使表格与文档更加协调，也为了使表格更加美观，用户还需要调整表格的大小、列宽、行高。同时，还需要运用插入或绘制表格的方法来绘制斜线表头。

1．调整表格大小

调整表格的大小可分为使用鼠标调整、使用组调整、使用对话框调整表格大小 3 种方法。

❑ 使用鼠标调整

移动光标到表格的右下角，当光标变成双向箭头“↘”时，拖动鼠标即可调整表格大小，如图 5-9 所示。

❑ 使用对话框调整

将光标定位到表格中，执行【布局】|【表】|【属性】命令，弹出【表格属性】对话框，通过【指定宽度】选项来调整表格大小，如图 5-10 所示。

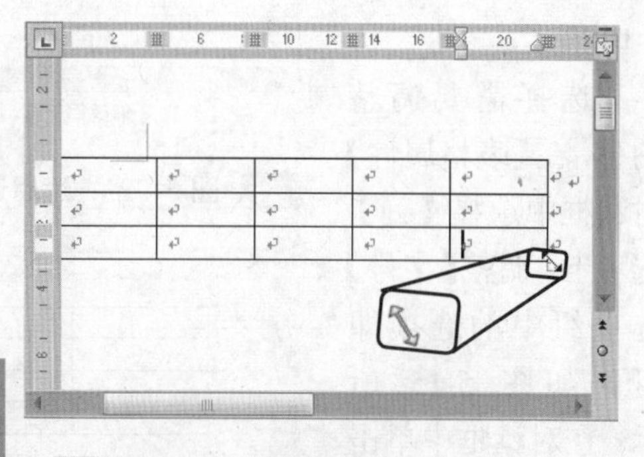

图 5-9 鼠标调整大小

提 示

通过右击表格执行【表格属性】命令，或执行【布局】|【单元格大小】|【对话框启动器】命令，在【表格属性】对话框中调整单元格大小。

❑ 使用组调整

执行【布局】|【单元格大小】|【自动调整】命令，选择相应的选项即可，如图 5-11 所示。【自动调整】命令中主要包含根据内容调整表格、根据窗口调整表格与固定列宽 3 种选项。

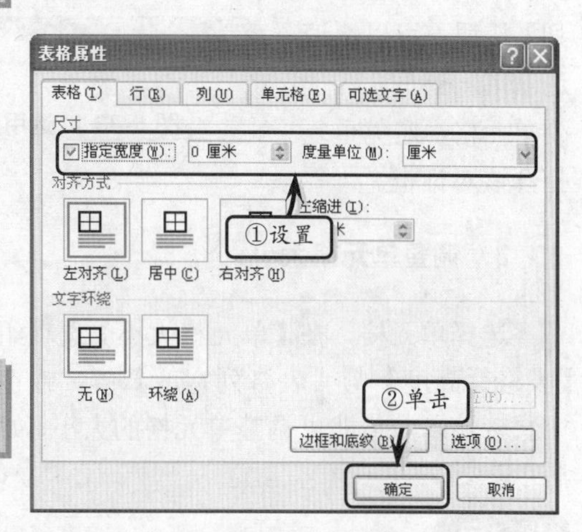

图 5-10 调整表格尺寸

提 示

用户也可以在表格上右击，执行【自动调整】命令即可调整表格大小。

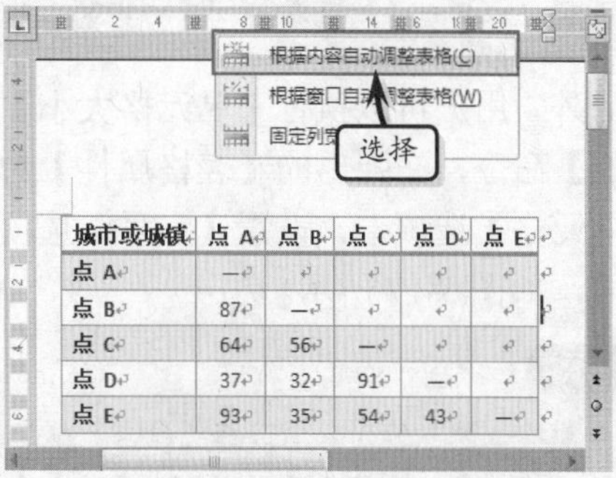

图 5-11 根据内容调整表格大小

2. 调整行高与列宽

调整完表格的整体大小之后，用户还需要调整表格的行高与列宽。在表格中不同的行或列具有不同的高度与宽度，用户可通过鼠标与【表格属性】对话框来调整行高与列宽。

❑ 使用鼠标调整

移动光标到行高线与列宽的边框线上，当光标变成“÷”或“‖”形状时，拖动鼠标即可调整行高与列宽，如图 5-12 所示。

同样，将光标移到【水平标尺】栏或【垂直标尺】栏上，拖动标尺栏中的【调整表格行】或【移动表格列】滑块，也可以调整表格的行高或列宽，如图 5-13 所示。

❑ 使用【表格属性】对话框调整

选择需要调整的行，执行【布局】|【表】|【表格属性】命令。在弹出的【表格属性】

对话框中选择【行】选项卡，调整【尺寸】与【选项】选项组中的选项即可，如图 5-14 所示。

选择需要调整的列，在【表格属性】对话框中选择【列】选项卡，调整【字号】选项组中的选项即可，如图 5-15 所示。在对话框中单击【前一列】与【后一列】按钮，可以快速选择前一列与后一列单元格，避免重复打开该对话框。

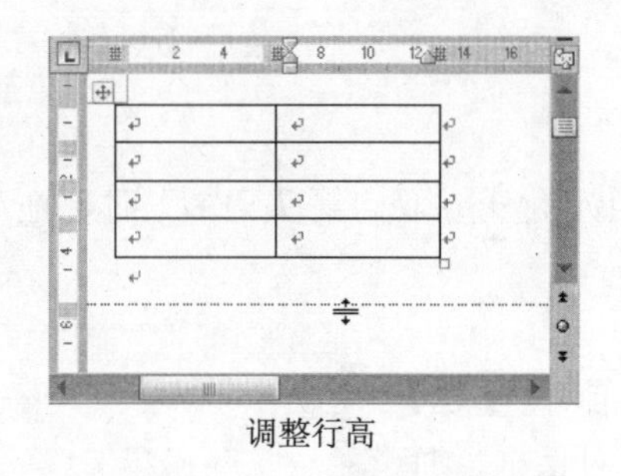

调整行高　　调整列宽

图 5-12　运用边框线调整

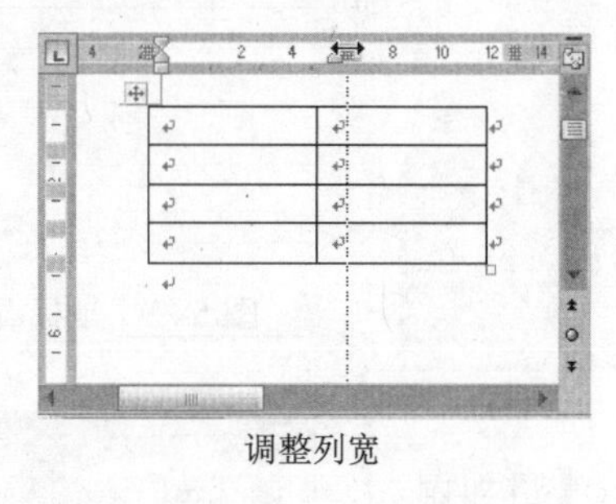

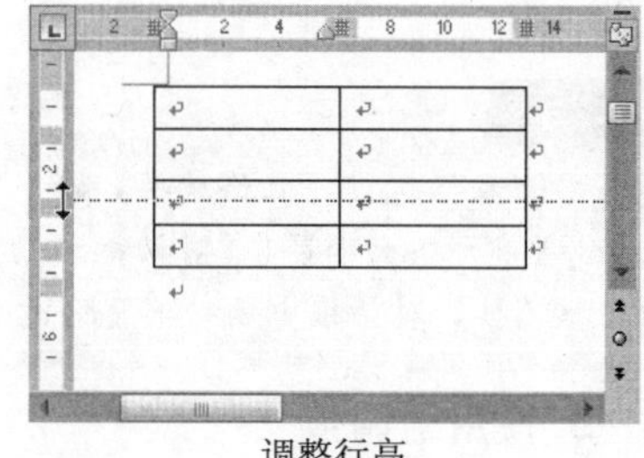

调整列宽　　调整行高

图 5-13　运用滑块调整

3．调整单元格大小

选择单元格，在【单元格大小】选项组中设置【表格行高度】与【表格列宽度】值，或在文本框中直接输入数值即可调整单元格的大小，如图 5-16 所示。

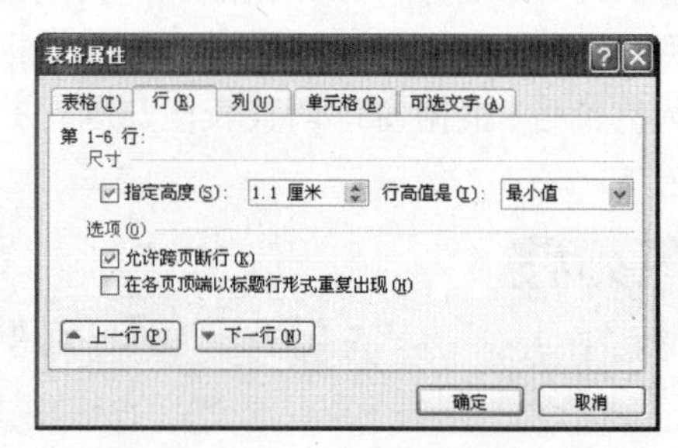

图 5-14　调整行高

提　示

在【单元格大小】选项组中，执行【分布行】或【分布列】命令，则可以实现平均分布所选区域中的各行或各列。

另外，用户可以执行【单元格大小】|【对话框启动器】命令，在弹出的【表格属性】对话框中选择【单元格】选项卡，设置【字号】选项组中的选项即可，如图 5-17 所示。

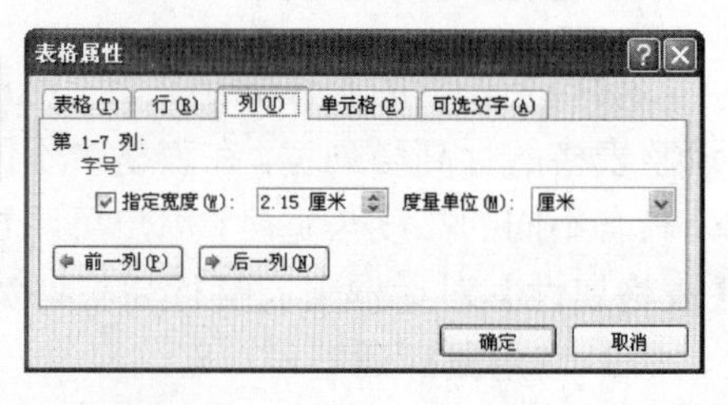

图 5-15　调整列宽

提　示

在【度量单位】下拉列表中选择【厘米】选项表示按厘米调整单元格宽度，选择【百分比】选项则表示按原宽度的百分比来调整。

4．绘制斜线表头

当表格中含有多个项目时，为了清晰地显示行与列的字段信息，需要在表格中绘制斜线表头。

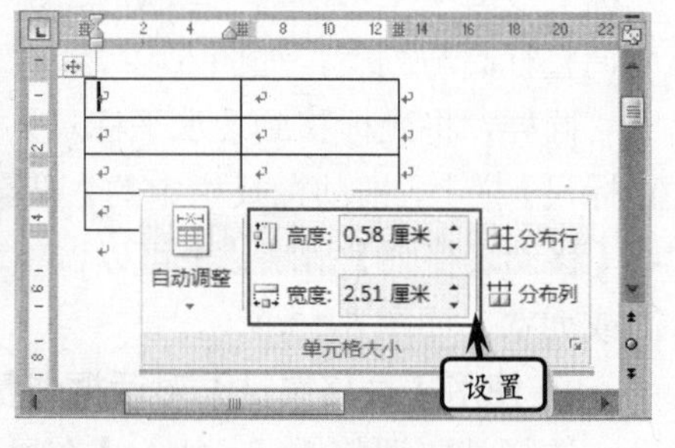

图 5-16　调整高度与宽度值

❑ 插入斜线表头

当用户需在表格中绘制一条斜线时，可以执行【插入】|【形状】命令，选择【线条】类型中的“直线”形状，拖动鼠标在表格中绘制斜线即可。然后根据斜线位置与行高调整文本位置，如图 5-18 所示。

❑ 绘制斜线表头

用户可以执行【插入】|【表格】|【绘制表格】命令，在表格中绘制斜线，如图 5-19 所示。

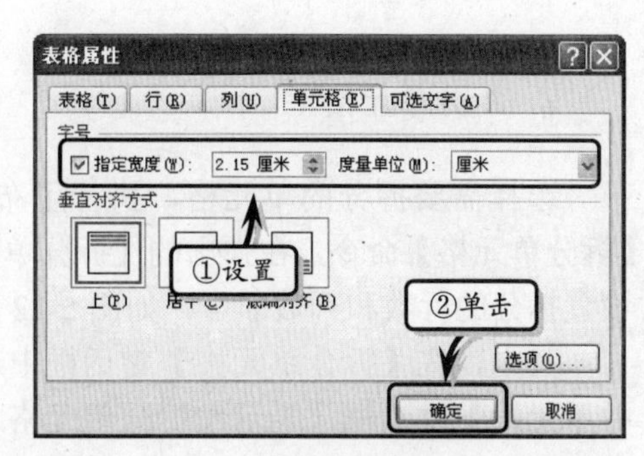

图 5-17 调整单元格大小

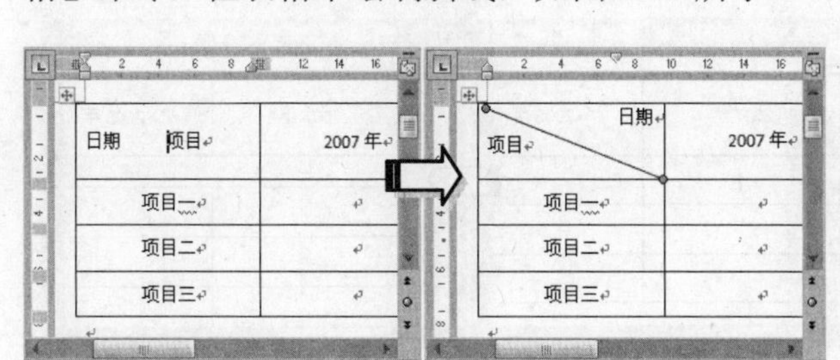

图 5-18 插入斜线表头

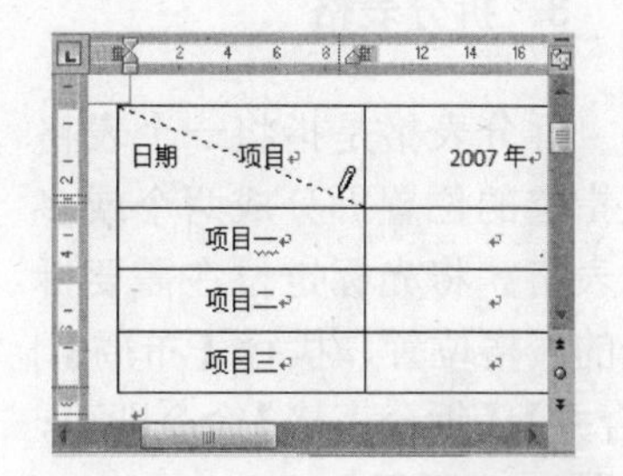

图 5-19 手动绘制斜线

另外，用户还可以执行【设计】|【绘图边框】|【绘制表格】命令。当光标变成“✎”形状时，将光标移至单元格内部，拖动光标绘制斜线，松开左键即可，如图 5-20 所示。

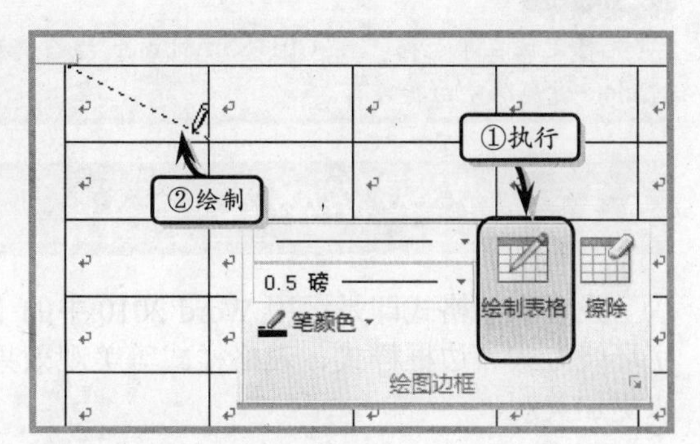

图 5-20 插入斜线

5.2.3 拆分与合并

合并与拆分主要包括合并与拆分单元格与表格，即将一个单元格分为两个或多个单元格与表格，或将多个单元格合并在一起。

1. 合并单元格

选择需要合并的单元格区域，执行【布局】|【合并】|【合并单元格】命令，即可将所选单元格区域合并为一个单元格，如图 5-21 所示。

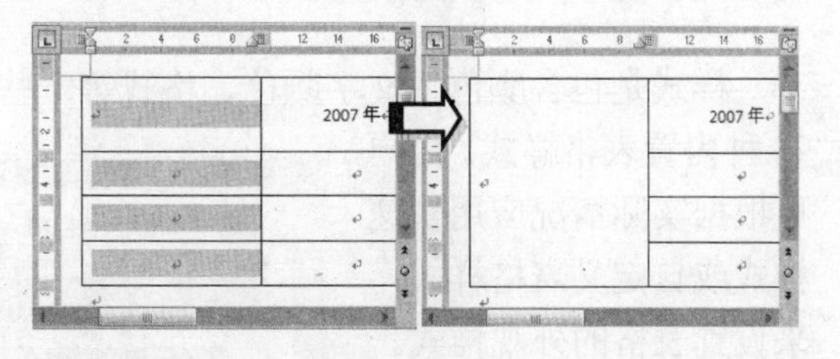

图 5-21 合并单元格

技 巧

在需要合并的单元格区域上右击，执行【合并单元格】命令即可合并单元格区域。

2. 拆分单元格

选择需要拆分的单元格，执行【布局】|【合并】|【拆分单元格】命令，在弹出的【拆分单元格】对话框中设置拆分的行数和列数即可，如图 5-22 所示。

其中，在【拆分单元格】对话框中选中【拆分前合并单元格】复选框，表示在拆分单元格之前应先合并该单元格区域，然后再进行拆分。

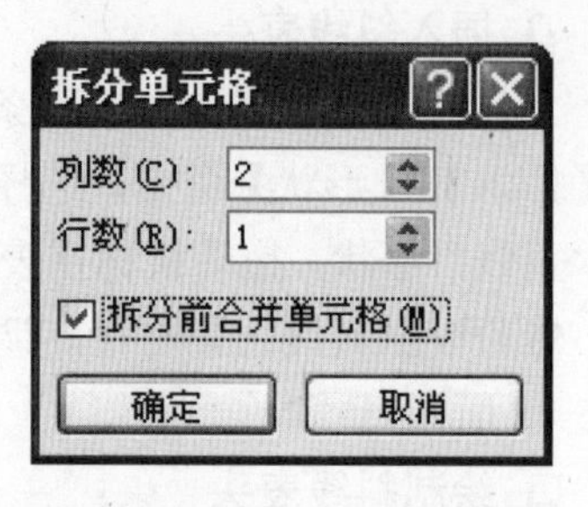

图 5-22 拆分单元格

3. 拆分表格

拆分表格是指将一个表格从指定的位置拆分成两个或多个表格。将光标定位在需要拆分的表格位置，执行【布局】|【合并】|【拆分表格】命令即可，如图 5-23 所示。

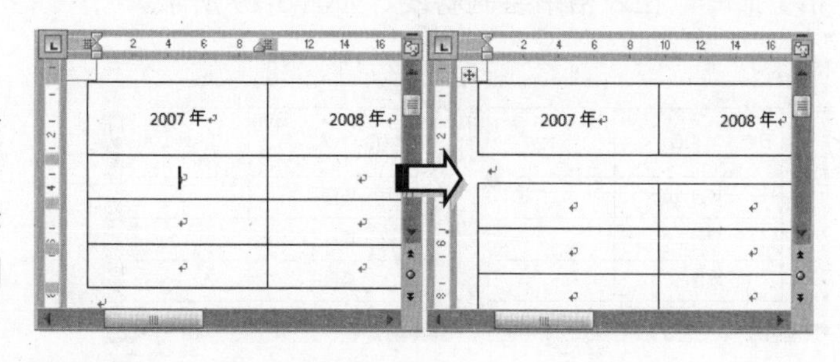

图 5-23 拆分表格

技 巧

将光标定位在单元格，按 Ctrl+Shift+Enter 组合键可以快速拆分表格。同样，合并表格时只需要按 Delete 键删除空白行即可。

5.3 设置表格格式

设置表格格式即是运用 Word 2010 中的【表格工具】选项调整表格的对齐方式、文字环绕方式、边框样式、表格样式等美观效果，从而增强表格的视觉效果，使表格看起来更加美观。

5.3.1 应用样式

样式是包含颜色、文字颜色、格式等一些组合的集合，Word 2010 一共为用户提供了 98 种内置表格样式。用户可根据实际情况应用快速样式或自定义表格样式，来设置表格的外观样式。

1. 应用快速样式

在文档中选择需要应用样式的表格，执行【设计】|【表格样式】|【其他】命令，在下拉列表中选择相符的外观样式即可，如图 5-24 所示。

浅色网格-强调文字颜色 2

深色列表-强调文字颜色 4

图 5-24 应用快速样式

提　示

应用表格样式之后，在【其他】下拉列表中选择【清除】选项，即可清除表格样式。

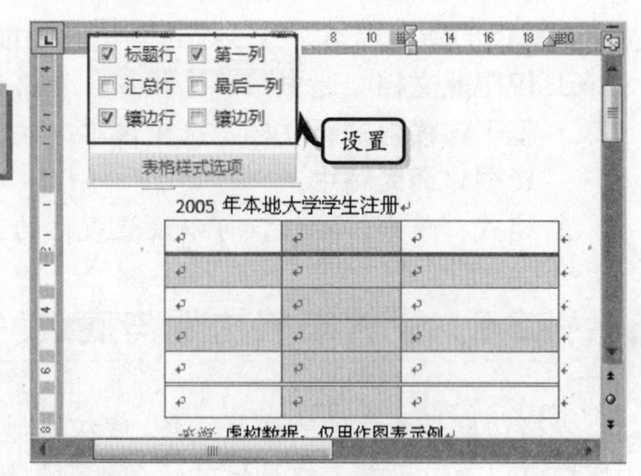

图 5-25　修改外观样式

2．修改外观样式

应用表格样式之后，用户还可以在原有样式的基础上修改表格样式的标题行、汇总行等内容。选择应用快速样式的表格，执行【设计】选项卡【表格样式选项】选项组中的各个选项即可，如图 5-25 所示。

【表格样式选项】选项组中的各个选项的功能如下所述。

- **标题行**　选中该复选框，在表格的第一行中将显示特殊格式。
- **汇总行**　选中该复选框，在表格的最后一行中将显示特殊格式。
- **镶边行**　选中该复选框，在表格中将显示镶边行，并且该行上的偶数行与奇数行各不相同，使表格更具有可读性。
- **第一列**　选中该复选框，在表格的第一列中将显示特殊格式。
- **最后一列**　选中该复选框，在表格的最后一列中将显示特殊格式。
- **镶边列**　选中该复选框，在表格中将显示镶边行，并且该行上的偶数列与奇数列各不相同。

3．自定义表格样式

在 Word 2010 中，用户可以通过执行【设计】|【表格样式】|【其他】|【新建表样式】命令，在弹出的【根据格式设置创建新样式】对话框中设置表格样式的属性与格式，如图 5-26 所示。

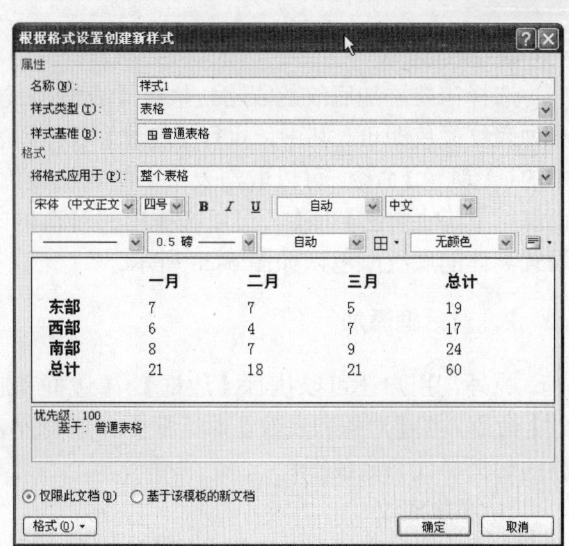

图 5-26　自定义表格样式

- **属性**

【属性】选项组中主要包括【名称】、【样式类型】与【样式基准】3 个选项。其中，【名称】文本框主要用于输入创建样式的名称，【样式类型】选项主要用于设置段落、字符、链接段落、字符、表格与列表 6 种类型，【样式基准】选项主要用于设置与创建样式相似的样式基准。

- **格式**

在【格式】选项组中可以设置表格的应用范围、表格中的字体格式等参数。其中，【将格式应用于】选项主要用于设置新建表格样式所应用的范围，【格式】选项主要用于设置字体、字号、字体颜色等字体格式。另外，该选项组还包含仅限此文档、基于该模板的新文档与格式 3 个选项，其功能如下所述。

- ❑ **仅限此文档**　选中该单选按钮，表格新创建的样式只能应用于当前的文档。
- ❑ **基于该模板的新文档**　选中该单选按钮，表格新创建的样式可以应用于当前以及新创建的文档中。
- ❑ **格式**　单击该按钮，可以设置表格的边框、底纹、属性、字体等格式。

5.3.2　设置表格边框与底纹

表格边框是表格中的横竖线条，底纹是显示表格中的背景颜色与图案。在 Word 2010 中用户可以通过设置表格边框的线条类型与颜色，以及设置表格的底纹颜色的方法，来增加表格的美观性与可视性。

1. 选项组添加

用户可以执行【设计】|【表格样式】|【边框】与【底纹】命令，为表格添加边框与底纹。

❑ **添加边框**

Word 2010 一共为用户提供了 13 种边框样式。选择需要添加边框的单元格，执行【设计】|【表格样式】|【边框】命令，选择相符的样式即可，如图 5-27 所示。

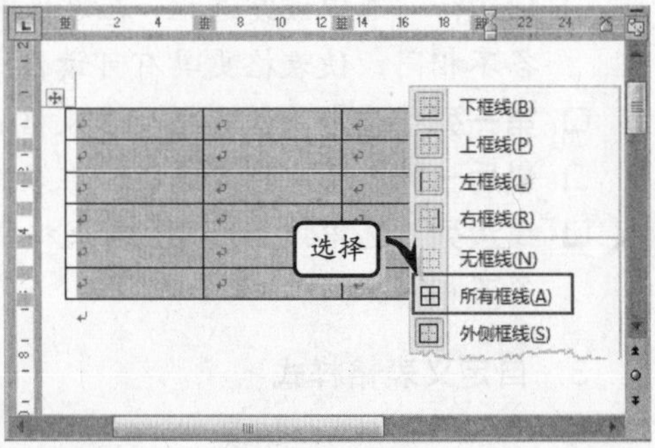

提　示

在【边框】列表中执行两次相同的命令，将使表格恢复到原来状态。

图 5-27　添加边框

❑ **添加底纹**

选择需要添加底纹的表格，执行【表格样式】|【底纹】命令，在其下拉列表中选择一种底纹颜色即可。其中，执行【底纹】下拉列表中的【无颜色】命令，可以取消表格中的底纹颜色；而执行【其他颜色】命令，可以在弹出的对话框中设置具体的底纹颜色，如图 5-28 所示。

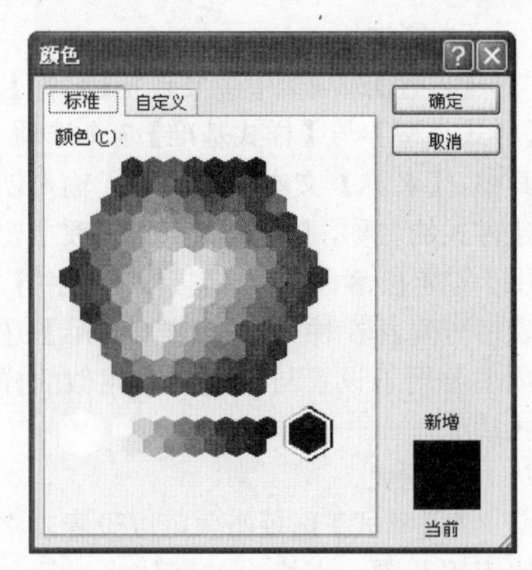

图 5-28　设置底纹颜色

2. 对话框添加

另外，用户还可以执行【边框】|【边框和底纹】命令，在【边框和底纹】对话框中详细设置表格的边框样式与底纹颜色。

❑ **添加底纹**

在【边框和底纹】对话框中的【边框】选项卡中可以设置边框的样式、颜色、宽度等参数，如图 5-29 所示。各项选项的功能与设置如下所述。

➢ **设置**　主要用来设置表格的边框样式。

- **样式** 主要用来设置表格边框的线条样式。
- **颜色** 主要用来设置边框的线条颜色，选择【其他颜色】选项，可弹出【颜色】对话框。
- **宽度** 主要用来设置边框线条的宽度，该选项会随着【样式】的改变而改变。
- **预览** 主要用来预览设置边框的整体样式，同时还可以增减边框中的单个线条。
- **应用于** 主要用来限制边框的应用范围，包括表格、文字、段落与单元格等范围。
- **横线** 单击该按钮，可以为表格边框设置美观的图案线条。

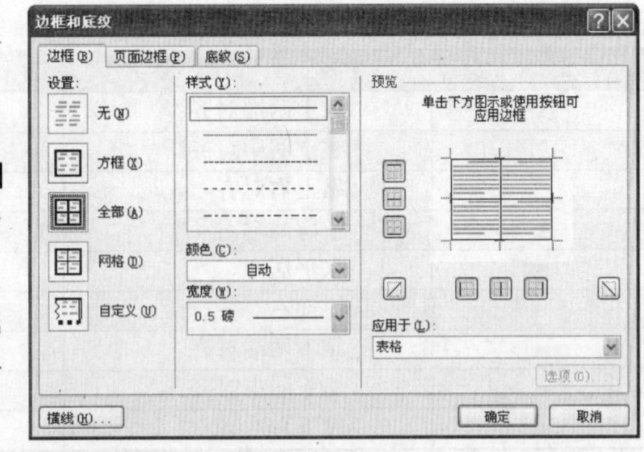

图 5-29 设置边框

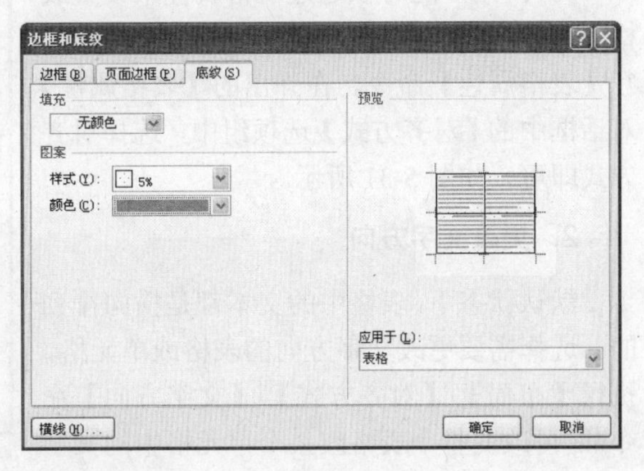

图 5-30 添加底纹

❑ 添加底纹

在【边框和底纹】对话框中的【底纹】选项卡中可以设置边框的填充与图案参数，如图 5-30 所示。各项选项的功能与设置如下所述。

- **填充** 主要用来填充表格的背景颜色，包括【无颜色】与【其他颜色】两种选项。
- **图案** 主要用来设置表格背景的图案类型与图案颜色。
- **预览** 主要用来预览边框底纹的整体效果。
- **应用于** 主要用来限制底纹的应用范围，包括表格、文字、段落与单元格等范围。
- **横线** 单击该按钮，可以为表格边框设置美观的图案线条。

5.3.3 设置对齐方式

默认情况下，单元格中的文本的对齐方式为底端左对齐，用户可以执行【布局】选项卡【对齐方式】选项组中的各个命令，来设置文本的对齐方式、文字方向以及表格的单元格间距。

1. 对齐表格

选择需要对齐的表格，执行【布局】|【对齐方式】|【对齐】命令即可。该选项卡中一共包含 9 种对齐方式，其功能如表 5-3 所示。

表 5-3 对齐方式

按　钮	对齐方式	功　能
	靠上两端对齐	将文字靠单元格左上角对齐
	靠上居中对齐	文字居中，并靠单元格顶部对齐
	靠上右对齐	文字靠单元格右上角对齐
	中部两端对齐	文字垂直居中，并靠单元格左侧对齐
	水平居中	文字在单元格内水平和垂直都居中
	中部右对齐	文字垂直居中，并靠单元格右侧对齐
	靠下两端对齐	文字靠单元格左下角对齐
	靠下居中对齐	文字居中，并靠单元格底部对齐
	靠下右对齐	文字靠单元格右下角对齐

另外，用户还可以通过表格属性来设置表格的对齐方式。选择需要对齐的表格，右击执行【表格属性】命令。在弹出的【表格属性】对话框中的【对齐方式】选项组中，选择对齐方式即可，如图 5-31 所示。

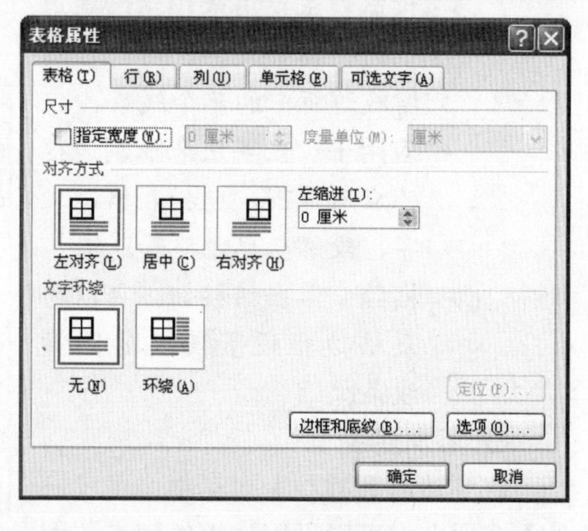

图 5-31 设置表格对齐

2. 更改文字方向

默认状态下，表格中的文本都是横向排列的。选择需要更改文字方向的表格或单元格，执行【布局】|【对齐方式】|【文字方向】命令，即可改变整个表格或某个单元格中的文字方向，如图 5-32 所示。

另外，用户还可以通过对话框来更改文字的方向。选择需要调整文字方向的单元格，右击执行【文字方向】命令。在弹出的【文字方向-表格单元格】对话框中设置不同效果的文字方向，如图 5-33 所示。

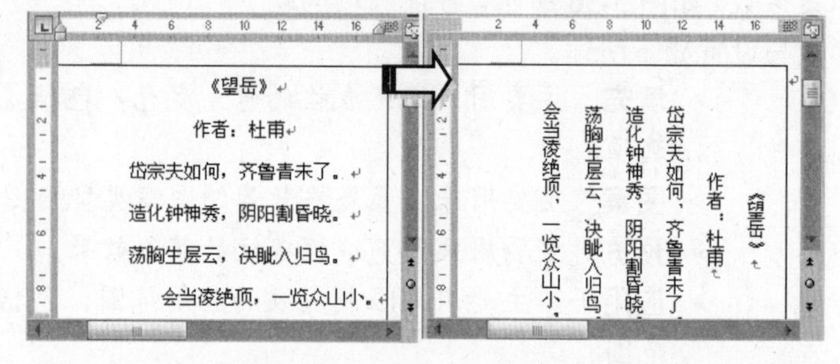

图 5-32 更改文字方向

3. 设置单元格边距

边距是指单元格中文本与单元格边框之间的距离，间距是指单元格之间的距离。执行【对齐方式】|【单元格边距】命令，在弹出的【表格选项】对话框中设置【默认单元格边距】与【默认单元格间距】参数，如图 5-34、图 5-35 所示。

图 5-33 更改文字方向

4. 设置文字环绕

在实际工作中可以使用 Word 2010 提供的文字环

绕功能，增加文档中的表格与文字的合理性。选择需要设置文字环绕的表格，执行【布局】|【表】|【属性】命令。在弹出的【表格属性】对话框中的【文字环绕】选项组中设置文字环绕，如图 5-36 所示。

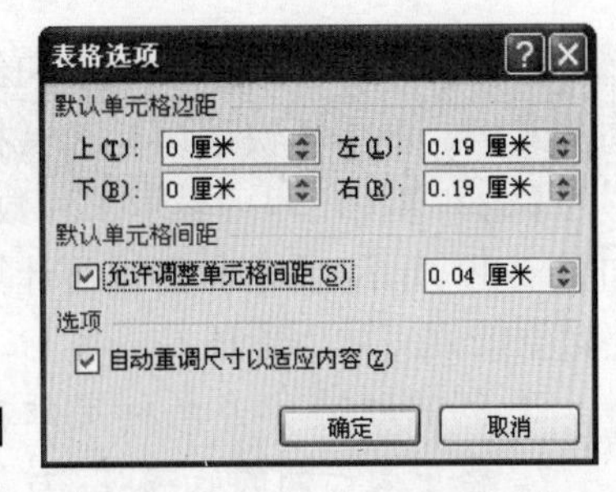

图 5-34　设置单元格的边距

【文字环绕】选项组中主要包括【无】与【环绕】两种选项。当用户选择【环绕】选项时，右侧的【定位】按钮变成可用状态。单击该按钮，可在弹出的【表格定位】对话框中设置水平、垂直及边距等格式，如图 5-37 所示。

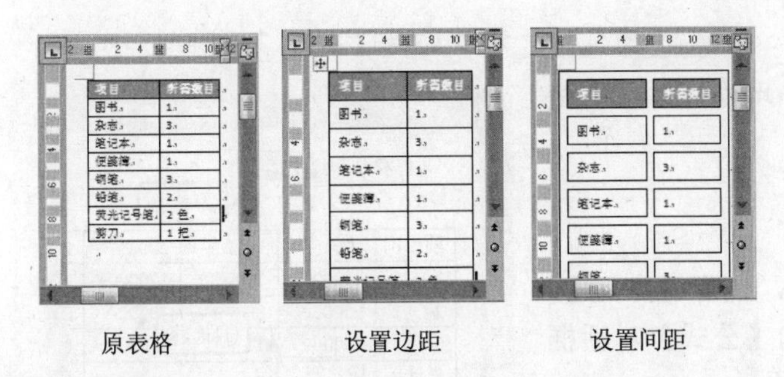

图 5-35　设置边距与间距

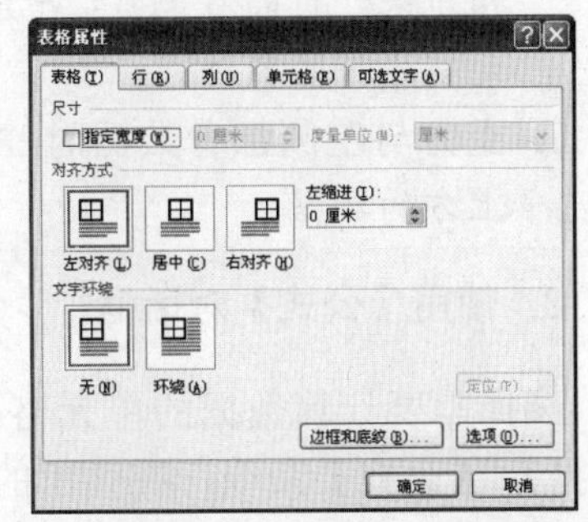

图 5-36　设置文字环绕

5.4　处理表格数据

在 Word 2010 中不仅可以插入与绘制表格，而且还可以像 Excel 那样处理表格中的数值型数据。例如，运用公式、函数对表格中的数据进行运算，同时还可以根据一定的规律对表格中的数据进行排序，以及进行表格与文本之间的转换。

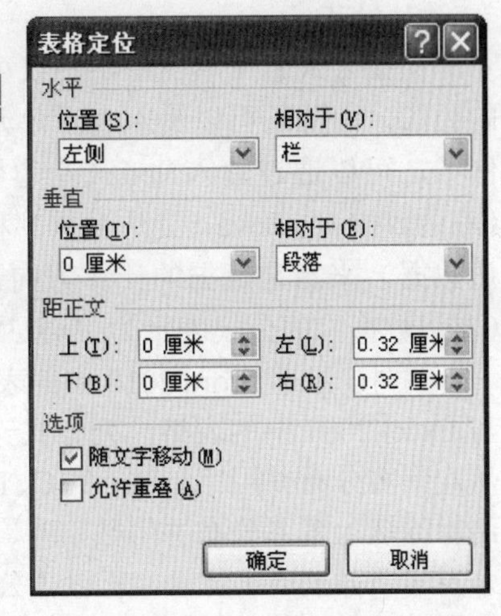

图 5-37　【表格定位】对话框

5.4.1　计算数据

在 Word 文档的表格中，用户可以运用【求和】按钮与【公式】对话框对数据进行加、减、乘、除、求总和等运算。

1. 使用【求和】按钮

在使用【求和】按钮之前，需要在【快速访问工具栏】中添加该按钮。执行【文件】|【选项】命令，选择【快速访问工具栏】选项卡，将【从下列位置选择命令】设置为【所有命令】选项，在其列表框中选择【求和】选项，单击【添加】按钮即可，如图 5-38 所示。

在表格中选择需要插入求和结果的单元格，单击【快速访问工具栏】中的【求和】按钮即可显示求和数据，如图 5-39 所示。【求和】按钮计算表格数据的规则如下所述。

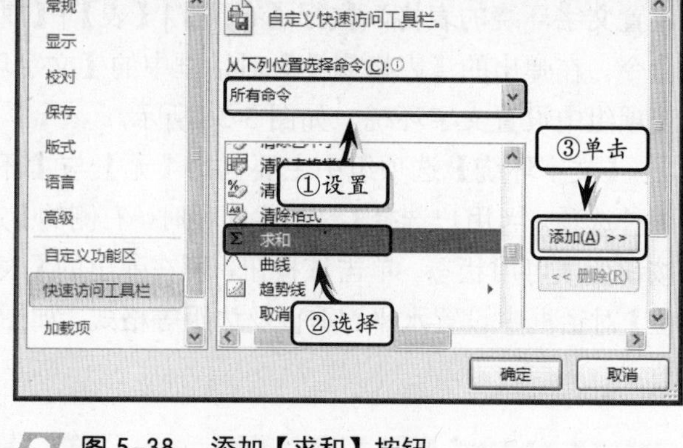

图 5-38　添加【求和】按钮

- ❑ **列的底端**　当光标定位在表格中某一列的底端时，计算单元格上方的数据。
- ❑ **行的右侧**　当光标定位在表格中某一行的右侧时，计算单元格左侧的数据。
- ❑ **上方与左侧都有数据时**　此时计算单元格上方的数据。

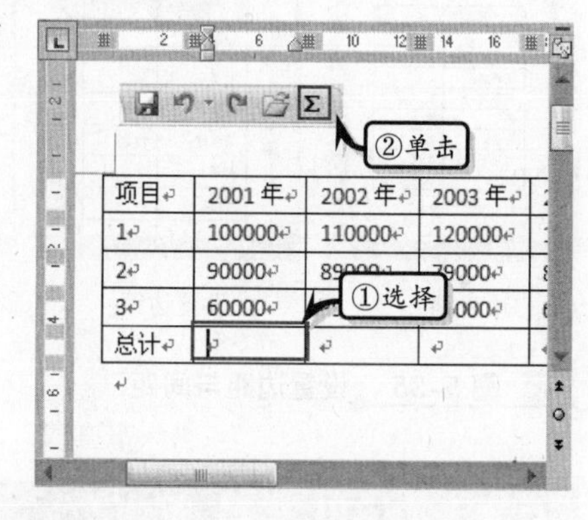

图 5-39　数据求和

2. 使用【公式】对话框

选择需要计算数据的单元格，执行【布局】|【数据】|【公式】命令，在弹出的【公式】对话框中设置各项选项即可，如图 5-40 所示。

【公式】对话框中主要包含以下 3 个选项。

❑ **公式**

在【公式】文本框中，不仅可以输入计算数据的公式，而且还可以输入表示单元格名称的标识。例如，可以通过输入 left（左边数据）、right（右边数据）、above（上边数据）和 below（下边数据）来指定数据的计算方向。其中，left（左边数据）的公式表示为“=SUM(LEFT)”。

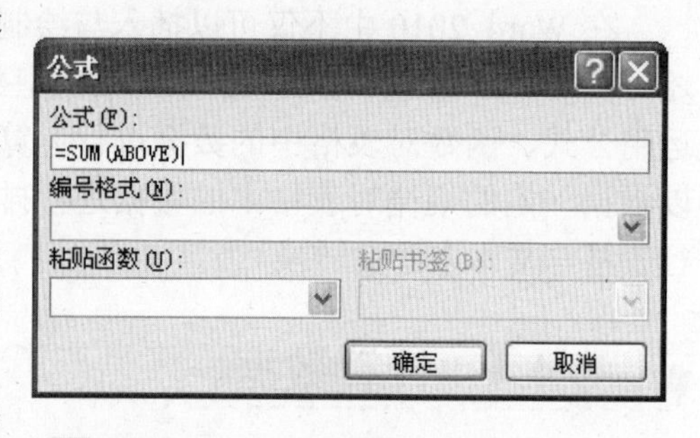

图 5-40　【公式】对话框

另外，由于 Word 2010 中的表格排列方式与 Excel 2007 中的表格排列方式一致，即列标从左到右分布并用字母 A、B、C、D 等来表示，而行标从上到下分布并用数字 1、2、3、4 等来表示，如表 5-4 所示。所以【公式】文本框中还可以输入含有单元格标识的公式来计算求和数据。例如，输入公式为“=SUM(B2:B4)”。

❑ **编号格式**

在【编号格式】下拉列表中可以设置计算结果内容中的格式。下拉列表中包含的格式以符号表示，其具体内容如下所述。

- ➢ **#,##0**　表示预留数字位置，确定小数的数字显示位置，与 0 相同。
- ➢ **#,##0.00**　表示预留数字位置，与 0 相同，只显示有意义的数字，而不显示无意义的 0，其小数位为两位。
- ➢ **￥#,##0.00;(￥#,##0.00)**　表示将显示结果数字以货币类型显示，其小数位为两位。

➢ **0** 表示预留数字位置，确定小数的数字显示位置，按小数点右边的 0 的个数对数字进行四舍五入处理。

➢ **%0** 表示以百分比形式显示，其无小数位。

➢ **0.00** 表示预留数字位置，其小数位为两位。

➢ **0.00%** 表示以百分比形式显示，其小数位为两位。

❑ **粘贴函数**

在【粘贴函数】下拉列表中可以选择不同的函数来计算表格中的数据，其详细内容如表 5-4 所示。

表 5-4 函数

函　数	说　明
ABS	数字或算式的绝对值（无论该值实际上是正还是负，均取正值）
AND	如果所有参数值均为逻辑真（TRUE），则返回逻辑 1，反之返回逻辑 0
AVERAGE	求出相应数字的平均值
COUNT	统计指定数据的个数
DEFINED	判断指定单元格是否存在。存在返回 1，反之返回 0
FALSE	返回 0（零）
IF	IF（条件，条件真时返回的结果，条件假时返回的结果）
INT	INT(x)对值或算式结果取整
MAX	取一组数中的最大值
MIN	取一组数中的最小值
OR	OR(x,y)如果逻辑表达式 x 和 y 中的任意一个或两个的值为 true，那么取值为 1；如果两者的值都为 false，那么取值为 0（零）
PRODUCT	一组值的乘积。例如，函数{ = PRODUCT (1,3,7,9) }，返回的值为 189
ROUND	ROUND(x,y)将数值 x 舍入到由 y 指定的小数位数。x 可以是数字或算式的结果
SIGN	SIGN(x)如果 x 是正数，那么取值为 1；如果 x 是负数，那么取值为–1
SUM	一组数或算式的总和
TRUE	返回 1

5.4.2 数据排序

在 Word 2010 中，用户可以按照一定的规律对表格中的数据进行排序。选择需要排序的表格，执行【布局】|【数据】|【排序】命令，在弹出的【排序】对话框中设置各项选项即可，如图 5-41 所示。

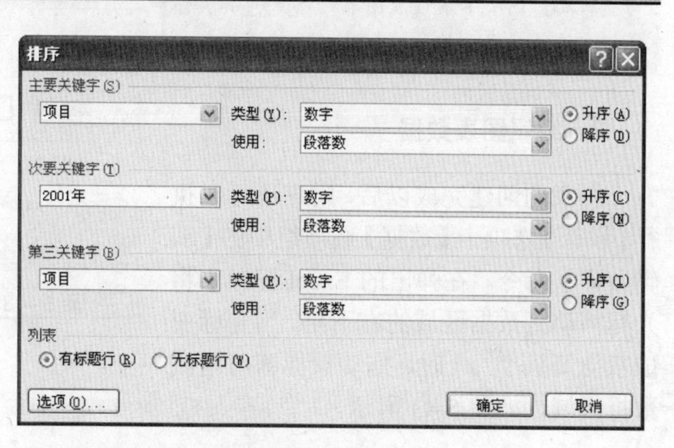

图 5-41 设置数据排序

在【排序】对话框中设置各选项的详细参数如下所述。

- ❑ **关键字**　主要包含有【主要关键字】、【次要关键字】和【第三关键字】3 种类型。在排序过程中，首先需要按照【主要关键字】进行排序，当出现相同内容时需要按照【次要关键字】进行排序，同样则按照【第三关键字】进行排序。
- ❑ **类型**　选择该选项，可以选择笔画、数字、拼音或者日期 4 种排序类型。
- ❑ **使用**　选择该选项，可以将排序应用到每个段落上。
- ❑ **排序方式**　主要包括【升序】与【降序】两种方式。
- ❑ **列表**　选中【有标题行】单选按钮时，表示在关键字的列表中显示字段的名称。选中【无标题行】单选按钮时，表示在关键字的列表中以列 1、列 2、列 3…表示字段列。
- ❑ **选项**　单击该按钮，可以设置排序的分隔符、排序选项与排序语言。

5.4.3　创建图表

在 Word 2010 中，虽然表格可以更直观地显示出计算数据，但是却无法详细地分析数据的变化趋势。为了更好地分析数据，需要根据表格中的数据创建数据图表，以便可以将复杂的数据信息以图形的方式进行显示。

1. 插入图表

选择需要插入图表的位置，执行【插入】|【插图】|【图表】命令，在弹出的【插入图表】对话框中选择图表类型，如图 5-42 所示。最后在弹出的 Excel 工作表中编辑图表数据即可。

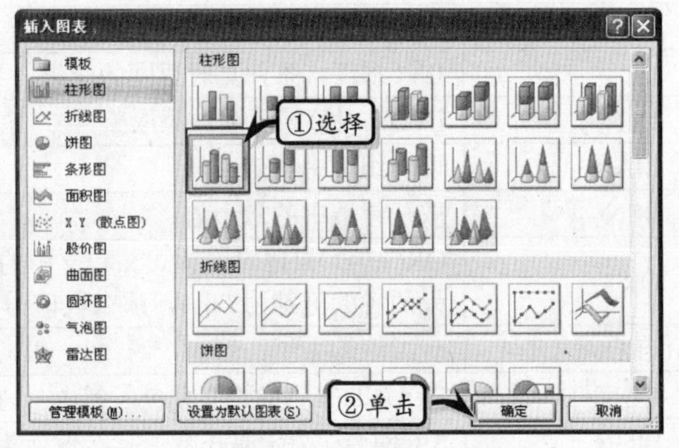

图 5-42　【插入图表】对话框

提　示

插入图表之后，用户可以在【设计】、【格式】与【布局】选项卡中设置图表的格式，其具体操作方法将在后面的 Excel 2010 章节中讲解。

2. 编辑图表数据

图表的创建完成以后，用户还可以执行【设计】选项卡【数据】选项组中的【编辑数据】命令。在弹出的 Excel 窗口中将光标移动到数据区域的右下角，当光标变成双向箭头"↘"时，拖动鼠标即可增减数据区域，如图 5-43 所示。

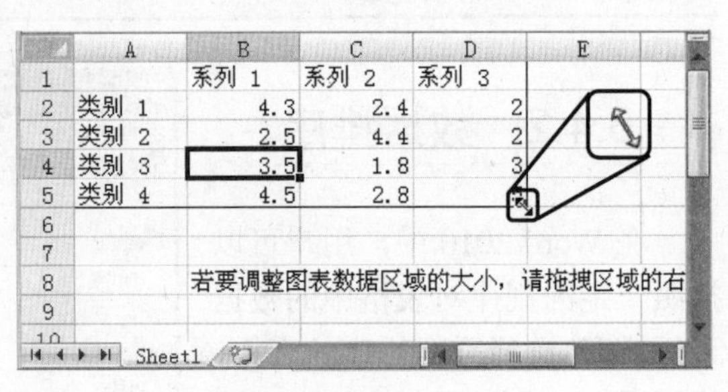

图 5-43　编辑图表数据

3. 更改图表类型

更改图表类型的操作方法与插入图表的操作方法大体一致，用户可以直接执行【设

计】|【类型】|【更改图表类型】命令，在弹出的【更改图表类型】对话框中选择需要更改的图表类型即可，如图 5-44 所示。

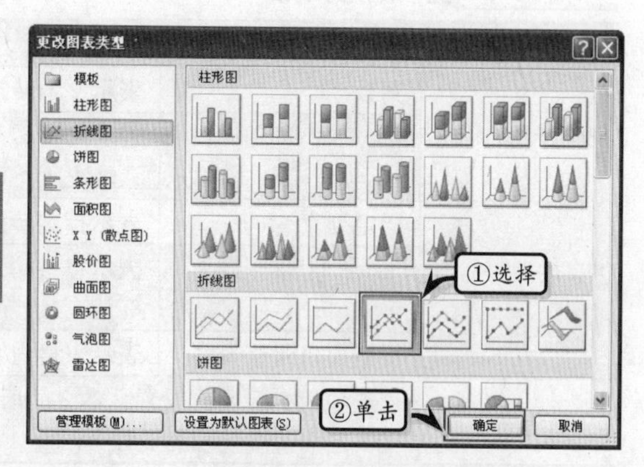

图 5-44 【更改图表类型】对话框

提 示

在图表上右击执行【更改图表类型】命令，在弹出的【更改图表类型】对话框中选择图表类型即可。

5.4.4 表格与文本转换

Word 2010 为用户提供了文本与表格的转换功能，不仅可以将文本直接转换成表格的形式，而且还可以通过使用分隔符标识文字分隔位置的方法，来将表格转换成文本。

1. 表格转换为文本

选择需要转换的表格，执行【布局】|【数据】|【转换为文本】命令，在弹出的【表格转换成文本】对话框中选择相应的选项即可，如图 5-45 所示。

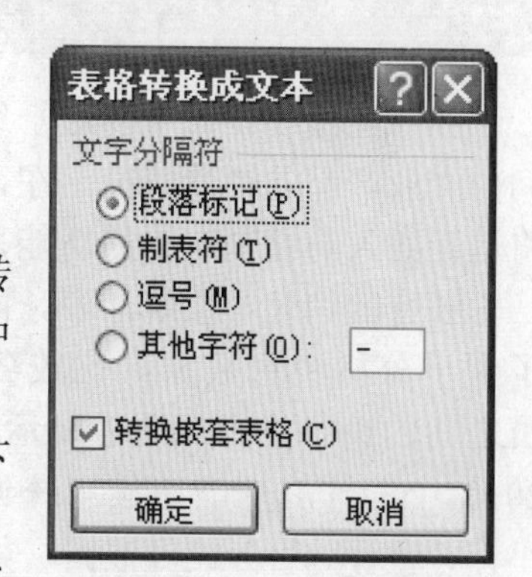

图 5-45 表格转换为文本

【表格转换成文本】对话框中的各个选项的功能如下所述。

- **段落标记** 表示可以将每个单元格的内容转换成一个文本段落。
- **制表符** 表示可以将每个单元格的内容转换成以制表符分隔的文本，并且每行单元格的内容都将转换为一个文本段落。
- **逗号** 表示可以将每个单元格的内容转换成以逗号分隔的文本，并且每行单元格的内容都将转换为一个文本段落。
- **其他字符** 表示可以在对应的文本框中输入用做分隔符的半角字符，并且每个单元格的内容都将转换为以文本分隔符隔开的文本，每行单元格的内容都将转换为一个文本段落。

2. 文字转换为表格

选择要转换成表格的文本段落，执行【插入】|【表格】|【文本转换成表格】命令，在弹出的【将文字转换成表格】对话框中设置各项选项即可，如图 5-46 所示。

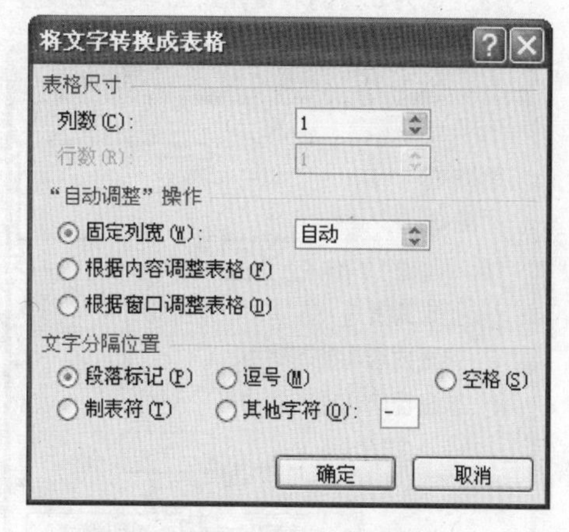

图 5-46 文字转换为表格

【将文字转换成表格】对话框中的各个选项的功能如表 5-5 所示。

表 5-5 文字转换为表格

选项组	选项	说明
表格尺寸	列数	表示文本转换成表的列数
	行数	表示文本转换成表的行数，其根据所选文本的段落决定。默认情况下不可调整
"自动调整"操作	固定列宽	表示指定转换后表格的列宽
	根据内容调整表格	表示将自动调节以文字内容为主的表格，使表格的栏宽和行高达到最佳配置
	根据窗口调整表格	表示表格内容将会同文档窗口宽度具有相同的跨度
文字分隔位置	该选项组主要用来设置文本之间所使用的分隔符，一般在转换表格之前，需要在文本之间使用统一的一种分隔符	

5.5 课堂练习：销售业绩统计表

销售业绩统计表主要用于统计某时间内企业产品的销量情况，在本练习中将运用插入与绘制表格的功能，来制作一份独特的销售业绩统计表。同时，为了便于分析销售数据，比较各销售人员之间的销售能力，还需要运用 Word 2010 中的计算功能，显示统计表中的小计、合计、百分比等数据，如图 5-47 所示。

销售业绩统计表

业务员 / 产品	小孙		小赵		小刘		合计
	金额	百分比	金额	百分比	金额	百分比	
产品一	30000	0.29	34000	0.33	38000	0.37	102000
产品二	40000	0.29	50000	0.36	48000	0.35	138000
产品三	23000	0.25	30000	0.32	40000	0.43	93000
产品四	56000	0.34	60000	0.36	50000	0.3	166000
产品五	55000	0.34	60000	0.36	47000	0.29	162000
产品六	12000	0.16	33000	0.37	28000	0.38	73000
小计	216000		267000		251000		734000

图 5-47 销售业绩统计表

操作步骤

1 首先需要插入表格。在空白文档中，执行【插入】|【表格】|【插入表格】命令，插入一个 8 列 8 行的表格，如图 5-48 所示。

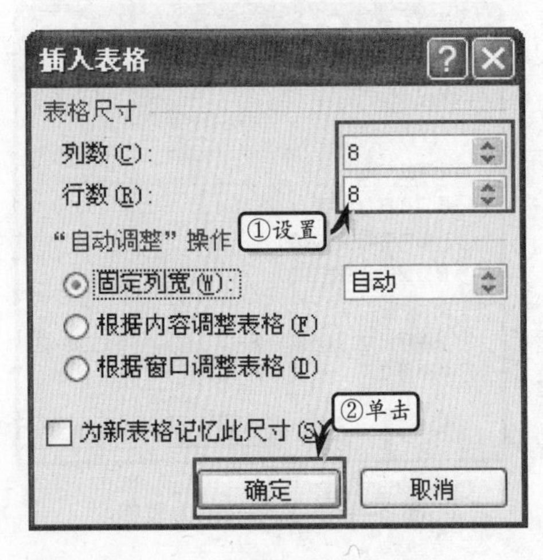

图 5-48 【插入表格】对话框

2 下面需要调整表格的大小。选择表格，执行【布局】选项卡【单元格大小】选项组中的命令，将【高度】调整为"0.8 厘米"。然后将第一行高度调整为"1.6 厘米"，将第一列调整为"3 厘米"，如图 5-49 所示。

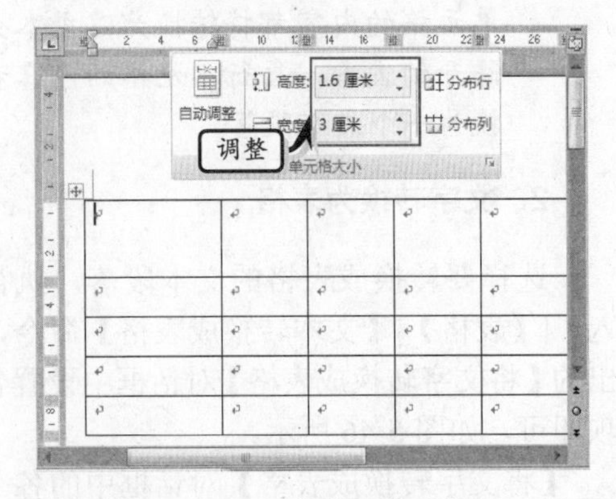

图 5-49 调整单元格大小

3 选择第一个单元格，执行【设计】选项卡【绘图边框】|【绘制表格】命令，在第一个单元格中绘制一条斜线，并输入相应的文本，如图 5-50 所示。

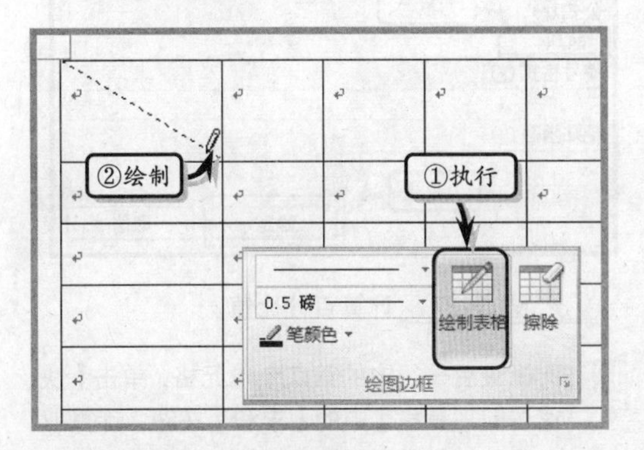

图 5-50 插入斜线表头

4 执行【插入】|【表格】|【绘制表格】命令，在第一行中的第 2~7 个单元格中绘制一条直线，如图 5-51 所示。

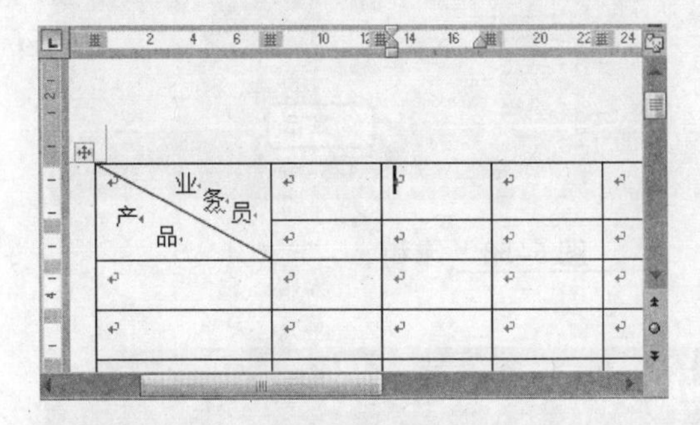

图 5-51 绘制直线

5 选择第一行中的第 2 个与第 3 个单元格，执行【布局】|【合并】|【合并单元格】命令。利用上述方法，分别合并第 4、5 个单元格与第 6、7 个单元格，如图 5-52 所示。

图 5-52 合并单元格

6 在表格中输入数据，将光标移动到第一个单元格中，按 Enter 键增加一行空白行。执行【绘制表格】命令绘制新的一行，并将【高度】调整为"1.6 厘米"，如图 5-53 所示。

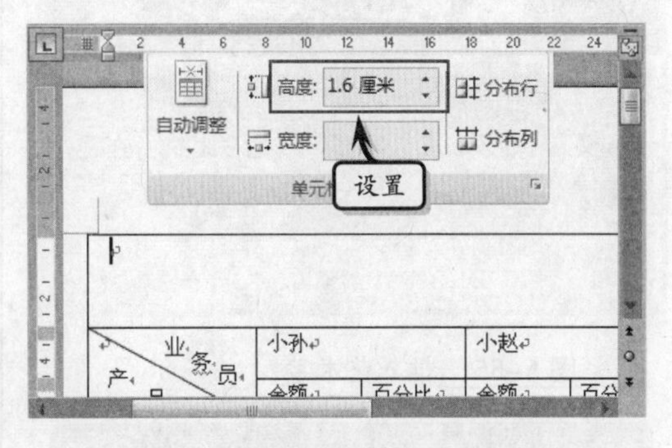

图 5-53 绘制新行

7 选择表格，执行【布局】|【对齐方式】|【水平居中】命令。

8 执行【设计】|【表格样式】|【中等深浅网格 3-强调文字颜色 4】选项。在【表格样式选项】选项组中选中【汇总行】与【最后一列】复选框，如图 5-54 所示。

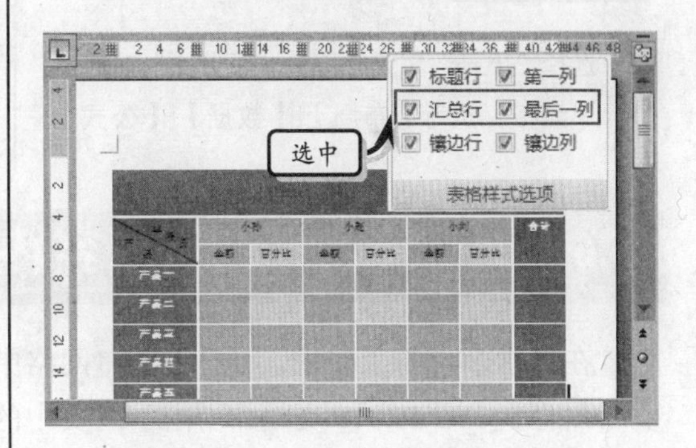

图 5-54 设置表格格式

9 现在开始设计表格标题。执行【插入】|【文本】|【艺术字】|【填充-茶色，文本 2，轮廓-背景 2】命令，插入一个艺术字。输入"销售业绩统计表"文本，将【字号】设置为"32"，并设置其字体效果，如图 5-55 所示。

10 选择"产品一"单元格对应的"合计"单元格，执行【布局】|【数据】|【公式】命令。输入"=SUM(B4,D4,F4)"，如图 5-56 所示。

利用上述方法，计算其他合计金额。

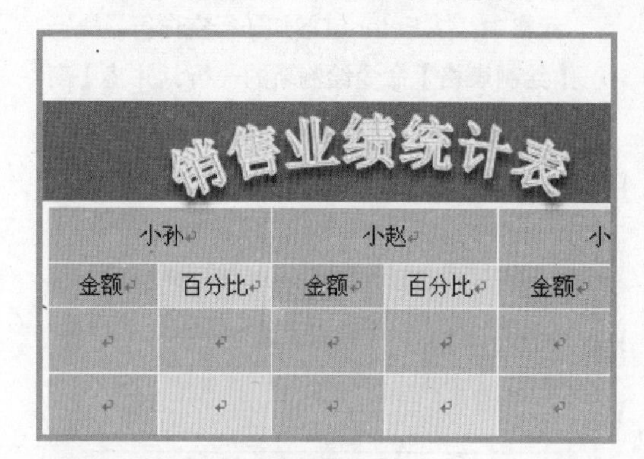

图 5-55 插入艺术字

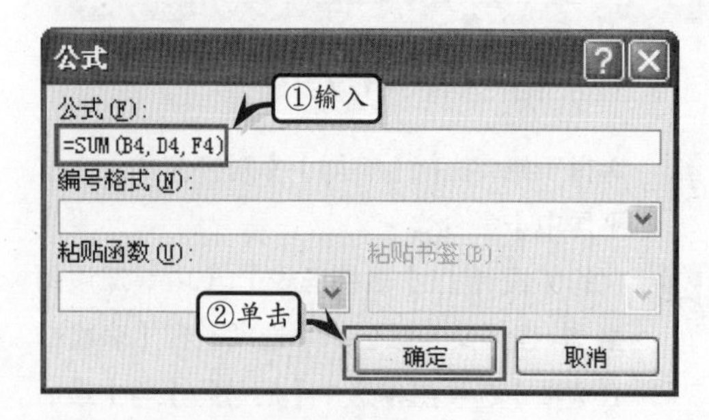

图 5-56 输入公式

11 选择“小孙”单元格下的“百分比”对应的单元格，执行【布局】|【数据】|【公式】命令。输入“=B4/H4”，如图 5-57 所示。利用上述方法，计算其他百分比金额。

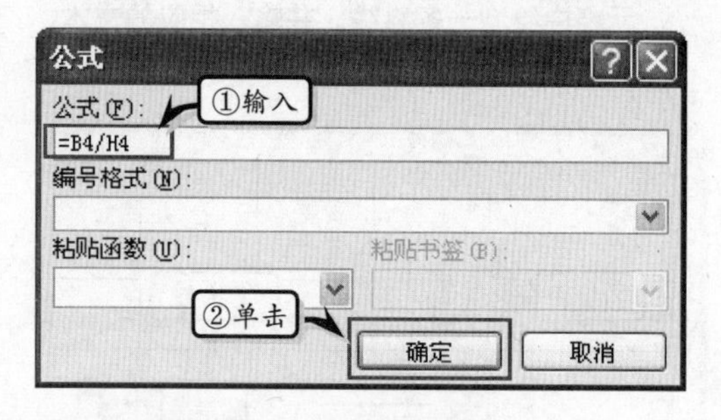

图 5-57 计算百分比值

12 选择最后一行中的第二个单元格，单击【快速访问工具栏】中的【求和】按钮，计算业务员的销售总金额，如图 5-58 所示。

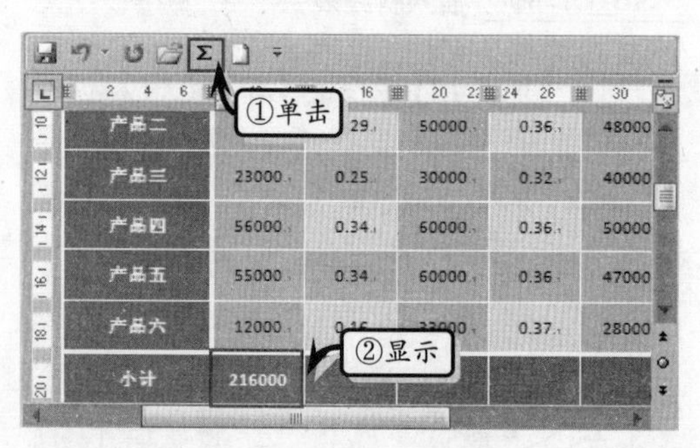

图 5-58 求和

5.6 课堂练习：网页内容转换为 Word 表格

在日常学习与工作中，用户需要将网络中的资料保存到 Word 2010 文档中，由于网页中的文字格式比较杂乱，无法直接以表格的形式进行保存。如果在 Word 2010 中创建表格并输入网页内容，既费劲又浪费时间。在本练习中，将利用文本与表格转换功能，将网页内容转换为 Word 表格，如图 5-59 所示。

图 5-59 网页内容转换为 Word 表格

操作步骤

1 将网页中的内容复制到文档中，选择需要转换成表格的文本，执行【插入】|【表格】|【文本转换成表格】命令。将【列数】设置为“3”，选中【根据内容调整表格】单选按钮，如图 5-60 所示。

2 执行【设计】|【表格样式】|【边框】命令，选择【边框和底纹】选项。将【颜色】设置为“深红”，将“宽度”设置为“1.0 磅”，如图 5-61 所示。

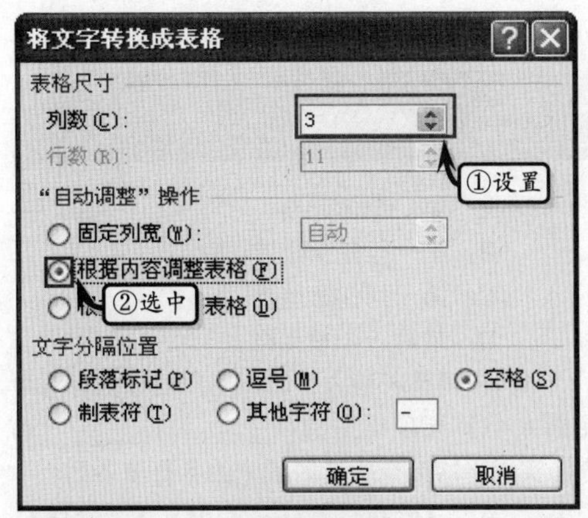

图 5-60 设置转换参数

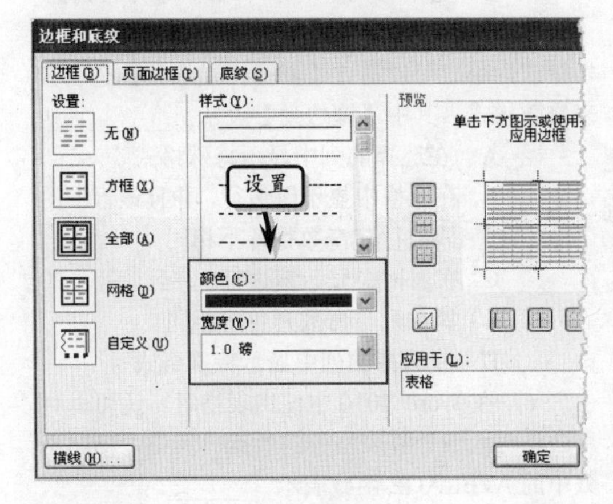

图 5-61 设置边框样式

3 在对话框中激活【底纹】选项卡，将【样式】设置为“15%”，将【颜色】设置为“茶色，背景 2，深色 25%”。单击【确定】按钮，如图 5-62 所示。

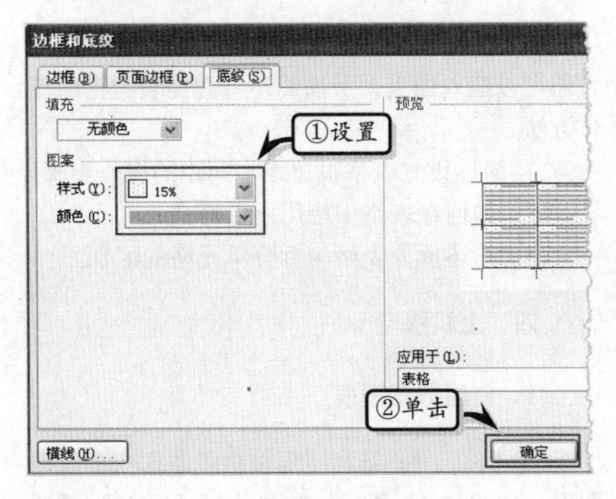

图 5-62 设置底纹样式

4 选择单元格，执行【布局】|【对齐方式】|【水平居中】命令。然后，单击【单元格大小】选项组中的【对话框启动器】按钮，分别选择【右对齐】与【环绕】选项，如图 5-63 所示。

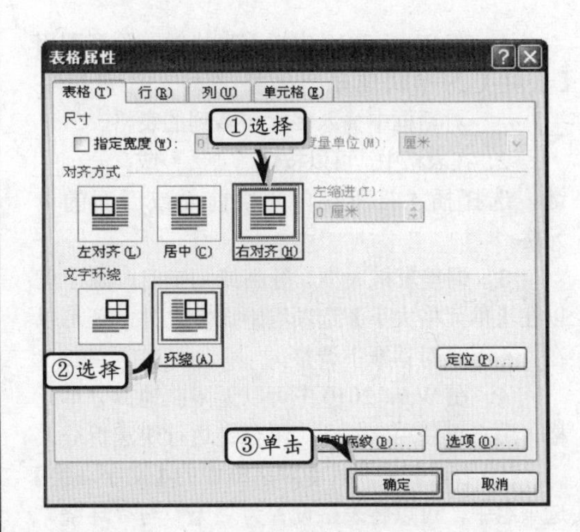

图 5-63 设置表格属性

5 拖动表格调整到合适位置，执行【对齐方式】|【单元格边距】命令，选中【允许调整单元格间距】复选框，如图 5-64 所示。

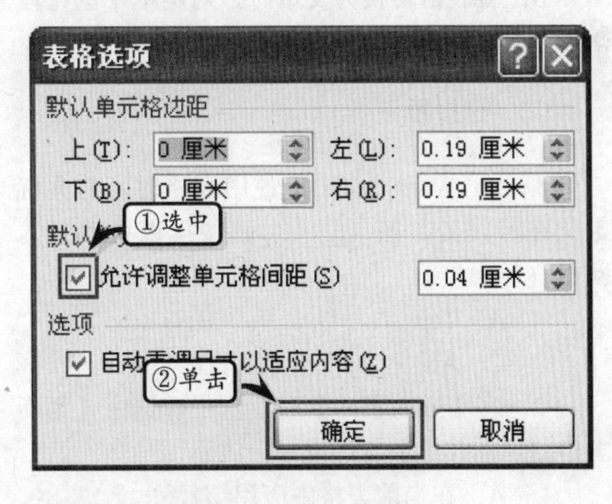

图 5-64 设置单元格间距

6 利用上述方法，分别将其他网页文本转换为 Word 表格，并根据文档内容与布局调整表格位置。

5.7 思考与练习

一、填空题

1．在 Word 2010 中插入表格时，除了利用【表格】菜单快速插入表格之外，还可以在________对话框中插入多行与多列的表格。

2．在表格中，可以按住________或________键，选择插入符所在单元格前面或后面的单元格。

3．调整表格大小、行高或列宽时，除了可以在【单元格大小】选项组中调整之外，还可以在________对话框中调整。

4．在 Word 2010 中可以无限制地拆分单元格，用户可使用________组合键进行快速拆分。

5．在【表格属性】对话框中的【文字环绕】选项组中，可以将表格设置为"无"与"环绕"两种环绕类型。当用户选择________选项时，右侧的【定位】按钮变成可用状态。

6．在计算数据时，Word 2010 中的【求和】按钮需要在________对话框中添加。

7．在 Word 2010 中，用户可以执行【布局】选项卡【数据】选项组中的________命令，来计算表格中的数据。

8．将表格转换为文本时，对话框中的【段落标记】选项表示________。

二、选择题

1．在 Word 2010 中使用表格时，将光标定位在行尾处，按________键便可以自动插入新行。

A．Tab　　B．Ctrl
C．Alt　　D．Enter

2．在【插入表格】对话框中，选中【为新表格记忆此尺寸】复选框时，表示________。

A．在当前表格中应用该尺寸
B．保存为新建表格的默认值
C．保存当前对话框中的设置
D．只适合在当前表格中应用

3．在 Word 2010 文档中，将光标放置在表格的________中，按 Enter 键便可以在表格上方插入文本行。

A．第一个单元格
B．第一行任意位置
C．第一列任意位置
D．最后一个单元格

4．在调整表格大小时，用户可以执行【单元格大小】选项组中的________与________命令，实现平均分布所选区域中的各行与各列。

A．【分布行】　　B．【平分行】
C．【平分列】　　D．【分布列】

5．Word 2010 中为用户提供了 98 种内置表格样式，用户可以通过【表格样式选项】选项卡来修改样式。其中【镶边列】表示________。

A．在选择的列中显示特殊格式
B．在表格中显示镶边行，并且该行上的偶数行与奇数行各不相同
C．在表格中显示镶边行，并且该行上的偶数列与奇数列各不相同
D．在选择的列中显示特殊格式

6．在 Word 2010 中使用表格时，还可以利用公式与函数计算表格中的数据。其中，粘贴函数中的 AVERAGE 函数表示________。

A．计算平均值
B．计算数据的个数
C．返回绝对值
D．计算乘积

三、问答题

1．在 Word 2010 中不仅可以使用表格，而且还可以插入图表，下面简述修改图表数据的操作方法。

2．简述设置表格页边距与间距的操作步骤。

3．如何在表格中应用内置样式？

4．简述拆分表格与拆分单元格的区别。

四、上机练习

1．创建数据图表

在本练习中，将利用图表功能制作一个数据图表，如图 5-65 所示。首先执行【插入】|【插图】|【图表】命令，插入一个簇状柱形图。然后在弹出的 Excel 表格中编辑图表数据。最后执行

【设计】|【图表样式】|【其他】命令，设计图表样式。

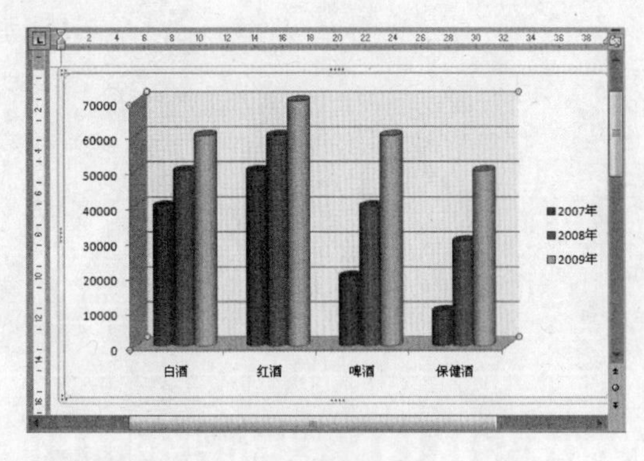

图 5-65 创建数据图表

2. 创建嵌套表格

在本练习中，将利用绘制与插入表格功能制作一个嵌套表格，如图 5-66 所示。首先，执行【插入】|【表格】|【绘制表格】命令，绘制一个带边框的表格。然后，将光标放于绘制的表格中，执行【插入】|【表格】|【插入表格】命令，插入一个 4 行 5 列的表格，拖动表格调整其位置。最后，执行【设计】|【表格样式】|【其他】命令，设置嵌套表格样式即可。

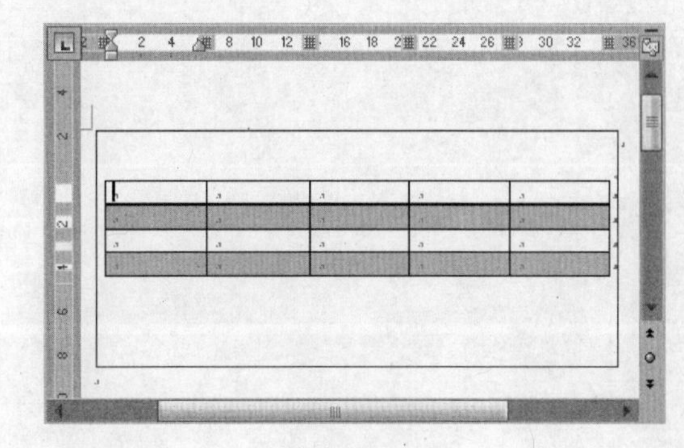

图 5-66 创建嵌套表格

第 6 章

Excel 2010 基础知识

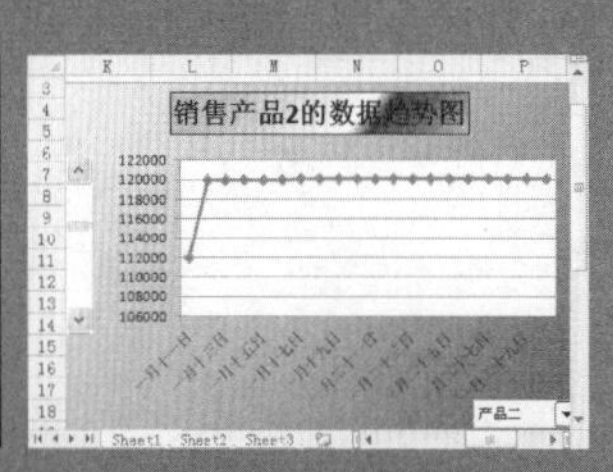

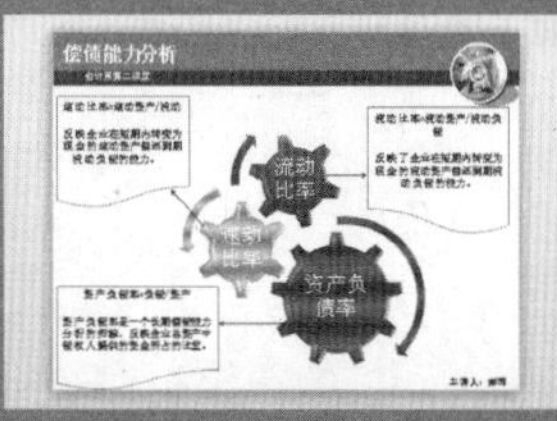

Excel 2010 是微软公司开发的 Office 系列办公软件中的一个组件，它是一个电子表格软件，集数据统计、报表分析及图形分析 3 大基本功能于一身。由于具有强大的数据运算功能与丰富而实用的图形功能，所以被广泛应用于财务、金融、经济、审计和统计等众多领域。本章将从认识 Excel 的操作界面入手，循序渐进地向用户介绍创建、打开、保存以及操作工作簿的方法，使用户轻松地学习并掌握 Excel 工作簿的应用基础。

本章学习要点：

- Excel 2010 界面介绍
- Excel 2010 基础操作
- 编辑单元格
- 编辑工作表
- 管理工作表

6.1 Excel 2010 界面介绍

相对于旧版本的 Excel 来讲，Excel 2010 为用户提供了一个新颖、独特且简易操作的用户界面。例如，最具有特色的便是 Excel 2010 中的【文件】选项替代了 Excel 2010 中的【Office 按钮】菜单。在学习 Excel 2010 之前，首先需要了解一下 Excel 2010 的工作窗口与常用术语。

6.1.1 Excel 2010 工作窗口

执行【开始】菜单中的【程序】|Microsoft Office|Microsoft Office Excel 2010 命令，打开 Excel 2010 的工作窗口，如图 6-1 所示。

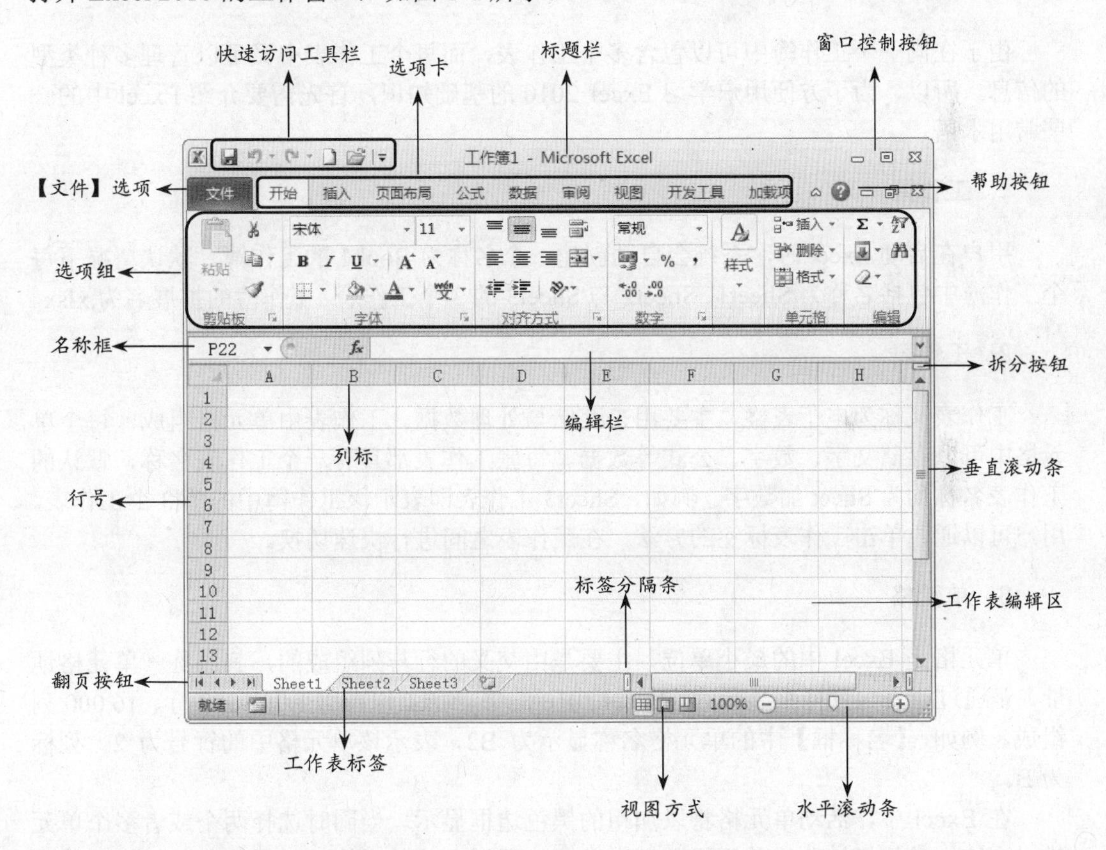

图 6-1　Excel 2010 工作界面

在窗口的最上方是由快速访问工具栏、工作簿名称与窗口控制按钮组成的标题栏，下面是功能区，然后是编辑栏与工作簿编辑区。其具体情况如下所述。

- **标题栏**　主要用于显示工作簿的名称。位于窗口的最上方，左侧为快速访问工具栏，最右侧为窗口控制按钮，中间显示程序与工作簿名称。
- **名称框**　主要用于定义或显示当前单元格的名称与地址。
- **编辑栏**　主要用于显示或编辑活动单元格中的数据或公式。

- **列标** 用于显示列数的字母，单击列标可以选择整列。
- **行号** 用于显示行号的数字，单击行号可以选择整行。
- **工作表标签** 主要显示当前工作簿中的工作表名称与数量，单击工作表名称可以切换工作表。
- **翻页按钮** 通过该按钮可以查看前面或后面等多个工作表标签。
- **标签分隔条** 拖动该按钮可以显示或隐藏工作表标签。
- **拆分按钮** 双击或拖动该按钮可以将工作表分成两部分，便于查看同一个工作表中的不同部分的数据。
- **视图方式** 主要用来切换工作表的视图模式，包括普通、页面布局与分页预览 3 种模式。

6.1.2 Excel 2010 中常用术语

由于在同一个工作簿中可以包含多个工作表，而每个工作表中又可以管理多种类型的信息。所以，为了方便用户学习 Excel 2010 的基础知识，首先需要介绍 Excel 中的一些常用术语。

1．工作簿

用户在启动 Excel 时，系统会自动创建一个名称为 Book1 的工作簿。默认情况下每个工作簿中包括名称为 Sheet1、Sheet2 与 Sheet3 的 3 个工作表。工作簿的扩展名为.xlsx。

2．工作表

工作表又称为电子表格，主要用来存储与处理数据。工作表由单元格组成，每个单元格中可以存储文字、数字、公式等数据。每张工作表都具有一个工作表名称，默认的工作表名称均为 Sheet 加数字。例如，Sheet3 工作表即表示该工作簿中的第 3 个工作表。用户可以通过单击工作表标签的方法，在工作表之间进行快速切换。

3．单元格

单元格是 Excel 中的最小单位，主要是由交叉的行与列组成的，其名称（单元格地址）是通过行号与列标来显示的，Excel 2010 的每一张工作表由 1 000 000 行、16 000 列组成。例如，【名称框】中的单元格名称显示为 B2，表示该单元格中的行号为 2、列标为 B。

在 Excel 中，活动单元格将以加粗的黑色边框显示。当同时选择两个或者多个单元格时，这组单元格被称为单元格区域。单元格区域中的单元格可以是相邻的，也可以是彼此分离的。

6.2 Excel 2010 基础操作

在对 Excel 文件进行编辑操作之前，需要掌握创建工作簿的各种方法。另外，为了更好地保护工作簿中的数据，需要对新创建或新编辑的工作簿进行手动保存或自动保存。下面便详细介绍 Excel 工作簿的创建、保存、打开与关闭的操作方法与技巧。

6.2.1 创建工作簿

在 Excel 2010 中，用户可以通过执行【文件】选项或【快速访问工具栏】中的相应命令来创建工作簿。

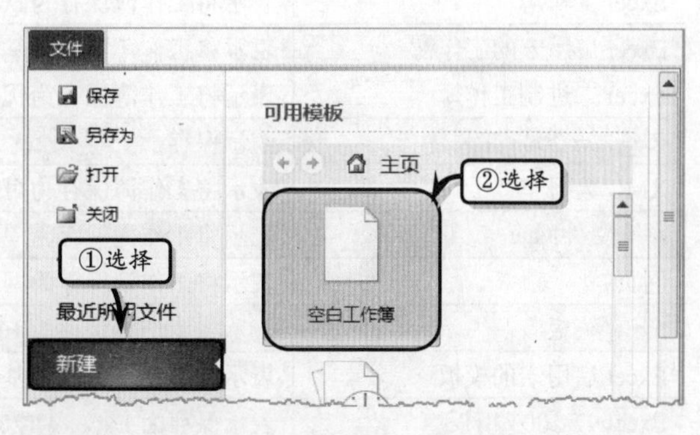

图 6-2 新建工作簿

1. 【Office 按钮】创建

执行【文件】|【新建】命令，在弹出的【可用模板】列表中选择【空白工作簿】选项，单击【创建】按钮即可，如图 6-2 所示。

提 示

用户可根据【Office.com】列表中的模板来创建内容丰富的工作簿，其创建方法与 Word 2010 中的方法相同。

2. 【快速访问工具栏】创建

首先在【自定义快速访问工具栏】下拉列表中选择【新建】命令。然后单击【快速访问工具栏】中的【新建】按钮，即可创建一个新的工作簿，如图 6-3 所示。

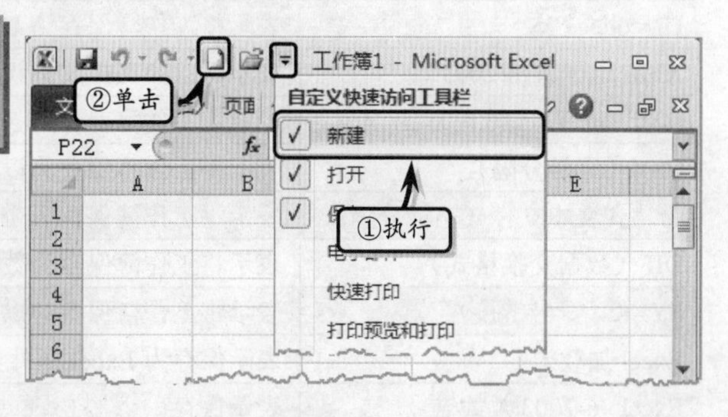

图 6-3 创建工作簿

技 巧

用户也可以使用 Ctrl+N 组合键，快速创建空白工作簿。

6.2.2 保存工作簿

当用户创建并编辑完工作簿之后，为保护工作簿中的数据与格式，需要将工作簿保存在本地计算机中。在 Excel 2010 中，保存工作簿的方法大体可分为手动保存与自动保存两种方法。

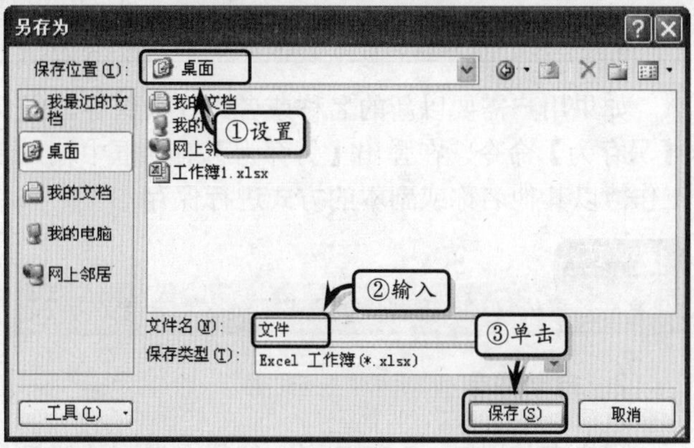

图 6-4 【另存为】对话框

1. 手动保存

执行【文件】|【保存】命令，或单击【快速访问工具栏】中的【保存】按钮，在弹出的【另存为】对话框中设置文件要保存的位置与名称，选择【保存类型】下拉列表中相应的选项即可，如图 6-4 所示。

【保存类型】下拉列表中的各文件类型及其功能如表 6-1 所示。

表 6-1 文件类型及功能表

类　型	功　能
Excel 工作簿	表示将工作簿保存为默认的文件格式
Excel 启用宏的工作簿	表示将工作簿保存为基于 XML 且启用宏的文件格式
Excel 二进制工作簿	表示将工作簿保存为优化的二进制文件格式，提高加载和保存速度
Excel 96-2003 工作簿	表示保存一个与 Excel 96-2003 完全兼容的工作簿副本
XML 数据	表示将工作簿保存为可扩展标识语言文件类型
单个文件网页	表示将工作簿保存为单个网页
网页	表示将工作簿保存为网页
Excel 模板	表示将工作簿保存为 Excel 模板类型
Excel 启用宏的模板	表示将工作簿保存为基于 XML 且启用宏的模板格式
Excel 97-2003 模板	表示保存为 Excel 97-2003 模板类型
文本文件（制表符分隔）	表示将工作簿保存为文本文件
Unicode 文本	表示将工作簿保存为 Unicode 字符集文件
XML 电子表格 2003	表示保存为可扩展标识语言 2003 电子表格的文件格式
Microsoft Excel 5.0/95 工作簿	表示将工作簿保存为 5.0/95 版本的工作簿
CSV（逗号分隔）	表示将工作簿保存为以逗号分隔的文件
带格式文本文件（空格分隔）	表示将工作簿保存为带格式的文本文件
DIF（数据交换格式）	表示将工作簿保存为数据交换格式文件
SYLK（符号链接）	表示将工作簿保存为以符号链接的文件
Excel 加载宏	表示保存为 Excel 插件
Excel 96-2003 加载宏	表示保存一个与 Excel 96-2003 兼容的工作簿插件
PDF	表示保存一个由 Adobe Systems 开发的基于 PostScriptd 的电子文件格式，该格式保留了文档格式并允许共享文件
XPS 文档	表示保存为一种版面配置固定的新的电子文件格式，用于以文档的最终格式交换文档
OpenDocument 电子表格	表示保存一个可以在使用 OpenDocument 的演示文稿的应用程序中打开，还可以在 PowerPoint 2010 中打开.odp 格式的演示文稿

如果用户需要以新的名称或者路径来保存已经保存过的工作簿，可以执行【文件】|【另存为】命令，在弹出【另存为】对话框中输入新的文件名或者保存位置，即可将该工作簿以其他名称或副本的方式进行保存。

技　巧

用户也可以使用 Ctrl+S 组合键或 F12 键，打开【另存为】对话框。

2. 自动保存

用户在使用 Excel 2010 时，往往会遇到计算机故障或意外断电的情况。此时，便需要设置工作簿的自动保存与自动恢复功能。执行【文件】|【选项】命令，在弹出的对话框中选择【保存】选项卡，在右侧的【保存工作簿】选项组中进行相应的设置即可。例如，保存格式、自动恢复时间以及默认的文件位置等，如图 6-5 所示。

6.2.3 加密工作簿

加密工作簿，即是为了保护工作簿中的数据而为工作簿设置密码。在【另存为】对话框中执行【工具】下拉列表中的【常规选项】命令，在弹出的【常规选项】对话框中的【打开权限密码】与【修改权限密码】文本框中输入密码。单击【确定】按钮，在弹出的【确认密码】对话框中重新输入密码，单击【确定】按钮，重新输入修改权限密码即可，如图 6-6 所示。

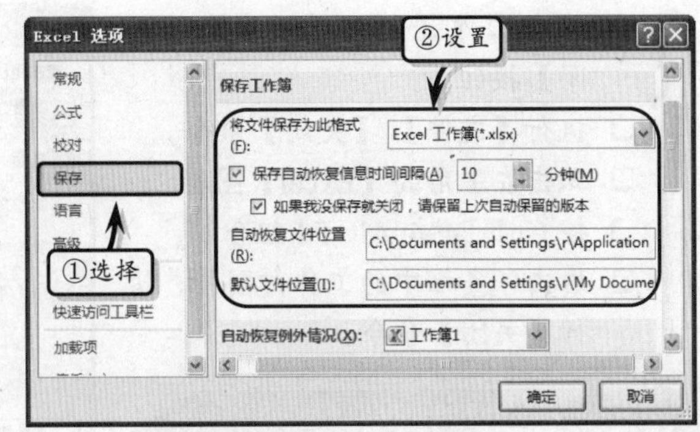

图 6-5 设置自动保存

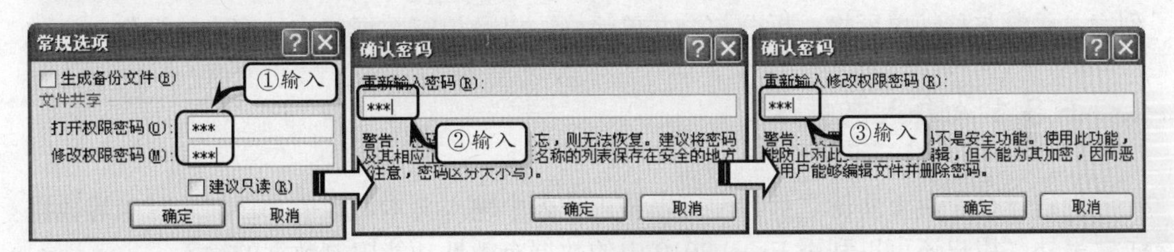

图 6-6 加密工作簿

提 示

在【常规选项】对话框中选中【生成备份文件】复选框，可生成一个备份文件。选中【建议只读】复选框，可保存一个只读的工作簿。

6.2.4 打开/关闭工作簿

当用户新创建工作簿或编辑已保存过的工作簿时，需要打开该工作簿。另外，当用户完成工作簿的编辑操作后，需要关闭该工作簿。

1. 打开工作簿

当用户需要编辑工作簿时，可以在【我的电脑】窗口中双击工作簿名称或在工作簿名称上右击，选择【打开】命令即可打开工作簿。同时，用户也可以在【文件】选项中的【最近所用文件】列表中，打开最近使用的或曾经打开过的工作簿，如图 6-7 所示。

图 6-7 【最近使用的文档】列表

另外，用户也可以执行【文件】|【打开】命令，在弹出的【打开】对话框中选择要打开的工作簿，如图 6-8 所示。

技 巧

用户也可以使用 Ctrl+O 组合键，打开【打开】对话框。

2. 关闭工作簿

编辑完工作簿之后，便可以关闭工作簿，其关闭的方法如下所述。

- ❑ 单击工作簿窗口右上角的【关闭】按钮。
- ❑ 执行【文件】|【关闭】命令。
- ❑ 双击左上角的【Excel】图标。
- ❑ 按 Ctrl+F4 或 Alt+F4 组合键。
- ❑ 右击任务栏中的工作簿图标，执行【关闭】命令。

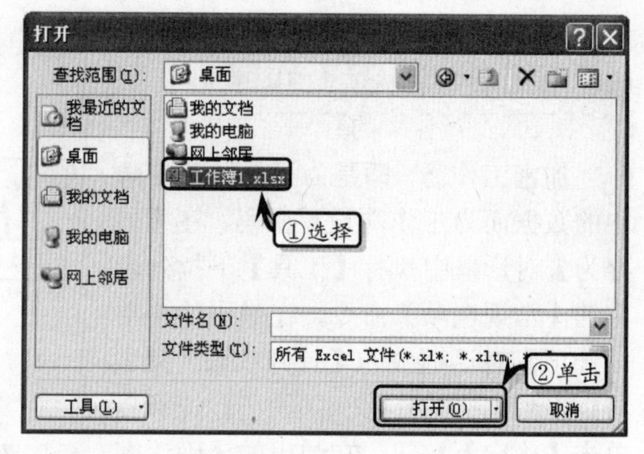

图 6-8 【打开】对话框

6.3 编辑工作表

在制作 Excel 电子表格时，为了使工作表更具有完善性、协调性与合理性，需要编辑工作簿，即进行调整工作表的行高与列宽、复制与移动单元格、拆分与合并单元格，以及填充数据与冻结窗格等操作。

6.3.1 输入数据

创建一个空白工作簿之后，便可以在工作表中输入文本、数值、日期、时间等数据了。另外，用户还可以利用 Excel 2010 中的数据有效性功能限制数据的输入。

1. 输入文本

输入文本，即是在单元格中输入以字母开头的字符串或汉字等数据。在输入文本时，用户可以在单元格中直接输入文本，或在【编辑栏】中输入文本。其中，在单元格中直接输入文本时，首先需要选择单元格，使其成为活动单元格，然后再输入文本，并按 Enter 键。另外，在【编辑栏】中输入文本时，首先需要选择单元格，然后将光标置于【编辑栏】中并输入文本，按 Enter 键或单击【输入】按钮即可，如图 6-9 所示。

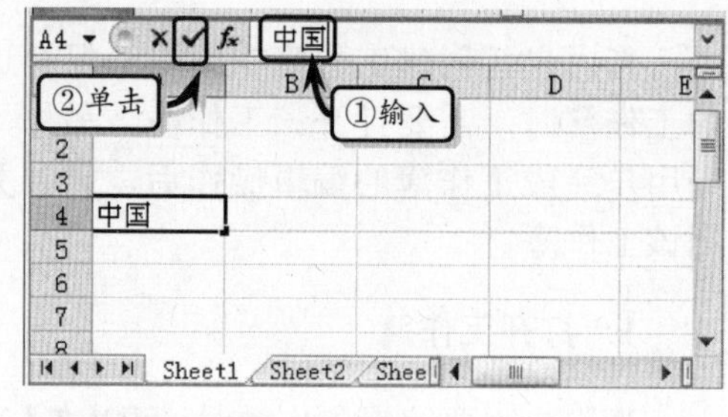

图 6-9 输入文本

输入文本之后，可以通过按钮或快捷键完成或取消文本的输入，其具体情况如下所述。

- ❑ **Enter 键** 可以确认输入内容，并将光标转移到下一个活动单元格中。
- ❑ **Tab 键** 可以确认输入内容，并将光标转移到右侧的活动单元格中。
- ❑ **Esc 键** 取消文本输入。
- ❑ **Back Space 键** 取消输入的文本。
- ❑ **Delete 键** 删除输入的文本。
- ❑ 【取消】按钮 取消文本的输入。

提 示

在 Excel 2010 中输入文本时，系统会自动将文本进行左对齐。

2. 输入数字

Excel 2010 中的数字主要包括整数、小数、货币或百分号等类型。系统会根据数据类型自动将数据进行右对齐，而当数字的长度超过单元格的宽度时，系统将自动使用科学计数法来表示输入的数字，如图 6-10 所示。

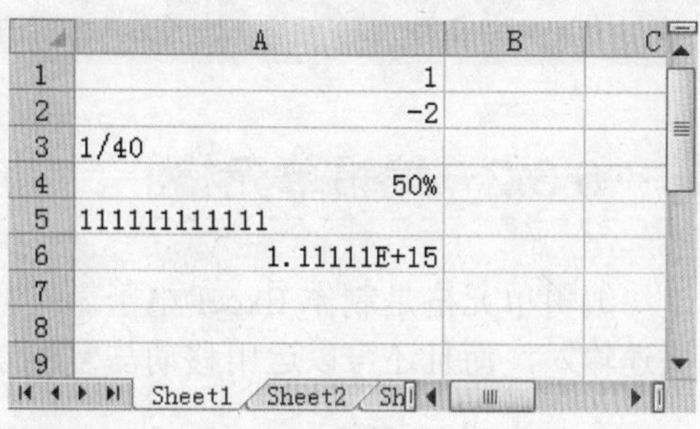

图 6-10 输入数字

每种数据类型的输入方法如下所述。

- ❑ **输入正数** 直接在单元格中输入数字即可，无需添加“+”号。
- ❑ **输入负数** 在数字前面添加“–”号或直接输入带括号的数字。例如，输入“(100)”则表示输入–100。
- ❑ **输入分数** 由于 Excel 中的日期格式与分数格式一致，所以在输入分母小于 12 的分数时，需要在分子前面添加数字 0。例如，输入“1/10”时应先输入数字 0，然后输入一个空格，再输入分数 1/10 即可。
- ❑ **输入百分数** 直接在单元格中输入数字，然后在数字后面输入百分号“%”即可。
- ❑ **输入小数** 直接在指定的位置中输入小数点即可。
- ❑ **输入长数字** 当输入的数字过长时，单元格中的数字将以科学计数法显示，并且会自动将单元格的列宽调整到 11 位数字（包含小数点和指数符号 E）。
- ❑ **输入文本格式的数字** 即是将数字作为文本来输入，首先需要输入一个英文状态的单引号“'”，然后再输入数字。其中，单引号表示其后的数字按文本格式输入，一般情况下该方法适用于输入身份证号码。

3. 输入日期和时间

在输入时间时，时、分、秒之间需要用冒号“:”隔开。例如，输入 9 点时，首先输入数字 9，然后输入冒号“:”(9: 00)。在输入日期时，年、月、日之间需要用反斜杠“/”或连字符“-”隔开。例如，输入 2009/7/1 或者 2009-6-1，如图 6-11 所示。

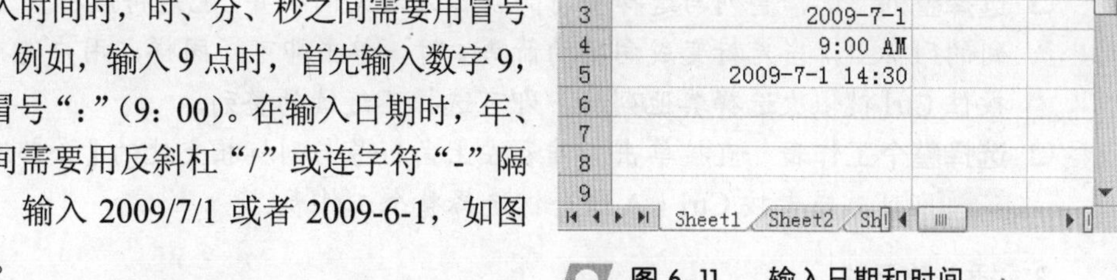

图 6-11 输入日期和时间

用户在输入时间和日期时，需要注意以下几点。

- ❑ **日期和时间的数字格式** Excel 会自动将时间和日期按照数字类型进行处理。其中，日期按序列数进行保存，表示当前日期距离 1900 年 1 月 1 日之间的天数；而时间按 0～1 之间的小数进行保存，如 0.25 表示上午 6 点、0.5 表示中午十二点等。由于时间和日期都是数字，因此可以利用函数与公式进行各种运算。
- ❑ **输入 12 小时制的日期和时间** 在输入 12 小时制的日期和时间时，可以在时间后面添加一个空格，并输入表示上午的 AM 与表示下午的 PM 字符串，否则 Excel 将自动以 24 小时制来显示输入的时间。

- **同时输入日期和时间** 在一个单元格中同时输入日期和时间时，需要在日期和时间之间用空格隔开，例如 2009-6-1 14：30。

技 巧

用户可以使用 Ctrl+组合键输入当前日期，使用 Ctrl+Shift+组合键输入当前时间。

6.3.2 编辑单元格

编辑单元格是制作 Excel 电子表格的基础，不仅可以运用自动填充功能实现数据的快速输入，而且还可以运用移动与复制功能完善工作表中的数据。

1. 选择单元格

在编辑单元格之前，首先应选择该单元格。选择单元格可分为选择单元格或单元格区域。其中，单元格区域表示两个或两个以上的单元格，每个区域可以是某行或某列的单元格，或者是任意行或列的组合的矩形区域。选择单元格可以分为以下几种操作。

- **选择单元格** 在工作表中移动鼠标，当光标变成空心十字形状✚时单击即可。此时，该单元格的边框将以黑色粗线进行标识。
- **选择连续的单元格区域** 首先选择需要选择的单元格区域中的第一个单元格，然后拖动鼠标即可。此时，该单元格区域的背景色将以蓝色显示。
- **选择不连续的单元格区域** 首先选择第一个单元格，然后按住 Ctrl 键逐一选择其他单元格即可。
- **选择整行** 将鼠标置于需要选择行的行号上，当光标变成向右的箭头➡时，单击即可。另外，用户选择一行后，按住 Ctrl 键依次选择其他行号，即可选择不连续的整行。
- **选择整列** 选择整列与选择整行的操作方法大同小异，也是将鼠标置于需要选择列的列标上，当光标变成向下的箭头⬇时，单击即可。同样，用户选择一列后，按住 Ctrl 键依次选择其他列标，即可选择不连续的整列。
- **选择整个工作表** 直接单击工作表左上角行号与列标相交处的【全部选定】按钮◢即可，或者按 Ctrl＋A 组合键选择整个工作表。

2. 插入单元格

执行【开始】|【单元格】|【插入】命令，在其列表中选择【插入单元格】选项，在弹出的【插入】对话框中选择相应的选项即可，如图 6-12 所示。

图 6-12 【插入】对话框

对话框中各选项的功能如下所述。

- **活动单元格右移** 表示插入单元格时，其右侧的其他单元格依次向右移动。
- **活动单元格下移** 表示插入单元格时，其下方的其他单元格依次向下移动。
- **整行** 表示将在所选择的单元格上方插入一行。

❑ **整列** 表示将在所选择的单元格前面插入一列。

提 示

执行【开始】|【单元格】|【删除】命令，在弹出的【删除】对话框中即可删除单元格。【删除】对话框中的选项与【插入】对话框中的选项一致。

3. 移动与复制单元格

移动单元格是将单元格中的数据移动到其他单元格中，原数据不能保留在原单元格中。复制单元格是将单元格中的数据复制到其他单元格中，原数据将继续保留在原单元格中。移动或复制单元格时，单元格中的格式也将被一起移动或复制。用户在移动与复制单元格数据时，可以通过拖动鼠标法或剪贴板法来完成。

❑ **拖动鼠标法**

移动单元格时，首先选择需要移动的单元格，然后将鼠标置于单元格的边缘上，当光标变成四向箭头形状时，拖动鼠标即可。

复制单元格时，首先选择需要移动的单元格，然后将鼠标置于单元格的边缘上，当光标变成四向箭头形状时，按住Ctrl键拖动鼠标即可，如图6-13所示。

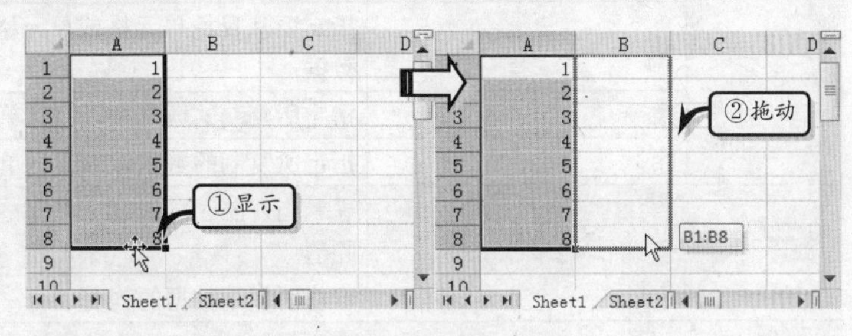

图 6-13 拖动鼠标复制单元格

❑ **剪贴板法**

剪贴板法即是执行【开始】|【剪贴板】选项组中的各项命令。首先选择需要移动或复制的单元格，分别单击【剪切】按钮或者【复制】按钮来剪切或者复制单元格。然后选择目标单元格，执行【粘贴】下拉列表中相应的命令即可。

另外，用户还可以进行选择性粘贴。执行【开始】|【剪贴板】|【粘贴】|【选择性粘贴】命令，在弹出的【选择性粘贴】对话框中选择需要粘贴的选项即可，如图6-14所示。

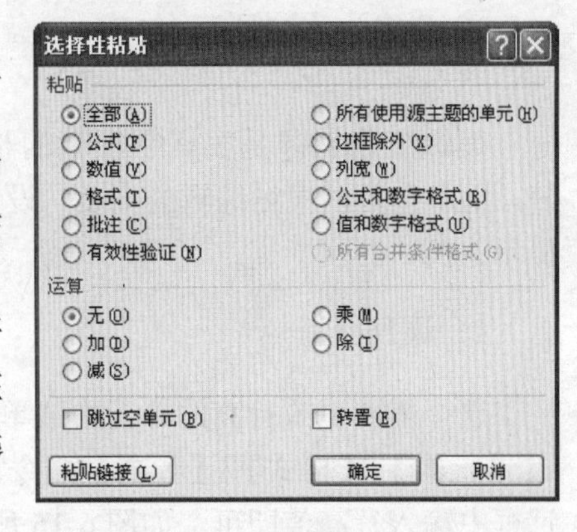

图 6-14 【选择性粘贴】对话框

该对话框中主要有【粘贴】和【运算】两个选项组的内容，其具体选项功能如表6-2所示。

表 6-2 【选择性粘贴】选项功能表

选项组	选项	功能
粘贴	全部	粘贴单元格中的所有内容和格式
	公式	仅粘贴单元格中的公式
	数值	仅粘贴在单元格中显示的数据值
	格式	仅粘贴单元格格式

续表

选项组	选项	功能
粘贴	批注	仅粘贴附加到单元格中的批注
	有效性验证	仅粘贴将单元格中的数据有效性验证规则
	所有使用源主题的单元	粘贴使用复制数据应用的文档主题格式的所有单元格内容
	边框除外	粘贴应用到单元格中的所有单元格内容和格式，边框除外
	列宽	仅粘贴某列或某个列区域的宽度
	公式和数字格式	仅粘贴单元格中的公式和所有数字格式选项
	值和数字格式	仅粘贴单元格中的值和所有数字格式选项
	所有合并条件格式	仅粘贴单元格中的合并条件格式
运算	无	指定没有数学运算要应用到所复制的数据
	加	指定要将所复制的数据与目标单元格或单元格区域中的数据相加
	减	指定要从目标单元格或单元格区域中的数据中减去所复制的数据
	乘	指定所复制的数据乘以目标单元格或单元格区域中的数据
	除	指定所复制的数据除以目标单元格或单元格区域中的数据
跳过空单元		表示当复制区域中有空单元格时，可避免替换粘贴区域中的值
转置		可将所复制数据的列变成行，将行变成列
粘贴链接		表示只粘贴单元格中的链接

6.3.3 编辑工作表

编辑工作表即是根据字符串的长短和字号的大小来调整工作表的行高与列宽。另外，用户也可以根据编辑的需要，设置数据的填充效果以及显示比例。

1. 调整行高

选择需要更改行高的单元格或单元格区域，执行【开始】|【单元格】|【格式】|【行高】命令。在弹出的【行高】对话框中输入行高值即可，如图6-15所示。

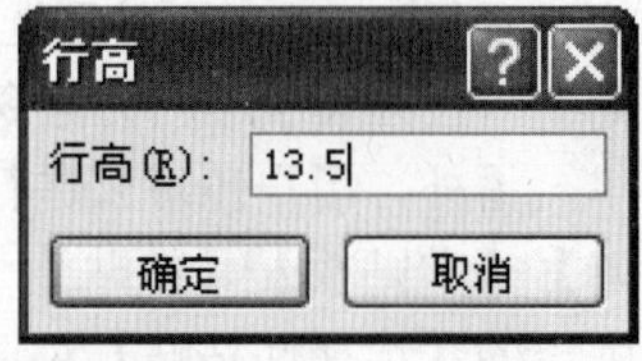

图6-15 调整行高

用户也可以通过拖动鼠标的方法调整行高。即将鼠标置于要调整行高的行号处，当光标变成单竖线双向箭头✢时，拖动鼠标即可。同时，双击即可自动调整该行的行高。

另外，用户可以根据单元格中的内容自动调整行高。执行【开始】|【单元格】|【格式】命令，选择【自动调整行高】选项即可。

2. 调整列宽

调整列宽的方法与调整行高的方法大体一致。选择需要调整列宽的单元格或单元格区域后，执行【开始】|【单元格】|【格式】|【列宽】命令，在弹出的【列宽】对话框

中输入列宽值即可，如图 6-16 所示。

用户也可以将鼠标置于列标处，当光标变成单竖线双向箭头✛时，拖动鼠标或双击即可。另外，执行【开始】|【单元格】|【格式】|【自动调整列宽】命令，可根据单元格内容自动调整列宽。

提 示

在行号处右击选择【行高】选项，也可以打开【行高】对话框。

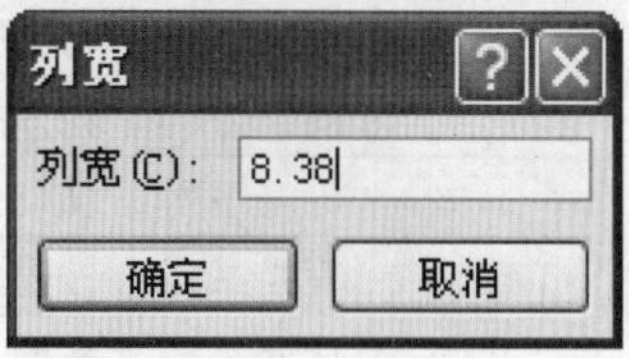

列宽

列宽(C): 8.38

确定 取消

图 6-16 调整列宽

3. 填充数据

为了提高录入数据的速度与准确性，用户可以利用 Excel 提供的自动填充功能实现数据的快速录入。

❑ 填充柄填充

填充柄是位于选定区域右下角的黑色小方块。在编辑工作表时，当整行或整列需要输入相同的数据时，可以利用填充柄来填充相邻单元格中的数据。使用填充柄，可以复制没有规律性的数据，并且可以向下、向上、向左、向右填充数据。

将鼠标置于该单元格的填充柄上，当光标变成实心十字形状✚时，拖动鼠标至要填充的单元格区域即可，如图 6-17 所示。

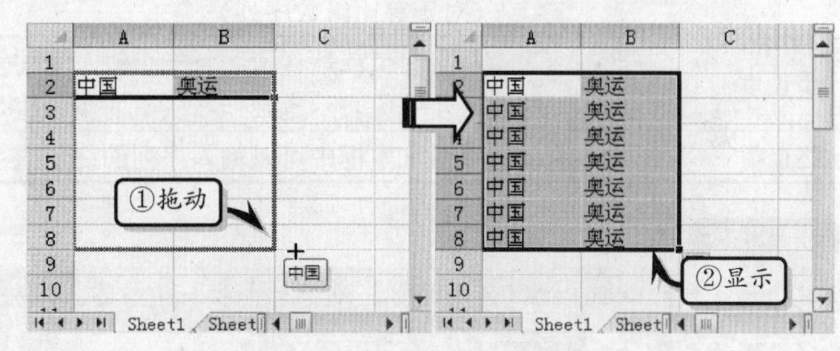

图 6-17 填充数据

利用填充柄填充数据后，在单元格的右下角会出现【自动填充选项】下三角按钮，在该下拉列表中用户可以选择相应的选项，其各选项的功能如下所述。

- **复制单元格** 选择该选项表示复制单元格中的全部内容，包括单元格数据以及格式等。
- **仅填充格式** 选择该选项表示只填充单元格的格式。
- **不带格式填充** 选择该选项表示只填充单元格中的数据，不复制单元格的格式。

❑【填充】命令填充

在 Excel 2010 中用户不仅可以利用填充柄实现自动填充，还可以利用【填充】命令实现多方位填充。选择需要填充的单元格或单元格区域，执行【开始】|【编辑】|【填充】命令，在下拉列表中选择相应的选项即可。

【填充】下拉列表中的各项选项如下所述。

- **向下** 选择该选项表示向下填充数据。
- **向右** 选择该选项表示向右填充数据。
- **向上** 选择该选项表示向上填充数据。
- **向左** 选择该选项表示向左填充数据。
- **成组工作表** 选择该选项可以在不同的工作表中填充数据。
- **系列** 选择该选项可以在弹出的【序列】对话框中控制填充的序列类型。该对话框中的各项选项如表 6-3 所示。

➢ **两端对齐** 选择该选项可以在单元格内容过长时进行换行，以便重排单元格中的内容。

表 6-3 序列选项

类 型	选 项	功 能
系列产生在	行	将数据序列填充到行
	列	将数据序列填充到列
类型	等差序列	使每个单元格中的值按照添加“步长值”而计算出的序列
	等比序列	按照“步长值”依次与每个单元格值相乘而计算出的序列
	日期	按照“步长值”以递增方式填充数据值的序列
	自动填充	获得在拖动填充柄产生相同结果的序列
预测趋势		利用单元格区域顶端或左侧中存在的数值计算步长值，并根据这些数值产生一条最佳拟合直线（对于等差级数序列），或一条最佳拟合指数曲线（对于等比级数序列）
步长值		从目前值或默认值到下一个值之间的差，可正可负，正步长值表示递增，负步长值表示递减，默认下的步长值是 1
终止值		在该文本框中可以输入序列的终止值

提 示

选择【系列】命令中的【预测趋势】选项时，步长值与终止值将不可用。另外，当单元格中的数据为数据或公式时，【两端对齐】选项将不可用。

6.4 管理工作表

每个工作簿默认为 3 个工作表，用户可以根据工作习惯与需求添加或删除工作表。另外，用户还可以隐藏已存储数据的工作簿，以防止数据被偷窥。本节主要介绍选择工作表、插入工作表以及显示与隐藏工作表等操作。

6.4.1 选择工作表

用户在工作簿中进行某项操作时，首先应该选择相应的工作表，使其变为活动工作表，然后才可以编辑工作表中的数据。选择工作表时，用户可以选择一个工作表，也可以同时选择多个工作表。

1．选择一个工作表

在工作簿中直接单击工作表标签即可选定一个工作表。另外，用户还可以通过右击标签滚动按钮来选择工作表。

2．选择多个工作表

选择多个工作表即是使用“工作组”法，选择相邻或不相邻的工作表。

❑ **选定相邻的工作表** 首先选择第一个工作表后按住 Shift 键，同时选择最后一个工作表即可。此时，在工作表的标题上将显示“工作组”字样，如图 6-18 所示。

- ❑ **选定不相邻的工作表**　选择第一个工作表标签后按住 Ctrl 键，同时单击需要选择的工作表标签即可。
- ❑ **选定全部的工作表**　右击工作表标签，选择【选定全部工作表】选项即可。

图 6-18　选择相邻的工作表

6.4.2 更改表数量

在工作簿中，用户可以通过插入与删除的方法来更改工作表的数量。另外，用户还可以通过【Excel 选项】对话框更改默认的工作表数量。

1. 插入工作表

在工作簿中，用户可以运用按钮、命令与快捷键等方法来插入新的工作表。

- ❑ **按钮插入**　直接单击工作表标签右侧的【插入工作表】按钮“ ”即可。
- ❑ **命令插入**　执行【开始】|【单元格】|【插入工作表】命令即可。
- ❑ **右击插入**　右击活动的工作表标签执行【插入】命令，在弹出的【插入】对话框中的【常用】选项卡中选择【工作表】选项即可，如图 6-19 所示。

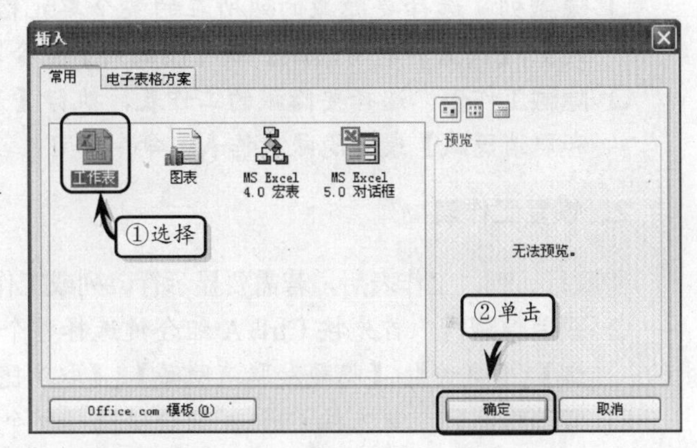

图 6-19　插入工作表

- ❑ **快捷键插入**　选择工作表标签，按 F4 键即在其工作表前插入一个新工作表。

提　示

在使用快捷键插入工作表时，用户需要注意此方法必须在插入一次工作表的操作基础上才可使用。

2. 删除工作表

选择要删除的工作表，执行【开始】|【单元格】|【删除】|【删除工作表】命令，即可删除所选的工作表。另外，在需要删除的工作表标签上右击执行【删除】命令即可。

3. 更改默认数量

执行【文件】|【选项】命令，在弹出的【Excel 选项】对话框中激活【常用】选项卡，更改【新建工作簿时】选项组中的【包含的工作表数】选项的值即可，如图 6-20 所示。

另外，用户还可以在功能区空白处右击执行【自定义快速访问工具栏】选项，在弹出的【Excel 选项】对话框中激活【常用】选项卡，在该选项卡中设置工作表的个数。

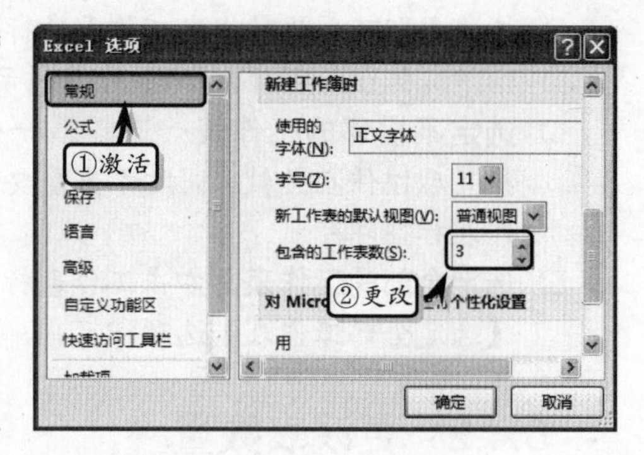

图 6-20 更改工作表数量

6.4.3 隐藏与恢复工作表

在使用 Excel 表格处理数据时，为了保护工作表中的数据，也为了避免对固定数据操作失误，用户可以将其进行隐藏与恢复。

1. 隐藏工作表

隐藏工作表主要包含对工作表中的行列及工作表的隐藏。

- **隐藏行** 选择要隐藏的行所在的某个单元格，执行【开始】|【单元格】|【格式】|【隐藏和取消隐藏】或【隐藏行】命令即可。
- **隐藏列** 选择要隐藏的列所在的某个单元格，执行【开始】|【单元格】|【格式】|【隐藏和取消隐藏】或【隐藏列】命令即可。
- **隐藏工作表** 选择要隐藏的工作表，执行【开始】|【单元格】|【格式】|【隐藏和取消隐藏】或【隐藏工作表】命令即可。

2. 恢复工作表

隐藏行、列、工作表后，若需要显示行、列或工作表的内容，可以对其进行恢复操作。

- **取消隐藏行** 首先按 Ctrl+A 组合键选择整个工作表。然后执行【开始】|【单元格】|【格式】|【隐藏和取消隐藏】|【取消隐藏行】命令即可。
- **取消隐藏列** 首先按 Ctrl+A 组合键选择整个工作表。然后执行【开始】|【单元格】|【格式】|【隐藏和取消隐藏】|【取消隐藏列】命令即可。
- **取消隐藏工作表** 执行【开始】|【单元格】|【格式】|【隐藏和取消隐藏】|【取消隐藏工作表】命令，在弹出的【取消隐藏】对话框中选择需要取消的工作表名称即可，如图 6-21 所示。

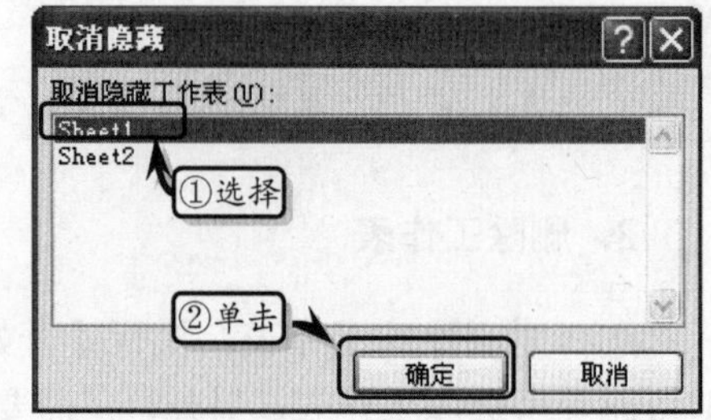

图 6-21 取消隐藏工作表

6.4.4 移动与复制工作表

在 Excel 2010 中，用户不仅可以通过移动工作表来改变工作表的顺序，而且还可以通过复制工作表的方法建立工作表副本，以便可以保留原有数据，使其不被破坏。

1. 移动工作表

用户可以通过拖动鼠标、选项组、命令与对话框等方法来移动工作表。

- **鼠标移动工作表**

单击需要移动的工作表标签，将该工作表标签拖动至需要放置的工作表标签后，松开鼠标即可。

❑ **执行命令移动工作表**

右击工作表标签执行【移动或复制工作表】命令，在弹出的【移动或复制工作表】对话框中的【下列选定工作表之前】下拉列表中选择相应的选项即可。另外，在【将选定工作表移至工作簿】下拉列表中，选择另外的工作簿即可在不同的工作表之间进行移动，如图 6-22 所示。

图 6-22 移动工作表

❑ **选项组移动工作表**

选择需要移动的工作表标签，执行【开始】|【单元格】|【格式】|【移动或复制工作表】命令，在弹出的【移动或复制工作表】对话框中选择相符的选项即可。

❑ **对话框移动工作表**

首先，执行【视图】|【窗口】|【全部重排】命令，在弹出的【重排窗口】对话框中选择相符的选项，单击【确定】按钮。然后，选择“工作簿 2”中的工作表标签“4”，拖动至“工作簿 1”中松开鼠标即可，如图 6-23 所示。

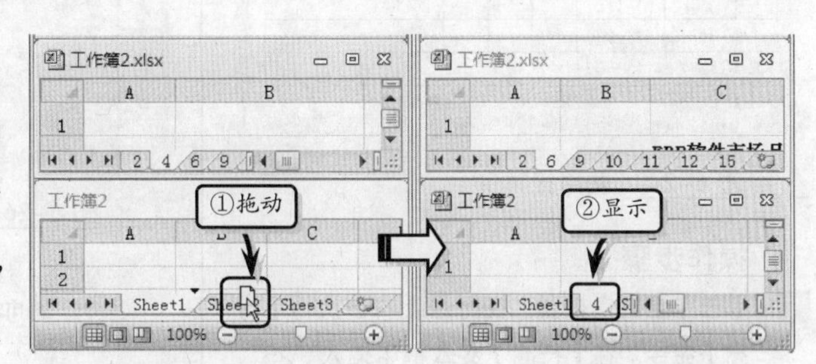

图 6-23 移动工作表

【重排窗口】对话框为用户提供了 4 种窗口排列方式。

- **平铺** 表示将当前活动的工作表按纵向铺满整个窗口，其他窗口平均分布。
- **水平并排** 表示将所有打开的工作簿窗口按水平方式并排排列。
- **垂直并排** 表示将所有打开的工作簿窗口按垂直方式并排排列。
- **层叠** 表示将所有打开的工作簿窗口按层叠排列。

2. 复制工作表

复制工作表与对话框移动工作表的显示名称一样，在复制后的工作表的名称中添加一个带括号的编号。例如，原工作表名为 Sheet1，第一次复制该工作表后的名称为 Sheet1(2)，第二次复制该工作表后的名称为 Sheet1(3)，依此类推。操作方法与移动工作表的操作方法基本相同。

❑ **鼠标复制** 选择需要复制的工作表标签按住 Ctrl 键，同时将工作表标签拖动至需要放置的工作表标签之后，松开鼠标即可。

❑ **命令复制** 右击工作表标签执行【移动或复制工作表】命令，在弹出的【移动或复制工作表】对话框中选择相符的选项后，选中【建立副本】复选框即可。

❑ **选项组复制** 执行【开始】|【单元格】|【格式】|【移动或复制工作表】命令，在弹出的【移动或复制工作表】对话框中选择相符的选项后，选中【建立副本】复选框即可。

❑ **对话框复制** 重排窗口后按住 Ctrl 键，同时在不同窗口间拖动工作表标签即可。

6.5 课堂练习：制作费用报销单

费用报销单是公司部门办公经费报销的单据，也是部门日常费用管理的重要措施之一。在本练习中，将运用 Excel 2010 中的输入数据、自动填充、合并单元格等功能来制作一份费用报销单，如图 6-24 所示。

图 6-24 费用报销单

操作步骤

1 单击【全选】按钮，在行号上右击执行【行高】命令。在【行高】文本框中输入“25”，单击【确定】按钮，如图 6-25 所示。

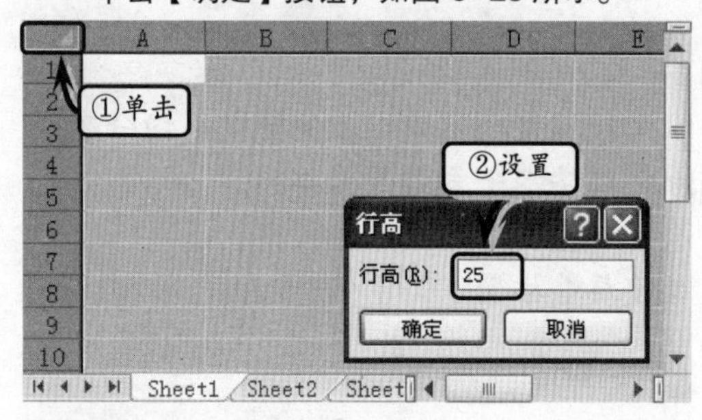

图 6-25 调整行高

2 在第 3 行中分别输入列标题，同时选择 C~H 列，在列标上右击执行【列宽】命令，在【列宽】文本框中输入“5”，单击【确定】按钮，如图 6-26 所示。

3 在单元格 A4 中输入“1”，选择单元格 A4，按住 Ctrl 键，拖动单元格 A4 右下角的填充柄填充序列数据，如图 6-27 所示。

4 选择单元格 A9 与 B9，执行【开始】|【对齐方式】|【合并后居中】命令，然后输入“合计”文本。利用上述方法合并单元格区域 A10:I10，如图 6-28 所示。

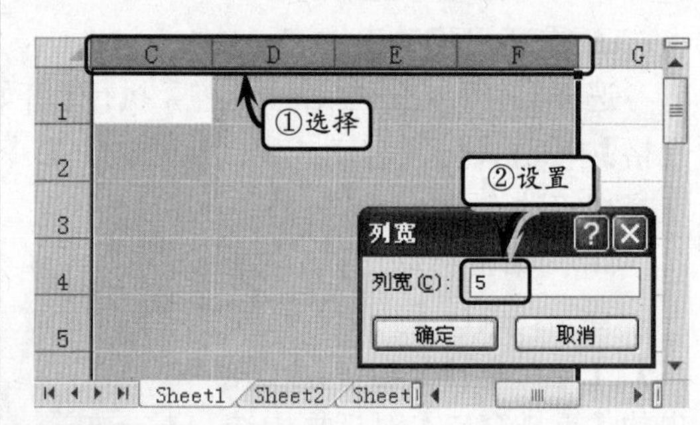

图 6-26 调整列宽

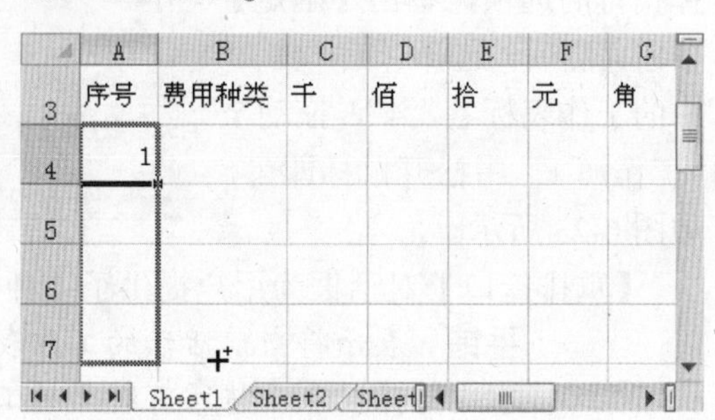

图 6-27 填充数据

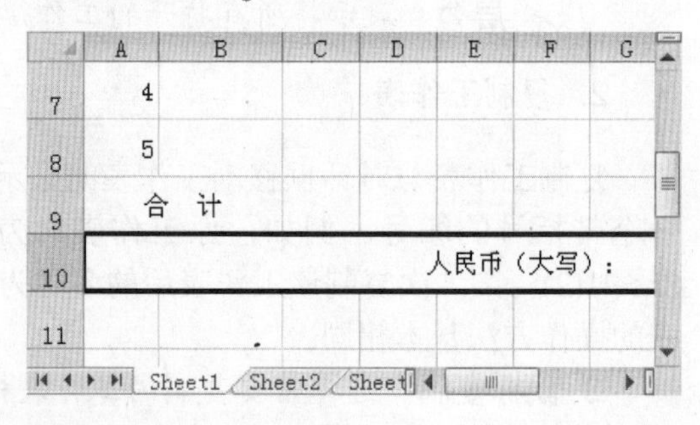

图 6-28 合并单元格

5 选择单元格区域 A3:I10，执行【开始】|【字体】|【边框】|【所有框线】命令，同时执行【对齐方式】|【居中】命令，如图 6-29 所示。

序号	费用种类	千	佰	拾	元	角
1						
2						
3						
4						

图 6-29　美化表格

6 合并单元格区域 A2：B2，并输入“部门”文本。选择合并后的单元格 A2 与 A10，执行【开始】|【对齐方式】|【左对齐】命令。同时，在单元格 I2 中输入“第 号”文本，如图 6-30 所示。

部门:						
序号	费用种类	千	佰	拾	元	角
1						
2						

图 6-30　设置对齐方式

7 合并单元格区域 A1:I1，执行【开始】|【字体】|【加粗】命令，同时执行【字号】|【16】命令，并在单元格中输入“费用报销单”文本，如图 6-31 所示。

8 合并单元格区域 A11:I11，并在单元格中输入“总经理：　财务主管：　经办人：”文本。最后选择该单元格，执行【对齐方式】|【左对齐】命令，如图 6-32 所示。

费用报销单

						第
千	佰	拾	元	角	分	备

图 6-31　设置标题

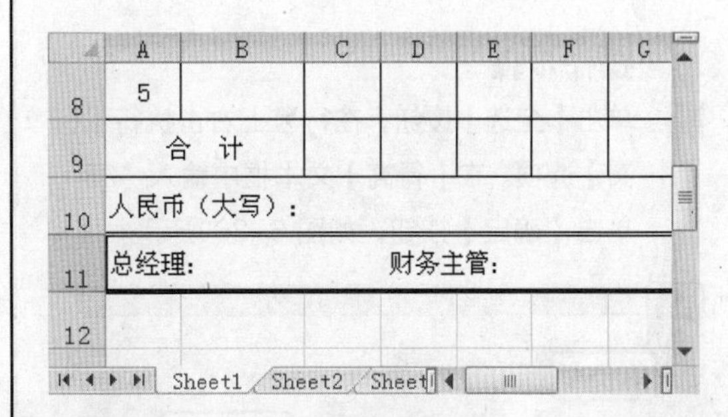

5						
合　计						

人民币（大写）：

总经理:　　　　财务主管:

图 6-32　制作表格尾部

9 执行【文件】|【保存】命令，在弹出的【另存为】对话框中选择保存位置，在【文件名】文本框中输入“费用报销单”，并单击【保存】按钮，如图 6-33 所示。

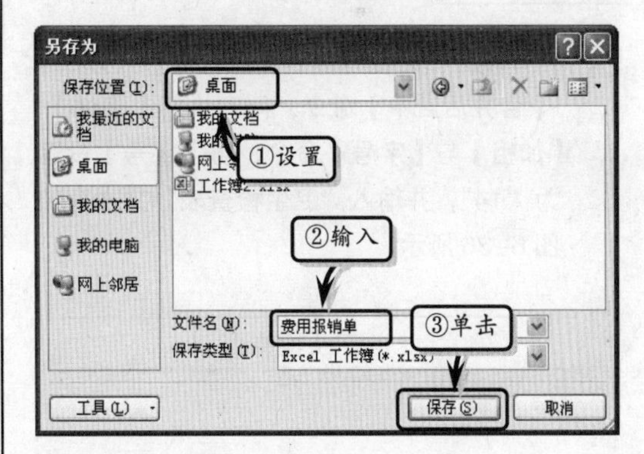

图 6-33　保存工作表

6.6　课堂练习：制作卫生检查表

卫生检查表是企业管理人员检查各部门卫生的必备表格之一，主要用来监督各部门的卫生情况。在本练习中，将运用 Excel 2010 中的自动填充、合并单元格、重命名工作表、添加控件等功能来制作一份卫生检查表，如图 6-34 所示。

图 6-34　卫生检查表

操作步骤

1 单击【全选】按钮，在行号上右击执行【行高】选项。在【行高】文本框中输入“25”，单击【确定】按钮，如图 6-35 所示。

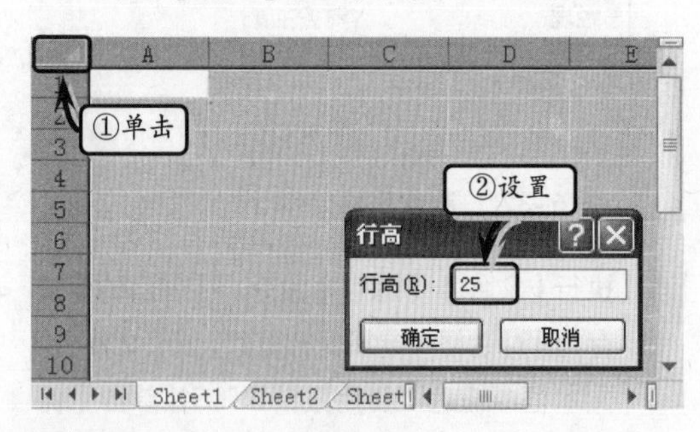

图 6-35　调整行高

2 选择单元格区域 A1:H1，执行【对齐方式】|【合并后居中】命令，同时执行【字体】|【加粗】与【字号】命令，将【字号】设置为“14”，并输入“卫生检查表”文本，如图 6-36 所示。

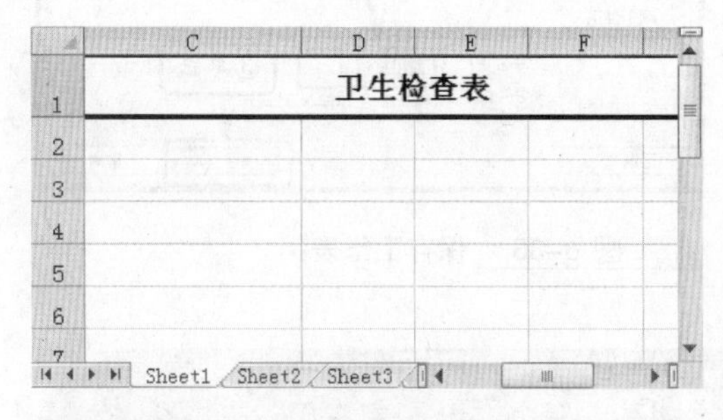

图 6-36　制作表格标题

3 在单元格 A2 中输入“部门:”，在单元格区域 A3:H4 中分别输入列标题。同时，分别合并 A3:A4、B3:B4、C3:C4 与 D3:F3 单元格区域，如图 6-37 所示。

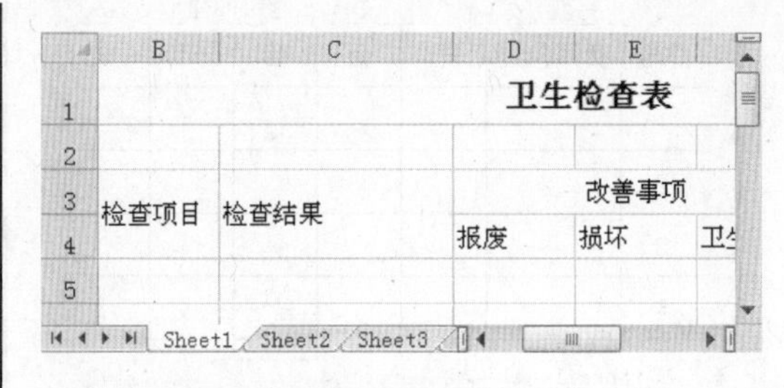

图 6-37　制作列标题

4 执行【文件】|【选项】命令，激活【自定义功能区】选项卡，选中【自定义功能区】列表框中的【开发工具】复选框，如图 6-38 所示。

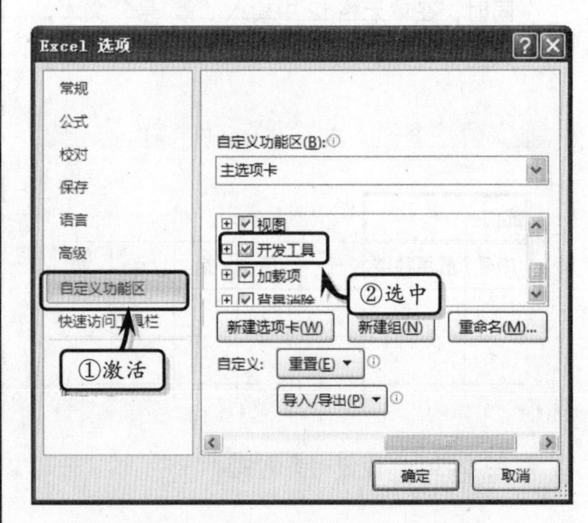

图 6-38　选中【开发工具】选项卡

5 执行【开发工具】|【控件】|【插入】|【复选框（窗体控件）】命令，拖动鼠标在单元格 D5 中绘制复选框控件，如图 6-39 所示。

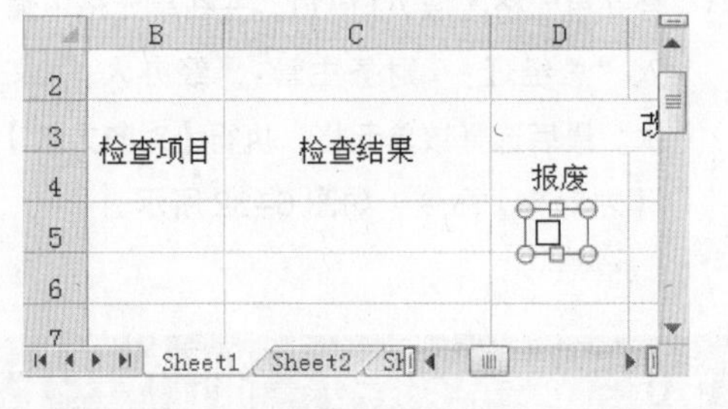

图 6-39　绘制复选框控件

6 选择单元格 D5，拖动右下角的填充柄向右向下填充单元格。调整 C 列列宽，输入“通过 未通过”文本。执行【开发工具】|【插入】|【选项按钮（窗体控件）】命令，在单

元格 C5 中绘制控件，如图 6-40 所示。

	B	C	D
2			
3	检查项目	检查结果	
4			报废
5		通过 ○　未通过 ○	□
6			□
7			□

Sheet1 / Sheet2 / S

图 6-40　绘制选项按钮控件

7 选择单元格 C，拖动单元格右下角的填充柄填充单元格数据。合并单元格 A13:H13，并输入“总经理　部门经理 检查人员”，如图 6-41 所示。

	B	C	D
3	检查项目	检查结果	
4			报废
5		通过 ○　未通过 ○	□
6		通过 ○　未通过 ○	□
7		通过 ○　未通过 ○	□
8		通过 ○　未通过 ○	□

Sheet1 / Sheet2 / S

图 6-41　制作表头与表尾

8 选择单元格区域 A3:H12，执行【字体】|【边框】|【所有框线】命令，同时执行【对齐方式】|【居中】命令。选择单元格区域 C5:C12，执行【对齐方式】|【左对齐】命令，如图 6-42 所示。

	C	D	E	F	G
3	检查结果	改善事项			说
4		报废	损坏	卫生差	
5	通过 ○　未通过 ○	□	□	□	
6	通过 ○　未通过 ○	□	□	□	
7	通过 ○　未通过 ○	□	□	□	
8	通过 ○　未通过 ○	□	□	□	
9	通过 ○　未通过 ○	□	□	□	
10	通过 ○　未通过 ○	□	□	□	
11	通过 ○　未通过 ○	□	□	□	

Sheet1 / Sheet2 / Sheet3

图 6-42　美化表格

9 执行【快速访问工具栏】中的【保存】命令，在弹出的【另存为】对话框中将【文件名】更改为“卫生检查表”，如图 6-43 所示。

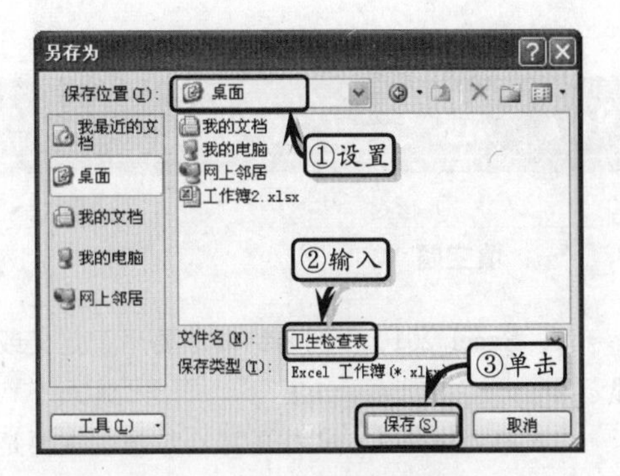

图 6-43　更改保存名称

10 单击【工具】下三角按钮，选择【常规选项】选项。在弹出的【常规选项】对话框中，在【打开权限密码】与【修改权限密码】文本框中输入密码，单击【确定】按钮，如图 6-44 所示。

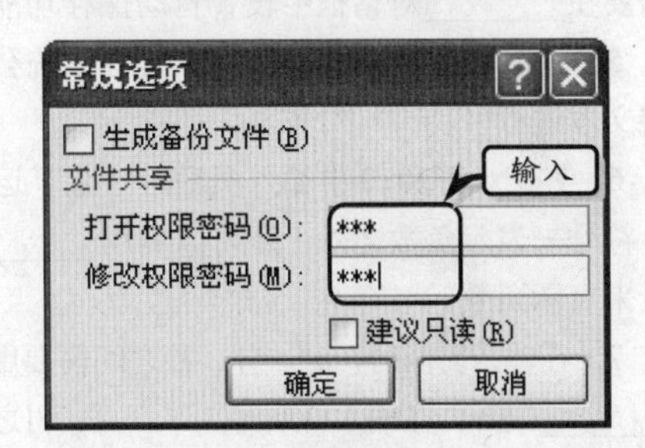

图 6-44　输入密码

11 在【确认密码】对话框中重新输入密码，单击【确定】按钮。然后，在弹出的【确认密码】对话框中重新输入修改权限密码，如图 6-45 所示。

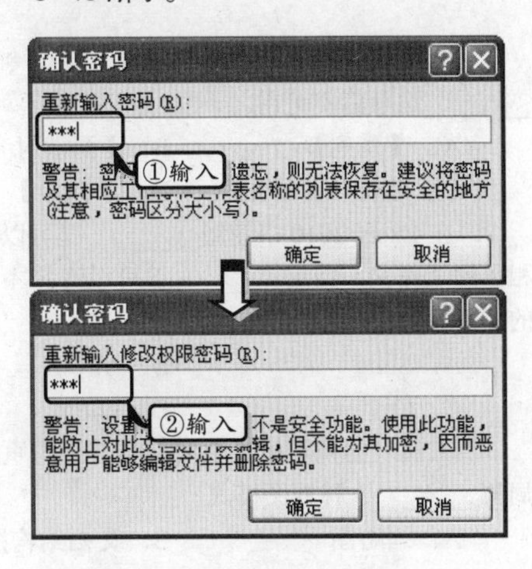

图 6-45　输入确认密码

12 在【另存为】对话框中，单击【保存】按钮，到此完成制作卫生检查表的所有操作。

6.7 思考与练习

一、填空题

1．Excel 2010 中的名称框主要用于定义或显示________。

2．单元格是 Excel 中的最小单位，主要是由________组成的，其名称（单元格地址）通过行号与列标来显示。

3．在创建空白工作簿时，用户可以使用________组合键进行快速创建。

4．Excel 2010 具有自动保存功能，那么用户需要在________对话框中设置自动保存功能。

5．在 Excel 2010 中输入文本时，系统会自动将文本进行________对齐。

6．在 Excel 2010 中输入负数时，除了运用"–"符号来表示负数之外，还可以利用________符号来表示负数。

7．在输入时间时，时、分、秒之间需要用冒号________隔开。在输入日期时，年、月、日之间需要用反斜杠________或用连字符________隔开。

8．填充柄是________，将鼠标置于该单元格的填充柄上，当光标变成实心十字形状✚时，拖动鼠标即可填充数据。

二、选择题

1．在单元格中输入公式时，【填充】命令中的________选项将不可用。

A．【系列】　　B．【两端对齐】
C．【成组工作表】　　D．【向上】

2．在 Excel 2010 中使用________键可以选择相邻的工作表，使用________键可以选择不相邻的工作表。

A．Shift　　B．Alt
C．Ctrl　　D．Enter

3．工作表的视图模式主要包括普通、页面布局与________3 种视图模式。

A．缩略图　　B．文档结构图
C．分页预览　　D．全屏显示

4．用户可以使用________组合键与________键快速打开【另存为】对话框。

A．F4　　B．F12
C．Ctrl+S　　D．Alt+S

5．在 Excel 2010 中输入分数时，由于日期格式与分数格式一致，所以在输入分数时需要在分子前添加________。

A．"-"号　　B．"/"号
C．0　　D．00

6．在输入 12 小时制的日期和时间时，可以在时间后面添加一个________，并输入表示上午的 AM 与表示下午的 PM 字符串，否则 Excel 将自动以 24 小时制来显示输入的时间。

A．表示时间的":"
B．表示分隔的"-"
C．空格
D．任意符号

三、问答题

1．创建工作簿可以分为哪几种方法，并简述每种方法的操作步骤。

2．简述填充数据的方法。

3．简述隐藏与恢复工作表的作用和步骤。

四、上机练习

1．运用【成组工作表】选项填充数据

在本练习中，主要运用【填充】命令中的【成组工作表】选项来填充数据，如图 6-46 所示。首先在工作表标签为 Sheet1 的工作表中的 A1 单元格中输入"奥运"，执行【开始】|【字体】|【加粗】命令。然后选择工作表标签 Sheet1 后按住 Ctrl 键，同时选择 Sheet2 与 Sheet3。此时，在工作表标题上将显示"工作组"字样。最后，执行【开始】|【编辑】|【填充】|【成组工作表】命令，在弹出的【填充成组工作表】对话框中选中【全部】单选按钮即可。

2．制作火车车次表

在本练习中，主要运用输入数据、自动填充等功能来制作一份火车车次表，如图 6-47 所示。

首先将工作表的行高设置为“20”，运用自动填充功能输入车次与站次以及其他相关数据。然后合并单元格区域 A1:J1，将【字体】格式设置为“加粗”，将【字号】设置为“14”，并输入“火车车次表”。最后，选择单元格区域 A2:J14，执行【开始】|【对齐方式】|【居中】命令即可。

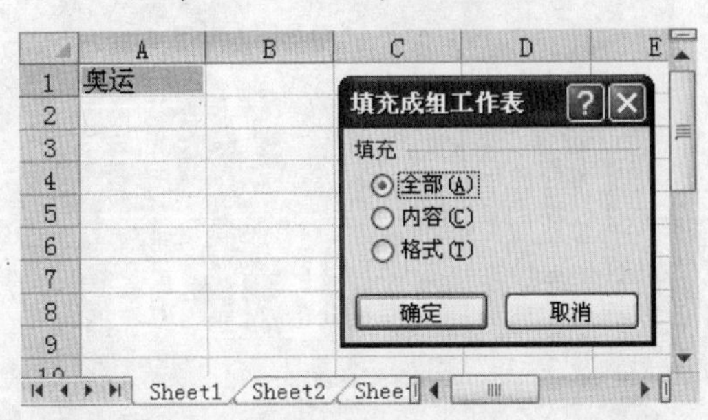

图 6-46　填充数据

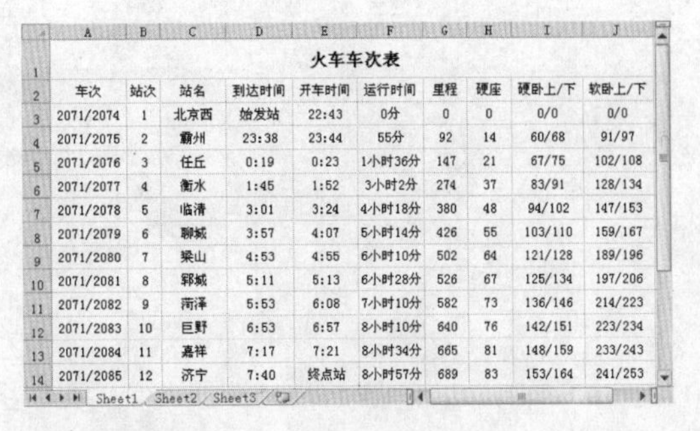

火车车次表

车次	站次	站名	到达时间	开车时间	运行时间	里程	硬座	硬卧上/下	软卧上/下
2071/2074	1	北京西	始发站	22:43	0分	0	0	0/0	0/0
2071/2075	2	霸州	23:38	23:44	55分	92	14	60/68	91/97
2071/2076	3	任丘	0:19	0:23	1小时36分	147	21	67/75	102/108
2071/2077	4	衡水	1:45	1:52	3小时2分	274	37	83/91	128/134
2071/2078	5	临清	3:01	3:24	4小时18分	380	48	94/102	147/153
2071/2079	6	聊城	3:57	4:07	5小时14分	426	55	103/110	159/167
2071/2080	7	梁山	4:53	4:55	6小时10分	502	64	121/128	189/196
2071/2081	8	郓城	5:11	5:13	6小时28分	526	67	125/134	197/206
2071/2082	9	菏泽	5:53	6:08	7小时10分	582	73	136/146	214/223
2071/2083	10	巨野	6:53	6:57	8小时10分	640	76	142/151	223/234
2071/2084	11	嘉祥	7:17	7:21	8小时34分	665	81	148/159	233/243
2071/2085	12	济宁	7:40	终点站	8小时57分	689	83	153/164	241/253

图 6-47　火车车次表

第 7 章

美化工作表

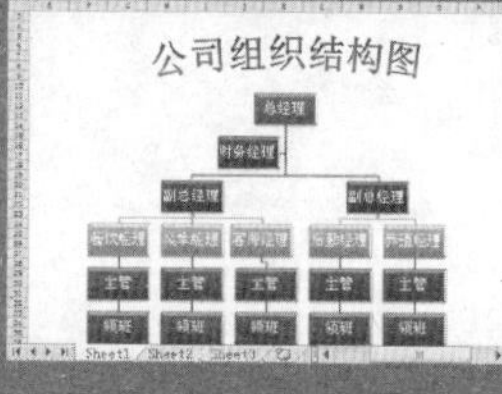

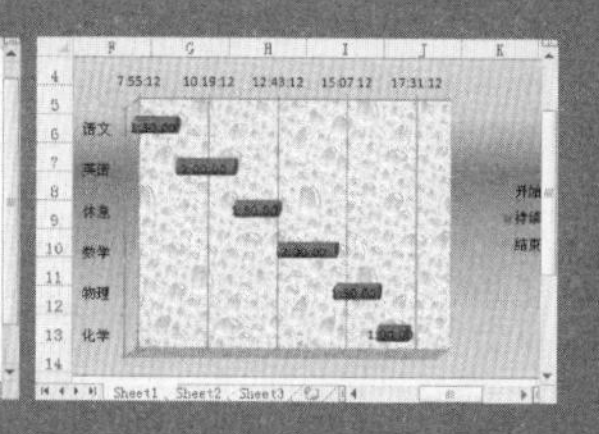

Excel 2010 为用户提供了一系列的格式集，通过该格式集可以设置数据与单元格的格式，从而使工作表的外观更加美观、整洁与合理。例如，可以利用条件格式来设置单元格的样式，使工作表具有统一的风格。另外，用户还可以通过设置边框与填充颜色以及应用样式等，使工作表具有清晰的版面与优美的视觉效果。在本章中，主要讲解美化工作表中的数据、边框、底纹等基础知识与操作技巧。

本章学习要点：

- 美化数据
- 美化边框
- 设置填充颜色
- 设置对齐格式
- 应用样式

7.1 美化数据

美化数据即是设置数据的格式，又称为格式化数据。Excel 2010 为用户提供了文本、数字、日期等多种数字显示格式，默认情况下的数据显示格式为常规格式。用户可以运用 Excel 2010 中自带的数据格式，根据不同的数据类型来美化数据。

7.1.1 美化文本

美化文本即是设置单元格中的文本格式，主要包括设置字体、字号、效果格式等内容。通过美化文本，不仅可以突出工作表中的特殊数据，而且还可以使工作表的版面更加美观。

1. 选项组美化文本

启用 Excel 2010 之后，用户会发现工作表中默认的【字体】类型为“宋体”，默认的【字号】为“11”。选择需要更改字体的单元格或单元格区域，执行【开始】选项卡【字体】选项组中的各种命令即可。

- **设置字体格式** 单击【字体】下三角按钮，在下拉列表中选择相应的选项即可。
- **设置字号格式** 单击【字号】下三角按钮，在下拉列表中选择相应的选项即可。
- **设置字形格式** 单击【加粗】按钮 B 、【倾斜】按钮 I 、【下划线】按钮 U 即可。
- **设置颜色格式** 单击【字体颜色】下三角按钮 A ，在【主题颜色】或【标准颜色】选项组中选择相应的颜色即可。另外，用户还可以执行【其他颜色】命令，在【颜色】对话框中选择相应的颜色，如图 7-1 所示。

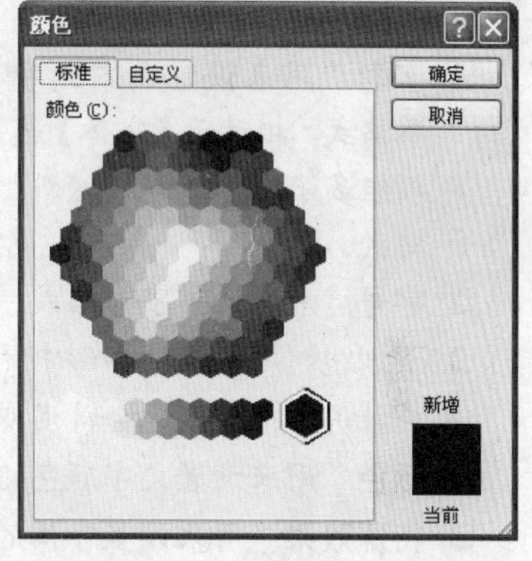

图 7-1 【颜色】对话框

该对话框主要包括【标准】与【自定义】两个选项卡。在【标准】选项卡中，用户可以选择任意一种色块。另外，用户可以在【自定义】选项卡中的【颜色模式】下拉列表中设置 RGB 颜色或 HSL 颜色模式，如图 7-2 所示。

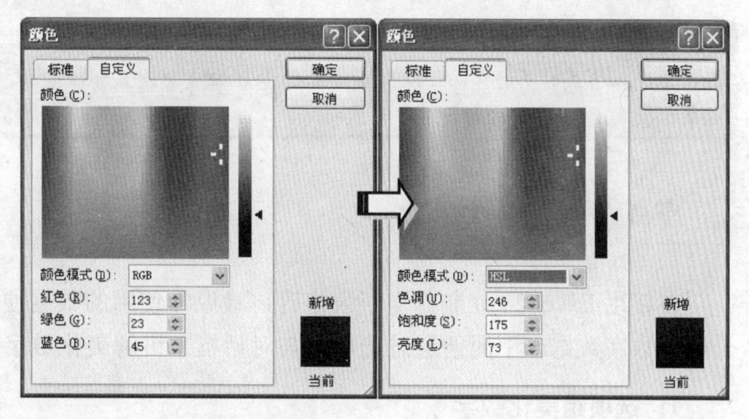

图 7-2 设置颜色模式

【自定义】选项卡中的两种颜色模式的功能如下所述。

- **RGB 颜色模式** 该模式主要由红、绿、蓝 3 种基色共 256 种颜色组成，其每种基色的度量值介于 0~255 之间。用户可以通过直接单击【红色】、【绿色】和【蓝色】微调按钮，或在微调框中直接输入颜色值的方法来设置字体颜色。
- **HSL 颜色模式** 主要基于色调、饱和度与亮度 3 种效果来调整颜色。在【色调】、【饱和度】与【亮度】微调框中设置数值即可。其中，各数值的取值范围为 0~255。

2. 对话框美化文本

提 示

在工作区中右击，可以在弹出的【浮动工具栏】中设置字体格式。

用户还可以利用对话框来设置字体格式。单击【字体】选项组中的【对话框启动器】按钮，在弹出的【设置单元格格式】对话框中的【字体】选项卡中设置各项选项即可，如图 7-3 所示。

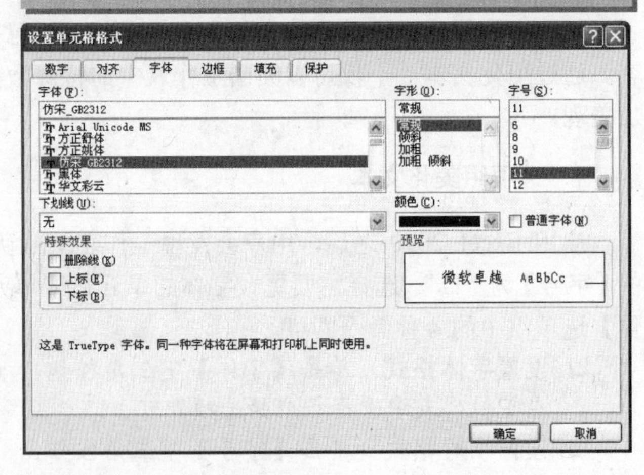

图 7-3 设置字体格式

该对话框主要包括下列各种选项。

- **字体** 用来设置文本的字体格式。
- **字形** 用来设置文本的字形格式，相对于【字体】选项组多了一种“加粗 倾斜”格式。
- **字号** 用来设置字号格式。
- **下划线** 用来设置字形中的下划线格式，包括无下划线、单下划线、双下划线、会计用单下划线、会计用双下划线 5 种类型。
- **颜色** 用来设置文字颜色格式，包括主题颜色、标准色与其他颜色。
- **特殊效果** 用来设置字体的删除线、上标与下标 3 种特殊效果。
- **普通字体** 选中该复选框时，会将字体格式恢复到原始状态。

技 巧

在设置字体格式时，用户也可以直接使用 Ctrl+B 组合键设置加粗格式，使用 Ctrl+I 组合键设置倾斜格式，使用 Ctrl+U 组合键设置下划线格式。

7.1.2 美化数字

在使用 Excel 2010 制作电子表格时，最经常使用的数据便是日期、时间、百分比、分数等数字数据。下面便通过选项组与对话框来讲解美化数字的操作方法与技巧。

1. 选项组美化数字

选择需要美化数字的单元格或单元格区域，执行【开始】选项卡【数字】选项组中的各种命令即可，其中各种命令的按钮与功能如表 7-1 所示。

表 7-1 【数字】选项组命令

按 钮	命 令	功 能
	增加小数位数	启用此命令，数据增加一个小数位
	减少小数位数	启用此命令，数据减少一个小数位
,	千位分隔符	启用此命令，每个千位间显示一个逗号
	会计数字格式	启用此命令，在数据前显示使用的货币符号
%	百分比样式	启用此命令，在数据后显示使用百分比形式

另外，用户可以执行【开始】|【数字】|【数字格式】命令，在下拉列表中选择相应的格式即可。其中，【数字格式】命令中的各种图标名称与示例如表 7-2 所示。

表 7-2 【数字格式】命令

图 标	选 项	示 例
ABC 123	常规	无特定格式，如 ABC
12	数字	12345.00
	货币	￥12345.00
	会计专用	￥12345.00
	短日期	2009-7-15
	长日期	2009 年 8 月 15 日
	时间	10:30:52
%	百分比	15%
½	分数	1/2、1/3、4/4
10^2	科学计数	0.19e+04
ABC	文本	奥运

2. 对话框美化数字

选择需要美化数字的单元格或单元格区域，执行【开始】|【数字】|【对话框启动器】命令，在弹出的【设置单元格格式】对话框中的【分类】列表框中选择相应的选项即可，如图 7-4 所示。

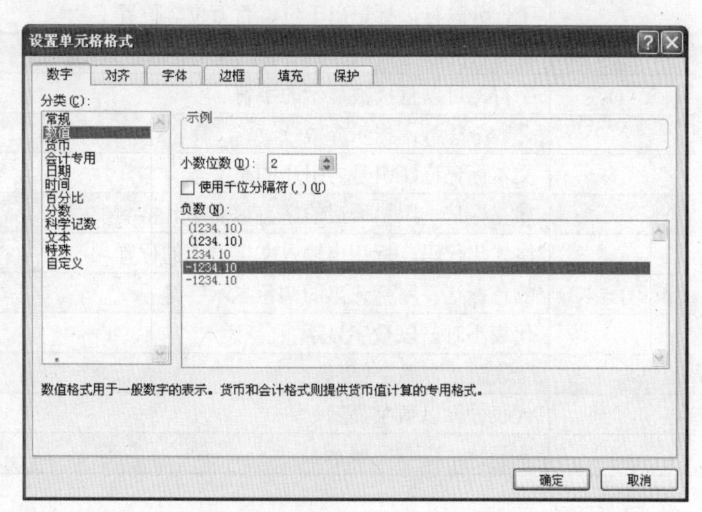

图 7-4 设置【数字】格式

该对话框主要包括分类与示例两部分内容。

❑ 分类

该部分主要为用户提供了数值、货币、日期等 12 种格式，每种格式的功能如下所述。

- **常规** 不包含任何数字格式。
- **数值** 适用于千位分隔符、小数位数以及不可以指定负数的一般数字的显示及方式。
- **货币** 适用于货币符号、小数位数以及不可以指定负数的一般货币值的显示方式。
- **会计专用** 与货币一样，但小数或货币符号是对齐的。
- **日期与时间** 将日期与时间序列数值显示为日期值。
- **百分比** 将单元格乘以 100 并为其添加百分号，并且可以设置小数点的位置。
- **分数** 以分数显示数值中的小数，并且可以设置分母的位数。
- **科学记数** 以科学记数法显示数字，并且可以设置小数点位置。
- **文本** 在文本单元格格式中，将数字作为文本处理。
- **特殊** 用来在列表或数字数据中显示邮政编码、电话号码、中文大写数字和中文小写数字。
- **自定义** 用于创建自定义的数字格式，该选项中包含了 12 种数字符号。用户在自定义数字格式之前，需要了解每种数字符号的具体含义，如表 7-3 所示。

表 7-3 数字符号含义

符号	含义
G/通用格式	以常规格式显示数字
0	预留数字位置，确定小数的数字显示位置，按小数点右边的 0 的个数对数字进行四舍五入处理，如果数字位数少于格式中的 0 的个数则将显示无意义的 0
#	预留数字位数，与 0 相同，只显示有意义的数字，而不显示无意义的 0
?	预留数字位置，与 0 相同，但它允许插入空格来对齐数字位，且除去无意义的 0
.	小数点，标记小数点的位置
%	百分比，所显示的结果是数字乘以 100 并添加%符号
,	千位分隔符，标记出千位、百万位等位置
_（下划线）	对齐，留出等于下一个字符的宽度，对齐封闭在括号内的负数，并使小数点保持对齐
：￥-()	字符，可以直接被显示的字符
/	分数分隔符，指示分数
“”	文本标记符，引号内引述的是文本
*	填充标记，用星号后的字符填满单元格剩余部分
@	格式化代码，标识出输入文字显示的位置
[颜色]	颜色标记，用标记出的颜色显示字符
h	代表小时，以数字显示
d	代表日，以数字显示
m	代表分，以数字显示
s	代表秒，以数字显示

❑ 示例

该部分中的显示选项是随着分类的改变而改变的，用户在选择不同的分类时，在示例部分可以设置小数位数、货币符号、类型、区域设置与负数等选项。

7.2 设置对齐格式

对齐格式是指单元格中的内容相对于单元格上下左右边框的位置及文字方向等样式。工作表中默认的文本对齐方式为左对齐，数字对齐方式为右对齐。为了使工作表更加整齐与美观，需要设置单元格的对齐方式。

7.2.1 设置文本对齐格式

设置文本对齐格式，一是以单元格为基础设置文本的顶端对齐、底端对齐等对齐方式，二是以方向为基础设置文本的水平对齐与垂直对齐格式。

1. 以单元格为基础

选择要设置的对齐的单元格或单元格区域，执行【开始】选项卡【对齐方式】选项组中相应的命令即可。其中各个命令的功能如表7-4所示。

表7-4 对齐命令

按 钮	命 令	功 能
	顶端对齐	沿单元格顶端对齐文本
	垂直居中	以单元格中上下居中的样式对齐文本
	底端对齐	沿单元格底端对齐文本
	文本左对齐	将文本左对齐
	居中	将文本居中对齐
	文本右对齐	将文本右对齐

2. 以方向为基础

执行【开始】|【对齐方式】|【对话框启动器】命令，在弹出的【设置单元格格式】对话框中的【对齐】选项卡中设置文本的对齐方式，如图7-5所示。

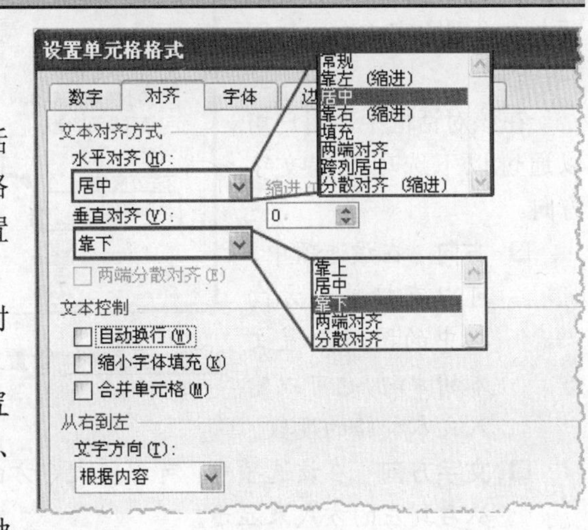

图7-5 设置文字方向

【对齐】选项卡主要包含两种文本对齐方式。

- **水平对齐** 在该选项中可以设置文本的常规、靠左（缩进）、居中、靠右（缩进）、填充、两端对齐、跨列居中和分散对齐（缩进）8种水平对齐方式。
- **垂直对齐** 在该选项中可以设置靠上、居中、靠下、两端对齐与分散对齐5种垂直对齐的方式。

7.2.2 设置文字方向

默认情况下工作表中的文字以水平方向从左到右进行显示。用户可利用选项组与对话框的方法，来改变文字的方向。

1. 选项组法

选择需要设置文字方向的单元格或单元格区域，执行【开始】|【对齐方式】|【方向】命令，在下拉列表中选择相应的选项即可。在【方向】命令中，主要包括5种文字方向，其选项名称与功能如表7-5所示。

表7-5 方向命令

按　钮	选　项	功　能
	逆时针角度	单元格中的文本逆时针旋转
	顺时针角度	单元格中的文本顺时针旋转
	竖排文字	单元格中的文本垂直排列
	向上旋转文字	单元格中的文本向上旋转
	向下旋转文字	单元格中的文本向下旋转

2. 对话框法

执行【开始】|【对齐方式】|【对话框启动器】命令，在弹出的【设置单元格格式】对话框中的【对齐】选项卡中设置文字方向，如图7-6所示。

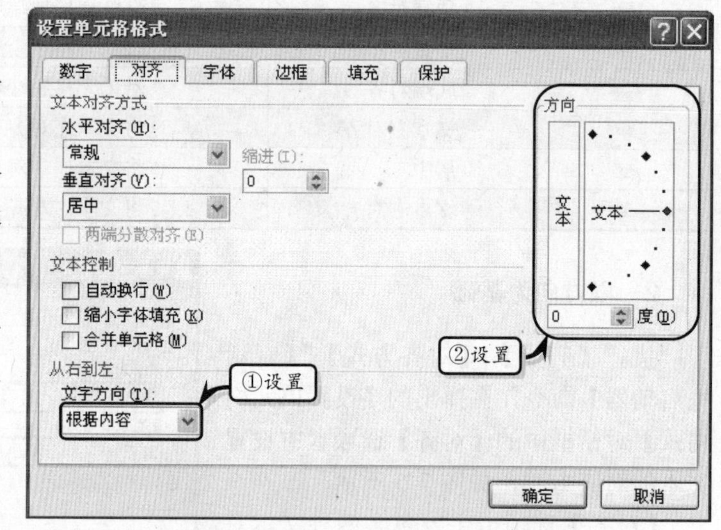

图7-6 设置文字方向

在该对话框中，用户可以通过以下选项设置文字方向。

- **方向**　在该选项中，可以直接单击方向栏中的图标设置文本的方向，也可以输入文本旋转的度数。
- **文字方向**　在该选项中，可以将文字方向设置为根据内容、总是从左到右、总是从右到左的方式来显示。

7.2.3 合并单元格

在Excel 2010中，用户可以将两个或者多个相邻的单元格合并成为一个跨多行或者

多列的大单元格，并使其中的数据以居中的格式进行显示。选择需要合并的单元格区域，执行【开始】|【对齐方式】|【合并后居中】命令，在下拉列表中选择相应的选项即可，如图 7-7 所示。

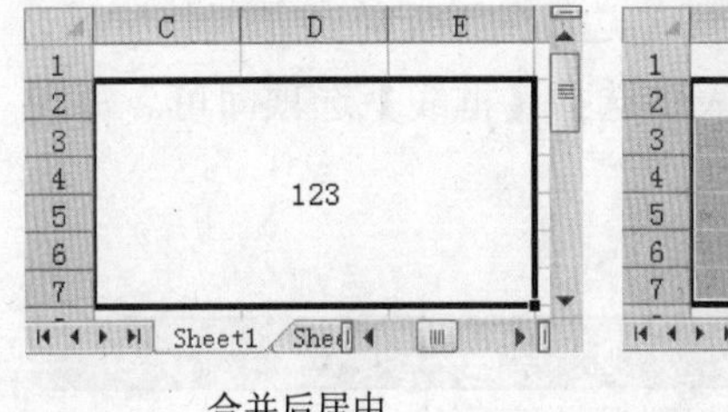
合并后居中

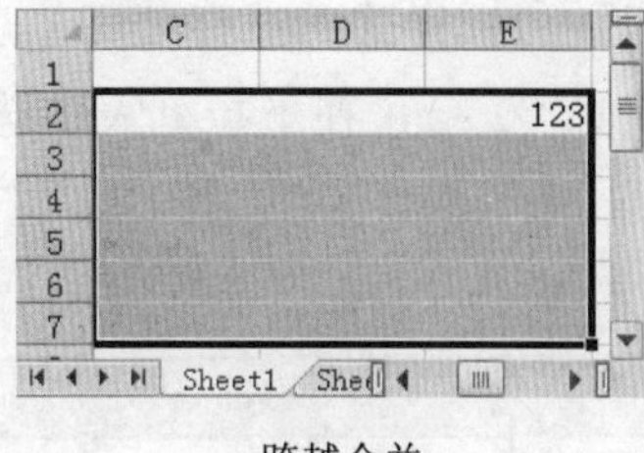
跨越合并

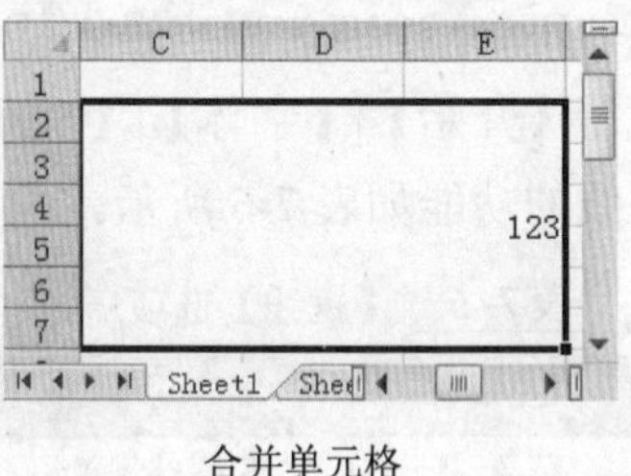
合并单元格

图 7-7　合并单元格

【合并后居中】下拉列表中的各选项的作用如下所示。

- **合并后居中**　将单元格区域合并为一个大单元格，并将单元格数据居中显示。
- **跨越合并**　用于横向合并多行单元格区域。
- **合并单元格**　仅合并所选单元格区域，不能使单元格数据居中显示。
- **取消单元格合并**　可以将合并的单元格重新拆分成多个单元格，但是不能拆分没有合并过的单元格。

提　示

在合并单元格时，第二次执行【合并】命令后单元格将恢复到合并前的状态。

7.2.4　设置缩进量

缩进量是指单元格边框与文字之间的距离，执行【开始】|【对齐方式】|【减少缩进量】与【增加缩进量】命令即可。两种缩进方式的功能如下所述。

- **减少缩进量**　执行【减少缩进量】命令，或使用 Ctrl+Alt+Shift+Tab 组合键，即可减小边框与单元格文字间的边距。
- **增加缩进量**　执行【增加缩进量】命令，或使用 Ctrl+Alt+Tab 组合键，即可增大边框与单元格文字间的边距。

另外，执行【开始】|【对齐方式】|【对话框启动器】命令，在弹出的【设置单元格格式】对话框中的【对齐】选项卡中直接输入缩进值，也可更改文本的缩进量，如图 7-8 所示。

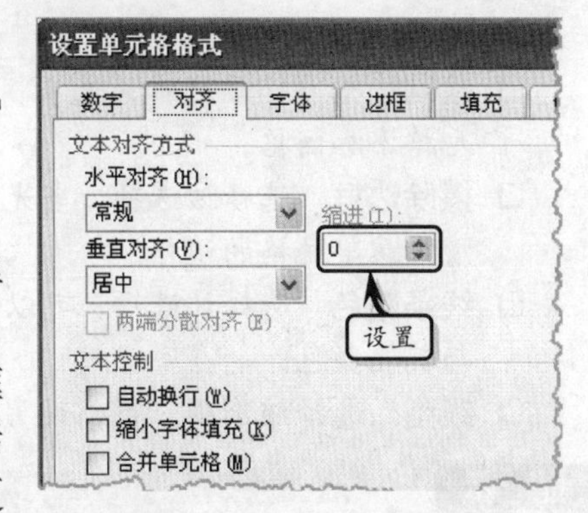

图 7-8　设置缩进量

7.3　美化边框

Excel 2010 中默认的表格边框为网格线，无法显示在打印页面中。为了增加表格的视觉效果，也为了使打印出来的表格具有整洁度，需要美化表格边框。

7.3.1 设置边框样式

Excel 2010 为用户提供了 13 种边框样式，选择要添加边框的单元格或单元格区域，执行【开始】|【字体】|【框线】命令，在下拉列表中选择【框线】选项即可。每种框线的功能如表 7-6 所示。

表 7-6 【框线】选项

按钮	选项	功能
	下框线	为单元格或单元格区域添加下框线
	上框线	为单元格或单元格区域添加上框线
	左框线	为单元格或单元格区域添加左框线
	右框线	为单元格或单元格区域添加右框线
	无框线	清除单元格或单元格区域的边框样式
	所有框线	为单元格或单元格区域添加所有框线
	外侧框线	为单元格或单元格区域添加外部框线
	粗匣框线	为单元格或单元格区域添加较粗的外部框线
	双底框线	为单元格或单元格区域添加双线条的底部框线
	粗底框线	为单元格或单元格区域添加较粗的底部框线
	上下框线	为单元格或单元格区域添加上框线和下框线
	上框线和粗下框线	为单元格或单元格区域添加上部框线和较粗的下框线
	上框线和双下框线	为单元格或单元格区域添加上框线和双下框线

另外，用户也可以执行【边框】|【绘制边框】命令，手动绘制边框以及设置边框的颜色与线条。该命令主要包括以下选项。

- **绘制边框** 选择该选项，当光标变成形状时，单击单元格网格线即可为单元格添加边框。
- **绘制边框网格** 选择该选项，当光标变成形状时，单击单元格区域即可为单元格添加网格。
- **擦除边框** 选择该选项，当光标变成形状时，单击要擦除边框的单元格，即可清除该单元格的边框。
- **线条颜色** 选择该选项，可以设置边框线条的颜色，主要包括主题颜色、标准色与其他颜色。
- **线型** 选择该选项，可以设置边框线条的类型。

提 示

执行【边框】|【其他边框】命令，可以在【设置单元格格式】对话框中设置边框的详细格式。

7.3.2 格式化边框

格式化边框其实就是利用【设置单元格格式】对话框中的【边框】选项卡中的选项，

来设置边框的详细样式。选择单元格或单元格区域，执行【开始】|【字体】|【对话框启动器】命令，在弹出的【设置单元格格式】对话框中选择【边框】选项卡，如图 7-9 所示。

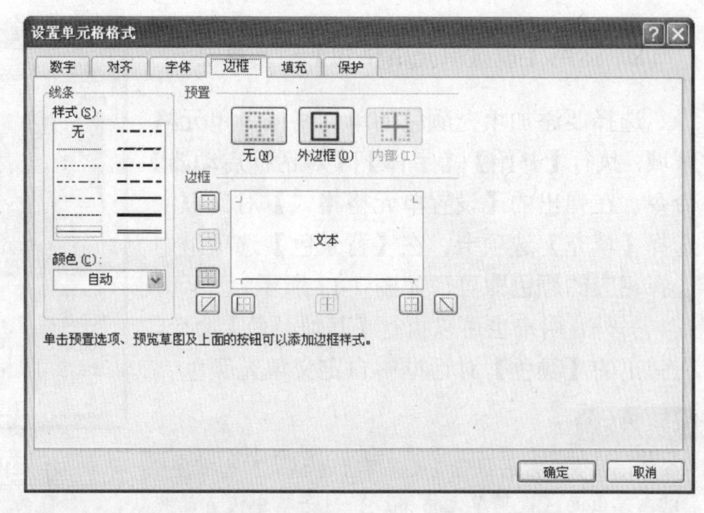

图 7-9 【边框】选项卡

该选项卡主要包含以下几种选项。

- **线条** 主要用来设置线条的样式与颜色，【样式】列表中为用户提供了 14 种线条样式，用户选择相应的选项即可。同时，用户可以在【颜色】下拉列表中，设置线条的主题颜色、标准色与其他颜色。
- **预置** 主要用来设置单元格的边框类型，包含【无】、【外边框】和【内部】3 种选项。其中【外边框】选项可以为所选的单元格区域添加外部边框。【内部】选项可为所选单元格区域添加内部框线。【无】选项可以帮助用户删除边框。
- **边框** 主要按位置设置边框样式，包含上框线、中间框线、下框线和斜线框线等 8 种边框样式。

7.4 设置填充颜色

为了区分工作表中的数据类型，也为了美化工作表，需要利用 Excel 2010 中的填充颜色功能，将工作表的背景色设置为纯色与渐变效果。

7.4.1 设置纯色填充

默认情况下工作表的背景色为无填充颜色，即默认的白色。用户可以根据工作表中的数据类型及工作需要，为单元格添加背景颜色。

1. 运用【填充颜色】命令

选择要添加填充颜色的单元格或者单元格区域，执行【开始】|【字体】|【填充颜色】命令，在【主题颜色】和【标准色】选项中选择相应的颜色即可，如图 7-10 所示。

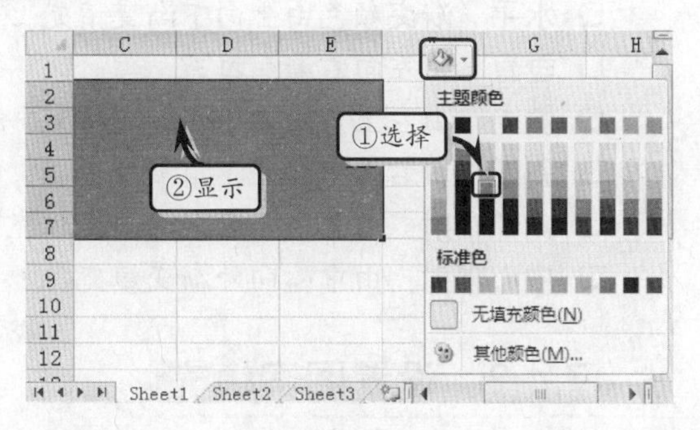

图 7-10 填充颜色

另外，用户也可以执行【填充颜色】|【其他颜色】命令，在弹出的【颜色】对话框中自定义颜色，如图 7-11 所示。

2. 运用【设置单元格格式】对话框

选择要添加填充颜色的单元格或者单元格区域，执行【开始】|【字体】|【对话框启动器】命令，在弹出的【设置单元格格式】对话框中选择【填充】选项卡。在【背景色】选项组中选择相应的颜色即可，如图 7-12 所示。

另外，用户也可以执行【其他颜色】命令，在弹出的【颜色】对话框中自定义填充颜色。

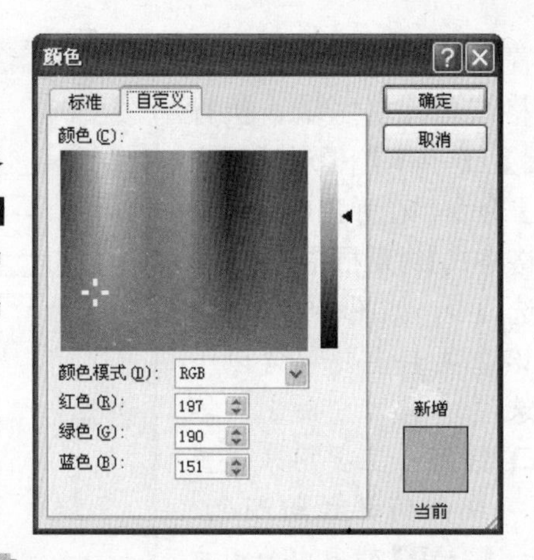

图 7-11 自定义填充颜色

技 巧

在工作区域中右击执行【设置单元格格式】选项，可以在弹出的【设置单元格格式】对话框中设置填充颜色。

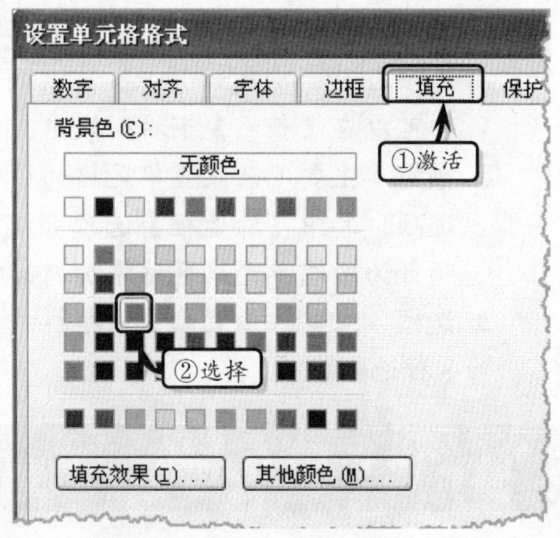

图 7-12 设置填充颜色

7.4.2 设置渐变填充

渐变填充即是渐变颜色，是一种过渡现象，是由一种颜色向一种或多种颜色过渡的填充效果。选择单元格或单元格区域，在【设置单元格格式】对话框中的【填充】选项卡中，单击【填充效果】按钮，在弹出的【填充效果】对话框中设置各项选项即可，如图 7-13 所示。

与 Word 2010 不同的是，Excel 2010 只为用户提供了【双色】类型的渐变效果。在该选项组中分别设置【颜色 1】和【颜色 2】选项中的颜色，并在【底纹样式】选项组中选择相应的选项，以及在【变形】选项组中选择相应的变形方式即可。【底纹样式】选项组中的各种填充效果分别如下所述。

- **水平** 渐变颜色由上向下渐变填充。
- **垂直** 由左向右渐变填充。
- **斜上** 由左上角向右下角渐变填充。
- **斜下** 由右上角向左下角渐变填充。
- **角部辐射** 由某个角度向外渐变填充。
- **中心辐射** 由中心向外渐变填充。

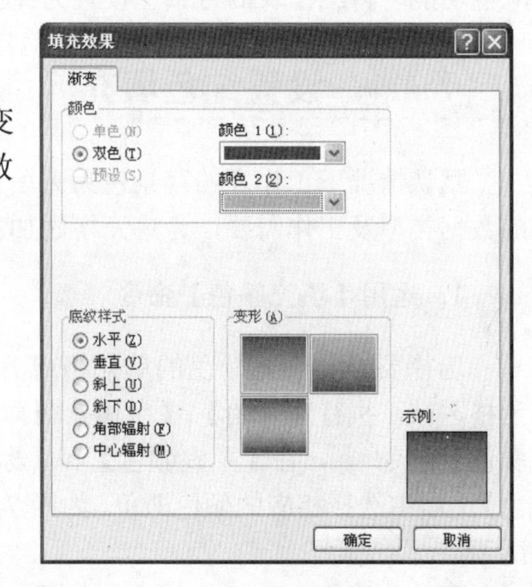

图 7-13 设置渐变效果

7.4.3 设置图案填充

在 Excel 2010 中不仅可以设置纯色与渐变填充，还可以设置图案填充。用户可以利用Excel 2010提供的18种图案样式，设置填充图案的样式与颜色。

选择需要填充图案的单元格或单元格区域，在【设置单元格格式】对话框中，选择【填充】选项卡，并单击【背景色】选项组中的【图案颜色】按钮，在列表中选择相应的颜色即可。同时，单击【图案样式】按钮，在列表中选择相应的图案样式即可，如图7-14所示。

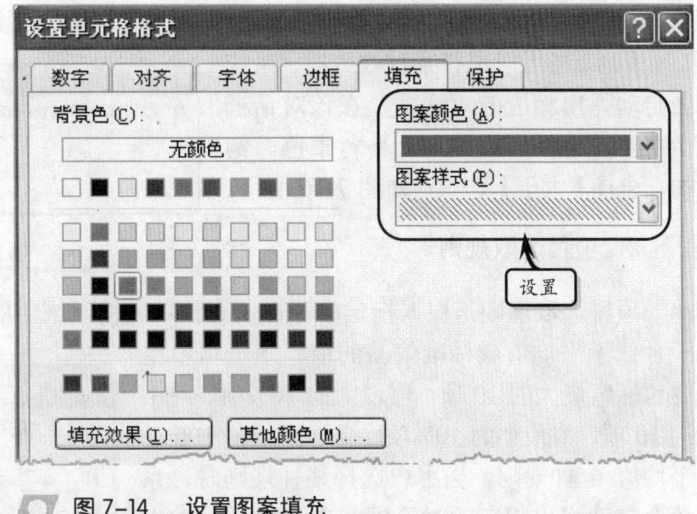

图7-14　设置图案填充

7.5　设置样式

在编辑工作表时，用户可以运用Excel 2010提供的样式功能，快速设置工作表的数字格式、对齐方式、字体字号、颜色、边框、图案等格式，从而使表格具有美观与醒目的独特特征。

7.5.1　使用条件格式

在编辑数据时，用户可以运用条件格式功能，按指定的条件筛选工作表中的数据，并利用颜色突出显示所筛选的数据。选择需要筛选数据的单元格区域，执行【开始】|【样式】|【条件格式】命令，选择相应的选项即可，如图7-15所示。

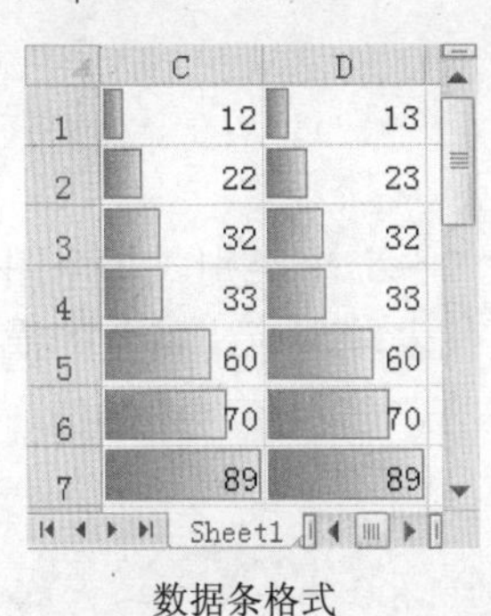

数据条格式

色阶格式

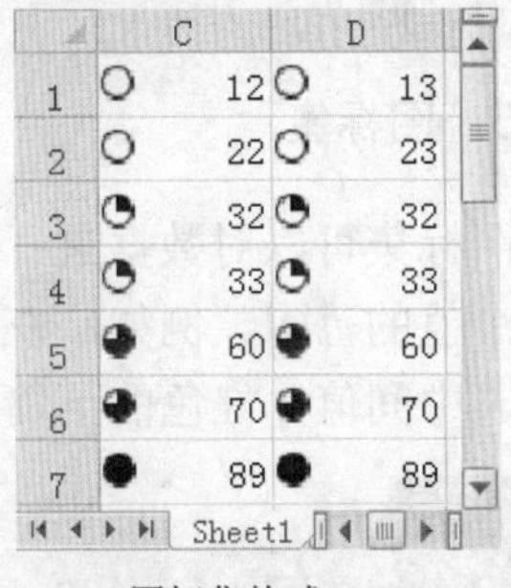

图标集格式

图7-15　使用条件格式

【条件格式】命令主要包括下列条件格式选项。

1. 突出显示单元格规则

主要适用于查找单元格区域中的特定单元格，是基于比较运算符来设置这些特定的单元格格式。该选项主要包括大于、小于、介于、等于、文本包含、发生日期与重复值 7 种规则。当用户选择某种规则时，系统会自动弹出相应的对话框，在该对话框中主要设置指定值的单元格背景色。例如，选择【大于】选项，如图 7-16 所示。

图 7-16　设置"大于"规则

2. 项目选取规则

项目选取规则是根据指定的截止值查找单元格区域中的最高值或最低值，或查找高于、低于平均值或标准偏差的值。该选项中主要包括值最大的 10 项、值最大的 10%项、最小的 10 项、值最小的 10%项、高于平均值与低于平均值 6 种规则。当用户选择某种规则时，系统会自动弹出相应的对话框，在该对话框中主要设置指定值的单元格背景色。例如，选择【最大的 10 项】选项，如图 7-17 所示。

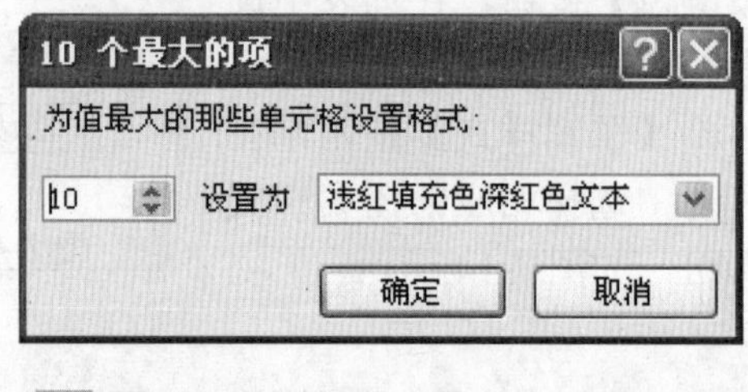

图 7-17　设置"最大的 10 项"规则

3. 数据条

数据条可以帮助用户查看某个单元格相对于其他单元格中的值，数据条的长度代表单元格中值的大小，值越大数据条就越长。该选项主要包括蓝色数据条、绿色数据条、红色数据条、橙色数据条、浅蓝色数据条与紫色数据条 6 种样式。

4. 色阶

色阶作为一种直观的指示，可以帮助用户了解数据的分布与变化情况，可分为双色刻度与三色刻度。其中双色刻度表示使用两种颜色的渐变帮助用户比较数据，颜色表示数值的高低。而三色刻度表示使用 3 种颜色的渐变帮助用户比较数据，颜色表示数值的高、中、低。

5. 图标集

图标集可以对数据进行注释，并可以按阈值将数据分为 3～5 个类别。每个图标代表一个值的范围。例如，在三向箭头图标中，绿色的上箭头代表较高值，黄色的横向箭头代表中间值，红色的下箭头代表较低值。

提　示

执行【条件格式】|【清除规则】命令，即可清除单元格或工作表中的所有条件格式。

7.5.2　套用表格格式

利用套用表格格式的功能，可以帮助用户达到快速设置表格格式的目的。套用表格格式时，用户不仅可以应用预定义的表格格式，而且还可以创建新的表格格式。

1. 应用表格格式

Excel 2010 为用户提供了浅色、中等深浅与深色 3 种类型共 60 种表格格式。选择需要套用格式的单元格区域，执行【开始】|【样式】|【套用表格格式】命令，在下拉列表中选择相应的格式，在弹出的【套用表格式】对话框中选择数据来源即可，如图 7-18 所示。

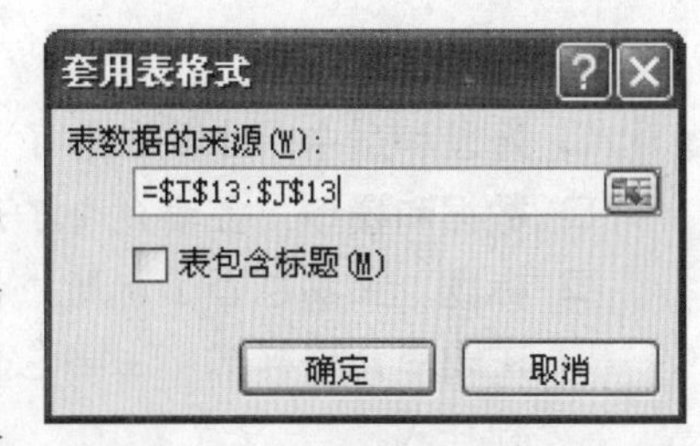

图 7-18 选择数据来源

2. 新建表格格式

执行【套用表格格式】|【新建表样式】命令，在弹出的【新建表快速样式】对话框中设置各项选项即可，如图 7-19 所示。

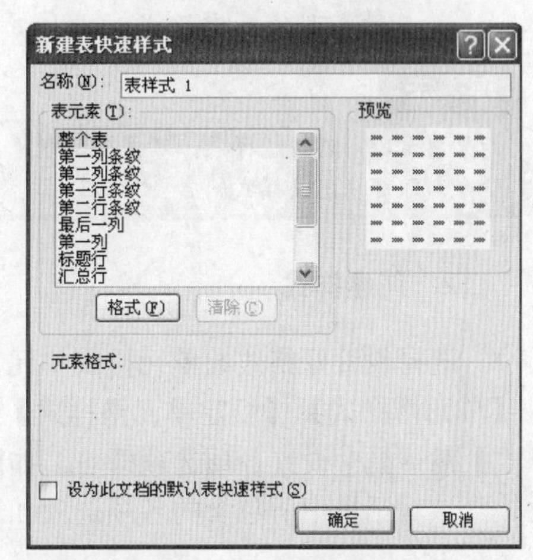

图 7-19 新建表格样式

该对话框主要包括如下选项。

- **名称** 在该文本框中可以输入新表格样式的名称。
- **表元素** 该列表包含了 13 种表格元素，用户根据表格内容选择相应的元素即可。
- **格式** 选择表元素之后，单击该按钮，可以在弹出的【设置单元格格式】对话框中设置该元素格式。
- **清除** 设置元素格式之后，单击该按钮可以清除所设置的元素格式。
- **设为此文档的默认表快速样式** 选中该复选框，可以在当前工作簿中使用新表样式作为默认的表样式。但是，自定义的表样式只存储在当前工作簿中，不能用于其他工作簿。

7.5.3 应用单元格样式

样式是单元格格式选项的集合，可以一次应用多种格式，在应用时需要保证单元格格式的一致性。单元格样式与套用表格格式一样，即可以应用预定义的单元格样式，又可以创建新的单元格样式。

1. 应用样式

选择需要应用样式的单元格或者单元格区域后，执行【开始】|【样式】|【单元格样式】命令，在下拉列表中选择相应的样式即可，如图 7-20 所示。

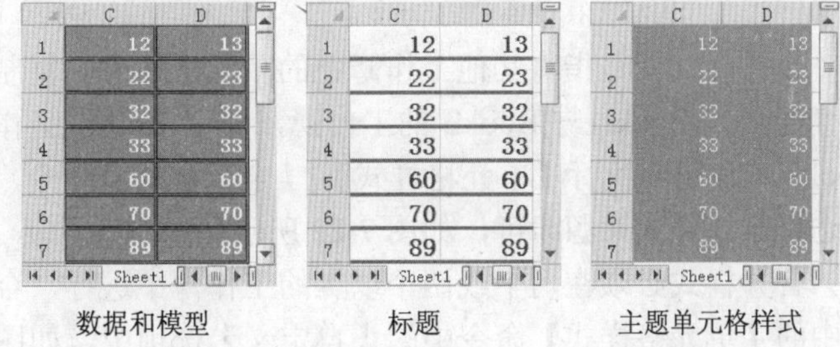

图 7-20 应用预定义样式

默认状态下，【单元格样式】命令主要包含 5 种类型的预定义单元格样式，其功能如下所述。

- ❑ **好差和适中** 主要包含了常规、差、好与适中 4 种类型的样式。
- ❑ **数据和模型** 主要包含了计算、检查单元格、警告文本等 8 种数据样式。
- ❑ **标题** 主要包含了标题、标题 1、汇总等 6 种类型的标题样式。
- ❑ **主题单元格样式** 主要包含了 20%强调文字颜色 1、20%强调文字颜色 2 等 24 种样式。
- ❑ **数字格式** 主要包含了百分比、货币、千位分隔等 5 种类型的数字格式。

提 示

如果用户以前创建过样式，只需要执行【单元格样式】|【自定义】命令，即可应用该样式。

2. 创建样式

选择设置好格式的单元格或单元格区域，执行【样式】|【单元格样式】|【新建单元格样式】命令，在弹出的【样式】对话框中设置各项选项即可，如图 7-21 所示。

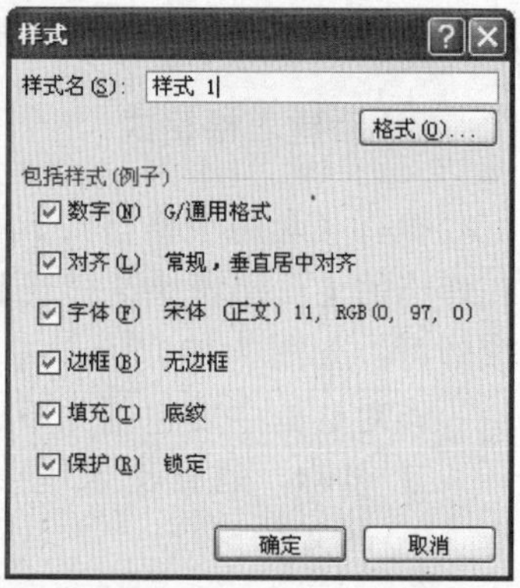

图 7-21 自定义样式

该对话框中所包含的各项选项如表 7-7 所示。

表 7-7 【样式】选项

样式		功能
样式名		在样式名文本框中，可以输入创建样式的名称
格式		单击该按钮，可以在弹出的【设置单元格格式】对话框中设置样式的格式
包括样式	数字	显示单元格中数字的格式
	对齐	显示单元格中文本的对齐方式
	字体	显示单元格中文本的字体格式
	边框	显示单元格或单元格区域的边框样式
	填充	显示单元格或单元格区域的填充效果
	保护	显示工作表是锁定状态还是隐藏状态

3. 合并样式

合并样式就是指将其他工作簿中的单元格样式，复制到另外一个工作簿中。首先同时打开名为 Book1 与 Book2 的工作簿，并在 Book1 工作簿中创建一个新样式。然后在 Book2 工作簿中执行【单元格样式】|【合并样式】命令，在弹出的【合并样式】对话框中选择合并样式来源即可，如图 7-22 所示。

合并样式必须在两个或两个以上的工作簿中进行，合并后的样式会显示在合并工作簿中的【单元格样式】命令中的【自定义】选项中，如图 7-23 所示。

提 示

用户可以通过右击样式执行【删除】命令的方法来删除样式。

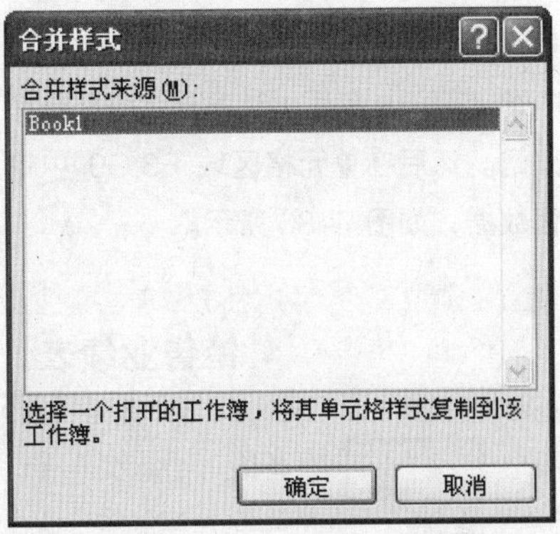

图 7-22 【合并样式】对话框

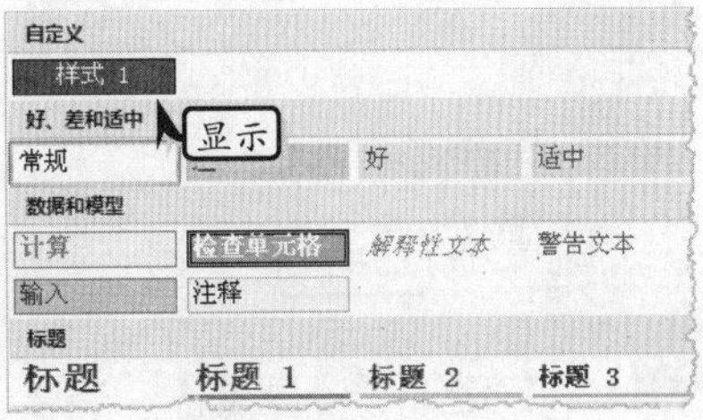

图 7-23 合并后的样式

7.6 课堂练习：制作销售业绩表

为了统计产品的销售情况，也为了掌握销售员的工作情况，财务部门需要以月、季度或年为单位，以电子表格的形式统计销售业绩及销售员工的提成额。在本练习中，将运用 Excel 2010 中的美化数据、对齐格式、美化边框等功能来制作一份销售业绩表，如图 7-24 所示。

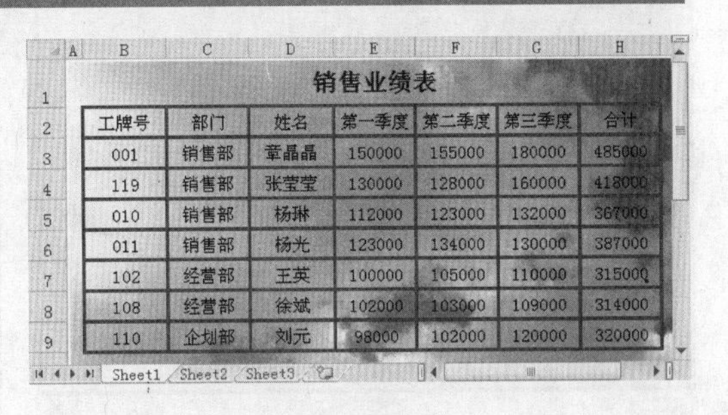

销售业绩表

工牌号	部门	姓名	第一季度	第二季度	第三季度	合计
001	销售部	章晶晶	150000	155000	180000	485000
119	销售部	张莹莹	130000	128000	160000	418000
010	销售部	杨琳	112000	123000	132000	367000
011	销售部	杨光	123000	134000	130000	387000
102	经营部	王英	100000	105000	110000	315000
108	经营部	徐斌	102000	103000	109000	314000
110	企划部	刘元	98000	102000	120000	320000

图 7-24 销售业绩表

操作步骤

1 打开一个新的工作表，单击【全部选定】按钮，在行号上右击执行【行高】命令，在【行高】文本框中输入“20”，单击【确定】按钮，如图 7-25 所示。

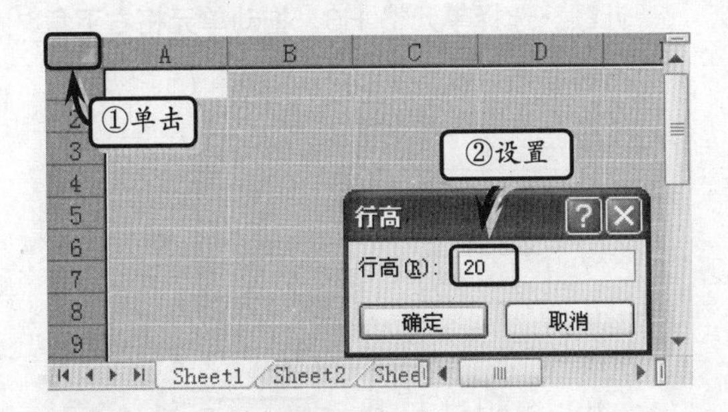

图 7-25 调整行高

2 选择单元格区域 B1:I1，执行【开始】|【字体方式】|【合并后居中】命令。然后,将【字号】设置为“16”，并执行【加粗】命令。最后在单元格区域 B2:I2 中输入列标题，如图 7-26 所示。

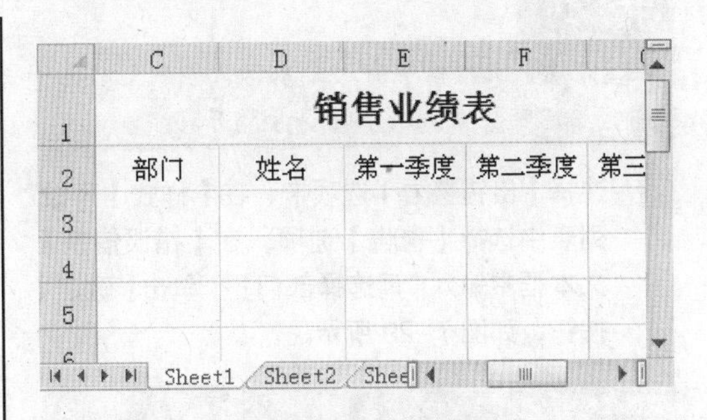

图 7-26 制作标题与列标题

3 在此，需要设置工牌号的前置 0 效果。选择单元格区域 B3:B9，右击执行【设置单元格格式】命令。激活【自定义】选项，在【类型】文本框中输入“000”，单击【确定】按钮，如图 7-27 所示。

4 选择单元格区域 C3:C9，执行【数据】|【数据工具】|【数据有效性】命令。在【允许】下拉列表中选择【序列】选项，在【来源】文本框中输入“销售部，企划部，经营部”，

如图 7-28 所示。

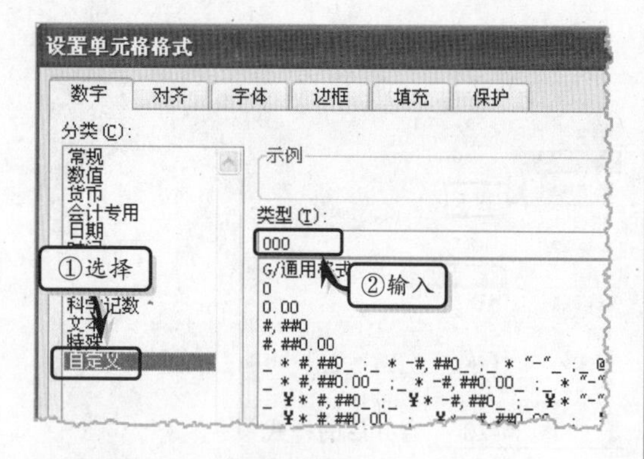

图 7-27　设置前置 0

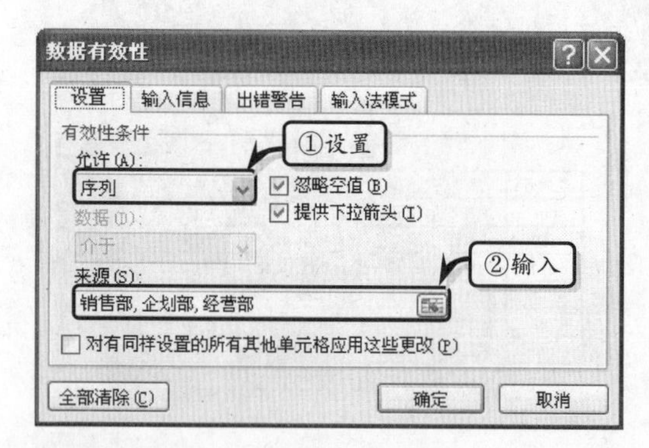

图 7-28　设置有效性条件

技　巧

在【来源】文本框中输入文本时，每个文本之间需要用英文输入法下的逗号隔开。

5　选择【出错警告】选项卡，在【样式】下拉列表中选择【警告】选项，在【错误信息】文本框中输入“请选择部门!”，单击【确定】按钮，如图 7-29 所示。

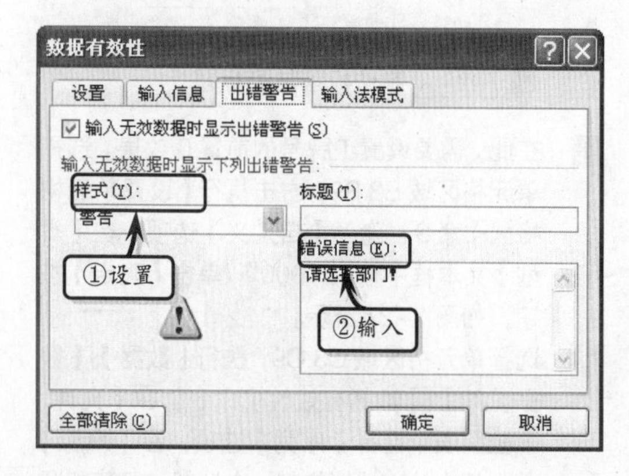

图 7-29　设置出错警告

6　单击单元格 C3 旁边的下三角按钮，在下拉列表中选择部门。利用上述方法，分别选择其他部门。然后在单元格区域 E3:G9 中输入销售数据，如图 7-30 所示。

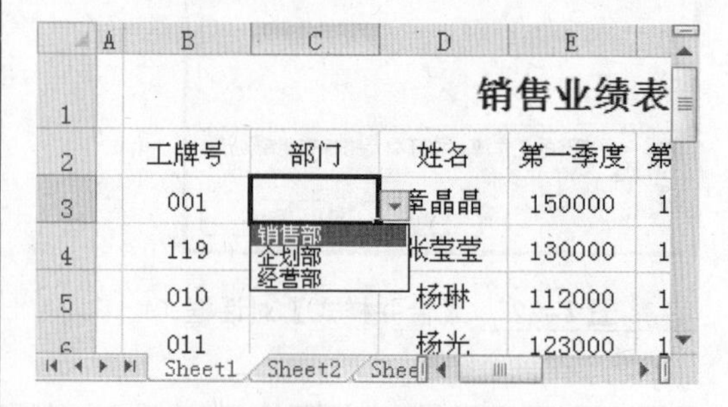

图 7-30　输入销售数据

7　选择单元格区域 B3:H9，执行【开始】|【对齐方式】|【居中】命令，如图 7-31 所示。

	B	C	D	E	
2	工牌号	部门	姓名	第一季度	第二
3	001	销售部	章晶晶	150000	155
4	119	销售部	张莹莹	130000	128
5	010	销售部	杨琳	112000	123
6	011	销售部	杨光	123000	134
7	102	经营部	王英	100000	105

图 7-31　美化工作表

8　选择单元格 H3，执行【公式】|【函数库】|【自动求和】命令，按 Enter 键即可求出合计额。选择单元格 H3，拖动单元格右下角的填充柄，向下填充公式，如图 7-32 所示。

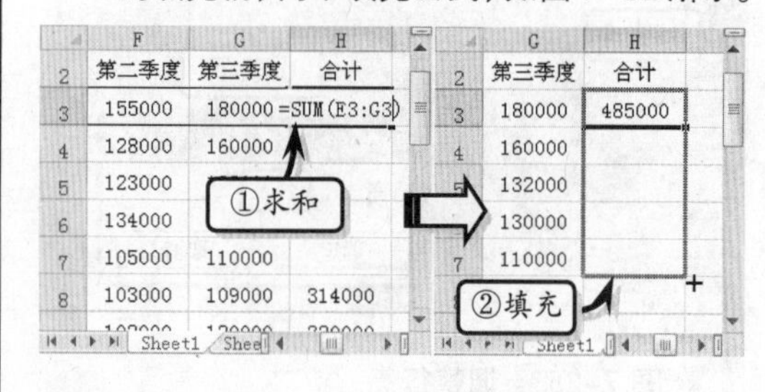

图 7-32　计算合计额

9　选择单元格区域 B2:H9，执行【开始】|【字体】|【对话框启动器】命令。选择【边框】选项卡，分别选择【内部】与【外边框】选项。将【颜色】设置为“红色”，将【样式】

设置为“粗线”，单击【确定】按钮，如图7–33所示。

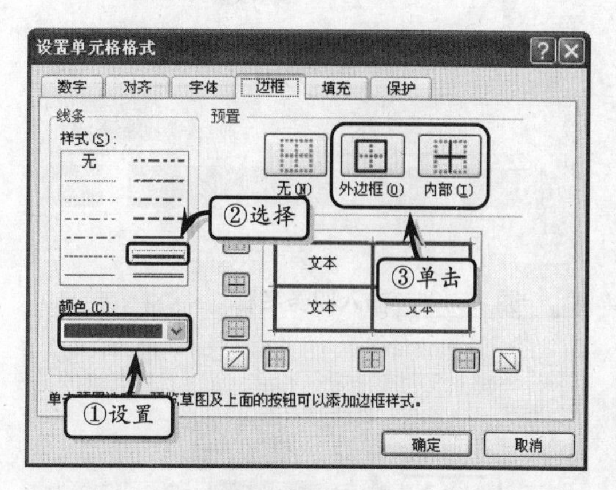

图7–33 设置边框样式

10 执行【页面布局】|【页面设置】|【背景】命令，在弹出的【工作表背景】对话框中选择背景文件，单击【插入】按钮，如图7–34所示。

11 禁用【页面布局】选项卡【工作表选项】选项组中的【查看】命令取消工作表中的网格线，如图7–35所示。到此，完成制作销售业绩表的操作。

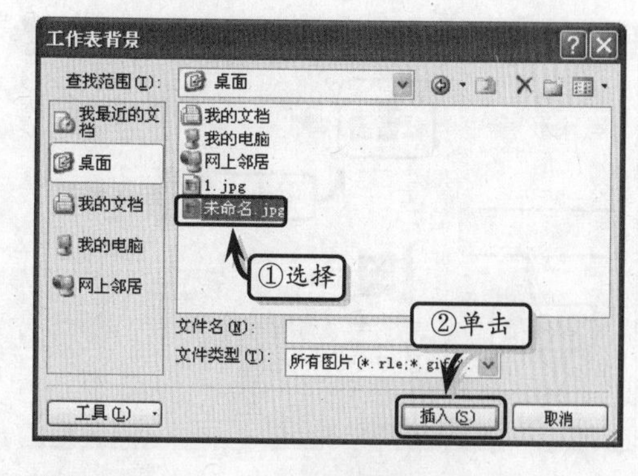

图7–34 插入背景图片

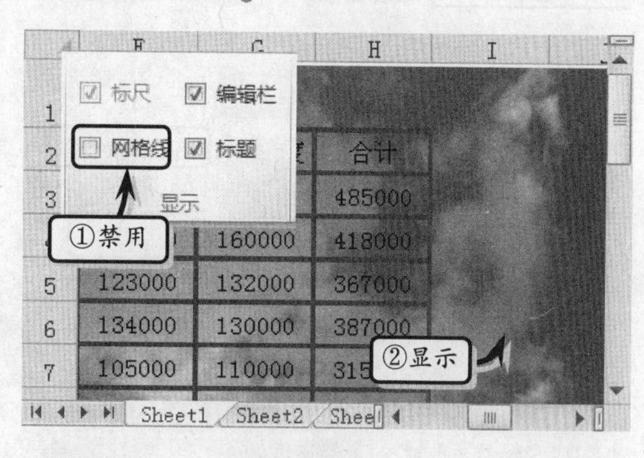

图7–35 取消网格线

7.7 课堂练习：制作公司组织结构图

组织结构图反映了一个公司的职务等级与岗位之间的关系，是表现职称与群体关系的一种图表。在本练习中，将运用Excel 2010中的SmartArt形状功能来制作一份公司组织结构图，如图7-36所示。

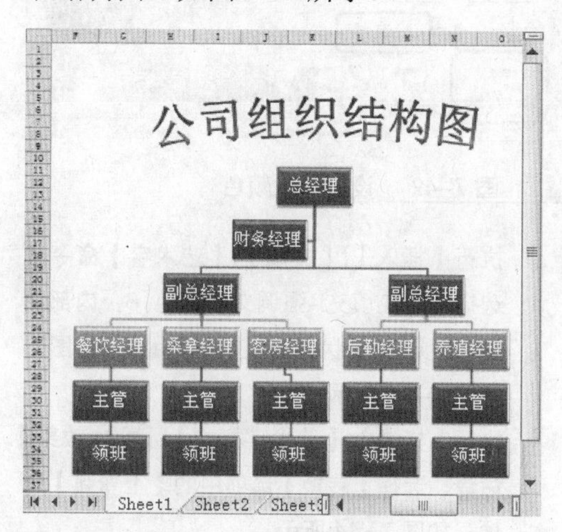

图7–36 公司组织结构图

操作步骤

1 执行【插入】|【插图】|【插入SmartArt图形】命令，在【层次结构】选项卡中选择【组织结构图】选项。单击【确定】按钮，如图7–37所示。

2 选择第3行中的第3个形状，按Delete键删除第3个形状。选择第3行的第一个形状，执行【设计】|【创建图形】|【布局】命令，选择【标准】选项，如图7–38所示。

3 选择第3行的第一个形状，执行【设计】|【创建图形】|【添加形状】命令，选择【在下方添加形状】选项。利用上述方法，分别添

加其他形状，如图 7-39 所示。

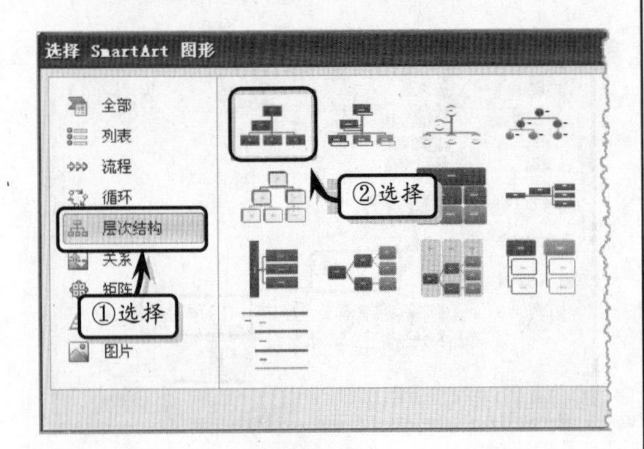

图 7-37 选择形状

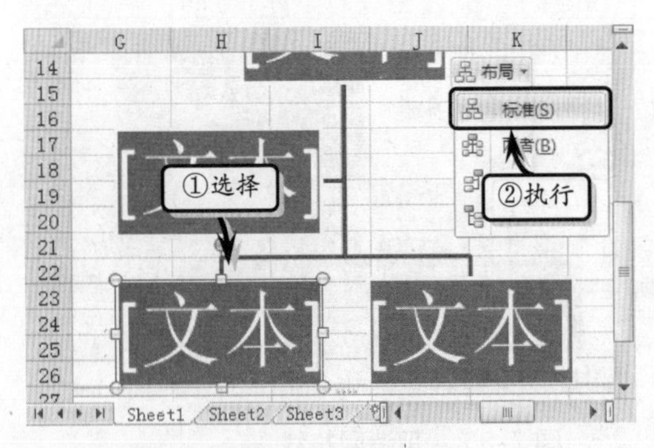

图 7-38 设置形状布局

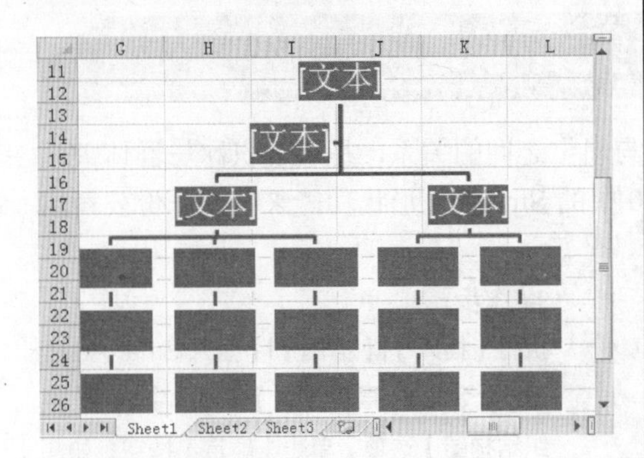

图 7-39 添加形状

4 在形状中输入文字。选择【组织结构图】选项，执行【开始】|【字体】|【字号】命令，选择【20】选项，如图 7-40 所示。

5 执行【设计】|【SmartArt 样式】|【其他】命令，在列表中选择【优雅】选项，如图 7-41 所示。

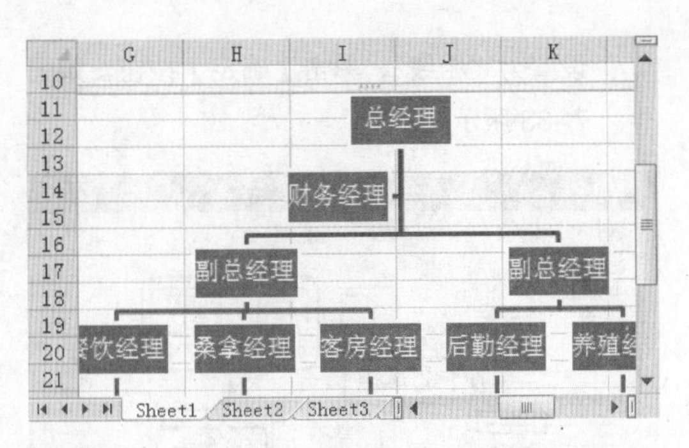

图 7-40 输入职务名称

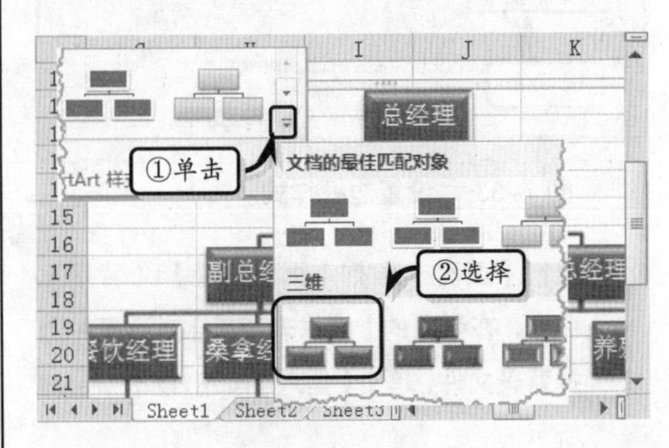

图 7-41 设置形状样式

6 执行【设计】|【SmartArt 样式】|【更改颜色】命令，在列表中选择【彩色-强调文字颜色】选项，如图 7-42 所示。

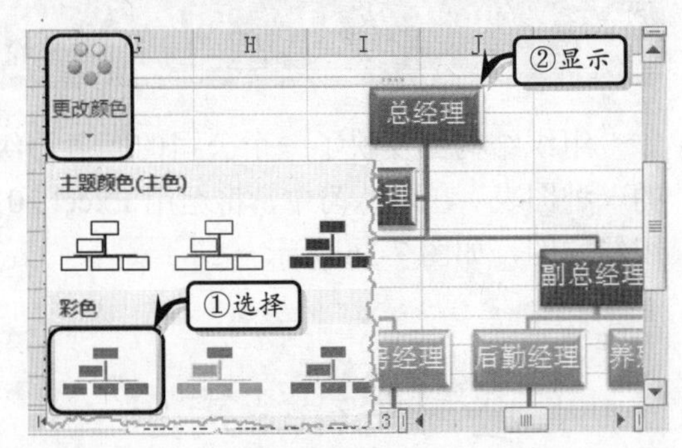

图 7-42 设置形状颜色

7 执行【插入】|【文本】|【艺术字】命令，选择【渐变填充-强调文字颜色 6，内部阴影】选项。在形状中输入“公司组织结构图”，如图 7-43 所示。

8 执行【格式】|【艺术字样式】|【文本效果】命令，选择【转换】选项中的【上弯弧】选项，如图 7-44 所示。

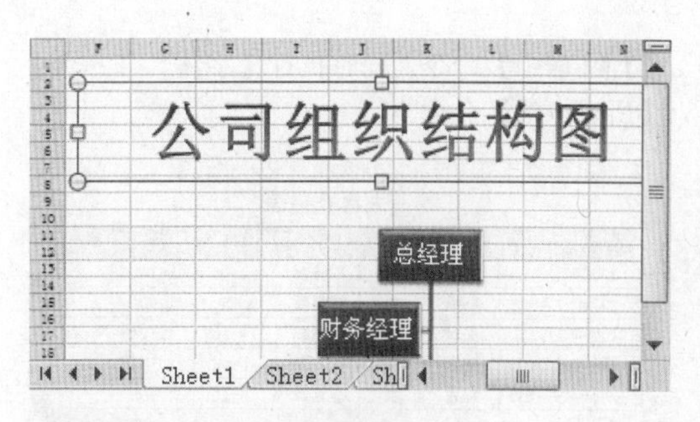

图 7-43 插入艺术字

9 禁用【页面布局】选项卡【工作表选项】选项组中的【查看】命令取消工作表中的网格线。

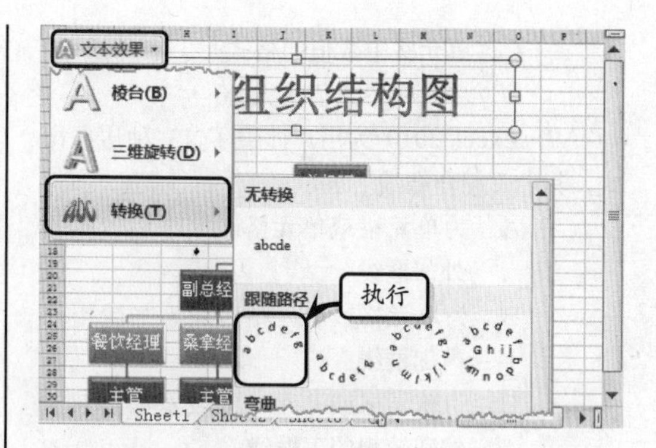

图 7-44 设置艺术字样式

7.8 思考与练习

一、填空题

1. 在美化文本时，除了运用【字体】选项组中的各项命令以及【设置单元格格式】对话框设置之外，还可以运用________进行快速设置。

2. 在设置字体格式时，用户也可以直接使用________组合键设置加粗格式，使用________组合键设置倾斜格式，使用________组合键设置下划线格式。

3. 在【设置单元格格式】对话框中的【对齐】选项卡中，用户可以将文字方向设置为根据内容、总是从左到右与________3 种方向。

4. 合并单元格中的跨越合并表示________。

5. 在为工作表填充渐变颜色时，如果用户需要将渐变颜色由某个角度向外渐变填充，需要选择【底纹样式】选项组中的________选项。

6. 色阶作为一种直观的指示，可以帮助用户了解数据的分布与变化情况，分为________与________。

7. 合并样式必须在________以上的工作簿中进行，合并后的样式会显示在合并工作簿中的【单元格样式】命令中的________选项中。

8. 在应用样式后，用户可以通过执行【开始】选项卡【样式】选项组中的【单元格样式】命令中的________选项进行清除。

二、选择题

1. 在美化数字时，【设置单元格格式】对话框中的数字符号“0”表示________。

A. 数字　　B. 小数

C. 预留数字位置　　D. 预留位置

2. 缩进量是指单元格边框与文字之间的距离，其减少缩进量的组合键为________。

A. Ctrl+Alt+Shift+Tab

B. Ctrl+Alt+Tab

C. Ctrl+Shift+Tab

D. Alt+Shift+Tab

3. 在【颜色】对话框中的【自定义】选项卡中，主要包括 RGB 颜色模式与________颜色模式。

A. HSB　　B. LAB

C. CMYK　　D. HSL

4. 在【设置单元格格式】对话框中的【对齐】选项卡中，可以设置文本的水平对齐与________对齐。

A. 顶端　　B. 底端

C. 垂直　　D. 居中

5. 项目选取规则是根据指定的截止值查找单元格区域中的最高值或最低值，或查找高于、低于平均值或________。

A. 标准值　　B. 标准偏差的值

C. 标准差值　　D. 总值

6. 数据条可以帮助用户查看某个单元格相对于其他单元格中的值，数据条的长度代表________。

A. 单元格中数值的类型

B. 单元格中数值的位数

C. 单元格中数值的格式

D. 单元格中数值的大小

7. Excel 2010 为用户提供了 13 种边框样式，其中“粗匣框线”表示________。

A. 为单元格或单元格区域添加较粗的外部框线

B. 为单元格或单元格区域添加较粗的内部框线

C. 为单元格或单元格区域添加上部框线和较粗的下框线

D. 为单元格或单元格区域添加较粗的底部框线

三、问答题

1. 简述设置边框样式的操作步骤。

2. 条件格式包含哪几种选项，简述每种选项的功能。

3. 什么是渐变填充颜色？如何在工作表中应用渐变填充颜色？

4. 在工作表中如何改变文字方向？

四、上机练习

1. 制作来客登记表

在本练习中，将利用 Excel 2010 中的美化与样式功能来制作一份来客登记表，如图 7-45 所示。首先需要调整工作表的行高，并在工作表中输入来客登记表的标题与数据。选择“日期”列下的单元格区域，在【设置单元格格式】对话框中将日期类型设置为“2001 年 3 月 14 日”。然后选择单元格区域 A2:G2，执行【样式】|【单元格样式】|【强调文字颜色 2】命令。同时选择单元格区域 A3:G7，执行【单元格样式】|【注释】命令。最后选择单元格区域 A2:G7，执行【对齐方式】|【居中】命令。同时执行【字体】|【框线】|【所有框线】命令。

来客登记表

日期	姓名	性别	访问部门	到达时间	离开时间	备注
2009年7月1日	刘静	女	财务部	14:00	14:45	
2009年7月3日	红枫	男	销售部	9:00	10:00	
2009年7月7日	秦琴	男	企划部	11:00	11:20	
2009年7月19日	果尔	男	生产部	10:05	10:55	
2009年7月15日	程程	女	企划部	16:15	17:05	

图 7-45 创建模板文档

2. 制作立体表格

在本练习中，将制作一个立体表格，如图 7-46 所示。首先右击 B 列执行【插入】命令，插入新列。选择单元格区域 B2:H7，在【设置单元格格式】对话框中【边框】选项卡中，选择【预置】选项组中的【无】选项，同时选择【内部】选项。然后，选择单元格区域 B2:H2，将背景色更改为“茶色，背景 2，深色 50%”，在【设置单元格格式】对话框中将文字方向更改为“–45° ”。执行【插入】|【形状】|【直线】命令，在表格四周绘制直线。最后选择所有形状，执行【格式】|【形状样式】|【形状轮廓】命令，将【粗细】设置为“1.5 磅”，将【虚线】设置为“方点”。

来客登记表

日期	姓名	性别	访问部门	到达时间	离开时间	备注
2009年7月1日	刘静	女	财务部	14:00	14:45	
2009年7月3日	红枫	男	销售部	9:00	10:00	
2009年7月7日	秦琴	男	企划部	11:00	11:20	
2009年7月19日	果尔	男	生产部	10:05	10:55	
2009年7月15日	程程	女	企划部	16:15	17:05	

图 7-46 管理项目文档

第 8 章

公式与函数

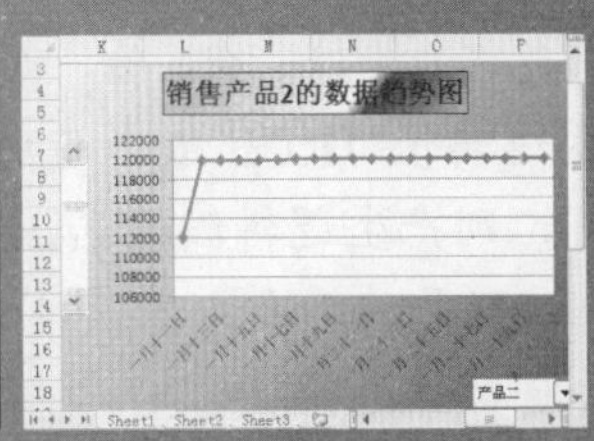

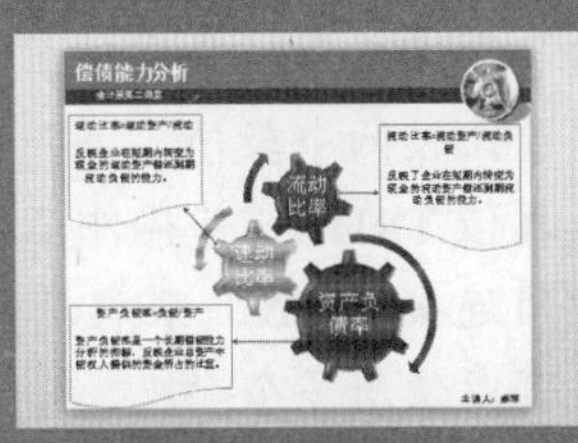

Excel 2010 不仅可以创建及美化电子表格，而且还可以利用公式与函数计算数据。公式与函数是使用数学运算符来处理其他单元格或本单元格中的文本与数值，单元格中的数据可以自由更新而不会影响到公式与函数的设置，从而充分体现了 Excel 2010 的动态特征。本章主要介绍在 Excel 工作表中计算数据的方法与技巧，希望通过本章的学习，可以使用户了解并掌握 Excel 2010 所提供的强大的数据计算功能。

本章学习要点：

- 使用公式
- 使用函数
- 审核工作表

8.1 使用公式

公式是一个等式，是一个包含了数据与运算符的数学方程式，它主要包含了各种运算符、常量、函数以及单元格引用等元素。利用公式可以对工作表中的数值进行加、减、乘、除等各种运算，在输入公式时必须以“=”开始，否则 Excel 2010 会按照数据进行处理。

8.1.1 使用运算符

运算符是公式中的基本元素，主要由加、减、乘、除以及比较运算符等符号组成。通过运算符，可以将公式中的元素按照一定的规律进行特定类型的运算。

1. 运算符种类

公式中的运算符主要包括以下几种运算符。

- **算术运算符** 用于完成基本的数字运算，包括加、减、乘、除、百分号等运算符。
- **比较运算符** 用于比较两个数值，并产生逻辑值 TRUE 或者 FALSE，若条件相符，则产生逻辑真值 TRUE；若条件不符，则产生逻辑假值 FALSE（0）。
- **文本运算符** 使用连接符“&”来表示，功能是将两个文本连接成一个文本。在同一个公式中，可以使用多个“&”符号将数据连接在一起。
- **引用运算符** 运用该类型的运算符可以产生一个包括两个区域的引用。

各种类型运算符的含义与示例，如表 8-1 所示。

表 8-1 运算符含义与示例

运算符	含义	示例
	算术运算符	
+（加号）	加法运算	1+4
–（减号）	减法运算	67–4
*（星号）	乘法运算	4*4
/（斜杠）	除法运算	6/2
%（百分号）	百分比	20%
^（脱字号）	幂运算	2^2
	比较运算符	
=（等号）	相等	A1=10
<（小于号）	小于	5<6
>（大于号）	大于	2>1
>=（大于等于号）	大于等于	A2>=3
<=（小于等于号）	小于等于	A7<=12
<>（小于等于号）	小于等于	3<>15
	文本运算符	
&（与符）	文本与文本连接	=“奥运”&“北京”
&（与符）	单元格与文本连接	=A5&“中国”
&（与符）	单元格与单元格连接	=A3&B3

续表

运算符	含义	示例
引用运算符		
：（冒号）	区域运算符	对包括在两个引用之间的所有单元格的引用
，（逗号）	联合运算符	将多个引用合并为一个引用
（空格）	交叉运算符	对两个引用共有的单元格的引用

2．运算符的优先级

优先级是公式的运算顺序，如果公式中同时用到多个运算符，Excel 将按照一定的顺序进行运算。对于不同优先级的运算，将会按照从高到低的顺序进行计算；对于相同优先级的运算，将按照从左到右的顺序进行计算。各种运算符的优先级如表 8-2 所示。

表 8-2 运算符的优先级

运算符（从高到低）	说明	运算符（从高到低）	说明
：（冒号）	区域运算符	^（幂运算符）	乘幂
（空格）	联合运算符	*（乘号）和 /（除号）	乘法与除法运算
，（逗号）	交叉运算符	+（加号）和–（减号）	加法与减法
–（负号）	负号（负数）	&（文本连接符）	连接两个字符串
%（百分比号）	数字百分比	=、<、>、<=、>=、<>	比较运算符

提示

用户可以通过使用括号将公式中的运算符括起来的方法，来改变公式的运算顺序。

8.1.2 创建公式

用户可以根据工作表中的数据创建公式，即在单元格或【编辑栏】中输入公式。另外，还可将公式直接显示在单元格中。

1．输入公式

双击单元格，将光标放置于单元格中。首先在单元格中输入“=”号，然后在“=”号后面输入公式的其他元素，按 Enter 键即可。另外，用户也可以直接在【编辑栏】中输入公式，单击【输入】按钮即可，如图 8-1 所示。

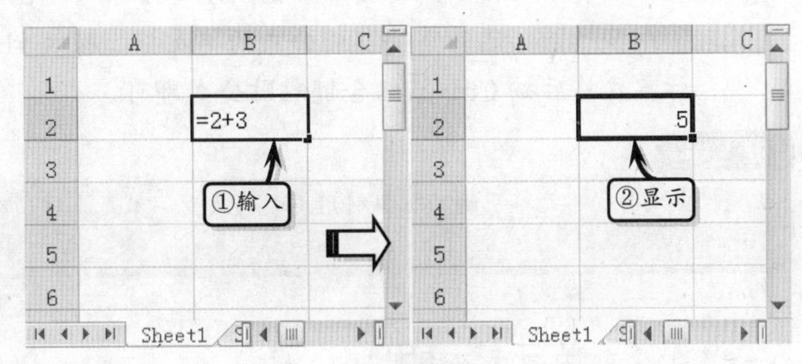

图 8-1 输入公式

2．显示公式

在单元格中输入公式后，将自动显示计算结果。用户可以通过执行【公式】|【公式

审核】|【显示公式】命令，来显示单元格中的公式。再次执行【显示公式】命令，将会在单元格中显示计算结果，如图8-2所示。

技　巧

用户可以使用Ctrl+`组合键快速显示公式，再次使用该组合键可以显示计算结果。

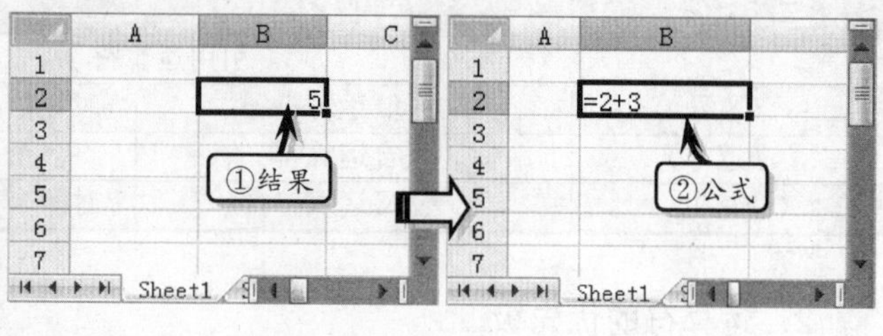

图 8-2　显示公式

8.1.3　编辑公式

在输入公式之后，用户可以与编辑单元格中的数据一样编辑公式，例如修改公式、复制与移动公式等。

1. 修改公式

选择含有公式的单元格，在【编辑栏】中直接修改即可。另外，用户也可以双击含有公式的单元格，使单元格处于可编辑状态，此时公式会直接显示在单元格中，直接对其进行修改即可，如图8-3所示。

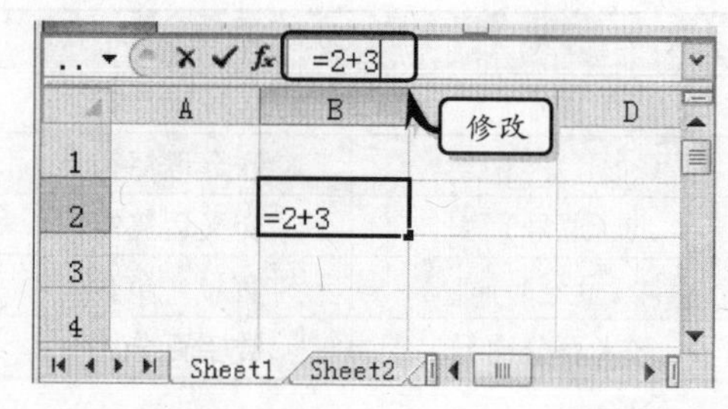

图 8-3　修改公式

2. 复制公式

当用户在多个单元格中使用相同公式时，可以通过复制公式的方法实现快速输入。复制公式主要包括下列几种方法。

- **自动填充柄**　选择需要复制公式的单元格，移动光标至该单元格右下角的填充柄上，当光标变成十字形状**+**时，拖动鼠标即可。
- **利用【剪贴板】**　选择需要复制公式的单元格，执行【剪贴板】|【复制】命令。选择目标单元格，执行【粘贴】|【公式】命令即可。
- **使用快捷键**　选择需要复制公式的单元格，按Ctrl+C组合键复制公式，选择目标单元格后按Ctrl+V组合键粘贴公式即可。

提　示

在复制公式时，单元格引用将根据引用类型而改变。但是在移动公式时，单元格引用将不会发生变化。

8.1.4　单元格引用

单元格引用是指对工作表中单元格或单元格区域的引用，以获取公式中所使用的数值或数据。通过单元格的引用，可以在公式中使用多个单元格中的数值，也可以使用不同工作表中的数值。在引用单元格时，用户可以根据所求的结果值使用相对引用、绝对引用等不同的引用样式。

1. 引用样式

单元格引用既可以使用地址表示，又可以使用单元格名称来表示。使用地址表示的单元格引用主要包括 A1 与 R1C1 引用样式。

❑ A1 引用样式

A1 引用样式被称为默认引用样式，该样式引用字母标识列（从 A 到 XFD，共 16384 列），引用数字标识行（从 1 到 1048576）。引用时先写列字母再写行数字，其引用的含义如表 8-3 所示。

表 8-3 A1 引用样式

引　用	含　义
A2	列 A 和行 2 交叉处的单元格
A1:A20	在列 A 和行 1 到行 20 之间的单元格区域
B5:E5	在行 5 和列 B 到列 E 之间的单元格区域
15:15	行 15 中的全部单元格
15:20	行 15 到行 20 之间的全部单元格
A:A	列 A 中的全部单元格
A:J	列 A 到列 J 之间的全部单元格
B10:C20	列 B 到列 C 和行 10 到行 20 之间的单元格区域

❑ R1C1 引用样式

R1C1 样式中的 R 代表 Row，表示行的意思；C 代表 Column，表示列的意思。在引用样式中，使用 R 加行数字与 C 加列数字来表示单元格的位置，其引用的含义如表 8-4 所示。

表 8-4 R1C1 引用样式

引　用	含　义
R[-2]C	对在所选单元格的同一列、上面两行的单元格的相对引用
R[1]C[1]	对在所选单元格上面一行、右侧一列的单元格的相对引用
R2C2	对在工作表的第二行、第二列的单元格的绝对引用
R[-1]	对活动单元格整个上同一行单元格区域的相对引用
R	对当前行的绝对引用

2. 相对单元格引用

相对单元格引用是指引用一个或多个相对地址的单元格，含有相对引用的公式会随着单元格地址的变化而自动调整。例如，单元格 A2 中的公式为“=SUM(A2:C2)”，将该公式复制到单元格 A3 中，公式将会变为“=SUM(A3:C3)”，如图 8-4 所示。

另外，相对单元格区域引用表示由该区域左上角单元格相对引用和右下角单元格相对引用组成，中间用冒号隔开。

3. 绝对单元格引用

绝对引用是指引用一个或几个特定位置的单元格，会在相对引用的列字母与行数字前分别加一个“$”符号。与相对引用相比，在复制含有绝对引用的公式时，单元格的引用不会随着单元格地址的变化而自动调整。例如，将 A2 单元格中的公式更改为“=SUM($A$2:$C$2)”，将该公式复制到 A3 中，其公式仍然为“=SUM($A$2: $C$2)”，如图 8-5 所示。

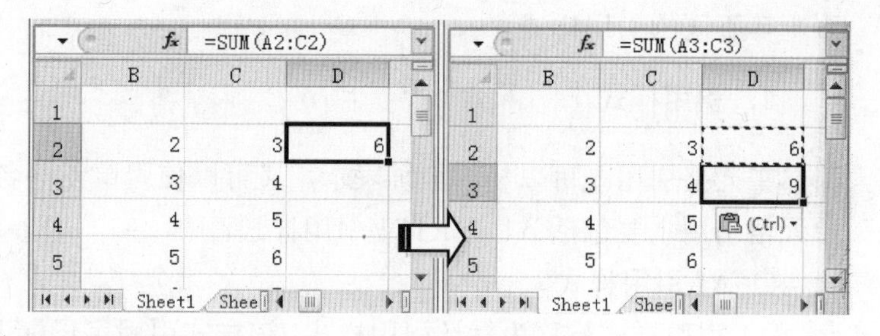

图 8-4　相对单元格引用

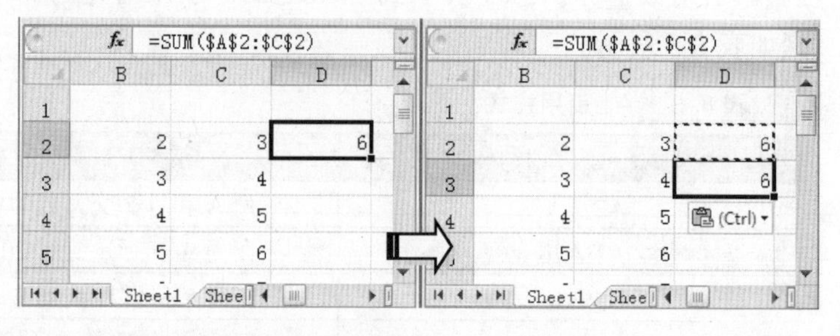

图 8-5　绝对单元格引用

技 巧

用户可以将光标定位在公式中需要绝对引用的单元格，按 F4 键便可以自动添加绝对引用符号“$”。另外，用户可以通过再次按 F4 键，来调整引用行或列，以及取消绝对引用。

4. 混合单元格引用

混合单元格引用是指绝对列与相对行或绝对行与相对列，即当行采用相对引用时，列则采用绝对引用；反之当行采用绝对引用时，列则采用相对引用。当公式所在单元格的位置改变时，相对引用会随着一起改变，而绝对引用保持不变。另外，当复制多行或多列中的公式或填充公式时，相对引用将自动调整，而绝对引用将保持不变。例如，在单元格 A7 中的公式为“=SUM($A$2:A6)”。其中，“$A$2”单元格为绝对引用行；“C2”单元格为相对引用列。将该公式复制到 B7 中，公式自动调整为“=SUM($A$2:B6)”，如图 8-6 所示。

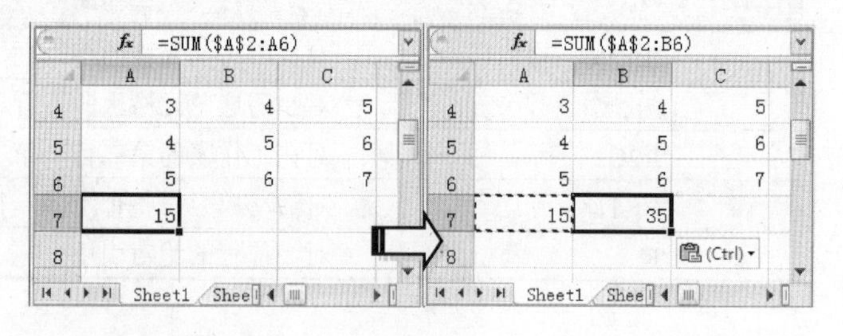

图 8-6　混合单元格引用

5. 三维地址引用

三维地址引用是指在同一个工作簿中引用不同工作表中的单元格，同时还可以利用函数引用不同工作簿中不同工作表中的单元格。三维引用的一般格式为“工作表名!:单元格地址”。例如，在 Sheet2 工作表中的 A1 单元格中输入“=Sheet1!A3+B1”公式，表示引用工作簿 Sheet1 中的单元格 A3 中的数据与 Sheet2 工作表中的单元格 B1 中的数据，如图 8-7 所示。

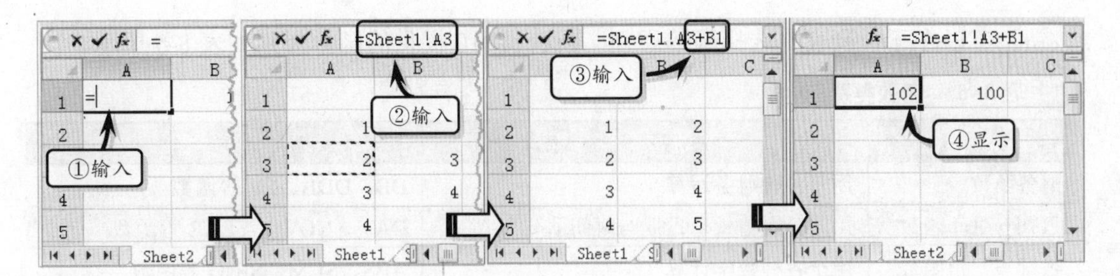

图 8-7 三维地址引用

8.2 使用函数

函数是系统预定义的特殊公式，它使用参数按照特定的顺序或结构进行计算。其中，参数规定了函数的运算对象、顺序或结构等，是函数中最复杂的组成部分。Excel 2010 为用户提供了几百个预定义函数，通过这些函数可以对某个区域内的数值进行一系列运算，例如分析存款利息、确定贷款的支付额、计算三角函数、计算平均值、排序显示等。

8.2.1 输入函数

函数是由函数名称与参数组成的一种语法，该语法以函数的名称开始，在函数名之后是左括号，右括号代表着该函数的结束，在两括号之间的是使用逗号分隔的函数参数。在 Excel 2010 中，用户可以通过直接输入、【插入函数】对话框与【函数库】选项组 3 种方法输入函数。

1. 直接输入

如果用户非常熟悉函数的语法，可以在单元格或【编辑栏】中直接输入函数。

- **单元格输入** 双击该单元格，首先输入等号“=”，然后直接输入函数名与参数，按 Enter 键即可。
- **【编辑栏】输入** 选择单元格，在【编辑栏】中直接输入“=”，然后输入函数名与参数，单击【输入】按钮即可。

技 巧

在【编辑栏】中输入函数时，当输入“=”后在【名称框】中将显示函数名称，单击该下三角按钮，在下拉列表中选择函数即可。

2. 使用【插入函数】对话框

对于复杂的函数，用户可以执行【公式】|【函数库】|【插入函数】命令，在弹出的【插入函数】对话框中选择函数，如图 8-8 所示。

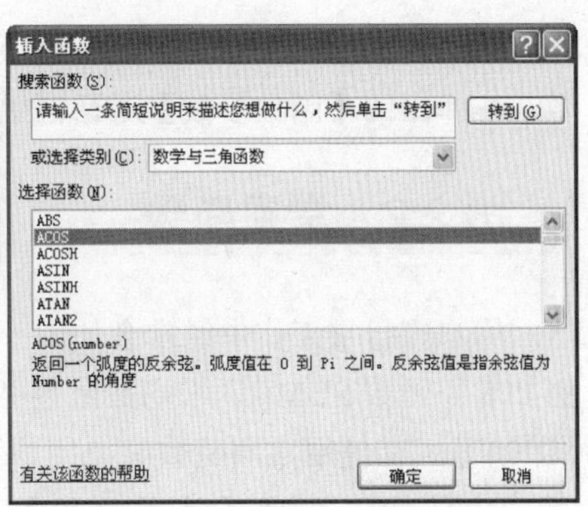

图 8-8 【插入函数】对话框

在该对话框中，单击【或选择类别】下三角

按钮，可以在下拉列表中选择函数类别。Excel 2010 提供的函数类别如表 8-5 所示。

表 8-5 函数类别

函数类别	说明	函数
财务函数	用于各种财务运算	DB、DDB、FV 等函数
日期与时间函数	用于分析与处理日期与时间值	DAY、NOW、YEAR 等函数
数学与三角函数	用于各种数学计算	ABS、SUM、SING 等函数
统计函数	对数据区域进行统计分析	MAX、MIN、SMALL 函数
查找与引用函数	对指定的单元格、单元格区域返回各项信息或运算	ROW、AREAS、HLOOKUP 等函数
数据库函数	用于分析与处理数据清单中的数据	DMAX、DMIN、DSUM 等函数
文本函数	用于在公式中处理文字串	LEN、REPT、TEXT 等函数
逻辑函数	用于进行真假值判断或复合检验	IF、OR、TRUE 等函数
信息函数	用于确定保存在单元格中的数据类型	INFO、ISEVEN、ISNA 等函数
工程函数	对数值进行各种工程上的运算与分析	IMABS、IMLN、IMSUM 等函数
多维数据集函数	分析外部数据源中的多维数据集	CUBEMEMBER 等函数
兼容性	用于存储一些与 Excel 2007 兼容的函数	FINV、COVAR、RANK 等函数

在【插入函数】对话框中的【选择函数】列表中选择相应的函数，单击【确定】按钮，在弹出的【函数参数】对话框中输入参数或单击【选择数据】按钮选择参数，如图 8-9 所示。

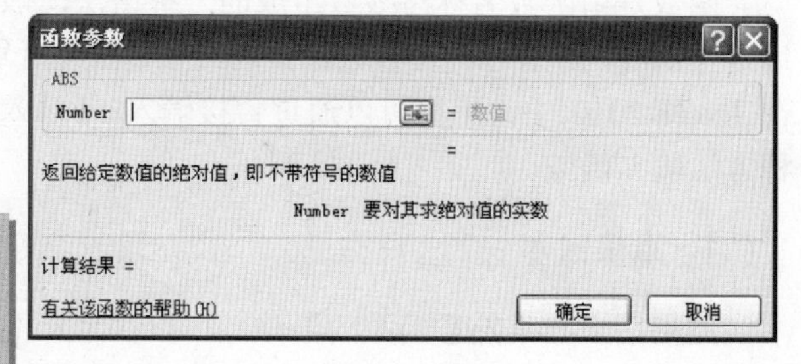

图 8-9 输入参数

提 示

在【插入函数】对话框中，用户可以在【搜索函数】文本框中输入函数类别，单击【转到】按钮即可在【选择函数】列表中选择函数。

3. 使用【函数库】选项组

用户可以直接执行【公式】选项卡【函数库】选项组中的各类命令，选择相应的函数，在弹出的【函数参数】对话框中输入参数即可。

8.2.2 常用函数

用户在日常工作中经常会使用一些固定函数进行计算数据，从而简化数据的计算，例如求和函数 SUM()、平均数函数 AVERAGE()、求最大值函数 MAX()、求最小值函数 MIN()等。在使用常用函数时，用户只需在【插入函数】对话框中单击【或选择类别】下三角按钮，选择【常用函数】选项即可。在工作中经常使用的函数如表 8-6 所示。

表 8-6 常用函数

函 数	格 式	功 能
SUM()	=SUM(number1,number2,…)	返回单元格区域中所有数字的和
AVERAGE()	=AVERAGE(number1,number2,…)	返回所有参数的平均数
IF()	=IF(logical_tset,value_if_true,value_if_false)	执行真假值判断，根据对指定条件进行逻辑评价的真假，而返回不同的结果
COUNT()	=COUNT(value1,value2…)	计算参数表中的参数和包含数字参数的单元格个数
MAX()	=MAX(number1,number2,…)	返回一组参数的最大值，忽略逻辑值及文本字符
SUMIF()	=SUMIF(range,criteria,sum_range)	根据指定条件对若干单元格求和
PMT()	=PMT(rate,nper,fv,type)	返回在固定利率下，投资或贷款的等额分期偿还额
STDEV()	=STDEV(number1,number2…)	估算基于给定样本的标准方差
SIN()	=SIN(number)	返回给定角度的正弦

8.2.3 求和计算

在工作中，经常会用到求和函数进行数据的求和计算。Excel 2010 不仅为用户提供了快捷的自动求和函数，而且还为用户提供了条件求和与数组求和函数。

1. 自动求和

执行【开始】|【编辑】|【求和】命令，在列表中选择【求和】选项，Excel 2010 将自动对活动单元格上方或左侧的数据进行求和计算。

另外，用户可执行【公式】|【函数库】|【自动求和】命令，在列表中选择【求和】选项即可，如图 8-10 所示。

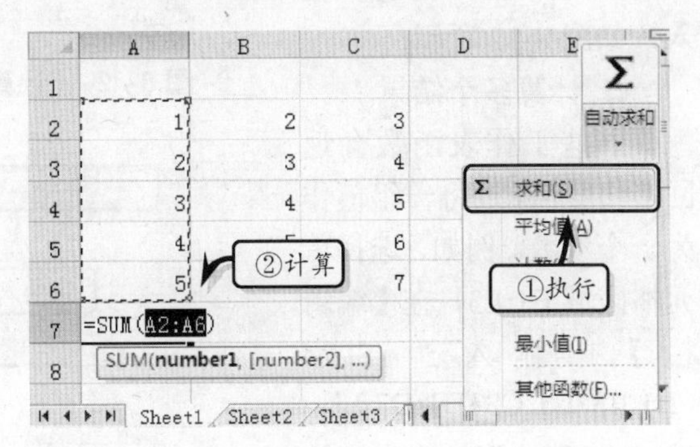

图 8-10 自动求和

提 示

在自动求和时，系统会自动以虚线显示求和区域。用户可以拖动鼠标扩大或缩小求和区域。

2. 条件求和

条件求和是根据指定的一个或多个条件对单元格区域进行求和计算。

选择需要进行条件求和的单元格区域，执行【公式】|【函数库】|【插入函数】命令。选择【数学和三角函数】类别中的 SUMIF 函数，在弹出的【函数参数】对话框中设置各项函数即可，如图 8-11 所示。

【函数参数】对话框中的各参数含义如下所述。

- **Range** 需要进行计算的单元格区域。
- **Criteria** 以数字、表达式或文本定义的条件。
- **Sum_range** 用于求和计算的实际单元格。

3. 数组求和

数组公式是对一组或多组数值执行多重计算，返回一个或多个结果。数组公式区别于普通公式的标志为大括号“{}”，需要在输入数组公式后按 Ctrl+Shift+Enter 组合键结束公式的输入时显示大括号“{}”。在进行数组求和时，主要可分为计算单个结果与计算多个结果两种方式。

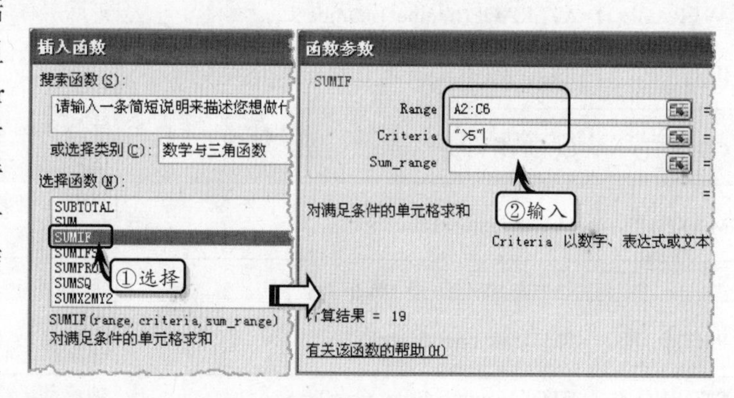

图 8-11 基于一个条件求和

❑ 计算单个结果

此类数组公式通过用一个数组公式代替多个公式的方式来简化工作表中的公式。例如，选择放置数组公式的单元格，在【编辑栏】中输入“=SUM(B1:B3*C1:C3*D1:D3)”，按 Ctrl+Shift+Enter 组合键确认输入，如图 8-12 所示。

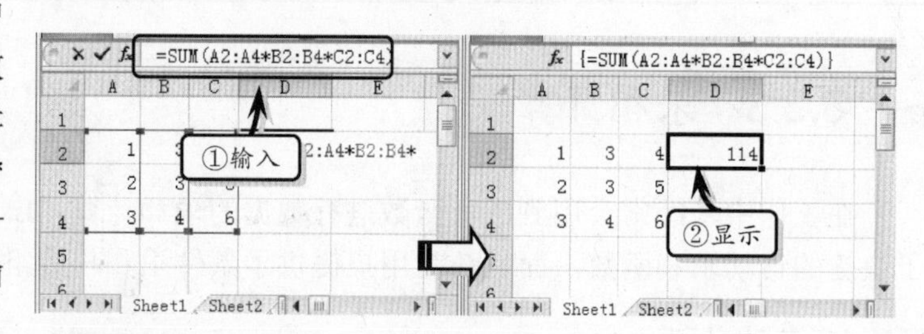

图 8-12 计算单个结果

❑ 计算多个结果

一些工作表函数会返回多组数值，或将一组值作为一个参数。例如，选择单元格区域 E1:E3，在【编辑栏】中输入“=SUM(B1:B3*C1:C3*D1:D3)”，按 Ctrl+Shift+Enter 组合键确认输入，如图 8-13 所示。

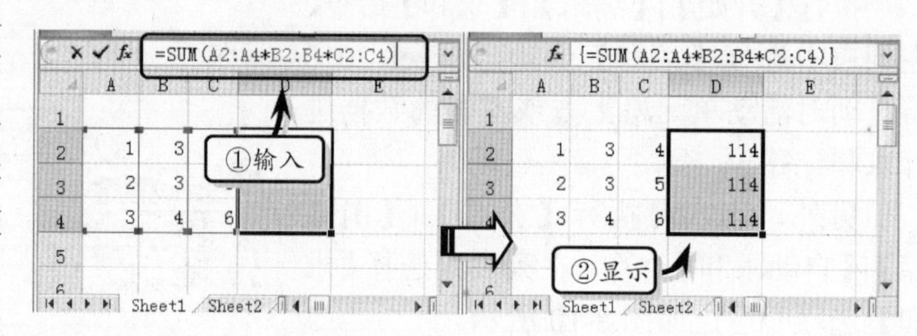

图 8-13 计算多个结果

提 示

在计算多个结果时，不能在单元格区域中删除或更改数组值的一部分，只能删除或更改所有的数组值。

8.2.4 使用名称

名称是显示在【名称框】中的标识，可以在公式中通过使用名称来引用单元格。用户不仅在操作单元格时可以通过直接引用名称来指定单元格范围，而且还可以使用行列标志与内容来指定单元格名称。

1. 创建名称

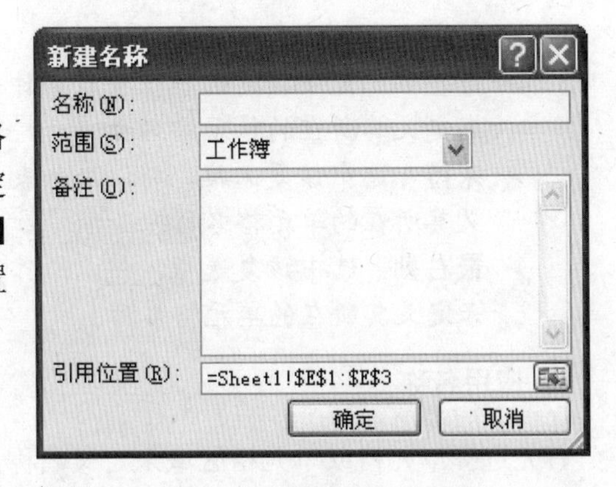

图 8-14 【新建名称】对话框

选择需要定义名称的单元格或单元格区域，执行【公式】|【定义的名称】|【定义名称】命令，在列表中选择【定义名称】选项。在弹出的【新建名称】对话框中设置各项选项即可，如图 8-14 所示。

该对话框主要包括下列选项。

- **名称** 输入新建地址的名称。
- **范围** 选择新建名称的使用范围，包括工作簿、Sheet1、Sheet2 与 Sheet3。
- **备注** 对新建名称的描述性说明。
- **引用位置** 显示新建名称的单元格区域，可以在单元格中先选择单元格区域再新建名称，也可以单击该选项中的【选择数据】按钮来设置引用位置。

提 示

用户也可以执行【定义名称】|【名称管理器】命令，在弹出的对话框中选择【新建】选项即可弹出【新建名称】对话框。

另外，用户还可以使用行列标志与所选内容创建名称。

- **使用行列标志创建名称**

选择需要创建名称的单元格或单元格区域，执行【定义的名称】|【定义名称】命令。弹出【新建名称】对话框，在【名称】文本框中输入表示列标的字母或输入表示行号的数字即可，如图 8-15 所示。

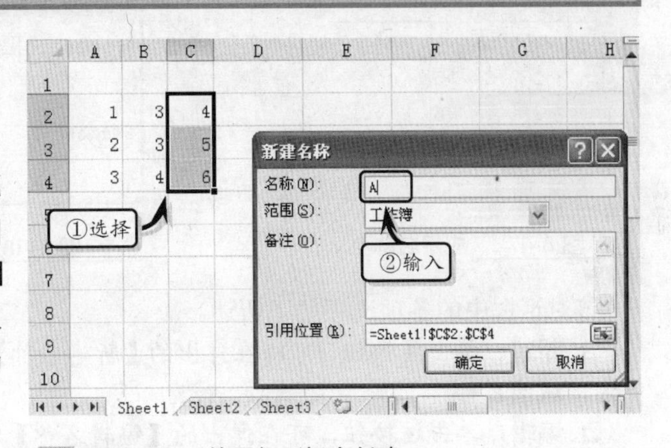

图 8-15 使用行列标志创建

提 示

在【新建名称】对话框中的【名称】文本框中输入名称时，第一个字符必须以字母或下划线"_"开始。

- **根据所选内容创建名称**

选择需要创建名称的单元格区域，执行【定义的名称】|【根据所选内容创建】命令。在弹出的【以选定区域创建名称】对话框中设置各项选项即可，如图 8-16 所示。

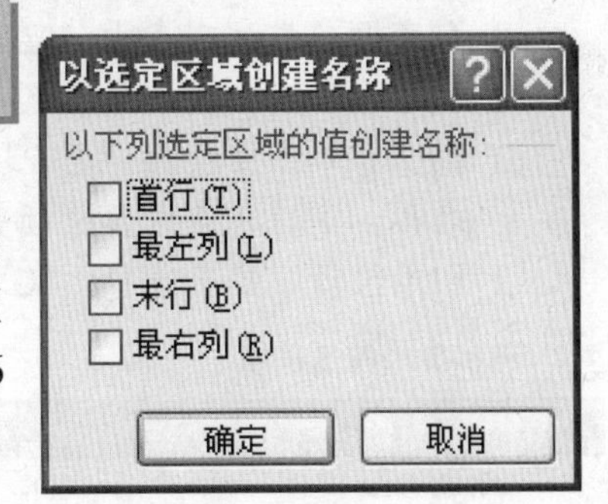

图 8-16 设置创建选项

该对话框中的各选项的具体功能如下所述。

- **首行** 选中该复选框，将以工作表中第一行的内容来定义其所在的单元格。

- **最左列** 选中该复选框，将以工作表中所选单元格区域最左边一列中的内容来定义其所在的单元格名称。
- **末行** 选中该复选框，将以工作表中所选单元格区域最后一行中的内容来定义其所在的单元格名称。
- **最右列** 选中该复选框，将以工作表中所选单元格区域最右边一列中的内容来定义其所在的单元格名称。

2. 应用名称

首先选择单元格或单元格区域来定义名称，然后在单元格中输入公式时执行【定义的名称】|【用于公式】命令，在下拉列表中选择定义名称即可，如图 8-17 所示。

3. 管理名称

用户可以使用管理名称功能，来删除或编辑所创建的名称。执行【定义的名称】|【名称管理器】命令，在弹出的【名称管理器】对话框中删除或编辑名称即可，如图 8-18 所示。

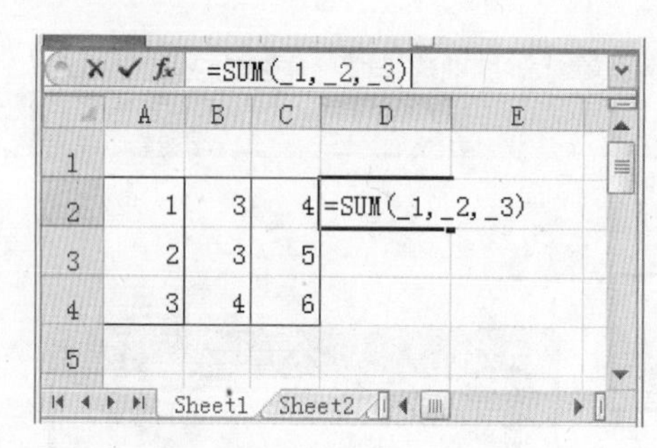

图 8-17 应用名称

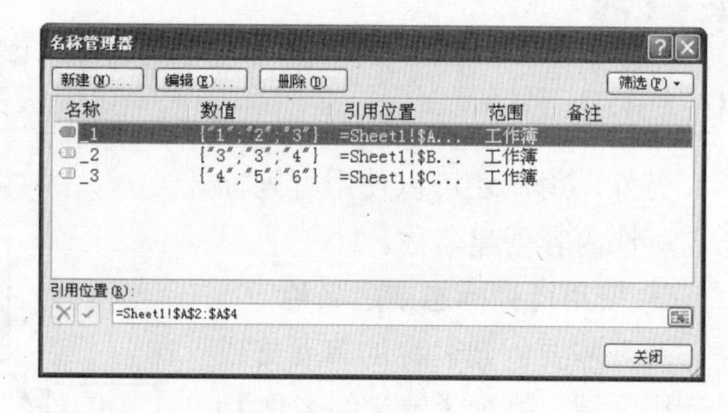

图 8-18 管理名称

该对话框中的各项选项如下所述。

- **新建** 单击该按钮，可以在弹出的【新建名称】对话框中新建单元格或单元格区域的名称。
- **编辑** 单击该按钮，可在弹出的【编辑名称】对话框中修改选中的名称。
- **删除** 单击该按钮，可删除选中的名称。
- **列表框** 在该列表中，显示了定义的所有单元格或单元格区域定义名称的名称、数值、引用位置、范围及备注内容。
- **筛选** 单击该按钮，在下拉列表中选择相应的选项，即可在列表框中显示指定的名称。下拉列表中各选项如表 8-7 所示。
- **引用位置** 显示选择定义名称的引用表与单元格。

表 8-7 筛选选项

选　项	功　能
清除筛选	清除定义名称中的筛选
名称扩展到工作表范围	显示工作表中的定义的名称
名称扩展到工作簿范围	显示工作簿中定义的名称

续表

选　项	功　能
有错误的名称	显示定义的有错误的名称
没有错误的名称	显示定义的没有错误的名称
定义的名称	显示定义的所有名称
表名称	显示定义的工作表的名称

8.3 审核工作表

在使用公式或函数计算数据时，由于引用与表达式的复杂性，偶尔会在运行公式时无法显示结果，并且在单元格中出现相应的错误信息。此时，用户可以运用 Excel 2010 中的审核功能，来查找发生错误的单元格并予以修正。

8.3.1 显示错误信息

用户在输入公式时，特别是输入复杂与嵌套函数时，往往因为参数的错误或括号与符号的多少而引发错误信息。处理工作表中的错误信息，是审核工作表的一部分工作。通过所显示的错误信息，可以帮助用户查找可能发生的原因，从而获得解决方法。Excel 2010 中常见的错误信息与解决方法如下所述。

- **######**　当单元格中的数值或公式太长而超出了单元格宽度时，或使用负日期或时间时，将产生该错误信息。用户可通过调整列宽的方法解决该错误信息。
- **#DIV/O!**　当公式被 0（零）除时，会产生该错误信息。用户可通过在没有数值的单元格中输入#N/A，使公式在引用这些单元格时不进行数值计算并返回#N/A 的方法来解决该错误信息。
- **#NAME?**　当在公式中使用了 Microsoft Excel 不能识别的文本时，会产生该错误信息。用户可通过更正文本的拼写、在公式中插入函数名称或添加工作表中未被列出的名称的方法，来解决该错误信息。
- **#NULL!**　当试图为两个并不相交的区域指定交叉点时，会产生该错误信息。用户可以通过使用联合运算符“,”（逗号）引用两个不相交区域的方法，来解决该错误信息。
- **#NUM!**　当公式或函数中某些数字有问题时，将产生该错误信息。用户可通过检查数字是否超出限定区域，并确认函数中使用的参数类型是否正确的方法，来解决该错误信息。
- **#REF!**　当单元格引用无效时，将产生该错误信息。用户可通过更改公式，或在删除或粘贴单元格内容后，单击【撤销】按钮恢复工作表中单元格内容的方法，来解决该错误信息。
- **#VALUE!**　当使用错误的参数或运算对象类型时，或当自动更改公式功能不能更改公式时，将产生该错误信息。用户可通过确认公式或函数所需的参数或运算符是否正确，并确认公式引用的单元格中所包含的均为有效数值的方法，来解决该错误信息。

8.3.2 使用审核工具

使用审核工具不仅可以检查公式与单元格之间的相互关系并指出错误，而且还可以跟踪选定单元格中的引用、所包含的相关公式与错误。

1. 审核工具按钮

执行【公式】选项卡【公式审核】选项组中的各项命令，可以检查与指出工作表中的公式和单元格之间的相互关系与错误。各项按钮与功能如表 8-8 所示。

表 8-8 【公式审核】命令

按　钮	名　称	功　能
	追踪引用单元格	追踪引用单元格，并在工作表中显示追踪箭头，表明追踪的结果
	追踪从属单元格	追踪从属单元格（包含引用其他单元格的公式），并在工作表中显示追踪箭头，表明追踪的结果
	移去箭头	删除工作表中的所有追踪箭头
	显示公式	显示工作表中的所有公式
	错误检查	检查公式中的常见错误
	追踪错误	显示指向出错源的追踪箭头
	公式求值	打开【公式求值】对话框，对公式每个部分单独求值以调试公式

2. 查找与公式相关的单元格

在解决公式中的错误信息时，用户可通过查找与公式相关的单元格，来查看该公式引用的单元格信息。选择包含公式的单元格，执行【公式】|【公式审核】|【追踪引用单元格】命令。此时，系统将会自动在工作表中以蓝色的追踪箭头与边框指明公式中所引用的单元格，如图 8-19 所示。

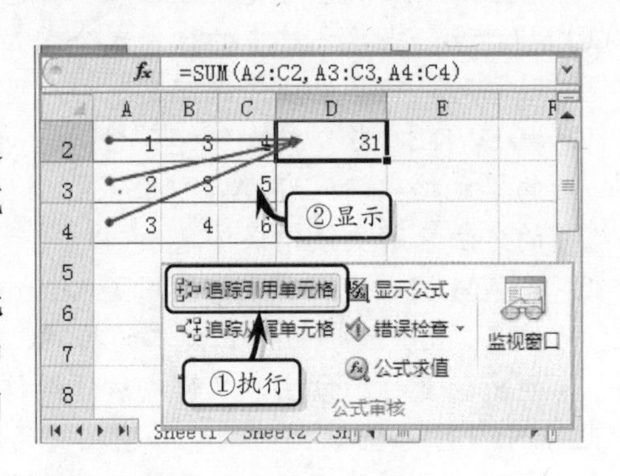

图 8-19 显示引用单元格

另外，选择包含数据的单元格，执行【追踪从属单元格】命令。此时，系统会以蓝色箭头指明该单元格被哪个单元格中的公式所引用，如图 8-20 所示。

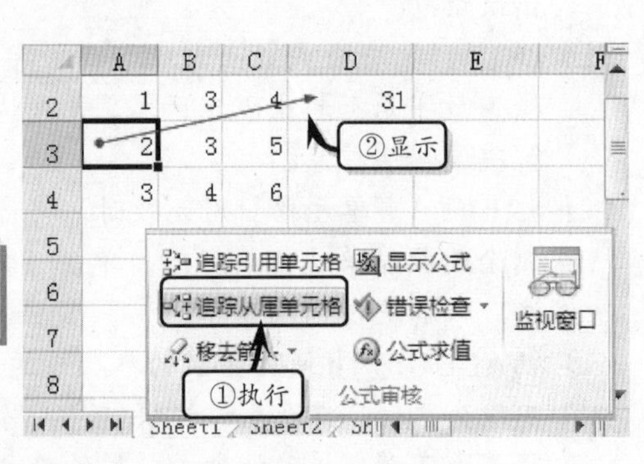

图 8-20 显示公式引用

提　示

用户可以执行【公式审核】选项组中的【移去箭头】命令，来取消追踪箭头。

3. 查找错误源

当包含公式的单元格中显示错误信息时，可以执行【公式】|【公式审核】|【错误检查】命令，查找该错误信息的发生原因。

选择含有错误信息的单元格，在【错误检查】下拉列表中选择【追踪错误】选项。此时，系统在工作表中会指出该公式中引用的所有单元格。其中，红色箭头表示导致错误公式的单元格，蓝色箭头表示包含错误数据的单元格。

另外，当执行【错误检查】下拉列表中的【错误检查】命令时，系统会检查工作表中是否含有错误。当工作表中含有错误时，系统会自动弹出【错误检查】对话框，在对话框中将显示公式错误的原因，如图 8-21 所示。

该对话框中的各选项的功能如下所述。

- ❑ **关于此错误的帮助** 单击该按钮，将会弹出【Excel 帮助】对话框。
- ❑ **显示计算步骤** 单击该按钮，将在弹出的【公式求值】对话框中显示错误位置，如图 8-22 所示。
- ❑ **忽略错误** 单击该按钮，将忽略单元格中公式的错误信息。
- ❑ **在编辑栏中编辑** 单击该按钮，光标会自动转换到【编辑栏】文本框中。
- ❑ **选项** 单击该按钮，可以在弹出的【Excel 选项】对话框中设置公式显示选项。
- ❑ **上一个** 单击该按钮，将自动切换到相对于该错误的上一个错误中。
- ❑ **下一个** 单击该按钮，将自动切换到相对于该错误的下一个错误中。

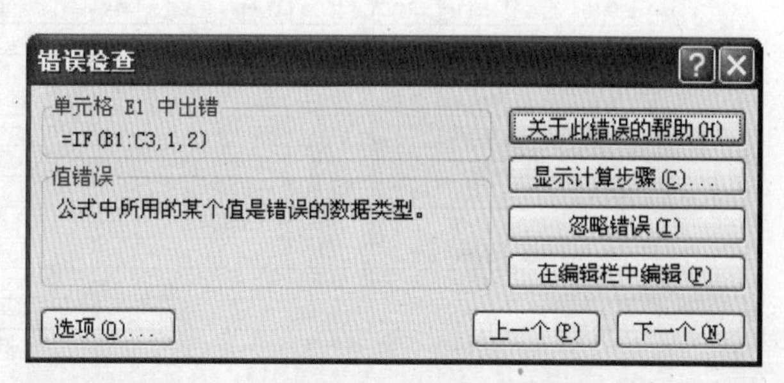

图 8-21 【错误检查】对话框

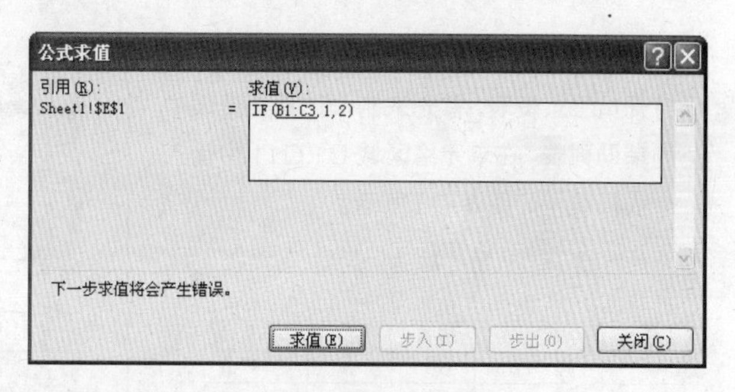

图 8-22 【公式求值】对话框

4. 监视数据

监视数据功能是 Excel 2010 的新增功能。使用监视器窗口，可以帮助用户监视工作簿中的任何区域中的数据。选择需要监视的单元格，执行【公式】|【公式审核】|【监视窗口】命令。在弹出的【监视窗口】对话框中单击【添加监视】按钮，在弹出的【添加监视点】对话框中选择单元格区域即可，如图 8-23 所示。

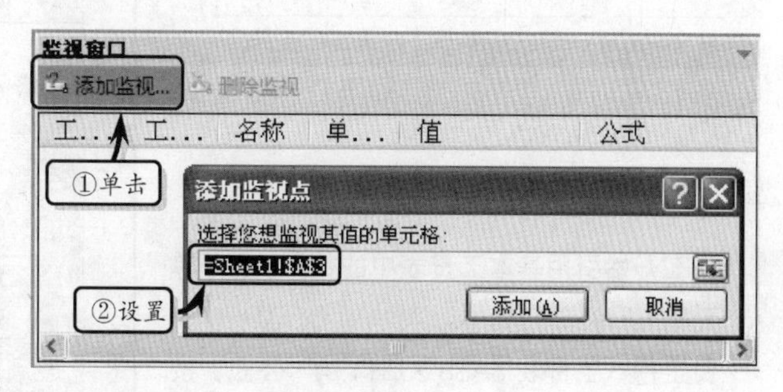

图 8-23 添加监视区域

提 示

在【监视窗口】对话框中选择单元格，单击【删除监视】按钮，即可删除已添加的监视单元格。

8.4 课堂练习：制作员工工资表

员工工资表是企业每月统计员工工资总额与应付工资额的电子表格，利用该表可以体现员工一个月内的出勤、销售、税金等情况。但是在每月月初制作员工工资表时，输入各种数据是工作人员最头疼的事情。为了解决上述难题，在本练习中将运用 Excel 中的函数功能，引用与计算工资表中的各项数据，如图 8-24 所示。

	A	B	C	D	E	F	G	H	I	J	K	L	M
1	( )月员工工资表												
2	工牌号	姓名	部门	职务	基本工资	提成额	住房基金	特殊补助	应扣出勤	工资总额	应扣劳保额	应扣个税	应付工资
3	001	张宏	销售部	文员	3700	0	500	0	100.0	3100.0	300	85.0	2715.0
4	002	李旺	工程部	员工	3000	0	400	100	0.0	2700.0	300	45.0	2355.0
5	003	刘欣	销售部	员工	3200	3000	300	100	220.0	5780.0	300	442.0	5038.0
6	004	王琴	销售部	员工	2500	3500	300	100	36.7	5763.3	300	439.5	5023.8
7	005	李红	餐饮部	员工	2800	500	300	100	300.0	2800.0	300	55.0	2445.0
8	006	王义	客房部	员工	3400	1250	500	100	0.0	4250.0	300	212.5	3737.5
9	007	柳红	餐饮部	员工	2370	1400	300	100	105.0	3465.0	300	121.5	3043.5
10	008	张燕	客房部	员工	2110	1600	300	0	0.0	3410.0	300	116.0	2994.0
11	009	金鑫	销售部	员工	2360	1400	300	100	0.0	3560.0	300	131.0	3129.0
12		合 计			25440	12650	3200	700	761.66667	34828.33	2700	1647.5	30480.83
13	总经理:				财务部:				人事部:			制表人:	

员工基本工资表 / 考勤统计表 / 提成表 / 福利表 / 工资表

图 8-24 员工工资表

操作步骤

1 打开员工工资表，首先来制作计算工资表中的辅助列表。在单元格区域 O1:Q11 中输入个税标准，如图 8-25 所示。

	M	N	O	P	Q	R
1			个税标准			
2	应付工资		最低	最高	税率	速算扣除数
3			0	500	5%	0
4			500	2000	10%	25
5			2000	5000	15%	125
6			5000	20000	20%	375
7			20000	40000	25%	1375
8			40000	60000	30%	3375
9			60000	80000	35%	6375

员工基本工资表 / 考勤统计表

图 8-25 制作辅助列表

2 现在开始引用基本工资表中的数据。选择单元格 E3，在单元格中输入“=VLOOKUP(A3,员工基本工资表!$A$3:$J$11,9)”公式，按 Enter 键，如图 8-26 所示。

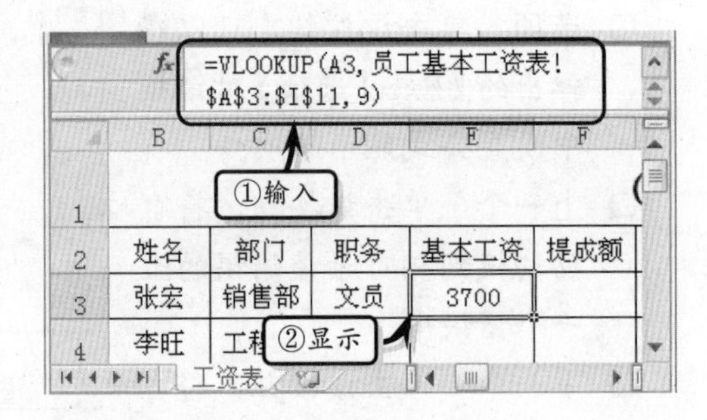

图 8-26 引用基本工资额

3 现在开始引用提成表中的提成额。选择单元格 F3，在单元格中输入“=VLOOKUP(A3,提成表!$A$3:$F$11,6)”公式，按 Enter 键，如图 8-27 所示。

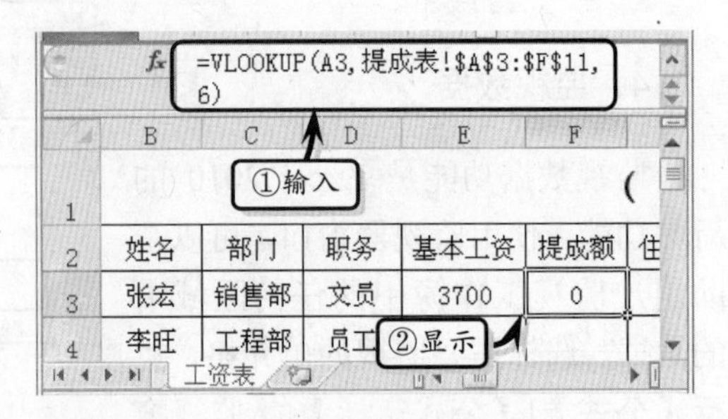

图 8-27 引用提成额

4 现在开始引用福利表中的住房基金额。选择单元格 G3，在单元格中输入“=VLOOKUP(A3,福利表!$A$3:$H$11,5)”公式，按

Enter 键，如图 8-28 所示。

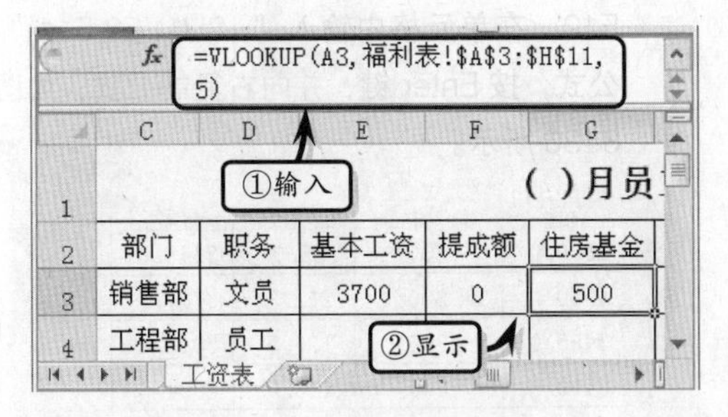

图 8-28　引用住房基金额

5 现在开始引用福利表中的特殊补助额。选择单元格 H3，在单元格中输入“=VLOOKUP(A3,福利表!$A$3:$H$11,7)”公式，按 Enter 键，如图 8-29 所示。

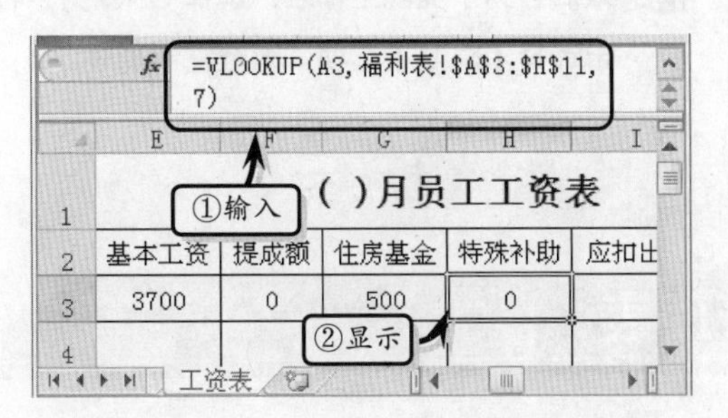

图 8-29　引用特殊补助额

6 现在开始引用考勤统计表中的应扣出勤额。选择单元格 I3，在单元格中输入“=VLOOKUP(A3,考勤统计表!$A$3:$H$11,8)”公式，按 Enter 键，如图 8-30 所示。

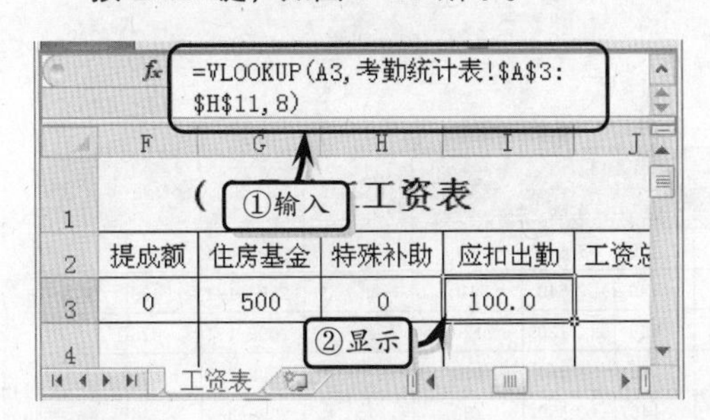

图 8-30　引用应扣出勤额

7 现在开始计算工资额。选择单元格 J3，在单元格中输入“=E3+F3-G3+H3-I3”公式，按 Enter 键，如图 8-31 所示。

8 现在开始引用福利表中的劳保额。选择单元格 K3，在单元格中输入“=VLOOKUP(A3,福利表!$A$3:$H$11,6)”公式，按 Enter 键，如图 8-32 所示。

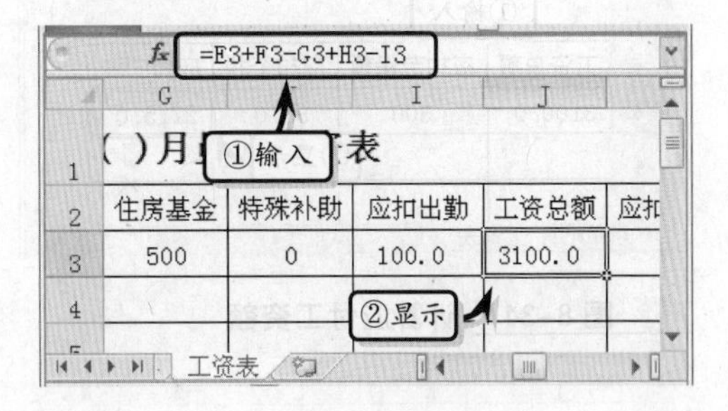

图 8-31　计算总工资额

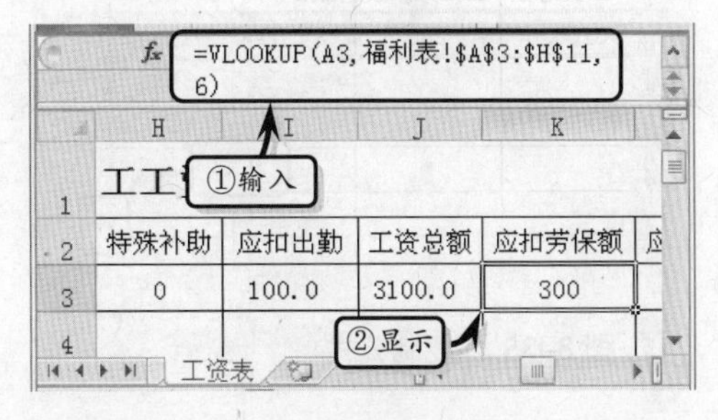

图 8-32　引用应扣劳保额

9 现在开始计算应扣个税额。选择单元格 L3，在单元格中输入“=IF(J3>2000,VLOOKUP((J3-2000),$O$3:$R$11,3)*(J3-2000),0)-IF(J3>2000,VLOOKUP((J3-2000),$O$3:$R$11,4))”公式，按 Enter 键，如图 8-33 所示。

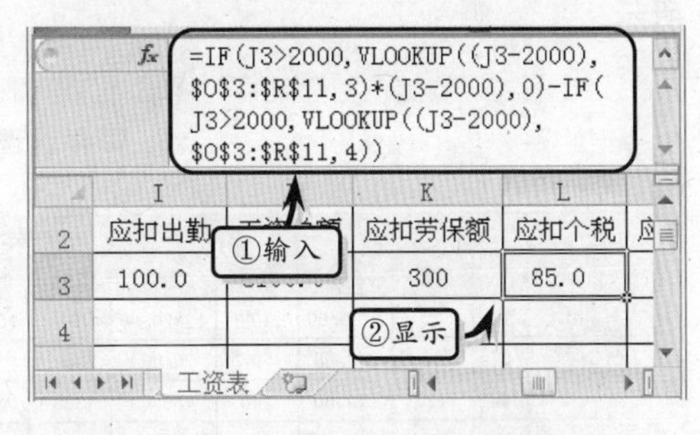

图 8-33　计算应扣个税额

10 现在开始计算应付工资额。选择单元格 M3，在单元格中输入“=J3-K3-L3”公式，按 Enter 键，如图 8-34 所示。

11 现在开始复制公式。选择单元格区域 E3:M3，拖动单元格 M3 右下角的填充柄至单元格 M11 处，如图 8-35 所示。

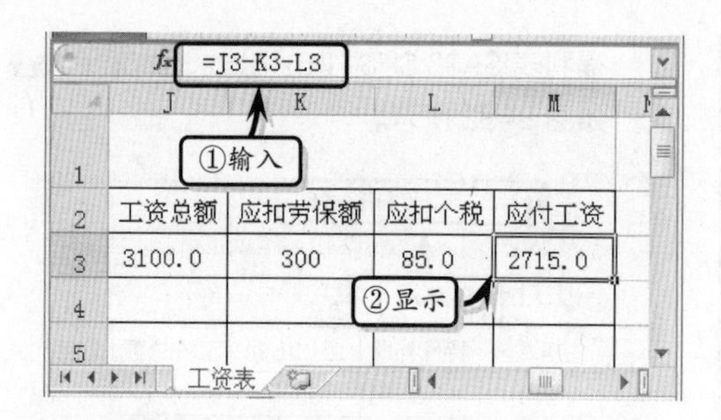

图 8-34 计算应付工资额

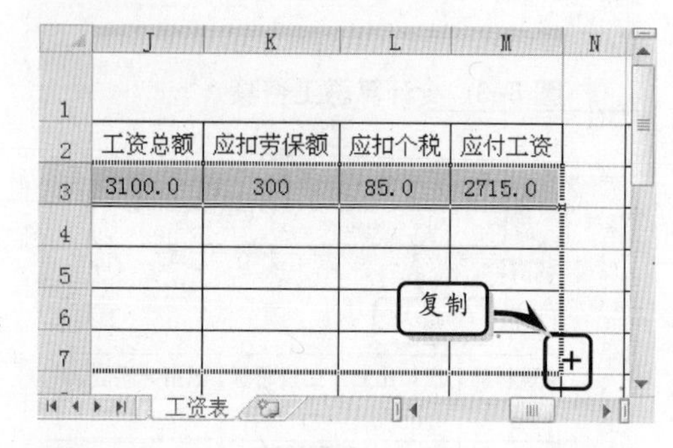

图 8-35 复制公式

12 现在开始计算基本工资的总额。选择单元格 E12，在单元格中输入"=SUM(E3:E11)"公式，按 Enter 键，并向右复制公式，如图 8-36 所示。

	J	K	L	M	N
7	2800.0	300	55.0	2445.0	
8	4250.0	300	212.5	3737.5	
9	3465.0	300	121.5	3043.5	
10	3410.0	300	116.0	2994.0	
11	3560.0	300	131.0	3129.0	
12	34828.33	2700	1647.5	30480.83	
13			制表人:		

工资表

图 8-36 计算单一求和

13 最后，为了美观工作表，选择 O~Q 列，右击选择【隐藏】选项，隐藏复制列表。

8.5 课堂练习：制作库存管理表

库存管理表是库房管理员统计库存商品的收入、发出与结存的情况，一般情况下库房管理员只记录库存商品每天的发出、收入与结存等情况。对于补货与商品过期情况还需要与商品库存表一一核对，既费劲又浪费时间。在本练习中，将运用 Excel 2010 中的函数功能，制作一份可以显示补货与判断商品是否过期功能的库存管理表，如图 8-37 所示。

库存管理表

【起始日期: 终止日期: 】

规格	单位	上期结存		本期收入		本期发出		本期结存		库存标准	补库显示	生产日期	保质期	是否过期
		数量	金额	数量	金额	数量	金额	数量	金额					
1*6	瓶	20	2400.00	100	12000.00	90	10800.00	30	3,600	50	1	2009-4-1	36	
1*6	袋	30	540.00	0	0.00	0	0.00	30	540	10	- 1	2006-1-1	36	过期
1*24	瓶	120	240.00	240	480.00	300	600.00	60	120	120	1	2009-1-1	36	
1*24	瓶	200	400.00	480	960.00	500	1000.00	180	360	120	- 1	2009-2-3	36	
1*48	瓶	100	250.00	240	600.00	200	500.00	140	350	100	- 1	2009-3-4	36	
1*6	瓶	12	4320.00	36	12960.00	30	10800.00	18	6,480	15	- 1	2005-1-1	60	过期
1*6	瓶	15	1800.00	36	4320.00	40	4800.00	11	1,320	15	1	2006-6-1	60	
1*6	瓶	10	1200.00	36	4320.00	35	4200.00	11	1,320	15	1	2007-3-8	60	
1*6	瓶	60	2700.00	36	1620.00	42	1890.00	54	2,430	15	- 1	2007-4-1	60	
1*6	瓶	60	3900.00	36	2340.00	44	2860.00	52	3,380	15	- 1	2008-1-5	60	
计		627	17750	1240	39600	1281	37450	586	19900	475				

Sheet1 Sheet2 Sheet3

图 8-37 库存管理表

操作步骤

1 打开库存管理表，选择单元格区域 E5:E14，执行【公式】|【定义的名称】|【定义名称】命令。在【名称】文本框中输入“上期数量”，单击【确定】按钮，如图 8-38 所示。利用上述方法，分别定义上期金额、本期收入、本期金额、本期发出与本期金额单元格区域名称。

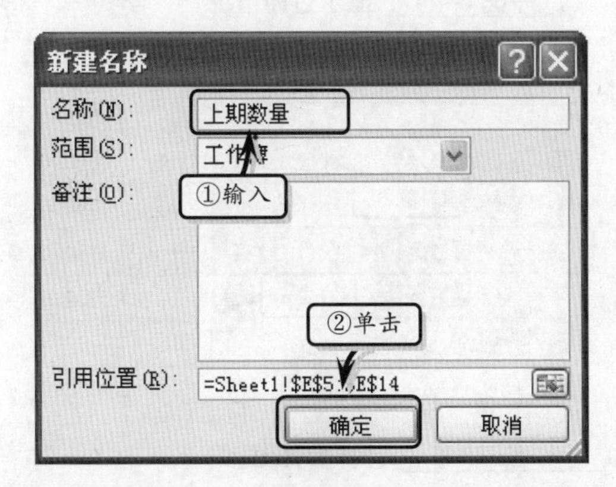

图 8-38 定义名称

2 选择单元格 K5，在单元格中输入“=”号，然后执行【公式】|【定义的名称】|【用于公式】命令，在列表中选择“上期数量”。利用上述方法，分别在公式中输入其他数量名称，如图 8-39 所示。

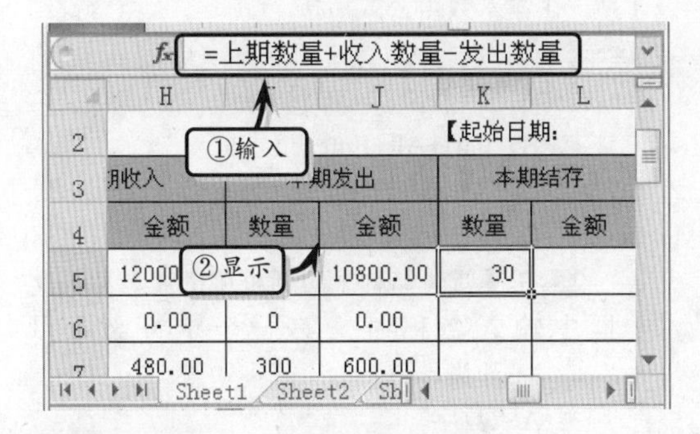

图 8-39 计算本期结存数量

提 示

函数 SIGN 的功能为返回数字的符号，为正时返回 1，为负时返回-1，为零时返回 0。

3 选择单元格 L5，执行【用于公式】命令，在单元格中输入“=上期金额+收入金额-发出金额”公式，按 Enter 键，如图 8-40 所示。

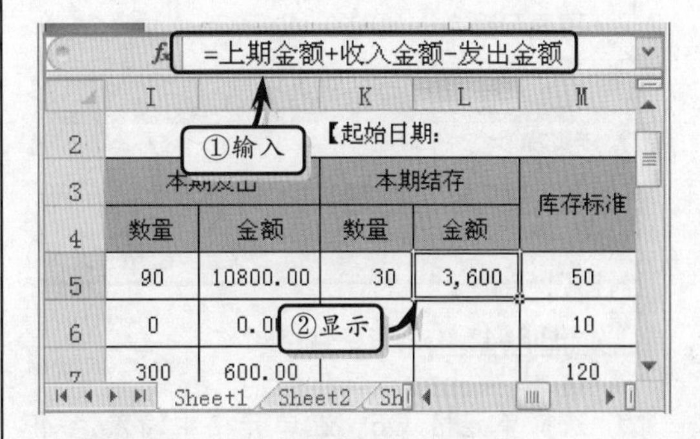

图 8-40 计算本期结存金额

4 选择单元格区域 K5:L5，拖动单元格 L5 右下角的填充柄向下复制公式，如图 8-41 所示。

	I	J	K	L	M
3	本期发出		本期结存		库存标准
4	数量	金额	数量	金额	
5	90	10800.00	30	3,600	50
6	0	0.00			10
7	300	600.00			120
8	500	1000.00			120
9	200	500.00			100
10	30	10800.00			15

复制

图 8-41 复制公式

5 首先需要显示商品的补库情况。选择单元格 N5，在单元格中输入“=SIGN(M5-K5)”公式，按 Enter 键，并拖动填充柄向下复制公式，如图 8-42 所示。

=SIGN(M5-K5)

①输入

	L		N	O
3	结存		补库显示	生产日期
4	金额			
5	3,600	50	1	2009-4-1
6	540			2006-1-1
7	120	120		2009-1-1

②显示

图 8-42 显示补库情况

6 选择单元格区域 N5:N14，执行【开始】|【样式】|【条件格式】|【突出显示单元格规则】|【等于】命令，输入数字“1”，并设置显示颜色，如图 8-43 所示。

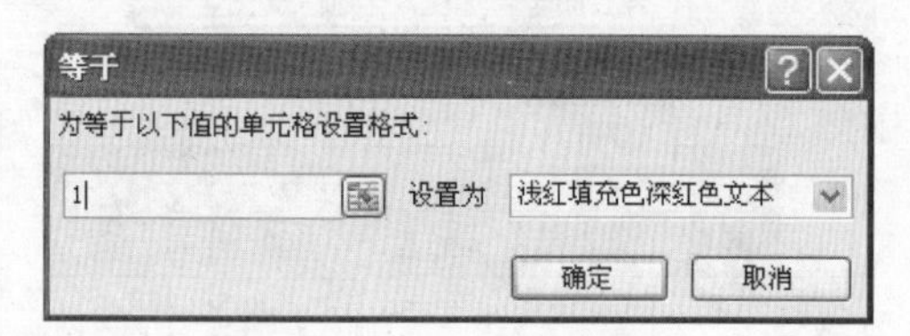

图 8-43 设置条件格式

7 选择单元格 Q5，在单元格中输入“=IF(((DAYS360(O5,TODAY())/30))>=P5,"过期","")”公式，按 Enter 键，并向下复制公式，如图 8-44 所示。

8 选择单元格 E15，在单元格中输入“=SUM(E5:E14)”公式，按 Enter 键，并向右复制公式，如图 8-45 所示。

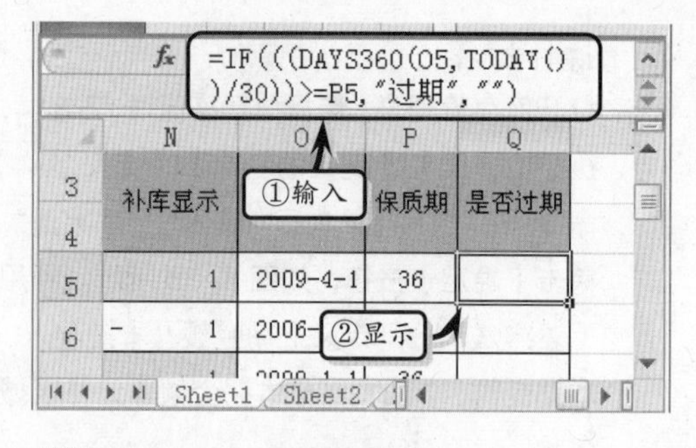

图 8-44 显示过期情况

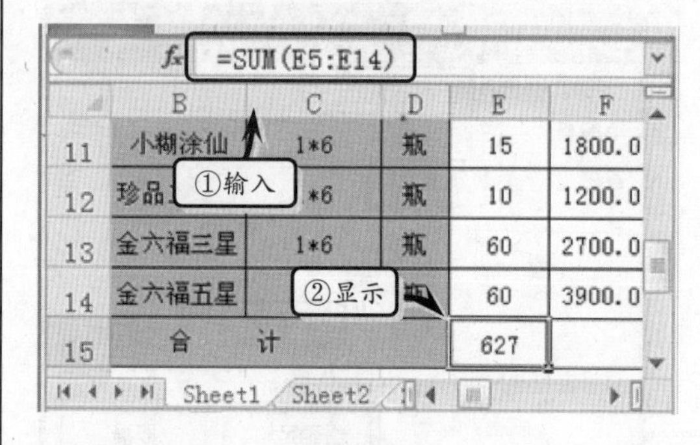

图 8-45 计算合计值

8.6 思考与练习

一、填空题

1. 公式是一个等式，是一个包含了数据与运算符的数学方程式，在输入公式时必须以______开始。

2. 公式中的运算符主要包括算术运算符、比较运算符、____运算符与______运算符。

3. 用户可以通过__________方法，来改变公式的运算顺序。

4. 用户可以使用__________组合键快速显示或隐藏公式。

5. 在 Excel 2010 中使用地址表示的单元格引用样式包括________与 R1C1 引用样式。

6. 绝对引用是指引用一个或几个特定位置的单元格，会在相对引用的列字母与行数字前分别加一个________符号。

7. 在【编辑栏】中输入“=”时，在________中将会显示函数名称。

8. 在 Excel 2010 中运用“数学与三角函数”函数类别中的________时，可以基于一个条件求和。

二、选择题

1. 数组公式是对一组或多组数值执行多重计算，在输入数组公式后按________组合键结束公式的输入。

A. Ctrl+Shift+Tab

B. Ctrl+Alt+Enter

C. Alt+Shift+Enter

D. Ctrl+Shift+Enter

2. 在【新建名称】对话框中的【名称】文本框中输入名称时，第一个字符必须以________开头。

A. 数字

B. 字母或下划线

C. “=”号

D. {}

3. 当含有公式的单元格中出现“#DIV/O!”时，表示________。

A. 表示公式被零（0）除

B. 表示单元格引用无效

C. 表示无法识别

D. 表示使用错误的参数

4. 文本运算符是使用__________将两个文本连接成一个文本。

A. 连接符“&”

B. 连接符“*”

C. 连接符“^”

D. 连接符“+”

5. 优先级是公式的运算顺序，__________运算符是所有运算符中级别最高的。

A. :（冒号）

B. ,（逗号）

C. %（百分号）

D. ^（乘幂）

6. 在复制公式时，单元格引用将根据引用类型而改变；但是在移动公式时，单元格的应用将__________。

A. 保持不变

B. 根据引用类型改变

C. 根据单元格位置改变

D. 根据数据改变

三、问答题

1. 简述运算符的种类与优先级。

2. 单元格引用主要包括哪几种类型，每种类型具有什么功能？

3. 什么是基于多个条件求和？

4. 简述创建名称的具体操作。

四、上机练习

1. 制作试算平衡表

财务人员在记账时，往往需要利用“试算平衡表”来检查财务数据中的错误。在本练习中，将运用 VLOOKUP 函数引用“总账表”中的数据，如图 8-46 所示。首先在单元格 C4 中输入“=VLOOKUP(A4,总账表!$A$3:$F$22,4,1)”公式，按 Enter 键。然后在单元格 D4 中输入“=VLOOKUP(A4,总账表!$A$3:$F$22,5,1)”公式，按 Enter 键。最后选择单元格区域 C4:D4，拖动单元格 D4 右下角中的填充柄向下复制公式。

试算平衡表

科目代码	科目名称	本期发生额		备注
		借方	贷方	
1001	现金	0	0	
1002	银行存款	0	0	
1009	其他货币资金	0	0	
1111	短期投资	0	0	
1112	应收票据	0	0	
1113	应收账款	0	0	

总账表　试算平衡表

图 8-46　试算平衡表

2. 制作成本分析表排名

用户在做生意或销售产品时，往往需要分析产品的销售成本率。在本练习中，将利用 RANK 函数计算销售成本率的排名，如图 8-47 所示。首先在单元格 F3 中输入“=RANK(E3, E3:E10)”公式。然后将光标放置于公式中的 E3 前面，按 F4 键添加绝对应用符号。同时将光标放置于 E10 前面，按 F4 键添加绝对应用符号。最后拖动单元格 F3 右下角的填充柄，向下复制公式。

成本分析表

名称	销售成本	销售收入	销售毛利	销售成本率	排名
乐百氏矿泉水	20000.00	30000.00	10000.00	67%	6
乐百氏纯净水	35000.00	45000.00	10000.00	78%	1
娃哈哈矿泉水	12000.00	20000.00	8000.00	60%	8
娃哈哈纯净水	10000.00	16000.00	6000.00	63%	7
雀巢矿泉水	32000.00	45000.00	13000.00	71%	5
雀巢纯净水	30000.00	41000.00	11000.00	73%	3
燕京矿泉水	37000.00	52000.00	15000.00	71%	4
燕京纯净水	35000.00	47000.00	12000.00	74%	2

Sheet1　Sheet2　Sheet3

图 8-47　制作成本分析表排名

第 9 章

使用图表

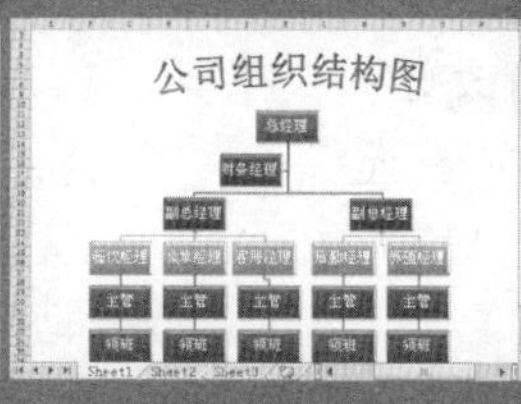

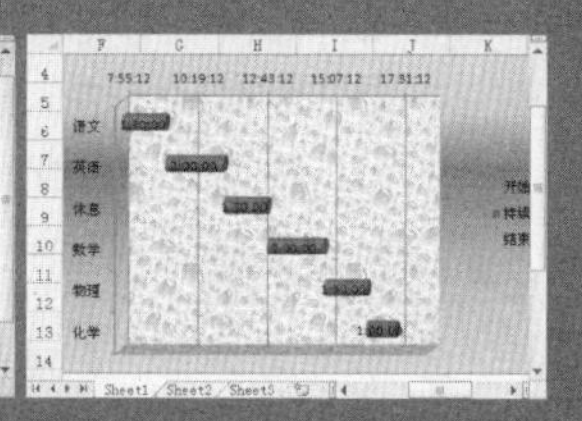

在 Excel 2010 中，用户可以轻松地创建具有专业外观的图表。通过图表分析表格中的数据，可以将表格数据以某种特殊的图形显示出来，从而使表格数据更具有层次性与条理性，并能及时反映数据之间的关系与变化趋势。在本章中，首先讲解图表的基础知识与创建方法，然后讲解图表的美化与编辑，并通过简单的图表练习，使用户完全掌握使用图表分析数据的方法与技巧。

本章学习要点：

- 认识图表
- 创建图表
- 编辑图表
- 设置图表格式
- 使用趋势线与误差线

9.1 创建图表

创建图表是将单元格区域中的数据以图表的形式进行显示，从而可以更直观地分析表格数据。由于 Excel 2010 为用户提供多种图表类型，所以在应用图表之前需要先了解一下图表的种类及元素，以便帮助用户根据不同的数据类型应用不同的图表类型。

9.1.1 认识图表

图表主要由图表区域及区域中的图表对象组成，其对象主要包括标题、图例、垂直（值）轴、水平（分类）轴、数据系列等对象。在图表中，每个数据点都与工作表中的单元格数据相对应，而图例则显示了图表数据的种类与对应的颜色。图表的各个组成元素如图 9-1 所示。

Excel 2010 为用户提供了 11 种标准的图表类型，每种图表类型又包含了若干个子类型，每种图表类型的功能与子类型如表 9-1 所示。

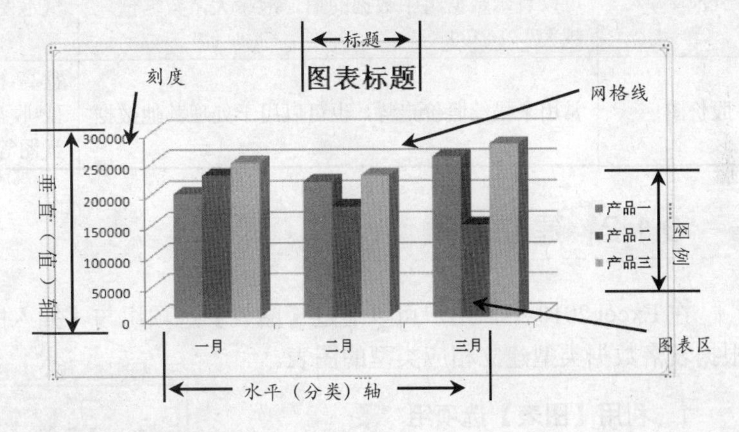

图 9-1 图表组成元素

表 9-1 图表类型

类　型	功　能	子　类　型
柱形图	为 Excel 2010 默认的图表类型，以长条显示数据点的值，适用于比较或显示数据之间的差异	二维柱形图、三维柱形图、圆柱图、圆锥图、棱锥图
折线图	可以将同一系列的数据在图表中表示成点并用直线连接起来，适用于显示某段时间内数据的变化及变化趋势	折线图、带数据标记的折线图、三维折线图
条形图	类似于柱形图，主要强调各个数据项之间的差别情况，适用于比较或显示数据之间的差异	二维条形图、三维条形图、圆柱图、圆锥图、棱锥图
饼图	可以将一个圆面划分为若干个扇形面，每个扇面代表一项数据值，适用于显示各项的大小与各项总和比例的数值	二维饼图、三维饼图
XY 散点图	用于比较几个数据系列中的数值，或者将两组数值显示为 XY 坐标系中的一个系列	仅带数据标记的散点图、带平滑线及数据标记的散点图、带平滑线的散点图、带直线和数据标记的散点图、带直线的散点图
面积图	将每一系列数据用直线连接起来，并将每条线以下的区域用不同颜色填充。面积图强调数量随时间而变化的程度，还可以引起人们对总值趋势的注意	面积图、堆积面积图、百分比堆积面积图、三维面积图、三维堆积面积图、百分比三维堆积面积图

续表

类　型	功　能	子类型
圆环图	与饼图类似，圆环图也是用来显示部分与整体的关系，但圆环图可以含有多个数据系列，它的每一环代表一个数据系列	圆环图、分离型圆环图
雷达图	由一个中心向四周辐射出多条数值坐标轴，每个分类都拥有自己的数值坐标轴，并由折线将同一系列中的值连接起来	雷达图、带数据标记的雷达图
曲面图	类似于拓扑图形，常用于寻找两组数据之间的最佳组合	三维曲面图、三维曲面图（框架图）、曲面图、曲面图（俯视框架图）
气泡图	是一种特殊类型的XY散点图，其中气泡的大小可以表示数据组中数据的值，泡越大，数据值就越大	气泡图、三维气泡图
股价图	常用来描绘股价走势，也可以用于处理其他数据	盘高-盘低-收盘图、开盘-盘高-盘低-收盘图、成交量-盘高-盘低-收盘图等类型

9.1.2 建立图表

在Excel 2010中，用户可以通过【图表】选项组与【插入图表】对话框两种方法，根据表格数据类型建立相应类型的图表。

1. 利用【图表】选项组

选择需要创建图表的单元格区域，执行【插入】选项【图表】选项组中的命令，在下拉列表中选择相应的图表样式即可，如图9-2所示。

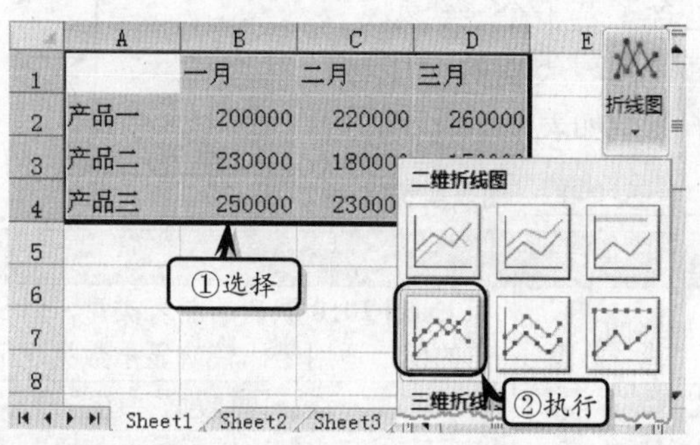

图9-2　建立折线图

技　巧

如果用户想建立基于默认图表类型的图表，可以使用Alt+F1组合键建立嵌入式图表，或使用F11键建立图表工作表。

2. 利用【插入图表】对话框

选择需要创建图表的单元格区域，执行【插入】|【图表】|【对话框启动器】命令，在弹出的【插入图表】对话框中选择相应图表类型即可，如图9-3所示。

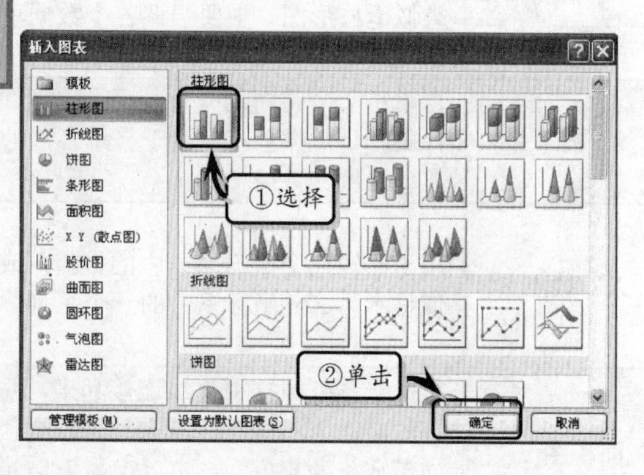

图9-3　【插入图表】对话框

该对话框中，除了包括各种图表类型与子类型之外，还包括管理模板与设置为默认图表两种选项，其具体功能如下所述。

- ❑ **管理模板** 选择该选项，可在弹出的对话框中对 Microsoft 提供的模板进行管理。
- ❑ **设置为默认图表** 可将选择的图表样式设置为默认图表。

提 示

在【图表】选项组中，单击图表类型下三角按钮，在下拉列表中选择【所有图表类型】选项，即可弹出【插入图表】对话框。

9.2 编辑图表

创建完图表之后，为了使图表具有美观的效果，需要对图表进行编辑操作，例如调整图表大小、添加图表数据、为图表添加数据标签元素等操作。

9.2.1 调整图表

编辑图表的首要操作便是根据工作表的内容与整体布局，调整图表的位置及大小。编辑图表之前，必须通过单击图表区域或单击工作簿底部的图表标签以激活该图表与图表工作表。

1．调整位置

默认情况下，Excel 2010 中的图表为嵌入式图表，用户不仅可以在同一个工作簿中调整图表放置的工作表位置，而且还可以将图表放置在单独的工作表中。执行【图表工具】|【设计】|【位置】|【移动图表】命令，在弹出的【移动图表】对话框中选择图表放置位置即可，如图 9-4 所示。

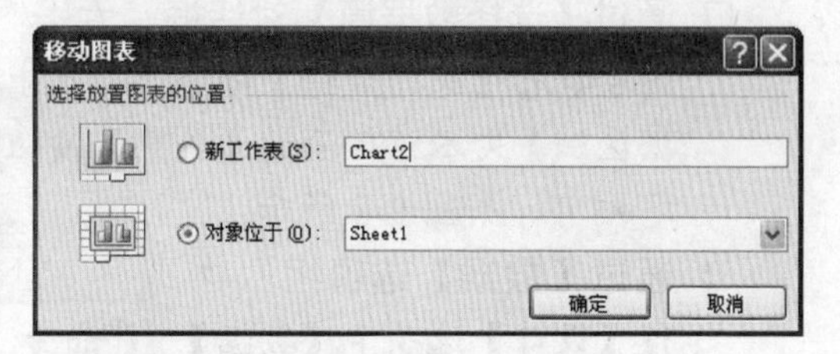

图 9-4 【移动图表】对话框

该对话框中的两种位置意义如下。

- ❑ **新工作表** 将图表单独放置于新工作表中，从而创建一个图表工作表。
- ❑ **对象位于** 将图表插入到当前工作簿中的任意工作表中。

提 示

用户还可以右击图表选择【移动图表】选项，在弹出的【移动图表】对话框中设置图表位置。

2．调整图表的大小

调整图表的大小主要包括以下 3 种方法。

- ❑ **使用【大小】选项组** 选择图表，执行【格式】|【大小】选项组中的【形状高度】与【形状宽度】命令，在文本框中分别输入调整数值即可。
- ❑ **使用【设置图表区格式】对话框** 执行【格式】|【大小】|【对话框启动器】命令，在弹出的【设置图表区格式】对话框中设置【高度】与【宽度】选项值即可，如图 9-5 所示。

- **手动调整** 选择图表，将鼠标置于图表区的边界中的“控制点”上，当光标变成双向箭头时，拖动鼠标即可调整大小，如图 9-6 所示。

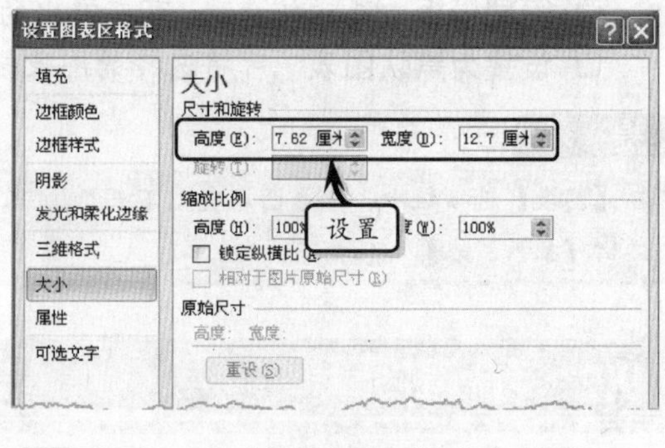

图 9-5 【设置图表区格式】对话框

9.2.2 编辑图表数据

创建图表之后，用户往往由于某种原因编辑图表数据，即添加或删除图表数据。

1. 添加数据

用户可以通过下列 3 种方法来添加图表数据。

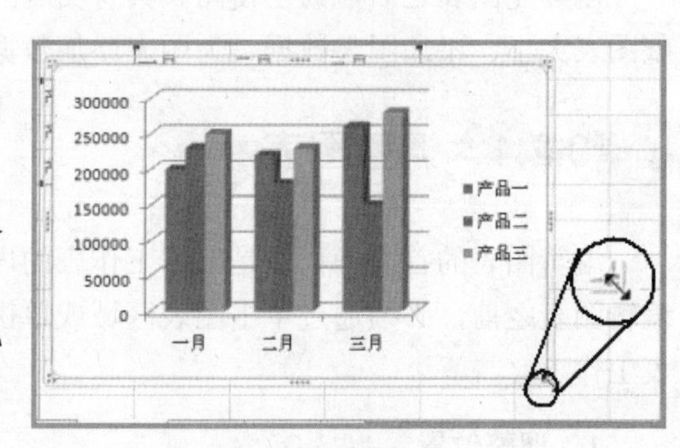

图 9-6 手动调整图表

- **通过工作表** 选择图表，在工作表中将自动以蓝色的边框显示图表中的数据区域。将光标置于数据区域右下角，拖动鼠标增加数据区域即可，如图 9-7 所示。
- **通过【选择数据源】对话框** 右击图表执行【选择数据】命令，在弹出的【选择数据源】对话框中，单击【图表数据区域】文本框后面的【折叠】按钮，重新选择数据区域，单击【展开】按钮即可，如图 9-8 所示。
- **通过【数据】选项组** 执行【设计】选项卡【数据】选项组中的【选择数据】命令，在弹出的【选择数据源】对话框中重新选择数据区域即可。

	一月	二月	三月
产品一	200000	220000	260000
产品二	230000	180000	150000
产品三	250000	230000	280000
产品四	300000	320000	280000

图 9-7 工作表添加数据

2. 删除数据

用户可以通过下列3种方法来删除图表数据。

- **按键删除** 选择表格中需要删除的数据区域，按 Delete 键，即可同时删除工作表与图表中的数据。另外，选择图表中需要删除的数据系列，按 Delete 键即可删除图表中的数据。

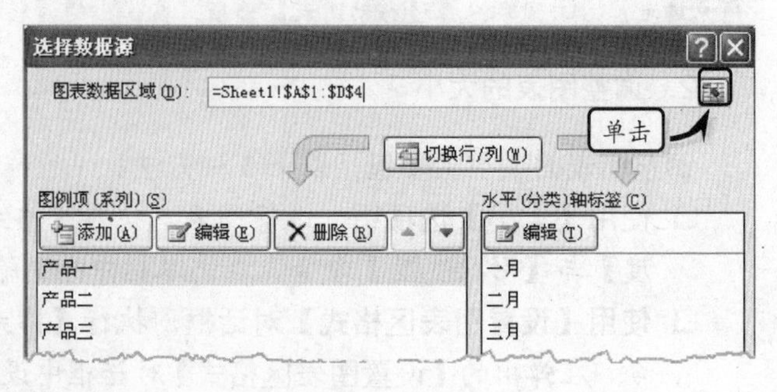

图 9-8 【选择数据源】对话框

- ❑ **【选择数据源】对话框删除** 右击图表执行【选择数据】命令，或执行【图表工具】|【设计】|【数据】|【选择数据】命令，单击【选择数据源】对话框中的【折叠】按钮，缩小数据区域的范围即可。
- ❑ **鼠标删除** 选择图表，则工作表中的数据将自动被选中，将鼠标置于被选定数据的右下角，向上拖动，就可减少数据区域的范围即删除图表中的数据。

9.2.3 编辑图表文字

编辑文字是更改图表中的标题文字，另外还可以切换水平轴与图例元素中的显示文字。

1. 更改标题文字

选择标题文字，将光标定位于标题文字中，按 Delete 键删除原有标题文本输入替换文本即可。另外，用户还可以右击标题执行【编辑文字】命令，按 Delete 键删除原有标题文本输入替换文本即可，如图 9-9 所示。

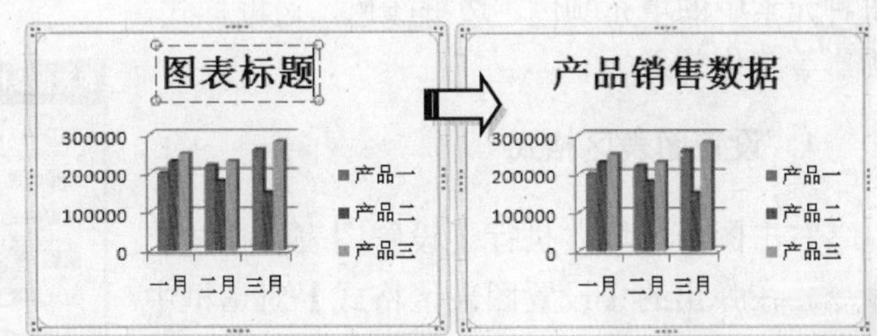

图 9-9 更改标题文字

2. 切换水平轴与图例文字

选择图表，执行【设计】|【数据】|【切换行/列】命令，即可将水平轴与图例进行切换，如图 9-10 所示。

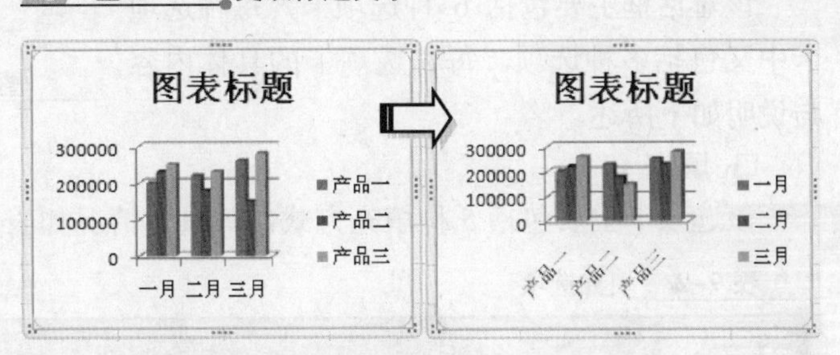

图 9-10 切换水平轴与图例

9.3 设置图表类型与格式

为了达到美化工作表的目的，需要设置图表的颜色、图案、对齐方式等格式。另外，为了满足工作中分析数据的各种要求，用户还需要在多种图表类型之间进行相互转换。

9.3.1 设置图表类型

创建图表之后，用户便可以根据数据类型更改图表类型。更改图表类型的方法如下所示。

- ❑ **通过【图表】选项组** 选择图表，执行【插入】选项卡【图表】选项组中的各项图表类型命令即可。
- ❑ **通过【类型】选项组** 选择图表，执行【图表工具】|【设计】|【类型】|【更改图表类型】命令，在弹出的【更改图表类型】对话框中选择相应的图表类型即可。

- ❑ **通过快捷菜单** 选择图表，右击执行【更改图表类型】命令，在弹出的【更改图表类型】对话框中选择相应的图表类型即可。

提 示

用户可通过选择【更改图表类型】对话框中的【设置为默认图表】选项，来设置默认图表类型。

9.3.2 设置图表格式

设置图表格式是设置标题、图例、坐标轴、数据系列等图表元素的格式，主要设置每种元素中的填充颜色、边框颜色、边框样式、阴影等美化效果。

1. 设置图表区格式

右击图表区域，执行【设置图表区格式】命令。在弹出的【设置图表区格式】对话框中设置各项选项即可，如图 9-11 所示。

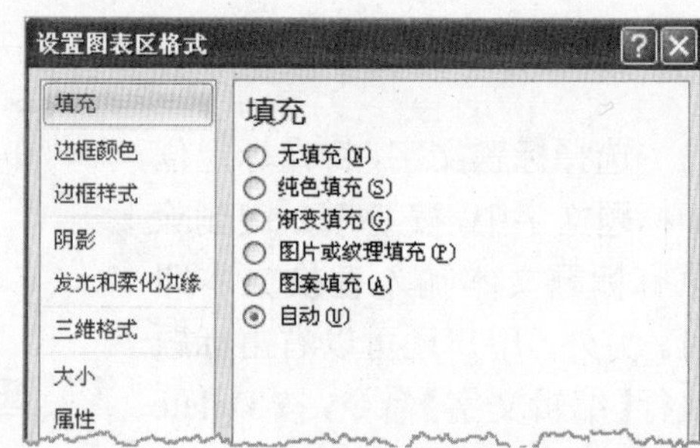

图 9-11 【设置图表区格式】对话框

该对话框主要包括 6 种选项卡，每种选项卡中又包括多种选项。每种选项卡的具体内容与说明如下所述。

- ❑ **填充**

该选项卡主要包括 5 种填充方式，其具体情况如表 9-2 所示。

表 9-2 填充选项

选 项	子 选 项	说 明
无填充		不设置填充效果
纯色填充	颜色	设置一种填充颜色
	透明度	设置填充颜色透明状态
渐变填充	预设颜色	用来设置渐变颜色，共包含 24 种渐变颜色
	类型	表示颜色渐变的类型，包括线性、射线、矩形与路径
	方向	表示颜色渐变的方向，包括线性对角、线性向下、线性向左等 8 种方向
	角度	表示渐变颜色的角度，其值介于 1°~360°之间
	渐变光圈	可以设置渐变光圈的结束位置、颜色与透明度
图片或纹理填充	纹理	用来设置纹理类型，一共包括 25 种纹理样式
	插入自	可以插入来自文件、剪贴板与剪贴画中的图片
	将图片平铺为纹理	表示纹理的显示类型，选择该选项则显示【平铺选项】，禁用该选项则显示【伸展选项】
	伸展选项	主要用来设置纹理的偏移量
	平铺选项	主要用来设置纹理的偏移量、对齐方式与镜像类型
	透明度	用来设置纹理填充的透明状态

❑ 边框颜色

该选项卡主要包括【无线条】、【实线】与【自动】3 种选项。其中，选中【实线】单选按钮，在列表中设置【颜色】与【透明度】选项即可，如图 9-12 所示。

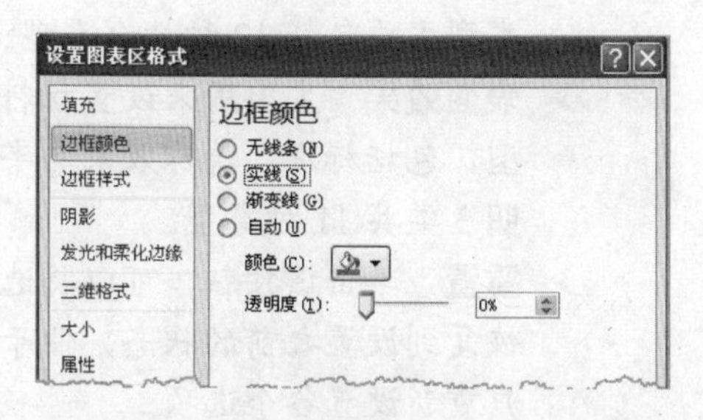

图 9-12 设置边框颜色

❑ 边框样式

该选项卡中主要设置图表的边框样式，如图 9-13 所示。具体选项如下所述。

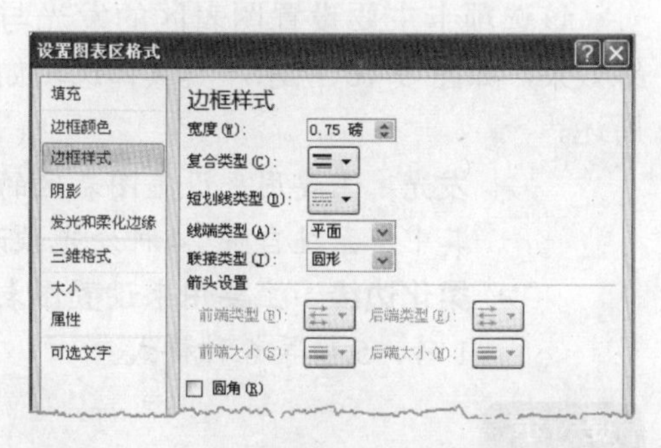

图 9-13 设置边框样式

➢ **宽度** 在微调框中输入数值，可以设置线条边框的宽度。

➢ **复合类型** 用来设置复合线条的类型，包括单线、双线、由粗到细等 5 种类型。

➢ **短划线类型** 用来设置短划线线条的类型，包括方点、圆点、短划线等 8 种类型。

➢ **线端类型** 用来设置短划线的线端类型，包括正方形、圆形与平面 3 种类型。

➢ **连接类型** 用来设置线条的连接类型，包括圆形、棱台与斜接 3 种类型。

➢ **圆角** 选中该复选框，线条将以圆角显示，否则以直角显示。

❑ 阴影

该选项卡主要设置图表区的阴影效果，如图 9-14 所示。其具体选项如下所述。

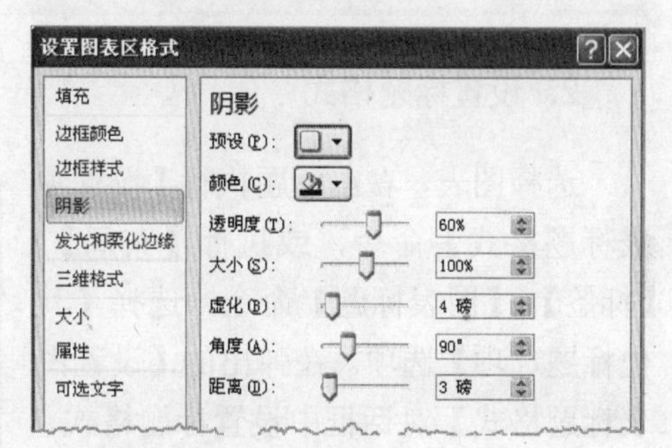

图 9-14 设置阴影

➢ **预设** 用来设置阴影的样式，主要包括内容、外部与透视 3 类共 23 种样式。

➢ **颜色** 用来设置阴影的颜色，主要包括主题颜色、标准色与其他颜色 3 种类型。

另外，【透明度】、【大小】、【模糊】、【角度】与【距离】选项，会随着【预设】选项的改变而改变。当然，用户也可以拖动滑块或在微调框中输入数值来单独调整某种选项的具体数值。

❑ 三维格式

该选项卡主要设置图表区的三维效果，如图 9-15 所示。其具体选项如下所述。

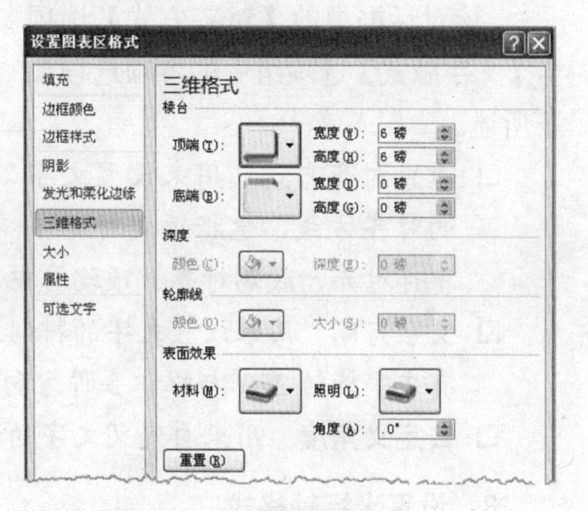

图 9-15 设置三维格式

> **棱台**　主要用来设置顶端与底端的类型、宽度与高度。其中，顶端与底端的类型主要包括12种棱台类型。

> **表面效果**　主要用来设置材料类型，包括标准、特殊效果与半透明3类共11种类型。

> **重置**　单击该按钮，可以将选项恢复到设置之前的状态，便于用户重新设置各个选项。

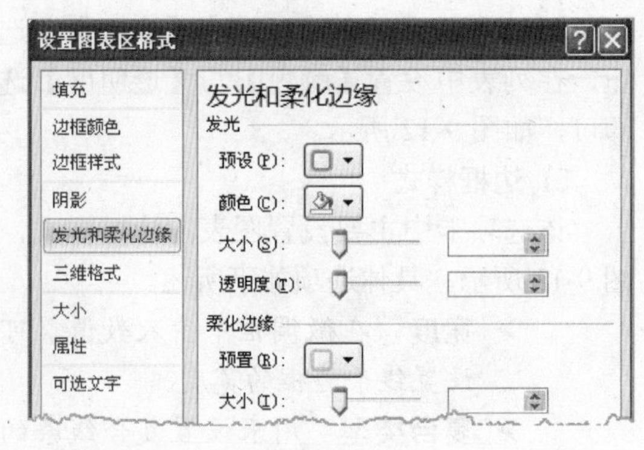

图 9-16　设置三维旋转

❑ **发光与柔化边缘**

该选项卡主要设置图表区的发光与边缘效果，如图 9-16 所示。其具体选项如下所述。

> **发光**　主要用来设置图表区的发光预设样式、颜色类别，以及大小与透明度。其中，系统自带24种发光预设样式。

> **柔化边缘**　主要用来设置图表区预置样式与大小。其中，预置样式主要包括1磅、5磅等6种样式。

提　示

设置绘图区格式与设置图表区格式的操作方法与内容一致，在此不作详细地讲解。

2. 设置标题格式

选择图表，右击标题执行【设置图表标题格式】命令，或执行【布局】|【标签】|【图表标题】命令，选择【其他标题选项】选项。在弹出的【设置图表标题格式】对话框中设置标题格式，如图 9-17 所示。

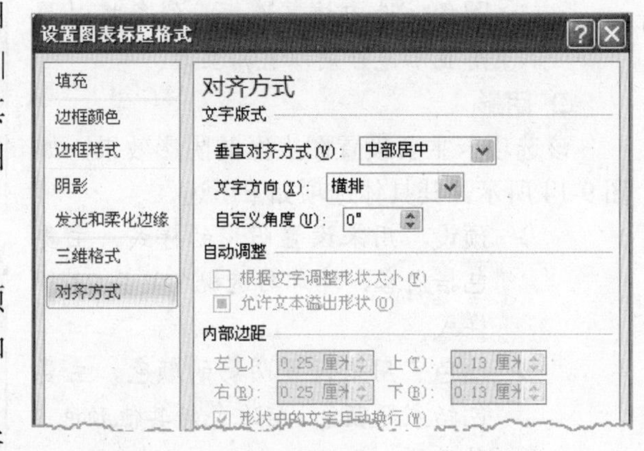

图 9-17　设置标题格式

该对话框中的【对齐方式】选项卡【文字版式】选项组中的各项选项如下所述。

❑ **垂直对齐方式**　用来设置文字的对齐方式，包括顶端对齐、中部对齐、底端对齐、顶端居中、中部居中与底端居中6种方式。

❑ **文字方向**　用来设置文字的排列方向，包括横排、竖排、所有文字旋转90°、所有文字旋转270°与堆积5种方向。

❑ **自定义角度**　用来自定义文字的旋转角度，其值介于–90°~90°之间。

3. 设置坐标轴格式

由于图表坐标轴分为水平坐标轴与垂直坐标轴，所以每种坐标轴中具有不同的格式设置。

❑ 垂直坐标轴

右击垂直坐标轴，执行【设置坐标轴格式】命令，在弹出的【设置坐标轴格式】对话框中设置坐标轴的各项选项即可，如图 9-18 所示。

该对话框中的【坐标轴选项】选项卡中的各项选项，如表 9-3 所示。

另外，【数字】选项卡主要用来设置坐标轴的数字类型。首先选择【数字】选项卡，在【格式代码】文本框中输入自定义的数字格式，并单击【添加】按钮添加到列表框中。选中【链接到源】复选框，表示使用图表数据区域中的数字格式，如图 9-19 所示。

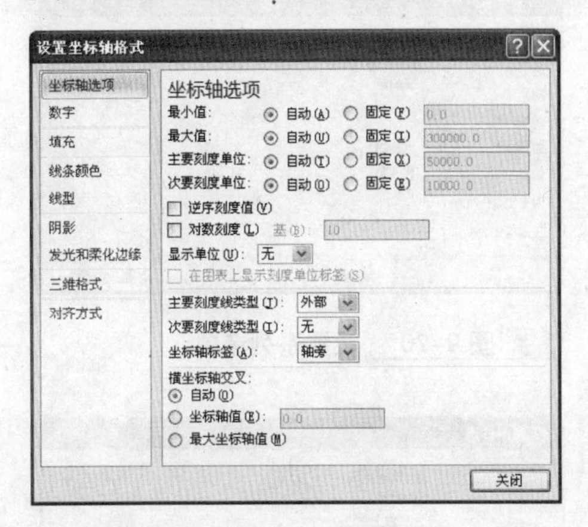

图 9-18 设置坐标轴格式

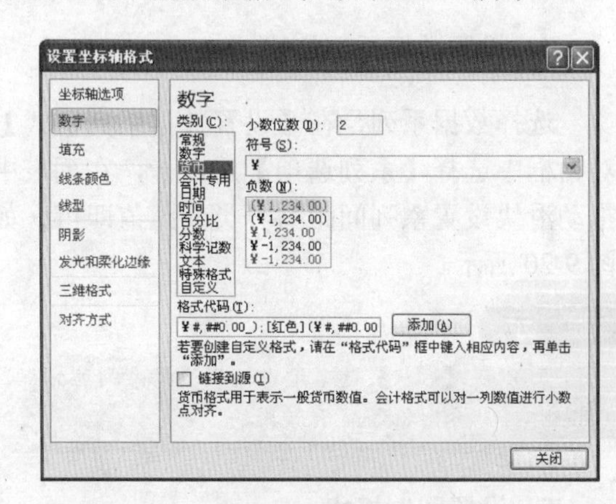

图 9-19 设置数字

表 9-3 【坐标轴选项】选项卡

选　项	子 选 项	说　明
刻度线间隔		设置刻度线之间的间隔，其值介于 1～31999 整数之间
标签间隔	自动	使用默认的标签间隔设置
	指定间隔单位	指定标签间隔单位，其值介于 1～999999999 整数之间
逆序类别		选中该复选框，坐标轴中的标签顺序将按逆序进行排列
标签与坐标轴的距离		设置标签与坐标轴之间的距离，其值介于 1～1000 整数之间
坐标轴类型	根据数据自动选择	选中该单选按钮将根据数据类型设置坐标轴类型
	文本坐标轴	选中该单选按钮表示使用文本类型的坐标轴
	日期坐标轴	选中该单选按钮表示使用日期类型的坐标轴
主要刻度线类型		设置主刻度线为外部、内部或交叉类型
次要刻度线类型		设置次刻度线为外部、内部或交叉类型
坐标轴标签		设置坐标轴标签为无、高、低或轴旁的状态
纵坐标轴交叉	自动	设置图表中数据系列与纵坐标轴之间的距离为默认值
	分类编号	自定义数据系列与纵坐标轴之间的距离
	最大分类	设置数据系列与纵坐标轴之间的距离为最大显示

❑ 水平坐标轴

在保持【设置坐标轴格式】对话框打开的状态下，当选择图表中的【水平坐标轴】元素时，对话框中的内容将自动转换到水平坐标轴内容中。其中，用户可在【坐标轴选项】中设置水平坐标轴的显示选项。

- ➢ **最小值** 将坐标轴标签的最小值设置为固定值或自动值。
- ➢ **最大值** 将坐标轴标签的最大值设置为固定值或自动值。
- ➢ **主要刻度单位** 将坐标轴标签的主要刻度值设置为固定值或自动值。
- ➢ **次要刻度单位** 将坐标轴标签的次要刻度值设置为固定值或自动值。
- ➢ **对数刻度** 执行该选项，可以将坐标轴标签中的值按对数类型进行显示。
- ➢ **显示单位** 执行该选项，可以在坐标轴上显示单位类型。
- ➢ **基底交叉点** 可以将基底交叉点类型设置为自动、指定坐标轴值与最大坐标轴值3种类型。

4．设置数据系列格式

选择数据系列，在【设置数据系列格式】对话框中选择【系列选项】选项卡，在列表中拖动滑块设置系列间距与分类间距值即可，如图9-20所示。

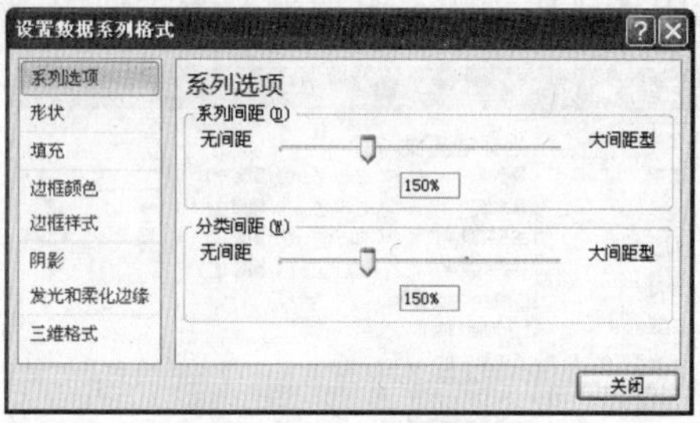

图 9-20 设置系列选项

提 示

用户可以在【形状】选项卡中设置数据系列为方框、圆柱体、部分圆锥等显示形状。

5．设置图例格式

选择图例，在【设置图例格式】对话框中选择【图例选项】选项卡即可，如图9-21所示。该对话框主要用于设置图例位置与图例的显示方式。

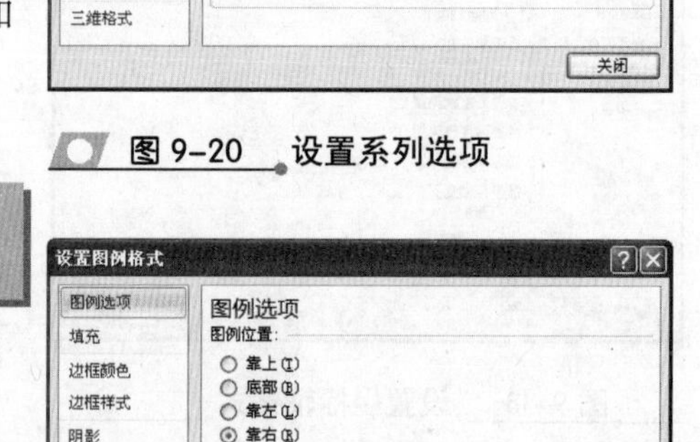

图 9-21 设置图例选项

- ❑ **图例位置** 主要设置图例的显示位置，该显示位置是相对于绘图区而设定。

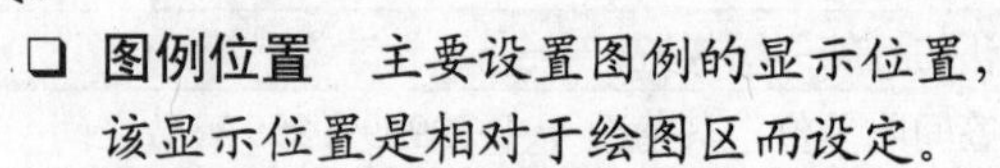

- ❑ **显示图例，但不与图表重叠** 禁用该选项时，图例会在绘图区中显示，即与绘图区重叠。

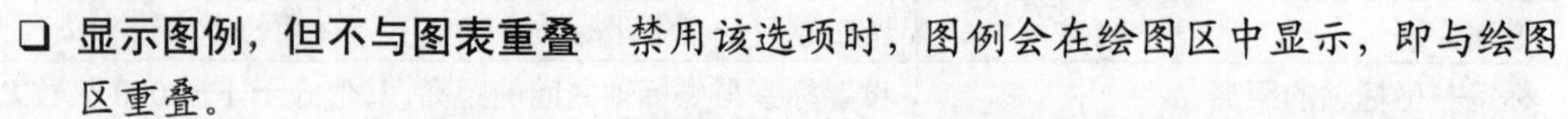

9.4 设置图表布局与样式

图表布局直接影响到图表的整体效果，用户可根据工作习惯设置图表的布局。例如，添加图表坐标轴、数据系列、添加趋势线等图表元素。另外，用户还可以通过更改图表样式，达到美化图表的目的。

9.4.1 设置图表布局

用户可以使用Excel 2010提供的内置图表布局样式来设置图表布局。当然，用户还可以通过手动设置来调整图表元素的显示方式。

1．使用预定义图表布局

Excel 2010 为用户提供了多种预定义布局，用户可以通过执行【设计】|【图表布局】|【其他】命令，在下拉列表中选择相应的布局即可，如图 9-22 所示。

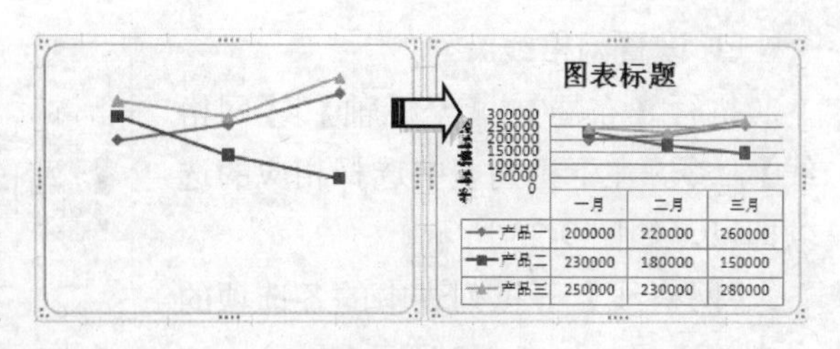

图 9-22 设置图表布局

提　示

用户需要注意，图表布局样式会随着图表类型的改变而改变。

2．手动设置图表布局

当预定义布局无法满足用户的需要时，可以手动调整图表中各元素的位置。手动调整即是在【布局】选项卡中设置各元素为显示或隐藏状态。

❑ **设置图表标题**

执行【布局】|【标签】|【图表标题】命令，在下拉列表中选择相应的选项即可，如图 9-23 所示。

【图表标题】下拉列表中主要包括下列选项。

- **无**　不显示图表标题。
- **居中覆盖标题**　在不调整图表大小的基础上，将标题以居中的方式覆盖在图表上。
- **图表上方**　在图表的顶部显示标题。

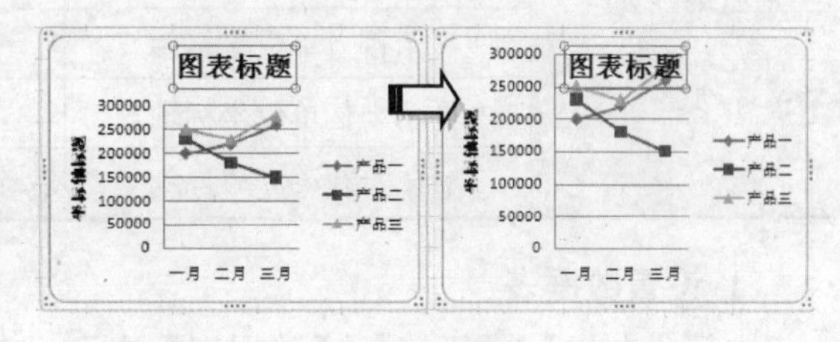

图 9-23 设置图表标题

❑ **设置坐标轴**

执行【布局】|【坐标轴】|【坐标轴】命令，在下拉列表中选择相应的选项即可，如图 9-24 所示。

【坐标轴】下拉列表中的各选项的内容与说明，如表 9-4 所示。

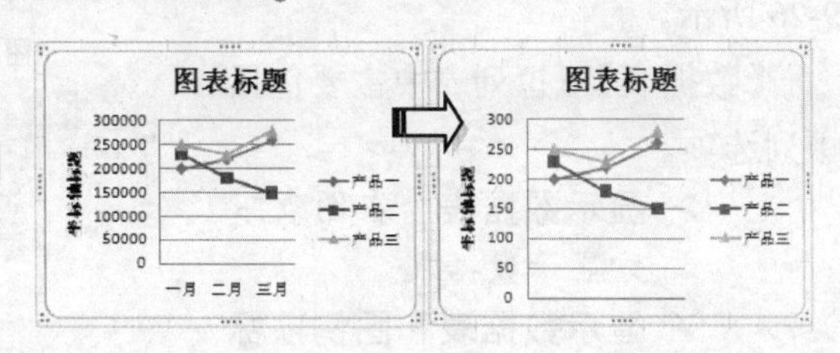

图 9-24 设置坐标轴

表 9-4 【坐标轴】选项

选　项	子 选 项	说　明
主要横网格线	无	不显示网格线
	主要网格线	显示主要刻度单位的横网格线
	次要网格线	显示次要刻度单位的横网格线
	主要网格线和次要网格线	显示主要与次要刻度单位的横网格线
主要纵网格线	无	不显示网格线
	主要网格线	显示主要刻度单位的纵网格线
	次要网格线	显示次要刻度单位的纵网格线
	主要网格线和次要网格线	显示主要与次要刻度单位的纵网格线

❑ 设置网格线

执行【布局】|【坐标轴】|【网格线】命令，在下拉列表中选择相应的选项即可，如图 9-25 所示。

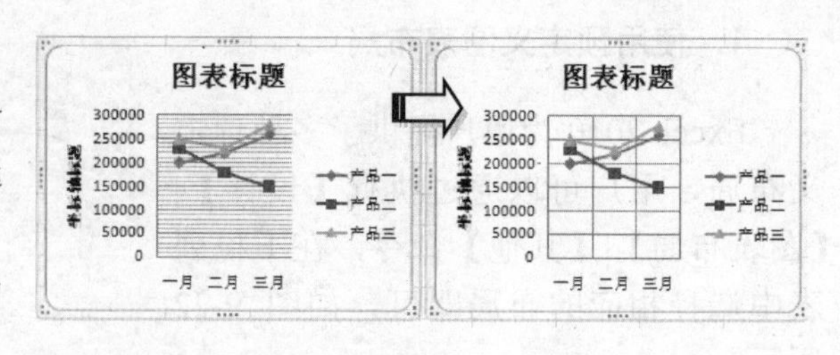

图 9-25 设置网格线

【网格线】下拉列表中的各选项的内容与说明，如表 9-5 所示。

表 9-5 【网格线】选项

选　　项	子　选　项	说　　明
主要横网格线	无	不显示坐标轴
	显示从左向右坐标轴	坐标轴上的标签顺序从左向右显示
	显示无标签坐标轴	坐标轴上不显示标签或刻度线
	显示从右向左坐标轴	坐标轴上的标签顺序从右向左显示
主要纵网格线	无	不显示坐标轴
	显示默认坐标轴	使用默认顺序与标签的坐标轴
	显示千单位坐标轴	坐标轴上的刻度以千为单位进行显示
	显示百万单位坐标轴	坐标轴上的刻度以百万为单位进行显示
	显示十亿单位坐标轴	坐标轴上的刻度以十亿为单位进行显示
	显示对数刻度坐标轴	坐标轴上的刻度以 10 为底的对数进行显示

❑ 设置数据表

执行【布局】|【标签】|【数据表】命令，在下拉列表中选择相应的选项即可，如图 9-26 所示。

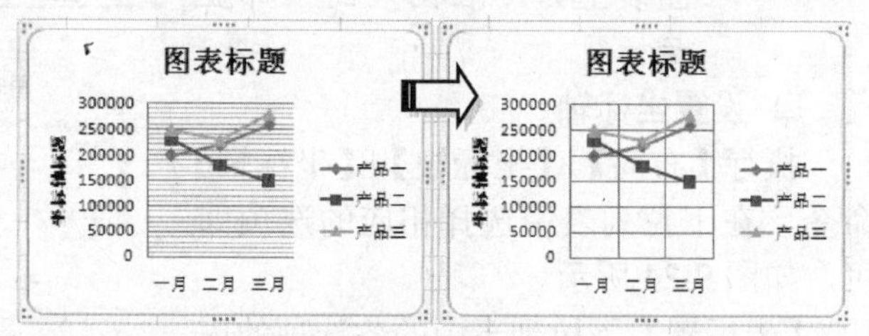

图 9-26 设置数据表

【数据表】下拉列表中主要包括下列选项。

> **显示数据表**　在图表下方显示数据表。

> **显示数据表和图例项标示**　在图表下方显示数据表，并显示图例项标示。

❑ 设置数据标签

执行【布局】|【标签】|【数据标签】命令，在下拉列表中选择相应的选项即可，如图 9-27 所示。

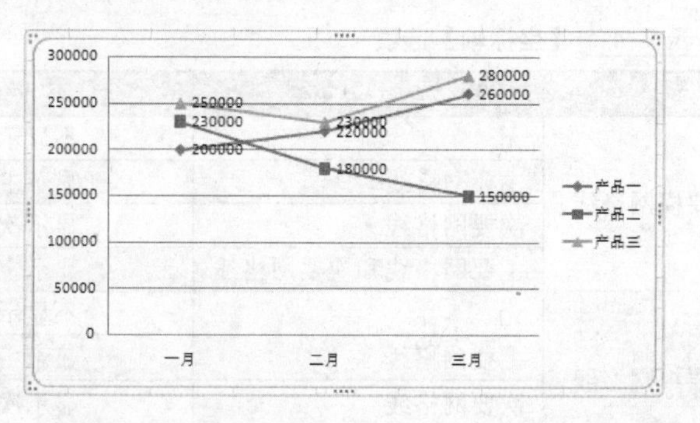

图 9-27 设置数据标签

在“折线图”图表类型下的各项选项如下所述。

> **居中**　在数据点的中间

位置显示数据标签。

➢ **左** 在数据点的左侧显示数据标签。

➢ **右** 在数据点的右侧显示数据标签。

➢ **上方** 在数据点的上方显示数据标签。

➢ **下方** 在数据点的下方显示数据标签。

提 示

用户需要注意，【数据标签】下拉列表中的选项会随着图表类型的改变而改变。

3. 添加趋势线与误差线

为了达到预测数据的功能，用户需要在图表中添加趋势线与误差线。其中，趋势线主要用来显示各系列中数据的发展趋势。而误差线主要用来显示图表中每个数据点或数据标记的潜在误差值，每个数据点可以显示一个误差线。

❑ 添加趋势线

选择数据系列，执行【布局】|【分析】|【趋势线】命令，在下拉列表中选择相应的趋势线类型即可，如图 9-28 所示。

其各类型的趋势线类型如下所述。

➢ **线性趋势线** 为选择的数据系列添加线性趋势线。

➢ **指数趋势线** 为选择的数据系列添加指数趋势线。

➢ **线性预测趋势线** 为选择的数据系列添加两个周期预测的线性趋势线。

➢ **双周期移动平均** 为选择的数据系列添加双周期移动平均趋势线。

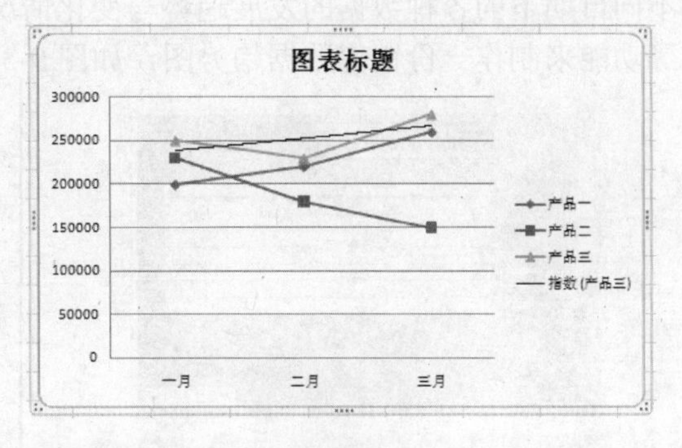

图 9-28 添加趋势线

提 示

用户需要注意，不能向三维图表、堆积型图表、雷达图、饼图与圆环图中添加趋势线。

❑ 添加误差线

只需选择图表，执行【布局】|【分析】|【误差线】命令，选择相应的误差线类型即可，如图 9-29 所示。

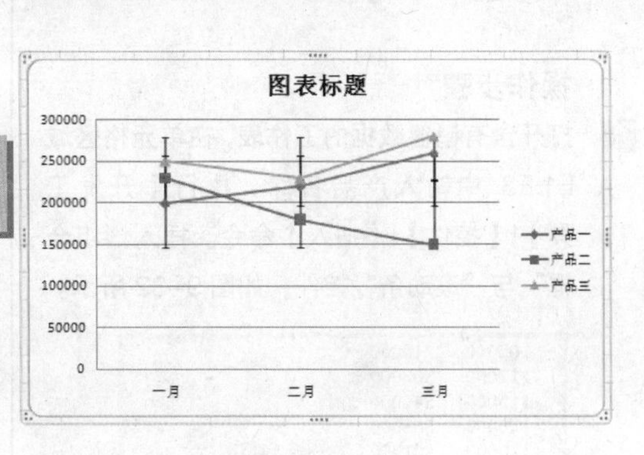

图 9-29 添加误差线

其各类型的误差线类型如下所述。

➢ **标准误差线** 显示使用标准误差的所选图表的误差线。

➢ **百分比误差线** 显示包含 5%值的所选图表的误差线。

➢ **标准偏差误差线** 显示包含一个标准偏差的所选图表的误差线。

提　示

用户可通过执行【误差线】|【无】命令，或选择误差线按 Delete 键的方法来删除误差线。

9.4.2 设置图表样式

Excel 2010 为用户提供了 48 种预定义样式，用户可以将相应的样式快速应用到图表中。首先选择图表，然后执行【设计】|【图表样式】|【其他】命令，在下拉列表中选择相应的样式即可，如图 9-30 所示。

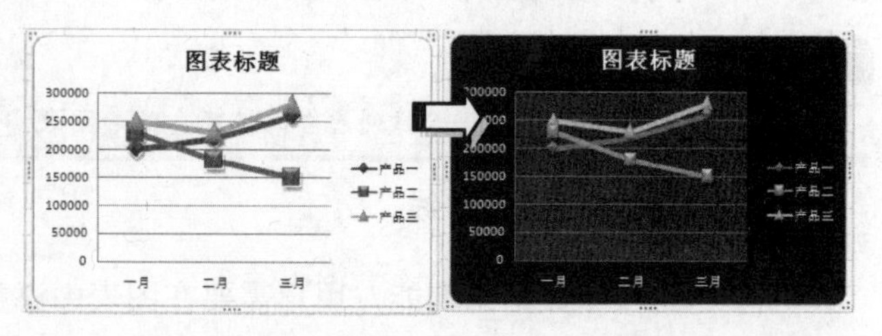

图 9-30 设置图表样式

9.5 课堂练习：制作动态销售数据趋势图

动态趋势图是将函数与图表相结合的图表，可以帮助用户查看与分析不同数据点与不同日期下的各种数据的发展趋势与变化情况。在本练习中，将运用函数、图表与控件等功能来制作一份销售数据趋势图，如图 9-31 所示。

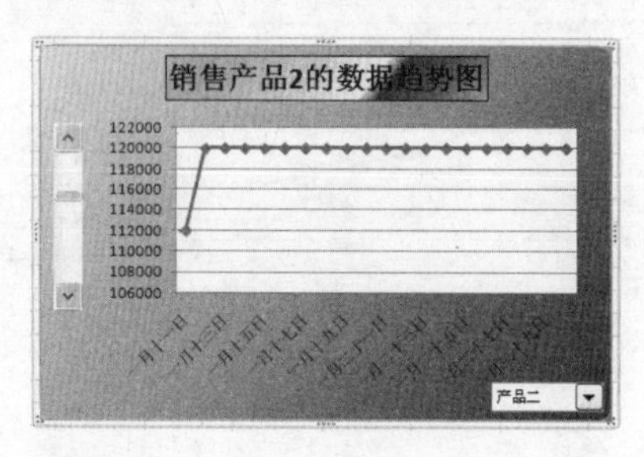

图 9-31 动态销售数据趋势图

操作步骤

1 打开含有销售数据的工作表，在单元格区域 E1:E3 中输入产品名称。执行【开发工具】|【控件】|【插入】命令。插入“组合框”与“滚动条”控件，如图 9-32 所示。

105000	245000
112000	303000
115000	340000
120000	389000
113000	401000
109000	379000
107000	391000
110000	378000

图 9-32 插入控件

2 右击“滚动条”控件，执行【设置控件格式】命令，将【单元格链接】设置为“F1”，将【最大值】设置为“31”，如图 9-33 所示。

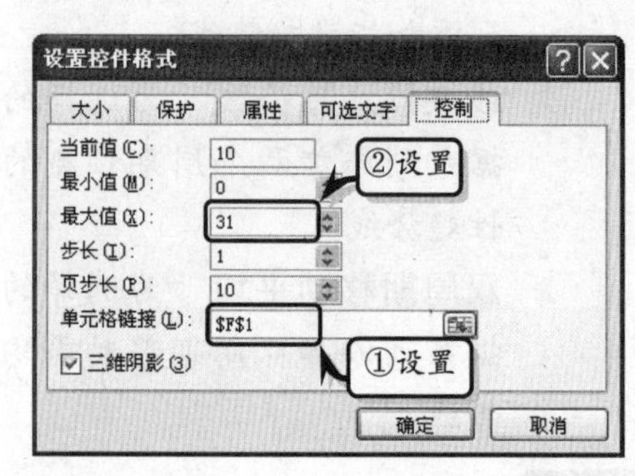

图 9-33 设置“滚动条”控件格式

3 选择单元格 F1，在单元格中输入“=INDEX(A:A,A1+1)”公式，按 Enter 键，如图 9-34 所示。

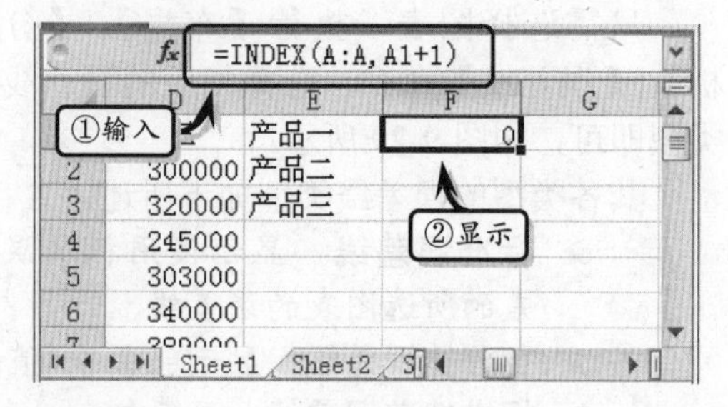

图 9-34 设置链接公式

4 右击“组合框”控件，执行【设置控件格式】命令。将【数据源区域】设置为“$E$1:$E$3”，将【单元格链接】设置为“$G$1”，如图 9-35 所示。

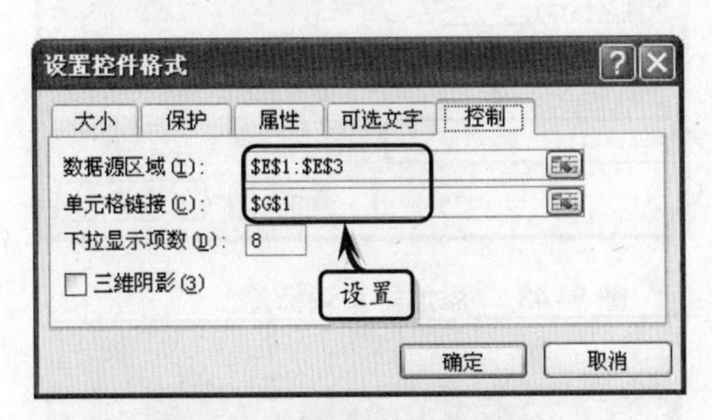

图 9-35 设置控件格式

5 选择单元格 G2，在【编辑栏】中输入“=IF(ROW()-1<$F$1,NA(),A2)”公式，按 Enter 键，如图 9-36 所示。

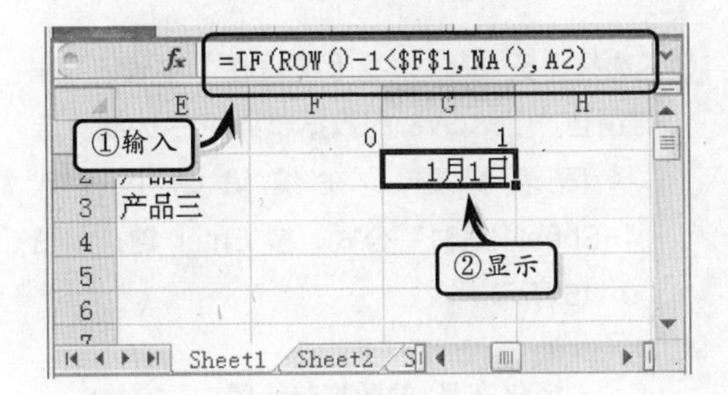

图 9-36 计算日期

6 选择单元格区域 G2:G31，右击执行【设置单元格格式】命令。在【分类】列表框中选择【日期】选项，在【类型】列表框中选择【3 月 14 日】选项，单击【确定】按钮，如图 9-37 所示。

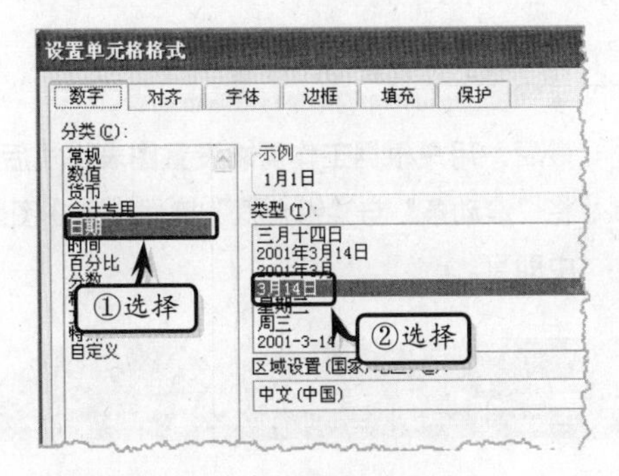

图 9-37 设置数字格式

7 选择单元格 H2，在【编辑栏】中输入“=IF(ISERROR(G2),NA(),OFFSET(A2,0,$G$1,1,1))”公式，按 Enter 键，如图 9-38 所示。

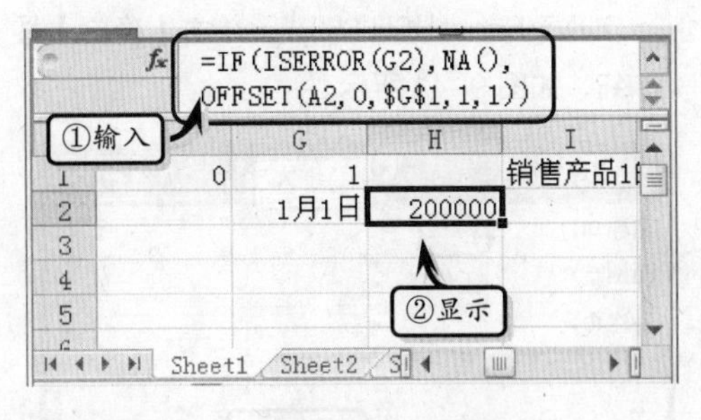

图 9-38 根据日期计算数据

8 选择单元格区域 G2:H2，拖动单元格 H2 右下角的填充柄，向下复制公式，如图 9-39 所示。

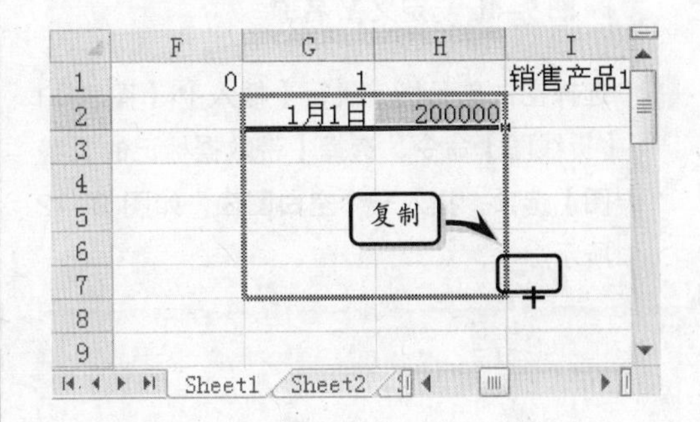

图 9-39 复制公式

9 执行【公式】|【定义的名称】|【定义名称】命令，在【名称】文本框中输入“X”，在【引用位置】文本框中输入“=OFFSET(Sheet1!$G$2,Sheet1!$F$1,,COUNT(Sheet1!$G:$G))”，单击【确定】按钮，如图 9-40 所示。

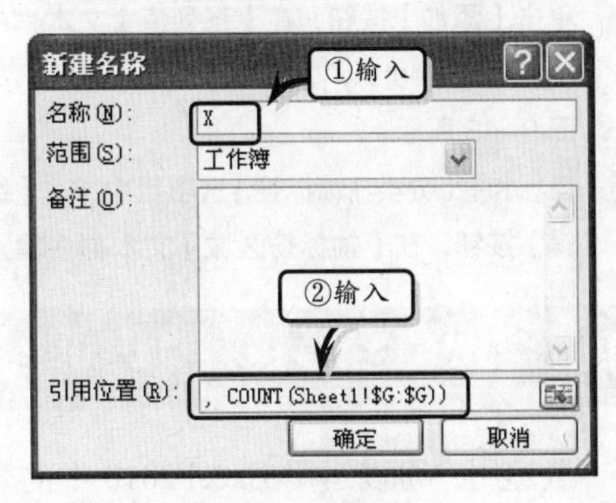

图 9-40 定义 X 名称

10 执行【定义名称】命令，在【名称】文本框中输入“Y”，在【引用位置】文本框中输入“ =OFFSET(Sheet1!$H$2,Sheet1!$F$1,,COUNT(Sheet1!$H:$H))”，单击【确定】按钮，如图 9-41 所示。

图 9-41 定义 Y 名称

11 选择空白单元格，执行【插入】|【图表】|【折线图】命令，选择【带数据标记的折线图】选项，插入一个空白图表，如图 9-42 所示。

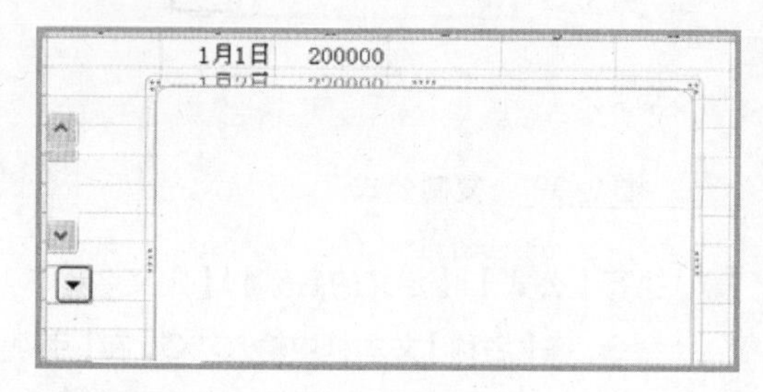

图 9-42 插入空白图表

12 执行【设计】|【数据】|【选择数据】命令，单击【添加】按钮，在【系列值】文本框中输入“=Sheet1!y”，单击【确定】按钮，如图 9-43 所示。

13 在【水平(分类)轴标签】选项组中单击【编辑】按钮，在【轴标签区域】文本框中输入“=Sheet1!x”，单击【确定】按钮，如图 9-44 所示。

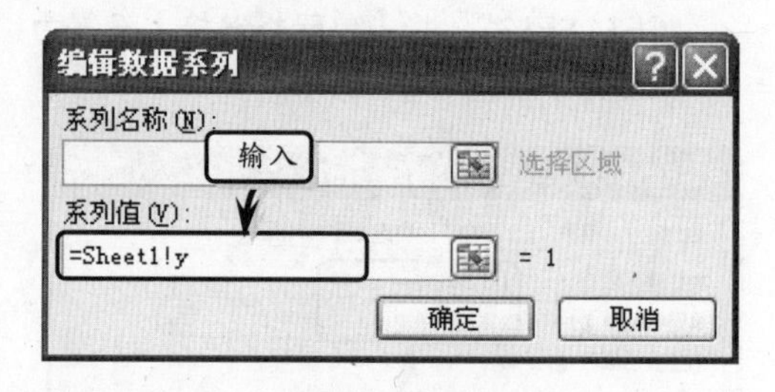

图 9-43 添加垂直轴标签

图 9-44 添加水平轴标签

14 选择单元格 I1，在【编辑栏】中输入“="销售产品"&G1&"的数据趋势图"”公式。选择图表标题，在编辑栏中输入“=Sheet1!$I$1”公式，按 Enter 键，如图 9-45 所示。

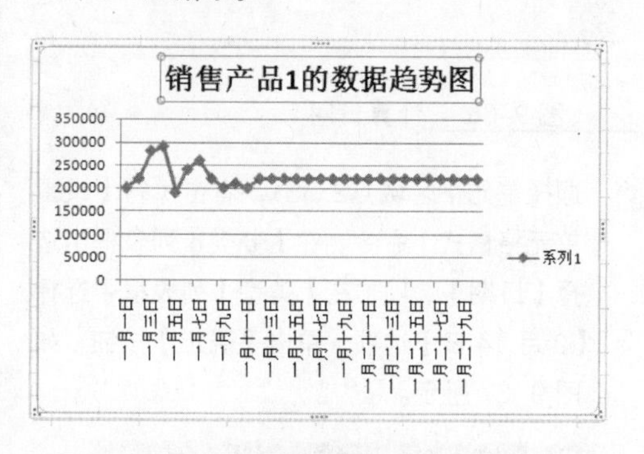

图 9-45 设置动态标题

15 最后，用户根据工作需求设置图表格式后，将“滚动条”与“组合框”控件排列在图表中即可。

9.6 课堂练习：销售业绩图表

虽然用户可以运用 Excel 2010 中的表格处理功能来统计销售业绩数据，但却无法直观地分析销售人员销售业绩额占总金额的比例，也无法观察每位销售人员销售数据的变化趋势。在本练习中，将运用 Excel 2010 中的插入图表与格式图表的功能来制作一份销售业绩图表，如图 9-46 所示。

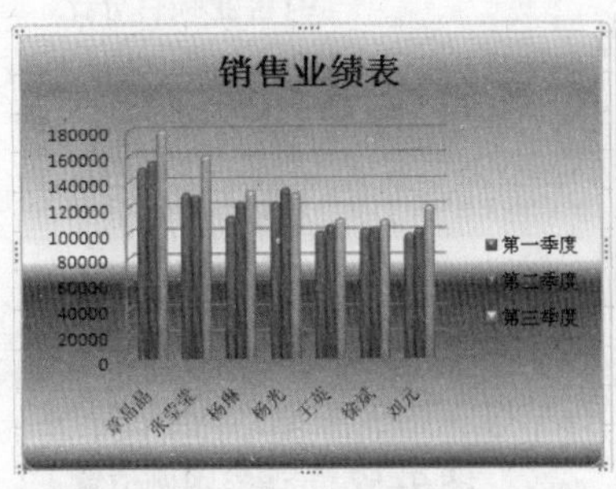

图 9-46 销售业绩图表

操作步骤

1 打开含有销售业绩图表的工作表，选择图表数据区域，执行【插入】|【图表】|【柱形图】命令，选择【簇状圆柱体】选项，如图 9-47 所示。

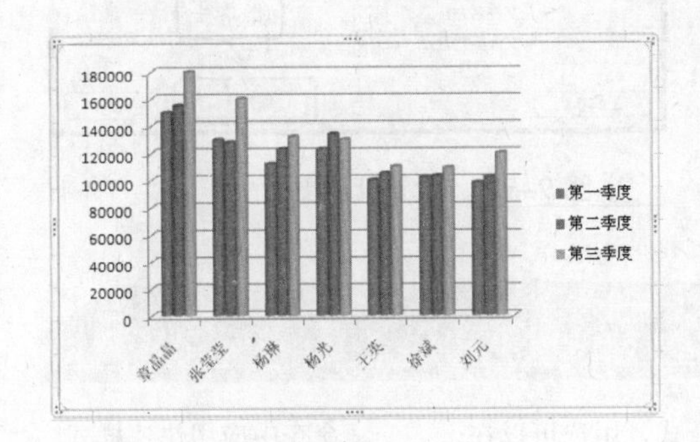

图 9-47 插入图表

2 执行【设计】|【图表样式】|【其他】命令，选择【样式 26】选项。执行【图表布局】|【其他】命令，选择【布局 1】选项。最后，更改图表标题，如图 9-48 所示。

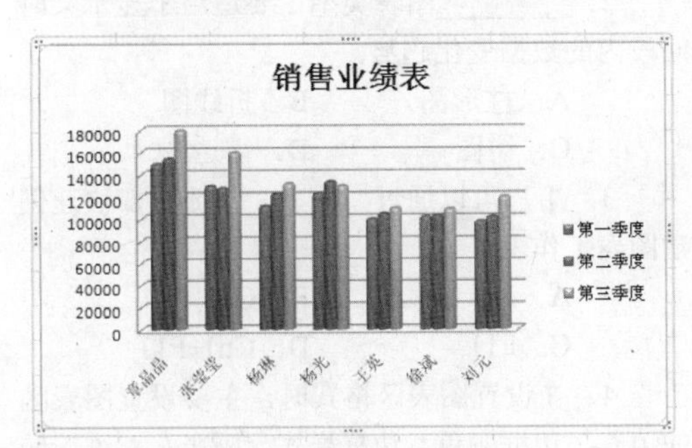

图 9-48 设置图表布局与样式

3 选择图表区，右击执行【设置图表区格式】命令。选择【渐变填充】选项，将【预设颜色】设置为“极目远眺”，如图 9-49 所示。

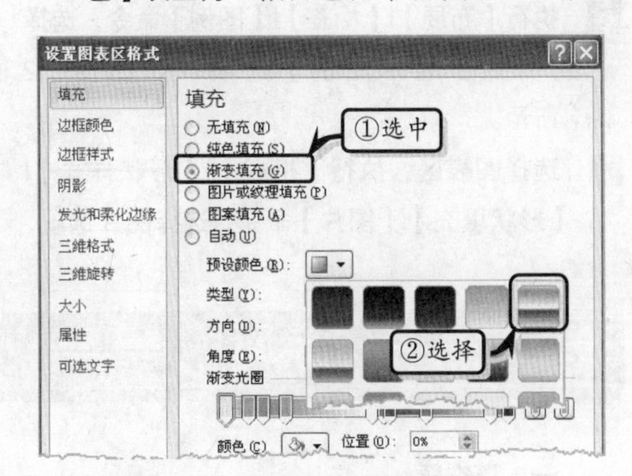

图 9-49 设置图表区格式

4 选择数据区域 D2:D9 与 H2:H9，执行【插入】|【图表】|【饼图】命令，选择【饼图】选项，如图 9-50 所示。

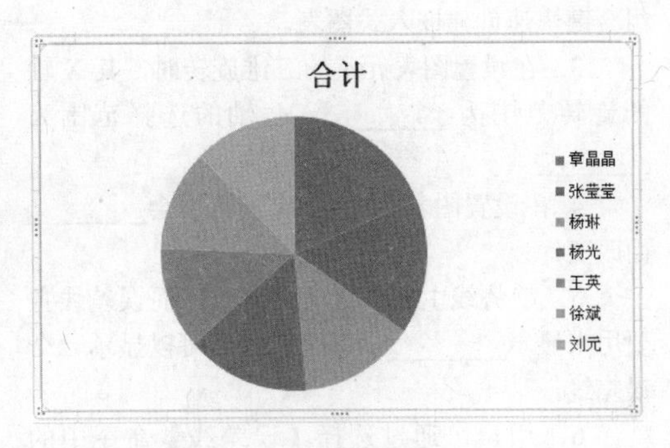

图 9-50 插入饼图

5 执行【设计】|【图表样式】|【其他】命令，选择【样式 26】选项。执行【图表布局】命令，选择【布局 6】选项，并更改图表标题，如图 9-51 所示。

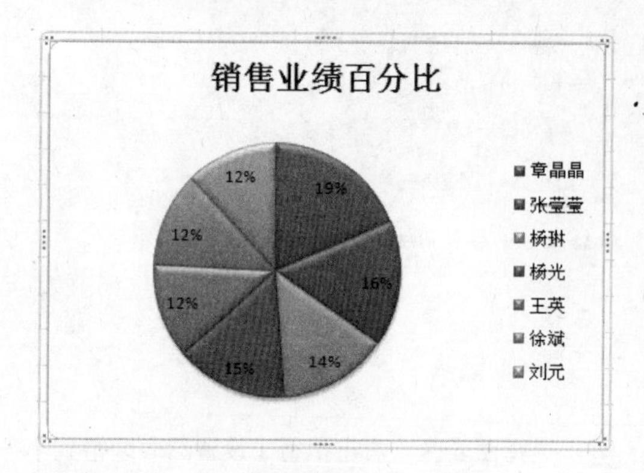

图 9-51 设置图表布局与样式

6 执行【布局】|【标签】|【图例】命令，选择【在底部显示图例】选项，如图 9-52 所示。

7 选择图表区，执行【格式】|【形状样式】|【形状填充】|【图片】命令，选择图片选项，单击【插入】按钮，如图 9-53 所示。

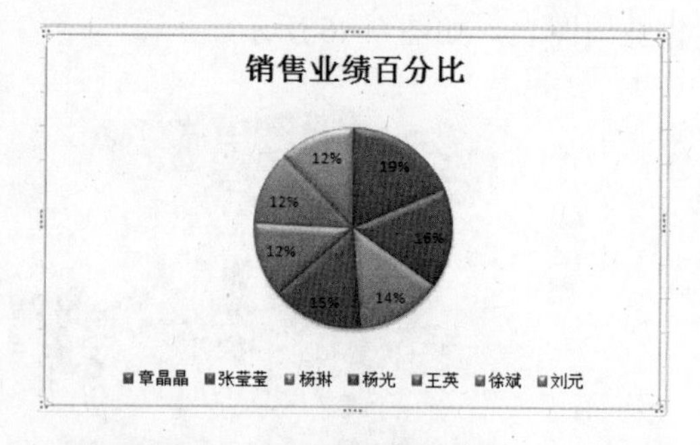

图 9-52 调整图例位置

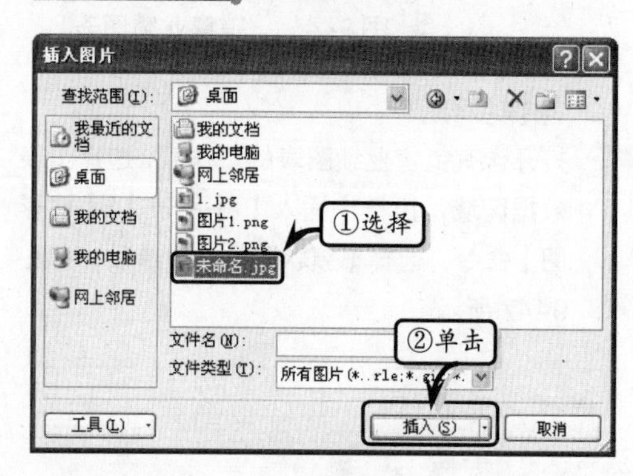

图 9-53 设置背景图片

9.7 思考与练习

一、填空题

1．Excel 2010 为用户提供了 11 种标准的图表类型，其中折线图主要包括折线图、________折线图与________折线图。

2．在创建图表时，用户可以使用________组合键快速创建嵌入式图表。

3．在设置图表元素的三维旋转时，其 X 轴的旋转范围为________，Y 轴的选择范围为________。

4. 在设置图表布局时，布局选项会________而改变。

5．趋势线主要用来________。而误差线主要用来显示________，每个数据点可以显示一个误差线。

6．用户可通过选择【误差线】命令中的________选项，或按________键来删除误差线。

7．Excel 2010 为用户提供了 48 种预定义样式，用户可以在________命令中应用快速样式。

二、选择题

1．Excel 2010 默认的图表类型为________。

A．折线图　　B．柱形图

C．条形图　　D．饼图

2．________图表类型主要适用于显示某时间段内的数据变化趋势。

A．柱形图　　B．折线图

C．饼图　　D．雷达图

3．用户可以通过________快捷键，快速创建图表工作表。

A．F1　　B．Ctrl+F1

C．F11　　D．Ctrl+F11

4．在设置图表区格式时，主要设置图表区的填充、边框颜色、边框样式、阴影、三维旋转与________样式。

A．对齐方式　　B．线型

C．三维格式　　D．数字

5．在添加误差线时，三维图表、堆积型图表、雷达图、饼图与________图表中不能添加误差线。

A．柱形图　　B．折线图

C．圆环图　　D．条形图

三、问答题

1．建立图表的方法有哪几种？

2．简述图表位置的种类与调整方法。

3．简述设置图表标题格式的操作步骤。

四、上机练习

1．制作成本分析图表

在本练习中，将利用前面章节中的“成本分析表”中的数据，来制作一份销售成本率图表，如图 9-54 所示。首先选择区域 A2:10 与 E2:E10，执行【图表】|【折线图】命令，选择【带数据标记的折线图】选项。然后执行【布局】|【标签】|【数据标签】命令，选择【上方】选项。最后右击图表区选择【设置图表区格式】选项，选中【图片或纹理填充】单选按钮，将【纹理】设置为【白色大理石】即可。

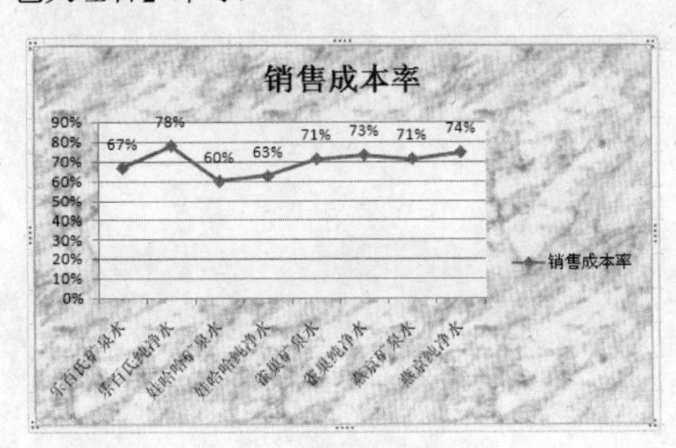

图 9-54　销售成本率图表

2．制作学习安排图表

在本练习中，将运用插入图表与格式化图表的功能，来制作一份学习安排图表，如图 9-55 所示。首先制作学习安排表并插入“堆积水平圆柱体”图表，选择“时间”轴，执行【布局】|【坐标轴】|的【主要纵坐标轴】|【显示从右向左坐标轴】命令。

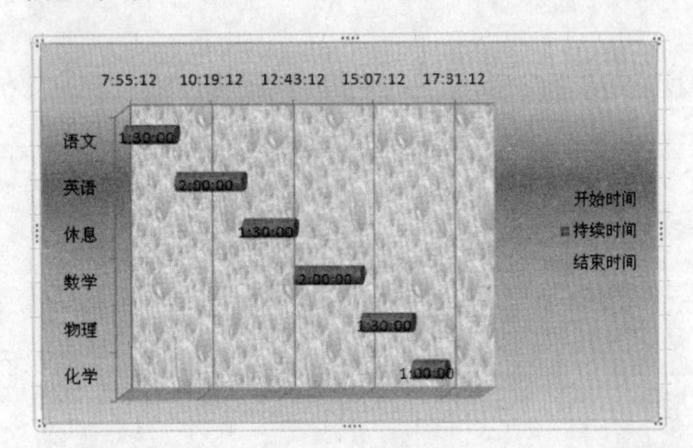

图 9-55　学习安排图表

然后右击“时间”轴选择【设置坐标轴格式】选项，将【最小值】设置为“0.33”，将【最大值】设置为“0.78”。将“图标区”的【渐变颜色】设置为“心如止水”。将“背景墙”的【纹理】设置为“水滴”。

最后，分别选择“开始时间”与“结束时间”数据系列，在【设置数据系列格式】对话框中将【填充】设置为“无”。执行【布局】选项卡【数据系列】下拉列表中的【显示】选项。

第 10 章

分析数据

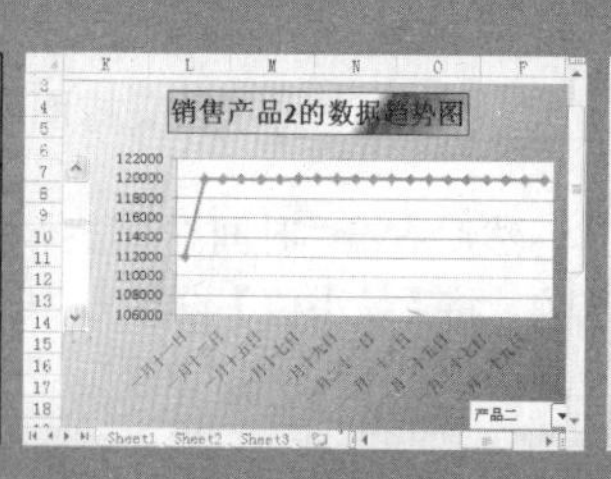

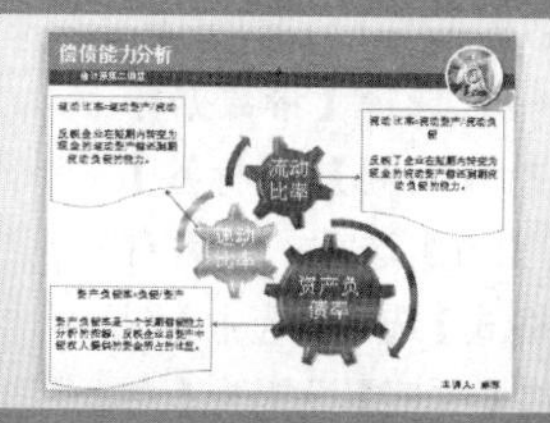

Excel 2010 最实用、最强大的功能既不是函数与公式功能，也不是图表功能，而是分析数据的功能。利用排序、分类汇总、数据透视表等简单分析功能，可以帮助用户快速整理与分析表格中的数据，及时发现与掌握数据的发展规律与变化趋势。另外，用户还可以利用单变量求解、规划求解等高级分析功能来预测数据的发展趋势，从而为用户调整管理与销售决策提供可靠的数据依据。通过本章的学习，希望用户能够轻松地掌握分析数据的方法与技巧。

本章学习要点：

- 排序数据
- 筛选数据
- 分类汇总数据
- 使用数据透视表
- 使用高级分析工具

10.1 排序与筛选数据

Excel 2010 具有强大的排序与筛选功能，排序是将工作表中的数据按照一定的规律进行显示，而筛选则只在工作表中显示符合一个或多个条件的数据。通过排序与筛选，可以直观地显示工作表中的有效数据。

10.1.1 排序数据

在 Excel 2010 中用户可以使用默认的排序命令，对文本、数字、时间、日期等数据进行排序。另外，用户也可以根据排序需要对数据进行自定义排序。

1．简单排序

简单排序是运用【排序和筛选】选项组中的【升序】与【降序】命令，对数据进行升序与降序排列。

❑ 升序

升序是对单元格区域中的数据按照从小到大的顺序排列，其最小值置于列的顶端。在工作表中选择需要进行排序的单元格区域，执行【数据】|【排序和筛选】|【升序】命令即可，如图 10-1 所示。

Excel 2010 中具有默认的排序顺序，在按照升序排序数据时将使用下列排序次序。

➢ **文本** 按汉字拼音的首字母进行排列。当第一个汉字相同时，则按第二个汉字拼音的首字母排列。

➢ **数据** 从最小的负数到最大的正数进行排序。

➢ **日期** 从最早的日期到最晚的日期进行排序。

➢ **逻辑** 在逻辑值中，FALSE 排在 TRUE 之前。

➢ **错误** 所有错误值的优先级相同。

➢ **空白单元格** 无论是按升序还是按降序排序，空白单元格总是放在最后。

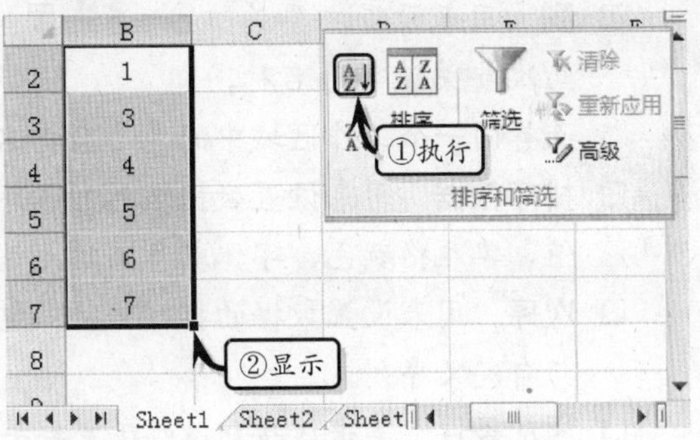

图 10-1 升序排序

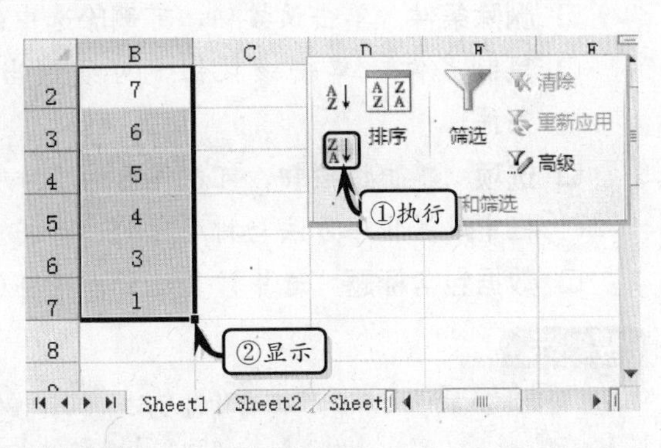

图 10-2 降序排序

❑ 降序

降序是对单元格区域中的数据按照从大到小的顺序排列，其最大值置于列的顶端。选择单元格区域，执行【数据】|【排序和筛选】|【降序】命令即可，如图 10-2

所示。

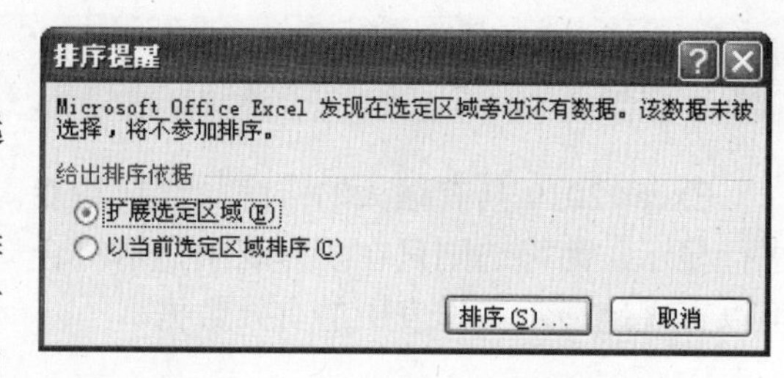

图 10-3 【排序提醒】对话框

❑ **排序提醒**

在对数据进行排序时，如果用户只选择数据区域中的部分数据，执行【升序】或【降序】命令时，Excel 2010 会弹出【排序提醒】对话框。在该对话框中，用户可通过选项来决定排序的数据区域，如图 10-3 所示。

提 示

用户还可以通过执行【开始】|【编辑】|【排序和筛选】下拉列表中的命令，对数据进行升序或降序排列。

2. 自定义排序

用户可以根据工作需求进行自定义排序，选择数据区域，执行【数据】|【排序和筛选】|【排序】命令，在弹出的【排序】对话框中设置排序关键字，如图 10-4 所示。

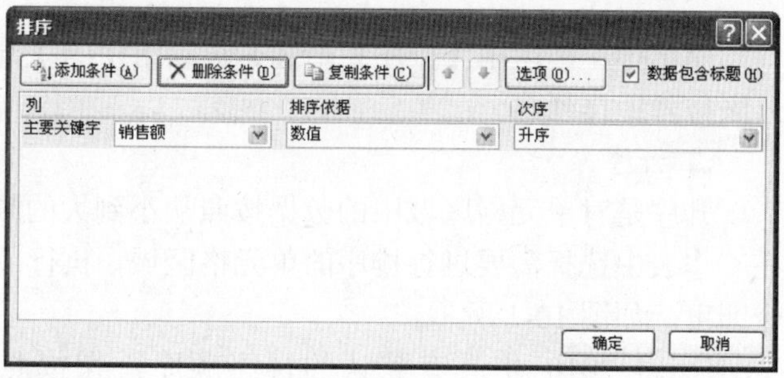

图 10-4 【排序】对话框

该对话框主要包括下列选项。

❑ **列** 用来设置主要关键字与次要关键字的名称，即选择同一个工作区域中的多个数据名称。

❑ **排序依据** 用来设置数据名称的排序类型，包括数值、单元格颜色、字体颜色与单元格图标。

❑ **次序** 用来设置数据的排序方法，包括升序、降序与自定义序列。

❑ **添加条件** 单击该按钮，可在主要关键字下方添加次要关键字条件，选择排序依据与顺序即可。

❑ **删除条件** 单击该按钮，可删除选中的排序条件。

❑ **复制条件** 单击该按钮，可复制当前的关键字条件。

❑ **选项** 单击该按钮，可在弹出的【排序选项】对话框中设置排序方法与排序方向，如图 10-5 所示。

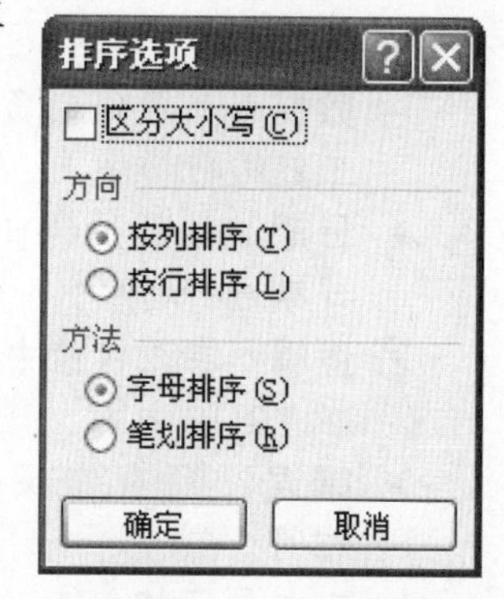

图 10-5 【排序选项】对话框

❑ **数据包含标题** 选中该复选框，即可包含或取消数据区域中的列标题。

提 示

当选择数据区域中的部分数据进行排序时，执行【排序】命令也会弹出【排序提醒】对话框。选择【排序】选项，单击【确定】按钮后才会自动弹出【排序】对话框。

10.1.2 筛选数据

筛选数据是从无序且庞大的数据清单中找出符合指定条件的数据，并删除无用的数据，从而帮助用户快速、准确地查找与显示有用数据。在 Excel 2010 中，用户可以使用自动筛选或高级筛选功能来处理数据表中复杂的数据。

1. 自动筛选

自动筛选是一种简单快速的条件筛选，使用自动筛选可以按列表值、按格式或者按条件进行筛选。执行【数据】|【排序和筛选】|【筛选】命令，即可在所选单元格中显示【筛选】按钮，用户可以单击该按钮，在下拉列表中选择【筛选】选项。

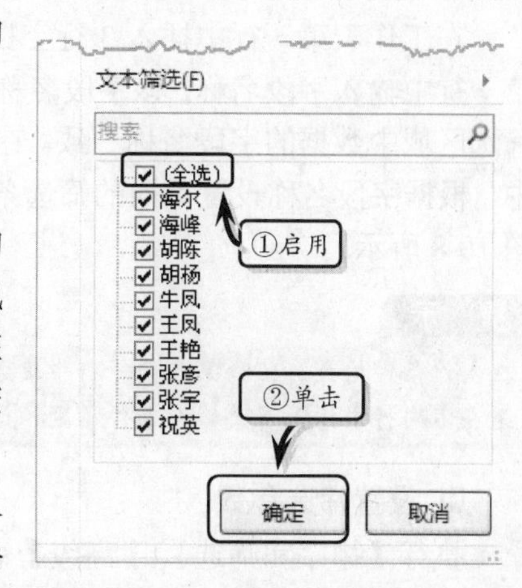

图 10-6 筛选文字

- ❑ **筛选文本** 在列标题行中单击包含字母或文本（数据名称或数据类型）字段的下三角按钮，在【文本筛选】列表中禁用或启用某项数据名称即可，如图 10-6 所示。
- ❑ **筛选数字** 筛选数字与筛选文本的方法基本相同，单击包含数据字段的下三角按钮，在【数字筛选】列表中禁用或启用某项数据名称即可，
- ❑ **筛选日期或时间** 单击包含日期或者时间字段的下三角按钮，在【日期筛选】或【时间筛选】列表中禁用或启用某项数据名称即可。

提 示

用户可通过 Ctrl+Shift+L 组合键或执行【开始】选项卡【编辑】选项组中的【排序与筛选】命令，选择【筛选】选项的方法来自动筛选数据。

2. 自定义自动筛选

另外，用户还可以在文本字段下拉列表中启用【文本筛选】级联菜单中的 7 种文本筛选条件。当用户执行【文本筛选】级联菜单中的命令时，系统会自动弹出【自定义自动筛选方式】对话框，如图 10-7 所示。

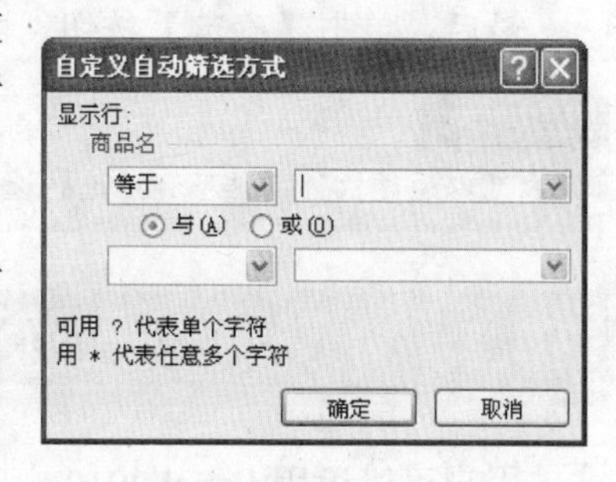

图 10-7 自定义自动筛选

在该对话框中最多可以设置两个筛选条件，用户可以自定义等于、不等于、大于、小于等 12 种筛选条件。设置条件的方式主要包括下列两种方式。

- ❑ **与** 同时需要满足两个条件。
- ❑ **或** 需要满足两个条件中的一个条件。

同时，用户还可以通过下列两种通配符实现模糊查找。

- ❑ ？（问号） 任何单字符。
- ❑ *（星号） 任何数量字。

3. 高级筛选

在实际应用中，用户可以使用高级筛选功能按指定条件来筛选数据。

❑ 制作筛选条件

在工作表第一行中插入3行空白行，在第一行中输入字段名称，该字段名称与需要筛选区域中数据的字段名称一致。在第二行中，根据字段名称设置不同的筛选条件，如图10-8所示。

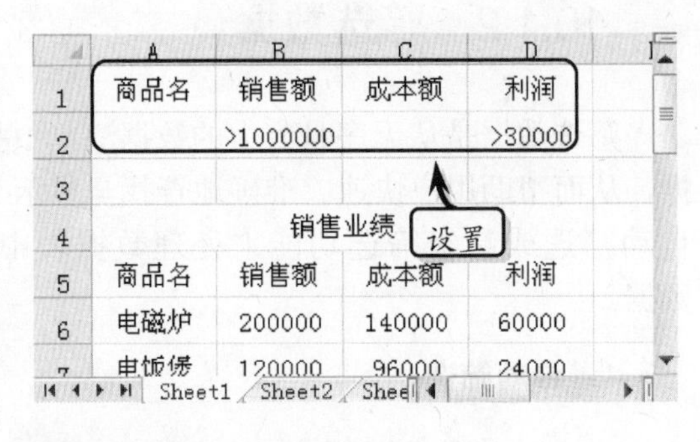

图10-8 制作筛选条件

提 示

在制作条件格式时，如果在同一行中输入多个筛选条件，则筛选的结果必须同时满足多个条件。如果在不同行中输入多个筛选条件，则筛选结果只需满足其中任意一个条件。

❑ 设置筛选参数

执行【排序和筛选】|【高级】命令，在弹出的【高级筛选】对话框中设置筛选参数，如图10-9所示。

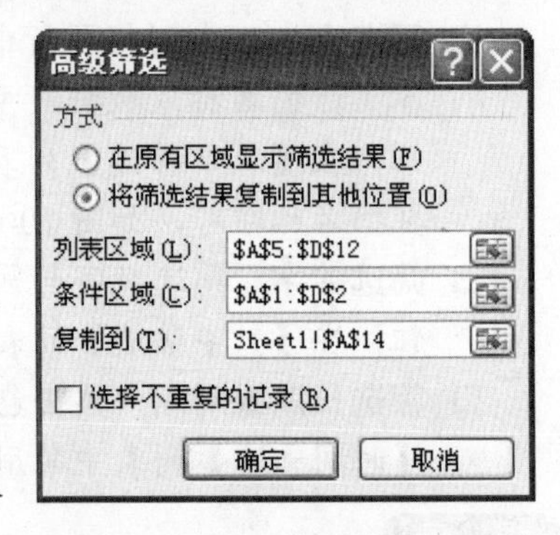

图10-9 设置筛选参数

该对话框主要包括下列选项。

- **在原有区域显示筛选结果** 表示筛选结果显示在原数据清单位置，原有数据区域被覆盖。
- **将筛选结果复制到其他位置** 表示筛选后的结果将显示在指定的单元格区域中，与原表单并存。
- **列表区域** 设置筛选数据区域。
- **条件区域** 设置筛选条件区域，即新制作的筛选条件区域。
- **复制到** 设置筛选结果的存放位置。
- **选项不重复的记录** 选中该复选框，表示在筛选结果中将不显示重复的数据。

最后，单击【确定】按钮，即可获得筛选结果。

提 示

用户可以通过执行【排序和筛选】选项组中的【清除】命令，清除筛选操作。

10.2 分类汇总数据

用户可以运用Excel 2010中的分类汇总功能，对数据进行统计汇总工作。分类汇总功能其实即是Excel 2010根据数据自动创建公式，并利用自带的求和、平均值等函数实现分类汇总计算，并将计算结果显示出来。通过分类汇总功能，可以帮助用户快速而有效地分析各类数据。

10.2.1 创建分类汇总

在创建分类汇总之前，需要对数据进行排序，以便将数据中关键字相同的数据集中在一起。选择数据区域中的任意单元格，执行【数据】|【分级显示】|【分类汇总】命令，在弹出的【分类汇总】对话框中设置各项选项即可，如图 10-10 所示。

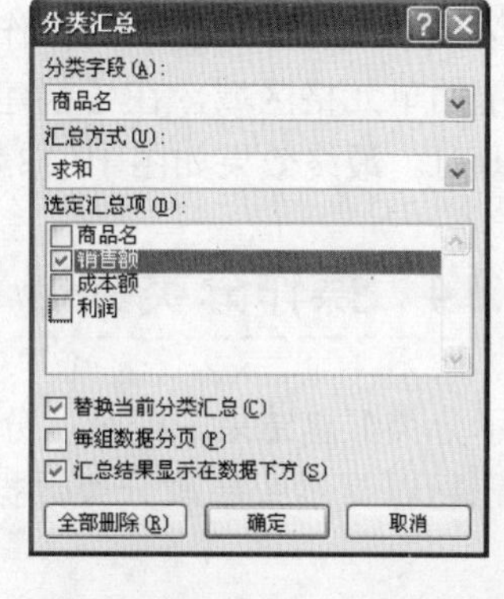

图 10-10 【分类汇总】对话框

该对话框主要包括下列几种选项。

- **分类字段** 用来设置分类汇总的字段依据，包含数据区域中的所有字段。
- **汇总方式** 用来设置汇总函数，包含求和、平均值、最大值等 11 种函数。
- **选定汇总项** 设置汇总数据列。
- **替换当前分类汇总** 表示在进行多次汇总操作时，选中该复选框可以清除前一次汇总结果，按本次分类要求进行汇总。
- **每组数据分页** 选中该复选框，表示在打印工作表时，将每一类分别打印。
- **汇总结果显示在数据下方** 选中该复选框，可以将分类汇总结果显示在本类最后一行（系统默认是放在本类的第一行）。

10.2.2 嵌套分类汇总

嵌套汇总是对某项指标汇总，然后将汇总后的数据再汇总，以便作进一步的细化。首先将数据区域进行排序，执行【数据】|【分级显示】|【分类汇总】命令，在弹出的【分类汇总】对话框中设置各项选项，单击【确定】按钮即可。

然后再次执行【分类汇总】命令，在弹出的【分类汇总】对话框中取消上次分类汇总的【选定汇总项】选项组中的选项，重新设置【分类字段】、【汇总方式】与【选定汇总项】选项，并取消选中【替换当前分类汇总】选项，单击【确定】按钮即可。嵌套分类汇总效果图如图 10-11 所示。

	A	B	C	D	E
1	地域	商品	销售额	成本额	利润额
2	北京	电风扇	120000	72000	48000
3	北京	电饭煲	120000	72000	48000
4	北京	饮水机	120000	72000	48000
5	北京	电热壶	180000	108000	72000
6	北京	电磁炉	220000	132000	88000
7	北京	冷风扇	260000	156000	104000
8	北京 汇总		1020000		408000
9	北京 汇总		1020000		
10	大连	电热壶	200000	120000	80000
11	大连	冷风扇	260000	156000	104000

图 10-11 嵌套分类汇总

技 巧

用户可通过执行【分类汇总】对话框中的【全部删除】命令的方法来删除工作表中的分类汇总。

10.2.3 创建行列分级

在 Excel 2010 中，用户还可以以行或列为单位，创建行与列分级显示。首先需要选

择需要进行行分级显示的单元格区域，如选择单元格区域A3:A21。然后执行【分级显示】|【组合】命令，在下拉列表中选择【组合】选项。在弹出的【创建组】对话框中，选中【行】单选按钮即可，如图 10-12 所示。

图 10-12 行分级

列分级显示与行分级显示的操作方法相同，选择需要进行列分级显示的单元格区域，在【创建组】对话框中选中【列】单选按钮即可。最终效果如图 10-13 所示。

10.2.4 操作分类数据

在显示分类汇总结果的同时，分类汇总表的左侧会自动显示分级显示按钮，使用分级显示按钮可以显示或隐藏分类数据。其各类分级显示按钮的图标及功能，如表 10-1 所示。

表 10-1 分级显示按钮

按　钮	名　称	功　能
+	展开细节	单击此按钮可以显示分级显示信息
-	折叠细节	单击此按钮可以隐藏分级显示信息
1	1 级级别	单击此按钮只显示总的汇总结果，即总计数据
2	2 级级别	单击此按钮则显示部分数据及其汇总结果
3	3 级级别	单击此按钮显示全部数据
|	级别条	单击此按钮可以隐藏分级显示信息

利用这些分级显示按钮可控制数据的显示。例如，单击【3 级级别】按钮，则只显示区域平均值与汇总值；单击【2 级级别】按钮，则只显示区域汇总值，如图 10-14 所示。

图 10-13 行列分级效果图

图 10-14 分级显示汇总值

10.3 使用数据透视表

数据透视表是一种具有创造性与交互性的报表。使用数据透视表，可以汇总、分析、浏览与提供汇总数据。而数据透视表强大的功能主要体现在可以使杂乱无章、数据庞大的数据表快速有序地显示出来，是 Excel 2010 用户不可缺少的数据分析工具。

10.3.1 创建数据透视表

选择需要创建数据透视表的数据区域，该数据区域要包含列标题。执行【插入】|【表】|【数据透视表】命令，选择【数据透视表】选项即可弹出【创建数据透视表】对话框，如图 10-15 所示。

创建数据透视表
请选择要分析的数据
选择一个表或区域 (S)
表/区域 (T): Sheet1!$A$2:$E$21
使用外部数据源 (U)
选择连接 (C)...
连接名称:
选择放置数据透视表的位置
新工作表 (N)
现有工作表 (E)
位置 (L):
确定 取消

图 10-15 【创建数据透视表】对话框

该对话框主要包括以下选项。

- **选择一个表或区域** 选中该单选按钮，表示可以在当前工作簿中选择创建数据透视表的数据。
- **使用外部数据源** 选中该单选按钮后单击【选择连接】按钮，在弹出的【现有链接】对话框中选择链接数据即可。
- **新工作表** 选中该单选按钮，可以将创建的数据透视表显示在新的工作表中。
- **现有工作表** 选中该单选按钮，可以将创建的数据透视表显示在当前工作表所指定位置中。

在对话框中单击【确定】按钮，即可在工作表中插入数据透视表，并在窗口右侧自动弹出【数据透视表字段列表】任务窗格。用户在【选择要添加到报表的字段】列表框中选择需要添加的字段即可，如图 10-16 所示。

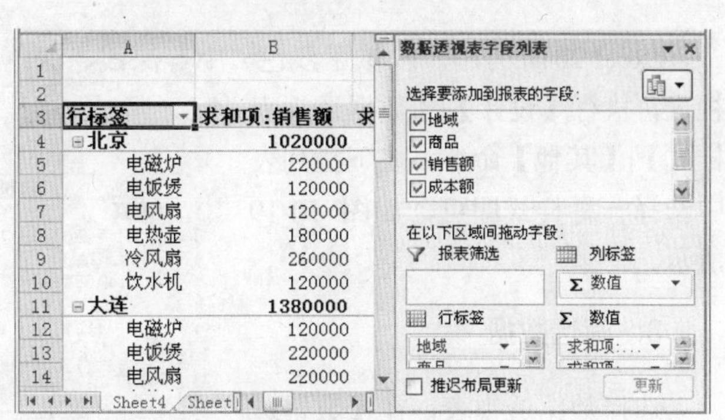

图 10-16 数据透视表

用户也可以在数据透视表中，像创建图表那样创建以图形形状显示数据的透视表透视图。选中数据透视表，执行【选项】|【工具】|【数据透视图】命令，在弹出的【插入图表】对话框中选择需要插入的图表类型即可，如图 10-17 所示。

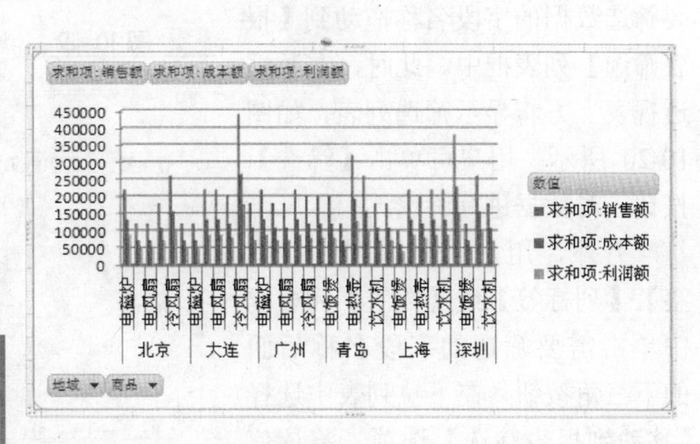

图 10-17 数据透视图

提 示

用户也可以执行【插入】|【表】|【数据透视表】命令，选择【数据透视图】选项，创建数据透视图。

10.3.2 编辑数据透视表

创建数据透视表之后，为了适应分析数据的需求，需要编辑数据透视表。其编辑内容主要包括更改数据的计算类型、筛选数据等内容。

1. 更改计算类型

在【数据透视表字段列表】任务窗格中的【数值】列表框中，单击数值类型选择【值字段设置】选项，在弹出的【值字段设置】对话框中的【计算类型】列表框中选择计算类型即可，如图 10-18 所示。

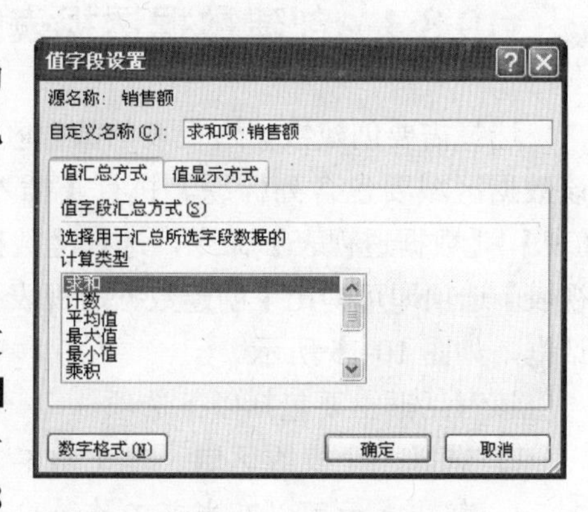

图 10-18 更改计算类型

提 示

用户也可以通过执行【选项】|【计算】|【按值汇总】命令，在其列表中选择相应选项的方法来更改计算类型。

2. 设置数据透视表样式

Excel 2010 为用户提供了浅色、中等深浅、深色 3 种类型共 85 种样式。选择数据透视表，执行【设计】|【数据透视表样式】|【其他】命令，在下拉列表中选择一种样式即可，如图 10-19 所示。

	A	B	C	D
1				
2				
3	行标签	求和项:销售额	求和项:成本额	求和项:利润额
4	⊟北京	1020000	612000	408000
5	电磁炉	220000	132000	88000
6	电饭煲	120000	72000	48000
7	电风扇	120000	72000	48000
8	电热壶	180000	108000	72000
9	冷风扇	260000	156000	104000
10	饮水机	120000	72000	48000
11	⊟大连	1380000	828000	552000
12	电磁炉	120000	72000	48000
13	电饭煲	220000	132000	88000
14	电风扇	220000	132000	88000

图 10-19 设置数据透视表样式

3. 筛选数据

选择数据透视表，在【数据透视表字段列表】任务窗格中，将需要筛选数据的字段名称拖动到【报表筛选】列表框中。此时，在数据透视表上方将显示筛选列表，如图 10-20 所示。用户可单击【筛选】按钮，对数据进行筛选。

另外，用户还可以在【行标签】、【列标签】或【数值】列表框中单击需要筛选的字段名称后面的下三角按钮，在下拉列表中选择【移动到报表筛选】选项，将该值字段设置为可筛选的字段。

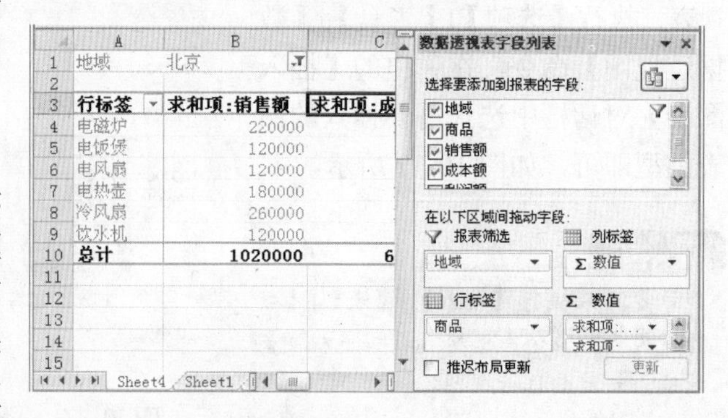

图 10-20 筛选数据

10.4 使用高级分析工具

Excel 2010 还为用户提供了非常实用的单变量求解、规划求解、数据表等高级分析工具。使用高级分析工具，可以帮助用户解决数据分析中的财务分析、工程分析等多个应用领域中复杂的数据管理与预测问题。

10.4.1 使用数据表

数据表是将工作表中的数据进行模拟计算，测试使用一个或两个变量对运算结果的影响。Excel 2010 提供了单变量与多变量两种数据表。其中，单变量数据表是基于一个变量预测对公式计算结果的影响，而双变量数据表是基于两个变量预测对公式计算结果的影响。

1. 创建单变量数据表

在创建单变量数据表之前，需要制作计算数据表。下面便在贷款额为 200000、利率为 5%、期限为 480 的贷款情况下，讲解如何创建单变量数据表。首先在单元格区域 A2:B4 中分别输入基础数据。然后将单元格区域 C2:C4 作为单变量数值区域，用来求解不同利率下的还款额。最后选择在单元格 D2 中输入“=PMT(B2/12,B3,-B4)”公式，计算在上述条件下的月还款额，如图 10-21 所示。

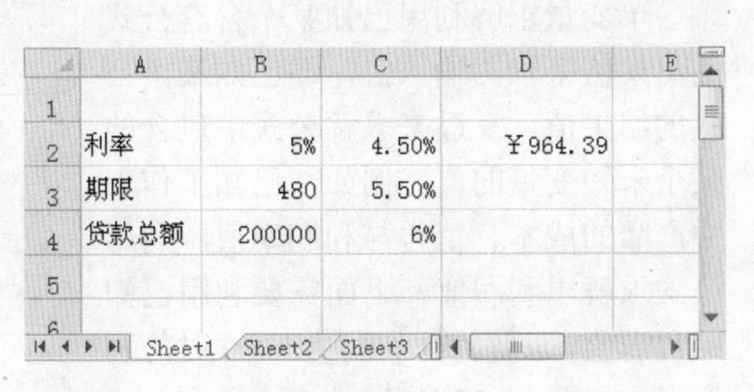

图 10-21 制作数据表

选择单元格区域 C2:C4，执行【数据】|【数据工具】|【模拟分析】|【模拟运算表】命令，弹出【模拟运算表】对话框，在【输入引用列的单元格】文本框中输入“$B$2”，如图 10-22 所示。单击【确定】按钮即可在工作表中显示不同利率下的月还款额。

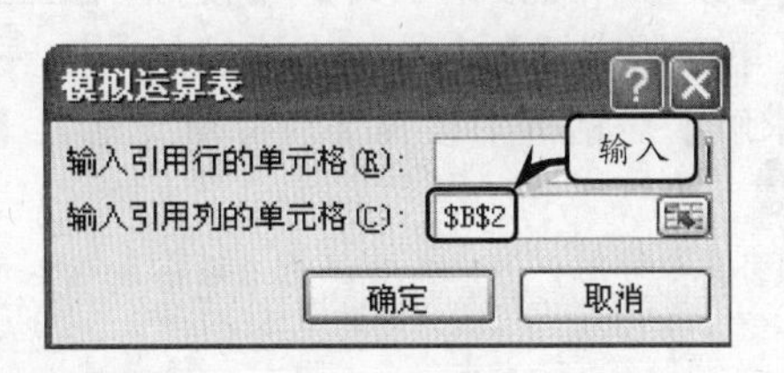

图 10-22 单变量求解

该对话框主要包含两种类型的引用单元格，其功能如下所述。

- **输入引用行的单元格** 表示在数据表为行方向时，在该文本框中输入引用单元格地址。
- **输入引用列的单元格** 表示在数据表为列方向时，在该文本框中输入引用单元格地址。

2. 创建双变量数据表

双变量数据表与单变量数据表使用的基本数据一致，区别在于双变量数据表是根据不同的日期与还款利率求解月还款额。首先在工作表中输入不同的还款年数与还款利率，并将单元格 B3 中的期限更改为“6”。然后在单元格 A6 中输入“=PMT(B2/12,B3*12,-B4)”公式，如图 10-23 所示。

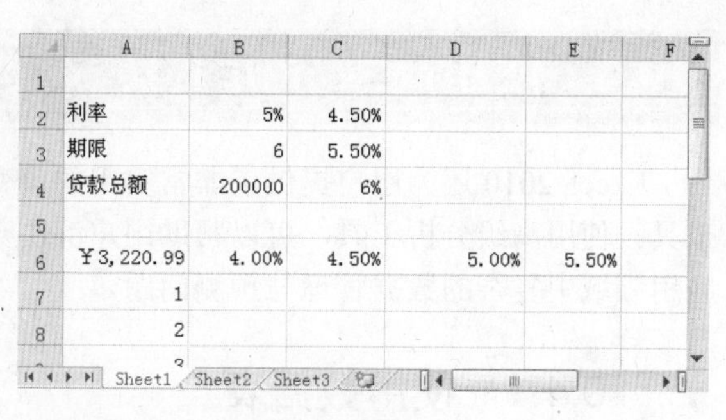

图 10-23 制作数据表

选择单元格区域 A6: G13，执行【数据】|【数据工具】|【模拟分析】|【模拟运算表】命令。弹出【模拟运算表】对话框，在【输入引用行的单元格】文本框中输入“$B$2”，在【输入引用列的单元格】文本框中输入“$B$3”，单击【确定】按钮即可，如图 10-24 所示。

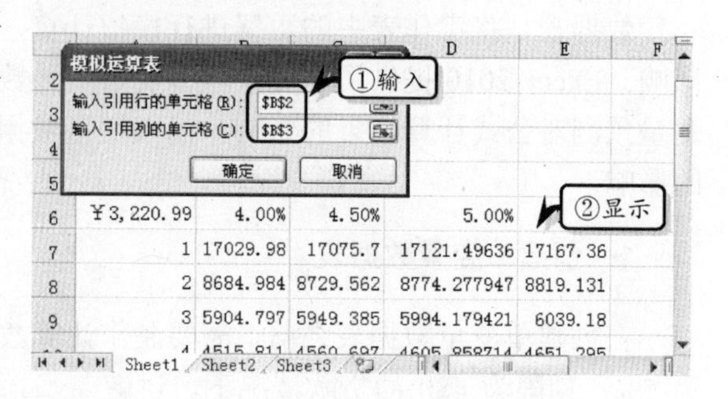

图 10-24 双变量求解

10.4.2 单变量求解

单变量求解利用已知某个含有公式的结果值来预测输入值，即已知某个公式的结果值，反过来求解公式中包含的某个未知变量的值。例如，已知工作表中产品的成本、销售与利润率值，利用公式求解出利润值。下面需要利用已知的利润值，求解目标利润为 7000 时的利润率，如图 10-25 所示。

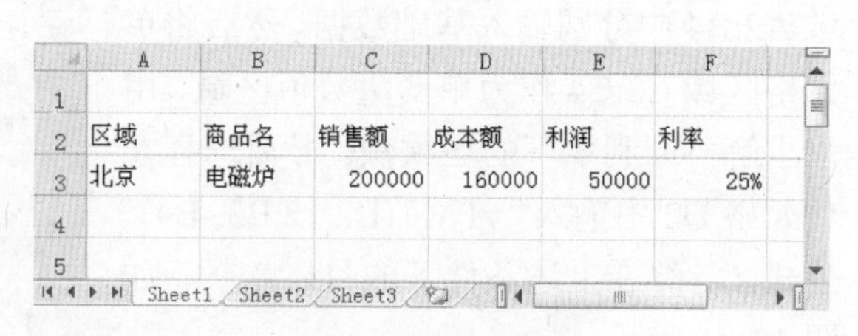

图 10-25 制作基础数据表

执行【数据】|【数据工具】|【模拟分析】|【单变量求解】命令，在弹出的【单变量求解】对话框中设置【目标单元格】、【目标值】等选项，如图 10-26 所示。

提 示

在进行单变量求解时，用户需要注意必须在目标单元格中含有公式，其他单元格中不能包含公式，只能包含数值。

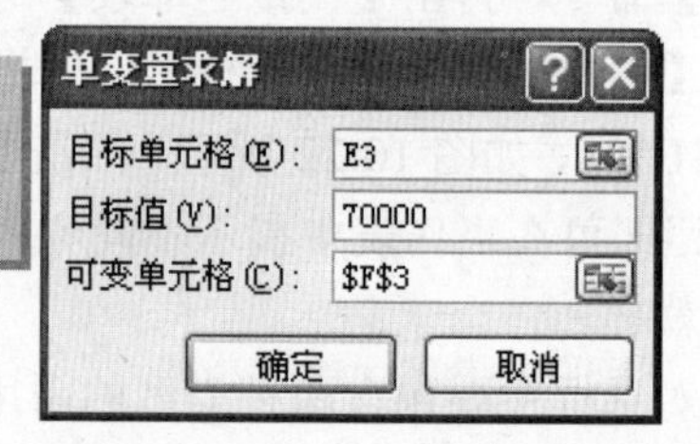

图 10-26 【单变量求解】对话框

10.4.3 规划求解

规划求解属于加载宏范围，是一组命令的组成部分，也可以成为假设分析。通过规划求解不仅可以解决单变量求解的单一值的局限性，而且还可以确定目标单元格中的最优值。

1. 安装规划求解加载项

规划求解是一个加载宏程序，在使用前应先检查选项卡中是否已经包含该功能。执

行【文件】|【选项】命令，在弹出的【Excel 选项】对话框中选择【加载项】选项卡，单击【转到】按钮。在弹出的【加载宏】对话框中选中【规划求解加载项】复选框，单击【确定】按钮即可，如图 10-27 所示。

2. 使用规划求解

在使用规划求解之前，用户需要设置基本数据与求解条件。然后执行【数据】|【分析】|【规划求解】命令，在弹出的【规划求解参数】对话框中设置各项参数即可，如图 10-28 所示。

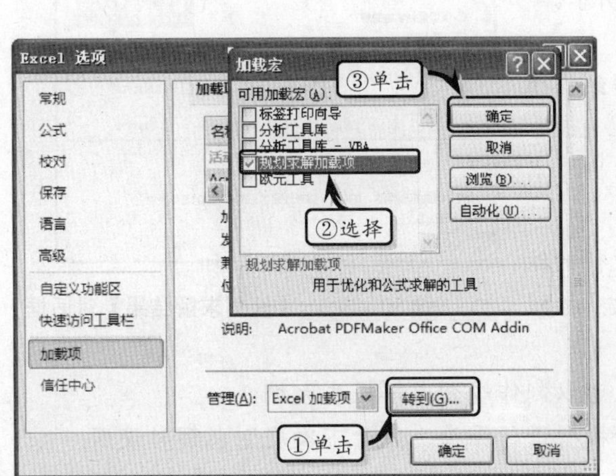

图 10-27 加载规划求解

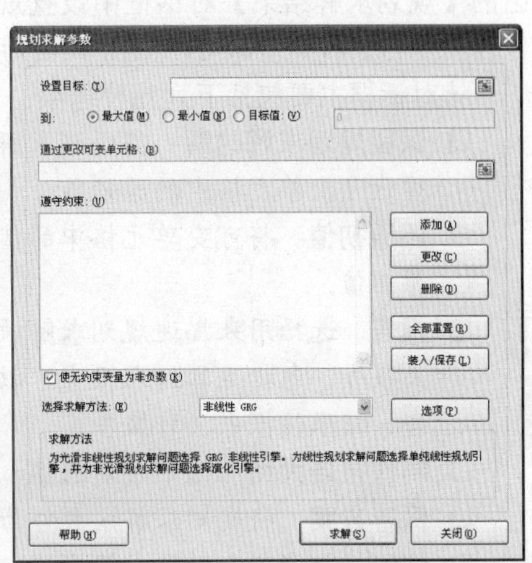

图 10-28 设置规划求解参数

该对话框中各选项中参数的功能如表 10-2 所示。

表 10-2 规划求解参数

选项		说明
设置目标单元格		用于设置显示求解结果的单元格，在该单元格中必须包含公式
到	最大值	表示求解最大值
	最小值	表示求解最小值
	目标值	表示求解指定值
通过更改可变单元格		用来设置每个决策变量单元格区域的名称或引用，用逗号分隔不相邻的引用。另外，可变单元格必须直接或间接与目标单元格相关。用户最多可指定 200 个变量单元格
遵守约束	添加	表示添加规划求解中的约束条件
	更改	表示更改规划求解中的约束条件
	删除	表示删除已添加的约束条件
全部重置		可以设置规划求解的高级属性
装入/保存		可在弹出的【装入/保存模型】对话框中保存或加载问题模型
使无约束变量为非负数		选中该选项，可以使无约束变量为正数
选择求解方法		可在下拉列表中选择规划求解的求解方法。主要包括用于平滑线性问题的“非线性（GRG）”方法，用于线性问题的“单纯线性规划”方法与用于非平滑问题的“演化”方法

续表

选　　项	说　　明
选项	单击该按钮，可在【选项】对话框中更改求解方法的“约束精确度”、“收敛”等参数
求解	单击该按钮，可对设置好的参数进行规划求解
关闭	关闭“规划求解参数”对话框，放弃规划求解

另外，当用户单击【求解】按钮时，在弹出的【规划求解结果】对话框中设置规划求解保存位置与报告类型即可，如图 10-29 所示。

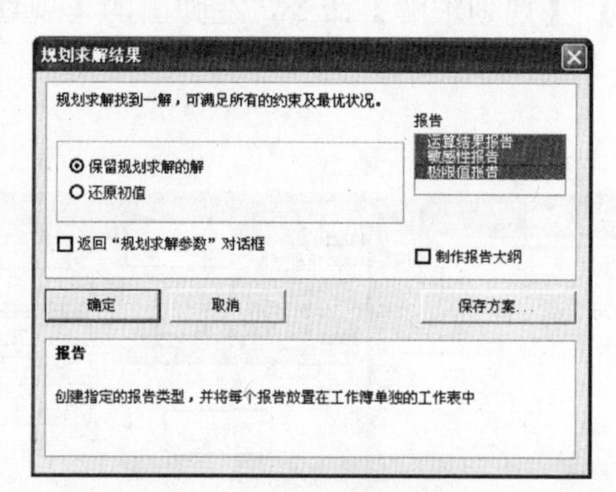

图 10-29　【规划求解结果】对话框

该对话框主要包括下列几种选项。

- **保留规划求解的解**　将规划求解结果值替代可变单元格中的原始值。
- **还原初值**　将可变单元格中的值恢复成原始值。
- **报告**　选择用来描述规划求解执行的结果报告，包括运算结果报告、敏感性报告、极限值报告 3 种报告。
- **制作报告大纲**　选中该复选框，可以制作规划求解报告大纲。
- **保存方案**　将规划求解设置作为模型进行保存，便于下次规划求解时使用。
- **取消**　取消本次规划求解操作。

10.5　课堂练习：求解最大利润

一个企业在进行投资之前，需要利用专业的分析工具，分析投资比重与预测投资所获得的最大利润。在本练习中，将利用规划求解功能来求解投资项目的最大利润，如图 10-30 所示。

求解最大利润之前，需要先了解一下投资条件。已知某公司计划投资客房、养殖与餐饮 3 个项目，每个项目的预测投资金额分别为 160 万、88 万及 152 万，每个项目的预测利润率分别为 50%、40%及 48%。为获得投资额与回报率的最大值，董事会要求财务部分析 3 个项目的最小投资额与最大利润率，并且企业管理者还为财务部附加了以下投资条件。

- 总投资额必须为 400 万。
- 客房的投资额必须为养殖投资额的 3 倍。
- 养殖的投资比例大于或等于 15%。
- 客房的投资比例大于或等于 40%。

图 10-30　求解最大利润

操作步骤

1 在工作表中制作标题并输入基本数据，在单元格 D3 中输入“=B3*C3”公式，按 Enter 键，如图 10-31 所示。

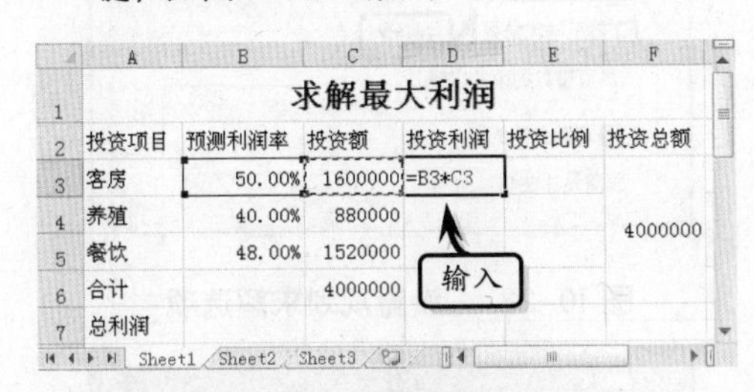

	A	B	C	D	E	F
1	求解最大利润					
2	投资项目	预测利润率	投资额	投资利润	投资比例	投资总额
3	客房	50.00%	1600000	=B3*C3		
4	养殖	40.00%	880000			4000000
5	餐饮	48.00%	1520000			
6	合计		4000000			
7	总利润					

图 10-31 求解投资利润

2 在单元格 E3 中输入“=C3/$F$3”公式，按 Enter 键，如图 10-32 所示。选择单元格区域 D3:E3，拖动填充柄向下复制公式，如图 10-32 所示。

	A	B	C	D	E	F
1	求解最大利润					
2	投资项目	预测利润率	投资额	投资利润	投资比例	投资总额
3	客房	50.00%	1600000	800000	=C3/$F$3	
4	养殖	40.00%	880000			4000000
5	餐饮	48.00%	1520000			
6	合计		4000000			
7	总利润					

输入

图 10-32 求解投资比例

3 在单元格 C6 中输入求和公式“=SUM(C3:C5)”，按 Enter 键并拖动填充柄向右复制公式。然后在单元格 B7 中输入“=D6/C6”公式，按 Enter 键，如图 10-33 所示。

	A	B	C	D	E	F
1	求解最大利润					
2	投资项目	预测利润率	投资额	投资利润	投资比例	投资总额
3	客房	50.00%	1600000	800000	40.00%	
4	养殖	40.00%	880000	352000	22.00%	4000000
5	餐饮	48.00%	1520000	729600	38.00%	
6	合计		4000000	1881600	100.00%	
7	总利润	47.04%				

图 10-33 求解合计额与总利润

4 最后设置单元格区域 A2:F7 的边框、居中与数字格式，如图 10-34 所示。

	A	B	C	D	E	F
1	求解最大利润					
2	投资项目	预测利润率	投资额	投资利润	投资比例	投资总额
3	客房	50.00%	1600000	800000	40.00%	
4	养殖	40.00%	880000	352000	22.00%	4000000
5	餐饮	48.00%	1520000	729600	38.00%	
6	合计		4000000	1881600	100.00%	
7	总利润	47.04%				

图 10-34 美化工作表

5 执行【数据】|【分析】|【规划求解】命令，将【设置目标单元格】设置为“$B$7”，将【可变单元格】设置为“$C$3:$C$5”，如图 10-35 所示。

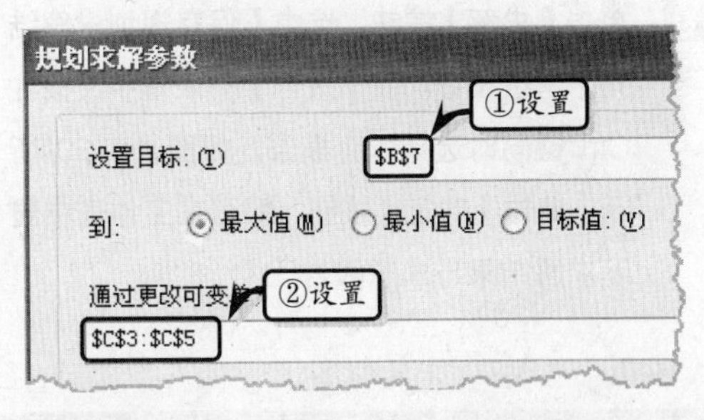

图 10-35 设置目标与可变单元格

6 单击【添加】按钮，将【单元格引用位置】设置为“$C$6”，将符号设置为“=”，将【约束值】设置为“4000000a”，单击【添加】按钮即可，如图 10-36 所示。

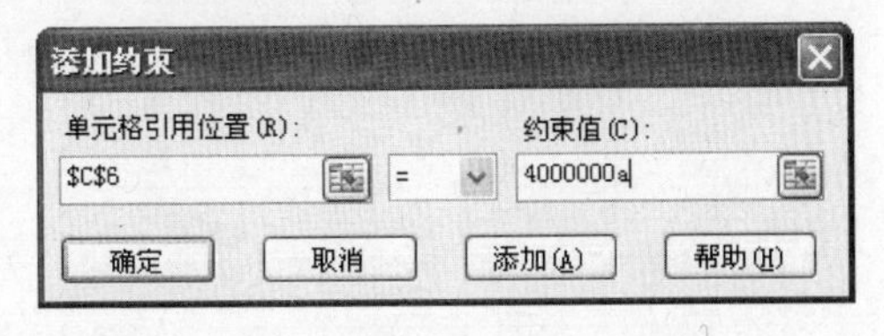

图 10-36 添加第一个约束条件

7 重复步骤 **6** 的操作，分别添加“$C$3>=$C$4*3”、“$E$4>=0.15”、“$E$5>=0.4”、“$C$3>=0”、“$C$4>=0”、“$C$5>=0”约束条件，如图 10-37 所示。

8 单击对话框中的【选项】按钮，在弹出的【规划求解选项】对话框中选中【使用自动缩放】复选框，单击【确定】按钮，如图 10-38

所示。

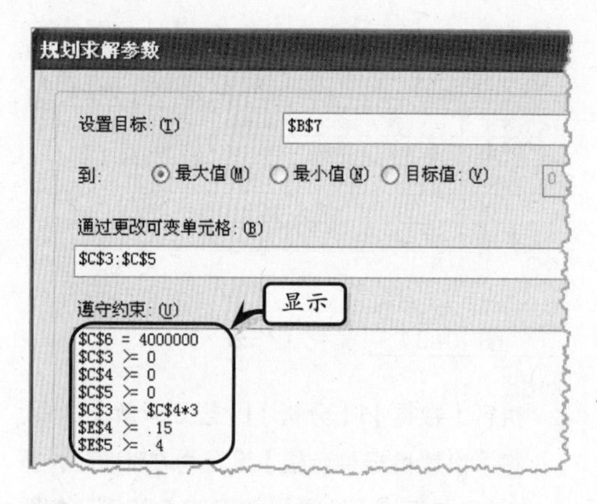

图 10-37 添加其他约束条件

9 单击【求解】按钮，选中【保存规划求解结果】单选按钮。在【报告】列表框中，按住 Ctrl 键同时选择所有报告，如图 10-39 所示。单击【确定】按钮，即可在工作表中显示求解结果与求解报告。

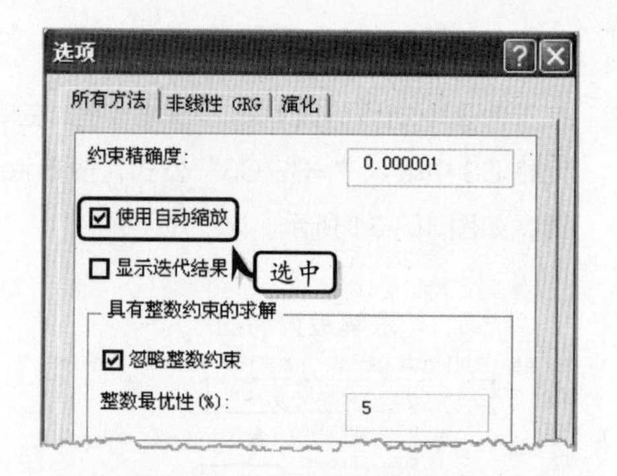

图 10-38 设置规划求解选项

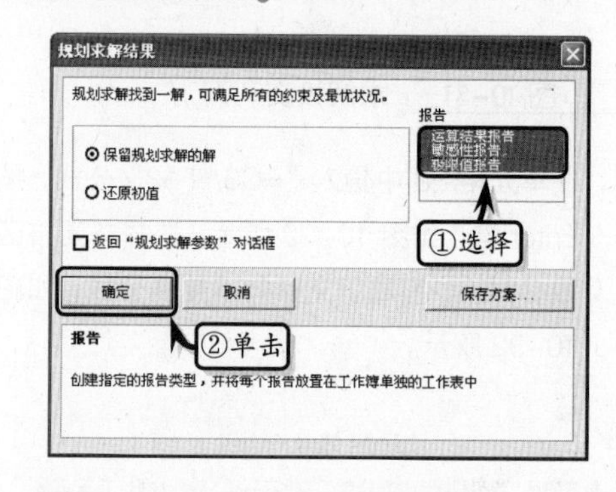

图 10-39 【规划求解结果】对话框

10.6 课堂练习：分析考核成绩

在企业管理中，人事部需要在每一季度或固定期间内进行员工绩效考核，每次考核完人事部人员需要分析与总计考核成绩。在本练习中，将利用 Excel 2010 中的高级筛选功能，按多个条件分析考核成绩，如图 10-40 所示。

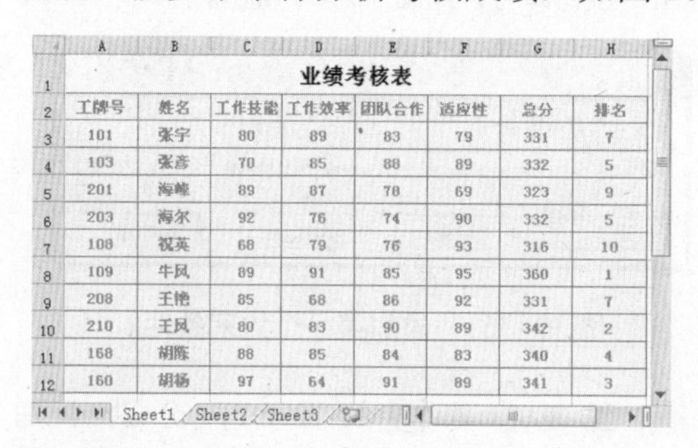

业绩考核表

工牌号	姓名	工作技能	工作效率	团队合作	适应性	总分	排名
101	张宇	80	89	83	79	331	7
103	张彦	70	85	88	89	332	5
201	海峰	89	87	78	69	323	9
203	海尔	92	76	74	90	332	5
108	祝英	68	79	76	93	316	10
109	牛凤	89	91	85	95	360	1
208	王艳	85	68	86	92	331	7
210	王风	80	83	90	89	342	2
168	胡陈	88	85	84	83	340	4
160	胡杨	97	64	91	89	341	3

图 10-40 分析考核成绩

操作步骤

1 首先合并单元格区域 A1:H1，并输入表格标题。然后在单元格区域 A2:H12 中输入考核数据，如图 10-41 所示。

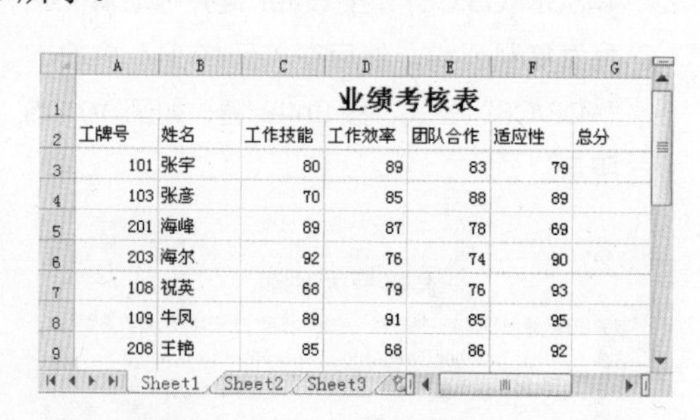

业绩考核表

工牌号	姓名	工作技能	工作效率	团队合作	适应性	总分
101	张宇	80	89	83	79	
103	张彦	70	85	88	89	
201	海峰	89	87	78	69	
203	海尔	92	76	74	90	
108	祝英	68	79	76	93	
109	牛凤	89	91	85	95	
208	王艳	85	68	86	92	

图 10-41 制作基本数据

2 选择单元格 G3，执行【开始】|【编辑】|【自动求和】命令，按 Enter 键输入公式。拖动 G3 单元格右下角的填充柄，填充 G3 至 G12 单元格区域，如图 10-42 所示。

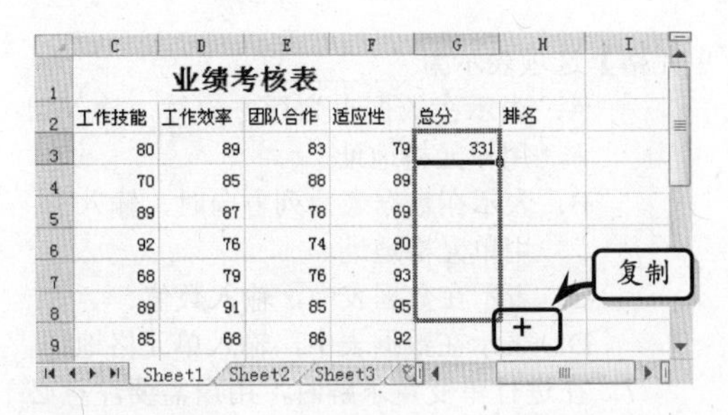

工作技能	工作效率	团队合作	适应性	总分	排名
80	89	83	79	331	
70	85	88	89		
89	87	78	69		
92	76	74	90		
68	79	76	93		
89	91	85	95		
85	68	86	92		

图 10-42 计算总分

3 选择单元格 H3，在编辑栏中输入“=RANK(G3,$G$3:$G$12)”公式，按 Enter 键求解排名值。拖动 H3 单元格右下角的填充柄，填充 H3 至 H12 单元格区域，如图 10-43 所示。

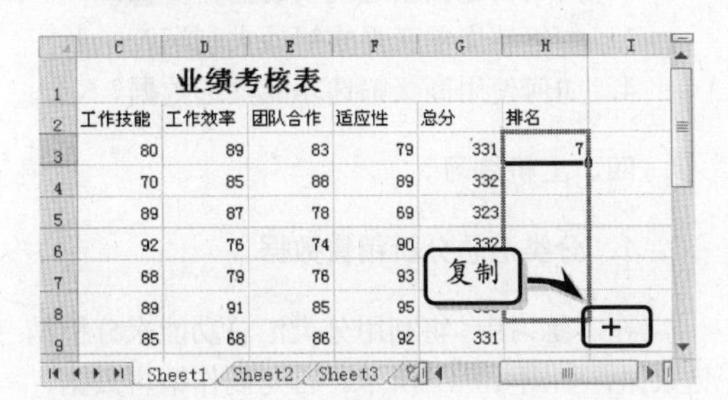

工作技能	工作效率	团队合作	适应性	总分	排名
80	89	83	79	331	7
70	85	88	89	332	
89	87	78	69	323	
92	76	74	90	332	
68	79	76	93		
89	91	85	95		
85	68	86	92	331	

图 10-43 计算排名

4 将单元格区域 A2:H12 的【框线】设置为“所有框线”，将【对齐方式】设置为“居中”，将【单元格样式】设置为“计算”，如图 10-44 所示。

5 合并单元格区域 A14:H14，输入“筛选条件”文本，并设置文字加粗与字号格式。在单元格区域 A15:H16 中分别输入筛选条件，如图 10-45 所示。

6 执行【数据】|【排序和筛选】|【高级】命令，选中【将筛选结果复制到其他位置】单选按钮。将【列表区域】设置为“$A$2:$H$12”，将【条件区域】设置为“$A$15:$H$16”，将【复制到】设置为“Sheet!$A$19”。单击【确定】按钮即可，如图 10-46 所示。

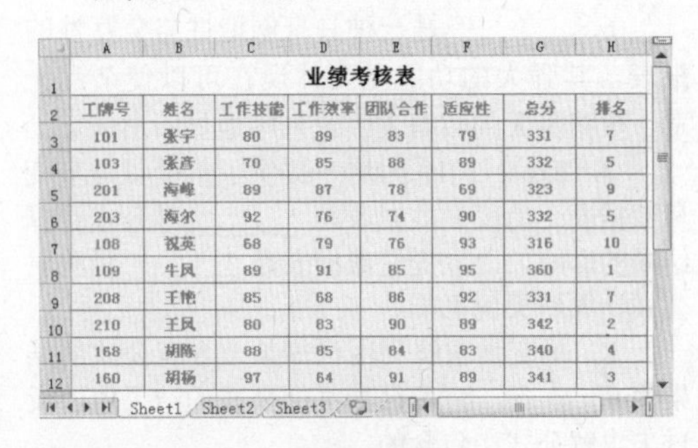

业绩考核表

工牌号	姓名	工作技能	工作效率	团队合作	适应性	总分	排名
101	张宇	80	89	83	79	331	7
103	张莉	70	85	88	89	332	5
201	海峰	89	87	78	69	323	9
203	海尔	92	76	74	90	332	5
108	锐英	68	79	76	93	316	10
109	牛凤	89	91	85	95	360	1
208	王艳	85	68	86	92	331	7
210	王凤	80	83	90	89	342	2
168	胡陈	88	85	84	83	340	4
160	胡杨	97	64	91	89	341	3

图 10-44 美化工作表

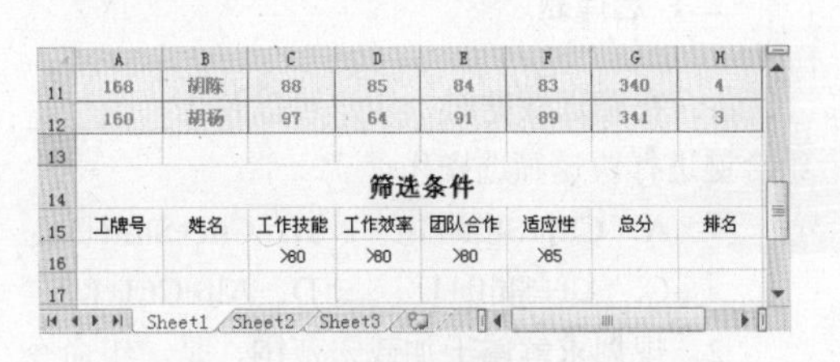

168	胡陈	88	85	84	83	340	4
160	胡杨	97	64	91	89	341	3

筛选条件

工牌号	姓名	工作技能	工作效率	团队合作	适应性	总分	排名
		>80	>80	>80	>85		

图 10-45 制作筛选条件

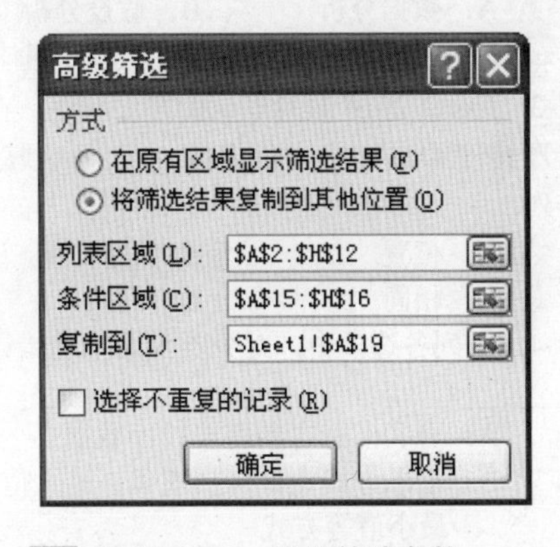

图 10-46 设置筛选参数

10.7 思考与练习

一、填空题

1．在对数据进行排序时，如果用户只选择数据区域中的部分数据，当执行【升序】或【降序】命令时，系统会自动弹出________对话框。

2．在排序或筛选数据时，用户还可以执行【开始】选项卡________选项组中的________命令，进行排序与筛选操作。

3．在进行自定义筛选时，当同一行中输入多个筛选条件时，筛选的结果必须同时满足多个条件。当在不同行中输入多个筛选条件时，其筛选结果________。

4．在创建分类汇总之前，需要对数据________，以便将数据中关键字相同的数据集中在一起。

5．嵌套汇总是对某项指标汇总，然后________，以便做进一步的细化。

6．________是一种具有创造性与交互性的报表，其强大的功能主要体现在可以使杂乱无章、数据庞大的数据表快速有序地显示出来。

7．Excel 2010 为用户提供了单变量与多变量数据表，单变量数据表是________对公式计算结果的影响，而双变量数据表是________预测对公式计算结果的影响。

8．单变量求解利用已知某个含有公式的结果值来________，即已知某个公式的结果值，反过来求解公式中包含的________。

二、选择题

1．在筛选数据时，用户可以使用________组合键进行快速筛选操作。

A．Ctrl+Shift+I　　B．Ctrl+Shift+L

C．Alt+Shift+L　　D．Alt+Ctrl+L

2．规划求解属于加载宏范围，是一组命令的组成部分，也可以成为________。

A．数据分析　　B．假设分析

C．预测数据　　D．预测工具

3．Excel 2010 具有默认的排序顺序，在按照升序排序数据时错误值将按________顺序进行排列。

A．位置　　B．时间

C．相同　　D．高低

4．下列各选项中，对分类汇总描述错误的是________。

A．分类汇总之前需要排序数据

B．汇总方式主要包括求和、最大值、最小值等方式

C．分类汇总结果必须与原数据位于同一个工作表中

D．不能隐藏分类汇总数据

5．下列各选项中，对数据透视表描述错误的是________。

A．数据透视表只能放置在新工作表中

B．可以在【数据透视表字段列表】任务窗格中添加字段

C．可以更改计算类型

D．可以筛选数据

6．在【数据表】对话框中，【输入引用行的单元格】选项表示为________。

A．表示在数据表为行方向时，输入引用单元格地址

B．表示在数据表为列方向时，输入引用单元格地址

C．表示在数据表中，输入数值

D．表示在数据表中，输入单元格地址

7．在进行单变量求解时，用户需要注意必须在________单元格中含有公式。

A．目标单元格　　B．可变单元格

C．数据单元格　　D．其他单元格

三、问答题

1．什么是嵌套分类汇总？

2．简述创建数据透视表的操作步骤。

3．如何使用单变量求解最大利润？

4．如何使用高级筛选功能筛选数据？

四、上机练习

1．分类汇总分析销售数据

在本练习中，将利用分类汇总功能来分析销售数据，如图 10-47 所示。首先制作销售数据，执行【数据】|【排序和筛选】|【升序】命令，对数据进行升序排序。然后执行【分级显示】|【分类汇总】命令，在【选定汇总项】文本框中同时选择【第一季度】、【第二季度】与【第三季度】选项，单击【确定】按钮即可。最后执行【分类汇总】命令，将【汇总方式】设置为“平均值”，取消选中【替换当前分类汇总】选项，单击【确定】按钮即可。

	A	B	C	D	E
1	分析销售数据				
2	分公司	产品	第一季度	第二季度	第三季度
3	北京	产品一	2000000	2300000	3000000
4	北京	产品二	3000000	2000000	2300000
5	北京	产品三	1200000	1400000	1300000
6	北京 平均值		2066666.7	1900000	2200000
7	北京 汇总		6200000	5700000	6600000
8	大连	产品二	3200000	2100000	1890000
9	大连	产品一	1890000	3200000	2100000
10	大连	产品三	1500000	1600000	1800000

Sheet1　Sheet2　Sheet3

图 10-47　分类汇总分析

2．数据透视表分析销售数据

在本练习中，将利用数据透视表功能来分析销售数据，如图 10-48 所示。首先制作销售数据，

执行【插入】|【表】|【数据透视表】命令，在弹出的对话框中设置数据区域，单击【确定】按钮插入数据透视表。然后在【数据透视表字段列表】任务窗格中的【选择要添加到报表的字段】列表框中，启用所有的字段名称。最后在【行标签】列表中拖动“分公司”字段至【报表筛选】列表中，即可在数据透视表上方根据分公司名称来分析具体销售数据了。

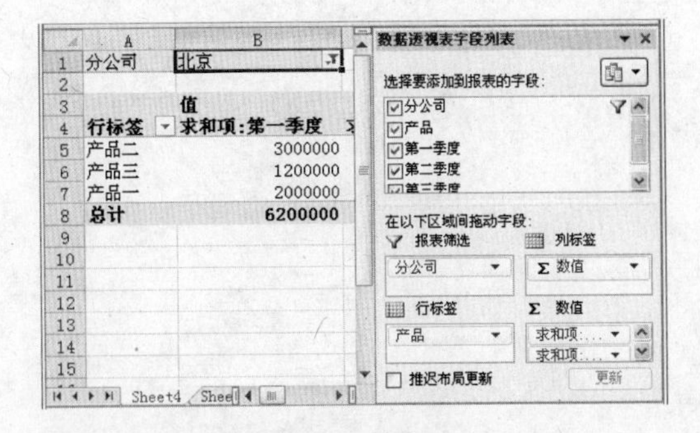

图 10-48 数据透视表分析

第 11 章

高级应用

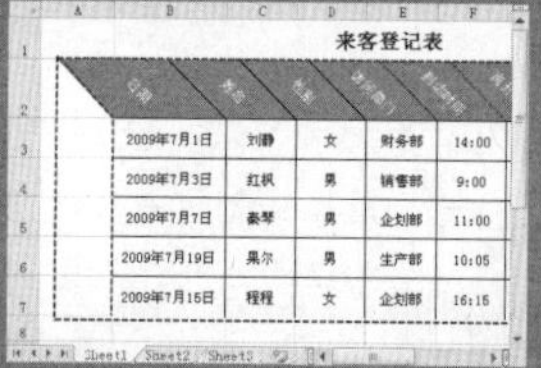

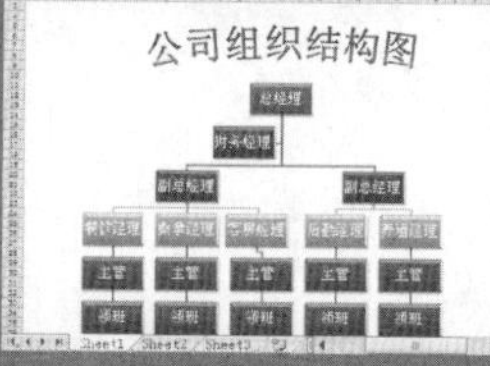

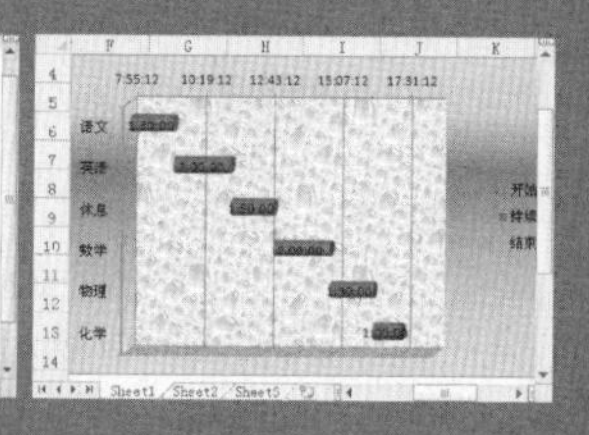

在前面的章节中，已经详细地介绍了 Excel 2010 从基础知识到计算数据以及分析数据的基础知识与操作技巧。但是，上述基础知识与操作技巧将无法满足用户组之间的沟通与协作要求。在此章中，将向用户详细介绍允许多人同时编辑同一个工作簿，以及查看与修订工作簿中被修改的记录，从而方便用户之间进行有效的协同工作。同时，为了防止工作簿中的数据被更改，还需要介绍如何保护工作簿和工作表的操作技巧。另外，本章还向用户介绍了使用宏功能的操作技巧，从而帮助用户快速而准确的进行重复性的操作。

本章学习要点：

- 共享工作簿
- 保护结构与窗口
- 保护工作簿
- 修复受损工作簿
- 链接工作表
- 使用宏

11.1 共享工作簿

对于工作组来讲，经常会共享某份工作簿，以用来传递相互工作中的数据。此时，用户可以使用 Excel 2010 中的共享功能，来达到在同一工作簿中快速处理数据的目的。另外，还可以使用 Excel 中的刷新工作簿数据的功能，来保证工作簿中数据的时刻更新。

11.1.1 创建共享工作簿

执行【审阅】|【更改】|【共享工作簿】命令，选中【允许多用户同时编辑，同时允许工作簿合并】复选框。然后，在【高级】选项卡中设置修订与更新参数即可，如图 11-1 所示。

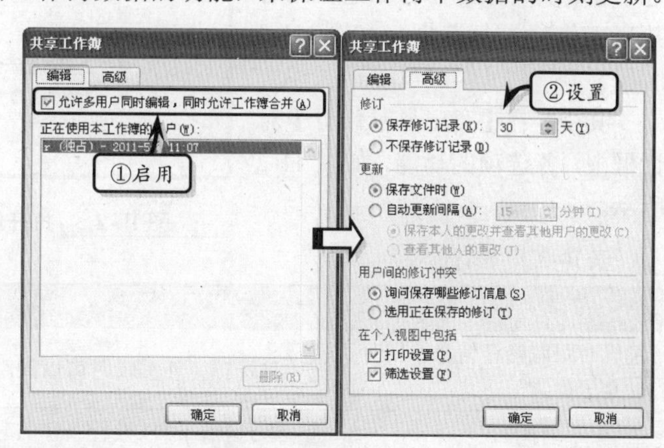

图 11-1 共享工作簿

另外，【高级】选项卡中各选项的具体功能，如表 11-1 所示。

表 11-1 【高级】选项卡

选项		说明
修订	保存修订记录	表示系统将按照用户设置的天数保存修订记录
	不保存修订记录	表示系统不保存修订记录
更新	保存文件时	表示在保存工作簿时，进行修订更新
	自动更新间隔	可以在文本框中设置间隔时间，并可以选择保存本人的更改并查看其他用户的更改，或者是选择查看他人的更改
用户间的修订冲突	询问保存哪些修订信息	选中该选项，系统会自动弹出询问对话框，询问用户如何解决冲突
	选用正在保存的修订	选中该选项，表示最近保存的版本总是优先的
在个人视图中包括	打印设置	表示在个人视图中可以进行打印设置
	筛选设置	表示在个人视图中可以进行筛选设置

提 示

用户只有在【编辑】选项卡中，选中了【允许用户同时编辑，同时允许工作簿合并】选项，【高级】选项卡中的各项才显示为可用状态。

11.1.2 查看与修订共享工作簿

在 Excel 2010 中创建共享工作簿后，用户可以使用修订功能更改共享工作簿中的数据，同样也可以查看其他用户对共享工作簿的修改，并根据情况接受或拒绝更改。

1. 开启或关闭修订功能

执行【审阅】|【更改】|【修订】|【突出显示修订】命令，并选中【编辑时跟踪修订信息，同时共享工作簿】复选框，如图 11-2 所示。

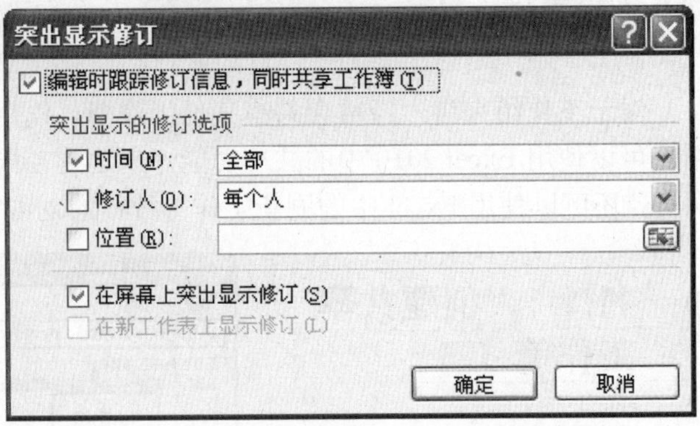

其中，在【突出显示修订】对话框中，各选项的功能，如表 11-2 所示。

图 11-2 打开修订功能

表 11-2 修订选项

名称		功能
编辑时跟踪修订信息，同时共享工作簿		选中该选项，在编辑时可以跟踪修订信息，并可以共享工作簿
突出显示的修订选项	时间	选中该选项，可以设置修订的时间
	修订人	选中该选项，可以选择修订人
	位置	选中该复选框，可以选择修订的位置
	在屏幕上突出显示修订	选中该复选框，当鼠标停留在修改过的单元格上时，屏幕上将会自动显示修订信息
	在新工作表上显示修订	选中该复选框，将自动生成一个包含修订信息的名为“历史记录”的工作表

2. 浏览修订

当用户发现工作簿中存在修订记录时，便可以执行【审阅】|【更改】|【修订】|【接受/拒绝修订】命令，并执行相应的选项即可接受或拒绝修订，如图 11-3 所示。

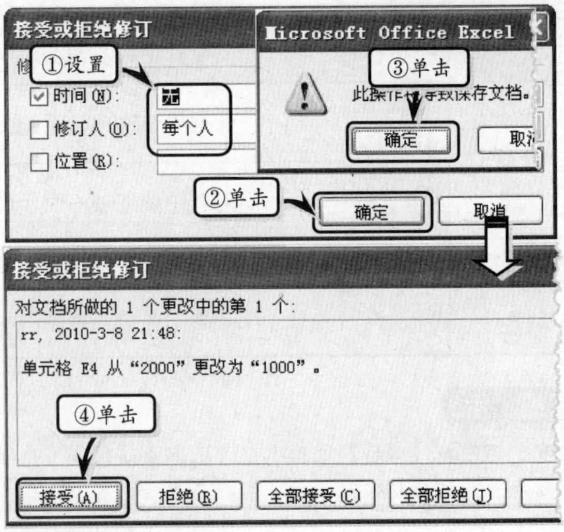

提 示

用户可通过取消选中【共享工作簿】对话框中的【允许多用户同时编辑，同时允许工作簿合并】选项，来取消共享工作簿。

图 11-3 接受修订

11.2 保护工作簿

在实际工作中，用户往往需要处理一些保密性的数据。此时，用户可以运用 Excel 2010 中保护工作簿的功能，来保护工作簿、工作表或部分单元格，从而有效地防止数据被其他用户复制或更改。

11.2.1 保护结构与窗口

执行【审阅】|【更改】|【保护工作簿】命令，在弹出的【保护结构和窗口】对话框中，选择需要保护的内容，输入密码即可保护工作表的结构和窗口，如图 11-4 所示。

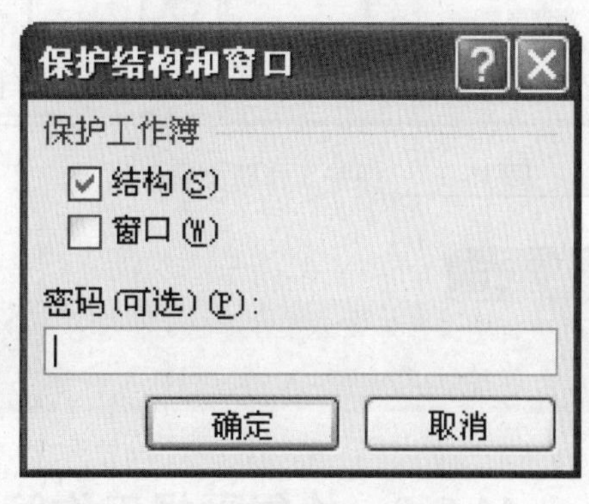

图 11-4 保护结构和窗口

在【保护结构和窗口】对话框中包括下列 3 种选项。

- **结构** 选中该选项，可保持工作簿的现有格式。例如删除、移动、复制等操作均无效。
- **窗口** 选中该选项，可保持工作簿的当前窗口形式。
- **密码** 在此文本框中输入密码可防止未授权的用户取消工作簿的保护。

另外，当用户保护了工作簿的结构或窗口后，再次执行【审阅】|【更改】|【保护工作簿】命令，即可弹出【撤销工作簿保护】对话框，输入保护密码，单击【确定】按钮即可撤销保护，如图 11-5 所示。

图 11-5 撤销工作簿保护

提 示

当工作簿处于共享状态下时，【保护工作簿】与【保护工作表】命令将为不可用状态。

11.2.2 保护工作簿文件

在 Excel 2010 中，除了可以保护工作表中的结构与窗口之外，用户还可以运用其他保护功能，来保护工作表与工作簿文件。

1．保护工作表

保护工作表是保护工作表中的一些操作，用户可通过执行【审阅】|【更改】|【保护工作表】命令，在弹出的【保护工作表】对话框中选中所需保护的选项，并输入保护密码，如图 11-6 所示。

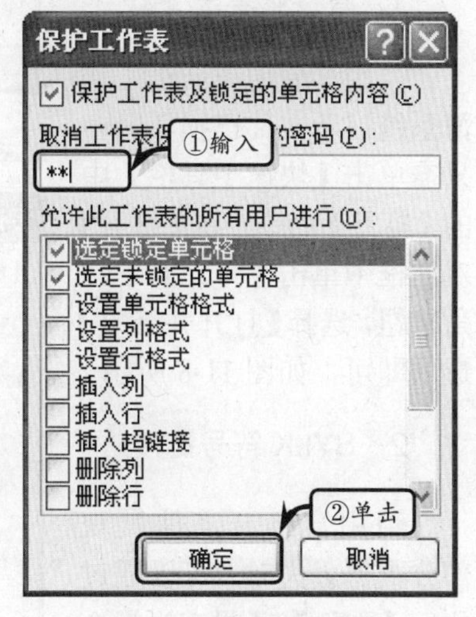

图 11-6 保护工作表

2．保护工作簿文件

保护工作簿文件是通过为文件添加保护密码的方法，来保护工作簿文件。用户只需

执行【文件】|【另存为】命令，在弹出的【另存为】对话框中单击【工具】下拉按钮，选择【常规选项】选项，并输入打开权限与修改权限密码，如图 11-7 所示。

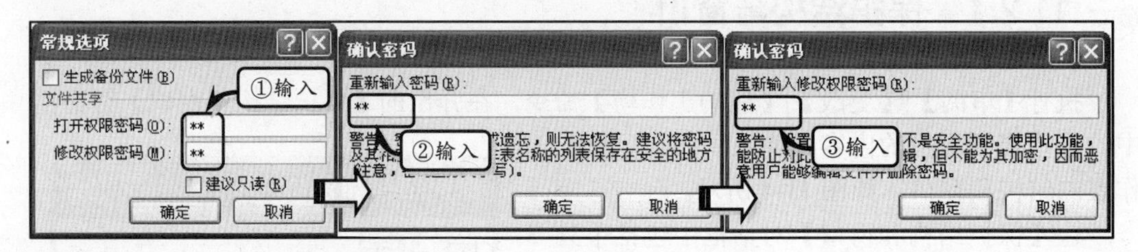

图 11-7　保护工作簿文件

提　示

对于新建工作簿或未保存过的工作簿，单击【快速访问工具栏】中的【保存】命令，即可弹出【另存为】对话框。

11.2.3　修复受损工作簿

用户在使用 Excel 时，经常会遇到已保存的文件无法打开，或打开后部分数据丢失，无法继续编辑等工作簿受损的情况。此时，用户可通过下列两种方法，来修复受损的工作簿。

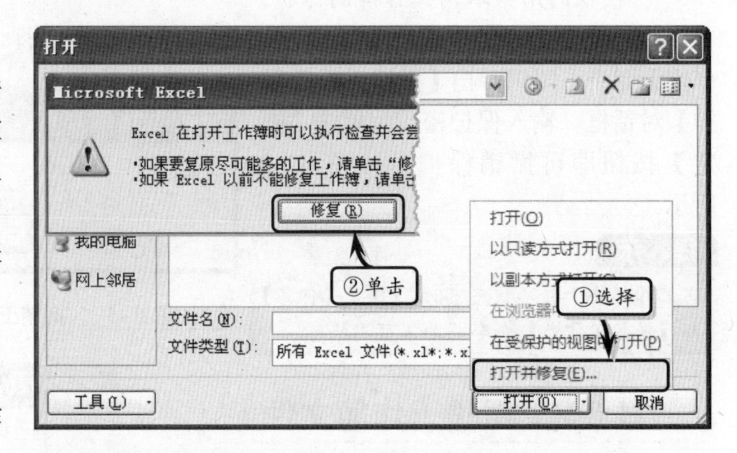

图 11-8　修复工作簿

1. 直接修复法

当用户启用 Excel 工作簿系统提示文件已损坏时，只需单击【快速工具栏】中的【打开】命令，在【打开】对话框中单击【打开】下三角按钮，选择【打开并修复】选项即可，如图 11-8 所示。

2. SYLK 符号链接法

当用户打开文件发现部分数据丢失时，可以通过执行【文件】|【另存为】命令，将【保存类型】设置为“SYLK（符号链接）”的格式，如图 11-9 所示。

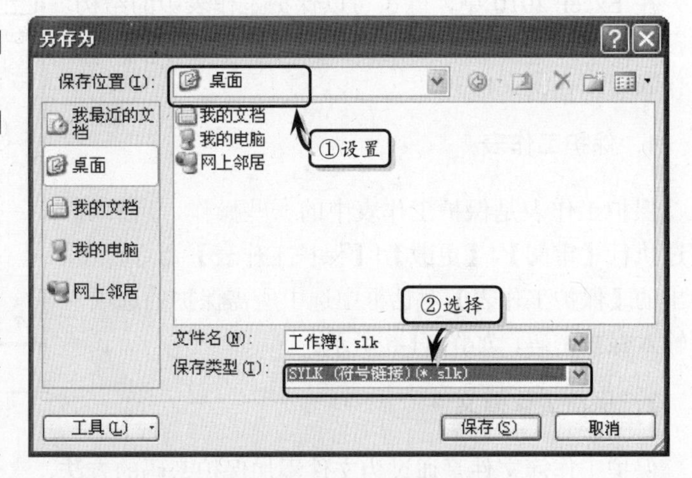

图 11-9　保存为符号链接类型的文件

然后，用户在保存文件的文件夹中，双击打开以“SYLK（符号链接）”格式保存的Excel文件，即可显示修复后的Excel文件。

提 示

用户也可以使用Excel Viewer或EasyRecovery等第三方软件来修复受损的Excel文件。

11.3 链接工作表

Excel 2010还为用户提供了超链接功能，以帮助用户链接多个工作表中的数据，以及网页或文件中的数据。从而解决用户为结合不同工作簿中的数据而产生的需求，方便数据的整理与统计。

11.3.1 使用超链接

内部链接是将多个不同类型的文件链接到工作簿中，适用于将多个工作簿或不同类型的文件，集合在一个工作簿之中。用户可通过执行【插入】|【超链接】命令，来超链接新建文档、原有文件、网页与电子邮件地址。

1. 创建现有文件或网页的超链接

在工作表中选择需要插入链接的单元格，然后在【插入超链接】对话框中的【原有文件或网页】选项卡中，设置相应的选项，即可链接本地硬盘中的文件与指定的网页，如图11-10所示。

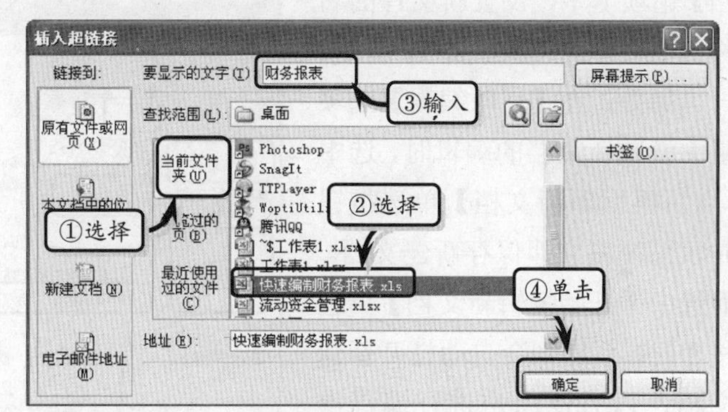

图11-10 链接现有文件

【原有文件或网页】选项卡中各项选项的功能，如表11-3所示。

表11-3 【原有文件或网页】选项功能

选 项	功 能
要显示的文字	用于显示表示超链接的文本
屏幕提示	可在【屏幕提示文字】对话框中设置指针悬停在超链接上时所显示的帮助信息
查找范围	用于查找文件与网页的位置。其中，按钮表示上一级文件夹，按钮表示浏览文件，而按钮表示浏览Web
书签	可在【在文档中选择位置】对话框中创建指向文件中或网页上特定位置的超链接
当前文件夹	用于选择需要链接的文件，可通过【查找范围】列表中的按钮更改当前文件夹
浏览过的页	用于链接用户浏览过的网页
最近使用过的文件	用于链接用户浏览过的文件
地址	用于链接已知的文件或网页的名称与位置

提　示

在使用【书签】选项创建特定位置的超链接时，要链接的文件或网页必须具有书签。

2．创建工作簿内的超链接

在工作表中选择需要插入链接的单元格，然后在【本文档中的位置】选项卡中，选择工作表并输入引用单元格的名称，即可链接同一工作簿中的工作表，如图 11-11 所示。

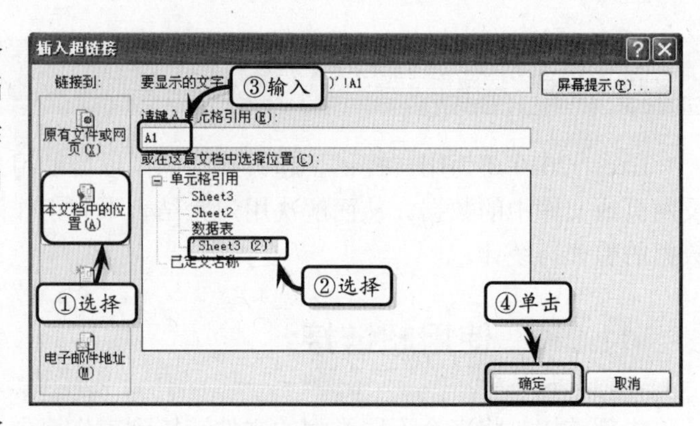

图 11-11　链接本文档中的位置

3．创建新文档中的超链接

在工作表中选择需要插入链接的单元格，然后在【新建文档】选项卡中，设置新文件的名称与位置即可，如图 11-12 所示。

另外，在【何时编辑】选项组中设置新文档的编辑时，选中【以后再编辑新文档】单选按钮时，系统将立即保存新建文档。而选中【开始编辑新文档】单选按钮时，系统则会自动打开新建文档，以方便用户进行编程操作。

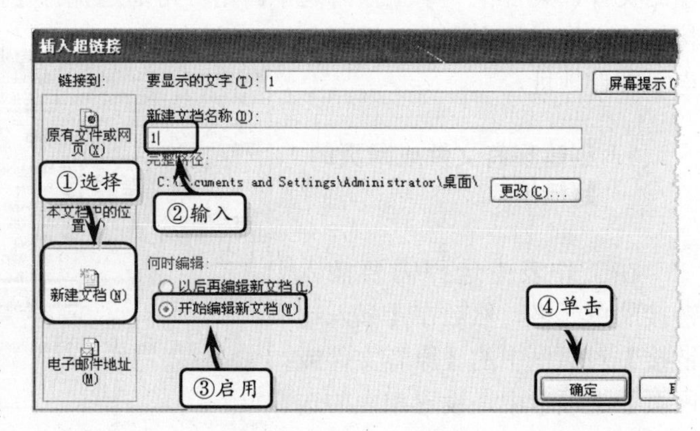

图 11-12　链接新文档

提　示

用户可以单击【更改】按钮，来更改新文档的位置。

4．创建指向电子邮件的超链接

在工作表中选择需要插入链接的单元格，然后在【电子邮件地址】选项卡中，设置电子邮件的地址与主题即可，如图 11-13 所示。

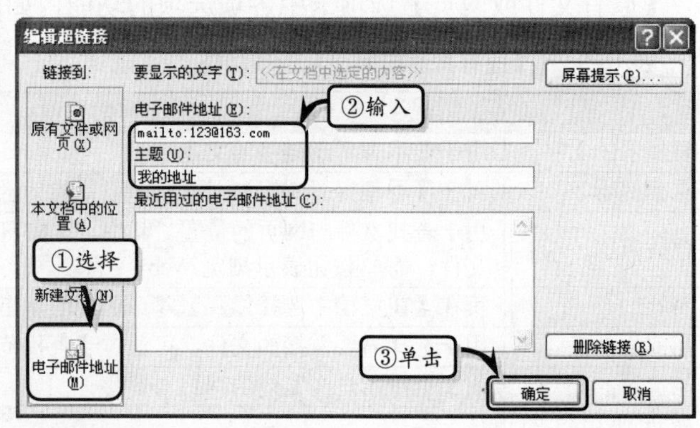

图 11-13　链接邮件

11.3.2 使用外部链接

在 Excel 2010 中，除了可以链接本文档中的文件以及邮件之外，还可以链接本工作簿之外的文本文件与网页，以帮助用户创建文本文件与网页的链接。

1. 通过文本创建

执行【数据】|【获取外部数据】|【自文件】命令，在弹出的对话框中选择需要导入的文本文件，单击【导入】按钮即可，如图 11-14 所示。

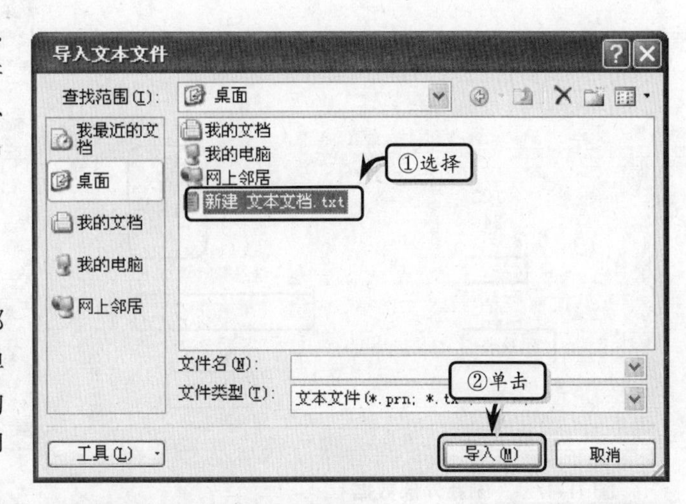

图 11-14 链接文本文件

在【导入文本文件】对话框中单击【导入】按钮之后，用户只需根据【文本导入向导】对话框中的提示步骤操作即可，如图 11-15 所示。

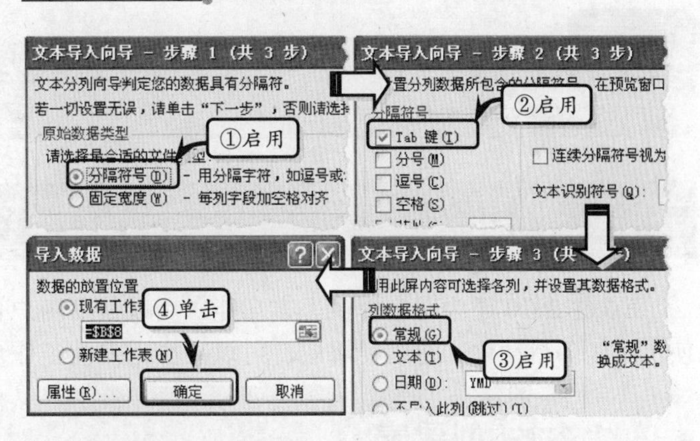

图 11-15 导入文件

2. 通过网页创建

在工作表中选择导入数据的单元格，执行【数据】|【获取外部数据】|【自网站】命令，在对话框中输入网站地址，选择相应的网页内容，单击【导入】按钮后选择放置位置，如图 11-16 所示。

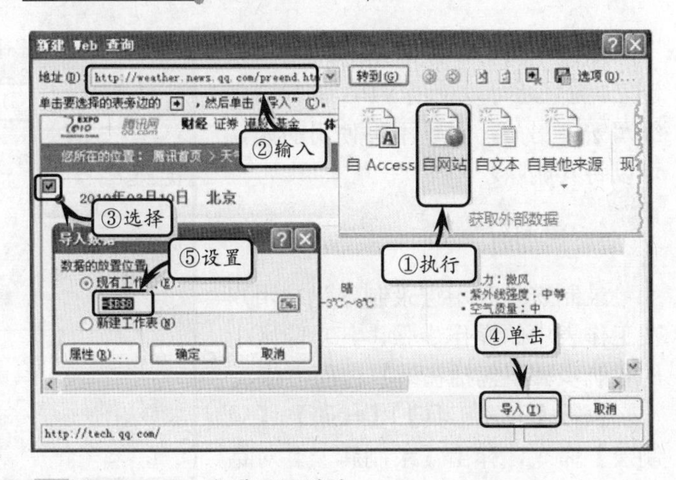

图 11-16 创建网页链接

3. 刷新外部数据

创建外部链接之后，用户还需要刷新外部数据，使工作表中的数据可以与外部数据保持一致，以便获得最新的数据。首先，打开含有外部数据的工作表，选择包含外部数据的单元格。然后，执行【数据】|【连接】|【全部刷新】|【刷新】命令，如图 11-17 所示。

另外，选择包含外部数据的单元格，执行【数据】|【连接】|【全部刷新】|【属性】命令，即可在【外部数据区域属性】对话框中设置刷新选项，如图 11-18 所示。

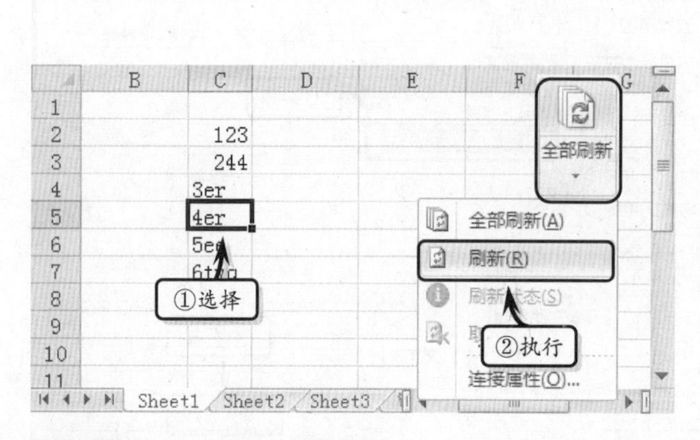

图 11-17　刷新外部数据

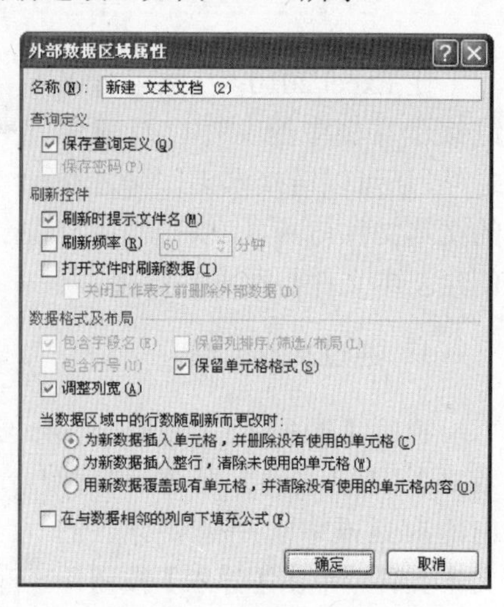

图 11-18　设置数据区域属性

提　示

在刷新数据时，如果数据来自文本，系统则会弹出【导入文件文本】对话框，在该对话框中选择的文件必须是导入源的文件。

11.4　使用宏

Excel 2010 还为用户提供了宏功能，用以帮助用户自动执行重复性的动作，也就是使常用任务自动化。通过使用宏，可以减少用户的工作步骤，提高工作效率。

11.4.1　创建宏

用户不仅可以在 Excel 2010 中录制宏，而且还可以使用 VBA 编辑器来编写宏。另外，对于不再使用的宏，可以将其删除。

1．录制宏

录制宏是利用宏录制器记录用户在工作表中的操作步骤，其功能区上的导航步骤不包括在录制过程中。

执行【开发工具】|【代码】|【录制宏】命令，弹出【录制新宏】对话框。在【宏名】文本框中输入宏的名称，如图 11-19 所示。在工作表中进

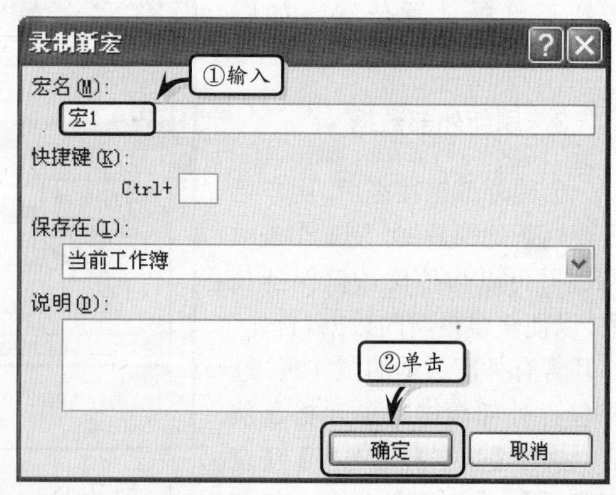

图 11-19　录制宏

行一系列操行，最后执行【代码】选项组中的【停止录制】命令即可。

其中，在【录制新宏】对话框中，主要包含以下几种选项。

- ❑ **宏名** 用于输入新宏的名称。
- ❑ **快捷键** 用于设置运行宏的快捷键，以便运行时使用。
- ❑ **保存在** 用于设置宏的保存位置。
- ❑ **说明** 用于输入宏的相关说明信息。

提 示

宏名的第一个字符必须是字母。后面的字符可以是字母、数字或下划线字符。宏名中不能有空格。

另外，用户还可以通过单击【状态栏】中的【录制宏】与【停止录制】按钮来录制新宏。

2. 使用 VBA 创建宏

用户还可以通过执行【开发工具】|【代码】|【Visual Basic】命令，在弹出的 Microsoft Visual Basic- Book1 窗口中编写宏脚本，如图 11-20 所示。

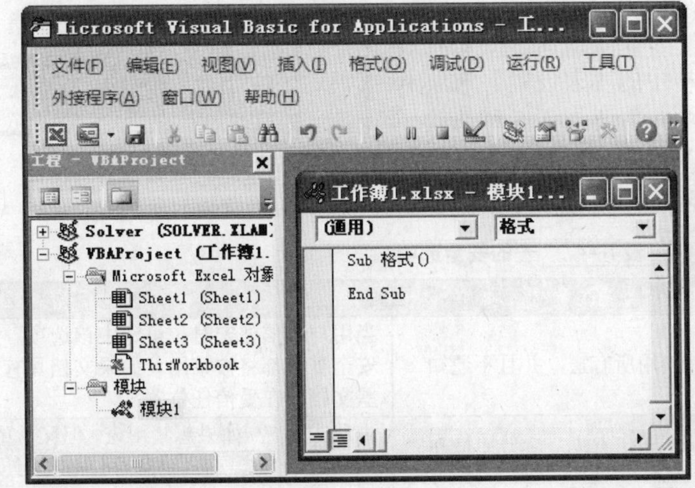

图 11-20 VBA 窗口

在 VBA 编辑器窗口中，主要包括以下 3 个窗格。

- ❑ **工程资源管理** 该窗格列出应用程序中所有当前打开的项目，从中可以打开编辑器。
- ❑ **属性** 该窗格基于浏览和编辑【工程资源管理】窗格中所选对象的属性。
- ❑ **模块编辑** 用于显示宏的内容。通过该编辑器可以进行大量的工作。

3. 删除宏

在包含宏的工作簿中，执行【开发工具】|【代码】|【宏】命令，在【宏名】列表框中选择需要删除的宏，单击【删除】按钮即可，如图 11-21 所示。

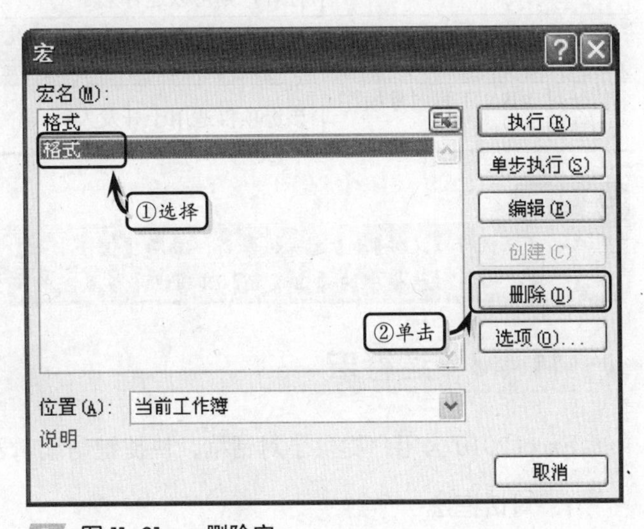

图 11-21 删除宏

11.4.2 宏的安全性

在使用宏之前，为保证宏的正常运行与保存，用户还需要设置宏的安全性。执行【开发工具】|【代码】|【宏安全性】命令，在弹出【信任中心】对话框中，设置宏的安全性，如图 11-22 所示。

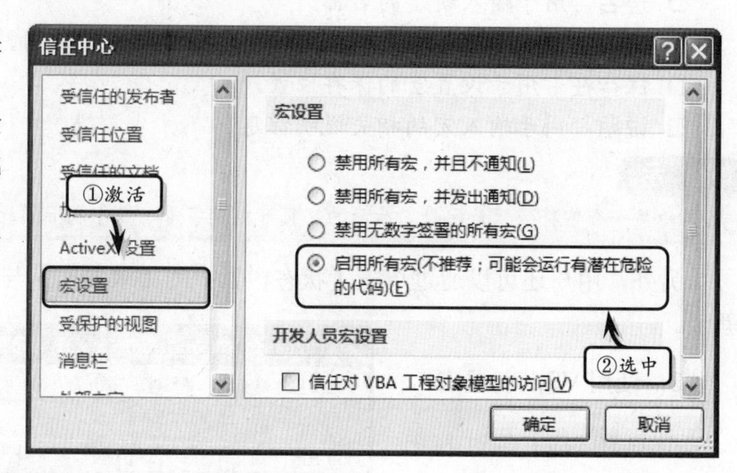

图 11-22 设置宏的安全性

在【信任中心】对话框中的【宏设置】选项卡中，主要包括 5 种选项。其每种选项的具体含义如表 11-4 所示。

表 11-4 宏的安全选项

安全选项	含义
禁用所有宏，并且不通知	当用户不信任宏时，可选中该选项。文档中的所有宏，以及有关宏的安全警报都将被禁用。如果文档具有信任的未签名的宏，则可以将这些文档放在受信任位置
禁用所有宏，并发出通知	为默认设置。如果想禁用宏，但又希望在存在宏的时候收到安全警报，则应选中该选项。这样，可以根据具体情况选择何时选中这些宏
禁用无数字签署的所有宏	该选项与“禁用所有宏，并发出通知”选项相同，但下面这种情况除外：在宏已由受信任的发行者进行了数字签名时，如果用户中信任发行者，则可以运行宏
启用所有宏（不推荐，可能会运行有潜在危险的代码）	可以暂时使用该选项，以便允许运行所有宏。由于选中该选项会使计算机容易受到恶意代码的攻击，所以不建议用户永久使用该选项
信任对 VBA 工程对象模型的访问	该选项仅适用于开发人员

提 示

用户也可以执行【文件】|【选项】命令，激活【信任中心】选项卡，单击【信任中心设置】按钮，在【信任中心】对话框中的【宏设置】选项卡中设置宏的安全性。

11.4.3 运行宏

Excel 2010 为用户提供了对话框、快捷键与编辑器 3 种运行的宏的方法。

1．对话框法

通过【宏】对话框来运行宏是常用的一种方法。执行【开发工具】|【代码】|【宏】命令，在弹出的【宏】对话框中选择需要运行的宏，单击【执行】按钮，如图 11-23 所示。

2．快捷键法

如果用户在录制宏时，已设置了宏的执行快捷键，可直接使用该快捷键运行宏。如果用户在录制宏时，未设置宏的执行快捷键，可在【宏】对话框中单击【选项】按钮。在弹出的【宏选项】对话框中，指定运行宏的快捷键，并使用该快捷键运行宏，即可运行该宏，如图 11-24 所示。

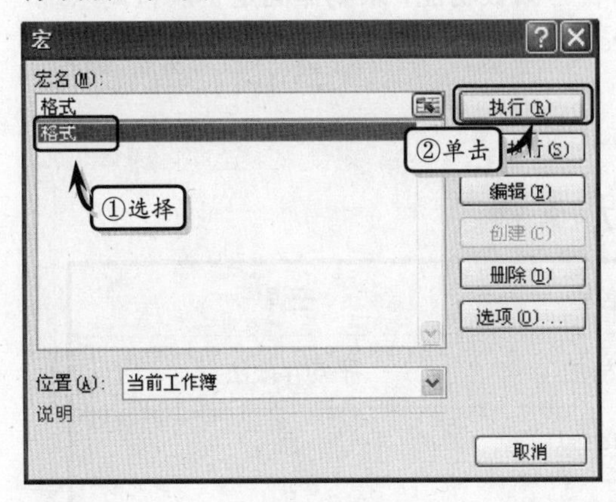

图 11-23 对话框法运行宏

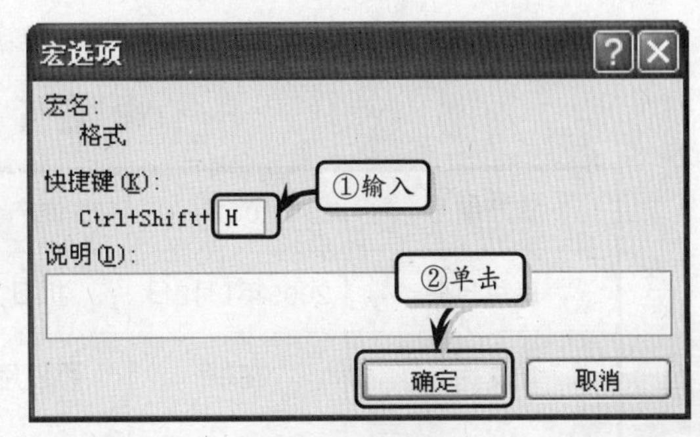

图 11-24 指定宏快捷键

提 示

为宏设置快捷键之后，该快捷键将会直接覆盖 Excel 中默认的快捷键。

3．编辑器法

用户还可以在 VBA 编辑器窗口中，单击【运行子过程/用户窗体】按钮，或者使用 F5 快捷键，来执行 VBA 代码，如图 11-25 所示。

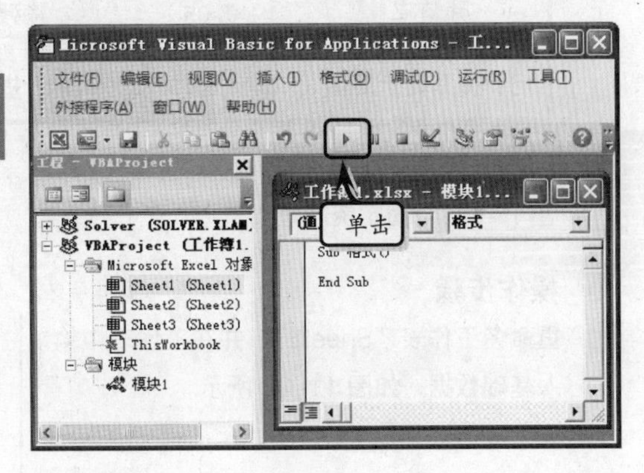

图 11-25 运行宏

4．分配宏

在创建宏之后，用户可以将宏分配给按钮、形状、控件或图像等对象。选择工作表中的对象，右击对象执行【指定宏】命令，选择已录制的宏即可，如图 11-26 所示。

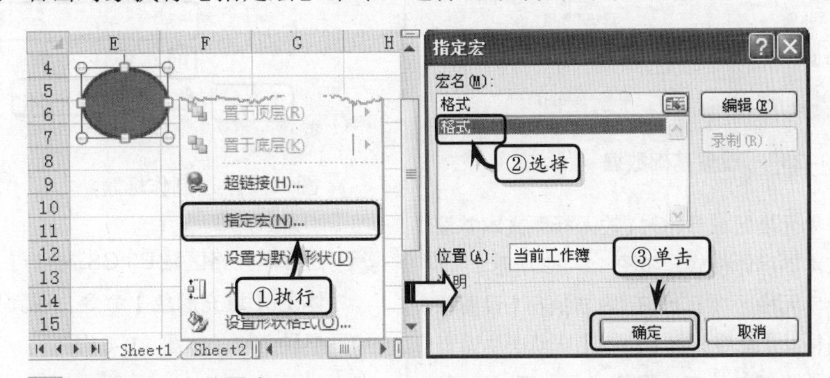

图 11-26 分配宏

11.5 课堂练习：制作固定资产查询卡

固定资产折旧表主要表现了企业固定资产的使用及折旧信息，但是对于具有上百种、上千种固定资产的企业来讲，查询某种固定资产的详细信息比较麻烦。为了实现快速查询功能，在本练习中将根据固定资产折旧表与函数功能，来制作固定资产查询系统，如图 11-27 所示。通过该系统，用户只需输入资产编号，便可以轻松、快速地查看该资产的使用状况、净残值等资产数据。

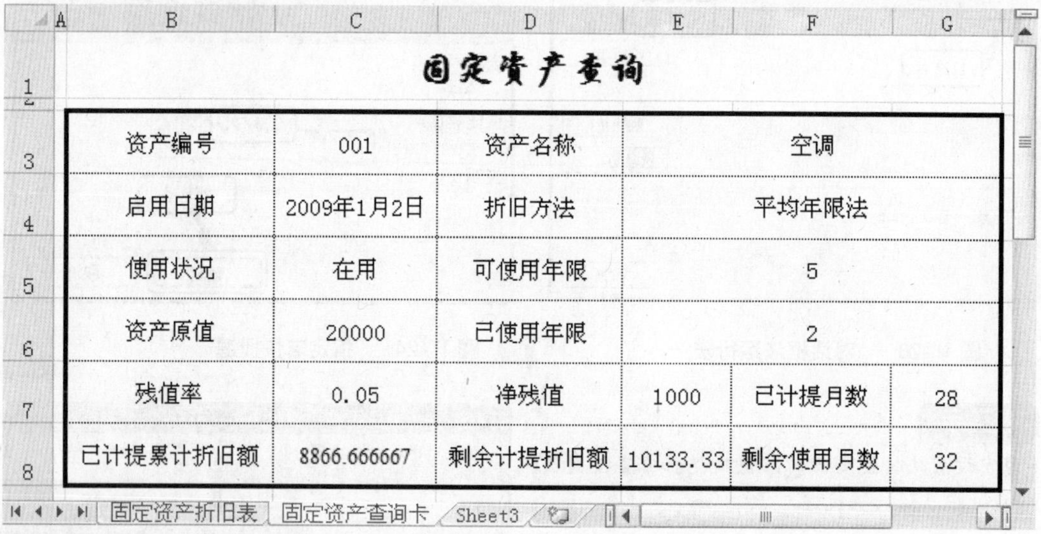

固定资产查询
资产编号
001
资产名称
空调
启用日期
2009年1月2日
折旧方法
平均年限法
使用状况
在用
可使用年限
5
资产原值
20000
已使用年限
2
残值率
0.05
净残值
1000
已计提月数
28
已计提累计折旧额
8866.666667
剩余计提折旧额
10133.33
剩余使用月数
32
固定资产折旧表
固定资产查询卡
Sheet3

图 11-27 固定资产查询卡

操作步骤

1 重命名工作表“Sheet2”，并在工作表中输入基础数据，如图 11-28 所示。

资产编号
资产名称
启用日期
折旧方法
使用状况
可使用年限
资产原值
已使用年限
残值率
净残值
固定资产折旧表
固定资产查询卡

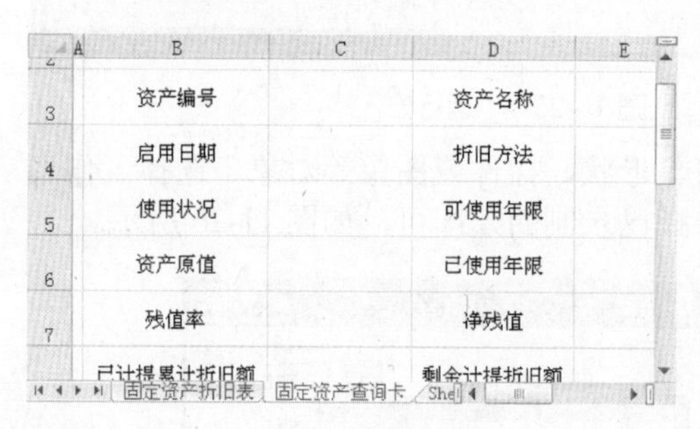

图 11-28 设置基础数据

2 合并单元格区域 B1:G1，输入标题文本并设置文本的字体格式，如图 11-29 所示。

3 选择单元格区域 B3:G8，右击执行【设置单元格格式】命令，在【边框】选项卡中设置表格的内部与外部边框样式，如图 11-30 所示。

固定资产查询
③显示
华文行楷
18
②执行
①执行

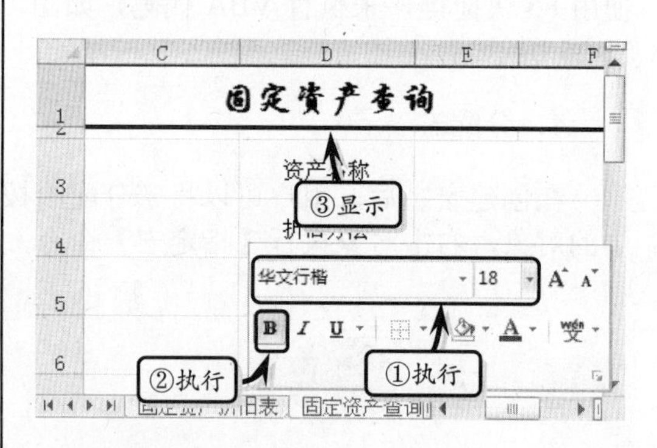

图 11-29 制作标题

4 选择单元格区域 B3:G8，执行【开始】|【字体】|【填充颜色】命令，在其列表中选择一种色块，如图 11-31 所示。

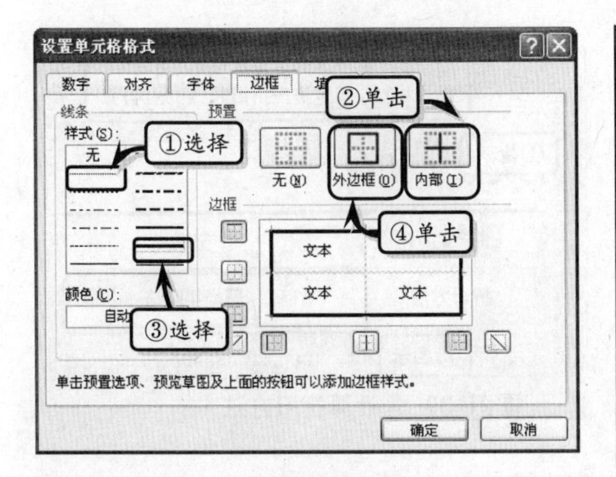

图 11-30　设置边框格式

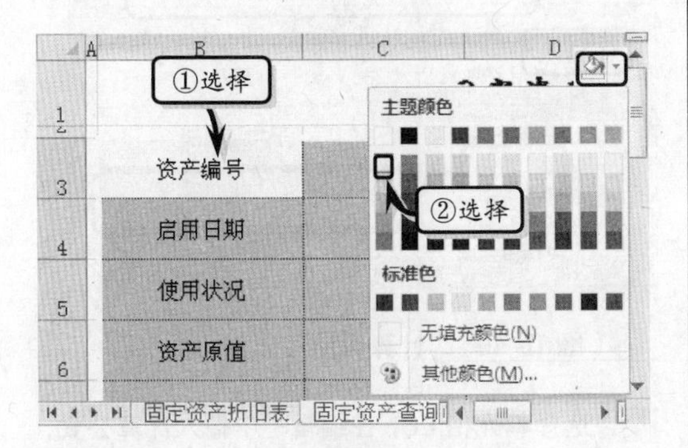

图 11-31　设置背景颜色

5 右击单元格 C3，执行【设置单元格格式】命令。选择【自定义】选项，并在【类型】文本框中输入自定义代码，如图 11-32 所示。

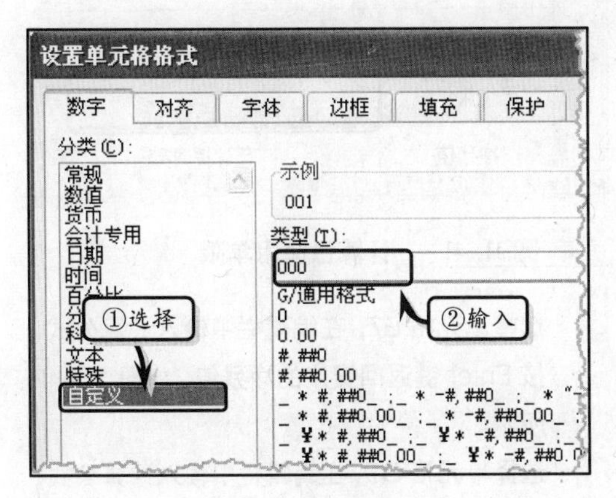

图 11-32　自定义数据格式

6 选择单元格 C4，在编辑栏中输入计算公式，按 Enter 键返回资产的启用日期，如图 11-33 所示。

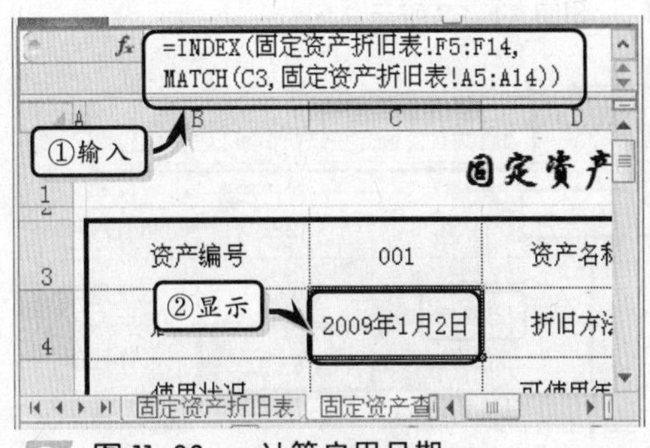

图 11-33　计算启用日期

7 选择单元格 C5，在编辑栏中输入计算公式，按 Enter 键返回资产的使用状况，如图 11-34 所示。

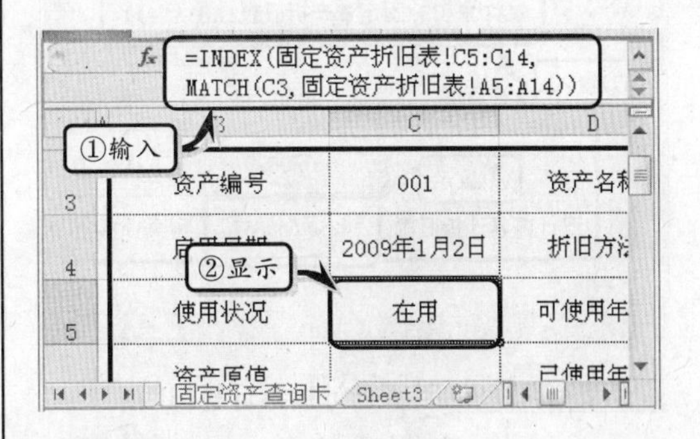

图 11-34　计算使用状况

8 选择单元格 C6，在编辑栏中输入计算公式，按 Enter 键返回资产的原值，如图 11-35 所示。

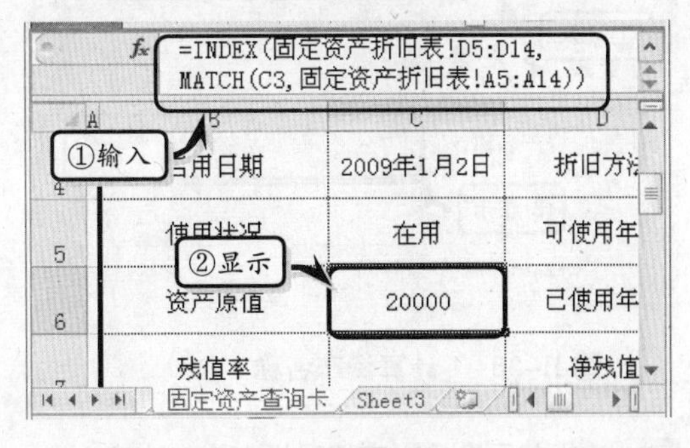

图 11-35　计算资产原值

9 选择单元格 C7，在编辑栏中输入计算公式，按 Enter 键返回资产的残值率，如图 11-36 所示。

10 选择单元格 C8，在编辑栏中输入计算公式，按 Enter 键返回资产的已计提累计折旧额，如图 11-37 所示。

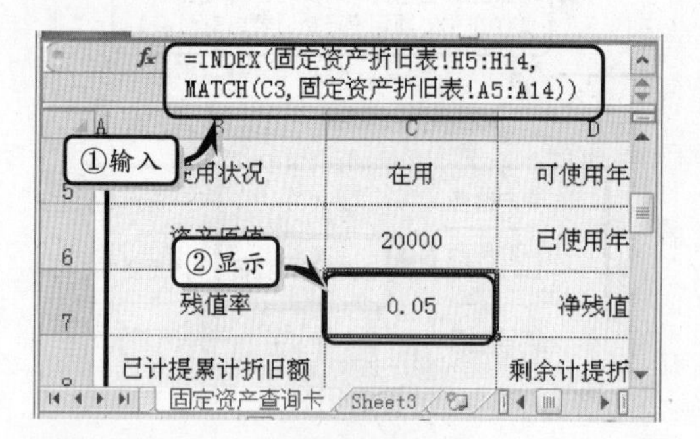

图 11-36 计算残值率

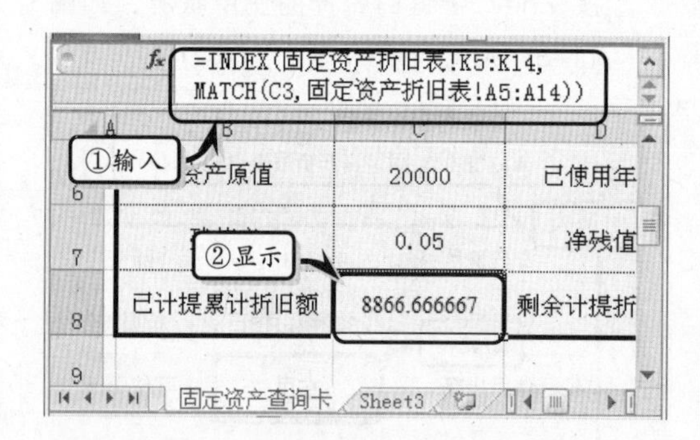

图 11-37 计算已计提累计折旧额

11 选择单元格 E3，在编辑栏中输入计算公式，按Enter键返回资产名称，如图 11-38 所示。

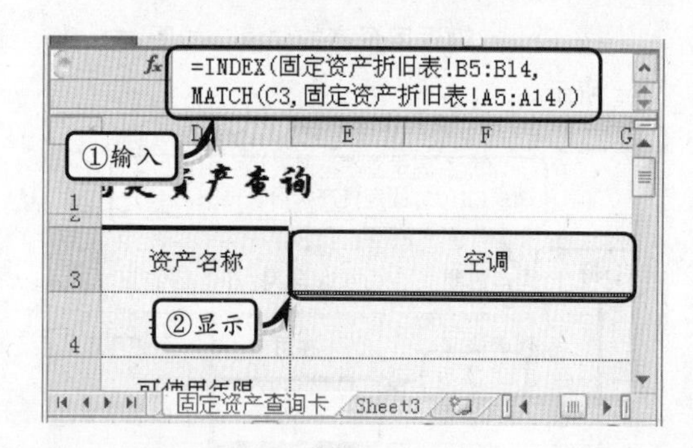

图 11-38 计算资产名称

12 选择单元格 E4，在编辑栏中输入计算公式，按 Enter 键返回资产的折旧方法，如图 11-39 所示。

13 选择单元格 E5，在编辑栏中输入计算公式，按 Enter 键返回资产的可使用年限，如图 11-40 所示。

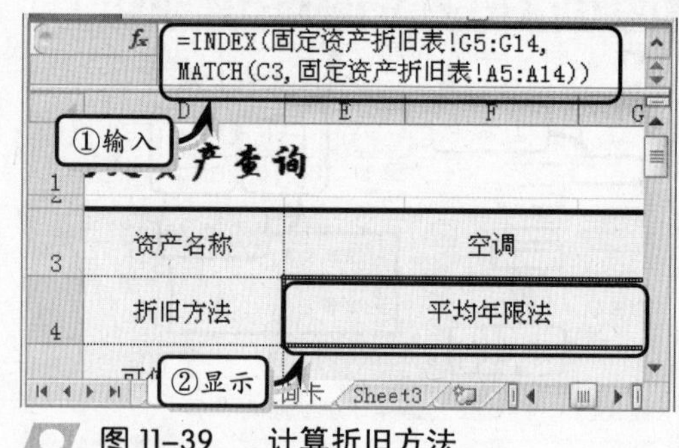

图 11-39 计算折旧方法

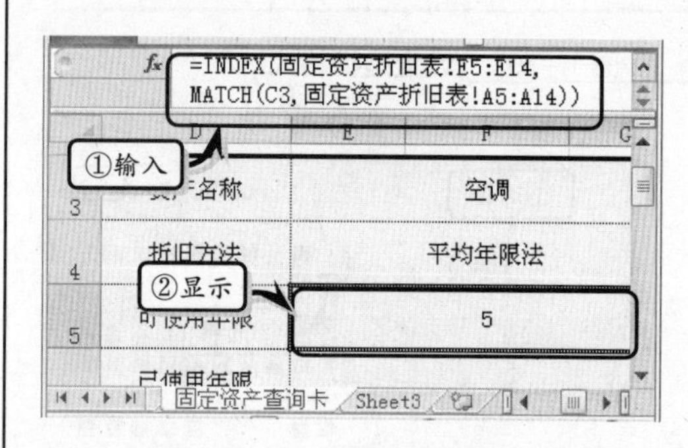

图 11-40 计算可使用年限

14 选择单元格 E6，在编辑栏中输入计算公式，按 Enter 键返回资产的已使用年限，如图 11-41 所示。

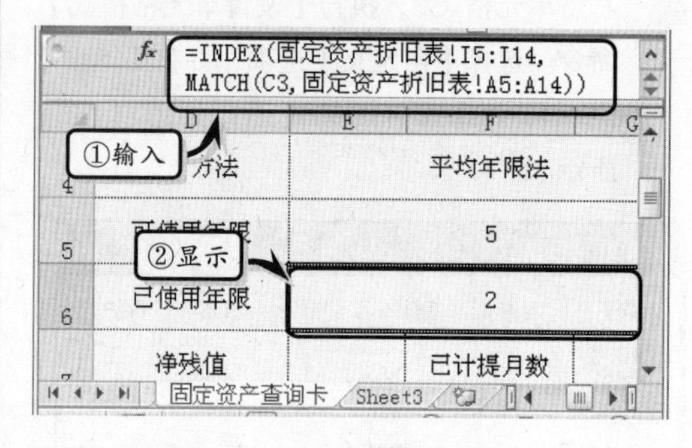

图 11-41 计算已使用年限

15 选择单元格 E7，在编辑栏中输入计算公式，按 Enter 键返回资产的净残值，如图 11-42 所示。

16 选择单元格 G7，在编辑栏中输入计算公式，按 Enter 键返回资产的已计提月数，如图 11-43 所示。

17 选择单元格 E8，在编辑栏中输入计算公式，按 Enter 键返回资产的剩余计提折旧额，如

图 11-44 所示。

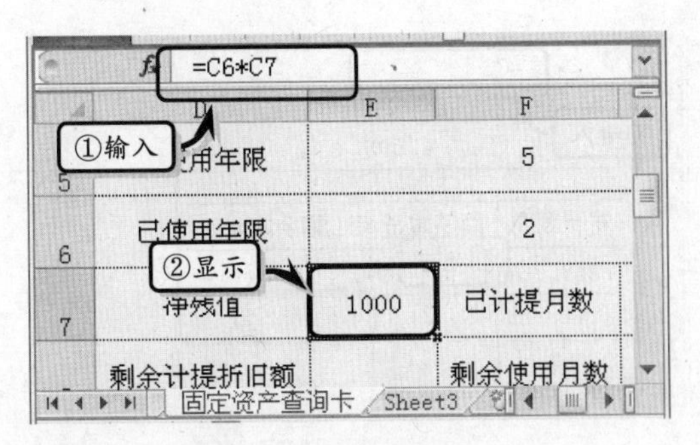

图 11-42 计算净残值

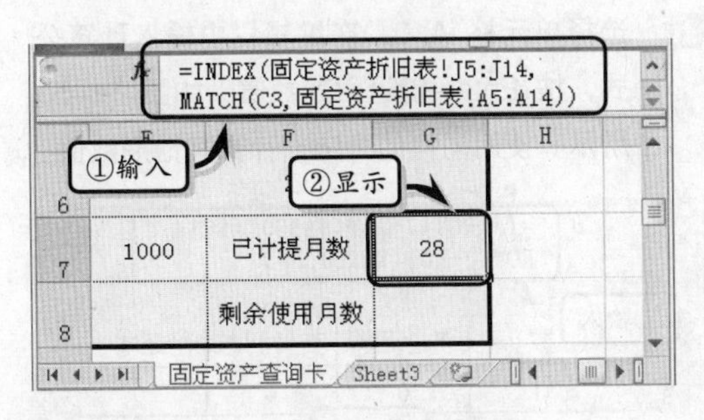

图 11-43 计算已计提月数

18 选择单元格 G8，在编辑栏中输入计算公式，按 Enter 键返回资产的剩余使用月数，如图 11-45 所示。

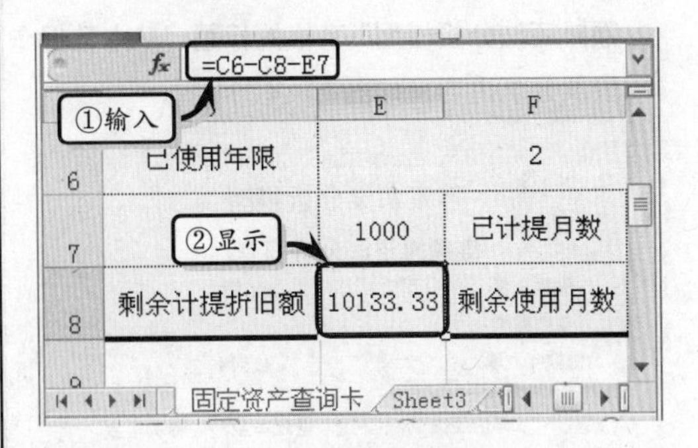

图 11-44 计算剩余计提折旧额

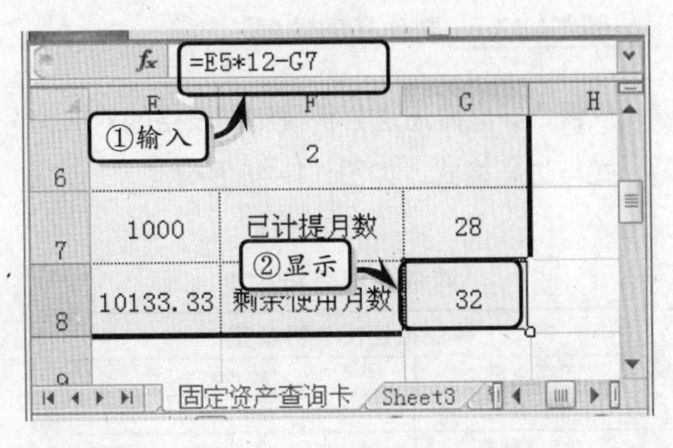

图 11-45 计算剩余使用月数

11.6 课堂练习：制作筹资决策分析模型

筹资决策分析是指企业对各种筹资方式的还款计划进行比较分析，使企业资金达到最优结构的一种过程。在本练习中，将利用 Excel 的函数、设置单元格格式及控件等功能，来制作一份比较等额摊还与等额本金还款计划的筹资决策分析模型，如图 11-46 所示。

筹资决策分析模型

等额摊还法分析模型

借款金额	800000
借款期限	5
借款年利率	4.50%

期数	年偿还额	支付利息	偿还本金	剩余本金
总计	911166.6	111166.6	800000	
0				800000
1	182233.3	36000	146233.3	653766.69
2	182233.3	29419.5	152813.8	500952.88
3	182233.3	22542.88	159690.4	341262.45
4	182233.3	15356.81	166876.5	174385.94
5	182233.3	7847.367	174385.9	0.00

等额本金法分析模型

借款金额	800000
借款期限	5
借款年利率	4.50%

期数	年偿还额	支付利息	偿还本金	剩余本金
总计	908000	108000	800000	
0				800000
1	196000	36000	160000	640000
2	188800	28800	160000	480000
3	181600	21600	160000	320000
4	174400	14400	160000	160000
5	167200	7200	160000	0

图 11-46 筹资决策分析模型

操作步骤

1 新建一个空白工作表，在 A~E 列中输入“等额摊还法分析模型”表格的标题、基本数据表及分析内容，如图 11-47 所示。

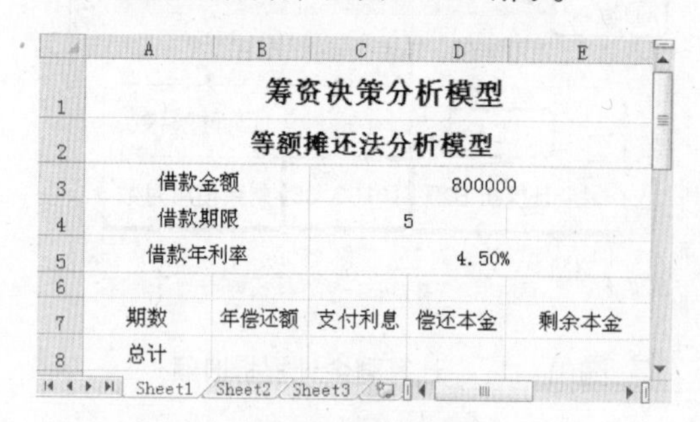

图 11-47 制作基础数据

2 设置“等额摊还法分析模型”表格的对齐方式与边框格式，如图 11-48 所示。

	A	B	C	D	E
1	筹资决策分析模型				
2	等额摊还法分析模型				
3	借款金额		800000		
4	借款期限		5		
5	借款年利率		4.50%		
6					
7	期数	年偿还额	支付利息	偿还本金	剩余本金
8	总计				

图 11-48 设置边框格式

3 选择单元格 B8，在编辑栏中输入求和公式，按Enter键返回计算结果，如图11-49所示。使用同样的方法，计算其他合计值。

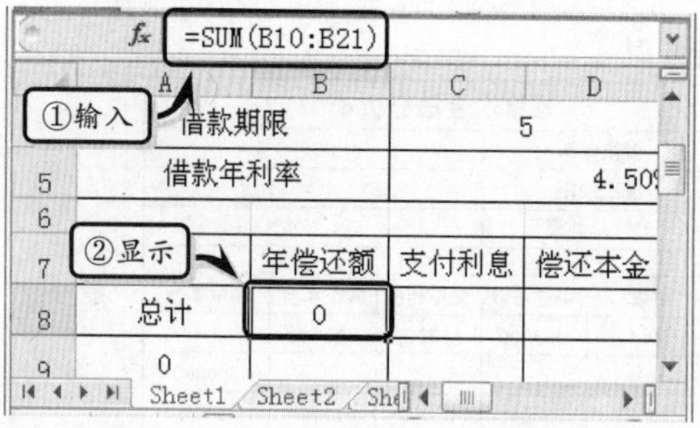

=SUM(B10:B21)

①输入

	A	B	C	D
4	借款期限		5	
5	借款年利率			4.50%
6				
7	②显示	年偿还额	支付利息	偿还本金
8	总计	0		
9	0			

图 11-49 计算总计额

4 选择单元格 E9，在编辑栏中输入计算公式，按 Enter 键返回期初剩余本金额，如图 11-50 所示。

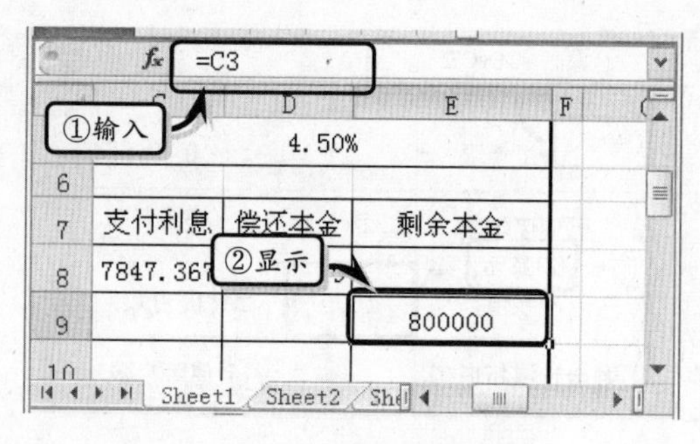

图 11-50 计算期初剩余本金

5 选择单元格 A10，在编辑栏中输入计算公式，按 Enter 键返回期数值，如图 11-51 所示。使用同样的方法，计算其他期数值。

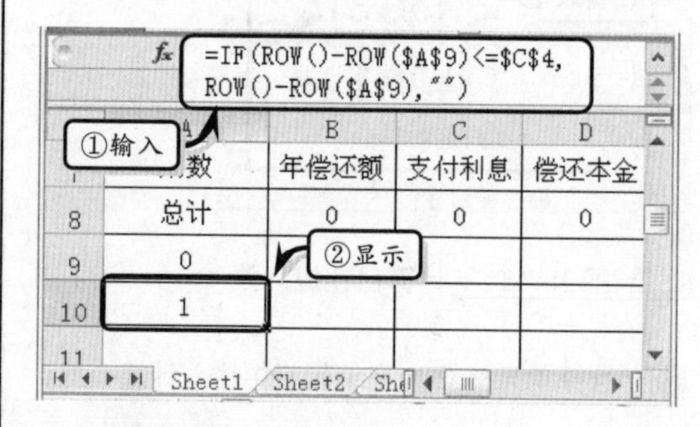

图 11-51 计算期数

6 选择单元格 B10，在编辑栏中输入计算公式，按 Enter 键返回第一年的偿还额，如图 11-52 所示。使用同样的方法，计算其他偿还额。

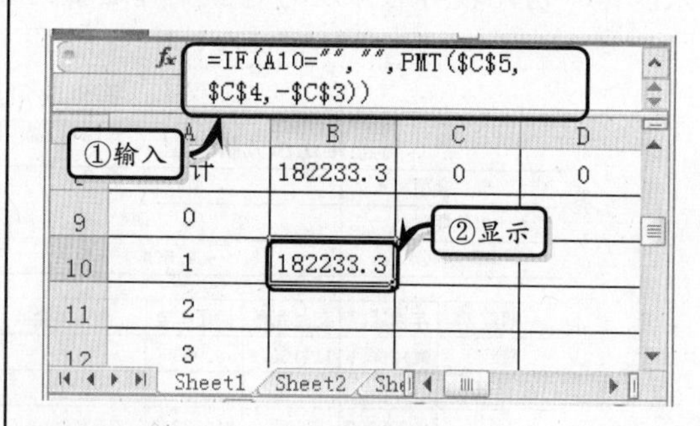

图 11-52 计算年偿还额

7 选择单元格 C10，在编辑栏中输入计算公式，按 Enter 键返回第一年的支付利息额，如图 11-53 所示。使用同样的方法，计算其他利息额。

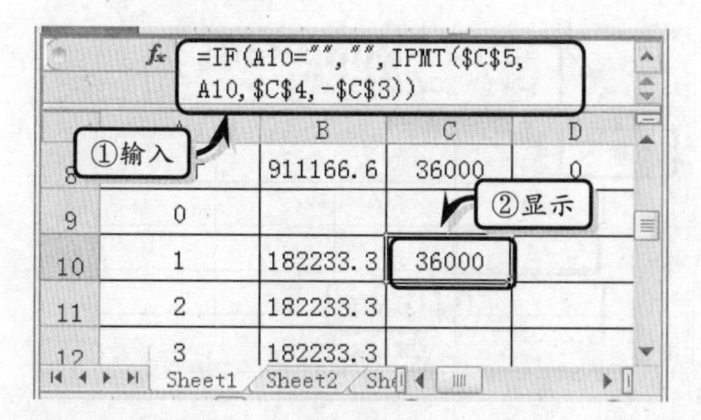

图 11-53　计算支付利息额

8 选择单元格 D10，在编辑栏中输入计算公式，按 Enter 键返回第一年的偿还本金额，如图 11-54 所示。使用同样的方法，计算其他偿还本金额。

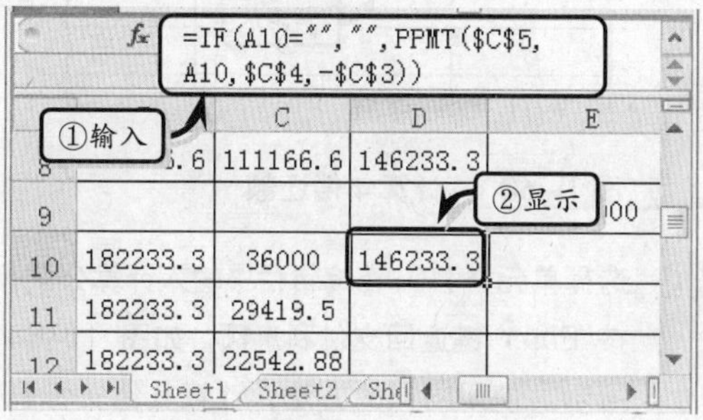

=IF(A10="","",PPMT($C$5,
A10,$C$4,-$C$3))
①输入
②显示

图 11-54　计算偿还本金额

9 选择单元格 E10，在编辑栏中输入计算公式，按 Enter 键返回第一年的剩余本金额，如图 11-55 所示。使用同样的方法，计算其他剩余本金额。

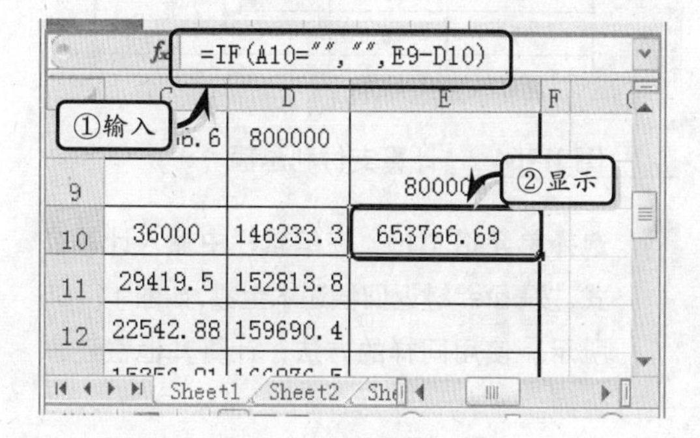

图 11-55　计算剩余本金额

10 执行【开发工具】|【控件】|【插入】|【滚动条（窗体控件）】命令，在工作表中绘制控件，如图 11-56 所示。

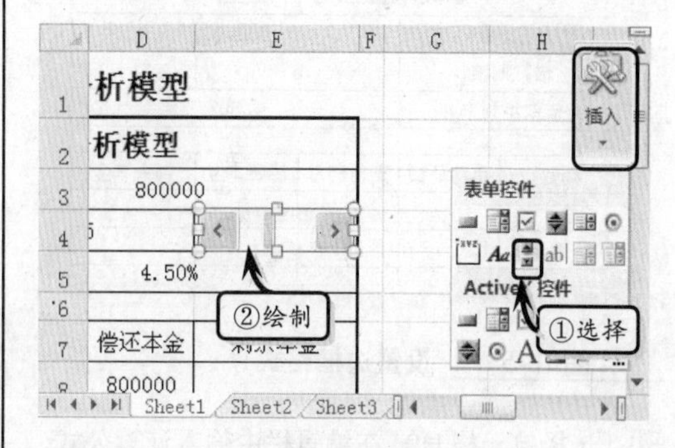

图 11-56　添加控件

11 右击控件执行【设置控件格式】命令，在弹出的对话框中，设置控件最小值、最大值与单元格链接地址，如图 11-57 所示。

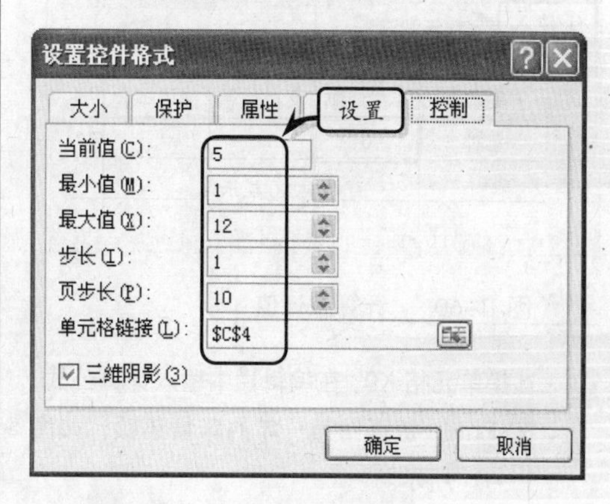

图 11-57　设置控件参数

12 在工作表的 G~K 列中，制作"等额本金法分析模型"表格的标题、基本数据表及分析内容，如图 11-58 所示。

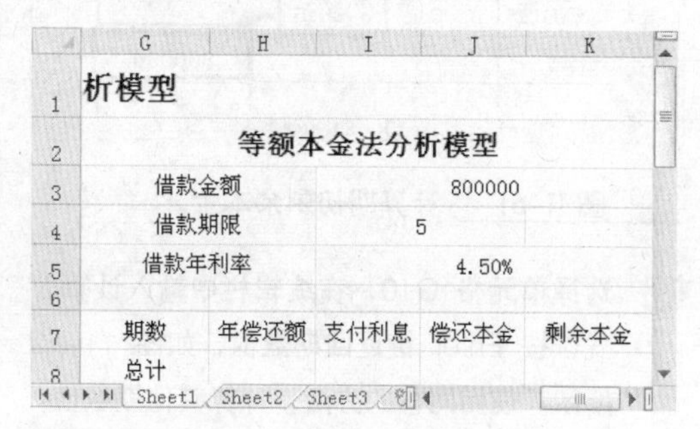

图 11-58　制作基础数据

13 设置"等额本金法分析模型"表格的对齐方式与边框格式，如图 11-59 所示。

	G	H	I	J	K
2	等额本金法分析模型				
3	借款金额		800000		
4	借款期限		5		
5	借款年利率		4.50%		
6					
7	期数	年偿还额	支付利息	偿还本金	剩余本金
8	总计				
9	0				

图 11-59 设置边框格式

14 选择单元格 H8，在编辑栏中输入计算公式，按 Enter 键返回总计值，如图 11-60 所示。使用同样的方法，计算其他总计值。

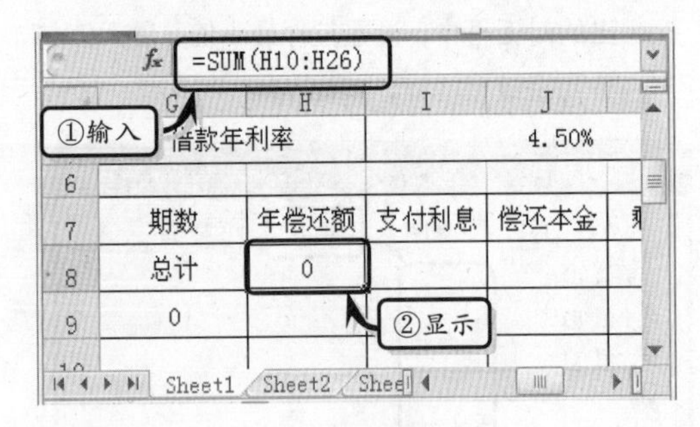

图 11-60 计算总计值

15 选择单元格 K9，在编辑栏中输入计算公式，按 Enter 键返回第一年的年偿还额，如图 11-61 所示。

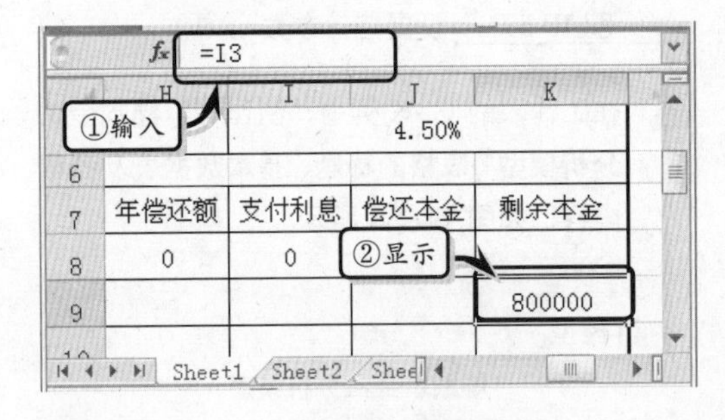

图 11-61 计算期初剩余本金

16 选择单元格 G10，在编辑栏中输入计算公式，按 Enter 键返回期数值，如图 11-62 所示。使用同样的方法，计算其他期数值。

17 选择单元格 H10，在编辑栏中输入计算公式，按 Enter 键返回年偿还额，如图 11-63 所示。使用同样的方法，计算其他年偿还额。

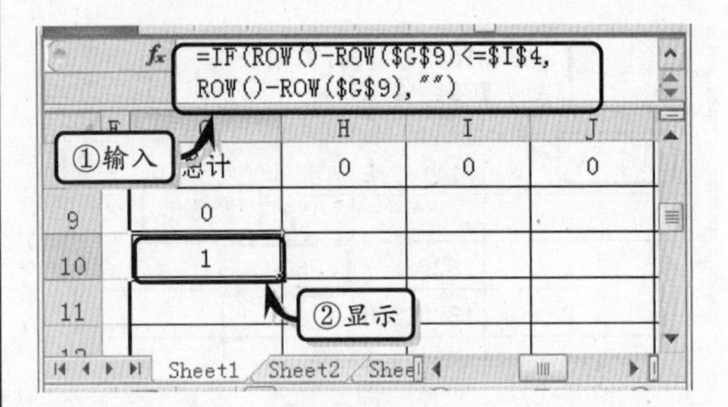

图 11-62 计算期数

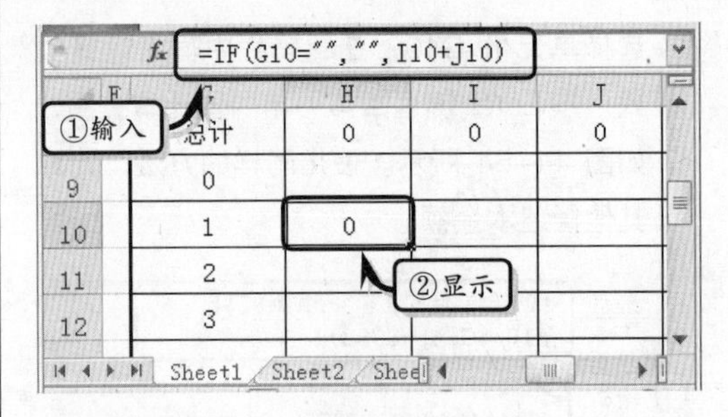

图 11-63 计算年偿还额

18 选择单元格 I10，在编辑栏中输入计算公式，按 Enter 键返回支付利息额，如图 11-64 所示。使用同样的方法，计算其他支付利息额。

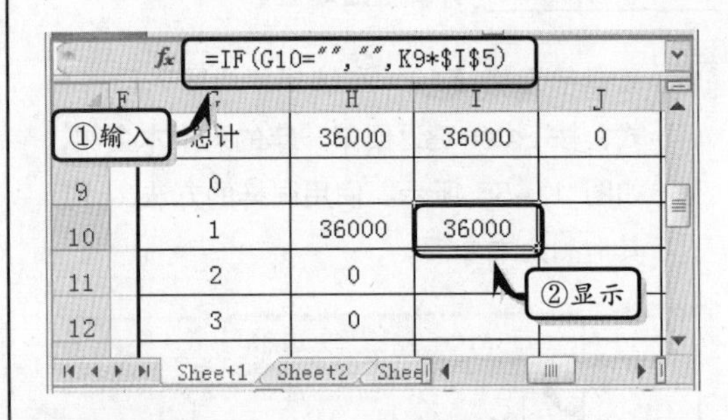

图 11-64 计算支付利息额

19 选择单元格 J10，在编辑栏中输入计算公式，按 Enter 键返回偿还本金额，如图 11-65 所示。使用同样的方法，计算其他偿还本金额。

20 选择单元格 K10，在编辑栏中输入计算公式，按 Enter 键返回第一年的剩余本金额，如图 11-66 所示。使用同样的方法，计算其他剩余本金额。

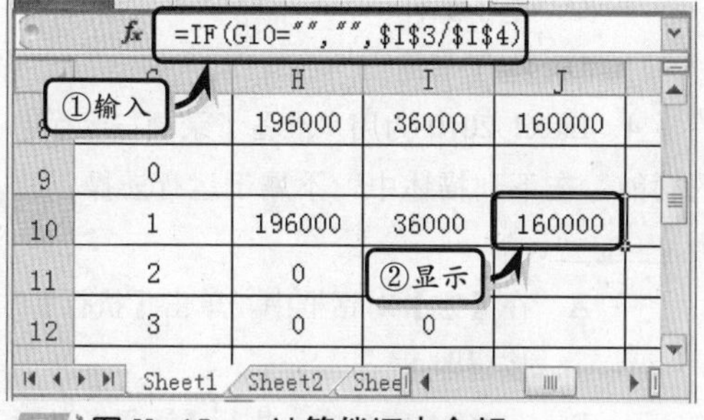

图 11-65　计算偿还本金额

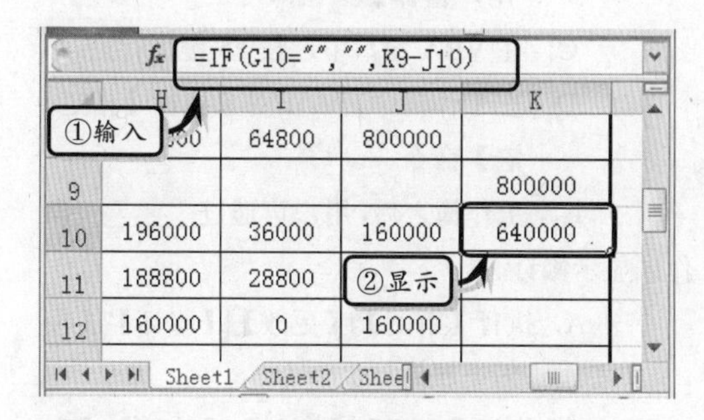

图 11-66　计算剩余本金额

21 执行【开发工具】|【控件】|【插入】|【滚动条（窗体控件）】命令，在工作表中绘制控件，如图 11-67 所示。

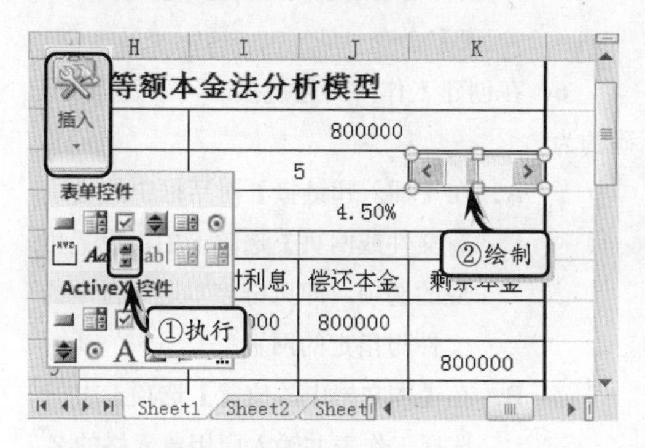

图 11-67　添加控件

22 右击控件执行【设置控件格式】命令，在弹出的对话框中，设置控件最小值、最大值与单元格链接地址，如图 11-68 所示。

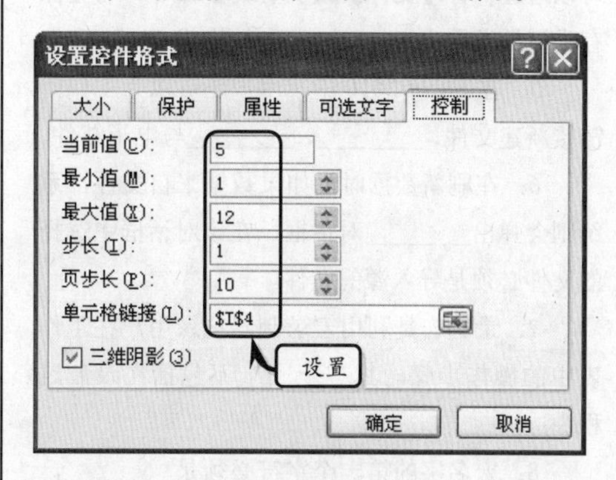

图 11-68　设置控件格式

23 最后，执行【视图】|【显示】|【网格线】命令，取消选中【网格线】复选框，隐藏工作表中的网格线，如图 11-69 所示。

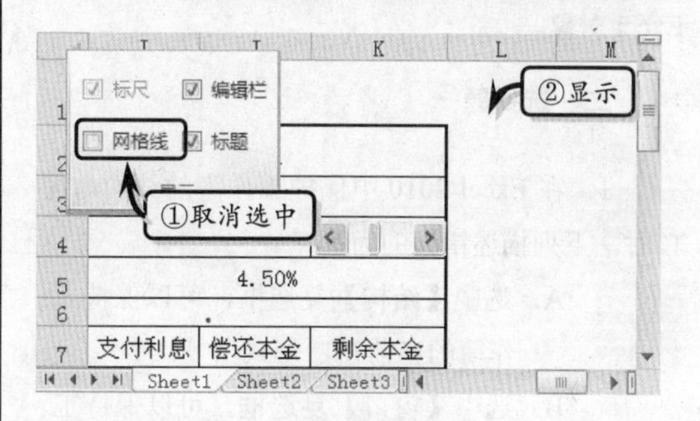

图 11-69　隐藏网格线

11.7　思考与练习

一、填空题

1．当用户创建共享工作簿后，可通过取消选中________对话框中的【允许用户同时编辑，同时允许工作簿合并】选项，来取消共享工作簿。

2．当工作簿处于________状态下，【更改】选项组中的【保护工作簿】与【保护工作表】命令将不可用。

3．当用户启用 Excel 工作簿系统提示文件已损坏时，可直接在________对话框中，单击【打开】按钮，选择________选项，来修复工作簿。

4. 当用户打开文件发现部分数据丢失时，可以通过执行【文件】|【另存为】命令，将【保存类型】设置为“________”的格式。

5. 在Excel 2010中，用户还可以为工作簿链接新建文件、________、________与电子邮件。

6. 在刷新数据时，如果数据来自文件，系统则会弹出________对话框，在该对话框中选择的文件必须是导入源的文件。

7. 录制宏是利用宏录制器记录用户在工作表中的操作步骤，其________不包括在录制过程中。

8. 宏名字的第一个字符必须是________，后面的字符可以是字母、数字或下划线字符，并且宏名字中不能存在________。

9. 在创建宏之后，用户可以将宏分配给________、________、________或________等Excel对象。

二、选择题

1. 在Excel 2010中保护工作簿的结构与窗口时，下列描述错误的为________。

A. 选中【结构】复选框，可以保持工作簿的当前窗口形式

B. 选中【窗口】复选框，可以保持工作簿的当前窗口形式

C. 选中【结构】复选框，可以保持工作簿的现有格式

D. 选中【窗口】复选框，可以保存工作簿当前的窗口形式

2. 用户在遇到受损的工作簿时，通常可以使用下列________与________方法，来修复它。

A. 打开并修复

B. SYLK（符号链接）

C. 打开

D. 直接修复

3. 下列对象，不可以链接到Excel工作簿的为________。

A. 网页

B. 文本文件

C. 电子邮件

D. 电子书籍

4. Excel 2010为用户准备了录制与运行宏的功能，在下列描述中，不属于运行宏操作的为________。

A. 在【宏】对话框中，单击【执行】按钮即可

B. 在VBA窗口中，执行【运行子过程/用户窗体】按钮即可

C. 在VBA窗口中，按F5键运行宏

D. 在工作簿中，右击对象执行【指定宏】命令

5. 共享工作簿之后，用户可通过________操作来显示修订。

A. 执行【审阅】|【更改】|【修订】|【接受/拒绝修订】命令

B. 执行【审阅】|【更改】|【修订】|【突出显示修订】命令

C. 执行【审阅】|【更改】|【共享工作簿】命令

D. 执行【审阅】|【更改】|【共享工作表】命令

6. 在创建工作簿的超链接时，下列描述正确的为________。

A. 在【插入超链接】对话框中的【原有文件或网页】选项卡中，设置相应的选项，即可链接本地硬盘中的文件与指定的网页

B. 在【本文档中的位置】选项卡中，选择工作表并输入引用单元格的名称，即可链接本地硬盘中的文件与指定的网页

C. 在【本文档中的位置】选项卡中，设置电子邮件的地址与主题，即可链接本地硬盘中的文件与指定的网页

D. 在【本文档中的位置】选项卡中，设置新文件的名称与位置，即可链接本地硬盘中的文件与指定的网页

7. 在Excel 2010中，除了可以运用【超链接】功能链接文本文件、当前文件与电子地址之

外，还可以链接________。

A．网页

B．音乐

C．视频

D．图片

三、问答题

1．简述创建共享工作簿的操作步骤。

2．一般情况下，用户可通过哪几种方法来修复受损的文件？

3．如何创建与运行宏？

四、上机练习

1．创建宏

在本练习中，将运用Excel 2010创建宏功能来记录设置表格格式的宏操作，如图11-70所示。首先，执行【开发工具】|【代码】|【录制宏】命令。在弹出的【录制宏】对话框中设置宏名，并单击【确定】按钮。然后，设置工作表的行高，输入基础数据，并设置数据区域的美化格式。最后，执行【开发工具】|【代码】|【停止录制】命令即可。

2．共享工作簿

在本练习中，将运用共享工作簿的功能共享指定的工作簿，如图11-71所示。首先，打开需要共享的工作簿。执行【审阅】|【更改】|【共享工作簿】命令，选中【允许多用户同时编辑，同时允许工作簿合并】复选框。单击【确定】按钮，并单击【是】按钮。然后，执行【审阅】|【更改】|【修订】|【突出显示修订】命令，在弹出的【突出显示修订】对话框中，选中【编辑时跟踪修订信息，同时共享工作簿】复选框，并设置修订选项。最后，执行【审阅】|【更改】|【修订】|【接受/拒绝修订】命令即可。

序号	地域	商品	销售金额	成本额	利润额
1	北京	产品A	200000	120000	80000
2	上海	产品B	210000	126000	84000
3	大连	产品C	190000	114000	76000
4	沈阳	产品A	180000	108000	72000
5	青岛	产品B	210000	126000	84000
6	深圳	产品D	110000	66000	44000
7	济南	产品E	140000	84000	56000
8	安徽	产品C	120000	72000	48000
9	徐州	产品D	180000	108000	72000
10	泰安	产品A	160000	96000	64000

图11-70　创建宏

销售业绩分配表

年龄	部门	业绩额	提成额	绩效奖金	应发提成
31	销售部	120000	2400	0	2400
29	销售部	201000	6030	603	6633
31	销售部	150000	3750	375	4125
33	销售部	230000	6900	690	7590
39	销售部	260000	7800	780	8580
27	销售部	210200	6306	630.6	6936.6
33	销售部	300000	15000	3000	18000
32	销售部	310000	15500	3100	18600

图11-71　设置排练计时

第12章

PowerPoint 2010 基础操作

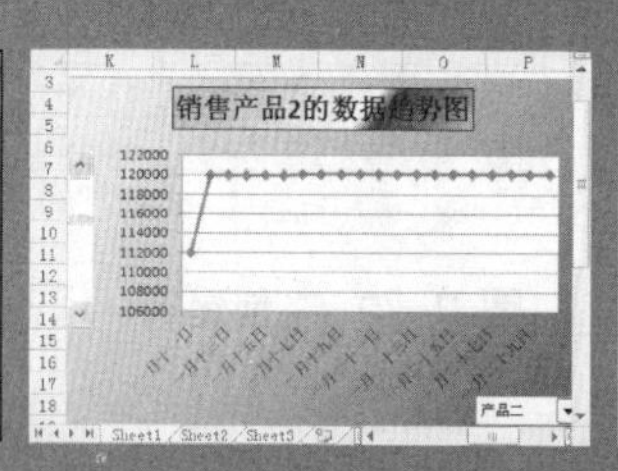

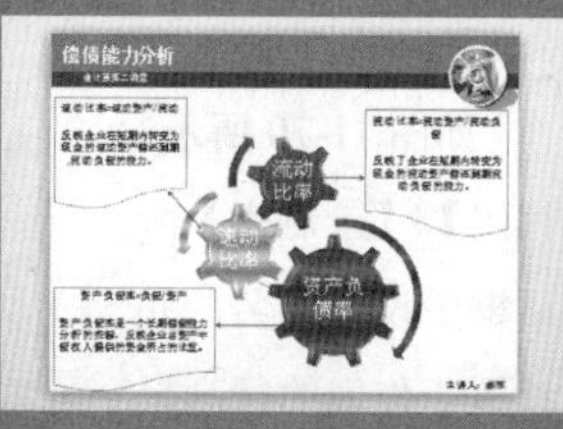

PowerPoint 2010 是 Office 软件中专门用于制作演示文档的组件，它拥有强大的文字、多媒体、表格、图像等对象功能，不仅可以制作出集文字、图形、图像与声音等多媒体于一体的演示文稿，而且还可以将用户所表达的信息以图文并茂的形式展现出来，从而达到最佳的演示效果。在运用 PowerPoint 2010 制作优美的演示文档之前，用户还需要先学习并掌握 PowerPoint 2010 的工作界面、创建与保存演示文档等基础操作，为今后制作专业水准的演示文稿奠定基础。

本章学习要点：

- 认识 PowerPoint 2010 界面
- 认识 PowerPoint 2010 视图
- 创建演示文稿
- 保存演示文稿
- 添加与编辑幻灯片文本
- 设置文本格式
- 插入与删除幻灯片

12.1 PowerPoint 2010 界面介绍

相对于老版本的 PowerPoint 来讲，PowerPoint 2010 具有新颖而优美的工作界面。其方便、快捷且优化的界面布局，可以为用户节省许多操作时间。另外，Power Point 2010 中的【文件】选项取代了 PowerPoint 2007 中的【Office 按钮】，使用户操作起来更加方便。在运用 PowerPoint 2010 制作演示文稿之前，用户应该先认识 PowerPoint 2010 的工作界面及多种视图的切换方法。

12.1.1 PowerPoint 2010 窗口简介

执行【开始】|【程序】| Microsoft Office | Microsoft Office PowerPoint 2010 命令，即可进入 PowerPoint 2010 工作界面，如图 12-1 所示。

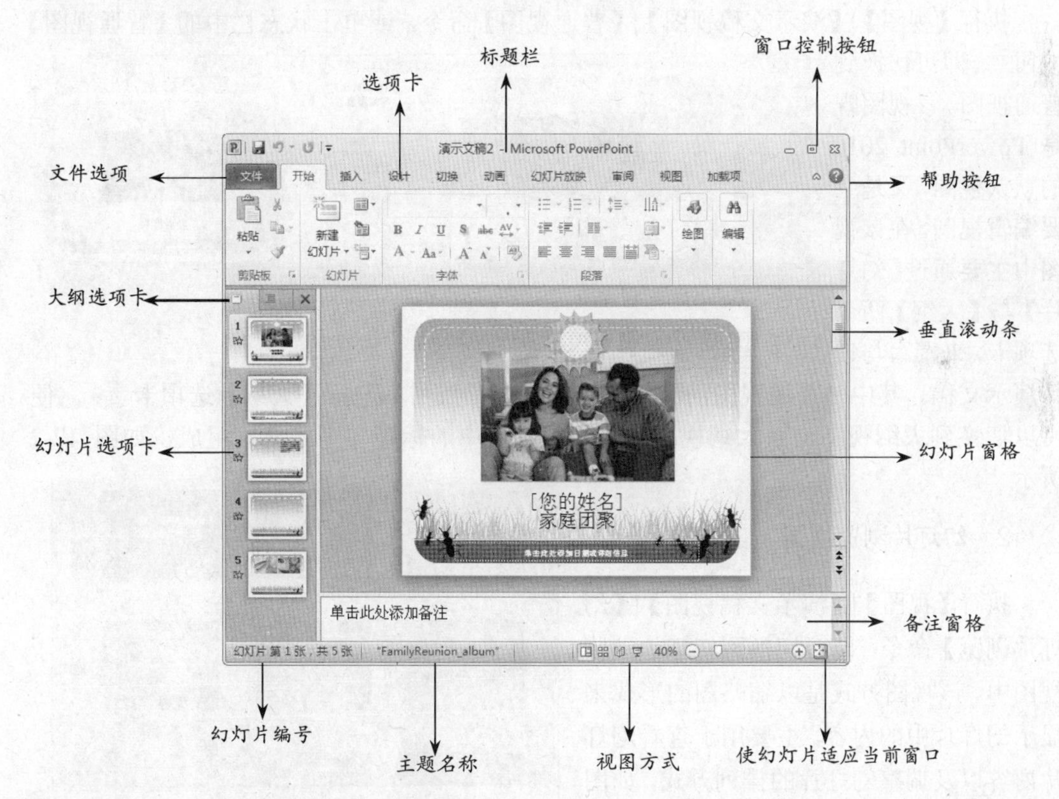

图 12-1　PowerPoint 2010 工作界面

PowerPoint 2010 工作界面的组成部分与 Word、Excel 大致相同，其组成部分及功能如下所述。

- **幻灯片窗格**　编辑幻灯片的工作区，主要显示幻灯片效果。
- **备注窗格**　用于添加或者编辑描述幻灯片的注释文本。
- **大纲选项卡**　以大纲形式显示幻灯片的文本，主要用于查看或创建演示文稿的大纲。

- ❑ **幻灯片选项卡** 显示幻灯片的缩略图，主要用于添加、排列或删除幻灯片，以及快速查看演示文稿中的任意一张幻灯片。
- ❑ **幻灯片编号** 显示当前幻灯片的编号与幻灯片的总数量。
- ❑ **主题名称** 显示当前演示文稿应用的主题名称。
- ❑ **使幻灯片适应当前窗口** 可以将幻灯片调整到适应当前窗口的大小。

12.1.2 PowerPoint 2010 视图简介

PowerPoint 2010 为用户提供了普通、幻灯片浏览、备注页与幻灯片放映 4 种视图方式。用户可通过执行【视图】选项卡【演示文稿视图】选项组中的各项命令，在各个视图之间进行切换。

1. 普通视图

执行【视图】|【演示文稿视图】|【普通视图】命令，或单击状态栏中的【普通视图】按钮，即可切换到普通视图。该视图既是 PowerPoint 2010 的默认视图，又是主要编辑视图。在该视图中主要通过【幻灯片】与【大纲】两个选项卡，来撰写与设计演示文稿。其中，普通视图的默认视图为幻灯片视图，选择【大纲】选项卡 便可以切换到大纲视图。而大纲视图由每张幻灯片中的标题与主要文本组成，如图 12-2 所示。

图 12-2 普通视图

2. 幻灯片浏览视图

执行【视图】|【演示文稿视图】|【幻灯片浏览】命令，即可切换到幻灯片浏览视图中。该视图方式是以缩略图的形式来显示幻灯片中的内容，主要用于查看幻灯片内容以及调整幻灯片的排列方式，如图 12-3 所示。

图 12-3 幻灯片浏览视图

技 巧

用户也可以单击状态栏中的【幻灯片浏览】按钮，来切换到幻灯片浏览视图。

3. 备注页视图

执行【演示文稿视图】|【备注页】命令，即可切换到备注页视图中。该视图方式主

要用于查看或使用备注，可在位于幻灯片窗格下方的备注窗格中输入备注内容，如图12-4所示。

4．幻灯片放映视图

执行【演示文稿视图】|【幻灯片放映】命令，或按F5键，即可切换到幻灯片放映视图中。在该视图中，可以查看到演示文稿中的图片、形状、动画效果等演示效果，如图12-5所示。另外，用户可以通过单击或预设放映方式，按照幻灯片的顺序播放幻灯片。

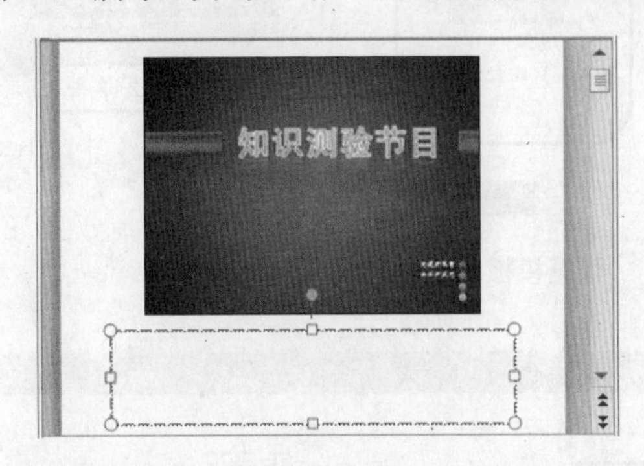

图12-4 备注页视图

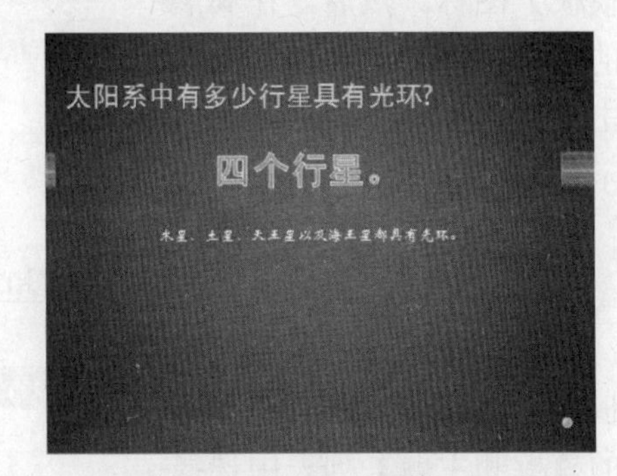

图12-5 幻灯片放映视图

12.2 PowerPoint 2010的基础操作

利用PowerPoint 2010的强大功能，可以制作并设计出复杂且优美的演示文稿。在制作演示文稿之前，用户还需要先了解一下PowerPoint 2010的基础操作，例如如何创建一个新的演示文稿。下面便详细介绍创建与保存演示文稿的操作方法与技巧。

12.2.1 创建演示文稿

启动【程序】中的PowerPoint 2010组件，即可自动创建名为“演示文稿1”的空白文档。另外，也可以通过当前活动的PowerPoint 2010演示文稿来创建新的演示文稿。创建演示文稿的方法主要包括以下几种。

1．创建空白演示文稿

执行【文件】|【新建】命令，选择【空白演示文稿】图标，单击【创建】按钮，即可创建一个空白显示文稿，如图12-6所示。

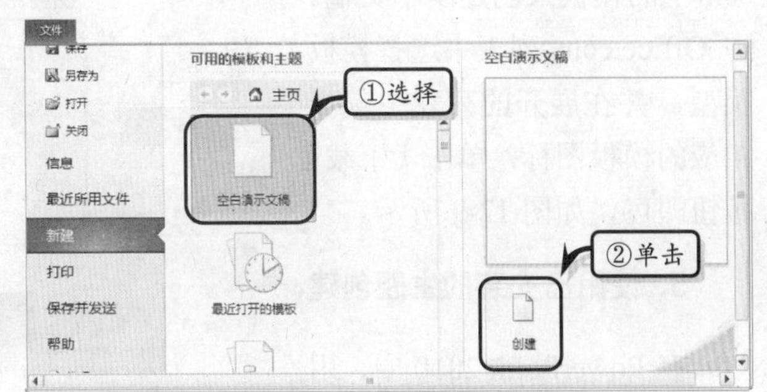

图12-6 创建空白演示文稿

技 巧

用户可以在打开的演示文稿中使用Ctrl+N组合键，快速创建空白演示文稿。

2. 根据样本模板创建

PowerPoint 2010 为用户提供了 9 种样本模板。执行【文件】|【新建】命令，在【可用的模板和主题】列表中选择【样本模板】图标。然后，在其展开的列表中选择一种模板，并单击【创建】按钮，如图 12-7 所示。

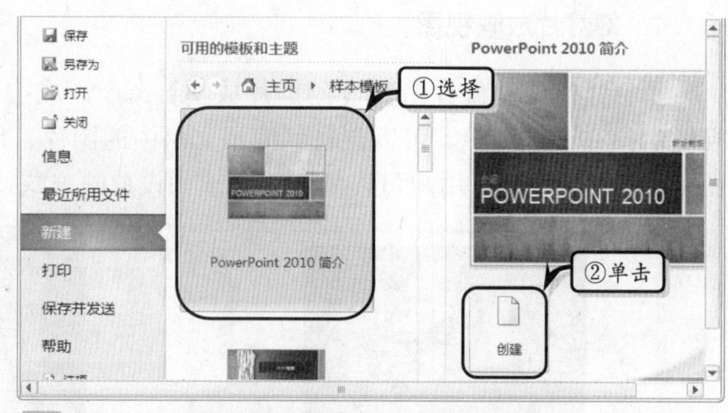

图 12-7　根据模板创建

3. 使用我的模板

用户还可以使用自定义的模板来创建演示文稿，在【可用的模板和主题】列表中选择【我的模板】图标，在弹出的对话框中选择模板文件，单击【确定】按钮即可，如图 12-8 所示。

提　示

在使用“我的模板”创建演示文稿时，需要先将演示文稿保存为模板。

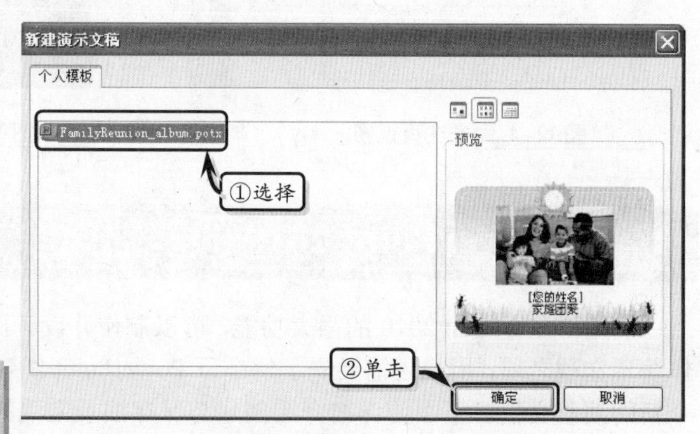

图 12-8　使用我的模板

4. 使用 Office.com 模板

用户也可以利用 Office.com中的模板来创建演示文稿。在 Office.com 列表中选择模板类型，并在展开的列表中选择相应的模板图标，单击【下载】按钮即可，如图 12-9 所示。

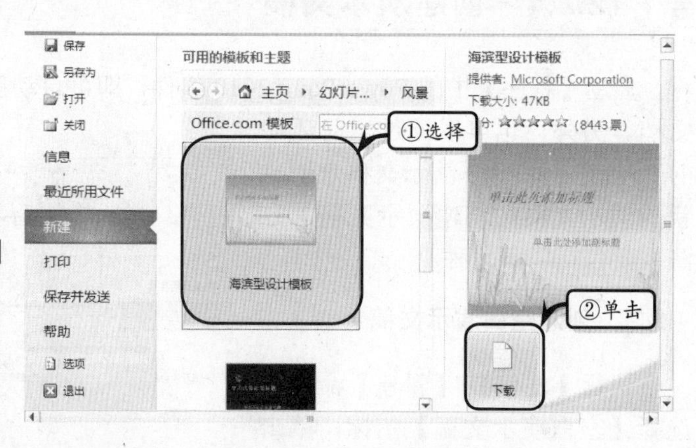

图 12-9　使用 Office com 中的模板

5. 使用已安装的主题创建

在 PowerPoint 2010 中，用户还可以根据内置的主题模板来创建演示文稿。即在【可用的模板和主题】列表中选择【主题】图标，并在弹出的【主题】列表中选择相应的模板图标即可。

12.2.2 保存演示文稿

创建完演示文稿之后，为了保护文稿中的格式及内容，用户还需要及时将演示文稿保存在本地硬盘中。执行【文件】|【保存】命令，在弹出的【另存为】对话框中设置保存位置、保存文件名称以及需要保存的文件类型即可，如图 12-10 所示。

技 巧

用户可以使用 Ctrl+S 组合键，或使用 F12 快捷键，来打开【另存为】对话框。

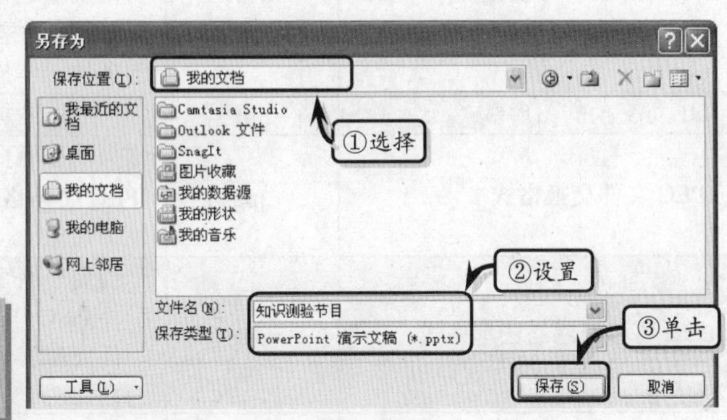

图 12-10 保存演示文稿

PowerPoint 2010 默认的保存类型为“PowerPoint 演示文稿”，其扩展名为.pptx。另外，其他的保存类型及扩展名如表 12-1 所示。

表 12-1 保存类型

文件类型	扩展名	说明
PowerPoint 演示文稿	.pptx	Office PowerPoint 2010 演示文稿，默认情况下为 XML 文件格式
启用宏的 PowerPoint 演示文稿	.pptm	包含 Visual Basic for Applications (VBA)代码的演示文稿
PowerPoint 97-2003 演示文稿	.ppt	可以在旧版本的 PowerPoint（从 97 到 2003）中打开的演示文稿
PowerPoint 模板	.potx	将演示文稿保存为模板，可用于对将来的演示文稿进行格式设置
PowerPoint 启用宏的模板	.potm	包含预先批准的宏的模板，这些宏可以添加到模板中以便在演示文稿中使用
PowerPoint 97-2003 模板	.pot	可以在旧版本的 PowerPoint 中打开的模板
Office Theme	.thmx	包含颜色主题、字体主题和效果主题的定义的样式表
PowerPoint 放映	.ppsx	始终在幻灯片放映视图中打开的演示文稿
启用宏的 PowerPoint 放映	.ppsm	包含预先批准的宏的幻灯片放映，可以从幻灯片放映中运行这些宏
PowerPoint 97-2003 放映	.pps	可以在旧版本的 PowerPoint（从 97 到 2003）中打开的幻灯片放映
PowerPointAdd-In	.ppam	用于存储自定义命令、Visual Basic for Applications (VBA) 代码和特殊功能（例如加载宏）的加载宏
PowerPoint 97-2003 Add-In	.ppa	可以在旧版本的 PowerPoint 中打开的加载宏
PowerPoint XML 演示文稿	.xml	可保存为用于生成数据的 XML 格式的文件，用来存储演示文稿中的数据

续表

文件类型	扩展名	说明
Windows Media 视频	.wmv	可以将文件保存为视频的演示文稿 PowerPoint 2010 演示文稿可以按高质量、中等质量与低质量进行保存 WMV 文件格式可以在 Windows Media Player 之类的多种媒体播放器上播放
GIF 可交换的图形格式	.gif	作为用于网页的图形的幻灯片
JPEG 文件交换格式	.jpg	作为用于网页的图形的幻灯片 JPEG 文件格式支持 1600 万种颜色，最适于照片和复杂图像
PNG 可移植网络图形格式	.png	作为用于网页的图形的幻灯片。万维网联合会已批准将 PNG 作为一种替代 GIF 的标准。PNG 不像 GIF 那样支持动画，某些旧版本的浏览器不支持此文件格式
TIFF Tag 图像文件格式	.tif	作为用于网页的图形的幻灯片。TIFF 是用于在个人计算机上存储为映射图像的最佳文件格式。TIFF 图像可以采用任何分辨率，可以是黑白、灰度或彩色
设备无关位图	.bmp	作为用于网页的图形的幻灯片。位图是一种表示形式，包含由点组成的行和列以及计算机内存中的图形图像
Windows 图元文件	.wmf	作为 16 位图形的幻灯片，用于 Microsoft Windows 3.x 和更高版本
增强型 Windows 元文件	.emf	作为 32 位图形的幻灯片，用于 Microsoft Windows 95 和更高版本
大纲/RTF 文件	.rtf	可提供更小的文件大小，并能够与可能与您具有不同版本的 PowerPoint 或操作系统的其他人共享不包含宏的文件。使用这种文件格式，不会保存备注窗格中的任何文本
PDF	.pdf	可以将演示文稿保存为由 Adobe Systems 开发的基于 PostScriptd 的电子文件格式，该格式保留了文档格式并允许共享文件
XPS 文档	.xps	可以将演示文稿保存为一种版面配置固定的新的电子文件格式，用于以文档的最终格式交换文档
PowerPoint 图片演示文稿	.pptx	可以将演示文稿以图片演示文稿的格式保存，该格式可以减小文件的大小，但会丢失某些信息
OpenDocument 演示文稿	.odp	该文件格式可以在使用 OpenDocument 演示文稿的应用程序中打开，还可以在 PowerPoint 2010 中打开.odp 格式的演示文稿

12.3 文本操作

在一个优秀的幻灯片中，必不可缺的便是文本。由于文本内容是幻灯片的基础，所以在幻灯片中输入文本、编辑文本、设置文本格式等操作是制作幻灯片的基础操作。在本节中，将详细讲解文本操作的具体内容与操作技巧。

12.3.1 编辑文本

文本输入主要在普通视图中进行，输入文本之后用户还可以编辑文本，其主要内容包括输入文本、修改文本、复制文本、移动文本等。

1. 输入文本

输入文本主要是在演示文稿的普通视图中进行，其主要方法如下所述。

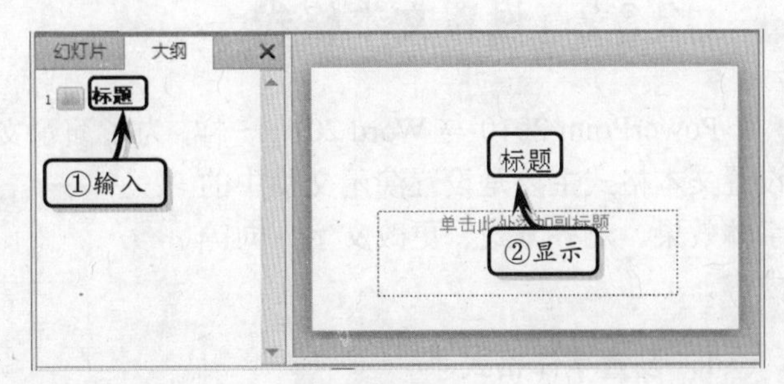

图 12-11 大纲视图中输入

- **在大纲视图中输入**

在演示文稿的【普通视图】视图方式下，选择【大纲】选项卡，在【大纲】选项卡的任务窗格中输入文本即可，如图 12-11 所示。

- **在占位符中输入**

在普通视图中的【幻灯片】视图方式下，将鼠标置于占位符的边缘处，当光标变成四向箭头时，单击占位符，输入文本内容即可，如图 12-12 所示。

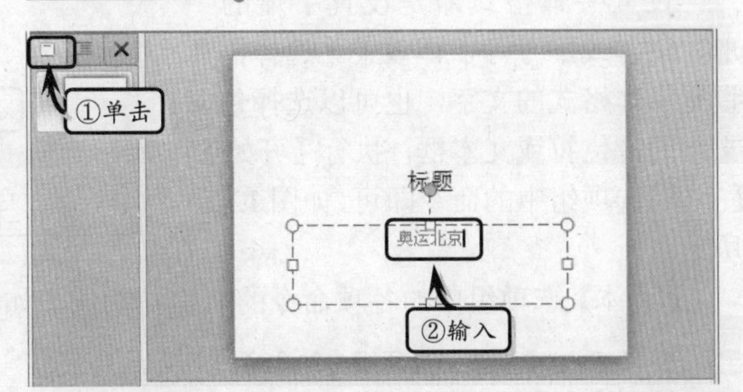

图 12-12 在占位符中输入

- **在备注窗格中输入**

在普通视图中的【幻灯片】视图方式下，单击备注窗格区域，输入描述幻灯片的文本即可，如图 12-13 所示。

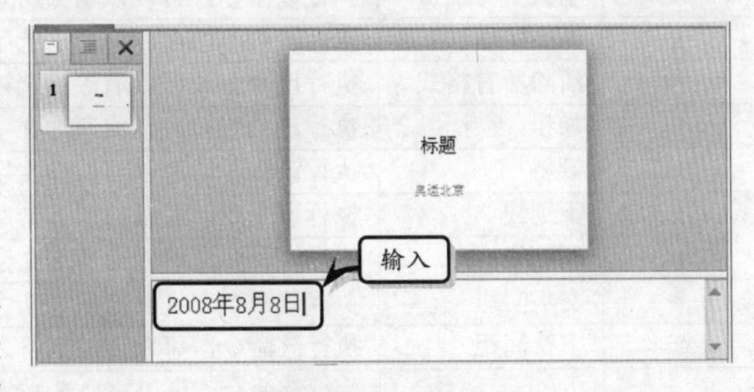

图 12-13 在备注窗格中输入

2. 修改文本

输入文本之后，用户还需要根据幻灯片内容修改文本内容。首先单击需要修改文本的开始位置，拖动鼠标至文本结尾处即可选择文本。然后在选择的文本上直接输入新文本或按 Delete 键再输入文本即可。另外，用户还可以将光标放置于需要修改文本后，按 Back Space 键删除原有文本，输入新文本即可。

3. 复制、移动和删除文本

输入文本之后，用户还可以对文本进行复制、剪切、移动和删除等编辑操作。

- **复制文本** 选择需要复制的文本，执行【剪贴板】|【复制】命令，或按 Ctrl+C 组合键复制文本。将光标置于需要粘贴的位置，执行【剪贴板】|【粘贴】命令，

或按 Ctrl+V 键粘贴文本。

- ❑ **移动文本** 选择需要移动的文本，执行【剪切板】|【剪切】命令，或按 Ctrl+X 组合键剪切文本。将光标置于要移动到的位置，执行【剪贴板】|【粘贴】命令，或按 Ctrl+V 组合键粘贴文本。
- ❑ **删除文本** 选中需要删除的文本，按 Back Space 键或 Delete 键即可。

12.3.2 设置文本格式

PowerPoint 2010 与 Word 2010 一样，为了演示文稿的整体效果，需要设置文本格式。设置文本格式主要是设置演示文稿中的字体效果、对齐方式、更改文字方向等内容。

1. 设置字体格式

设置字体格式即是设置字体的字形、字体或字号等字体效果。选择需要设置字体格式的文字，也可以选择包含文字的占位符或文本框，执行【开始】|【字体】选项组中的命令即可，如图 12-14 所示。

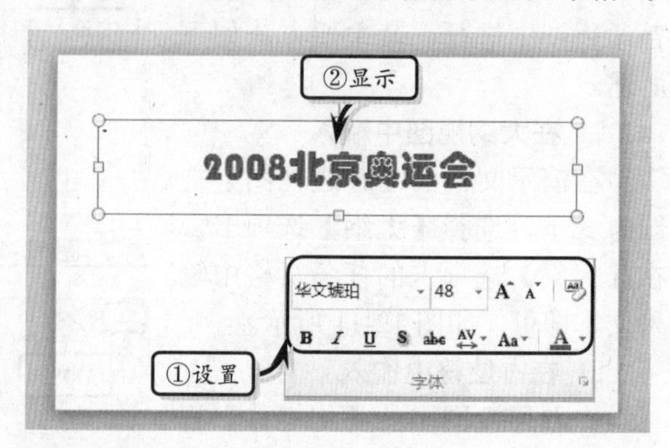

图 12-14 设置字体格式

【字体】选项组中的各项命令的名称与功能，如表 12-2 所示。

表 12-2 【字体】选项组中的命令

按钮	命令	功能
A˄	增大字号	执行该命令，可以以增大所选字体的字号
A˅	减小字号	执行该命令，可以减小所选字体的字号
	清除所有格式	执行该命令，可以清除所选内容的所有格式
B	加粗	执行该命令，可以将所选文字设置为加粗格式
I	倾斜	执行该命令，可以将所选文字设置为倾斜格式
U	下划线	执行该命令，可以给所选文字添加下划线
abc	删除线	执行该命令，可以给所选文字的中间添加一条线
S	文字阴影	执行该命令，可以给所选文字的后边添加阴影
AV	字符间距	执行该命令，可以调整字符之间的间距
Aa	更改大小写	执行该命令，可以将所选文字更改为全部大写、全部小写或其他常见的大小写形式
A	字体颜色	执行该命令，可以更改所选字体颜色

提 示

用户可以执行【字体】选项组中的【对话框启动器】命令，在弹出的【字体】对话框中设置字体格式。

2. 设置段落格式

同样，在 PowerPoint 2010 中还可以像 Word 2010 中那样设置段落格式，即设置行距、对齐方式、文字方向等格式。

❑ 设置对齐方式

选择需要设置对齐方式的文本，执行【开始】|【段落】选项组中的对齐命令即可，如图 12-15 所示。

文本左对齐

居中对齐

文本右对齐

图 12-15 文本对齐方式

【段落】选项组中的对齐命令及功能如表 12-3 所示。

表 12-3 对齐命令

按　钮	命　令	功　能
	文本左对齐	执行该命令，将文字左对齐
	居中	执行该命令，将文字居中对齐
	文本右对齐	执行该命令，将文字右对齐
	两端对齐	执行该命令，将文字左右两端同时对齐
	分散对齐	执行该命令，将段落两端同时对齐

提　示

用户可以执行【段落】选项组中的【对齐文本】按钮，在打开的下拉列表中执行相应的命令，即可设置文本垂直方向的对齐方式了。

❑ 设置分栏

执行【段落】|【分栏】命令，可将文本内容以两列或三列的样式进行显示，如图 12-16 所示。

两列

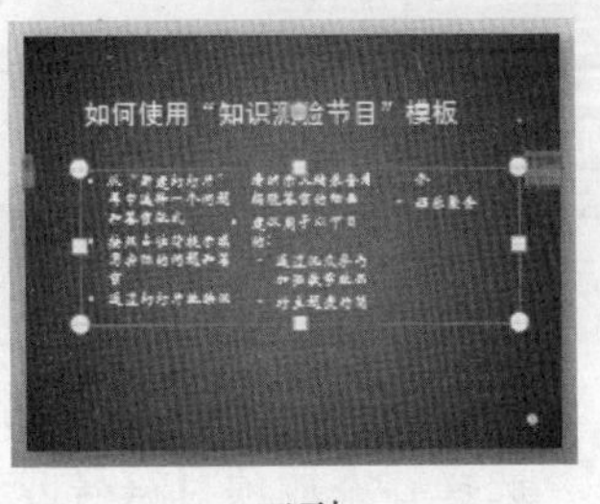

三列

图 12-16 设置分栏

另外，用户可执行【分栏】|【更多栏】命令，在弹出的【分栏】对话框中设置【数字】与【间距】选项值即可，如图 12-17 所示。

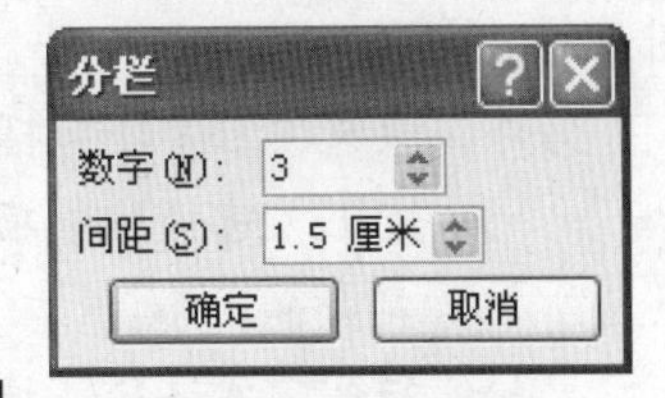

图 12-17 设置多栏

❑ 设置行距

选择需要设置行距的文本信息，执行【段落】|【行距】命令，在下拉列表中选择相应的选项即可。另外，执行【行

距】|【行距选项】命令，在弹出的【段落】对话框中设置【间距】选项组中的【行距】选项与【设置值】微调框中的值即可，如图 12-18 所示。

❑ 设置文字方向

选择需要更改方向的文字，执行【段落】|【文字方向】命令，在下拉列表中选择相应的选项即可，如图 12-19 所示。

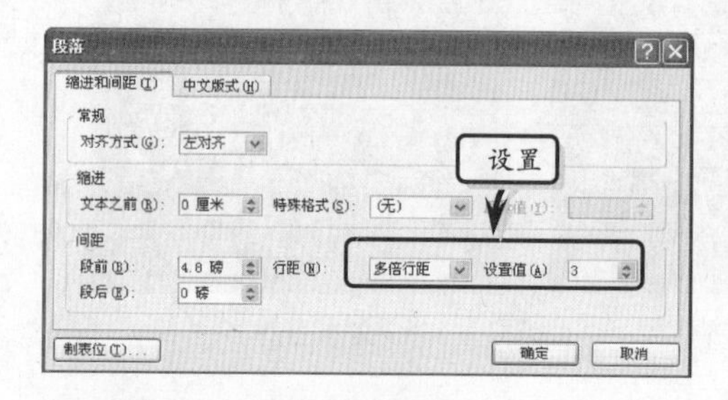

图 12-18 设置间距

所有文字旋转 90°

所有文字旋转 270°

图 12-19 设置文字方向

【文字方向】下拉列表中的各选项的功能，如表 12-4 所示。

表 12-4 【文字方向】命令

按 钮	命 令	功 能
	横排	执行该命令，可以将占位符或文本框中的文字从左向右横向排列
	竖排	执行该命令，可以将占位符或文本框中的文字从右侧开始，从上到下竖向排列
	所有文字旋转 90°	执行该命令，可以将占位符或文本框中的文字按顺时针旋转 90°
	所有文字旋转 270°	执行该命令，可以将占位符或文本框中的文字按顺时针旋转 270°
	堆积	执行该命令，可以将占位符或文本框中的文字，以占位符或文本框的大小为基础从左向右填充

提 示

选择【文字方向】下拉列表中的【其他选项】，弹出【设置文本效果格式】对话框。在【文本框】选项卡中的【文字版式】选项组中，可以设置文字方向与行顺序。

❑ 设置项目符号和编号

选择要添加项目符号或编号的文本，执行【段落】选项组中的【项目符号】命令，在下拉列表中选择【项目符号和编号】选项，弹出【项目符号和编号】对话框。在【项目符号】选项卡中选择项目符号即可，如图 12-20 所示。

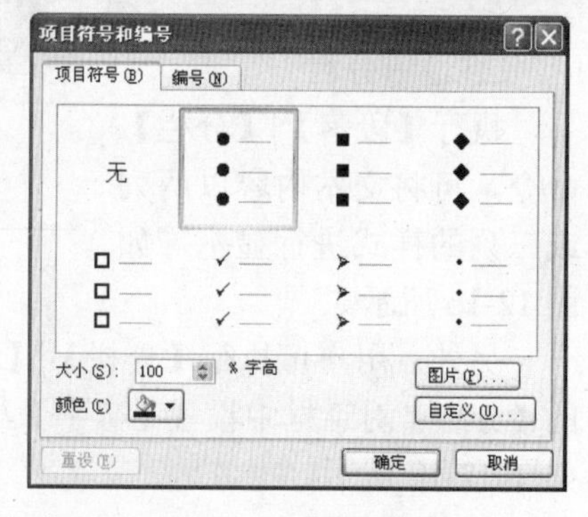

图 12-20 设置项目符号

另外，该选项卡中还包括下列几种选项。

➢ **大小** 选择该选项，可以按比例调整项目符号的大小。

➢ **颜色** 选择该选项，可以设置项目符号的颜色，包括主题颜色、标准色与自定义颜色。

> ➢ **图片**　单击该按钮，可以在弹出的【图片项目符号】对话框中设置项目符号的显示图片。
> ➢ **自定义**　单击该按钮，可以在弹出的【符号】对话框中设置项目符号的字体、字符代码等字符样式。
> ➢ **重设**　单击该按钮，可以恢复到最初状态。

在【项目符号和编号】对话框中选择【编号】选项卡，在该选项卡中选择编号样式即可，如图 12-21 所示。

另外，该选项卡中还包括下列几种选项。

> ➢ **大小**　选择该选项，可以按百分比调整编号的大小。
> ➢ **起始编号**　选择该选项，可以在文本框中设置编号的开始数字。
> ➢ **颜色**　选择该选项，可以设置编号的颜色，包括主题颜色、标准色与自定义颜色。

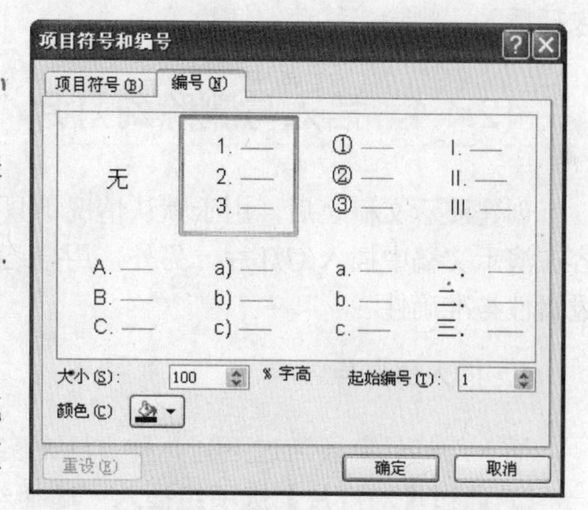

图 12-21　设置编号

12.3.3 查找与替换文本

对于文字内容比较庞大的演示文稿来说，查找与修改某个词语或短句比较麻烦。用户可通过 PowerPoint 2010 提供的查找和替换功能来解决上述问题。

❑ 查找文本

执行【开始】|【编辑】|【查找】命令或按 Ctrl+F 组合键，在弹出的【查找】对话框中输入查找的内容即可，如图 12-22 所示。

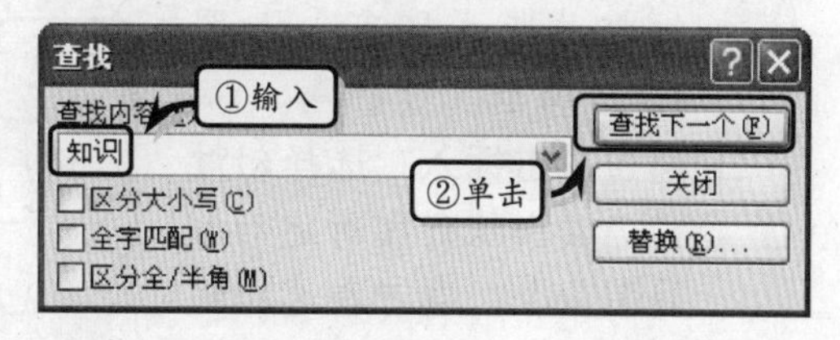

图 12-22　查找文本

【查找】对话框中还包括下列几种选项。

> ➢ **区分大小写**　选中该复选框，可以在查找文本时区分大小写。
> ➢ **全字匹配**　选中该复选框，表示在查找英文时，只查找完全复合条件的英文单词。
> ➢ **区分全/半角**　选中该复选框，表示在查找英文字符时，区分全角和半角字符。

❑ 替换文本

执行【编辑】|【替换】命令，选择【替换】选项，在弹出的【替换】对话框中输入替换文字即可。在该对话框中可以通过单击【替换】按钮，对文本进行依次替换；通过单击【全部替换】按钮，对符合条件的文本进行全部替换，如图 12-23 所示。

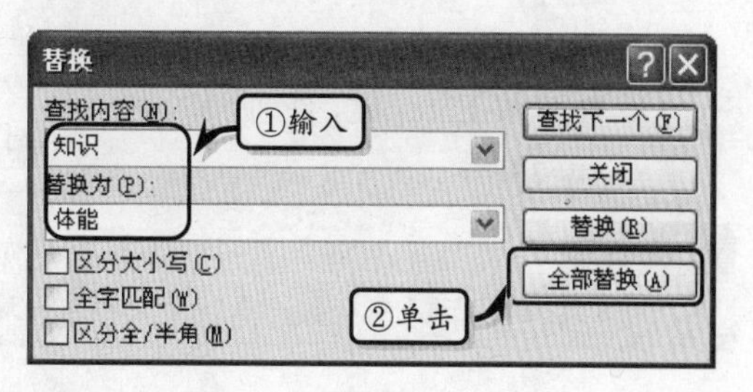

图 12-23　替换文本

另外，用户还可以替换字体格式。执行【替换】下拉列表中的【替换字体】命令或按 Ctrl+H 组合键，在弹出的【替换字体】对话框中选择需要替换的字体与待替换的字体类型，单击【替换】按钮即可，如图 12-24 所示。

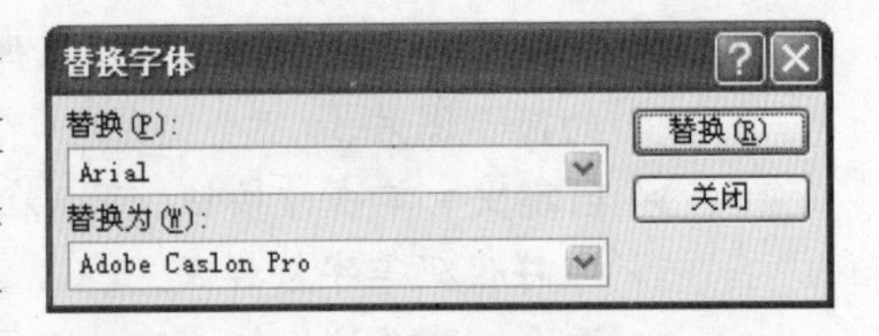

图 12-24 【替换字体】对话框

提 示

用户在【查找】对话框中单击【替换】按钮即可转换到【替换】对话框中。

12.4 操作幻灯片

创建演示文稿之后，用户还需要通过操作幻灯片来完善演示文稿。操作幻灯片主要包括插入、删除、移动幻灯片等。

12.4.1 插入与删除幻灯片

创建演示文稿之后，由于默认情况下只存在一张幻灯片，所以用户需要根据演示内容在演示文稿中插入幻灯片。另外，用户还需要删除无用的幻灯片，以确保演示文稿的逻辑性与准确性。

1．插入幻灯片

插入幻灯片主要通过下列几种方法来实现。

- 通过【幻灯片】选项组插入　选择幻灯片，执行【开始】|【幻灯片】|【新建幻灯片】命令，选择相应的幻灯片版式即可，如图 12-25 所示。
- 通过右击插入　选择幻灯片，右击执行【新建幻灯片】命令，即可在选择的幻灯片之后插入新幻灯片。
- 通过键盘插入　选择幻灯片后按 Enter 键，即可插入新幻灯片。

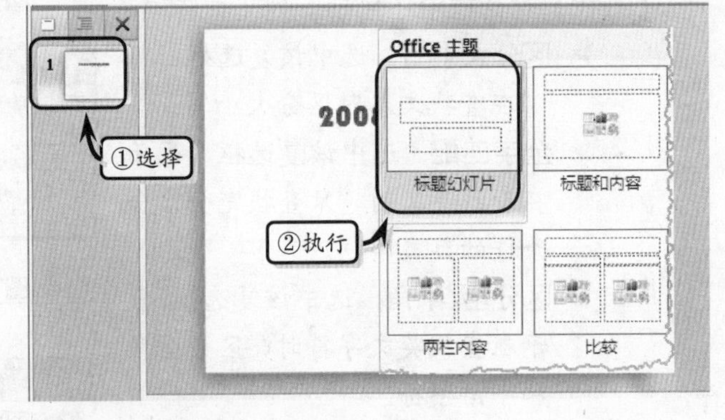

图 12-25 插入幻灯片

技 巧

用户可以通过 Ctrl+M 组合键，在演示文稿中快速插入幻灯片。

2．删除幻灯片

删除幻灯片可以通过下列几种方法来实现。

- 通过【幻灯片】选项组删除　选择需要删除的幻灯片，执行【开始】|【幻灯片】|【删除】命令即可。
- 通过右击删除　选择需要删除的幻灯片，右击执行【删除幻灯片】命令即可。
- 通过键盘删除　选择需要删除的幻灯片，按 Delete 键即可。

12.4.2 移动与复制幻灯片

在 PowerPoint 2010 中，移动幻灯片是将幻灯片从一个位置移动到另外一个位置中，而原位置不保留该幻灯片。复制幻灯片是将该幻灯片的副本从一个位置移动到另外一个位置中，而原位置将保留该幻灯片。移动与复制幻灯片的方法如下所述。

1. 移动幻灯片

在移动幻灯片时，用户可以一次移动单张或同时移动多张幻灯片。

- 移动单张幻灯片

移动单张幻灯片可以在普通视图中的【幻灯片】选项卡或在幻灯片浏览视图下实施。首先选择需要移动的幻灯片，拖动鼠标至合适的位置后即可，如图 12-26 所示。

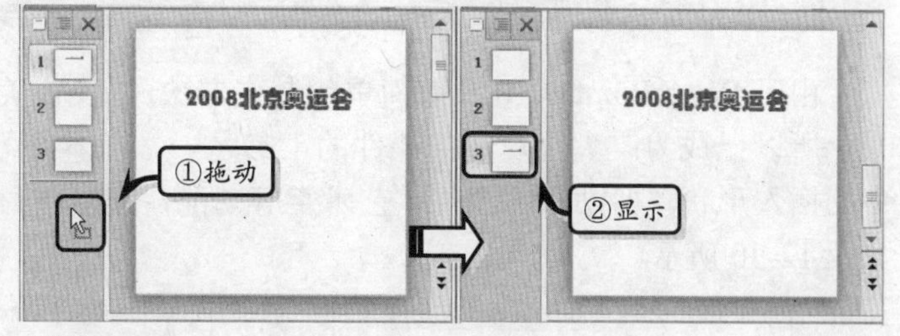

图 12-26　移动单张幻灯片

另外，选择需要移动的幻灯片，执行【开始】|【剪贴板】|【剪切】命令，或按 Ctrl+X 组合键。选择放置幻灯片的位置，执行【剪贴板】|【粘贴】命令，或按 Ctrl+V 组合键即可。

- 同时移动多张幻灯片

选择第一张需要移动的幻灯片，按住 Ctrl 键的同时选择其他需要移动的幻灯片，拖动鼠标至合适的位置即可，如图 12-27 所示。

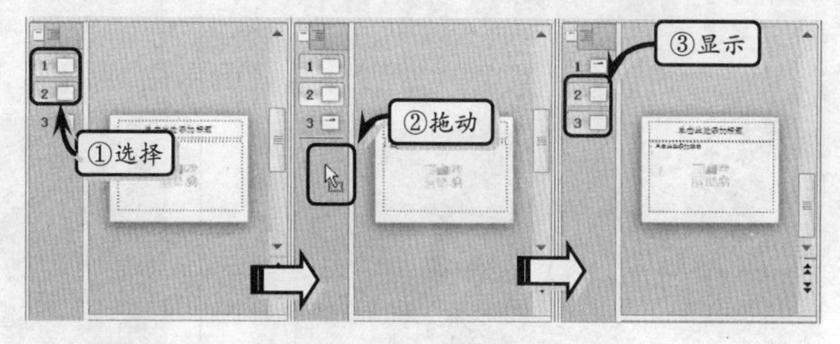

图 12-27　同时移动多张幻灯片

2. 复制幻灯片

用户可以通过复制幻灯片的方法，来保持新建幻灯片与已建幻灯片版式与设计风格的一致性。

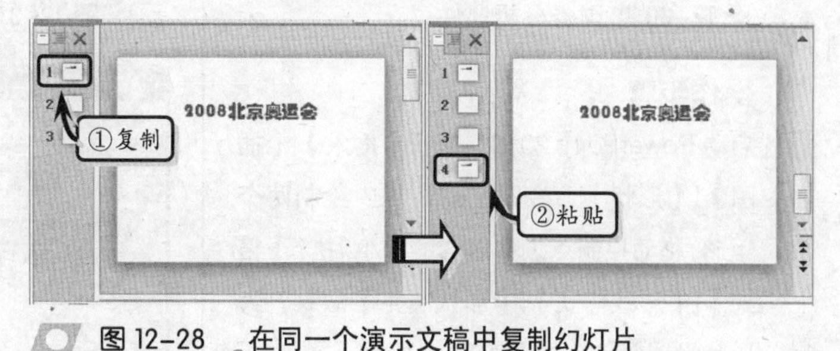

图 12-28　在同一个演示文稿中复制幻灯片

- 在同一个演示文稿中复制幻灯片

选择需要复制的幻灯片，执行【开始】|【剪贴板】|【复制】命令，或执行【幻灯片】

|【新建幻灯片】|【复制所选幻灯片】命令，如图 12-28 所示。

技 巧

用户可以通过 Ctrl+C 组合键复制幻灯片，通过 Ctrl+V 组合键粘贴幻灯片。

❑ 在不同的演示文稿中复制幻灯片

同时打开两个演示文稿，执行【视图】|【窗口】|【全部重排】命令。在其中一个演示文稿中选择需要移动的幻灯片，拖动鼠标到另外一个演示文稿中即可，如图 12-29 所示。

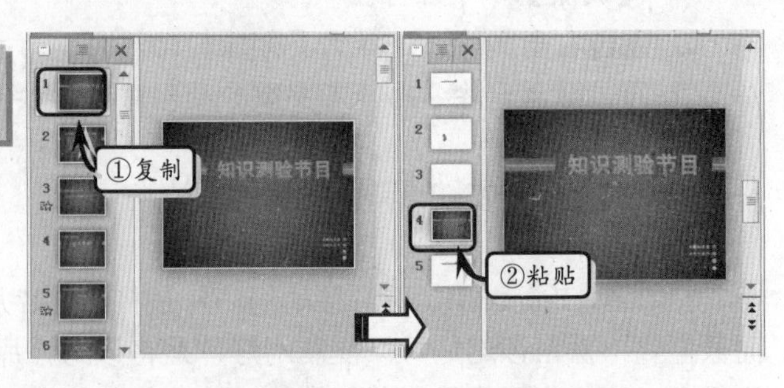

图 12-29 复制不同演示文稿中的幻灯片

12.5 课堂练习：财务分析课件之一

由于 PowerPoint 2010 具有简单的制作方法，以及优美的主题画面与多样化的动画效果，所以已成为广大用户制作课件的工具之一。在本练习中，将利用 PowerPoint 2010 中的插入形状、剪贴画、图片、艺术字等功能，来制作财务分析课件中的部分幻灯片，如图 12-30 所示。

图 12-30 财务分析课件

操作步骤

1 启动 PowerPoint 2010，执行【插入】|【插图】|【形状】命令，在幻灯片中绘制两个矩形，拖动控制点调整矩形的大小。执行【格式】|【形状样式】|【形状填充】命令，为形状设置颜色，如图 12-31 所示。

2 执行【插入】|【插图】|【图片】命令，在对话框中选择图片，单击【插入】按钮，如图 12-32 所示。

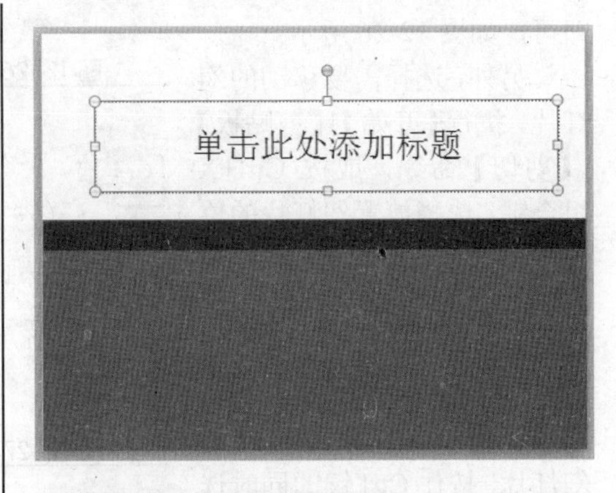

图 12-31 绘制形状

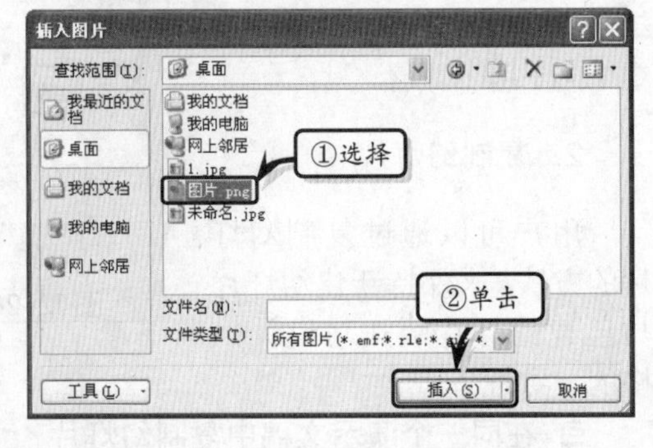

图 12-32 【插入图片】对话框

3 将插入的扇形图片按圆形排列，执行【插入】|【插图】|【形状】命令，在幻灯片中绘制一大一小两个圆形，如图 12-33 所示。

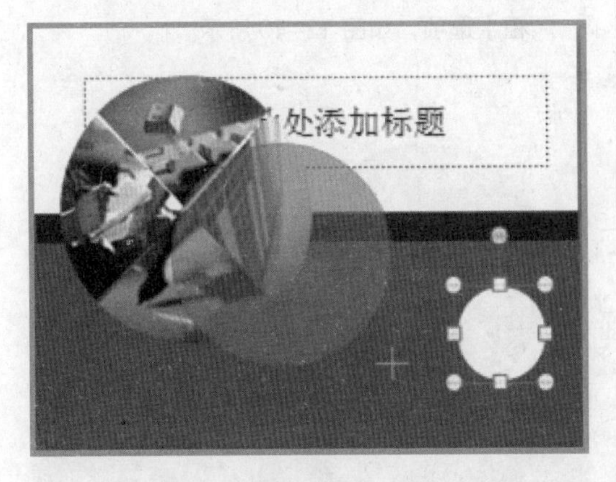

图 12-33 绘制圆形

4 右击圆形形状执行【设置形状格式】命令，将【边框】设置为“无”。根据组合图片调整大小圆形的大小及位置。右击大圆形执行【至于底层】|【下移一层】命令，将形状放置于组合图片的下方，如图 12-34 所示。

图 12-34 调整形状位置

5 执行【插图】|【形状】命令，绘制一个圆形。右击圆形执行【设置形状格式】命令。将【纯色填充】的【颜色】设置为“深蓝”，将【线条颜色】设置为“无线条”，调整图形位置及层次，如图 12-35 所示。

6 执行【插图】|【形状】命令，横向绘制一个椭圆形。右击形状执行【设置形状格式】命令。选择【纯色填充】选项，将【颜色】设置为“深蓝”，将【透明度】设置为“30%”，如图 12-36 所示。

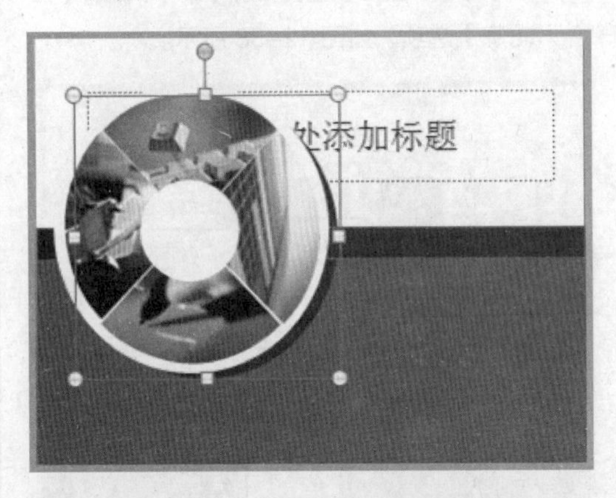

图 12-35 添加图形侧边阴影

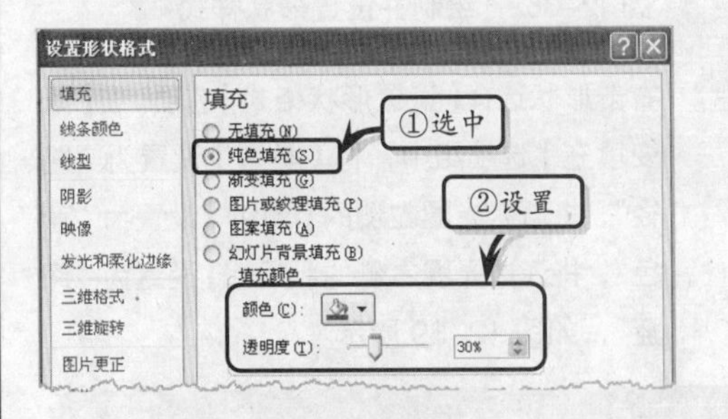

图 12-36 设置填充颜色

7 执行【插图】|【剪贴画】命令，插入一个剪贴画，并调整其位置。选择组合图片中的所有图片、形状与剪贴画，执行【格式】|【排列】|【组合】命令，如图 12-37 所示。

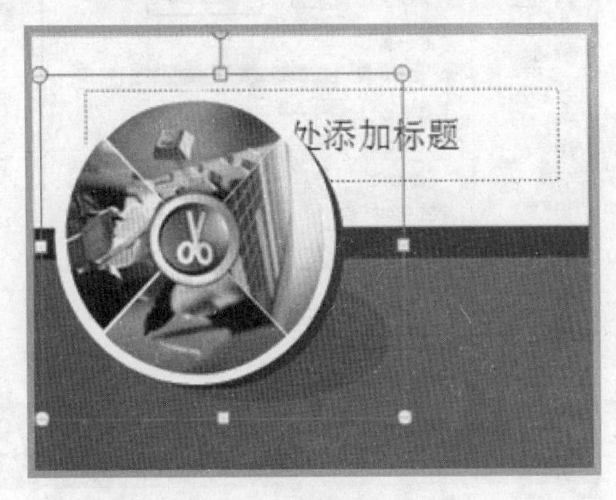

图 12-37 组合图形

8 在幻灯片中插入一个圆形，执行【格式】|

【形状样式】|【形状填充】命令，选择【蓝色】选项。执行【形状轮廓】命令，选择【无轮廓】选项，如图 12-38 所示。

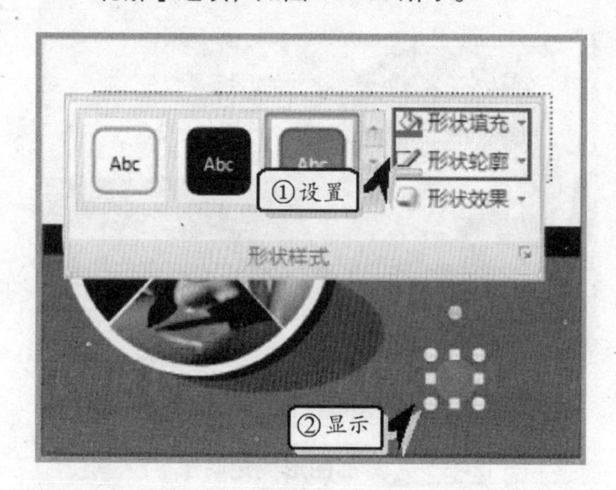

图 12-38　绘制并设置形状样式

9　右击形状选择【设置形状格式】选项。在【渐变填充】选项组中，将【类型】设置为“路径”，将渐变光圈左侧的【颜色】设置为“蓝色”，将江边光圈右侧的【颜色】设置为“深蓝”，如图 12-39 所示。

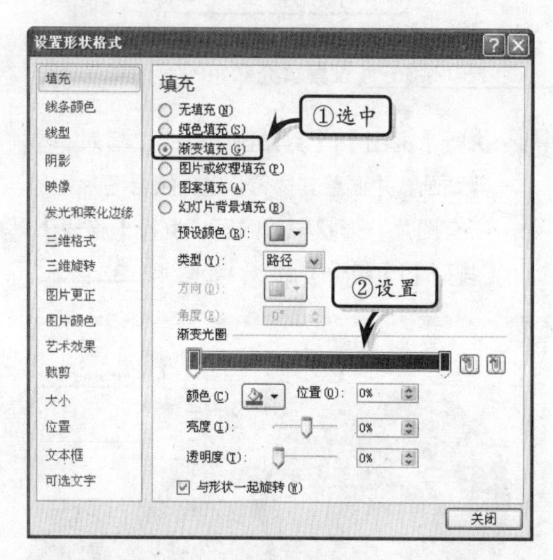

图 12-39　设置渐变填充

10　调整形状位置，并在形状后面插入一个文本框，并输入“会计系第二课堂”文本。选中文本，将【字号】设置为“20”，并选中【加粗】选项，如图 12-40 所示。

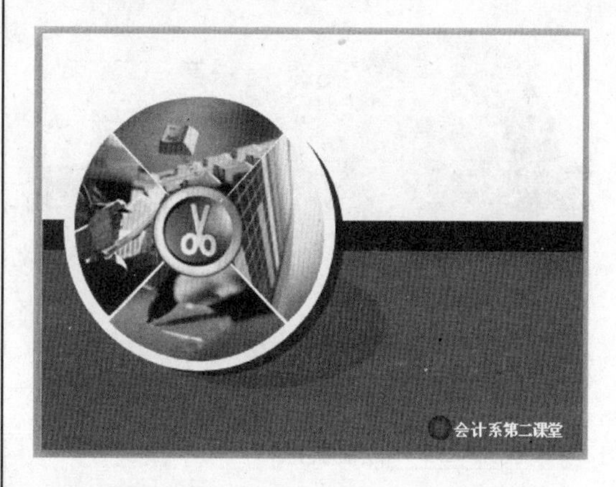

图 12-40　添加文字

11　执行【插入】|【文本】|【艺术字】命令，选择【渐变填充-强调文字颜色 4，映像】选项，并在文本框中输入文字，如图 12-41 所示。

图 12-41　插入艺术字

12　最后，在深蓝色形状上添加一个文本框，并输入主讲人姓名。

12.6　课堂练习：市场调查报告之一

当新产品上市或需要调整销售产品销售方法时，需要进行市场调查。此时，负责市场调查的工作人员需要制作一份带演示功能的市场调查报告。在本练习中，将利用插入形状、设置形状格式等功能，来制作一份市场调查报告，如图 12-42 所示。

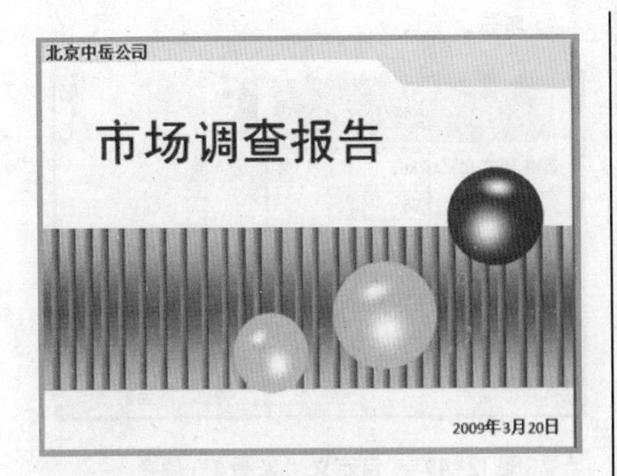

图 12-42 市场调查报告

操作步骤

1 启动 PowerPoint 2010，在幻灯片中插入一个矩形形状。右击形状执行【设置形状格式】命令，选中【渐变填充】单选按钮，并选择渐变光圈中最左侧的“停止点”按钮，如图 12-43 所示。

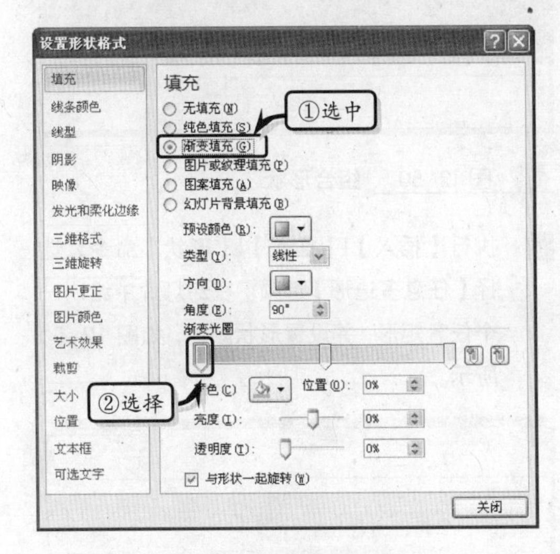

图 12-43 设置渐变填充

2 执行【颜色】|【其他颜色】命令，将【自定义】选项卡中的【颜色模式】设置为“RGB”，将【红色】、【绿色】与【蓝色】分别设置为“186”、“209”与“111”，单击【确定】按钮，如图 12-44 所示。

3 选择【渐变光圈】选项组中中间的“停止点 2”按钮，执行【颜色】|【其他颜色】命令，将【自定义】选项卡中的【颜色模式】设置为“RGB”，将【红色】、【绿色】与【蓝色】分别设置为“80”、“120”与“0”，如图 12-45 所示。

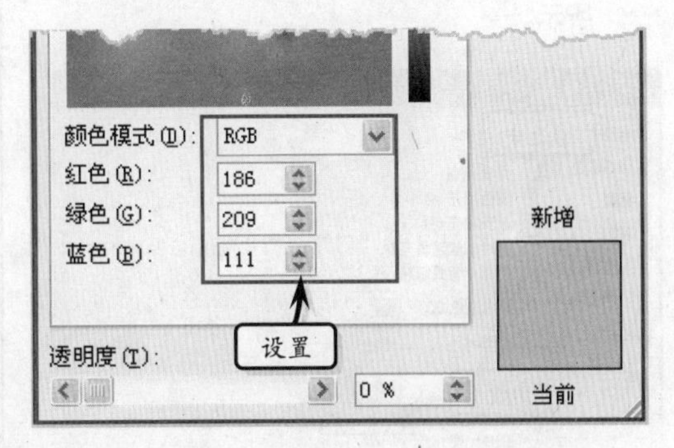

图 12-44 自定义“光圈 1”颜色

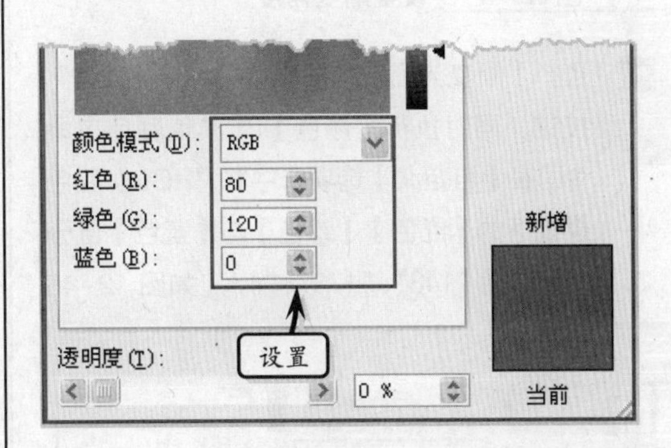

图 12-45 自定义“光圈 2”颜色

4 选择【渐变光圈】选项组中中间的“停止点 3”按钮，其【颜色】设置与“停止点 1”的设置一致。此时，幻灯片中的形状将显示设置后的颜色，如图 12-46 所示。

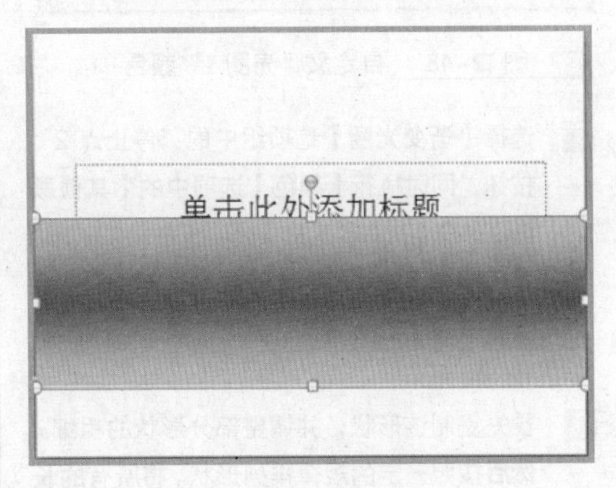

图 12-46 渐变颜色效果图

5 在幻灯片中插入一个矩形形状，拖动控制点，将形状调整为长方形。右击形状执行【设置形状格式】命令。选中【渐变填充】单选按钮，将【角度】设置为“0°”，如图 12-47 所示。

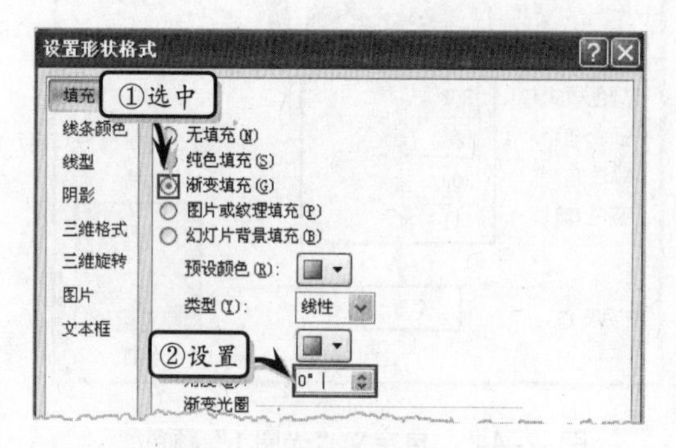

图 12-47 设置渐变角度

6 选择【渐变光圈】选项组中的“停止点 1”按钮，同时执行【颜色】|【其他颜色】命令。在【自定义】选项卡中将“RGB”颜色模式下的【红色】、【绿色】与【蓝色】值分别设置为“143”、“173”、“47”，如图 12-48 所示。

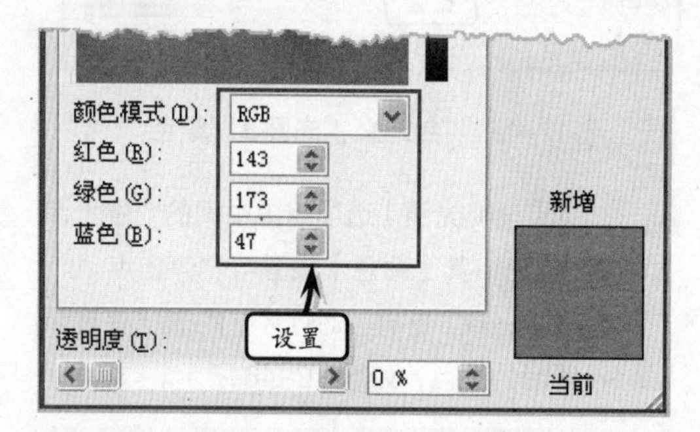

图 12-48 自定义“光圈 1”颜色

7 选择【渐变光圈】选项组中的“停止点 2”按钮，同时执行【颜色】选项中的【其他颜色】命令。在【自定义】选项卡中将“RGB”颜色模式下的【红色】、【绿色】与【蓝色】值分别设置为“66”、“80”、“22”，如图 12-49 所示。

8 首先复制该形状，并调整部分形状的粗细。然后按照一定的规律排列形状。将所有的长方形矩形形状组合在一起，如图 12-50 所示。

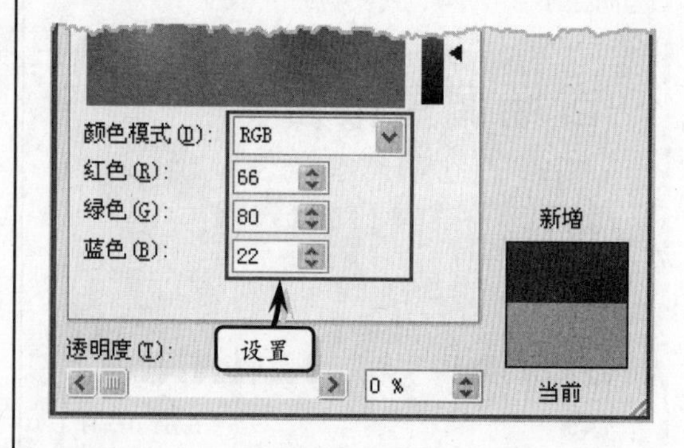

图 12-49 自定义“光圈 2”颜色

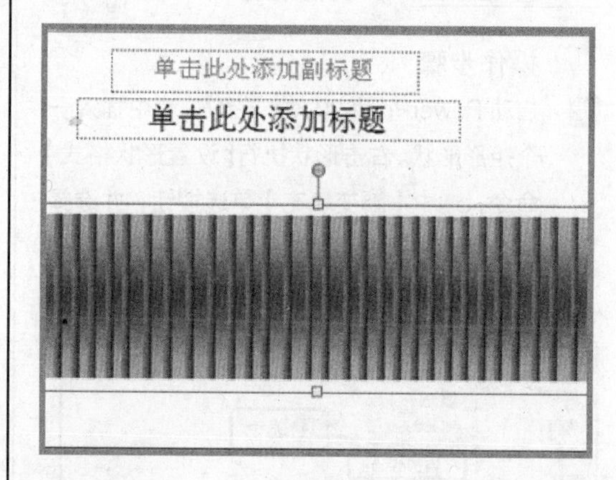

图 12-50 组合形状

9 执行【插入】|【插入】|【形状】命令，选择【任意多边形】选项。在幻灯片中绘制一个任意矩形，并设置形状颜色，如图 12-51 所示。

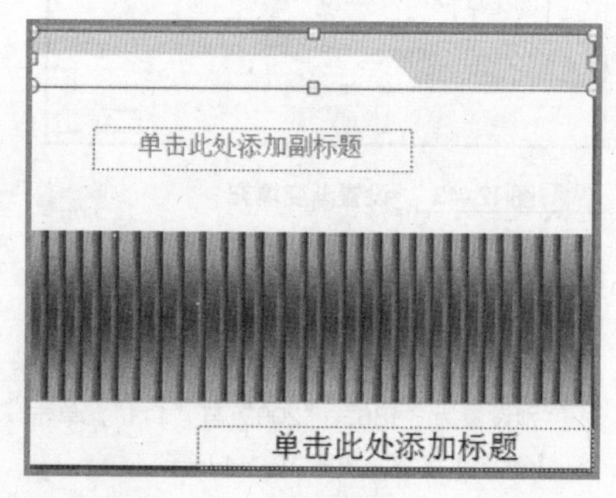

图 12-51 添加任意形状

10 在幻灯片中插入一大一小两个圆形与一个

椭圆形，将大圆形的颜色设置为“浅绿色”。右击小圆形或椭圆形执行【设置形状格式】命令，将【渐变颜色】中的“停止点 1”设置为“白色”，将“停止点 2”的【颜色】设置为“深绿”，并将【透明度】设置为“100%”，如图 12-52 所示。

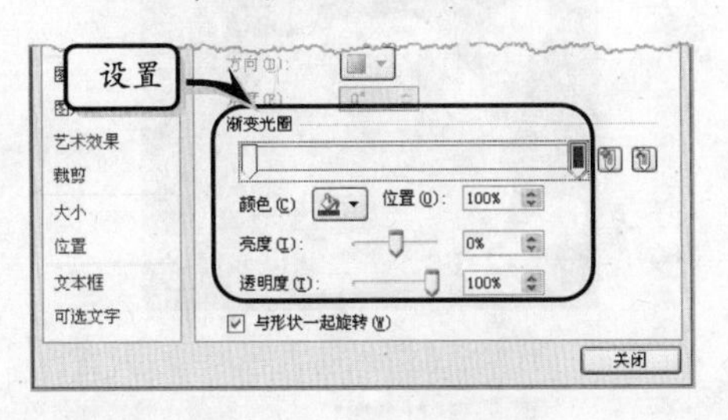

图 12-52 设置渐变颜色

11 调整小圆形与椭圆形的大小，并移动到大圆形上。利用上述方法，分别制作大圆形颜色为“黄色”与“绿色”的形状，如图 12-53 所示。

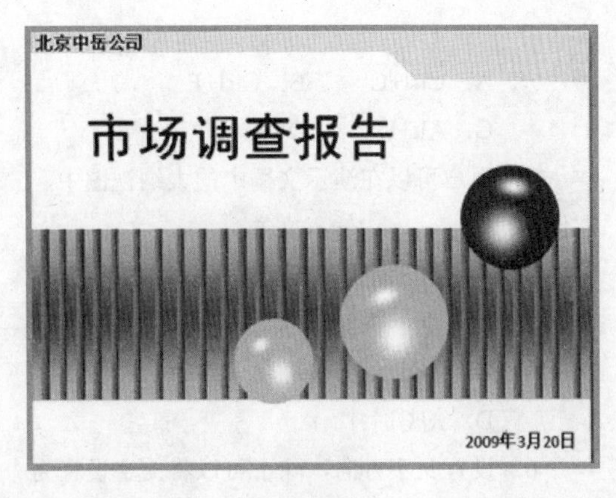

图 12-53 最终效果

12 最后，在幻灯片中输入“市场调查报告”标题与调查时间即可。

12.7 思考与练习

一、填空题

1．PowerPoint 2010 中默认的文件扩展名为________。

2．在移动多张幻灯片时，选择第一张幻灯片后，按住________键，再分别选择其他幻灯片。

3．PowerPoint 2010 普通视图主要包括________与________两个选项卡。

4．在幻灯片中，带有虚线边缘的框被称为________。

5．在 PowerPoint 2010 中，新建演示文稿的快捷键为________，插入幻灯片的快捷键为________。

6.【幻灯片】选项卡中显示了幻灯片的缩略图，主要用于________幻灯片。

7．用户在使用【我的模板】创建演示文稿时，需要先将________。

8．用户可以使用________组合键或________快捷键来打开【另存为】对话框。

9．修改文本时，用户可以拖动鼠标选择需要修改的文本，然后按________或________键来删除文本。

二、选择题

1．在 PowerPoint 2010 中的________中，可以查看演示文稿中的图片、形状与动画效果。

A．普通视图

B．幻灯片放映视图

C．幻灯片浏览视图

D．备注页视图

2．PowerPoint 2010 中演示文稿类型文件的扩展名为________。

A．.pptx　　B．.pptm

C．.ppt　　D．.potx

3．用户可通过执行【段落】选项组【分栏】命令中的________命令，将文本设置为 4 栏状态。

A．【一列】　　B．【两列】

C．【三列】　　D．【更多栏】

4．用户可以通过执行【开始】选项卡【编辑】选项组中的【替换】命令，或按________组合键，在弹出的【查找】对话框中查找相应的文字。

A. Ctrl+C　　B. Ctrl+F

C. Alt+F　　D. Ctrl+V

5. 用户可以在演示文稿中的大纲视图中、占位符与________中输入文本。

A. 幻灯片浏览视图

B. 备注窗格

C. 幻灯片放映视图

D. 幻灯片中

6. 设置文字方向，除了可以将文字设置为横排、竖排、所有文字旋转 90° 与所有文字旋转 270° 之外，还可以将文字设置为________方向。

A. 顺时针旋转

B. 逆时针旋转

C. 自定义角度

D. 堆积

7. 在 PowerPoint 2010 中，除了可以替换文本之外，还可以替换________。

A. 数字　　B. 字母

C. 字体　　D. 格式

三、问答题

1. 创建演示文稿的方法有哪几种？

2. 简述查找与替换文本的操作步骤。

3. 简述 PowerPoint 2010 中各个视图的优点。

4. 简述设置文本格式的具体内容。

四、上机练习

1. 创建演示文稿

在本练习中，将运用 PowerPoint 2010 中自带的模板来创建一个相册类型的演示文稿，如图 12-54 所示。首先启动 PowerPoint 2010，然后执行【文件】中的【新建】命令，在【Office.com】列表中，单击【贺卡】图标。然后，在展开的【贺卡】列表中单击【节日】图标，并在其展开的列表中选择【中秋贺卡-玉兔】选项，单击【下载】按钮即可。

图 12-54　创建模板文档

2. 设置文本格式

在本练习中，将运用 PowerPoint 2010 中的字体格式与段落格式来设置幻灯片中的文本格式，如图 12-55 所示。首先在幻灯片中输入标题与正文，选择标题，并执行【开始】|【字体】|【加粗】命令，同时执行【字号】|【48】命令。然后选择所有正文，执行【开始】|【字体】|【加粗】命令，同时执行【段落】|【居中】命令，再执行【行距】|【2.0】命令。最后执行【设计】|【主题】|【跋涉】命令。

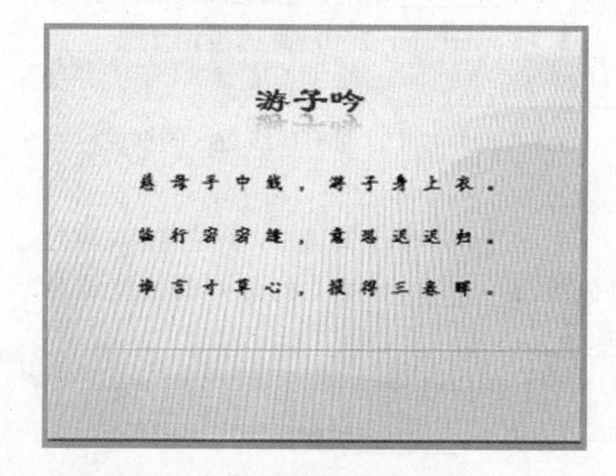

图 12-55　设置文本格式

第 13 章

编辑 PowerPoint 2010

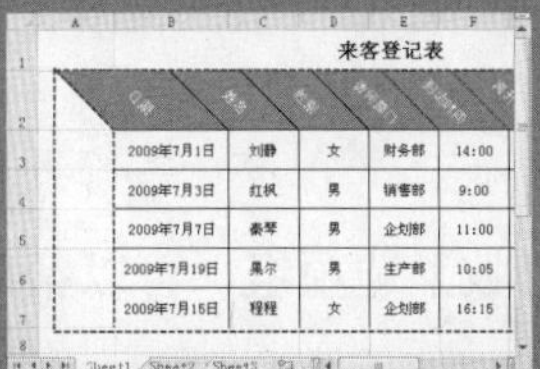

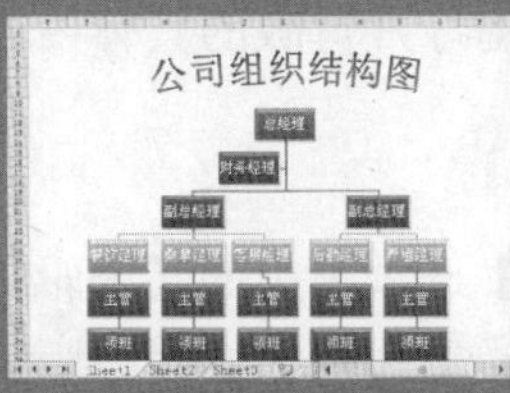

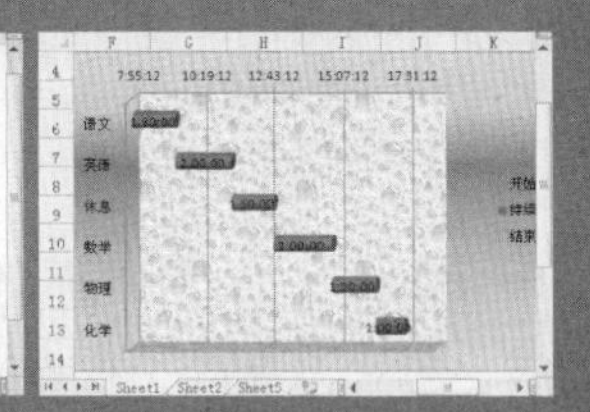

创建完演示文稿之后，用户可以使用 PowerPoint 中的设计、插入、格式等功能，来增加演示文稿的可视性、实用性与美观性。例如，通过插入图片、图表等对象可以增加演示文稿的实用性，同时通过更改主题与格式可以增加演示文稿的美观性。另外，还可以利用插入功能，创建具有个性的相册。

在本章中，主要讲解如何设置演示文稿版式、主题、背景与布局等元素。另外，还讲解了如何在演示文稿中插入对象及创建电子相册的基础操作。通过本章的学习，希望用户能熟练掌握编辑 PowerPoint 的基础知识与操作技巧。

本章学习要点：

- 设置母版
- 编辑 PowerPoint
- 插入对象
- 创建电子相册

13.1 设置母版

母版是模板的一部分，主要用来定义演示文稿中所有幻灯片的格式，其内容主要包括文本与对象在幻灯片中的位置、文本与对象占位符的大小、文本样式、效果、主题颜色、背景灯信息。其中，占位符是一种带有虚线或阴影线边缘的框，可以放置标题、正文、图片、表格、图表等对象。

用户可以通过设置母版来创建一个具有特色风格的幻灯片模板。PowerPoint 主要提供了幻灯片母版、讲义母版与备注母版 3 种母版。

13.1.1 设置幻灯片母版

幻灯片母版主要用来控制下属所有幻灯片的格式，当用户更改母版格式时，所有幻灯片的格式也将同时被更改。在幻灯片母版中，可以设置主题类型、字体、颜色、效果及背景样式等格式。同时，还可以插入幻灯片母版、插入版式、设置幻灯片方向等。下面便开始详细讲解设置幻灯片母版的具体内容。

1. 编辑母版

通过【幻灯片母版】选项卡中的【编辑母版】选项组，可以帮助用户插入幻灯片母版、版式及删除、保留、重命名幻灯片母版。

❑ 插入幻灯片母版

在【编辑母版】选项组中，单击【插入幻灯片母版】按钮，便可以在原有的幻灯片母版的基础上新添加一个完整的幻灯片母版。对于新插入的幻灯片母版，系统会根据母版个数自动以数字进行命名，如图 13-1 所示。例如，插入第一个幻灯片母版后，系统自动命名为 2；继续插入第二个幻灯片母版后，系统会自动命名为 3，以此类推。

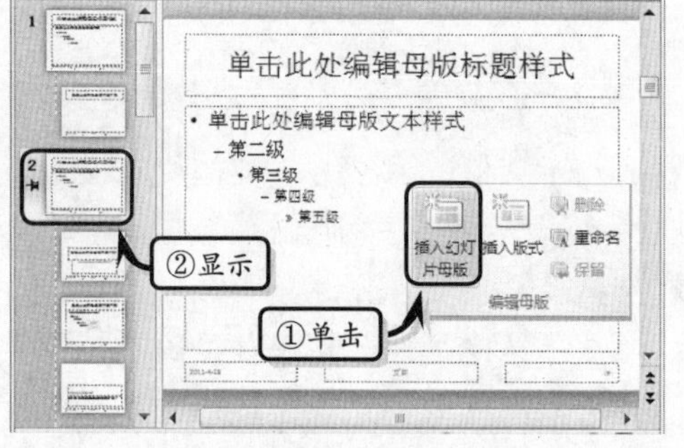

图 13-1 插入幻灯片母版

❑ 保留

当插入幻灯片母版之后，系统会自动以保留的状态存放幻灯片母版。保留其实就是将新插入的幻灯片母版保存在演示文稿中，即使该母版未被使用也照样进行保存。当然用户也可以执行【编辑母版】|【保留】命令，在 Microsoft Office PowerPoint 对话框中单击【是】按钮来取消幻灯片母版的保留状态，如图 13-2 所示。

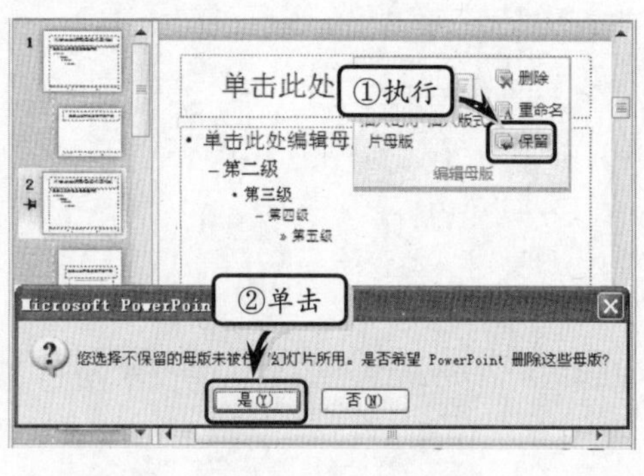

图 13-2 保留幻灯片母版

❑ 插入版式

在幻灯片母版中，系统为用户准备了 12 个幻灯片版式，用户可根据不同的版式设

置不同的内容。当母版中的版式无法满足工作需求时，选择幻灯片的位置，执行【编辑母版】|【插入版式】命令，便可以在选择的幻灯片下面插入一个标题幻灯片，如图 13-3 所示。

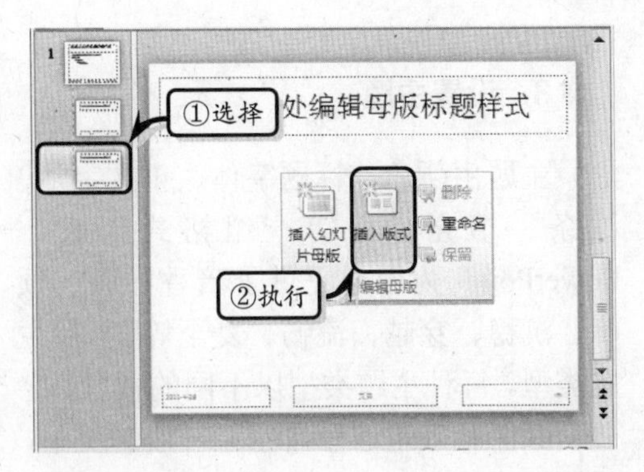

图 13-3　插入版式

❑ **重命名**

插入新的母版与版式之后，为了区分每个版式与母版的用途和内容，可以设置母版与版式的名称，即重命名幻灯片母版与版式。在幻灯片母版中，选择第一个版式，执行【编辑母版】|【重命名】命令，在弹出的对话框中输入母版名称，即可以重命名幻灯片母版，如图 13-4 所示。在幻灯片母版中选择其中一个版式，执行【重命名】命令，即可重命名版式。

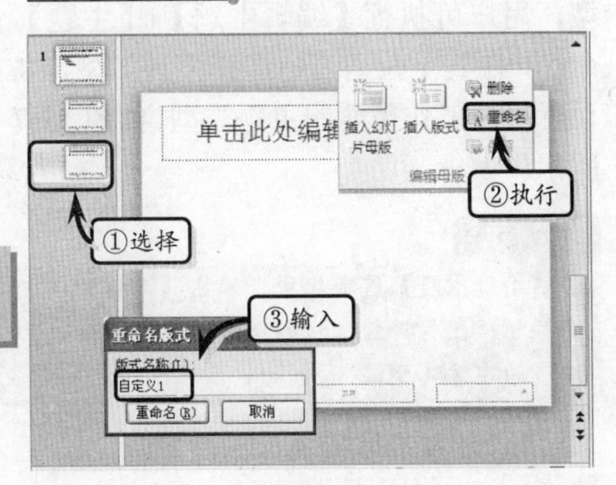

图 13-4　重命名母版

技 巧

在幻灯片母版中，选择某个版式，执行【编辑母版】|【删除】命令，可删除单个版式。

2．设置版式

版式是定义幻灯片显示内容的位置与格式信息，是幻灯片母版的组成部分，主要包括占位符。用户可通过【母版版式】选项组来设置幻灯片母版的版式，主要包括显示或隐藏幻灯片母版中的标题、页脚，以及为幻灯片添加内容、文本、图片、图表等占位符。

❑ **显示/隐藏页脚**

在幻灯片母版中，系统默认的版式显示了标题与页脚，用户也可以通过取消选中【标题】或【页脚】复选框，来隐藏标题与页脚。例如，取消选中【页脚】复选框，将会隐藏幻灯片中页脚显示。同样，选中【页脚】复选框便可以显示幻灯片中的页脚，如图 13-5 所示。

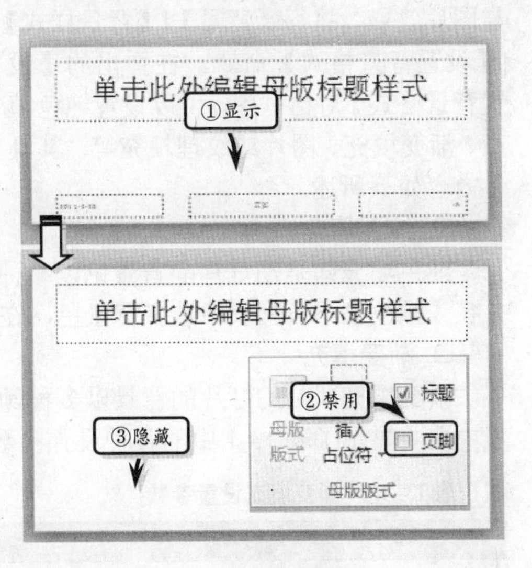

图 13-5　显示/隐藏页脚

❑ **插入占位符**

PowerPoint 为用户提供了内容、文本、图表、图片、表格、媒体、剪贴画、SmartArt 等 10 种占位符，每种占位符的添加方式都相同，即在【插入占位符】下拉列表中选择需要插入的占位符类别，然后在幻灯片中选择插入位置并拖动鼠标，放置占位符，如图 13-6 所示。

提 示

在插入占位符时，用户需要注意的是幻灯片母版的第一张幻灯片不能插入占位符以及隐藏标题与页脚。

3. 设置主题

主题由颜色、标题字体、正文字体、线条、填充效果等一组格式构成。PowerPoint 为用户提供了暗香扑面、顶峰、沉稳、穿越、流畅、夏至等 24 种主题类型。每种主题类型以不同的背景、字体、颜色及效果进行显示。一般情况下，系统默认的主题类型为“Office 主题”类型，用户可执行【编辑主题】|【主题】命令，在其下拉列表中选择某种类型，来设置符合工作需要的主题类型，如图 13-7 所示。

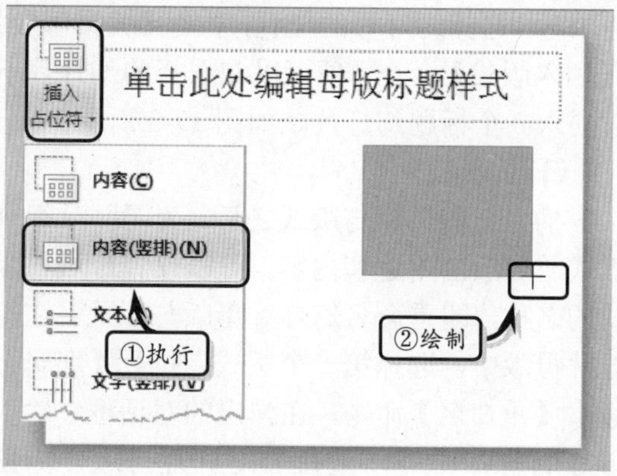

图 13-6 插入占位符

提 示

在【编辑主题】选项组中，单击【字体】下三角按钮，在打开的下拉列表中可以设置幻灯片母版的字体类型。

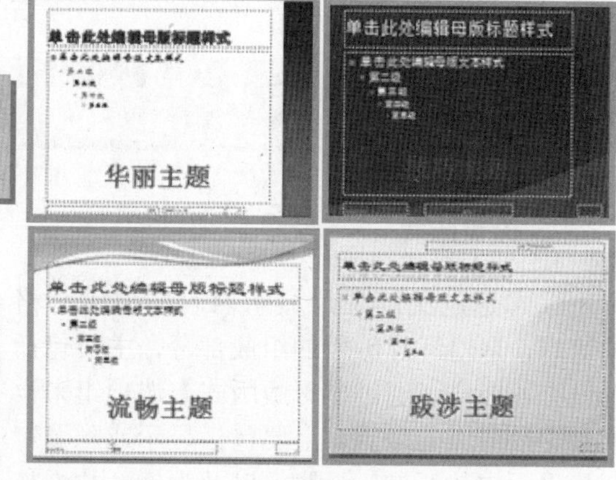

图 13-7 设置主题类型

4. 设置背景格式

设置背景格式，主要设置背景的填充与图片效果。执行【背景】|【背景样式】|【设置背景格式】命令。在弹出的【设置背景格式】对话框中，可以设置纯色填充、渐变填充、图片或纹理填充等。其具体内容如下所述。

❑ **纯色填充**

纯色填充即是幻灯片的背景色以一种颜色进行显示。选中【纯色填充】单选按钮，并在【颜色】下拉列表中选择背景色，在【透明度】微调框中输入透明数值。

❑ **渐变填充**

渐变填充即是幻灯片的背景以多种颜色进行显示。选中【渐变填充】单选按钮，列表中主要显示了表 13-1 中的各种设置参数。

表 13-1 渐变填充设置参数

参数类别	作 用	说 明
预设颜色	主要设置显示渐变颜色	包含碧海蓝天、漫漫黄沙、麦浪滚滚、宝石蓝、金色年华等 24 种预设颜色
类型	主要设置渐变填充颜色的方向，同时通过此选项可确定【方向】中的选项	包含线性、射线、矩形、路径与标题的阴影 5 种类型
方向	主要设置渐变填充颜色的渐变过程	包含线性对角、线性向下、线性向上等 8 种类型

续表

参数类别	作　用	说　明
角度	主要设置渐变填充颜色的旋转角度	可以在 0~350°之间进行设置
渐变光圈	主要设置渐变颜色的光圈	主要包括结束位置、颜色及透明度

提　示

在设置【角度】参数时，用户需要注意只有选择【线性】选项时，才可以设置角度值。

- ❑ **图片或纹理填充**

图片或纹理填充即是幻灯片的背景以图片或纹理来显示。选中【图片或纹理填充】单选按钮，列表中主要显示了表 13-2 中的设置参数。

表 13-2　图片或纹理填充设置参数

参数类别	作　用	说　明
纹理	主要以纹理的格式显示幻灯片背景	包含了画布、鱼类化石、花岗岩、纸袋、褐色大理石等 24 种类型
插入自	主要以图片的格式显示幻灯片背景	包括文件、剪贴板与剪贴画中的图片，其中，剪贴板主要包括复制与粘贴的图片
将图片平铺为纹理	主要将插入的图片或纹理以平铺的方式进行显示	包括偏移量、缩放比例、对齐方式与镜像类型等选项
伸展/平铺选项	主要调整图片的伸展与平铺情况	包括上、下、左、右的偏移量设置，以及缩放比例与对齐方式等设置
透明度	主要调整背景图片或纹理的透明情况	可以在 0~100 之间进行设置

提　示

【伸展选项】列表在一般情况下被隐藏，只有取消选中【将图片平铺为纹理】复选框时才会显示。

通过上述讲解，用户大体已掌握了设置图片背景格式的具体内容，其具体效果图如图 13-8 所示。

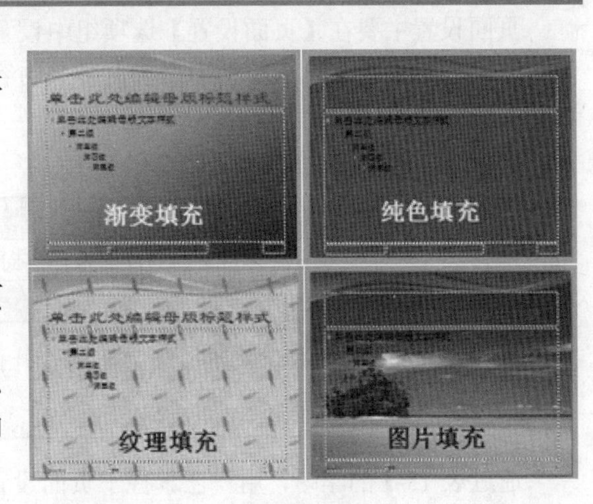

图 13-8　设置背景格式

5. 页面设置

页面设置即是设置幻灯片的大小、编号及方向等。执行【页面设置】|【页面设置】命令，在弹出的【页面设置】对话框中可以设置幻灯片的大小、宽度、高度等内容，如图 13-9 所示。其具体内容如表 13-3 所示。

- ❑ **幻灯片大小**　PowerPoint 为用户提供了全屏显示（4:3）、全屏显示（16:9）、全屏显示（16:10）、A3 纸张、A4 纸张、B5 纸张等 13 种类型。单击【幻灯片大小】下三角按钮，选择符合幻灯片内容的大小选项。

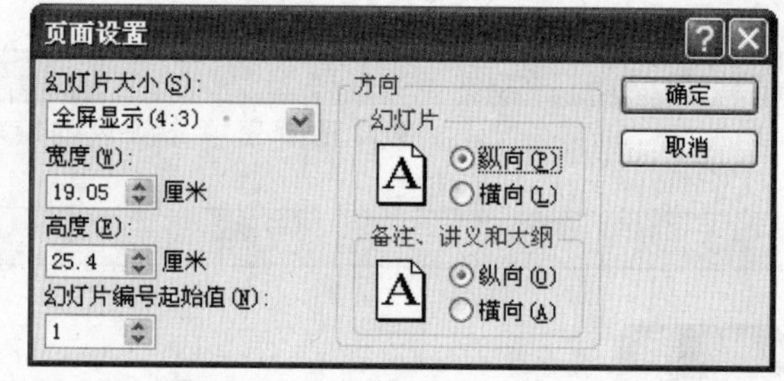

图 13-9 【页面设置】对话框

- **编号起始值** 编号起始值是指第一张幻灯片的编号显示值。系统默认的编号起始值为 1，用户可根据工作要求，通过微调框设置幻灯片的编号起始值。例如，可以将编号起始值设置为“11”、“112”及“0”等。
- **方向** 主要是设置幻灯片与备注、讲义和大纲的方向为横向或纵向。在【幻灯片】选项组中选中【纵向】单选按钮，即可将幻灯片的方向设置为纵向了，如图 13-9 所示。
- **宽度与高度** 可自定义幻灯片的大小。

提 示

【页面设置】对话框中的【宽度】与【高度】选项的值，会随着幻灯片的大小与幻灯片的方向改变而改变。

13.1.2 设置讲义母版

讲义母版主要以讲义的方式来展示演示文稿内容。由于在幻灯片母版中已经设置了主题，所以在讲义母版中无需再设置主题，只需设置页面设置、占位符与背景即可。执行【视图】|【演示文稿视图】|【讲义母版】命令，切换到【讲义母版】视图。

1. 页面设置

页面设置主要在【页面设置】选项组中设置讲义方向、幻灯片方向与每页幻灯片数量。通过页面设置，可以帮助用户根据讲义内容，设置合适的幻灯片显示模式。其具体内容如表 13-3 所示。

表 13-3 页面设置

参数类别	作 用	说 明
讲义方向	设置整体讲义幻灯片的整体方向	可以设置为横向或纵向
幻灯片方向	设置下属幻灯片的方向	可以设置为横向或纵向
每页幻灯片数量	设置每页讲义所显示幻灯片的数量	可以设置为 1 张幻灯片、2 张幻灯片、3 张幻灯片、4 张幻灯片、6 张幻灯片、9 张幻灯片与幻灯片大纲 7 种类型

通过表 13-3 的学习，用户已掌握了页面设置的具体内容。例如，用户可以将讲义方向设置为“横向”，将幻灯片方向设置为“纵向”，将每页幻灯片数量设置为“6 张幻灯片”，如图 13-10 所示。

2. 设置占位符

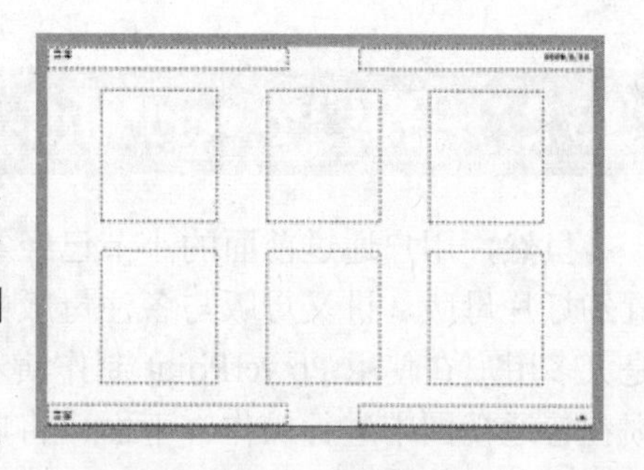

图 13-10 页面设置

设置占位符即是在【占位符】选项组中，通过取消选中与选中占位符复选框的方法，来显示或取消讲义母版中的占位符。例如，在【占位符】选项组中，取消选中【日期】复选框便可以取消该占位符，如图 13-11 所示。同样，用户可通过选中【日期】复选框来显示该占位符。

3. 设置背景样式

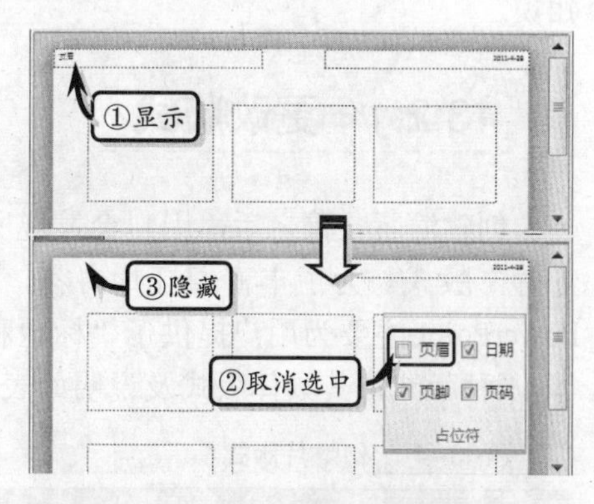

图 13-11 设置占位符

讲义母版的背景不会因幻灯片母版样式的改变而改变，系统默认的讲义母版的背景为纯白色背景。PowerPoint 为用户提供了 12 种背景样式，用户可根据幻灯片内容与讲义形式，通过【背景样式】下拉列表，选择符合规定的背景样式，如图 13-12 所示。

13.1.3 设置备注母版

设置备注母版与设置讲义母版大体一致，无需设置母版主题，只需设置幻灯片方向、备注页方向、占位符与背景样式即可。执行【视图】|【演示文稿视图】|【备注母版】命令，切换到【备注母版】视图。

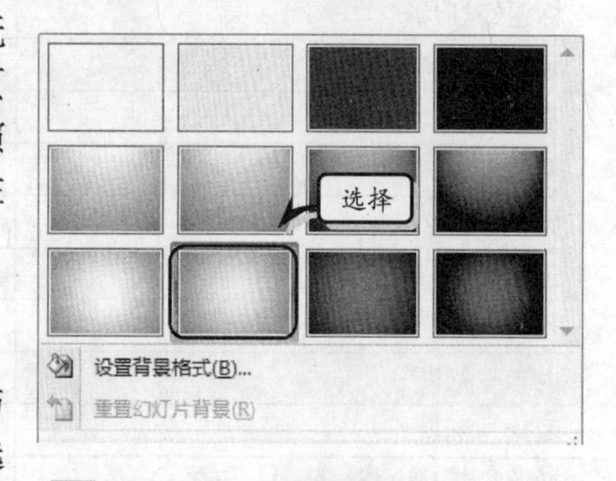

图 13-12 设置背景样式

1. 页面设置

备注母版中，主要包括一个幻灯片占位符与一个备注页占位符，用户可以在【页面设置】选项组中设置备注页方向与幻灯片方向。例如，在【备注页方向】下拉列表中，可以将备注页的方向设置为横向或纵向；在【幻灯片方向】下拉列表中，可以将幻灯片的方向设置为横向或纵向，如图 13-13 所示。

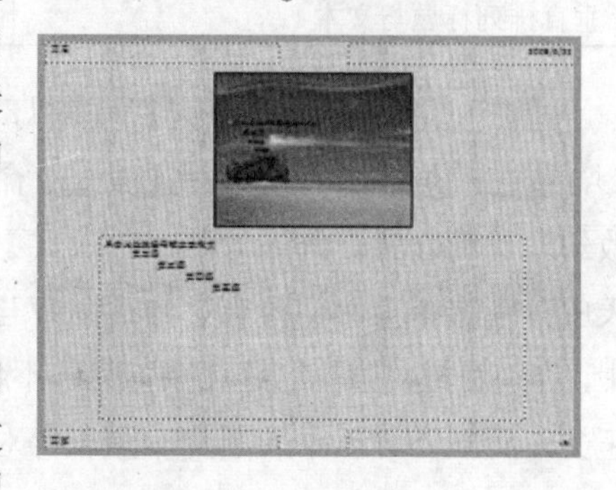

图 13-13 页面设置

2. 设置占位符

备注母版中主要包括页眉、日期、幻灯片图像、正文、页脚、页码 6 个占位符。用户可通过选中或取消选中复选框的方法来设置占位符。例如，在【占位符】选项组中，取消选中【幻灯片图像】复选框即可隐藏该占位符，如图 13-14 所示。同样，选中【幻灯片图像】复选框即可显示该占位符。

13.2 编辑 PowerPoint

虽然，用户通过前面的小节已经掌握了如何设置幻灯片母版、讲义母版与备注母版中的格式。但是大多用户在使用 PowerPoint 制作演示文稿时，习惯在普通视图中进行操作。下面，将以普通视图的方式来讲解如何更改版式、主题、背景与填充色等知识。

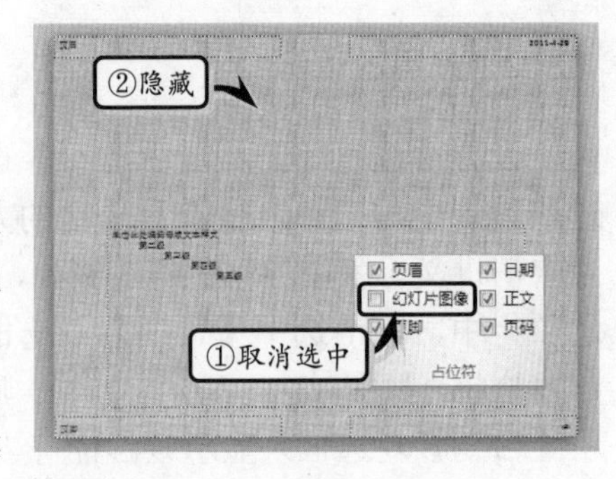

图 13-14 设置占位符

13.2.1 更改版式

创建演示文稿之后，用户会发现所有新创建的幻灯片的版式，都被默认为“标题幻灯片”版式。为了丰富幻灯片内容，体现幻灯片的实用性，需要设置幻灯片的版式。PowerPoint 主要为用户提供了“标题和内容”、“比较”、“内容与标题”、“图片与标题”等 11 种版式，其具体版式及说明如表 13-4 所示。

表 13-4 幻灯片版式

版式类别	说明
标题幻灯片	包括主标题与副标题
标题和内容	主要包括标题与正文
节标题	主要包括标题与文本
两栏内容	主要包括标题与两个文本
比较	主要包括标题、两个正文与两个文本
仅标题	只包含标题
空白	空白幻灯片
内容与标题	主要包括标题、文本与正文
图片与标题	主要包括图片与文本
标题与竖排文字	主要包括标题与竖排正文
垂直排列标题与文本	主要包括垂直排列标题与正文

用户可通过执行【开始】|【幻灯片】|【版式】命令，或在幻灯片上右击执行【版式】命令的方法，来更改幻灯片的版式。例如，单击【版式】按钮，在下拉列表中分别选择【两栏内容】与【图片与标题】选项。其中，在“两栏内容”幻灯片中，用户不仅可以添加标题、正文，而且还可以添加图片、图表等对象；而在“图片与标题”幻灯片中，可以添加幻灯片标题、文本与图片，如图 13-15 所示。

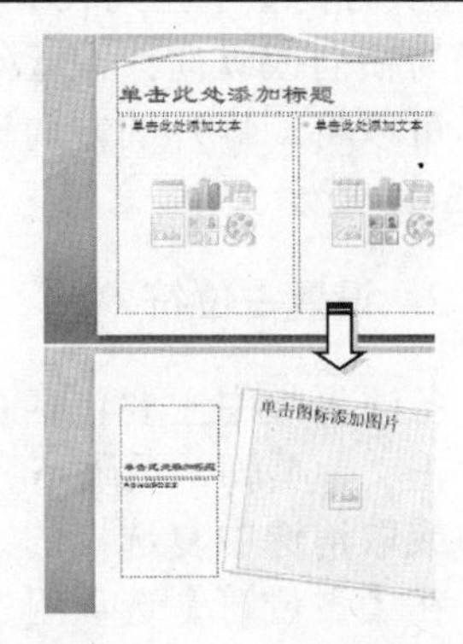

图 13-15 更改幻灯片版式

技　巧

在设计演示文稿时，用户没必要局限于现有版式的功能，可以根据幻灯片的内容在不同的版式中应用不同的功能。例如，在标题幻灯片版式中，用户也可以插入图片、图表等对象。

13.2.2　更改模板

在使用 PowerPoint 制作演示文稿时，用户往往需要使用模板来制作精彩的幻灯片。由于模板中包含独特的设计格式，所以在使用模板时，用户需要编辑模板中的部分占位符或格式。在本小节中，主要讲解如何更改模板中的文字、图片等占位符。

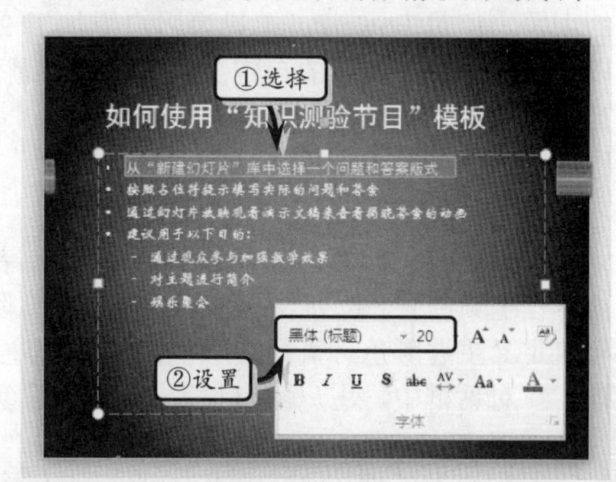

图 13-16　更改模板文字

1. 更改模板文字

更改模板文字，其实与在幻灯片中输入文字一样。在模板中单击需要更改文字的占位符，删除并输入文字即可。用户也可以选中需要更改的文字，在【开始】选项卡中的【字体】选项组中更改文字的字体、字号等，如图 13-16 所示。

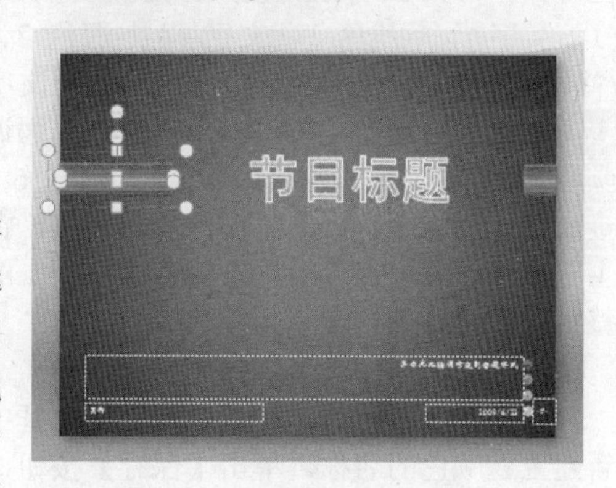

图 13-17　更改模板图片

2. 更改模板图片

虽然更改模板中的文字比较简单，但是在默认的【普通视图】中，用户往往无法选择模板中的图片，也无法更改模板中的图片。此时，需要执行【视图】|【演示文稿视图】|【幻灯片母版】命令，切换到【幻灯片母版】视图。此时，选择幻灯片并选择需要更改的图片，删除或重新设置图片格式即可，如图 13-17 所示。

提　示

在更改模板图片时，用户需要注意如果更改幻灯片母版中第一张幻灯片中的图片，那么其余幻灯片中与第一张幻灯片一致的图片也将一起被更改。

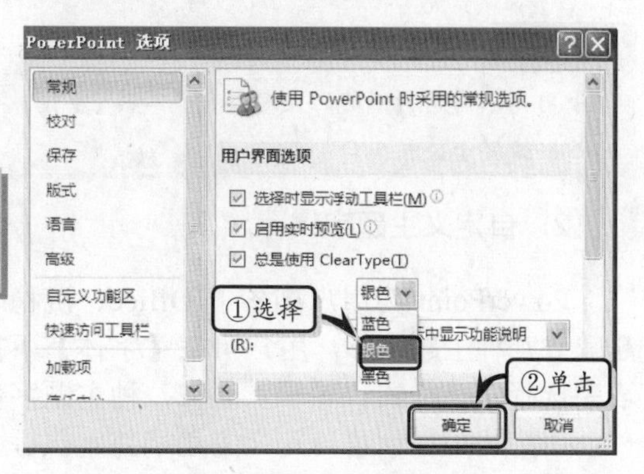

图 13-18　设置配色方案

13.2.3　设置配色方案

设置配色方案即是设置 PowerPoint 的

整体窗口颜色。在启用 PowerPoint 时，系统默认的窗口颜色为蓝色。用户可以通过执行【文件】|【选项】命令，在弹出的对话框中设置配色方案。PowerPoint 为用户提供了蓝色、黑色与银色 3 种颜色，如图 13-18 所示。

13.2.4 更改主题

在制作幻灯片的过程中，用户会根据幻灯片的制作内容及演示效果随时更改幻灯片的主题。但是 PowerPoint 只为用户提供了 24 种主题，所以为了满足工作需求，用户可以自定义主题。简单的自定义主题，其实就是在【设计】选项卡中的【主题】选项组中自定义主题中的颜色、字体与效果。

1. 自定义主题颜色

PowerPoint 为用户准备了沉稳、穿越、都市等 25 种主题颜色，用户可以根据幻灯片内容在【颜色】下拉列表中选择主题颜色。除了上述 25 种主题颜色之外，用户还可以创建自定义主题颜色。执行【颜色】|【新建主题颜色】命令，弹出【新建主题颜色】对话框。在对话框中，用户可以设置 12 类主题颜色及主题名称。

❑ 主题颜色

在新建主题颜色时，用户可以自定义文字/背景颜色、强调颜色与超链接颜色 3 大类颜色。其中，文字/背景颜色又分为文字/背景-深色 1、文字/背景-浅色 1、文字/背景-深色 2、文字/背景-浅色 2；强调文字颜色又分为强调文字颜色 1、强调文字颜色 2、强调文字颜色 3、强调文字颜色 4、强调文字颜色 5、强调文字颜色 6；超链接颜色又分为超链接与已访问的超链接。在设置主题颜色时，用户可根据左侧的【示例】图形调整主题颜色。

❑ 名称与保存

新建主题颜色之后，在【名称】文本框中输入新建主题颜色的名称，单击【保存】按钮，保存新创建的主题颜色，如图 13-19 所示。

图 13-19 创建主题颜色

> **提 示**
>
> 如果用户不满意新创建的主题颜色，单击【重设】按钮，可重新设置主题颜色。

2. 自定义主题字体

PowerPoint 为用户准备了 Office、沉稳、穿越等 27 种主题字体，用户可在【字体】下拉列表中选择字体样式。除了上述 27 种主题字体之外，用户还可以创建自定义主题字体。执行【字体】|【新建主题字体】命令，弹出【新建主题字体】对话框，如图 13-20 所示。

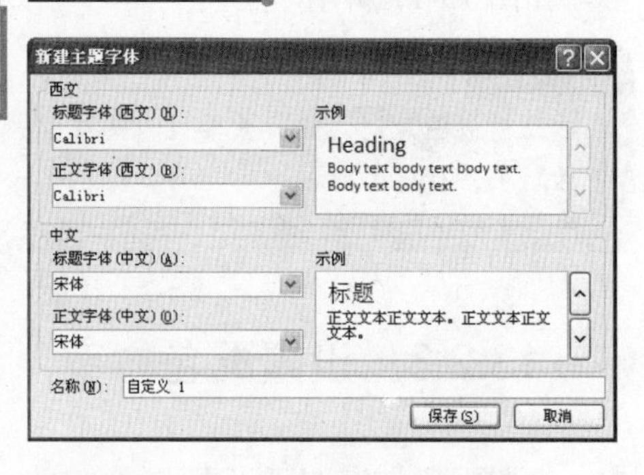

图 13-20 自定义主题字体

该对话框中主要包括下列几项选项。

- **西文** 主要是设置幻灯片中的英文、字母等字体的显示类别。在【西文】选项组中单击【标题字体（西文）】或【正文字体（西文）】下三角按钮，在下拉列表中选择需要设置的字体类型。同时，用户可根据【西文】选项组右侧的【示例】列表框来查看设置效果。
- **中文** 在【中文】选项组中单击【标题字体（中文）】或【正文字体（中文）】下三角按钮，在下拉列表中选择需要设置的字体类型。同时，用户可根据【中文】选项组右侧的【示例】列表框来查看设置效果。
- **名称与保存** 设置完字体之后，在【名称】文本框中输入自定义主题字体的名称，并单击【保存】按钮保存自定义主题字体。

3. 应用主题

在演示文稿中更改主题样式时，默认情况下会同时更改所有幻灯片的主题。对于具有一定针对性的幻灯片，用户也可以单独应用某种主题。选择幻灯片，在【主题】列表中选择一种主题，右击执行【应用于选定幻灯片】命令即可，如图 13-21 所示。在 PowerPoint 中，除了【应用于选定幻灯片】选项设置之外，还为用户提供了【应用于所有幻灯片】、【设置为默认主题】与【添加到快速访问工具栏】3 种应用类型。

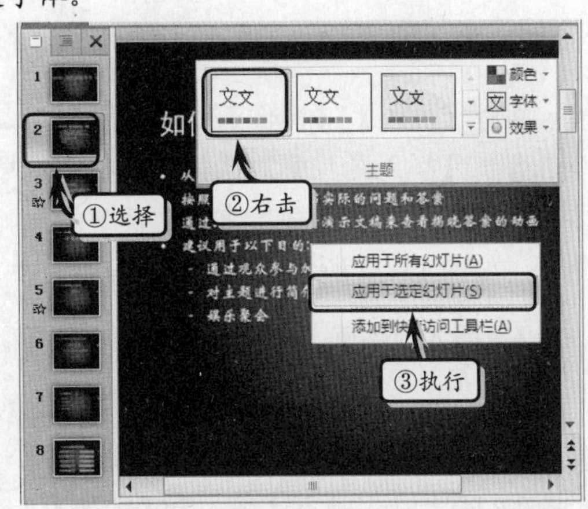

图 13-21 应用主题

13.2.5 调整布局

在制作演示文稿的过程中，用户会发现虽然 PowerPoint 为用户提供了多个版式与主题，但是却无法满足用户对布局的选择。在选择版式的同时，用户可以手动调整版式的布局。例如，在"内容与图片"版式中，用户想让图片放置于正文与标题中间。此时，首先需要选中文本占位符，拖动鼠标更改占位符的大小及移动占位符的位置，然后更改图片、标题占位符的大小及位置，如图 13-22 所示。

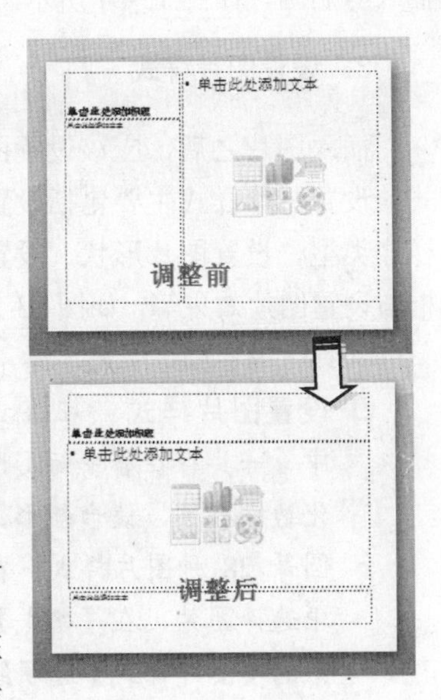

图 13-22 调整布局

13.3 插入对象

为了丰富幻灯片的内容，用户可以在幻灯片中插入各种对象。PowerPoint 为用户提供了图表、表格、图形、图片、声音、影片等对象。通过插入对象，不仅可以在幻灯片中分析与记录数据，同时还可以增加幻灯片的美化性与特效性。

13.3.1 插入图片

插入图片，即是将本地计算机中的图片或剪贴画插入到幻灯片中。用户可通过【插入】选项卡插入图片与剪贴画，也可以在“标题与内容”、“两栏内容”、“比较”、“内容与标题”与“图片与标题”幻灯片中插入图片与剪贴画。

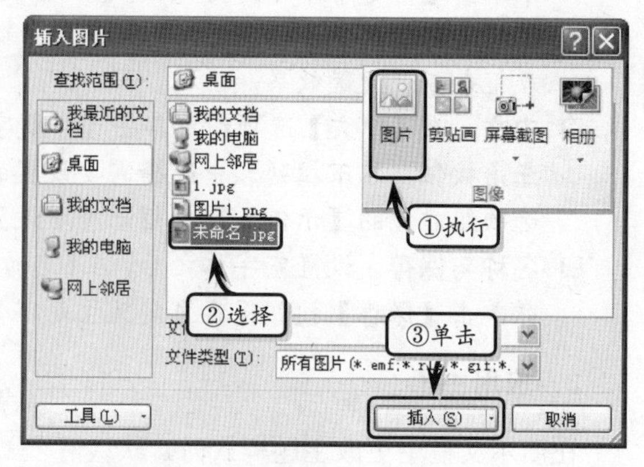

图 13-23 插入图片

1. 插入图片

执行【插入】|【图像】|【图片】命令，弹出【插入图片】对话框，选择需要插入的图片，即可插入来自文件中的图片，如图 13-23 所示。

2. 插入剪贴画

剪贴画是 PowerPoint 自带的图片集，主要以【剪贴画】任务窗格进行显示。在幻灯片中，执行【插入】|【图像】|【剪贴画】命令，即可打开【剪贴画】任务窗格。在任务窗格中选择图片即可插入剪贴画，如图 13-24 所示。

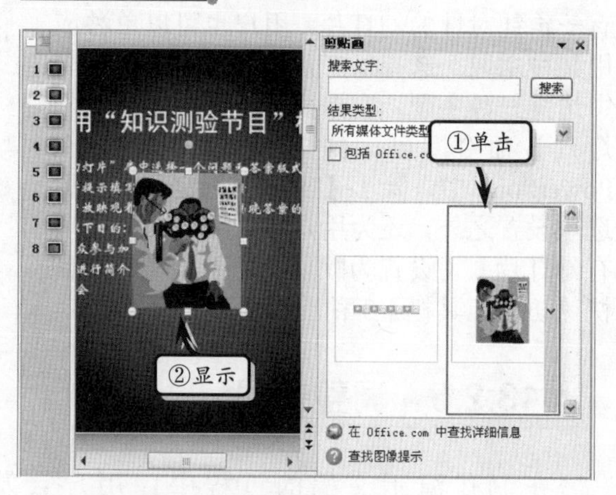

图 13-24 插入剪贴画

3. 设置图片样式

插入图片之后，应该设置图片的样式。设置图片样式主要包括设置图片的样式类型、设置图片形状、设置图片边框与设置图片效果等，如图 13-25 所示。

其具体内容如下所述。

- **设置图片样式** 在 PowerPoint 中，一共存在居中矩形阴影、柔化边缘椭圆、棱台矩形、金属椭圆等 28 种图片样式。在幻灯片中选择图片，在【格式】选项卡中的【图片样式】选项组中选择一种样式，即可设置图片的样式。

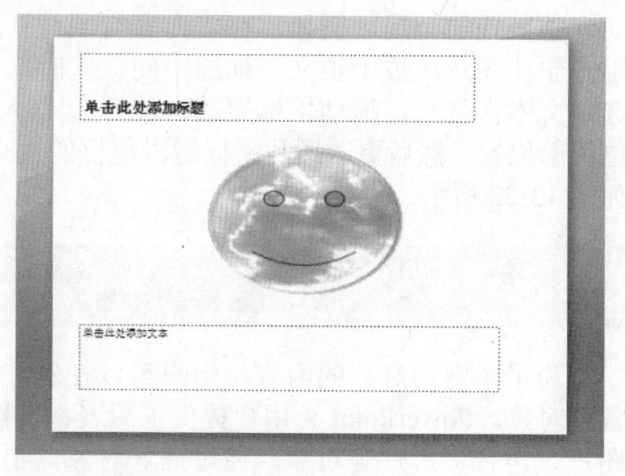

图 13-25 设置图片样式

- ❑ **设置图片形状** 在 PowerPoint 中，不仅可以设置图片的样式，还可以将图片设置为矩形、箭头汇总、公式形状、流程图、星与旗帜、标注与动作按钮 8 种形状。在【图片样式】选项组中的【图片形状】下拉列表中，选择形状类型即可。
- ❑ **设置图片边框** 在【图片边框】下拉列表中，可以设置图片的主题颜色、轮廓颜色、有无轮廓、粗细及虚线类别。
- ❑ **设置图片效果** 在【图片效果】下拉列表中，可以设置图片的预设、阴影、映像等 7 种图片效果。其具体效果如表 13-5 所示。

表 13-5 图片效果

效果类别	说明
预设	包括预设 1、预设 2、预设 3……等 12 种效果
阴影	包括外部、内部与透视 3 大类别中的 23 种效果
映像	包括紧密映像，接触、半映像，接触等 9 种效果
发光	包括"强调文字颜色 1，5 pt 发光"、"强调文字颜色 2，8pt 发光"、"强调文字颜色 3，11pt 发光"等 24 种效果
柔化边缘	包括 1 磅、2.5 磅、5 磅、10 磅、25 磅与 50 磅 6 种效果
棱台	包括圆、十字形、冷色斜面、角度等 12 种效果
三维旋转	包括平行、透视与倾斜 3 大类中的 25 种效果

13.3.2 插入 SmartArt 图形

在制作演示文稿中，往往需要利用流程图、层次结构图及列表来显示幻灯片的内容。PowerPoint 为用户提供了列表、流程、循环等 7 类 SmartArt 图形，其具体内容如表 13-6 所示。

表 13-6 SmartArt 图形类别

图形类别	说明
列表	包括基本列表、垂直框列表、分组列表等 24 种图形
流程	包括基本流程、连续箭头流程、流程箭头等 32 种图形
循环	包括基本循环、文本循环、多项循环、齿轮等 14 种图形
层次结构	包括组织结构图、层次机构、标注的层次结构等 7 种图形
关系	包括平衡、漏斗、平衡箭头、公式等 31 种图形
矩阵	包括基本矩阵、带标题的矩阵与网络矩阵 3 种图形
棱锥图	包括基本棱锥图、I 倒棱锥图、棱锥型列表与分段棱锥图 4 种图形
图片	包括重音图片、螺旋图、交替图片圆形、图片重点流程等 31 种图形

选择幻灯片，在幻灯片中单击【插入 SmartArt 图形】按钮，或执行【插入】|【插图】|【SmartArt】命令，弹出【选择 SmartArt 图形】对话框，选择需要插入的 SmartArt 图形即可，如图 13-26 所示。

13.3.3 创建相册

在 PowerPoint 中，还可以将计算机硬盘、数码相机、扫描仪等设备中的照片添加到幻灯片中，制作个人电子相册或产品展览册等。创建电子相册，主要是在新建幻灯片的基础上插入图片、文本框，设置图片的显示效果、版式、主题等内容。

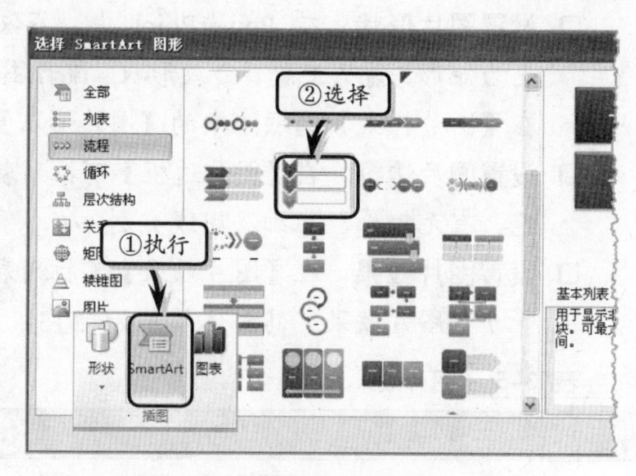

图 13-26 插入 SmartArt 图形

执行【插入】|【图像】|【相册】|【新建相册】命令，弹出【相册】对话框。下面便根据【相册】对话框，详细讲解创建电子相册的操作方法。

1. 设置相册内容

创建电子相册的基本步骤便是插入图片。在相册中不仅需要图片，偶尔还需要配以说明性文字。

❑ 插入图片

在【相册】对话框中，单击【文件/磁盘】按钮，弹出【插入新图片】对话框。选择需要插入的图片，单击【插入】按钮即可。利用上述方法，分别插入其他图片，如图 13-27 所示。

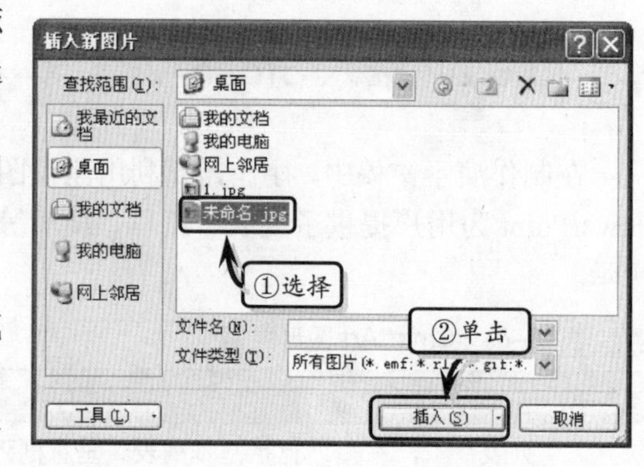

图 13-27 插入图片

❑ 插入文本

在制作电子相册时，一般需要对照片或图片进行文字说明。此时，便需要在相册中插入文本。在【相册】对话框中，单击【新建文本框】按钮，即可在相册中插入一个文本框幻灯片，用户可在文本框幻灯片中输入相册文字。

2. 编辑图片

插入图片之后，需要调整图片的前后位置，而且还需要删除多余的图片。在【相册】对话框中的【相册的图片】列表框下方，单击【上移】↑按钮，可以将选中的图片上移一个位置；单击【下移】↓按钮，可以将选中的图片下移一个位置；单击【删除】按钮，可以删除多余的图片。

3. 设置图片选项

设置图片选项，主要是设置图片的标题位置与显示方式。在【相册】对话框中，选中【标题在所有图片下方】复选框，即将标题设置为图片的下方；选中【所有图片以黑白方式显示】复选框，即将图片设置为以黑白的方式进行显示。

4．预览图片效果

在【相册】对话框中，还可以预览插入图片的效果。同时，还可以调整图片的方向、亮度与对比度。其各项按钮的具体功能，如表 13-7 所示。

表 13-7　预览图片按钮表

按钮名称	功能
逆时针旋转	单击此按钮，图片将向左旋转 90°
顺时针旋转	单击此按钮，图片将向右旋转 90°
增强对比度	单击此按钮，增强图片的对比度
降低对比度	单击此按钮，降低图片的对比度
增强亮度	单击此按钮，增强图片的亮度
降低亮度	单击此按钮，降低图片的亮度

5．设置相册版式

设置相册版式，主要包括设置图片版式、相框形状与主题。通过设置相册版式，可使电子相册更具有个性与美观性。其具体情况如下所述。

❑ **设置图片版式**

在【相册】对话框中的【相册版式】选项组中，单击【图片版式】下三角按钮，在打开的下拉列表中选择版式类别，即可设置图片版式。PowerPoint 为用户提供了 7 种版式，每种版式的具体功能如表 13-8 所示。

表 13-8　图片版式功能表

版式名称	功能
适应幻灯片尺寸	图片与幻灯片的尺寸一致
1 张图片	每张幻灯片中包含一张图片
2 张图片	每张幻灯片中包含两张图片
4 张图片	每张幻灯片中包含四张图片
1 张图片（带标题）	每张幻灯片中包含一张图片与一个标题
2 张图片（带标题）	每张幻灯片中包含两张图片与一个标题
4 张图片（带标题）	每张幻灯片中包含四张图片与一个标题

❑ **设置相框形状**

在【相册】对话框中的【相册版式】选项组中，单击【相框形状】下三角按钮，在打开的下拉列表中选择【形状】选项，即可设置相片形状。PowerPoint 为用户提供了矩形、圆角矩形、“简单框架，白色”、“简单框架，黑色”，“复杂框架，黑色”、居中矩形阴影与柔化边缘矩形 7 种相框形状。

❑ **设置主题**

在【相册】对话框中的【相册版式】选项组中，单击【浏览】按钮，弹出【选择主题】对话框。选择主题类型，单击【选择】按钮，即可将主题应用到相册中，如图 13-28 所示。

通过上述讲解，用户已大体掌握了创建相册的各项参数，其设置参数的最终效果如图 13-29 所示。最后单击【创建】按钮，系统会自动新建一个演示文稿，并将图片插入到第二张以后的幻灯片中。

图 13-28 选择主题

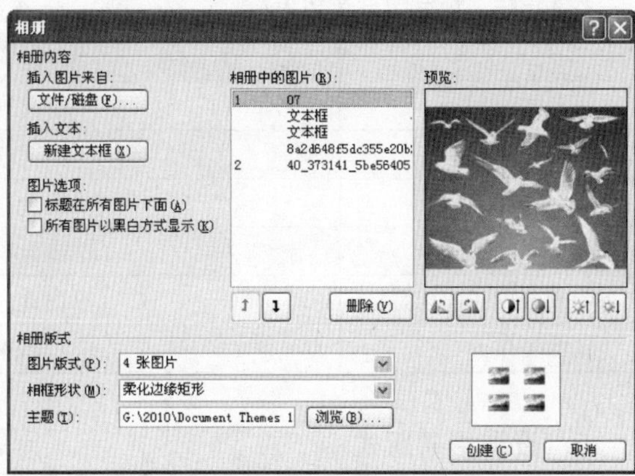

图 13-29 【相册】对话框

13.4 课堂练习：创建风景相册

电子相册是以图片为基础，以音乐为背景的一种影视作品。在日常生活或工作中，用户往往需要使用此种影视作品来展示新产品、个人风采或风景图片。下面便利用 PowerPoint 来创建一个风景相册，如图 13-30 所示。在本练习中，主要运用主题、艺术字样式、艺术字效果等功能，来设置相册的特殊效果。

图 13-30 创建风景相册

操作步骤

1 启动 PowerPoint，执行【插入】|【图像】|【相册】|【新建相册】命令。单击【文件/磁盘】按钮，选择【001】选项，单击【插入】按钮，如图 13-31 所示。利用上述方法，分别插入其他图片。

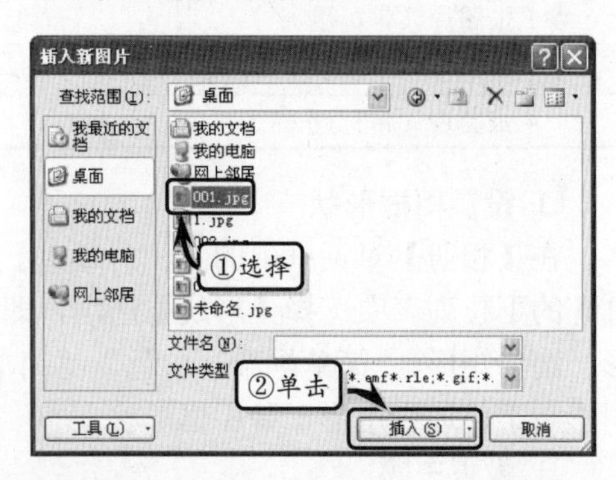

图 13-31 插入图片

2 在【相册版式】选项组中，将【图片版式】设置为“1 张图片”。单击【创建】按钮，如图 13-32 所示。

图 13-32 设置版式与标题

3 首先选择第一张幻灯片，然后选择【设计】选项卡，在【主题】选项组中选择【活力】选项，如图 13-33 所示。

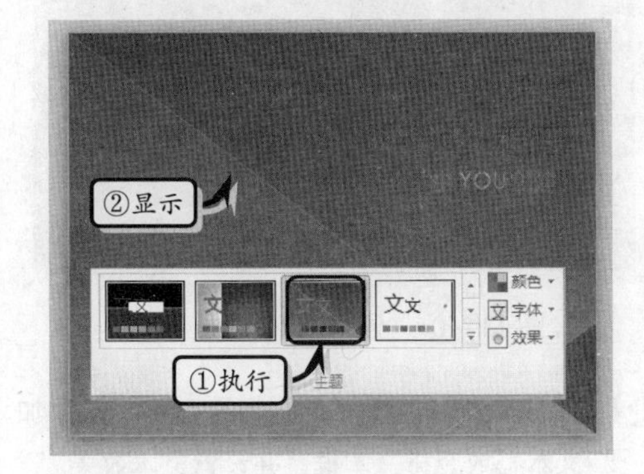

图 13-33 设置主题

4 选择第一张幻灯片中的标题，执行【格式】|【艺术字样式】|【其他】|【填充-强调文字颜色 2，暖色粗糙棱台】命令，将标题文本更改为艺术字格式，如图 13-34 所示。

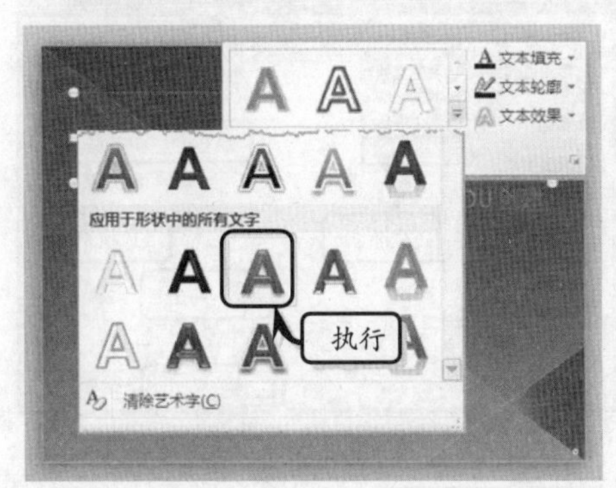

图 13-34 选择艺术字样式

5 执行【艺术字样式】|【文本效果】|【阴影】|【向左偏移】命令，然后使用同样的方法，将【发光】选项设置为【粉红，8pt 发光，强调文字颜色 1】效果，如图 13-35 所示。

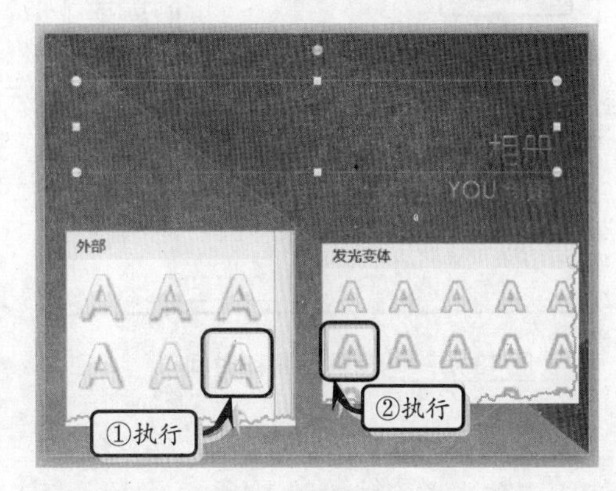

图 13-35 设置文本效果

6 执行【开始】|【字体】|【字号】命令，将【字号】设置为“72”。在幻灯片中，将标题更改为“风景图片”。选择副标题，将【字号】设置为“40”，单击【加粗】按钮，如图 13-36 所示。

图 13-36 设置标题与副标题

7 执行【插入】|【文本】|【日期和时间】命令，选中【日期和时间】复选框，并将日期格式设置为“2010 年 4 月 29 日”。单击【应用】按钮，如图 13-37 所示。

8 选择【日期】文本框，将【字号】设置为“20”，将【对齐方式】设置为“左对齐”。选择【插入】选项卡，单击【剪贴画】按钮，插入剪贴画并移动至幻灯片左上角，如图 13-38

所示。

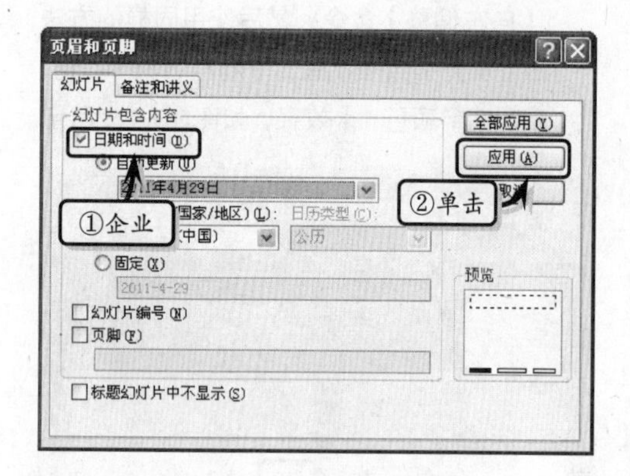

图 13-37 设置日期和时间

图 13-38 插入剪贴画

9 在第二张幻灯片中，将【图片样式】设置为“映像棱台，白色”。执行【插入】|【形状】命令，插入一个文本框，输入“色彩缤纷的晚霞”文本。将【字号】设置为“40”，并单击【加粗】按钮。

10 选择文本，右击文本框，执行【设置文字效果格式】命令。在【文本填充】选项卡中，选中【渐变填充】单选按钮，并将【预设颜色】设置为“银波荡漾”，如图 13-39 所示。

11 执行【格式】|【艺术字样式】|【文本效果】|【转换】|【上弯弧】命令，根据字体长度，调整文本框的长度，如图 13-40 所示。

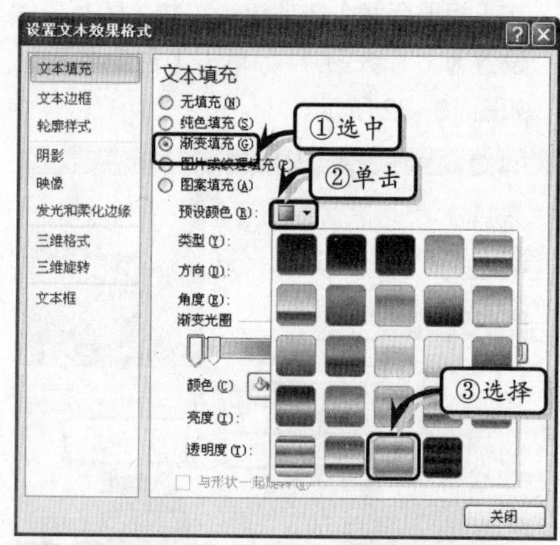

图 13-39 设置文本填充效果

图 13-40 添加艺术字

12 利用步骤 9 ~ 11，分别为幻灯片 3~5 添加文本框或竖排文本框，并设置文本效果。

13 选择第一张幻灯片，执行【插入】|【媒体】|【音频】|【文件中的音频】命令，选择声音文件，单击【插入】按钮，如图 13-41 所示。

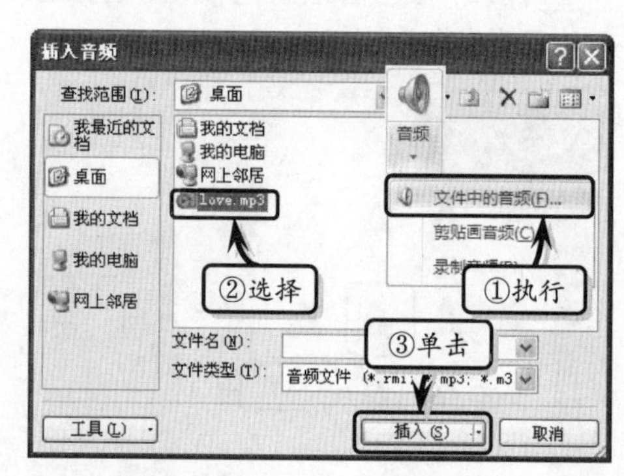

图 13-41 插入声音文件

14 选中所插入的音频对象，当对象四周出现控制点时，拖动音频对象至合适位置，如图 13-42 所示。

图 13-42 设置播放方式

15 选择第二张幻灯片中的艺术字，执行【动画】|【动画】|【飞入】命令，将【持续时间】设置为“02.00”，如图 13-43 所示。

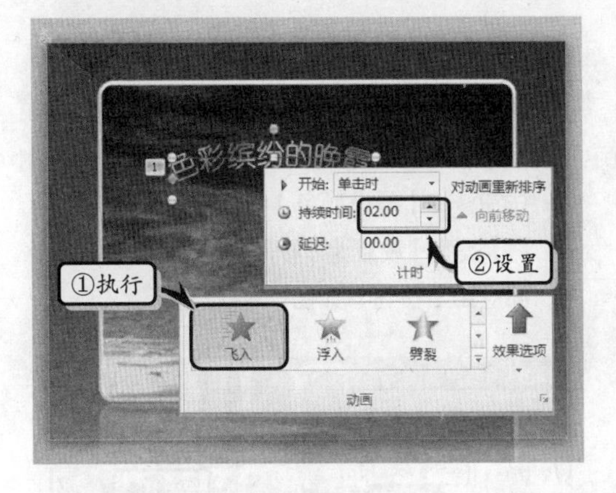

图 13-43 添加动画效果

16 选择第 3 张幻灯片中的艺术字，执行【动画】|【动画】|【飞入】命令。然后，执行【动画】|【高级动画】|【添加动画】|【放大/缩小】与【自定义路径】命令，并绘制自定义动画路线，如图 13-44 所示。

图 13-44 添加动画效果

17 执行【动画】|【高级动画】|【动画窗格】命令，分别将【放大/缩小】与【自定义路径】动画效果，将【开始】设置为“上一动画之后”，如图 13-45 所示。利用上述方法，分别为第 4 张与第 5 张幻灯片中的艺术字添加动画效果。

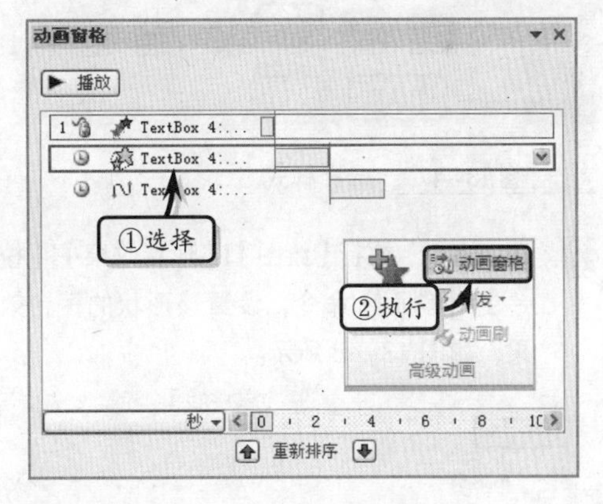

图 13-45 设置动画效果

13.5 课堂练习：制作“销售分析”演示文稿

销售分析，主要对产品销量、销售额、整体营业额等数据进行分析。在实际工作中，销售分析一般都是利用 Excel 工作表进行分析。下面，将利用 PowerPoint 制作“销售分析”演示文稿，如图 13-46 所示。在本练习中，主要运用了表格、图表、形状、艺术字等功能，来制作“销售分析”演示文稿。

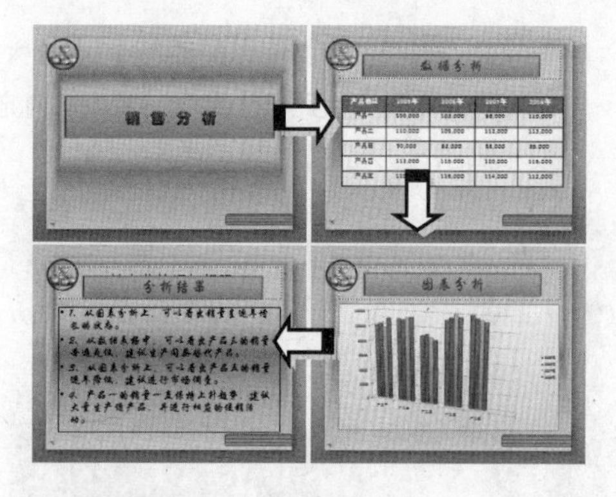

图 13-46 销售分析

操作步骤

1 启动 PowerPoint，选择标题文本框，执行【开始】|【绘图】|【快速样式】|【强调效果–橄榄色,强调颜色 3】选项，如图 13-47 所示。

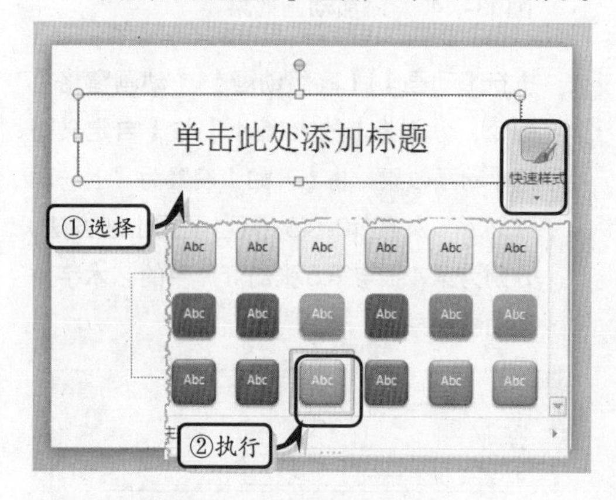

图 13-47 选择样式

2 选中形状，执行【绘图】|【形状效果】|【棱台】|【斜面】命令，设置该形状的棱台效果，如图 13-48 所示。

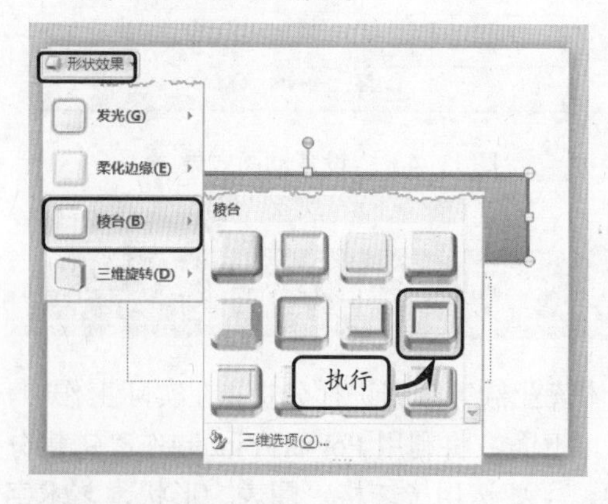

图 13-48 设置形状效果

3 输入“销售分析”文本，将【字体】设置为“华文琥珀”，将【字符间距】设置为“稀疏”。然后手动调整字体之间的距离。

4 选中文本，右击鼠标执行【设置文字效果格式】命令，在【文本填充】选项卡中选中【渐变填充】单选按钮，将【预设颜色】设置为“红日西斜”，如图 13-49 所示。

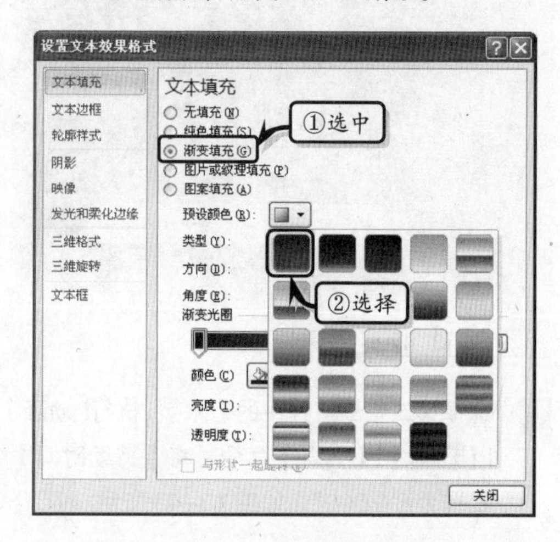

图 13-49 设置文本格式

5 执行【设计】|【背景】|【背景样式】|【设置背景格式】命令，选中【渐变填充】单选按钮，将【预设颜色】设置为“心止如水”，将【类型】设置为“标题的阴影”。单击【全部应用】按钮，如图 13-50 所示。

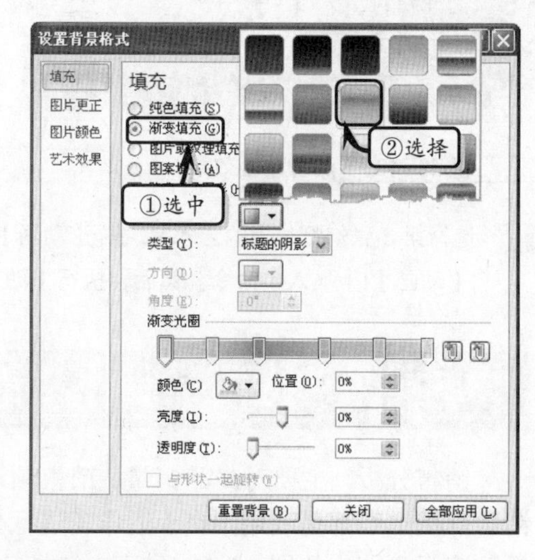

图 13-50 设置背景格式

6 执行【开始】|【幻灯片】|【新建幻灯片】|【标题和内容】命令，然后复制第一张幻灯片中的标题，调整标题大小，并将标题文本更改为“分析方法”，将【字体】更改为“华文行楷”，如图13-51所示。

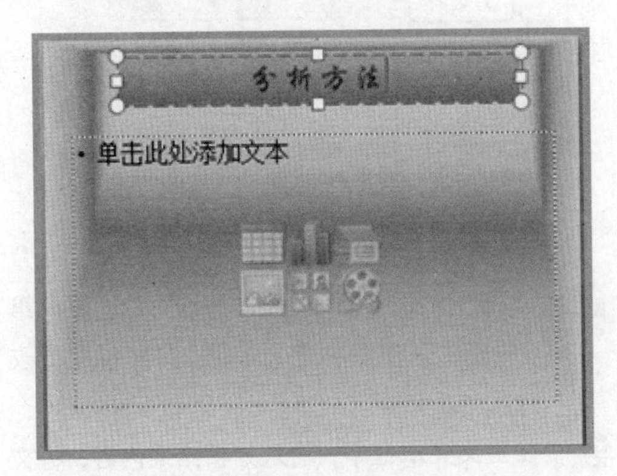

图13-51 设置幻灯片标题

7 在正文文本框中，输入分析方法。右击执行【设置形状格式】命令，在【线条颜色】选项卡中选中【实线】单选按钮，将【颜色】设置为“黑色”。在【线型】选项卡中，将【宽度】设置为“1.5磅”，如图13-52所示。

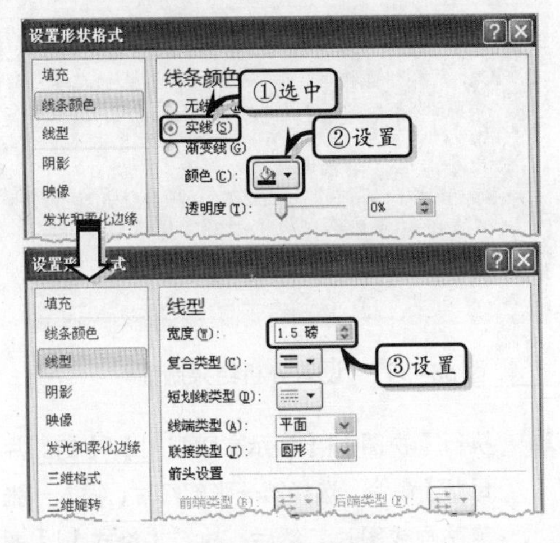

图13-52 设置形状格式

8 新建一张“标题和内容”的幻灯片，复制第二张幻灯片中的标题文本框，并将标题更改为“数据分析”。

9 在幻灯片中，单击【插入图表】按钮。在【插入图表】对话框中，将【行数】设置为“6”，单击【确定】按钮，如图13-53所示。

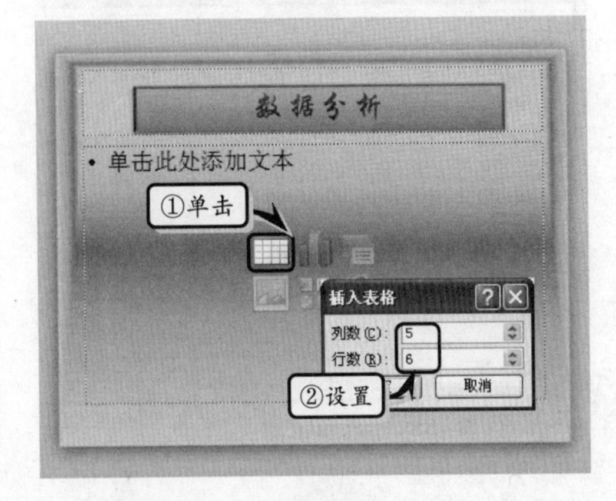

图13-53 插入表格

10 执行【设计】|【表格样式】|【中度样式1-强调4】命令，在【边框】样式下拉列表中，选择【所有框线】选项。最后，在表格中输入数据，如图13-54所示。

数据分析

产品销量	2005年	2006年	2007年	2008年
产品一	100,000	103,000	98,000	110,000
产品二	110,000	109,000	112,000	113,000
产品三	90,000	92,000	88,000	85,000
产品四	112,000	115,000	120,000	116,000
产品五	120,000	116,000	114,000	112,000

图13-54 设置表格样式

11 新建一张“标题和内容”的幻灯片，复制第二张幻灯片中的标题文本框，并将标题更改为“图表分析”。

12 在幻灯片中，单击【插入图表】按钮，选择【带数据标记的折线图】选项，单击【确定】按钮，如图13-55所示。

13 在Excel工作表中，输入幻灯片3中的销售数据。在幻灯片中，执行【设计】|【图表样式】|【其他】|【样式18】命令，设置图标的样式，如图13-56所示。

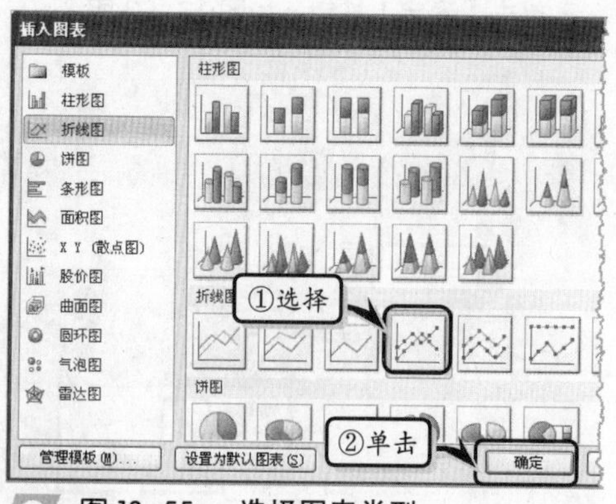

图 13-55　选择图表类型

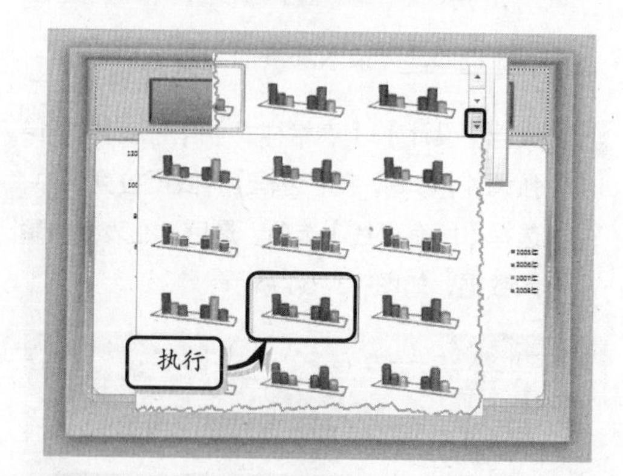

图 13-56　选择样式

14 执行【格式】|【形状样式】|【其他】|【细微效果-水绿色,强调颜色 5】命令，设置图表的形状样式，如图 13-57 所示。

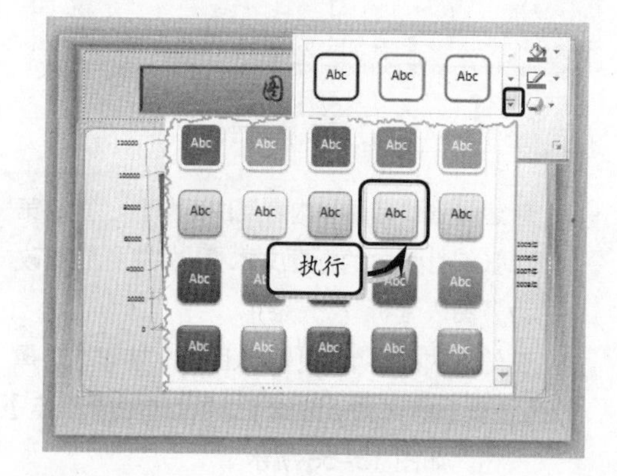

图 13-57　设置形状样式

15 执行【设计】|【类型】|【更改图表类型】命令，选择【簇状圆柱体】选项，并单击【确定】按钮，如图 13-58 所示。

图 13-58　【更改图表类型】对话框

16 新建一个“标题和内容”的幻灯片，复制第 4 张幻灯片中的标题文本框，并将标题更改为“分析结果”。

17 在正文文本框中，输入分析结果内容，将文字样式设置为“华文行楷”。右击执行【设置形状格式】命令，将【线条颜色】设置为“实线”，将【颜色】设置为“黑色”，如图 13-59 所示。

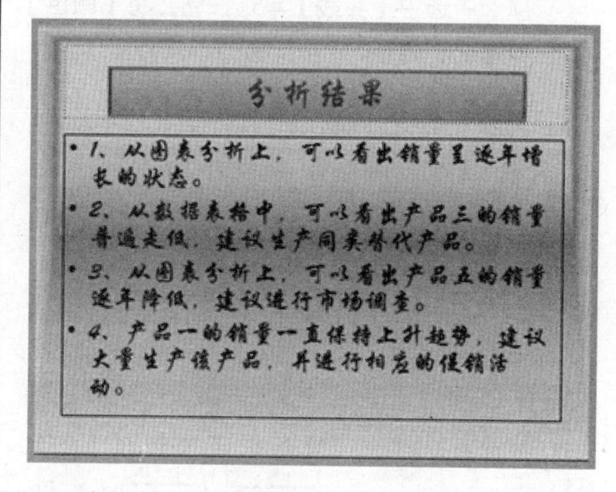

图 13-59　设置分析结果版面

18 执行【视图】|【演示文稿视图】|【幻灯片母版】命令，选择第一张幻灯片，插入一张剪贴画或图片。然后，执行【格式】|【图片样式】|【棱台型椭圆，黑色】命令，如图 13-60 所示。

19 执行【插入】|【插图】|【形状】|【圆角矩形】命令，绘制一个圆角矩形，调整形状大小及位置。右击形状，执行【设置形状格式】命令，选中【渐变填充】单选按钮，并将【预

设颜色】设置为“铜黄色”，如图 13-61 所示。

图 13-60 添加图片

20 执行【视图】|【演示文稿视图】|【普通视图】命令，选择第一张幻灯片，执行【插入】|【媒体】|【音频】|【录制音频】命令。

21 将【名称】设置为“1”，单击【录制】按钮开始录音，单击【停止】按钮停止录音，如图 13-62 所示。单击【确定】按钮，并调整声音图标的位置。利用上述方法，分别为其他幻灯片录制声音。

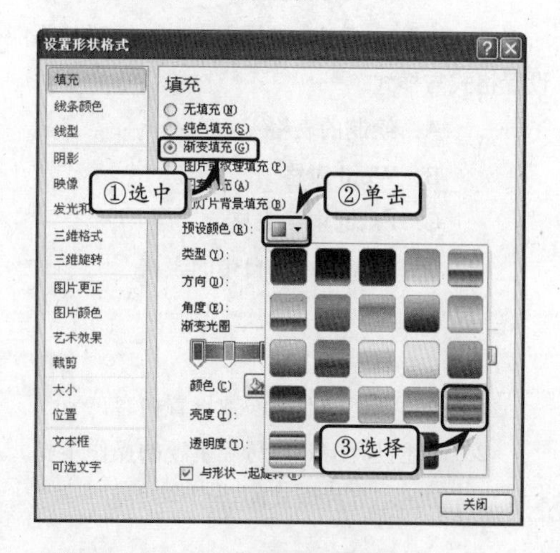

图 13-61 设置形状格式

图 13-62 录制声音

13.6 思考与练习

一、填空题

1. 母版是模板的一部分，主要用来定义演示文稿中________________。

2. PowerPoint 主要提供了________、________与________ 3 种母版。

3. 占位符是一种________，可以放置标题、正文、图片、表格、图表等对象。

4. PowerPoint 主要为用户提供了________、________、________、________等 11 种版式。

5. 设置配色方案，主要是在________中进行设置。

二、选择题

1. 在幻灯片母版中插入版式，是表示________。

A. 插入单张幻灯片

B. 更改母版版式

C. 插入幻灯片母版

D. 插入模板

2. 在 PowerPoint 中，更改模板中的图片是在________视图中更改。

A.【讲义母版】

B.【普通视图】

C.【备注母版】

D.【幻灯片母版】

3. 在 PowerPoint 中插入声音时，主要包括插入文件中的声音、录制声音与________。

A. 影片中的声音

B. 动画中的声音

C. 播放CD乐曲

D. 播放网站音乐

4. 在PowerPoint中插入________时，不能设置格式与样式。

A. 绘制的表格

B. Word表格

C. Excel电子表格

D. PowerPoint自带的表格

三、问答题

1. 简述创建相册的参数设置内容。
2. 简述设置幻灯片母版主题的操作步骤。
3. 简述幻灯片版式的类别与功能。

四、上机练习

1. 更改模板

该练习将根据PowerPoint 2010中自带的"小测验短片"模板进行更改模板的操作，如图13-63所示。首先，在【普通视图】视图中更改幻灯片中的文本，并选择【开始】选项卡，在【字体】选项组中设置字体、字号、字符间距等格式。然后，在【幻灯片母版】视图中选择第一张幻灯片，调整幻灯片中图片的位置与大小，并删除多余的图片。

2. 插入图片

该练习将根据PowerPoint 2010中自带的"小测验短片"模板进行插入图片的操作，如图13-64所示。首先，执行【插入】|【图像】|【图片】命令，选择需要插入的图片，并拖动鼠标调整图片的大小。然后，在【格式】选项卡中的【图片样式】选项组中设置图片的样式。最后，在【图片样式】选项组中的【图片形状】中设置图片的形状，调整图片至合适的位置即可。

图13-63 更改模板

图13-64 插入图片

第 14 章

使用表格与图表

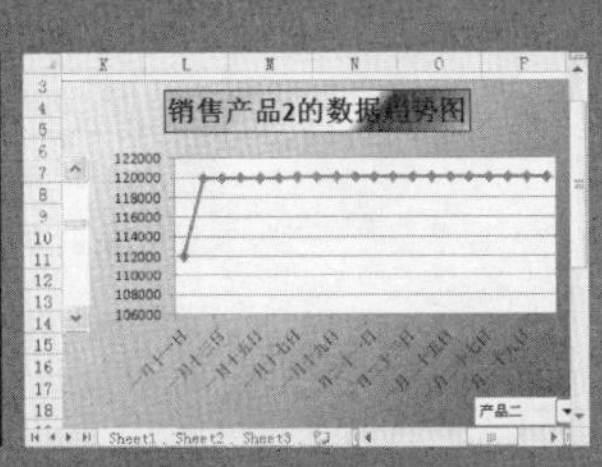

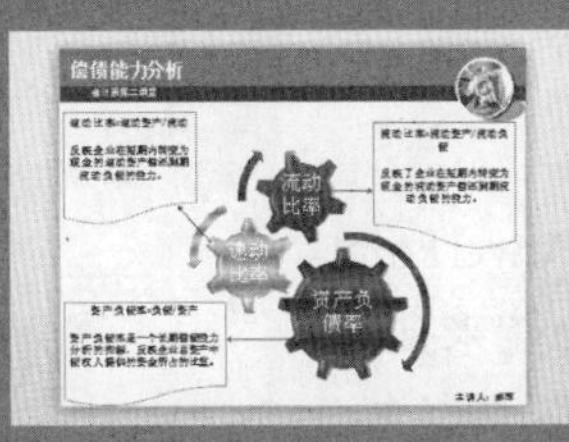

在 PowerPoint 2010 中，除了可以插入视频与音频来丰富幻灯片的内容之外，还可以在幻灯片中通过使用表格与图表，来增加幻灯片的数据性。PowerPoint 2010 与 Excel 2010 具有相同的数据处理与图表功能，其中 PowerPoint 2010 中的表格是组织数据最有用的工具之一，它能够以条理性、易于理解性的方式显示数据。而图表是用来比较与分析数据之间关系的图形，它可以清晰、直观地显示数据。在本章，将主要介绍使用图表、表格以及美化图表、表格的基础知识与使用技巧。

本章学习要点：

- 创建表格
- 美化表格
- 设置数据格式
- 创建图表
- 设置图表格式

14.1 使用表格

用户在使用 PowerPoint 2010 制作演示文稿时，往往需要运用一些说明性的数据，来增加演示文稿的说明性。此时，用户可以运用 PowerPoint 2010 中的表格功能，来显示并分析幻灯片中的数据，从而使单调枯燥的数据更易于理解。

14.1.1 创建表格

创建表格，是在 PowerPoint 2010 中运用系统自带的表格插入功能按要求插入规定行数与列数的表格；或者运用 PowerPoint 2010 中的绘制表格的功能，按照数据需求绘制表格。另外，用户还可以在 PowerPoint 2010 中插入 Excel 表格，从而达到专业化显示与分析数据的目的。

1. 插入表格

插入表格是运用 PowerPoint 2010 自带的表格插入功能来插入自定义行数与列数的表格。首先，选择幻灯片，执行【插入】|【表格】|【插入表格】命令，在弹出【插入表格】对话框中输入行数与列数即可，如图 14-1 所示。

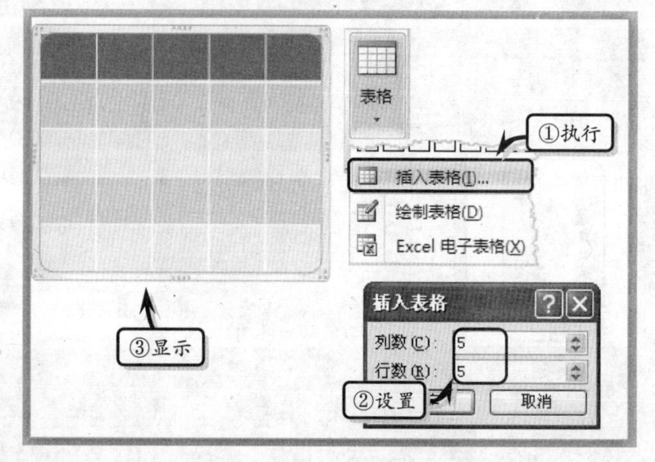

图 14-1 插入表格

另外，执行【表格】命令，在弹出的下拉列表中，直接选择行数和列数，即可在幻灯片中插入相对应的表格，如图 14-2 所示。

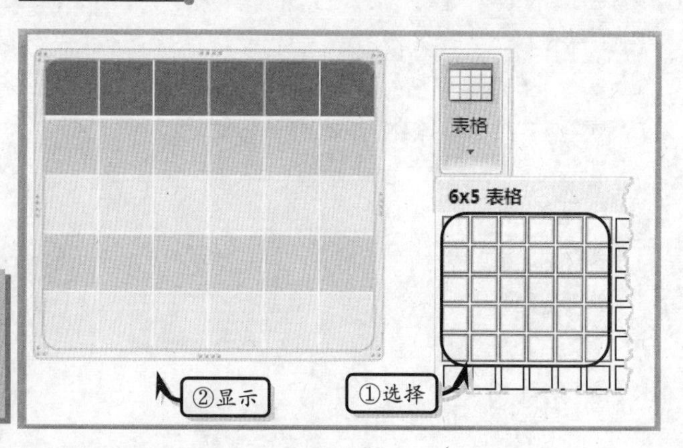

图 14-2 自动插入表格

提 示

用户还可以在含有内容版式的幻灯片中，单击占位符中的【插入表格】按钮，在弹出的【插入表格】对话框中设置行数与列数即可。

2. 绘制表格

绘制表格是用户根据数据的具体要求，手动绘制表格的边框与内线。执行【插入】|【表格】|【绘制表格】命令，当光标变为“笔”形状时，拖动鼠标在幻灯片中绘制表格边框，如图 14-3 所示。

然后，执行【表格工具】|【设计】|【绘图边框】|【绘制表格】命令，将光标放至

外边框内部，拖动鼠标绘制表格的行和列，如图 14-4 所示。再次执行【绘制表格】命令，即可结束表格的绘制。

提 示

当用户再次执行【绘制表格】命令后，需要将光标移至表格的内部绘制，否则将会绘制出表格的外边框。

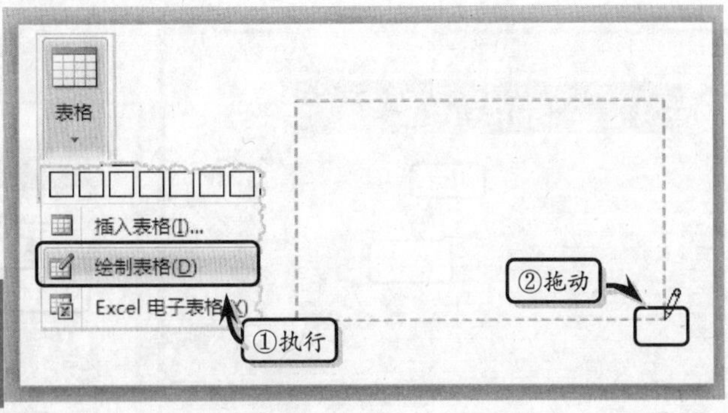

图 14-3　绘制表格边框

3. 插入 Excel 表格

用户还可以将 Excel 电子表格放置于幻灯片中，并利用公式功能计算表格数据。Excel 电子表格可以将表格中的数据进行排序、计算、使用公式等，而 PowerPoint 2010 系统自带的表格将不具备上述功能。

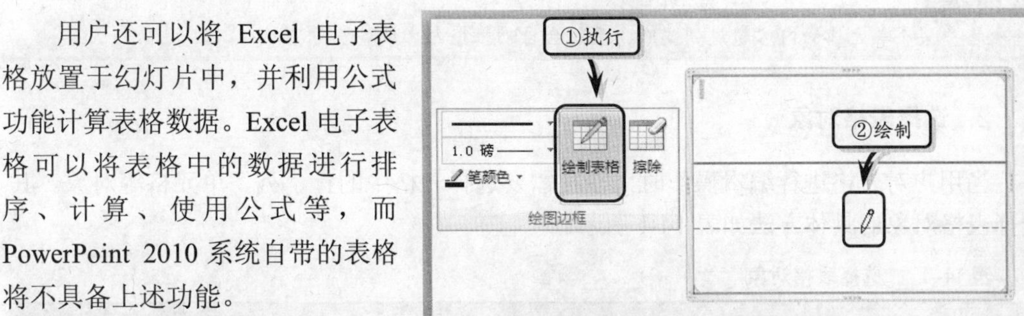

图 14-4　绘制表格内线

用户只需执行【插入】|【表格】|【Excel 电子表格】命令，输入数据与计算公式并单击幻灯片的其他位置即可，如图 14-5 所示。

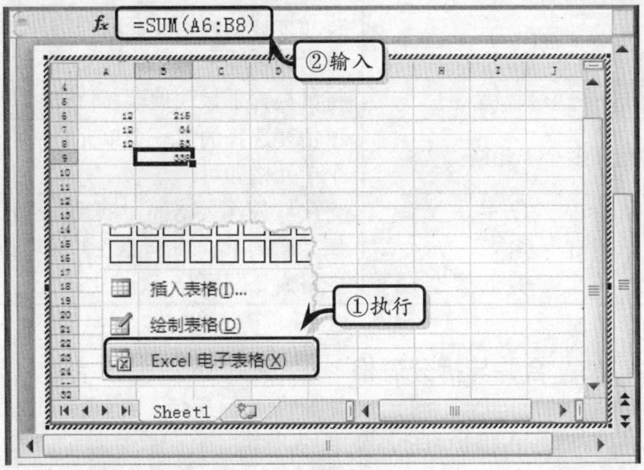

图 14-5　插入 Excel 表格

14.1.2 编辑表格

在幻灯片中创建表格之后，需要通过调整表格的行高、列宽，以及插入行或列等编辑表格的操作，在使表格具有美观性与实用性的同时达到数据对表格的各类要求。

1. 调整行高与列宽

移动鼠标，将光标移至表格的行或列上，当光标变为"双向箭头"的⇹与⇳形状时，拖动鼠标即可调整工作表的行高与列宽，如图 14-6 所示。

另外，将光标定位在某个单元格中，在【布局】选项卡【单元格大小】选项组中，直接输入【表格行高度】和【表格列宽度】选项中的数值，即可调整表格的行高与列宽，如图 14-7 所示。

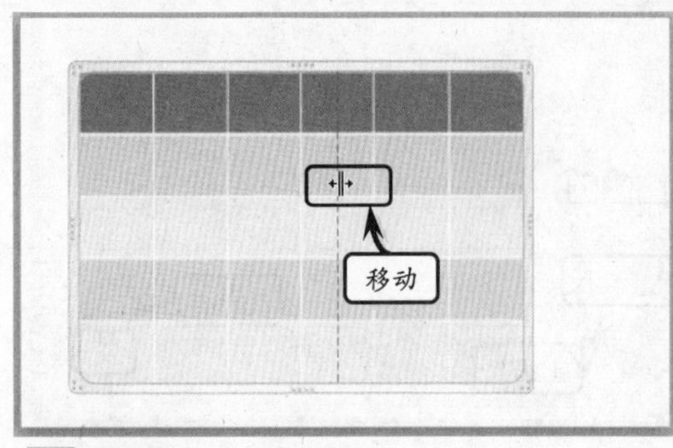

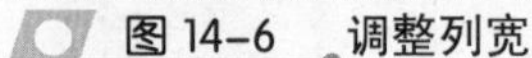
图 14-6　调整列宽

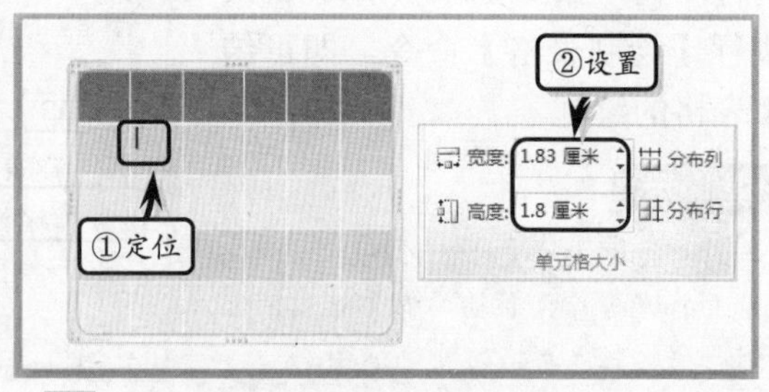

图 14-7　调整宽度与高度

提　示

当表格中某个单元格的内容超过列宽时，系统会自动根据内容调整单元格的行高。

2．选择表格对象

当用户对表格进行编辑操作时，往往需要选择表格中的行、列、单元格等对象。其选择表格对象的具体方法如表 14-1 所示。

表 14-1　选择表格对象

选 择 区 域	操 作 方 法
选中当前单元格	移动光标至单元格左边界与第一个字符之间，当光标变为“指向斜上方箭头”形状↗时，单击鼠标即可
选中后（前）一个单元格	按 Tab 或 Shift+Tab 键，可选中插入符所在的单元格后面或前面的单元格
选中一整行	将光标移动到该行左边界的外侧，待光标变为“指向右箭头”形状➡时，单击鼠标即可
选择一整列	将鼠标置于该列顶端，待光标变为“指向下箭头”⬇时，单击鼠标即可
选择多个单元格	单击要选择的第一个单元格，按住 Shift 键的同时，单击要选择的最后一个单元格即可
选择整个表格	将鼠标放在表格的边框线上单击，或者将光标定位于任意单元格内，选择【布局】选项卡【表】选项组中的【选择】下拉按钮，执行【选择】表格命令即可

3．合并与拆分表格

合并单元格是将两个以上的单元格合并成单独的一个单元格。首先，选择需要合并的单元格区域，然后执行【布局】|【合并】|【合并单元格】命令即可，如图 14-8 所示。

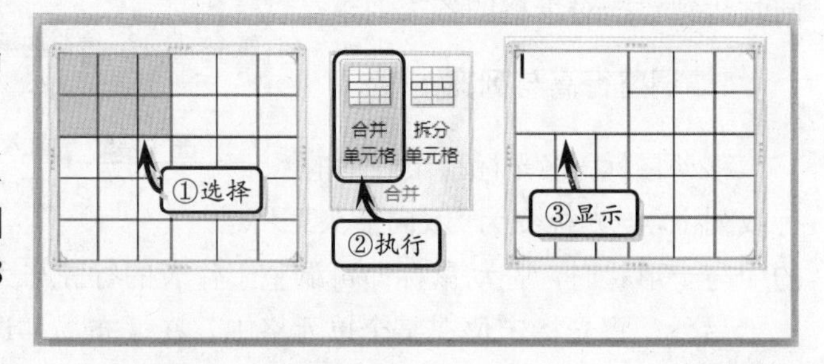

图 14-8　合并单元格

拆分单元格是将单独的一个单元格拆分成指定数量的单元格。首先，选择需要拆分的单元格。然后，执行【合并】|【拆分单元格】命令，在弹出的对

话框中输入需要拆分的行数与列数即可，如图14-9所示。

提　示

选择单元格，右击鼠标执行【合并单元格】或【拆分单元格】命令，即可快速合并或拆分单元格。

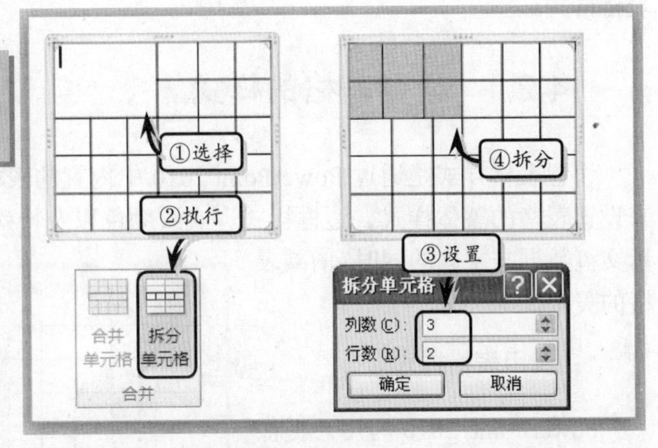

图14-9　拆分单元格

4．插入与删除表格

在编辑表格时，需要根据数据的具体类别插入表格行或表格列。此时，用户可通过执行【布局】选项卡【行和列】选项组中各项命令，为表格中插入行或列。其插入行与插入列的具体方法与位置如表14-2所示。

表14-2　插入行与列

名称	方　法	位　置
插入行	将光标移至插入位置，执行【行和列】选项组中的【在上方插入】命令	在光标所在行的上方插入一行
	将光标移至插入位置，执行【行和列】选项组中的【在下方插入】命令	在光标所在行的下方插入一行
插入列	将光标移至插入位置，执行【行和列】选项组中的【在左侧插入】命令	在光标所在列的左侧插入一列
	将光标移至插入位置，执行【行和列】选项组中的【在右侧插入】命令	在光标所在列的右侧插入一列

另外，选择需要删除的行（列），执行【布局】|【行或列】|【删除】命令，在其下拉列表中选择【删除行】或【删除列】选项，即可删除选择的行（列），如图14-10所示。

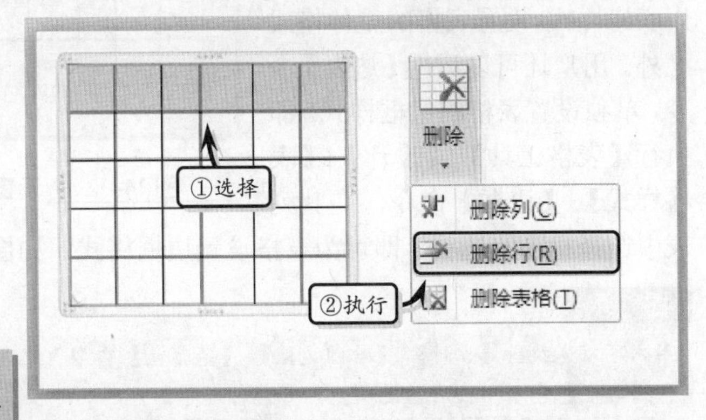

图14-10　删除行

提　示

用户还可以通过执行【开始】|【剪切板】|【剪切】命令的方法，来删除行或列。

14.2　美化表格

在幻灯片中创建并编辑完表格之后，为了使表格适应演示文稿的主题色彩，同时也为了美化表格的外观，还需要设置表格的整体样式、边框格式、填充颜色与表格字体等表格格式。

14.2.1 设置表格的样式

设置表格样式是通过 PowerPoint 2010 中内置的表格样式，以及各种美化表格命令，来设置表格的整体样式、边框样式、底纹颜色以及特殊效果等表格外观格式，在适应演示文稿数据与主题的同时，增减表格的美观性。

1. 套用表格样式

PowerPoint 2010 为用户提供了 70 多个内置的表格样式，该表格样式是一组包含表格边框、底纹颜色等命令的组合，从而帮助用户达到快速美化表格的目的。

执行【表格工具】|【设计】|【表格样式】|【其他】命令，在其下拉列表中选择相应的选项，即可为表格设置多彩的样式，如图 14-11 所示。

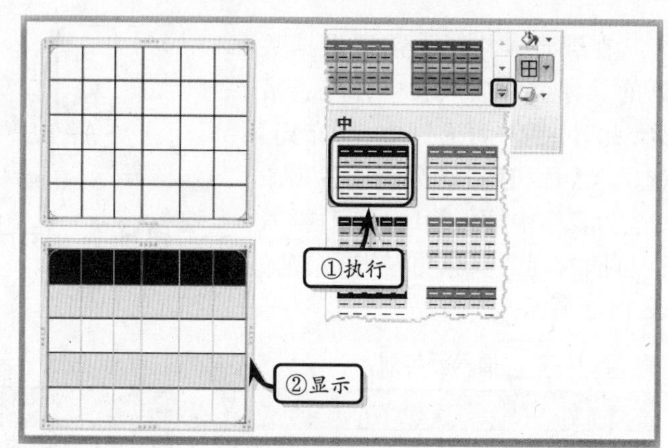

图 14-11 设置表格的整体样式

2. 设置表格边框样式

在 PowerPoint 2010 中除了套用表格样式，设置表格的整体格式之外。用户还可以运用【边框】命令，单独设置表格的边框样式。即执行【表格工具】|【设计】|【表格样式】|【边框】命令，在其列表中选择相应的选项，即可为表格设置边框格式，如图 14-12 所示。

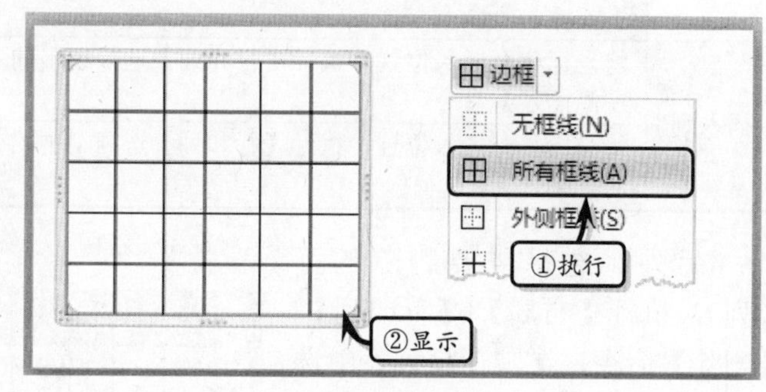

图 14-12 设置边框样式

提 示

用户可以先执行【设计】|【绘图边框】|【笔颜色】命令，在其列表中选择相应的色块。然后，再执行【边框】命令中相应的选项，即可为标题添加彩色的边框。

3. 设置表格特殊效果

特殊效果是 PowerPoint 2010 为用户提供的一种为表格添加外观效果的命令，主要包括单元格的凹凸效果、阴影、映像等效果。

执行|【表格工具】|【设计】|【表格样式】|【效果】命令，在其列表中选择【单元

格凹凸效果】|【圆】选项即可，如图 14-13 所示。

14.2.2 设置填充颜色

PowerPoint 2010 中默认的表格颜色为白色，为突出表格中的特殊数据，用户可为单个单元格、单元格区域或整个表格设置纯色填充、纹理填充与图表填充等填充颜色与填充效果。

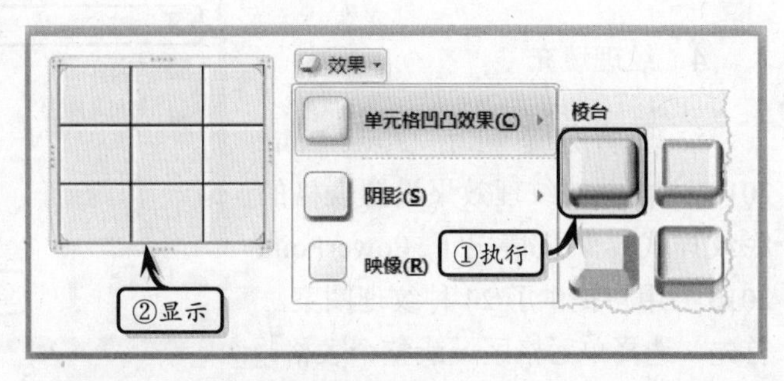

图 14-13 设置特殊效果

1. 纯色填充

纯色填充是为表格设置一种填充颜色。首先，选择单元格区域或整个表格，执行【表格工具】|【设计】|【表格样式】|【底纹】命令，在其下拉列表中选择相应的颜色即可，如图 14-14 所示。

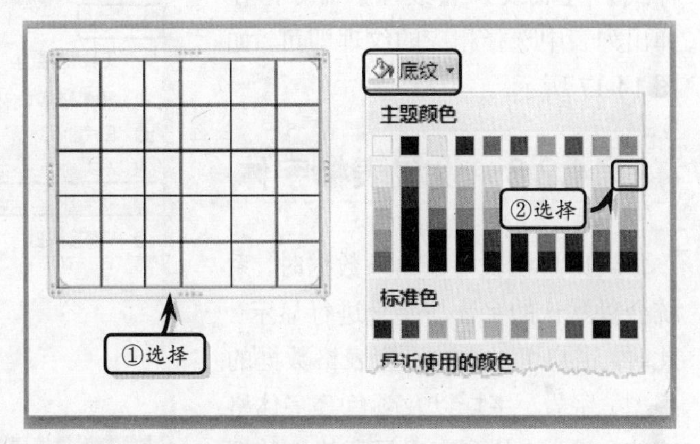

图 14-14 设置纯色填充

2. 图片填充

图片填充是以本地电脑中的图片为表格设置底纹效果。首先，选择单元格区域或整个表格，执行【表格工具】|【设计】|【表格样式】|【底纹】|【图片】命令，在弹出的【插入图片】对话框中，选择相应的图片，单击【插入】按钮即可将图片填充到表格中，如图 14-15 所示。

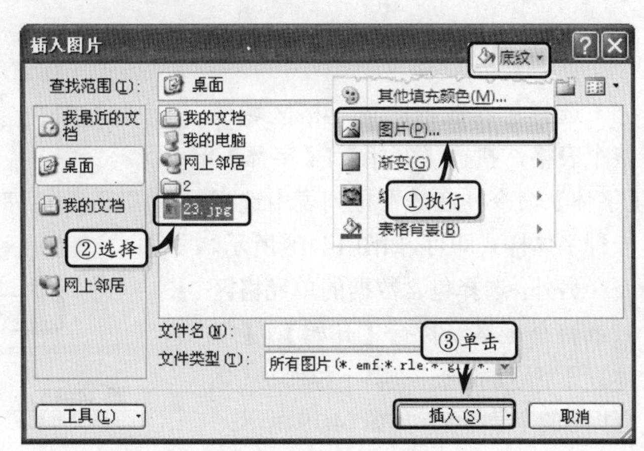

图 14-15 设置图片填充

3. 渐变填充

渐变填充是以两种以上的颜色来设置底纹效果的一种填充方法，其渐变填充是由两种颜色之中的一种颜色逐渐过渡到另外一种颜色的现象。首先，选择单元格区域或整个表格，执行【表格工具】|【设计】|【表格样式】|【底纹】|【渐变】命令，在弹出列表中选择相应的渐变样式即可，如图 14-16 所示。

提 示

用户可以通过执行【底纹】|【渐变】|【其他渐变】命令，在弹出的【设置形状格式】对话框中，设置渐变效果的详细参数。

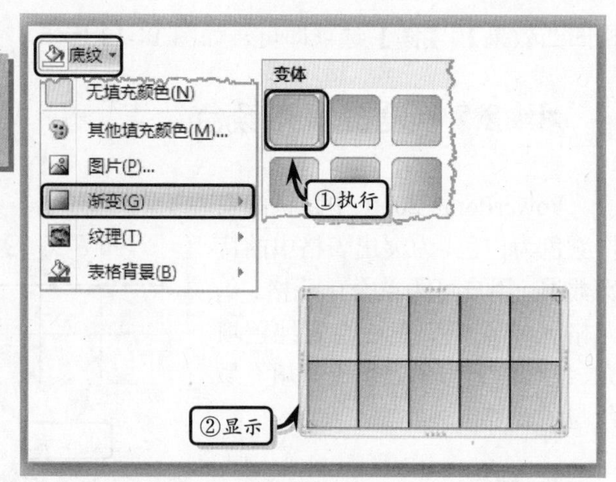

图 14-16　设置渐变效果

4. 纹理填充

纹理填充是利用 PowerPoint 2010 中内置的纹理效果设置表格的底纹样式，默认情况下 PowerPoint 2010 为用户提供了 24 种纹理图案。首先，选择单元格区域或整个表格，执行【表格工具】|【设计】|【表格样式】|【底纹】|【纹理】命令，在弹出列表中选择相应的纹理即可，如图 14-17 所示。

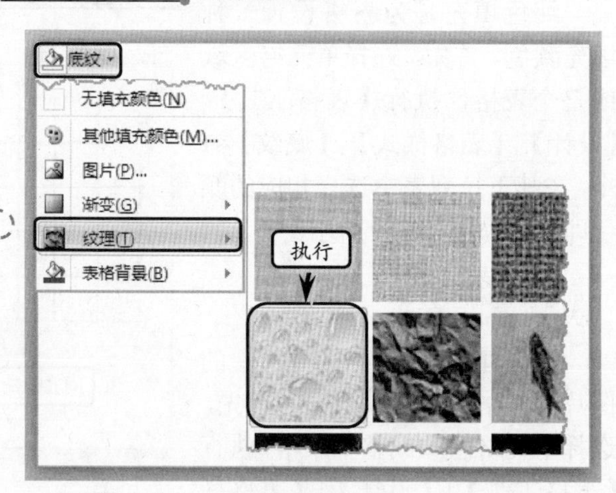

图 14-17　设置纹理填充

14.2.3　设置表格字体

当用户在表格中输入数据时，系统会以默认的字体与字号进行显示。此时，用户可以通过设置表格数据的字型、字号、字样以及颜色等字体格式的方法，来达到突出显示特殊数据的目的。

1. 设置字型与字号

选择包含数据的单元格区域或整个表格，执行【开始】|【字体】|【字体】命令，在其下拉列表中选择一种字体样式即可，如图 14-18 所示。

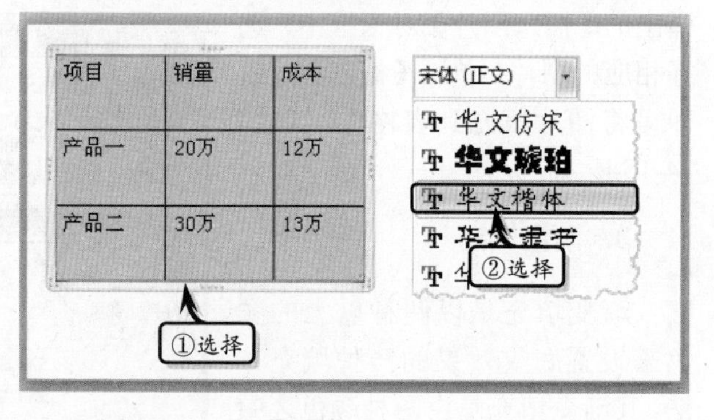

图 14-18　设置字型

另外，选择包含数据的单元格区域或整个表格，执行【开始】|【字体】|【字号】命令，在其下拉列表中选择相应的字号即可，如图 14-19 所示。

2. 设置字体颜色

选择单元格区域或整个表格，执行【开始】|【字体】|【字体颜色】命令，在其下拉列表中选择相应的颜色即可，如图 14-20 所示。

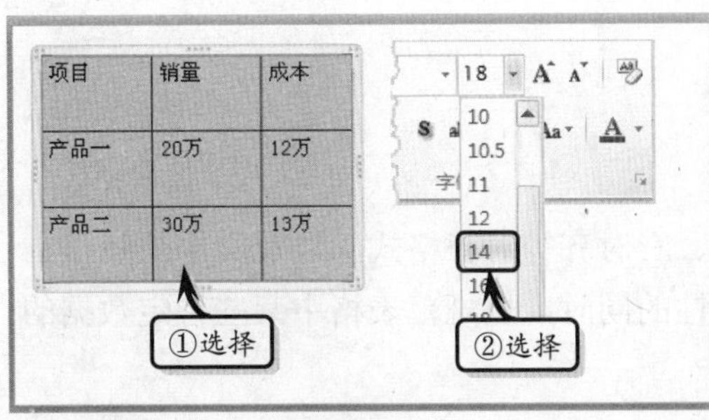

图 14-19 设置字号

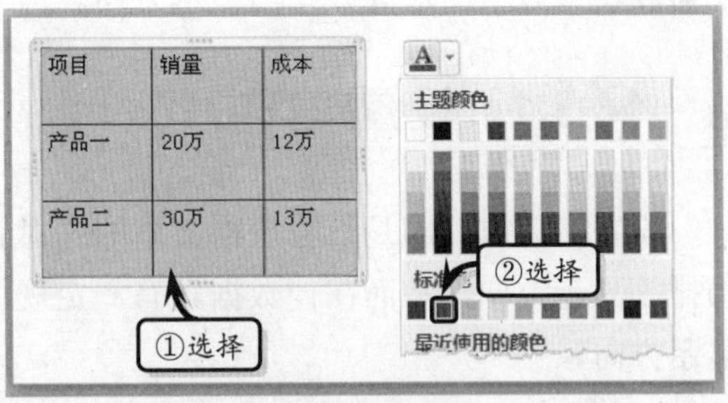

图 14-20 设置字体颜色

用户还可以通过执行【开始】|【字体】|【字体颜色】|【其他颜色】命令，在弹出的【颜色】对话框中选择【标准】选项卡，选择一种色块，单击【确定】按钮，如图 14-21 所示。

另外，在【颜色】对话框中选择【自定义】选项卡，选择某种颜色或颜色模式，输入红色、绿色与蓝色值并单击【确定】按钮，如图 14-22 所示。

在【自定义】选项卡中的【颜色模式】下拉列表中，包括 RGB 与 HSL 两种颜色模式。

- **RGB 颜色模式** 该模式主要基于红、绿、蓝 3 种基色 256 种颜色组成，其每种基色的度量值介于 0~255 之间。用户只需单击【红色】、【绿色】和【蓝色】微调按钮，或在微调框中直接输入颜色值即可。
- **HSL 颜色模式** 主要基于色调、饱和度与亮度 3 种效果来调整颜色，其各数值的取值范围介于 0~255 之间。用户只需在【色调】、【饱和度】与【亮度】微调框中设置数值即可。

提 示

用户还可以通过单击【字体】选项组中的【对话框启动器】按钮，在弹出的【字体】对话框中，设置文本的字体颜色。另外，在单元格上右击鼠标，即可在弹出的【浮动工具栏】中快速设置字体颜色。

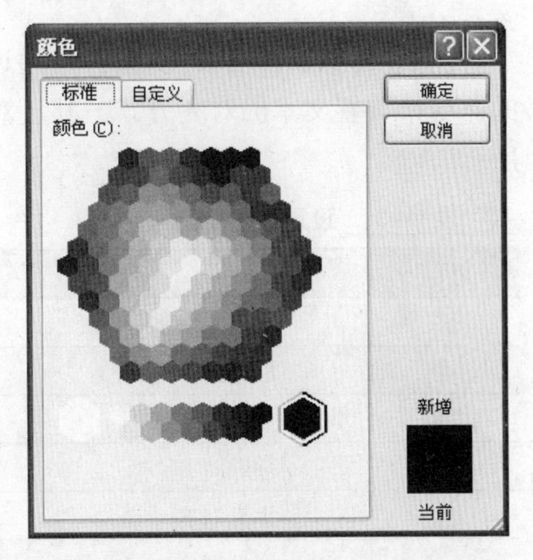

图 14-21 设置标准颜色

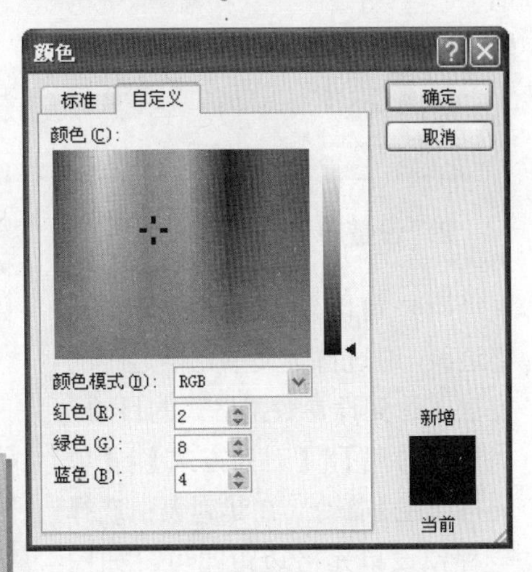

图 14-22 设置自定义颜色

14.3 设置数据格式

创建表格之后，为了规范表格中的文本，也为了突出表格的整齐性与美观性，用户还需要设置表格的对齐方式与显示方向。

14.3.1 设置对齐方式

设置对齐方式即是设置表格文本的左对齐、右对齐等对齐格式，以及文本的竖排、横排等显示方向，从而在使数据具有一定规律性的同时，也规范表格中某些特定数据的显示方向。

1．设置数据的对齐方式

在 PowerPoint 2010 中，用户可通过执行【布局】选项卡【对齐方式】选项组中相应的命令来设置文本的对齐方式。其【对齐方式】选项组中各命令的具体说明如表 14-3 所示。

表 14-3 设置对齐方式

按 钮	名 称	作 用
	文本左对齐	将表格中的文本左对齐
	居中	将表格中的文本居中对齐
	文本右对齐	将表格中的文本右对齐
	顶端对齐	将表格中的文本顶端对齐
	垂直对齐	将表格中的文本垂直居中
	底端对齐	将表格中的文本底端对齐

提 示

选择表格的文本，按 Ctrl+L 组合键，将文本左对齐。按 Ctrl+B 组合键，将文本居中。按 Alt+R 组合键，将文本右对齐。

2．设置单元格边距

用户可以使用系统预设单元格边距，通过自定义单元格边距的方法，达到设置数据格式的目的。执行【布局】|【对齐方式】|【单元格边距】命令，在其列表中选择一种预设单元格边距即可，如图 14-23 所示。

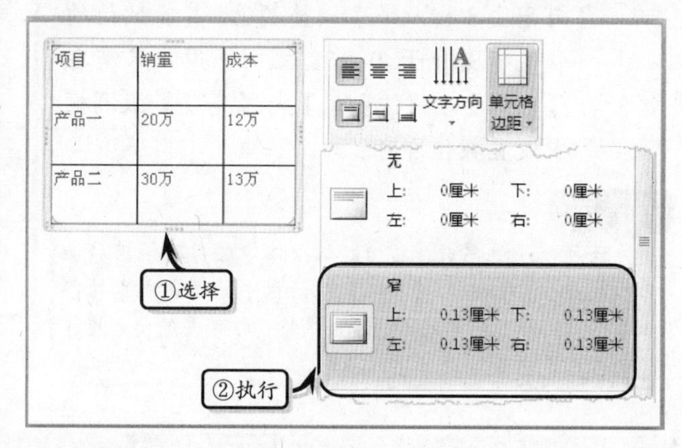

图 14-23 设置单元格边距

其中，在【单元格边距】下拉列表中主要包括正常、无、窄、宽 4 种选项。其每种选项的边距访问如表 14-4 所示。

表 14-4　单元格边距说明

边距方式	边距范围
正常	上下：0.13 厘米、左右：0.25 厘米
无	上、下、左、右均为 0 厘米
窄	上、下、左、右均为 0.13 厘米
宽	上、下、左、右均为 0.38 厘米

14.3.2　设置显示方向

在使用表格丰富幻灯片的内容时，除了设置表格文本的字体格式之外，还需要设置表格文字的方向，使其适应整体表格的设置与布局。

1．使用【文字方向】命令

选择表格中的文字，执行【布局】|【对齐方式】|【文字方向】命令，在其列表中选择相应的选项即可，如图 14-24 所示。

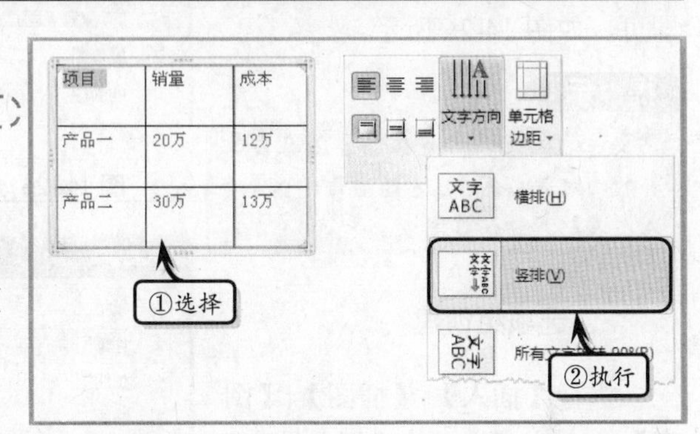

图 14-24　更改文字方向

2．使用【单元格边距】命令

选择表格中的文字，执行【布局】|【对齐方式】|【单元格边距】|【自定义边距】命令，在【单元格文字版式】对话框中的【文字方向】下拉列表中选择一种文字方向即可，如图 14-25 所示。

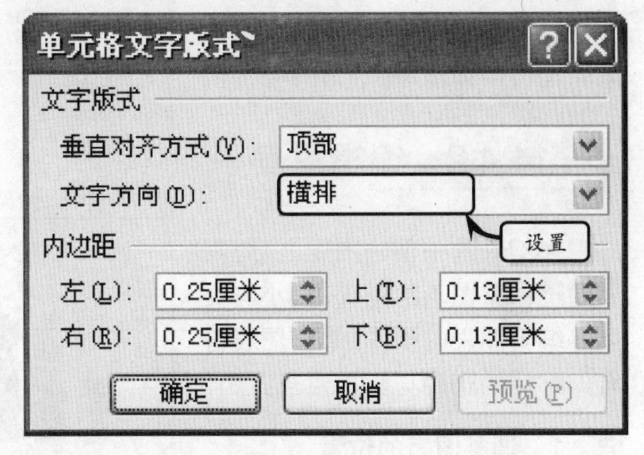

图 14-25　设置文字方向

14.4　使用图表

在 PowerPoint 2010 中，除了可以使用表格来显示与分析数据之外，用户还可以通过使用图表的方法，清晰直观地显示数据的变化趋势。

14.4.1　创建图表

一般情况下，用户可通过占位符的方法来快速创建图表。除此之外，用户还可以运用【插图】选项组的方法来创建不同类型的图表。

1. 占位符创建

在幻灯片中，单击占位符中的【插入图表】按钮，在弹出的对话框中选择相应的图表类型，并在弹出的Excel工作表中输入图表数据即可，如图14-26所示。

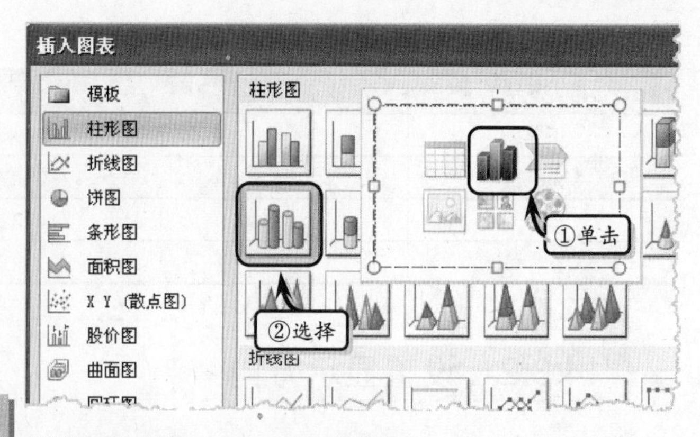

图 14-26 占位符法创建图表

提 示

需要注意的是：只有在包含图表占位符的幻灯片版式中，才能通过单击【插入图表】按钮创建图表。

2. 选项组创建

执行【插入】|【插图】|【图表】命令，在弹出的【插入图表】对话框中选择相应的图表类型，并在弹出的Excel工作表中输入示例数据即可，如图14-27所示。

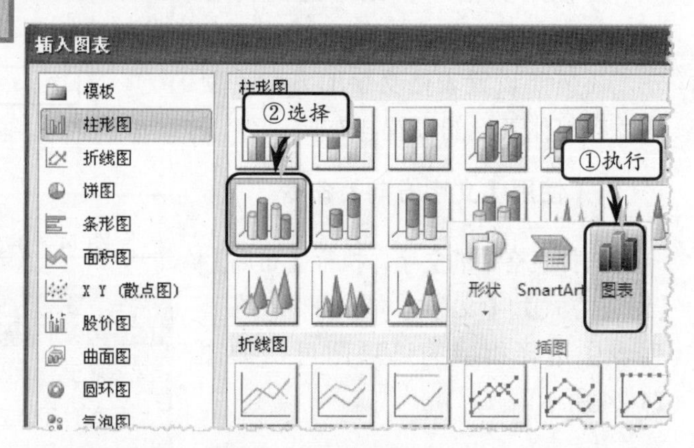

图 14-27 选项组法创建图表

14.4.2 编辑图表

在幻灯片中创建图表之后，需要通过调整图表的位置、大小与类型等编辑图表的操作，来使图表符合幻灯片的布局与数据要求。

1. 调整图表的位置

选择图表，将鼠标移至图表边框或图表空白处，当光标变为“四向箭头”时，拖动鼠标即可调整图表位置，如图14-28所示。

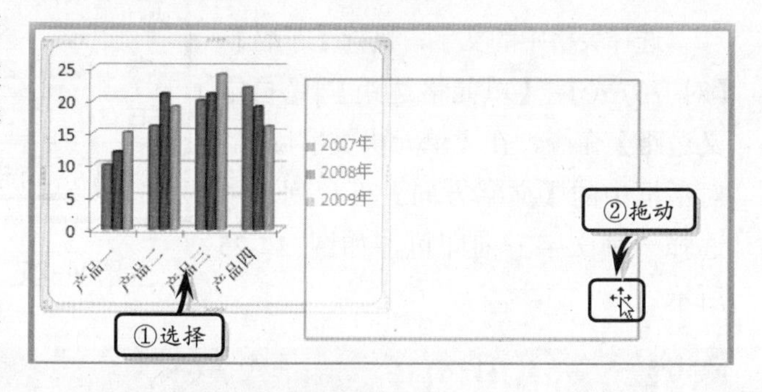

图 14-28 调整图表的位置

提 示

当用户将鼠标置于坐标轴、图例或绘图区等图表对象上方时，拖动鼠标时只能更改相应对象的位置，无法更改图表的位置。

2. 调整图表的大小

选择图表，将鼠标移至图表四周边框的控制点上，当光标变为“双向箭头”时，拖动即可调整图表大小，如图14-29所示。

3. 更改图表类型

更改图表类型是将图表由当前的类型更改为另外一种类型，通常用于多方位分析数据。执行【设计】|【类型】|【更改图表类型】命令，在弹出的【更改图表类型】对话框中选择一种图表类型即可，如图 14-30 所示。

另外，执行【插入】|【插图】|【图表】命令，在弹出的【更改图表类型】对话框中选择相应的图表类型，并单击【确定】按钮，如图 14-31 所示。

提 示

右击图表执行【更改图表类型】命令，在弹出的【更改图表类型】对话框中选择相应的选项即可快速更改图表类型。

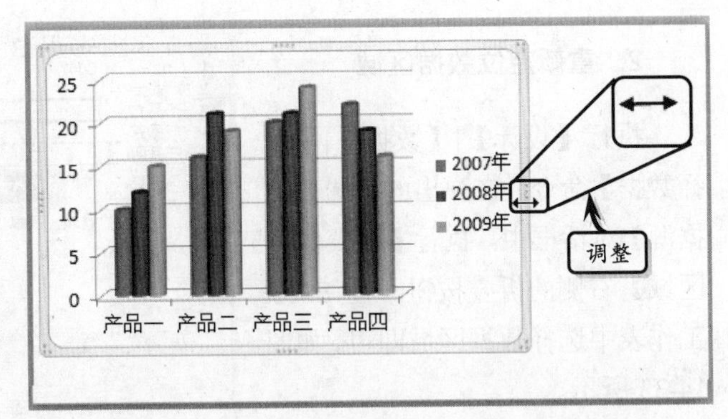

图 14-29 调整图表的大小

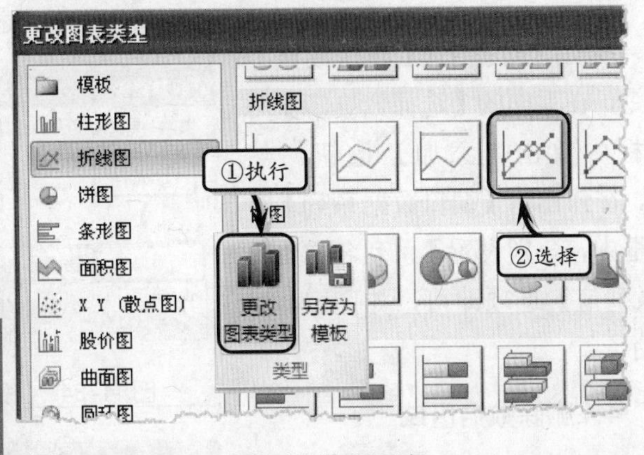

图 14-30 【类型】选项组法

14.4.3 设置图表数据

创建图表之后，为了达到详细分析图表数据的目的，用户还需要对图表中的数据进行选择、添加与删除操作，以满足分析各类数据的要求。

1. 编辑现有数据

执行【设计】|【数据】|【编辑数据】命令，在弹出的 Excel 工作表中编辑图表数据即可，如图 14-32 所示。

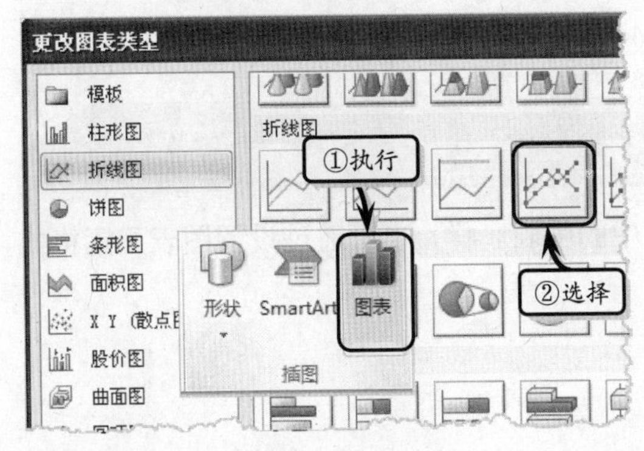

图 14-31 【插图】选项组法

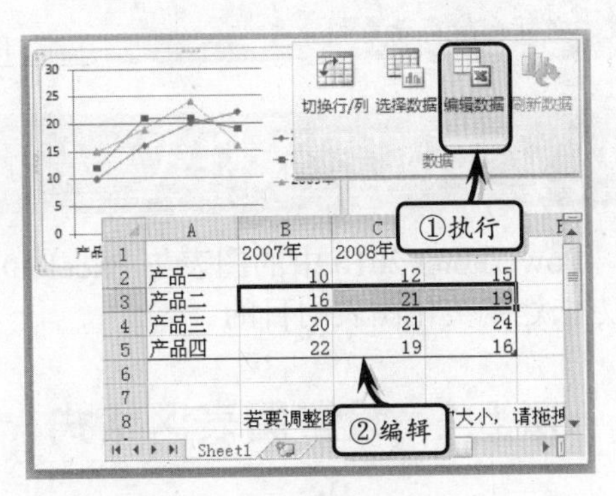

图 14-32 编辑数据

2. 重新定位数据区域

执行【设计】|【数据】|【选择数据】命令，在弹出的【选择数据源】对话框中，执行【图表数据区域】右侧的折叠按钮，在 Excel 工作表中选择数据区域即可，如图 14-33 所示。

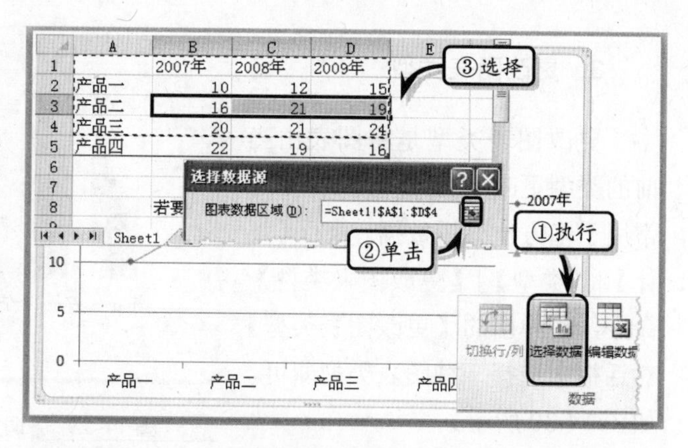

图 14-33 定位数据区域

3. 添加数据区域

执行【数据】|【选择数据】命令，在弹出的【选择数据源】对话框中单击【添加】按钮。然后，在弹出的【编辑数据系列】对话框中，分别设置【系列名称】和【系列值】选项即可，如图 14-34 所示。

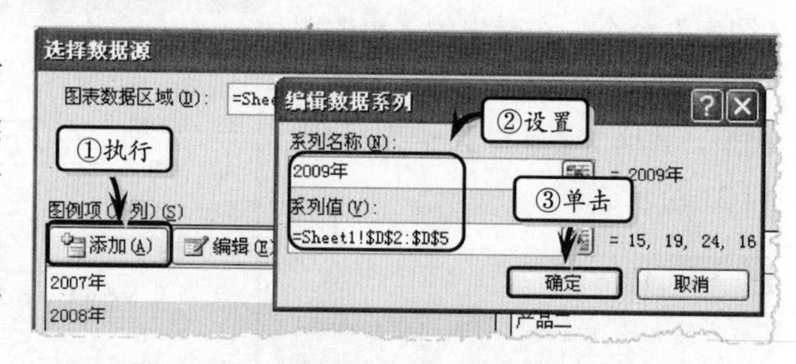

图 14-34 添加数据区域

4. 删除数据区域

执行【数据】|【选择数据】命令，在弹出的【选择数据源】对话框中的【图例项（系列）】列表框中，选择需要删除的系列名称，并单击【删除】按钮，如图 14-35 所示。

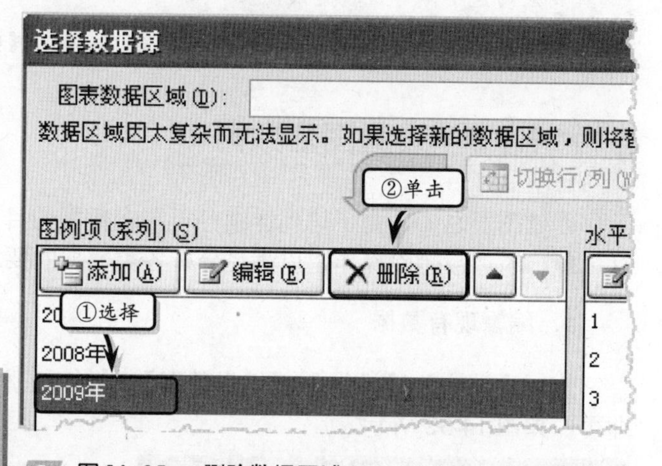

图 14-35 删除数据区域

提 示

用户也可以在幻灯片图表中选择所要删除的系列，按 Delete 或 Backspace 键，即可删除所选系列。

14.5 设置图表格式

PowerPoint 2010 中的图表与 Excel 2010 中的图表一样，也可通过设置图表元素格式的方法达到美化图表的目的。

14.5.1 设置图表区格式

用户可以通过设置图表区的边框颜色、边框样式、三维格式与旋转等操作来美化图

表区。首先，执行【布局】|【当前所选内容】|【图表元素】命令，在其下拉列表中选择【图表区】选项。然后，执行【设置所选项内容格式】命令，在弹出的【设置图表区格式】对话框中，选择一种填充效果，如图14-36所示。

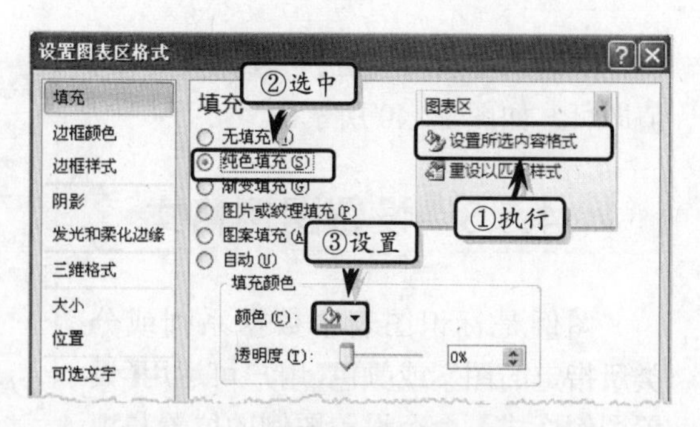

图14-36 设置图表区填充颜色

最后，激活【阴影】选项卡，单击【预设】下三角按钮，在其下拉列表中选择一种阴影样式，如图14-37所示。

另外，用户还可以在该对话框中设置图表区的边框颜色和样式、三维格式、三维旋转等效果。

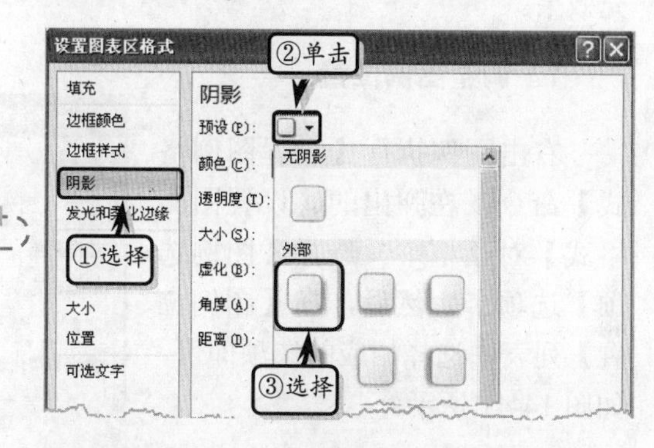

图14-37 设置阴影效果

14.5.2 设置数据系列格式

除了可以美化图表区域之外，用户还可以通过设置数据系列的形状、填充、边框颜色和样式、阴影以及三维格式等效果，达到美化数据系列的目的。

1. 更改形状

首先，执行【当前所选内容】|【图表元素】命令，在其下拉列表中选择一个数据系列。然后，执行【设置所选内容格式】命令，在弹出的【设置数据系列格式】对话框中选择【形状】选项卡，并选中一种形状，如图14-38所示。

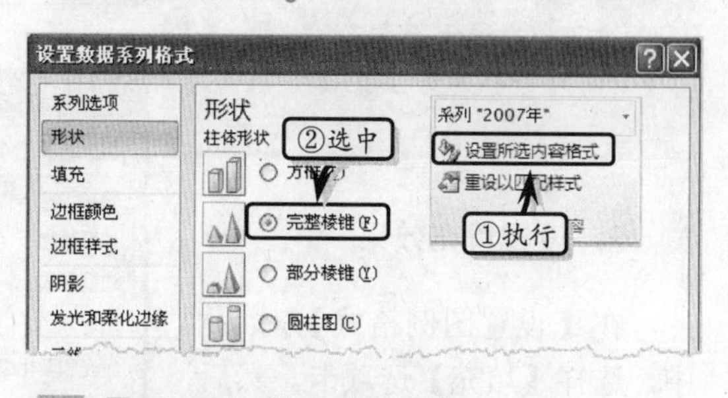

图14-38 设置系列形状

提 示

在【设置数据系列格式】对话框中，其形状的样式会随着图表类型的改变而改变。

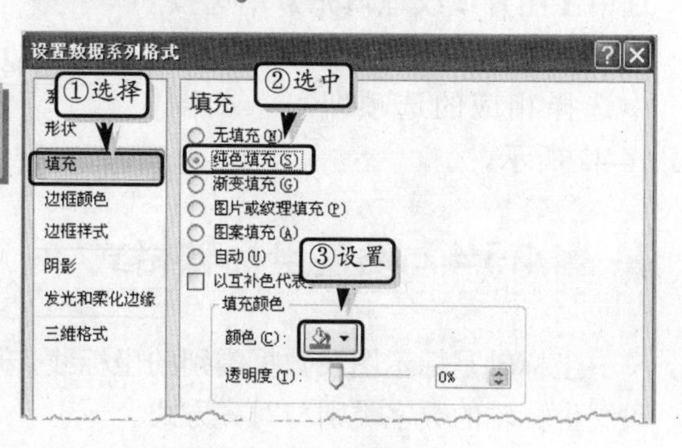

图14-39 设置填充效果

2. 设置填充效果

首先，在【设置数据系列格式】对话框中，选择【填充】选项卡。然后，设置图表的纯色填充、渐变填充、图片或纹理填充等填充效果，如图14-39所示。

3. 设置系列选项

在【设置数据系列格式】对话框中，选择【系列选项】选项卡。然后，调整或在微调框中输入【系列间距】和【分类间距】值即可，如图 14-40 所示。

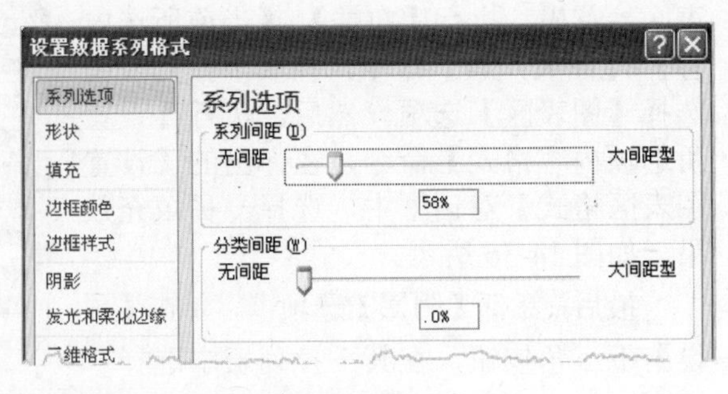

图 14-40　设置系列选项

14.5.3　设置图例格式

图例是标识图表中数据系列或分类所指定的图案或颜色,用户可运用【设置图例格式】命令设置图例的位置与填充效果。

1. 调整图例位置

右击图例执行【设置图例格式】命令，在弹出的【设置图例格式】对话框中，选择【图例选项】选项卡。然后，在【图例位置】列表中选择相应的选项即可，如图 14-41 所示。

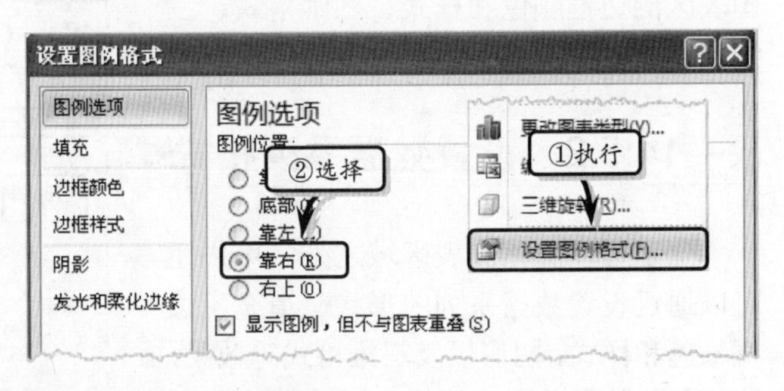

图 14-41　调整图例位置

提　示

用户也可以通过执行【布局】|【标签】|【图例】命令的方法来设置图例的位置。

2. 设置填充效果

在【设置图例格式】对话框中，选择【填充】选项卡。然后，选中【图片或纹理填充】单选按钮，并在【纹理填充】下拉列表中选择相应的选项即可，如图 14-42 所示。

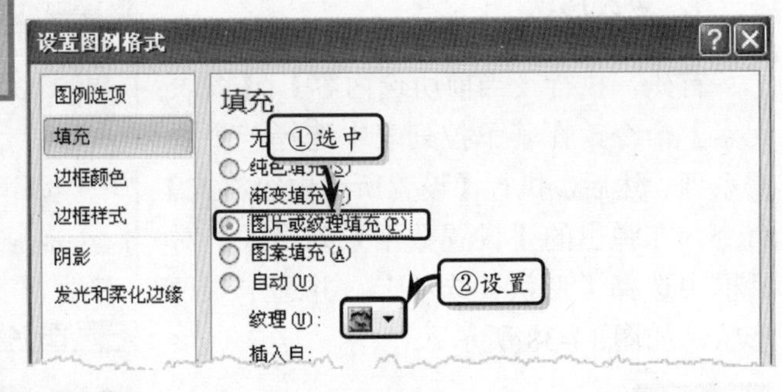

图 14-42　设置填充效果

14.5.4　设置坐标轴格式

坐标轴是标示图表数据类别的坐标线，用户可以在【设置坐标轴格式】对话框中来设置坐标轴的数字类别与对齐方式。

1. 调整数字类别

右击坐标轴执行【设置坐标轴格式】命令，在弹出的【设置坐标轴格式】对话框中，选择【数字】选项卡。然后，在【类别】列表框中选择相应的选项，并设置其小数位数与样式，如图 14-43 所示。

2. 调整对齐方式

在【设置坐标轴格式】对话框中，选择【对齐方式】选项卡。然后，设置对齐方式、文字方向与自定义角度，如图 14-44 所示。

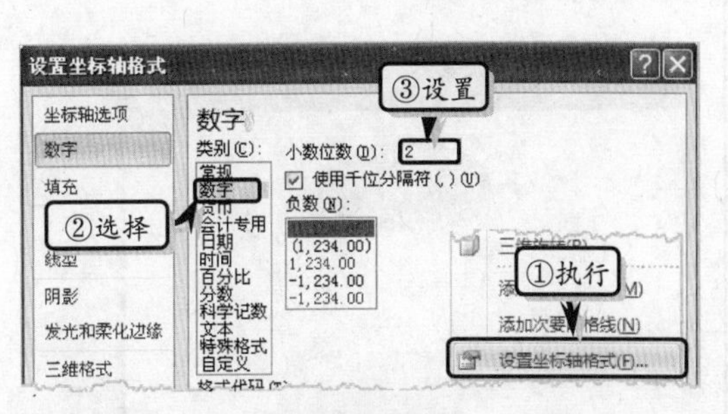

图 14-43 设置数据类别

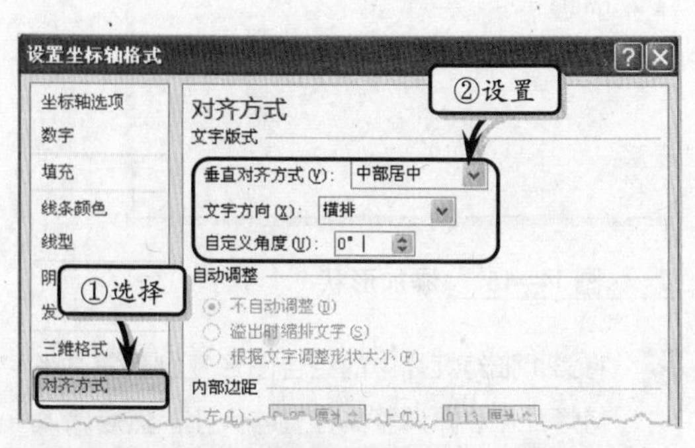

图 14-44 设置对齐方式

14.6 课堂练习：财务分析课件之二

多媒体课件是教师用来辅助教学的工具，是教师根据自己的创意将文字、图形、声音、动画等多种媒体素材组织在一起，用来反映教学目的与教学内容。在本案例中，将运用 PowerPoint 2010 中的动画效果、插入图片、插入形状等功能来制作财务分析课件的剩余部分，如图 14-45 所示。

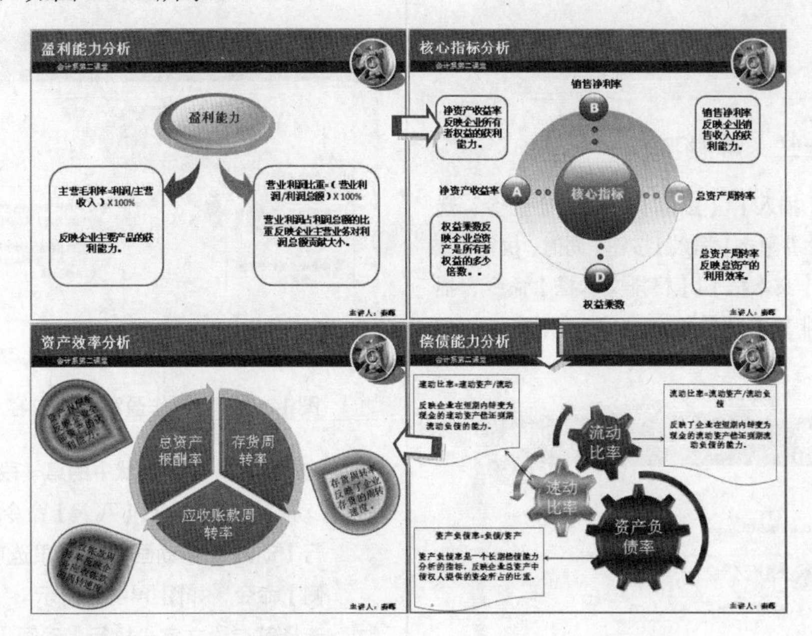

图 14-45 财务分析课件

操作步骤

1 打开"财务分析课件之一"演示文稿，执行【开始】|【幻灯片】|【新建幻灯片】命令，插入一个标题幻灯片。在幻灯片中插入两个矩形形状，根据内容调整其大小并将填充色设置为"蓝色"与"深蓝色"，如图 14-46 所示。

图 14-46　添加形状

2 将第1张幻灯片中的组合图形复制到第2张幻灯片中，并调整其位置与大小。然后输入副标题与主讲人。选择第2张幻灯片，右击鼠标选择“复制幻灯片”选项，复制多张幻灯片，如图 14-47 所示。

图 14-47　复制幻灯片

3 执行【插入】|【图像】|【图片】命令，选择图片并单击【插入】按钮。同时，执行【文本】|【文本框】|【横排文本框】命令，插入横排文本框并输入文字，如图 14-48 所示。

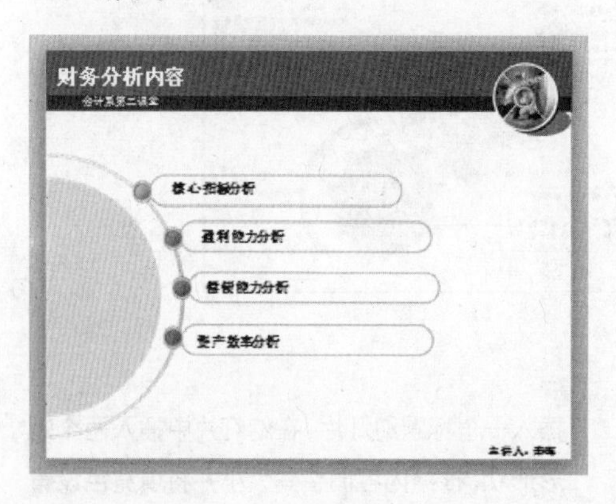

图 14-48　制作财务分析内容

4 选择第3张幻灯片，在幻灯片中插入6个椭圆形形状，将6个椭圆形的填充色分别设置为“绿色”、“浅绿色”、“蓝色”、“浅蓝色”、“白色”、“浅白色”渐变效果，调整其大小与位置，如图 14-49 所示。

图 14-49　制作椭圆形组合形状

5 在幻灯片中插入两个圆角矩形形状，执行【格式】|【形状样式】|【形状填充】|【白色】命令，同时将【形状轮廓】设置为“粗细”里面的“3 磅”。最后，添加两个箭头形状，并在形状中输入文本，如图 14-50 所示。

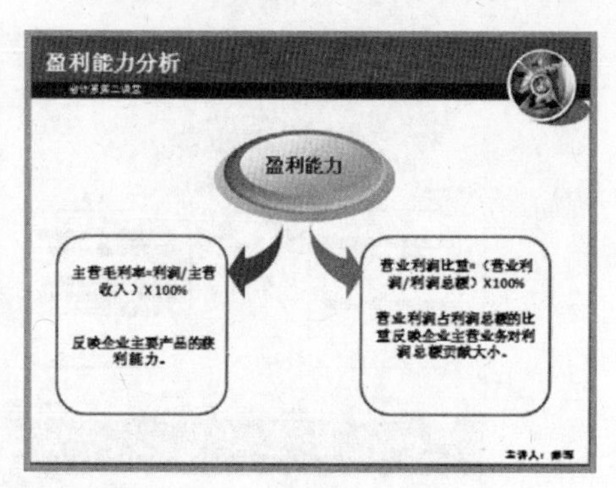

图 14-50　制作盈利分析内容

6 选择幻灯片左侧形状中的第一段文字，执行【动画】|【动画】|【飞入】命令。同时，执行【动画】|【动画】|【效果选项】|【自左侧】命令，如图 14-51 所示。

7 选择第二段文字，执行【动画】|【动画】|【百叶窗】命令，同时执行【动画】|【动画】|【效果选项】|【垂直】命令。然后，将【开始】设置为【上一动画之后】，如图 14-52 所示。

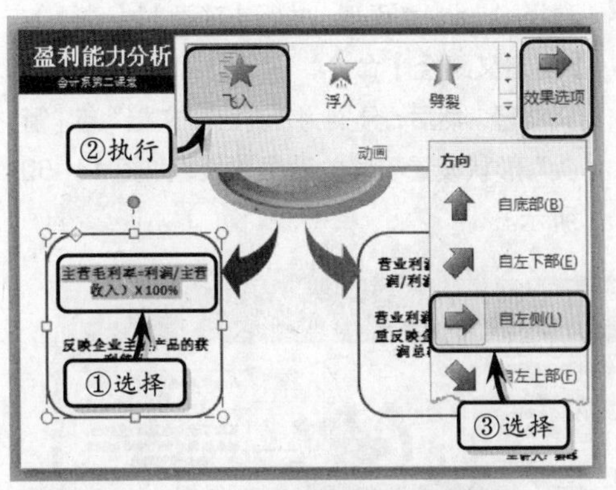

图 14-51 设置第一段动画效果

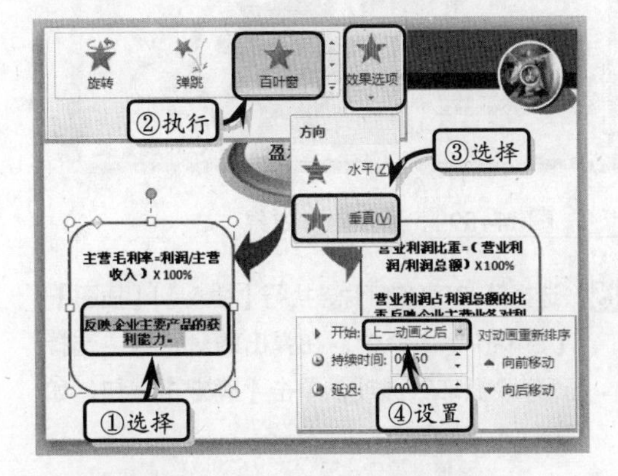

图 14-52 设置第二段动画效果

8 重复步骤 6 与 7，分别为右侧形状中的文本设置动画效果。选择第 4 张幻灯片，执行【插入】|【图像】|【图片】命令，插入一个形状图片。然后，分别输入幻灯片标题与形状标题，如图 14-53 所示。

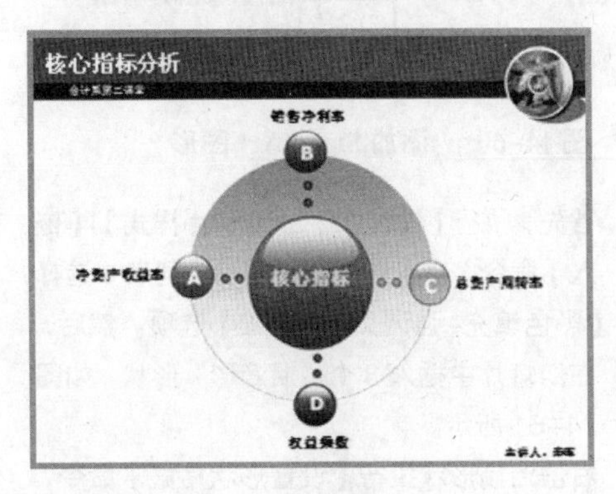

图 14-53 插入形状图片

9 执行【插入】|【插图】|【形状】命令，插入一个圆角矩形形状。将形状的【形状填充】设置为“白色”，将【轮廓效果】设置为“粗细”为“3 磅”。复制形状并输入文本，如图 14-54 所示。

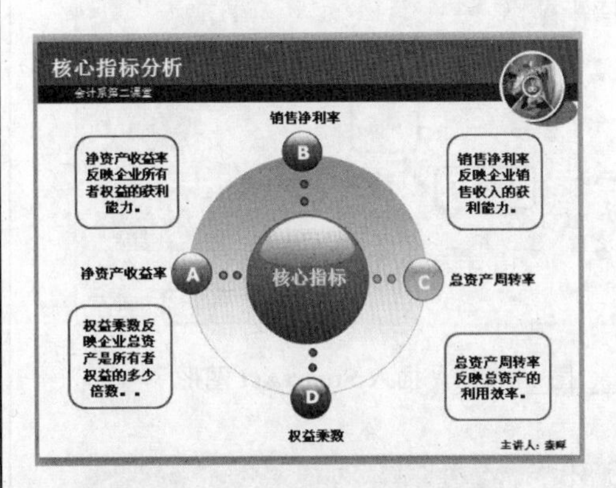

图 14-54 添加形状与文本

10 选择左上角的形状，执行【动画】|【动画】|【飞入】命令，同时执行【动画】|【动画】|【效果选项】|【自左侧】命令。利用上述方法，分别设置其他形状的动画效果，如图 14-55 所示。

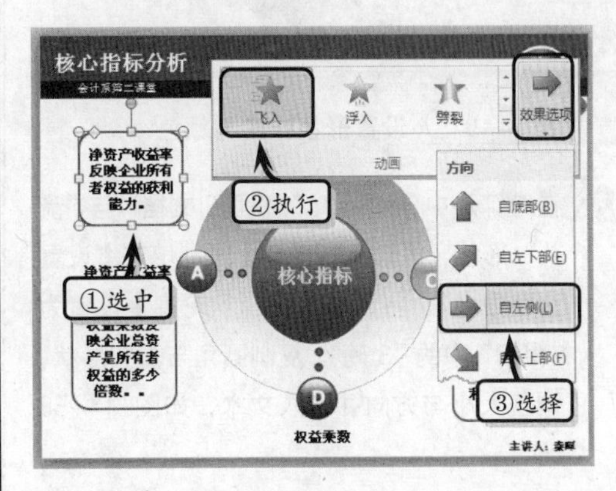

图 14-55 为形状添加动画效果

11 选择第 5 张幻灯片，执行【插入】|【插图】|【SmartArt】命令，在弹出的对话框中选择“齿轮”选项，单击【确定】按钮，如图 14-56 所示。

12 选择 SmartArt 图形，执行【设计】|【SmartArt 样式】|【嵌入】命令。右击图形中的单个形状，执行【设置形状格式】命令，分别将形状的【渐变填充颜色】分别设置为“红日西斜”、“铜黄色”与“宝石蓝”。最后输入标

题与形状标题，如图 14-57 所示。

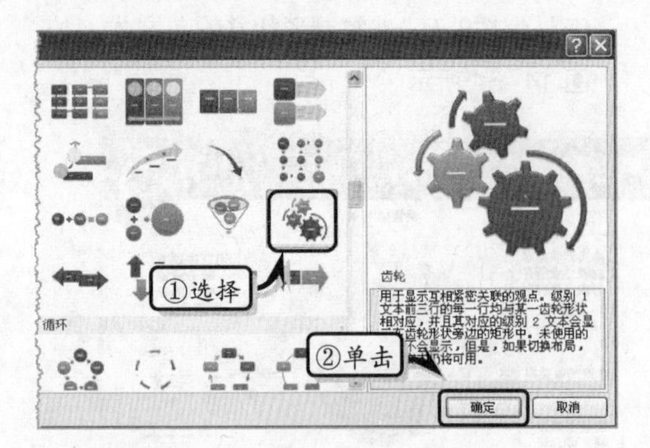

图 14-56　插入 SmartArt 图形

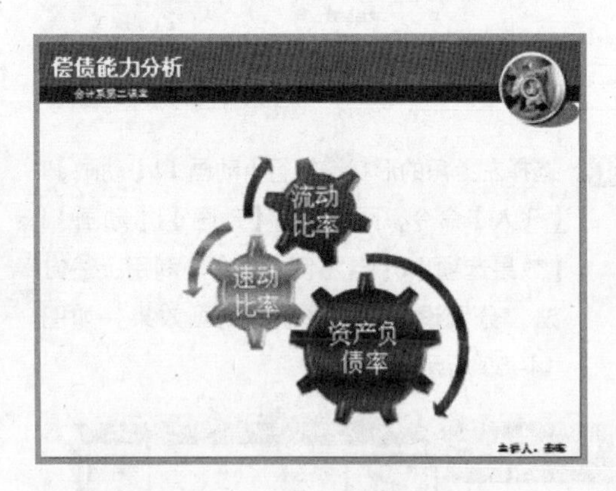

图 14-57　设置形状样式与颜色

13 在幻灯片中分别插入“流程图:文档”与“箭头”形状，将圆角矩形的【形状填充】设置为“白色”，将箭头的【形状轮廓】设置为“粗细”中的“3 磅”。复制圆角与箭头形状，调整大小与方向并输入文本，如图 14-58 所示。

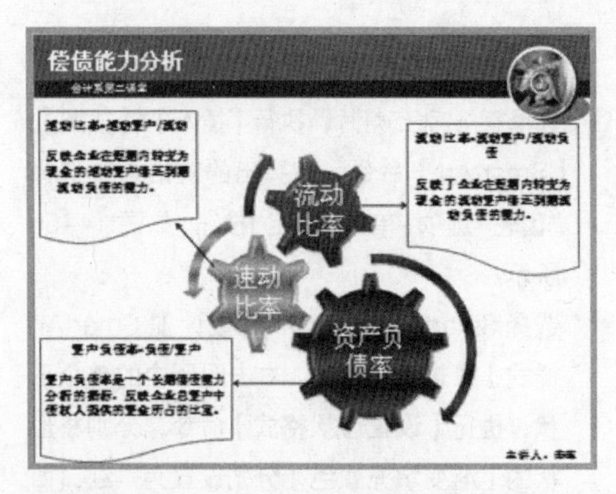

图 14-58　制作分析内容

14 选择 SmartArt 图形，执行【动画】|【动画】|【自定义路径】命令，在幻灯片中绘制自定义路径。然后，分别为“流程图文档”与“箭头”形状设置不同的动画效果，如图 14-59 所示。

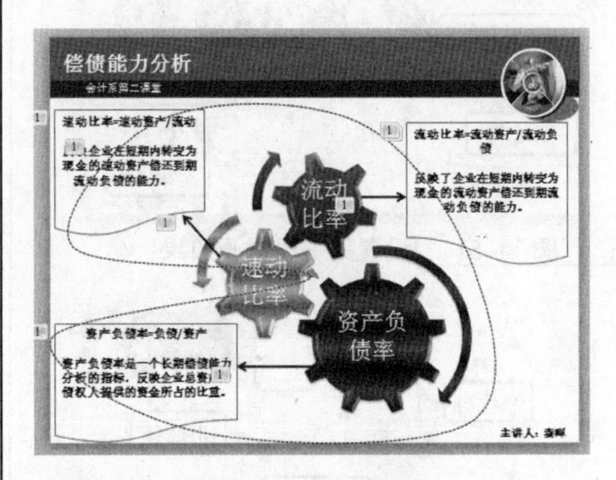

图 14-59　添加动作效果

15 选择第 6 张幻灯片，执行【插入】|【插图】|【SmartArt】命令，在弹出的对话框中选择“分段循环”选项，单击【确定】按钮，如图 14-60 所示。

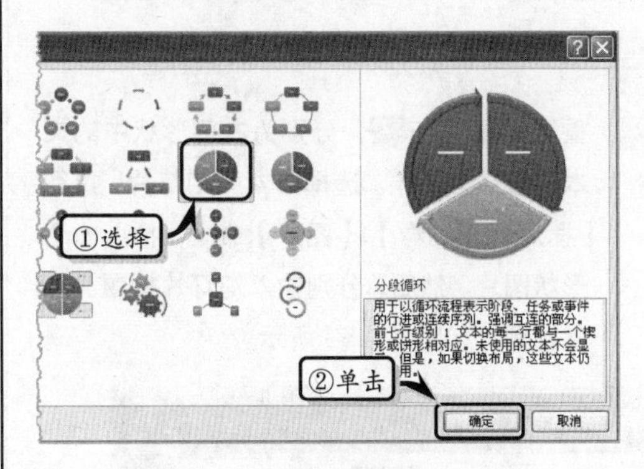

图 14-60　添加 SmartArt 图形

16 首先，执行【设计】|【SmartArt 样式】|【嵌入】命令。在【更改颜色】下拉列表中选择【彩色填充-强调文字颜色 2】选项。然后，在幻灯片中插入 3 个“泪滴形”形状，如图 14-61 所示。

17 右击泪滴形状执行【设置形状格式】命令，在【渐变颜色】选项组中，设置每个形状的渐变颜色并将【类型】更改为【路径】。最后，在形状中输入文本即可，如图 14-62 所示。

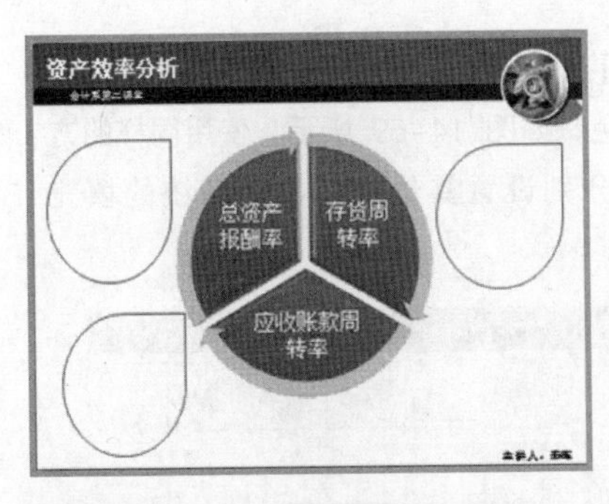

图 14-61　设置图形样式

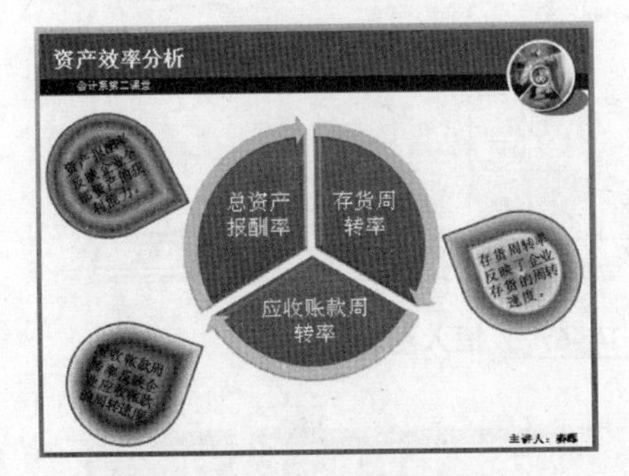

图 14-62　设置形状格式

18 执行【动画】|【动画】|【其他】|【更多进入效果】命令，在弹出的【更改进入效果】对话框中选择【展开】选项，如图 14-63 所示。利用上述方法，为其他形状添加动画效果。

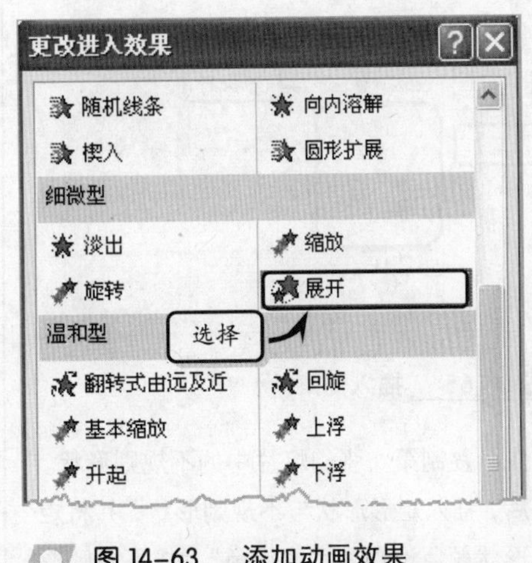

图 14-63　添加动画效果

14.7　课堂练习：市场调查报告之二

在“市场调查报告之一”演示文稿中，已经对首页版面进行了设置。在本练习中将在设置的版面基础上，通过应用 PowerPoint 2010 中的插入新幻灯片、插入图表、文本框、形状等功能来继续制作“市场调查报告之二”演示文稿，如图 14-64 所示。

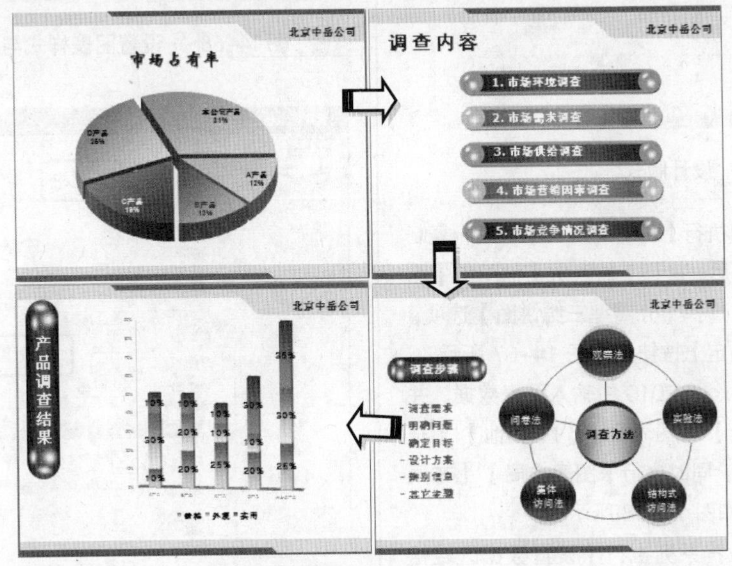

图 14-64　创建现有项目文档

操作步骤

1 打开“市场调查报告之一”演示文稿，执行【开始】|【幻灯片】|【新建幻灯片】命令，插入一个标题幻灯片，如图 14-65 所示。

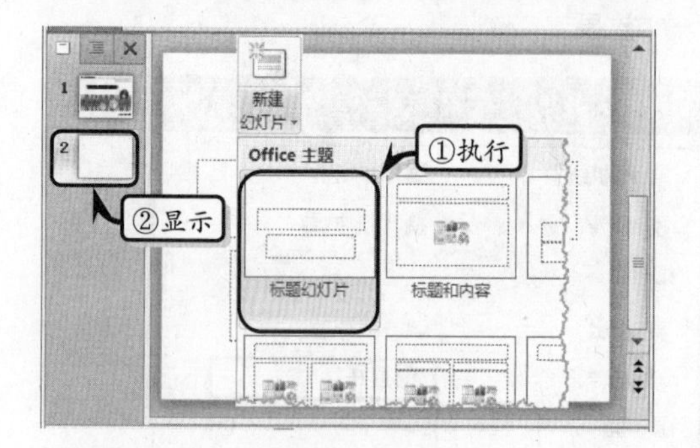

图 14-65 插入幻灯片

2 首先，复制第 1 张幻灯片中的不规则形状。然后，插入矩形形状与不规则形状，并将矩形形状颜色设置为“浅绿色”，将不规则形状设置为“深绿色”，调整位置与层次，如图 14-66 所示。

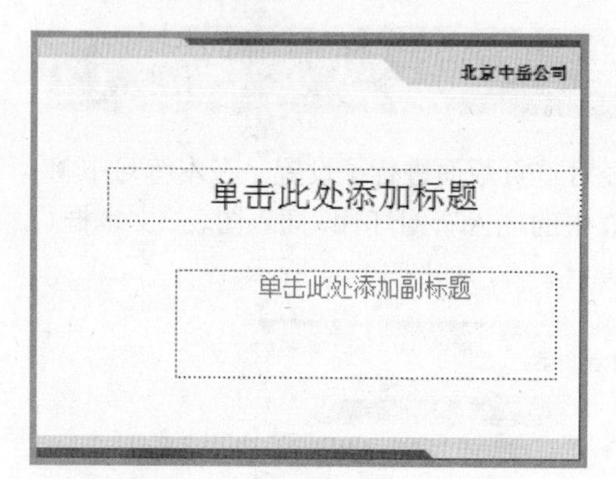

图 14-66 设计版式

3 右击幻灯片执行【复制幻灯片】命令，复制幻灯片。然后，执行【插入】|【插图】|【图表】命令，选择【分离型三维饼图】选项，并单击【确定】按钮，如图 14-67 所示。

4 在弹出的 Excel 2010 中输入图表数据，并执行【设计】|【图表样式】|【其他】|【样式 2】命令，同时执行【图表布局】|【布局 1】命令，如图 14-68 所示。

5 右击单个数据系列执行【设置数据区域格式】命令，在【填充】选项卡中选中【渐变填充】选项，并在列表中分别设置渐变光圈的颜色，如图 14-69 所示。使用同样的方法，分别设置其他单个数据系统的填充颜色。

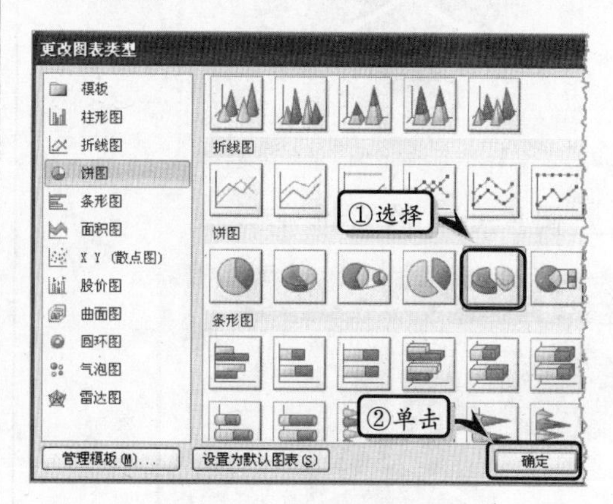

图 14-67 插入图表

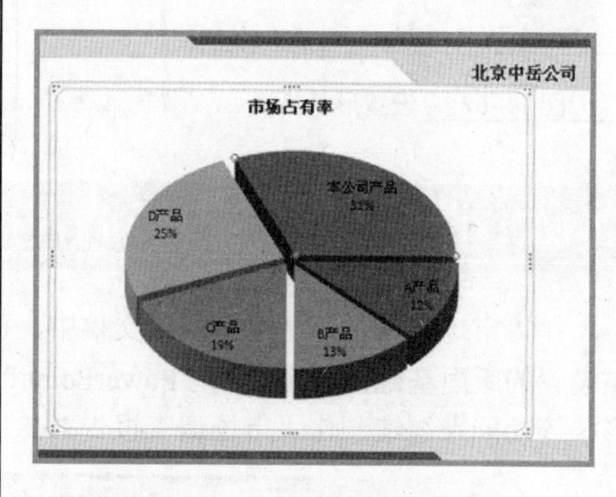

图 14-68 设置图表样式与布局

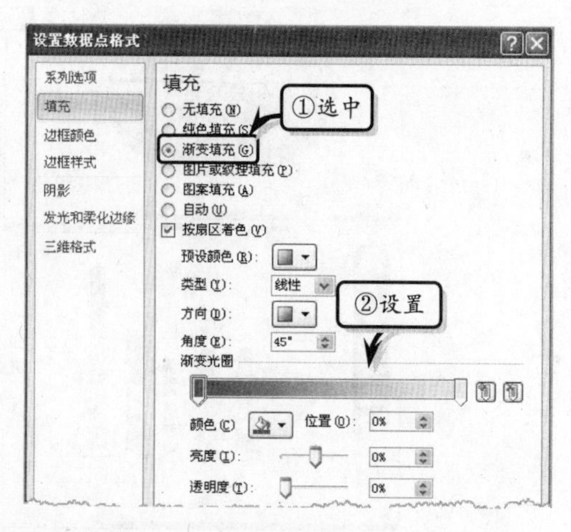

图 14-69 设置渐变颜色

6 选择第 3 张幻灯片，执行【插入】|【图像】|【图片】命令，在文本框中输入文本并移动到图片上，如图 14-70 所示。

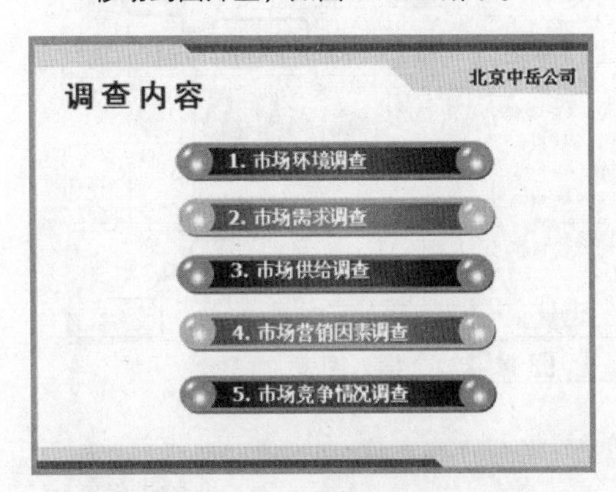

图 14-70 制作调查内容幻灯片

7 选择第 1 个文本框，执行【动画】|【动画】|【飞入】命令，同时执行【动画】|【动画】|【效果选项】|【自左侧】命令，如图 14-71 所示使用同样的方法，分别为其他文本框添加动画。

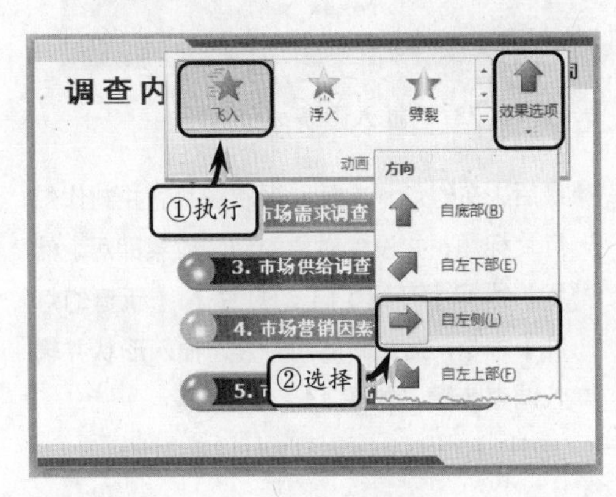

图 14-71 添加动画效果

8 选择第 4 张幻灯片，插入 1 个圆形。右击圆形执行【设置形状格式】命令，选中【渐变填充】选项。并在【渐变光圈】选项组中设置渐变颜色，如图 14-72 所示。

9 插入第 2 个圆形，右击圆形执行【设置形状格式】命令，选中【渐变填充】选项。并在【渐变光圈】选项组中，设置渐变颜色。最后，调整圆形大小并将圆形放置在第 1 个圆形上，如图 14-73 所示。

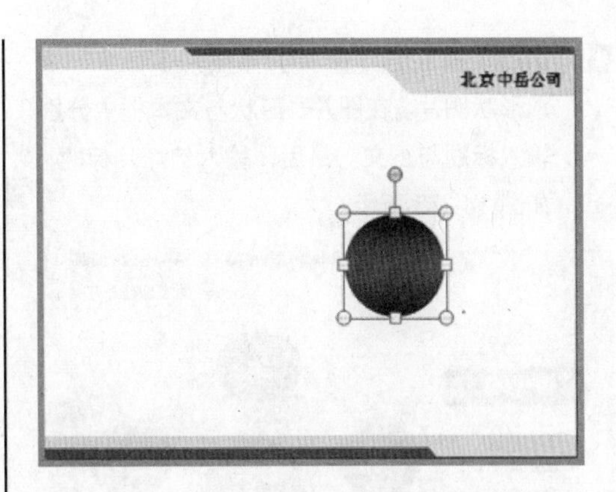

图 14-72 设置圆形 1 的填充色

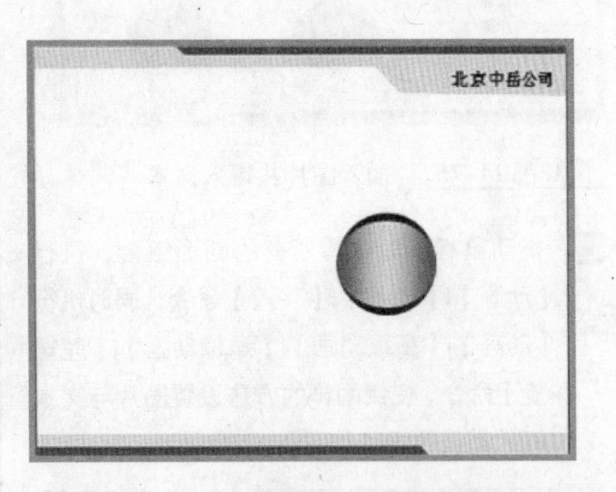

图 14-73 设置圆形 2 的填充色

10 利用上述方法，分别制作其他圆形组合形状。插入一个同心圆，调整内圆与外圆之间的距离，将【形状轮廓】设置为“深绿”。调整同心圆位置并设置为【置于底层】。最后，在中心园与边圆之间添加直线，如图 14-74 所示。

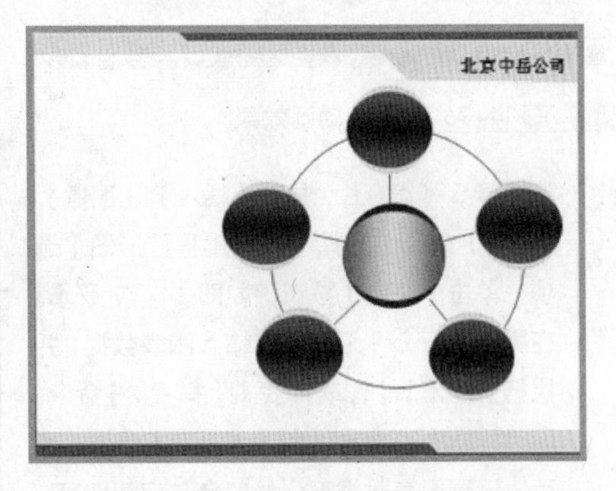

图 14-74 在中心圆与边圆之间添加直线

11 执行【插入】|【图像】|【图片】命令，插入形状图片。在图片、形状与文本框中分别输入标题与正文。最后，输入幻灯片标题，如图 14–75 所示。

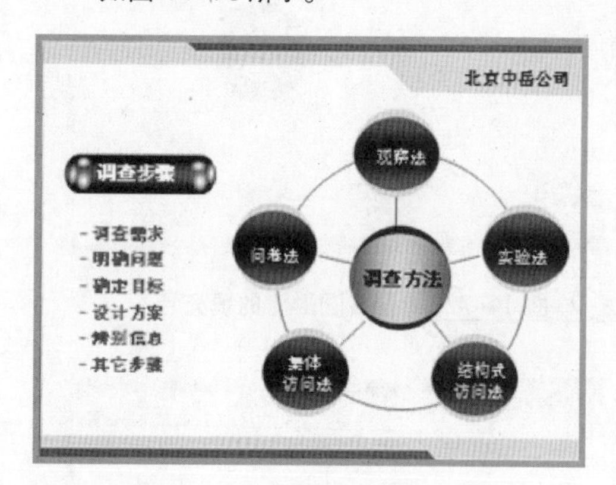

图 14–75　插入图片并输入文本

12 拖动鼠标同时选择所有的圆形组合，执行【动画】|【动画】|【飞入】命令，同时执行【动画】|【高级动画】|【添加动画】|【陀螺旋】命令。使用同样的方法设置图片与文本框的动画效果，如图 14–76 所示。

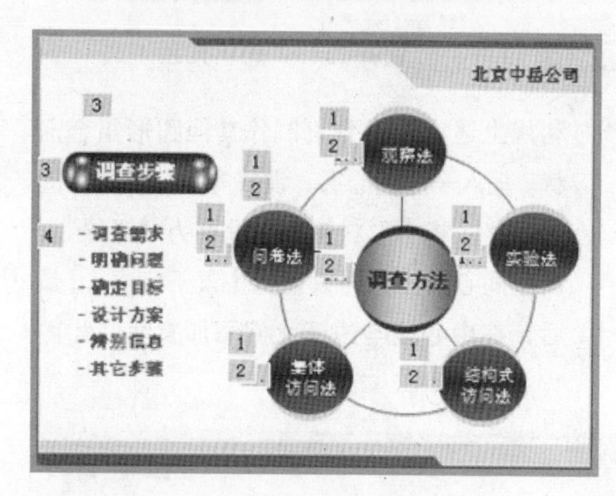

图 14–76　添加动画效果

13 选择第 5 张幻灯片，执行【插入】|【图像】|【图表】命令，选择【三维堆积柱形图】选项，单击【确定】按钮，如图 14–77 所示。

14 在弹出的 Excel 工作表中输入图表数据，并执行【设计】|【图表样式】|【样式 2】命令，同时执行【图表布局】|【布局 4】命令。最后，设置图表数据系列的颜色与间距即可，如图 14–78 所示。

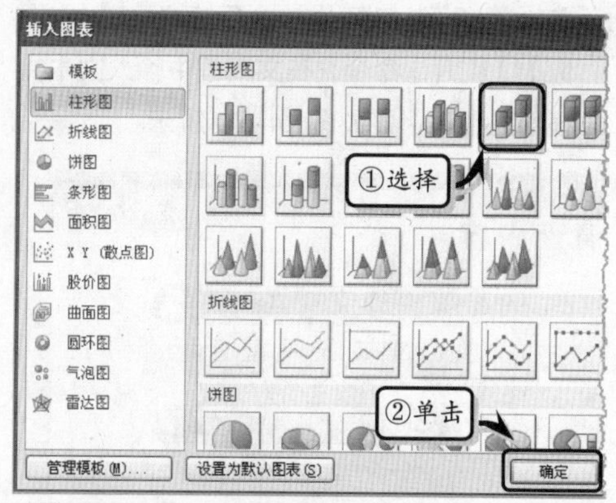

图 14–77　插入图表

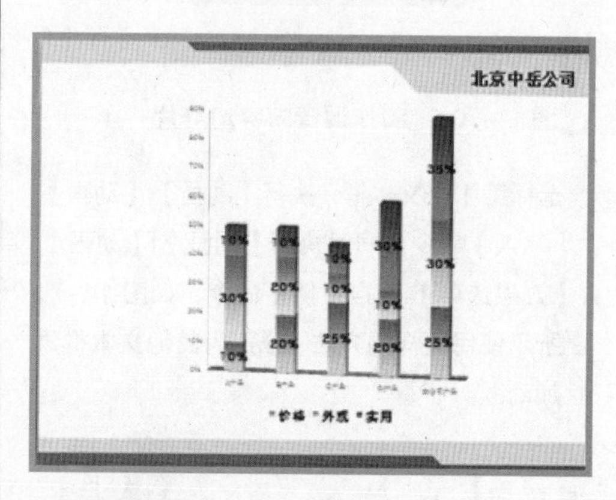

图 14–78　插入图表

15 最后，在幻灯片中插入形状图片，并制作幻灯片标题，并设置对象的动画效果即可。然后，执行【开始】|【幻灯片】|【新建幻灯片】命令，插入新的幻灯片，插入形状并输入调查步骤，如图 14–79 所示。

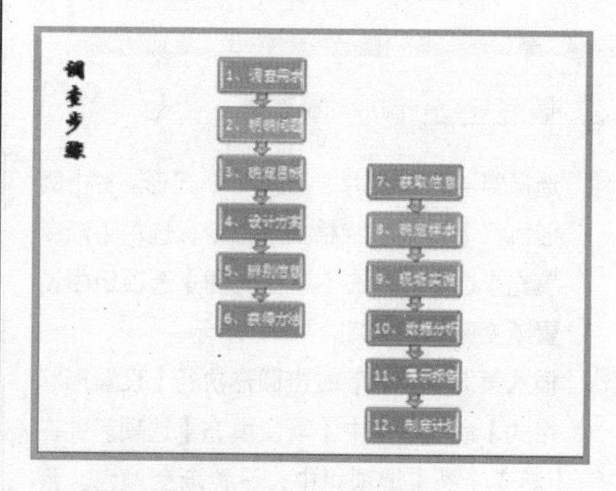

图 14–79　制作调查步骤幻灯片

16 选择第 4 张幻灯片中的“其他步骤”文本，

执行【插入】|【链接】|【超链接】命令。选择“第6张幻灯片”选项，单击【确定】按钮，如图14-80所示。

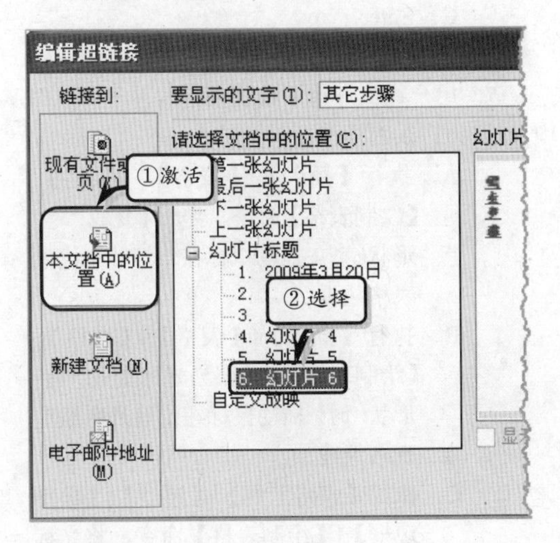

图14-80 创建超链接

17 选择第6张幻灯片中的“调查步骤”文本，执行【链接】|【超链接】命令，选择“第4张幻灯片”选项，单击【确定】按钮，如图14-81所示。

18 执行【幻灯片放映】|【设置】|【设置幻灯片放映】命令，将【放映幻灯片】设置为“从1到6”，如图14-82所示。

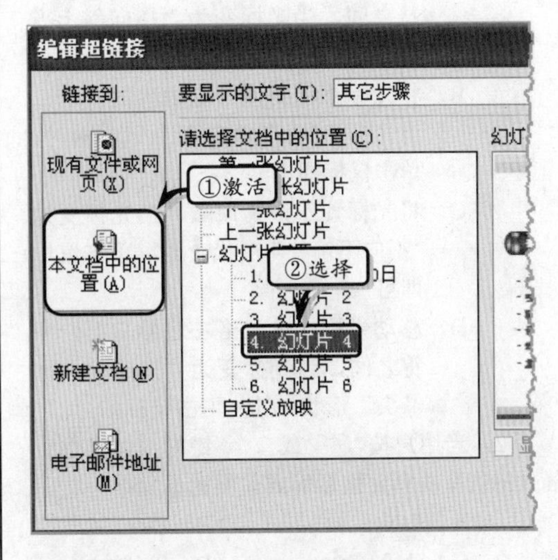

图14-81 创建返回超链接

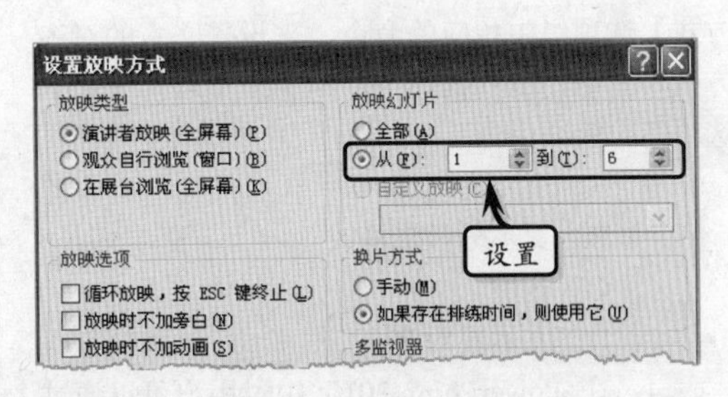

图14-82 设置放映方式

14.8 思考与练习

一、填空题

1．用户还可以将 Excel 电子表格放置于幻灯片中，并利用公式功能计算表格数据。Excel 电子表格可以将表格中的数据进行________、计算、________等。

2．当表格中的某个单元格中的内容超过列宽时，系统会________________。

3．PowerPoint 2010 为用户提供了________多个内置的表格样式，该表格样式是一组包含表格边框、底纹颜色等命令的组合，从而帮助用户达到快速美化表格的目的。

4．用户在设置表格的字体颜色时，可在【颜色】对话框【自定义】选项卡中，设置________与________颜色模式。

5．在设置表格文本的对齐方式时，按________组合键将文本左对齐，按________组合键将文本居中，按________组合键将文本右对齐。

6．在设置单元格的边距时，【单元格边距】下拉列表中主要包括正常、无、_____、_____4种选项

7．在创建图表时，只有在____________的幻灯片版式中，才能通过单击【插入图表】按钮的方法来创建图表。

8．在图表中选择需要删除的数据系列，按_____键或_____键，即可删除所选系列。

9．在设置图表的数据系列格式时，其数据系列的形状会随着图表的改变________。

二、选择题

1．下列描述中，_____为描述选中当前单元格的操作方法。

A．移动光标至单元格左边界与第一字符之间，当光标变为“指向斜上方箭头”形状↗时，单击鼠标即可

B．将光标移动到该行左边界的外侧，当光标变为“指向右箭头”形状➡时，单击鼠标即可

C．将光标置于该列顶端，当光标变为“指向下箭头”形状⬇时，单击鼠标即可

D．移动光标至单元格左边界与第一字符之间，当光标变为“指向斜上方箭头”形状➡时，单击鼠标即可

2．当用户按_____或_____键时，可以选中插入符所在的单元格后面或前面的单元格。

A．Tab　　B．Ctrl

C．Shift+Tab　　D．Shift+Alt

3．用户可通过执行【布局】选项卡【对齐方式】选项组中相应的命令，来设置文本的对齐方式。其中，下列描述中，不属于【对齐方式】选项组中的命令为_____。

A．文本左对齐

B．文本分散对齐

C．居中

D．文本右对齐

4．在 PowerPoint 2010 中，用户可以通过_____进行创建图表。

A．占位符法　　B．命令法

C．右击法　　D．选项组法

5．在更改幻灯片图表类型时，下列描述错误的为_____。

A．执行【设计】|【类型】|【更改图表类型】命令，在弹出的【更改图表类型】对话框中选择一种图表类型即可

B．执行【插入】|【插图】|【图表】命令，在弹出的【更改图表类型】对话框中选择一种图表类型即可

C．右击图表执行【更改图表类型】命令，在弹出的【更改图表类型】对话框中选择一种图表类型即可

D．执行【插入】|【图像】|【图表】命令，在弹出的【更改图表类型】对话框中选择一种图表类型即可

6. 用户在删除幻灯片中图表的数据系列时，除了在【选择数据源】对话框中删除之外，还可以通过按_____键来删除数据系列。

A．Delete

B．Backspace

C．Enter

D．Tab

7．用户在幻灯片中绘制表格时，下列操作中_____为错误的操作。

A．执行【插入】|【表格】|【表格】|【绘制表格】命令，当光标变成“笔”形状✎时，拖动鼠标在幻灯片中绘制表格边框

B．执行【插入】|【表格】|【表格】|【绘制表格】命令，当光标变成“笔”形状✎时，拖动鼠标在幻灯片中绘制表格内线

C．执行【表格工具】|【设计】|【绘图边框】|【绘制表格】命令，将光标放至外边框内部，拖动鼠标绘制表格的行和列

D．当用户再次执行【绘制表格】命令后，需要将光标移至表格的内部绘制，否则将绘制表格的外边框

三、问答题

1．简述设置坐标轴格式的操作方法。

2．创建表格主要包括哪几种创建方法？简述每种创建方法的操作步骤。

3．设置图表数据主要包括哪些内容？

四、上机练习

1．创建 Excel 表格

在本练习中，将运用 PowerPoint 2010 中的表格功能来创建一个 Excel 表格，如图 14-83 所示。首先，新建一个幻灯片，执行【插入】|【表格】|【Excel 电子表格】命令。然后，将鼠标移至电子表格的右下角，当鼠标变成“双向箭头”形状时，拖动鼠标调整表格的大小，并在表格中输入各类数据与计算公式，单击幻灯片空白位置，结束表格的编辑状态。最后，选择整个表格，执行【格式】|【形状样式】|【形状填充】命令，在其列表中选择“橄榄色-强调文字颜色 3，淡色 80%”色块。同样，执行【形状样式】|【形状轮廓】命令，在其列表中选择“黑色”色块。

应收账款统计表					
当前日期:	2011-8-1				
客户名称	赊销日期	经手人	应收账款	已收账款	结余
A公司	2010-8-8	小张	¥ 200,000.00	¥ 10,000.00	¥190,000.00
B公司	2010-8-10	小刘	¥ 10,000.00	¥ 3,000.00	¥ 7,000.00
C公司	2010-8-16	小王	¥ 50,000.00	¥ 30,000.00	¥ 20,000.00
D公司	2010-9-10	小李	¥ 60,000.00	¥ 40,000.00	¥ 20,000.00
E公司	2010-9-29	小然	¥ 30,000.00	¥ 10,000.00	¥ 20,000.00
F公司	2010-10-20	小余	¥ 20,000.00	¥ 15,000.00	¥ 5,000.00
A公司	2010-10-21	小张	¥ 10,000.00	¥ 6,000.00	¥ 4,000.00
B公司	2010-10-22	小刘	¥ 40,000.00	¥ 40,000.00	¥ -
C公司	2010-8-23	小王	¥ 50,000.00	¥ 40,000.00	¥ 10,000.00
D公司	2010-10-24	小李	¥ 60,000.00	¥ 40,000.00	¥ 20,000.00
E公司	2010-10-25	小然	¥ 30,000.00	¥ 20,000.00	¥ 10,000.00
F公司	2010-10-26	小余	¥ 20,000.00	¥ 20,000.00	¥ -
A公司	2010-10-27	小张	¥ 70,000.00	¥ 50,000.00	¥ 20,000.00
B公司	2010-10-28	小刘	¥ 10,000.00	¥ 3,000.00	¥ 7,000.00
C公司	2010-10-29	小王	¥ 30,000.00	¥ 10,000.00	¥ 20,000.00
D公司	2010-10-30	小李	¥ 50,000.00	¥ 30,000.00	¥ 20,000.00

图 14-83　创建 Excel 表格

2. 创建“带数据标记”的折线图

在本练习中，将运用 PowerPoint 2010 中的图表功能，创建一个带数据标记的折线图，如图 14-84 所示。首先，执行【插入】|【插图】|【图表】命令，选择【带数据标记的折线图】选项，并单击【确定】按钮。然后，在弹出的 Excel 表格中输入图表基础数据，并关闭 Excel 表格。最后，执行【图表工具】|【设计】|【图表样式】|【样式 18】命令，同时执行【格式】|【形状样式】|【细微效果-橄榄色，强调颜色 3】命令。

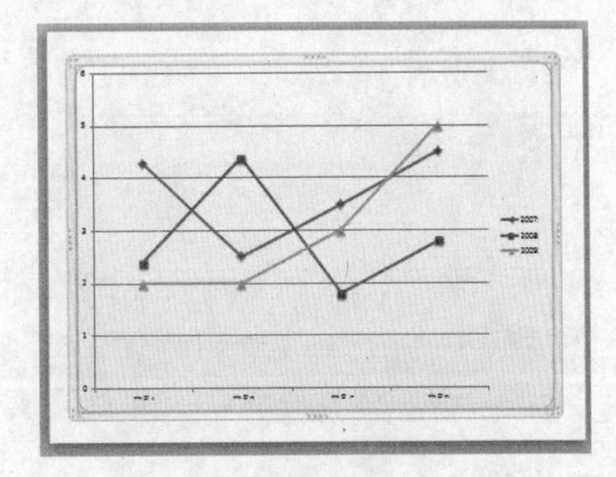

图 14-84　带数据标记的折线图

第 15 章

设置动画效果

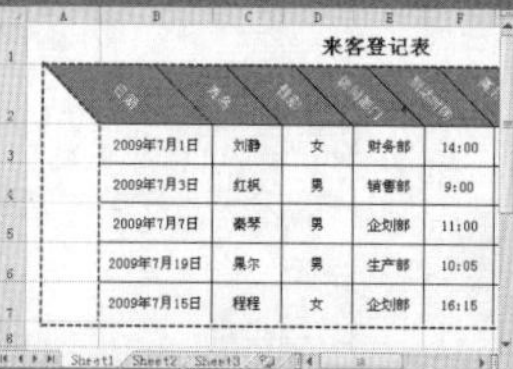

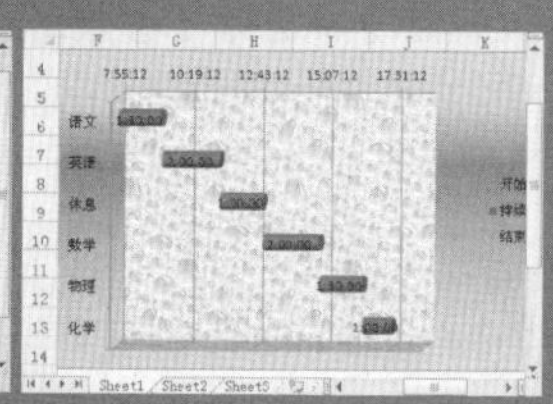

在使用 PowerPoint 2010 制作演示文稿时，用户还需要运用其内置的动画与换片功能，来增加演示文稿的动态性与多样性。例如，为幻灯片添加淡出、飞入等自定义动画效果与幻灯片的转换效果。在本章中，将详细讲解为幻灯片添加动画效果与转换效果的基础知识与操作技巧，从而为制作声色俱佳的演示文稿奠定基础。

本章学习要点：

- 设置文字效果
- 设置图表效果
- 排序动画效果
- 自定义动画路径
- 添加转换效果
- 设置换片方式
- 添加音频文件

15.1 设置文字效果

文字是演示文稿中的主旋律，是丰富幻灯片内容的主要方式之一。在 PowerPoint 2010 中，用户可通过为文字设置动画效果的方法，在突出显示幻灯片中的文字效果的同时增加幻灯片的互动性。

15.1.1 添加动画效果

PowerPoint 2010 为用户提供了进入、强调、退出等几十种内置动画效果，用户可以通过为幻灯片中文本对象添加、更改与删除动画效果的方法，来增加文本的互动性与多彩性。

1. 添加单个动画效果

选择幻灯片中的文本或文本框，执行【动画】|【动画】|【其他】下拉按钮，在其下拉列表中选择相应的动画效果即可，如图 15-1 所示。

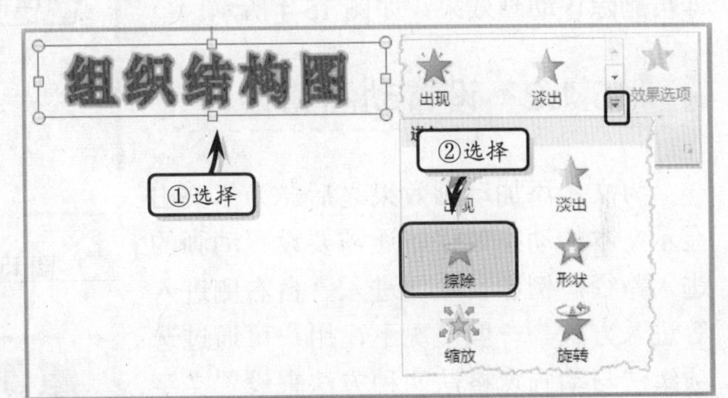

图 15-1 添加动画效果

提 示

在添加动画效果之后，用户可通过执行【动画】|【其他】|【无】命令的方法来取消已设置的动画效果。

另外，用户可通过执行【动画】|【其他】|【更多进入效果】命令，在弹出的【更多进入效果】对话框中，选择相应的动画类型，如图 15-2 所示。同样，用户还可以使用同样的方法，添加更多强调或退出的动画效果。

提 示

用户可以通过执行【动画】|【其他】|【更多强调效果】或【更多退出效果】或【其他动作路径】命令，来设置更多种类的动画效果。

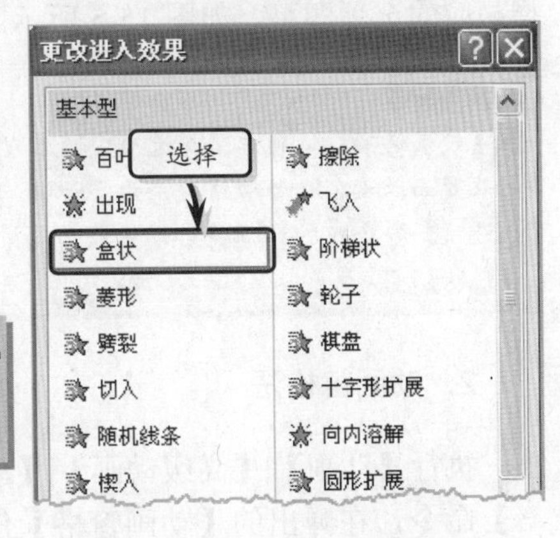

图 15-2 添加其他动画效果

2. 更改动画效果

为文本或文本框添加动画效果之后，单击对象前面的动画序列按钮，执行【动画】|【其他】命令，在其列表中选择另外一种动画效果，即可更改当前的动画效果，如图 15-3 所示。

提 示

用户还可以通过单击对象前面显示动画效果的数字序列来选择具体的动画效果。

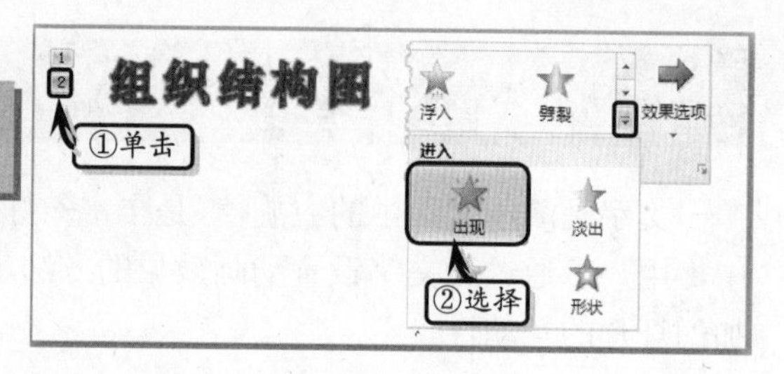

图 15-3 更改动画效果

3. 删除动画效果

当用户为某个文本多添加了一个动画效果，或不再需要已添加的动画效果时，单击对象前面的动画序列按钮 1 ，按 Delete 键或执行【动画】|【其他】|【无】命令，即可删除该动画效果，如图 15-4 所示。

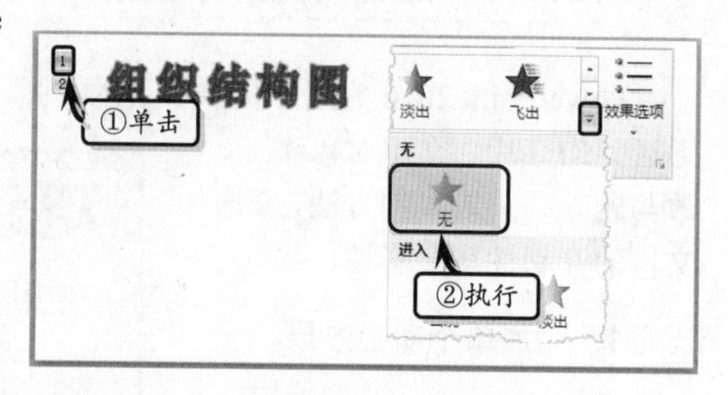

图 15-4 删除动画效果

15.1.2 设置动画路径

为文本添加动画效果之后，为了突出显示文本的动态效果，还需要设置动画的进入路径，例如自左侧进入、自右侧进入等进入方式。一般情况下，用户可通过选项组法与动画窗格法两种方法来设置文字动画的路径方向。

1. 选项组法

选择已设置的动画效果，执行【动画】|【动画】|【效果选项】命令，在其列表中选择相应的选项即可，如图 15-5 所示。

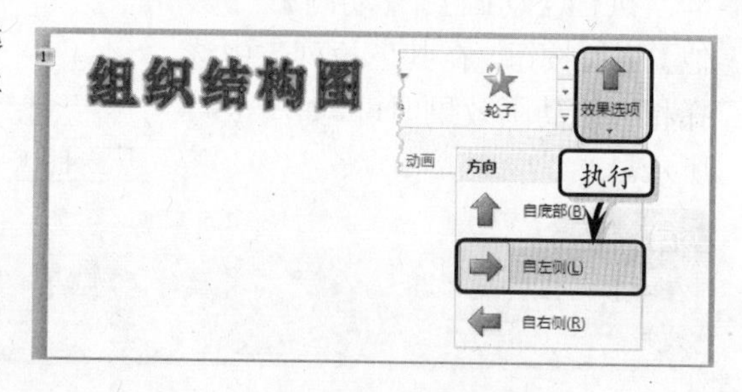

图 15-5 设置动画的进入方式

提 示

在【效果选项】选项中，其选项会随着动画效果的改变而改变，例如动画效果为“形状”时，【效果选项】命令中的选择将自动更改为【方向】与【形状】栏。

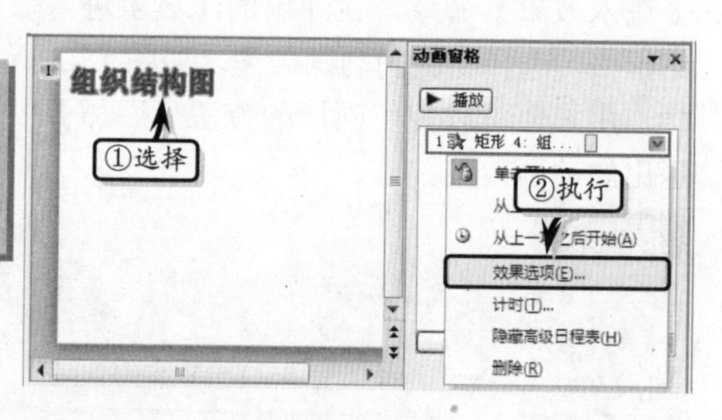

图 15-6 选择动画效果

2. 动画窗格法

执行【动画】|【高级动画】|【动画窗格】命令，在弹出的【动画窗格】任务窗格中，单击动画效果后面对应的下三角按钮，在其下拉列表中选择【效果选项】选项，如图 15-6 所示。

然后，在弹出的对话框中选择【效果】选项卡，单击【方向】下三角按钮，在其下拉列表中选择相应的选项，如图 15-7 所示。

15.1.3 设置多重动画效果

PowerPoint 2010 还为用户提供了为单个对象添加多个动画的功能，运用该功能可以充分体现文本的动感性。

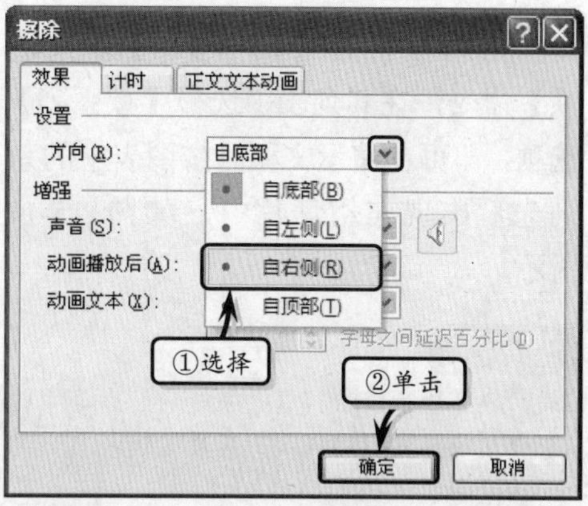

1. 添加多个动画效果

首先，在【动画】选项组中为文本添加一个动画效果。然后，执行【动画】|【高级动画】|【添加动画】命令，在其列表中选择相应的选项，如图 15-8 所示。

图 15-7 设置动画路径

2. 排序动画效果

当用户为单个对象添加多个动画效果之后，为了形象地显示动画效果，发挥动画效果的最优性，还需要排序动画效果的播放顺序。执行【动画】|【计时】|【向上移动】或【向下移动】命令，来调整动画效果的播放顺序，如图 15-9 所示。

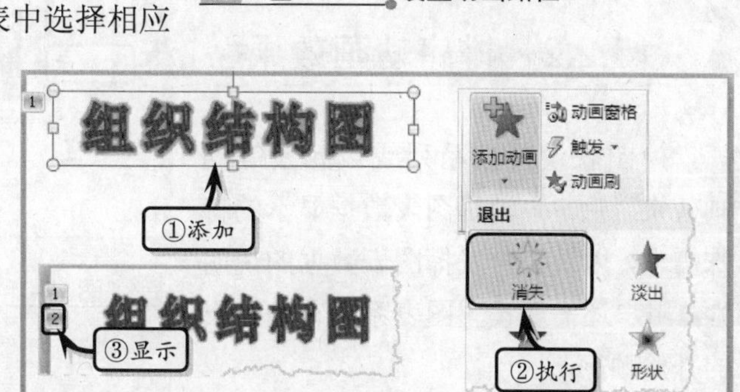

图 15-8 添加多个动画效果

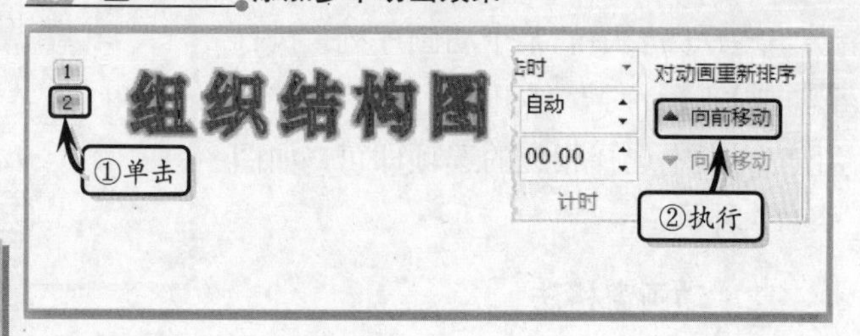

图 15-9 排序动画效果

提 示

当用户选择【动画】选项卡时，系统将会以数字 2 的方式，自动显示对象中的动画效果。

15.2 设置图表效果

图表是幻灯片表现数据的主要形式之一，用户可通过为图表设置动画效果的方法，来设置图表中不同数据类型的显示方式与显示顺序，从而使枯燥乏味的数据具有活泼性与动态性。

15.2.1 为图表添加动画

首先，选择幻灯片中的图表，执行【动画】|【动画】|【其他】命令，在其下拉列表中选择【进入】选项组中的一种动画效果即可，如图 15-10 所示。

然后，执行【动画】|【效果选项】命令，在其列表中选择【按系列】选项，即可在演示文稿时按图表中的系列先后出现在幻灯片中，如图 15-11 所示。

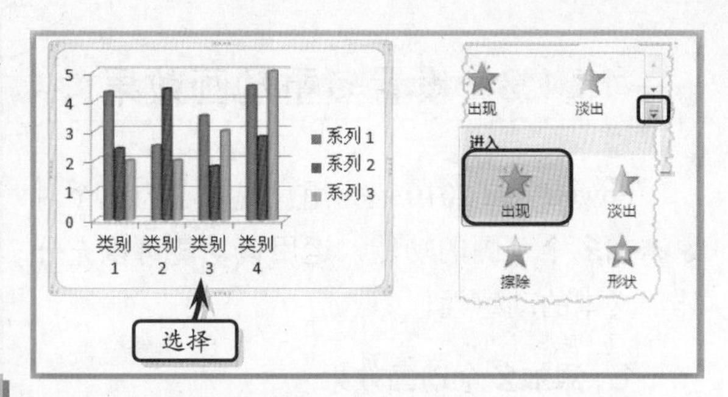

图 15-10 添加动画效果

提　示

用户还可以通过执行【效果选项】命令中的其他选项，按类别或按元素设置图表数据的动画效果。

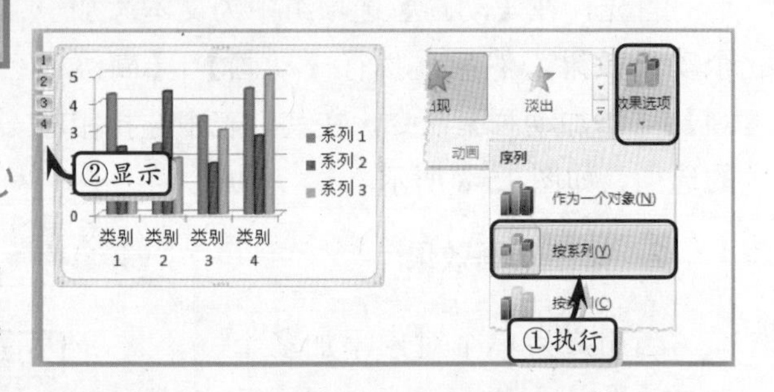

图 15-11 设置进入效果

15.2.2 排序动画效果

为图表设置按系列或按元素等动画效果之后，为满足图表数据显示的特殊需求，以及充分发挥图表数据的说明性，用户还需要设置图表系列动画效果的开始顺序。

1. 选项组法

选择图表中的某个动画序列，执行【动画】|【计时】|【开始】命令，在其下拉列表中选择相应的选项即可，如图 15-12 所示。

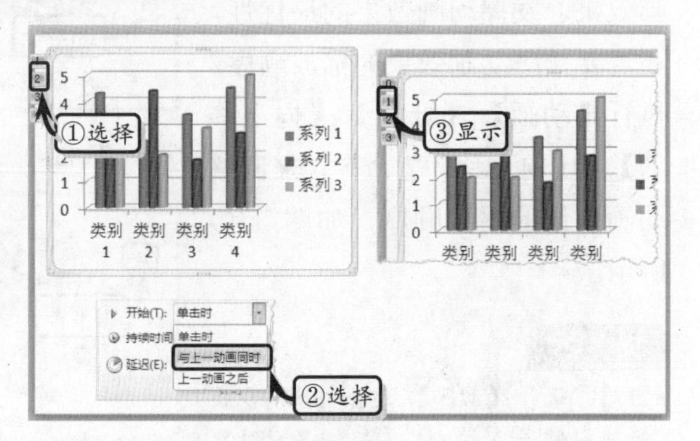

图 15-12 设置开始方式

2. 动画窗格法

执行【动画】|【高级动画】|【动画窗格】命令，在弹出的【动画窗格】对话框中，单击动画系列后面的下三角按钮，在其下拉列表中选择【从上一项之后开始】选项，即可设置动画的播放顺序，如图 15-13 所示。

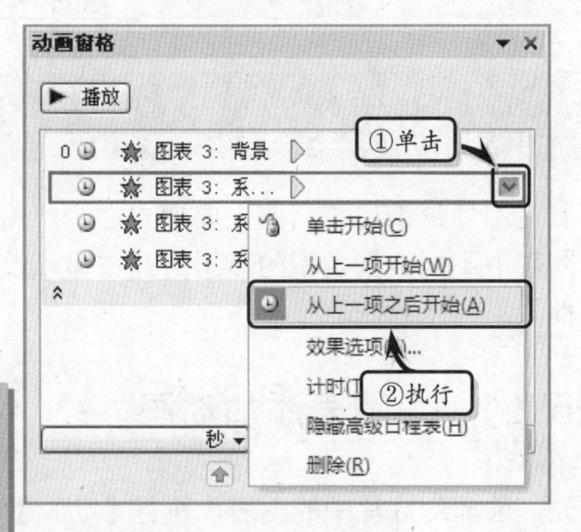

图 15-13 设置播放顺序

提　示

在【动画窗格】对话框中，单击动画系列名称后面的下三角按钮，选择【效果选项】命令后，即可在弹出的对话框中设置动画的效果、计时与图表动画。

15.2.3 设置播放时间

虽然用户已经为图表设置了动画效果，并设置了动画效果的播放顺序。但是，用户会发现在播放多个动画效果时，会感觉到各个动画效果的节拍不是很恰当。此时，用户可通过下列两种方法来设置图表动画效果的播放时间，使各个动画效果之间达到完美结合。

1. 选项组法

在【动画】选项卡【计时】选项组中，单击【持续时间】与【延迟时间】后面的微调按钮，调整至合适时间即可，如图 15-14 所示。

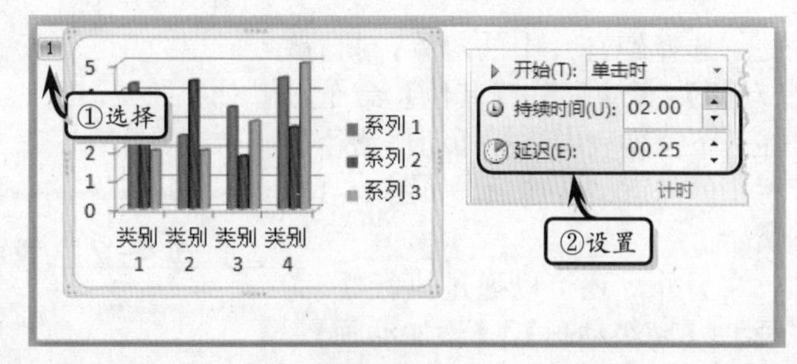

图 15-14 设置播放时间

2. 动画窗格法

在【动画窗格】对话框中，单击动画名称后面的下三角按钮，在其下拉列表中选择【计时】选项卡。在弹出的【图形扩展】对话框中，设置【延迟】与【期间】选项，如图 15-15 所示。

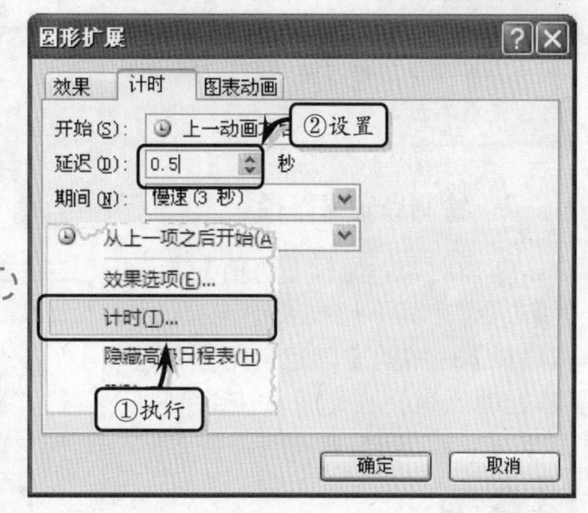

图 15-15 设置计时选项

15.2.4 设置持续放映效果

在【动画窗格】对话框中，单击动画名称后面的下三角按钮，在其下拉列表中选择【计时】选项。在弹出的【图形扩展】对话框中，单击【重复】选项中的下三角按钮，在其下拉列表中选择相应的选项即可，如图 15-16 所示。

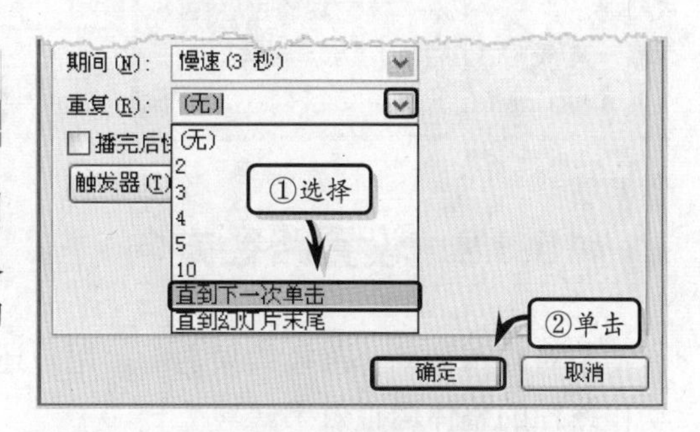

图 15-16 设置持续放映效果

15.3 自定义动画路径

在 PowerPoint 2010 中，用户还可以使用自定义动画路径的功能，来定义幻灯片对象的行进路线，以充分显示幻灯片动画效果的独特之处。

15.3.1 设置动画路径

用户可以使用内置路径或自定义路径来设置对象的动作路径效果。默认情况下，

PowerPoint 2010 为用户提供了 60 多种动作路径效果。除此之外，用户还可以运用绘制路径的功能，自定义动画效果的进入路径。

1. 使用内置路径

选择幻灯片中的对象，执行【动画】|【动画】|【其他】命令，在其下拉列表中选择【动作路径】栏中的任意一种选项，如图 15-17 所示。

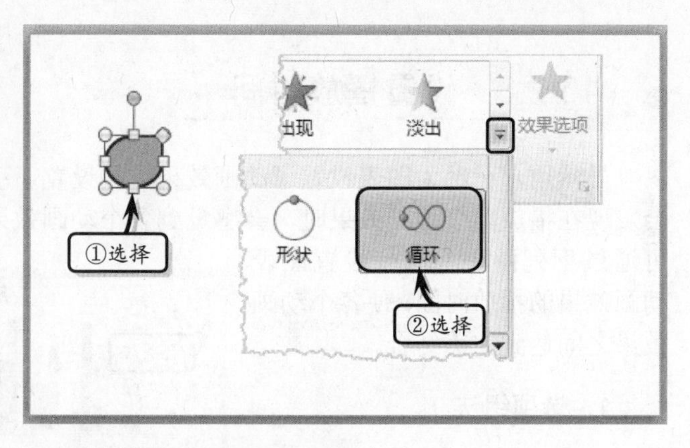

图 15-17 设置内置路径

另外，还可以通过执行【动画】|【高级动画】|【添加动画】命令，在其下拉列表中选择【动作路径】栏中的任意一种选项即可，如图 15-18 所示。

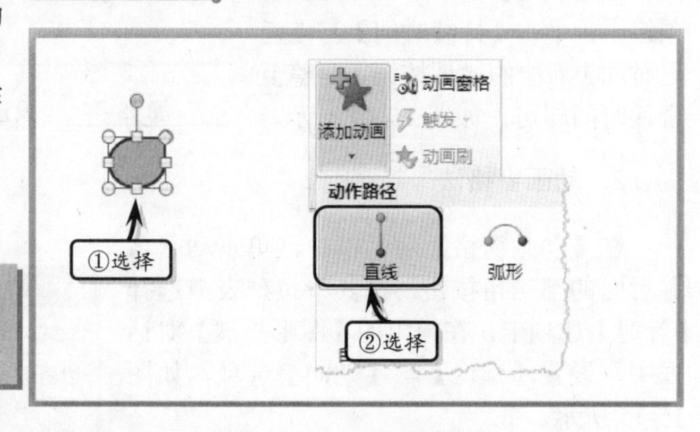

图 15-18 添加多个动画效果

提 示

执行【添加动画】|【其他动作路径】命令，可在弹出的【添加动作路径】对话框中添加更多的动作路径。

2. 绘制自定义路径

选择对象，执行【动画】|【其他】命令，在其下拉列表中选择【动作路径】栏中的【自定义路径】选项，拖动该鼠标在幻灯片中绘制路线即可，如图 15-19 所示。

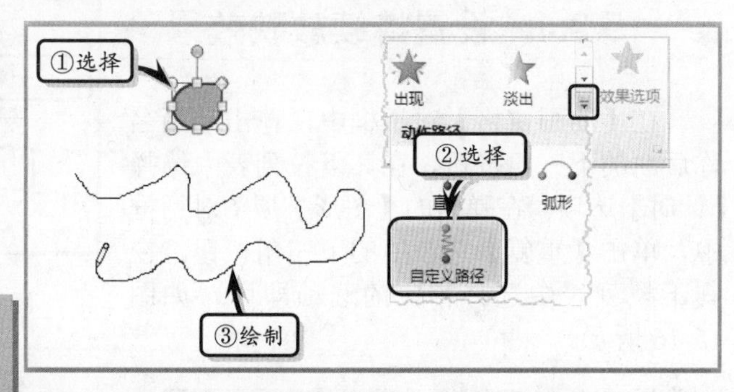

图 15-19 绘制动作路径

提 示

在绘制“曲线”或“任意多边形”路径时，需要按 Enter 键完成绘制。在绘制“直线”或“自由直线”路径时，则需按 Enter 键才可完成绘制。

15.3.2 设置路径方向

为对象添加动作路径效果之后，用户还需要通过编辑动作路径的顶点与方向来显示动作路径的整体运行效果。

1. 编辑顶点

首先，执行【动画】|【动画】|【效果选项】命令，在其列表中选择【编辑顶点】选

项。然后，将光标置于路径顶点处，当光标变为“调整”形状时，拖动鼠标即可调整路径的顶点，如图15-20所示。

提 示

选择路径，右击鼠标执行【编辑顶点】命令，将光标放置于顶点处，拖动鼠标即可编辑顶点。

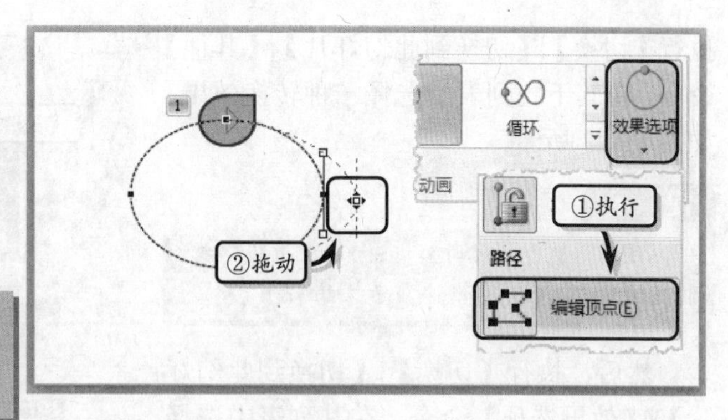

图 15-20 编辑顶点

2. 反转路径方向

选择需要反转方向的路径，执行【动画】|【动画】|【效果选项】|【反转路径方向】命令，即可反转自定义路径，如图15-21所示。

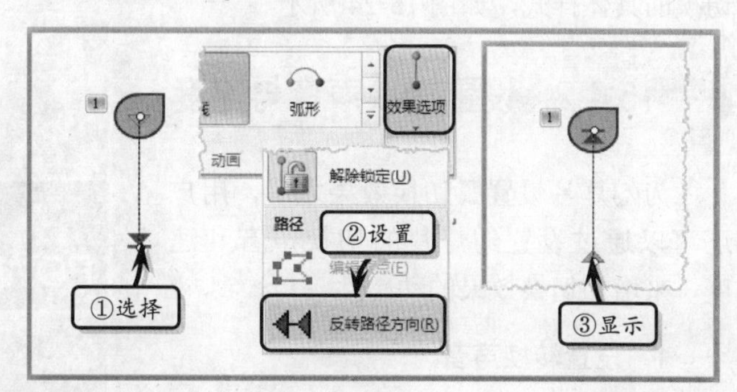

图 15-21 反转路径方向

3. 预览路径效果

添加完动作路径效果之后，执行【动画】|【预览】|【预览】命令，即可自动演示当前幻灯片中已设置的动画效果，如图15-22所示。

提 示

用户可通过执行【预览】|【自动预览】命令，设置动画效果的自动预览功能。也就是当用户每设置一次动画效果，系统便会自动预览该动画效果。

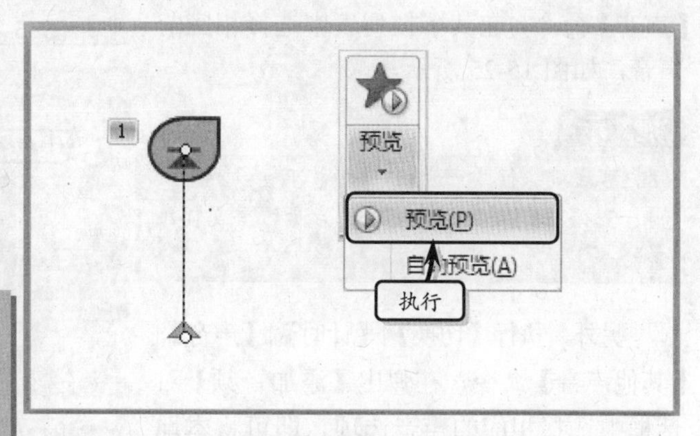

图 15-22 预览路径效果

15.4 设置转换效果

虽然用户可以运用PowerPoint 2010中内置的动画效果，来增加幻灯片的动态性。但是，却无法增加幻灯片与幻灯片之间的播放效果。此时，用户可以运用设置每张幻灯片转换效果的功能，来完善演示文稿的整体动画效果。

15.4.1 添加转换效果

转换效果是一张幻灯片过渡到另外一张幻灯片时所应用的效果。首先，选择幻灯片，

执行【切换】|【切换到此幻灯片】|【其他】命令，在其下拉列表中选择一种转换效果，如图 15-23 所示。

提 示

用户可通过执行【计时】|【全部应用】命令，将该切换效果显示在整个演示文稿中。

然后，执行【切换】|【切换到此幻灯片】|【效果选项】命令，在其列表中选择切换的具体样式，如图 15-24 所示。

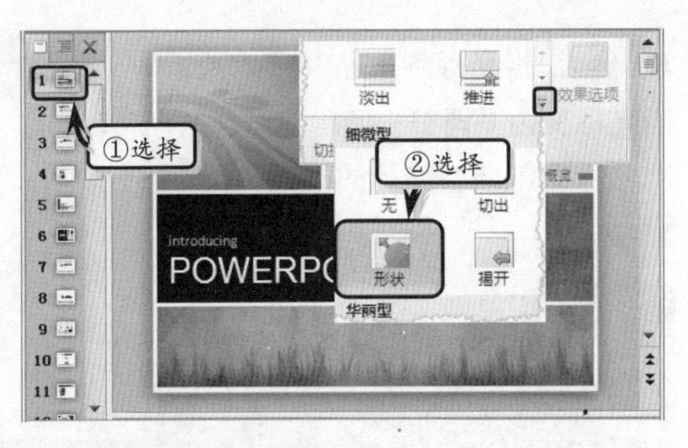

图 15-23 设置切换效果

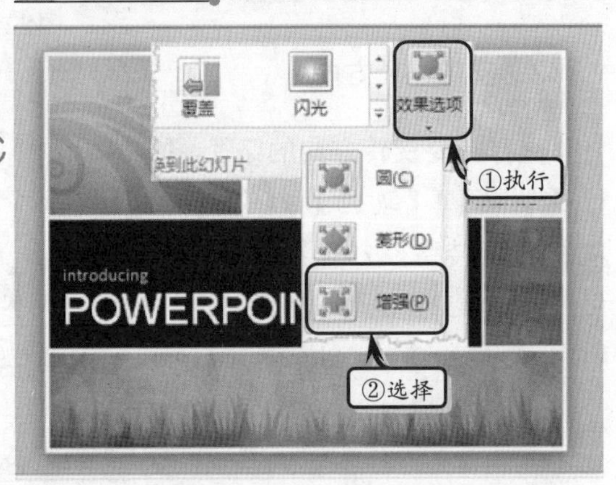

图 15-24 设置切换样式

15.4.2 设置转换声音与速度

为幻灯片设置了切换效果之后，用户还可以通过设置幻灯片的切换声音和速度，来增加切换效果的动感性。

1. 设置转换声音

选择幻灯片，执行【切换】|【计时】|【声音】命令，在其下拉列表中选择相应的声音，如图 15-25 所示。

提 示

用户可通过执行【声音】|【播放下一段声音之前一直循环】命令，设置转换声音的重复播放功能。

另外，执行【切换】|【计时】|【声音】|【其他声音】命令，在弹出【添加音频】对话框中选择相应的声音选项，即可将本地计算机中的声音作为切换声音，如图 15-26 所示。

图 15-25 设置转换声音

提 示

用户在【添加音频】对话框中，必须选择.wav 形式的声音格式。

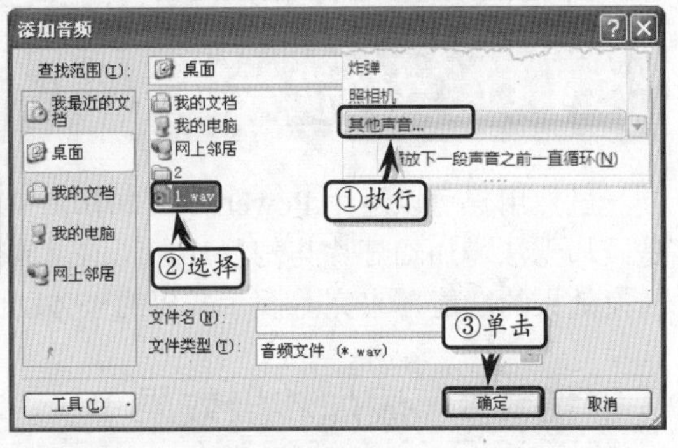

图 15-26 添加本地声音

2. 设置转换速度

转换速度是上一张幻灯片转换到当前幻灯片时所用的时间。首先，选择幻灯片。

然后，执行【切换】|【计时】|【持续时间】命令，在其微调框中设置相应的持续时间即可，如图15-27所示。

图15-27 设置持续时间

15.4.3 设置换片方式

在PowerPoint 2010中，用户可以根据放映需求设置不同的换片方式。一般情况下，换片方式包括单击鼠标时与自动换片两种方式。

首先，在【计时】选项组中，取消选中【单击鼠标时】复选框。然后，选中【设置自动换片时间】复选框，并单击微调按钮，设置换片时间，如图15-28所示。

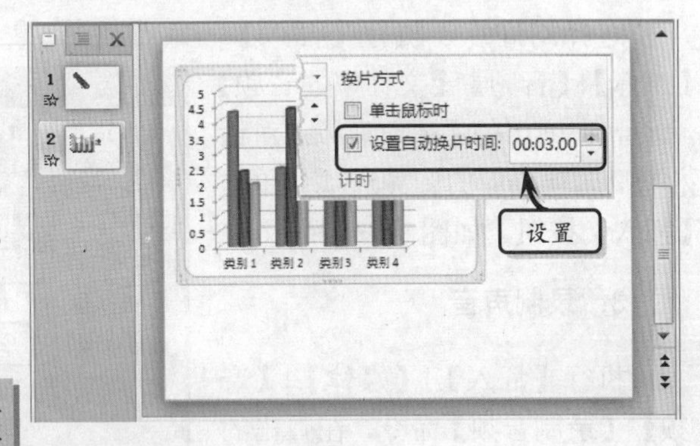

图15-28 设置换片方式

提 示

当用户取消选中【单击鼠标时】选项后，在放映演示文稿时，单击鼠标将无法切换到下一张幻灯片。

15.5 添加音频文件

在PowerPoint 2010中，用户还可以通过为幻灯片添加音频文件的方法，来增减幻灯片生动活泼的动感效果。

15.5.1 添加声音

在幻灯片中，不仅可以将剪辑管理器中的声音插入到幻灯片中，而且还可以将本地计算机中的音乐文件插入到幻灯片中，为幻灯片设置背景音乐。

1. 添加剪辑管理器中的声音

选择幻灯片，执行【插入】|【媒体】|【音频】|【剪贴画音频】命令，在【剪贴画】任务窗格中，选择一种声音文件，如图15-29所示。

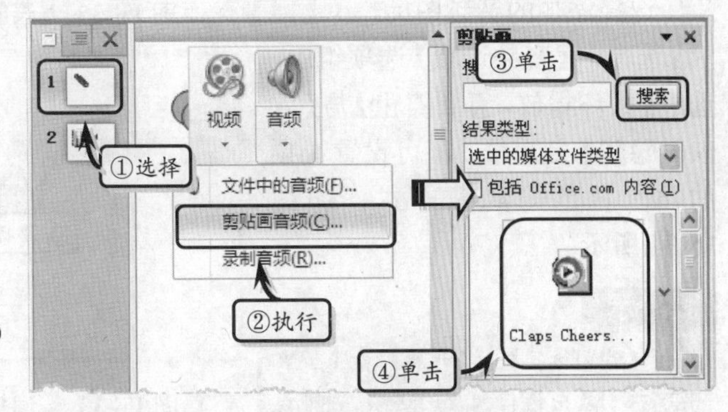

图15-29 插入剪辑管理器中的声音

此时，系统会自动在幻灯片中

显示声音播放对象，用户只需单击【播放/暂停】按钮，即可播放插入的声音，如图15-30所示。

提　示

选择音频图标，执行【格式】|【预览】|【播放】命令，即可播放音频。

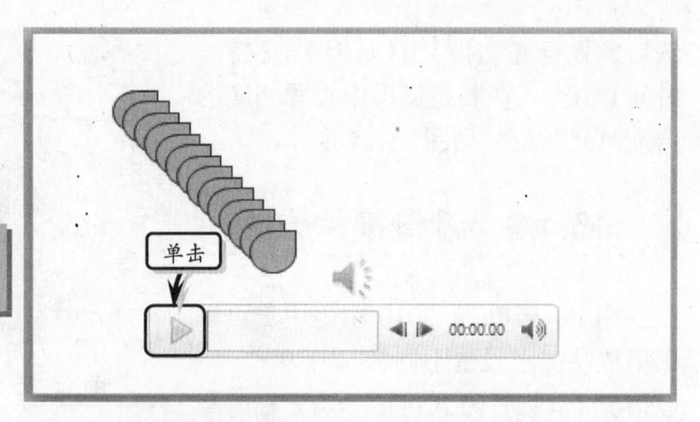

图15-30　播放声音

2. 添加文件中的声音

选择幻灯片，执行【插入】|【媒体】|【音频】|【文件中的音频】命令，在弹出的【插入音频】对话框中，选项相应的音频选项并单击【插入】按钮，如图15-31所示。

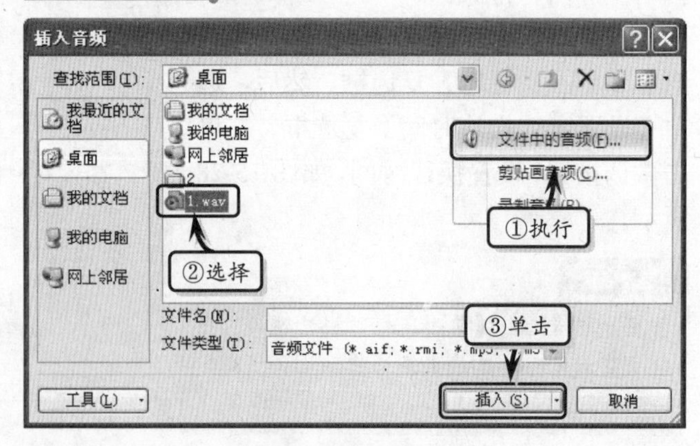

图15-31　插入文件中的声音

3. 录制声音

执行【插入】|【媒体】|【音频】|【录制音频】命令，在弹出的【录音】对话框中输入名称，单击【录制】命令。录制完毕后单击【停止】命令即可，如图15-32所示。

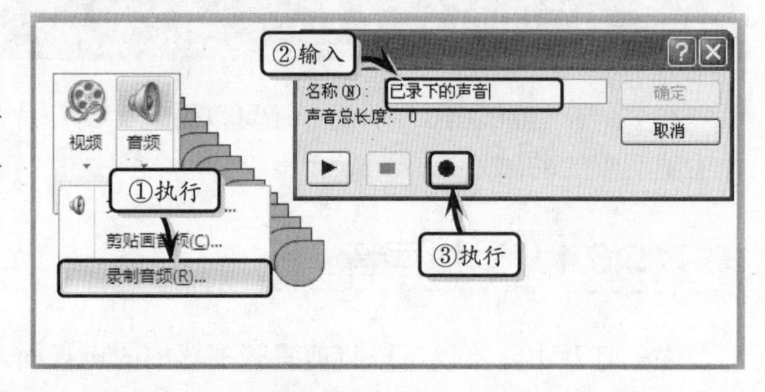

图15-32　录制声音

4. 调整音频大小

选择添加的音频图标，执行【播放】|【音频选项】|【音量】命令，在其列表中选择相应的选项即可，如图15-33所示。

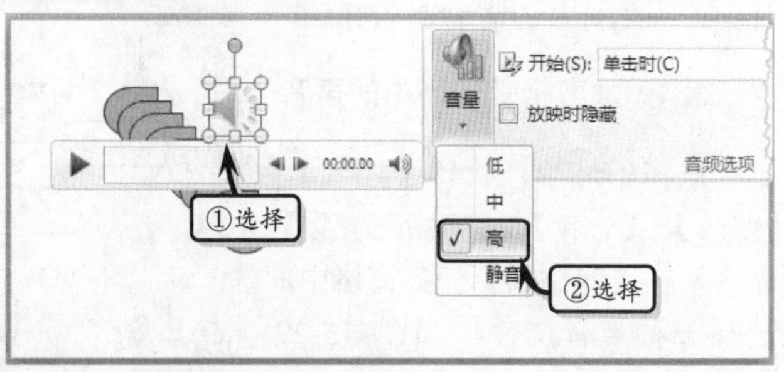

图15-33　调整音频的大小

5. 隐藏与重复播放音频

选择添加的音频图标，在【播放】选项卡【音频选项】选项组中，选中【循环播放，直到停止】与【放映时隐藏】复选框，即可设置音频的循环播放与隐藏方式，如图15-34所示。

提　示

执行【音频选项】|【开始】命令，在其下拉列表中选择相应的选项，即可设置音频的播放方式。

15.5.2 添加视频

在幻灯片中，用户可以像插入音频那样，为幻灯片插入剪贴画或本地文件中的影片，用来加强幻灯片的说服力。其中，所插入的视频文件主要包括 avi、asf、mpeg、wmv 等格式的文件。

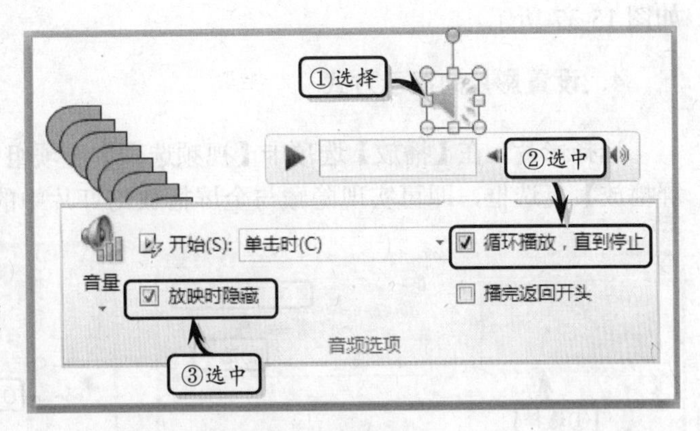

图 15-34 设置隐藏与播放方式

1. 添加剪贴画中的影片

选择幻灯片，执行【插入】|【媒体】|【视频】|【剪贴画视频】命令，在弹出的【剪贴画】任务窗格中，单击【搜索】按钮，然后在列表中选择一种影片文件，如图 15-35 所示。

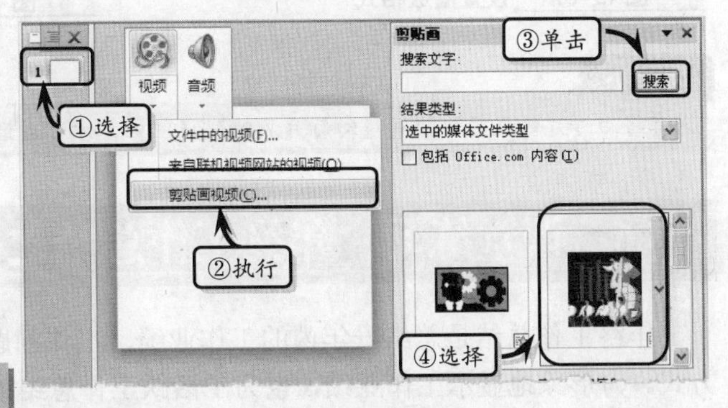

图 15-35 添加剪贴画中的影片

提 示

在【剪贴画】任务窗格中，右击影片执行【预览/属性】命令，可预览选中影片的效果。

2. 添加文件中的影片

选择幻灯片，执行【插入】|【媒体】|【视频】|【文件中的视频】命令，在弹出的【插入视频文件】对话框中，选择相应的影片并单击【插入】按钮，如图 15-36 所示。

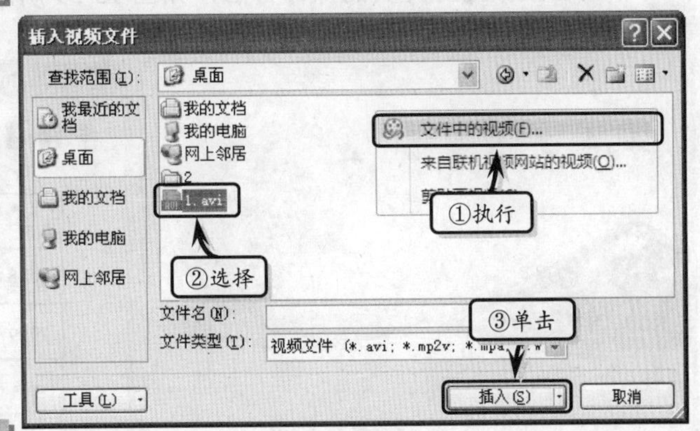

图 15-36 插入文件中的视频

提 示

用户也可以单击占位符中的【插入媒体剪辑】按钮，在弹出的【插入视频文件】对话框中，选择相应的影片即可。

3. 设置影片的播放格式

选择插入的影片，在【播放】选项卡【视频选项】选项组中，选中【循环播放，直到停止】与【播放完返回开头】复选框，即可实现影片的循环播放与播放完返回效果，如图 15-37 所示。

4．设置影片的显示方式

选择影片，在【播放】选项卡【视频选项】选项组中，选中【未播放时隐藏】与【全屏播放】复选框，即可实现隐藏与全屏播放幻灯片中的影片，如图 15-38 所示。

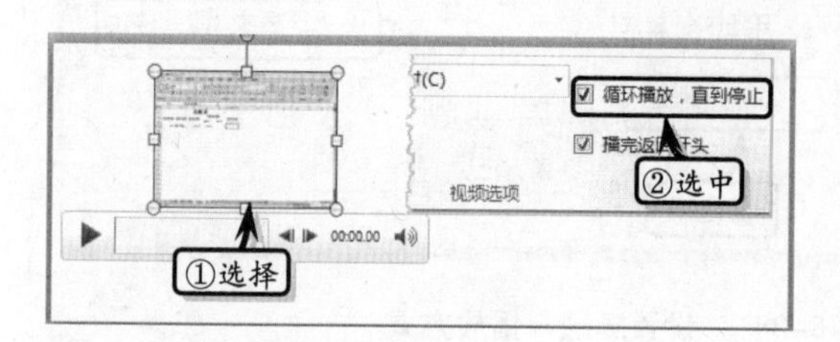

图 15-37 设置播放格式

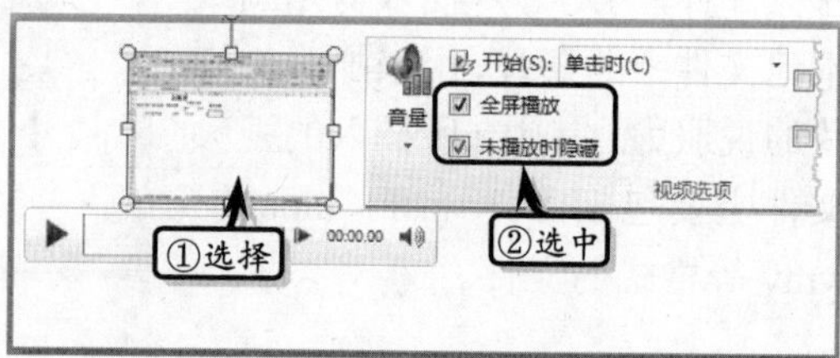

图 15-38 设置显示方式

提 示

只有将幻灯片的视图切换到【幻灯片放映】视图中，才可看到影片的隐藏效果。

15.6 课堂练习：年终工作总结之一

年终工作总结是总结一年内的工作业绩、工作问题，以及来年工作目标的一种工作方式。为形象地显示工作业绩，也为了活跃工作总结的方式，需要运用 PowerPoint 2010 制作一份独特且具有个性的年终工作总结演示文稿。在本练习中，将重点讲解制作标题页与年销售数据幻灯片页的操作方法，如图 15-39 所示。

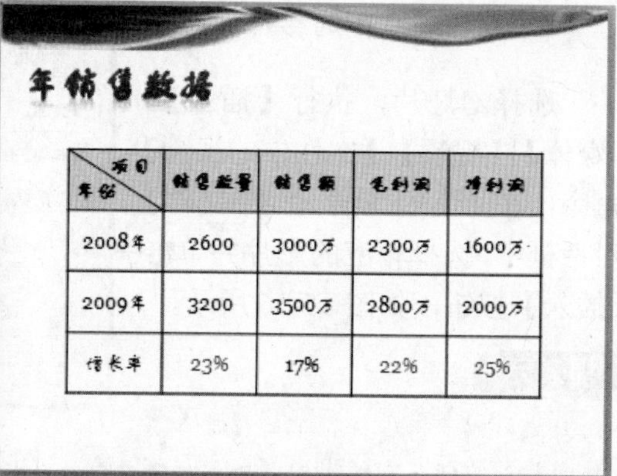

图 15-39 年终工作总结之一

操作步骤

1 启动 PowerPoint 2010，执行【文件】|【新建】命令，在展开的列表中，选择【样本模板】图标，如图 15-40 所示。

2 在展开的【样本模板】列表中，选择【项目状态报告】模板，并单击【创建】按钮，如图 15-41 所示。

3 删除标题页之外的所有幻灯片，同时删除标题页中的所有文本框，如图 15-42 所示。

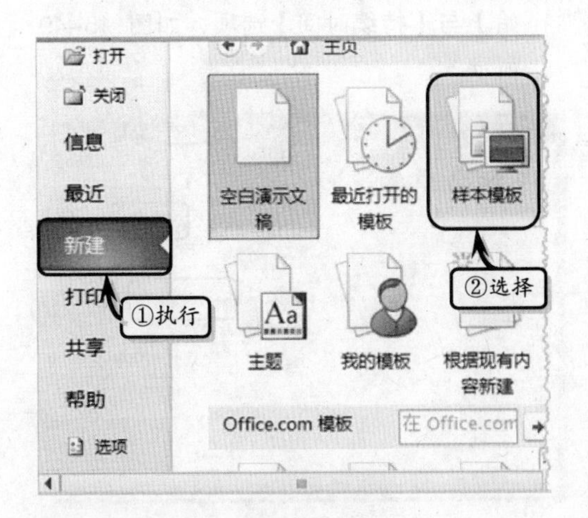

图 15-40 选择模板类型

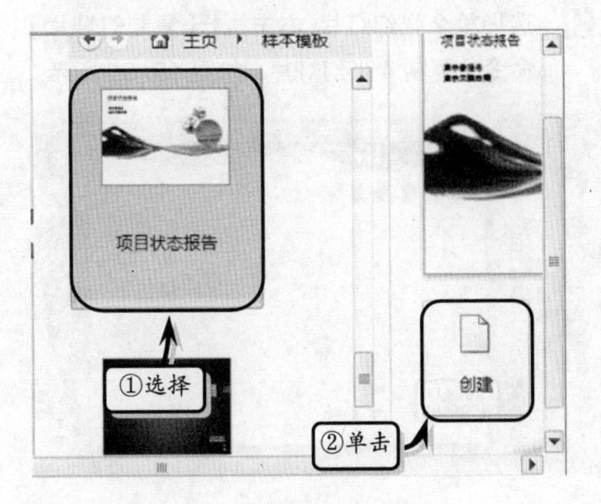

图 15-41 创建模板文件

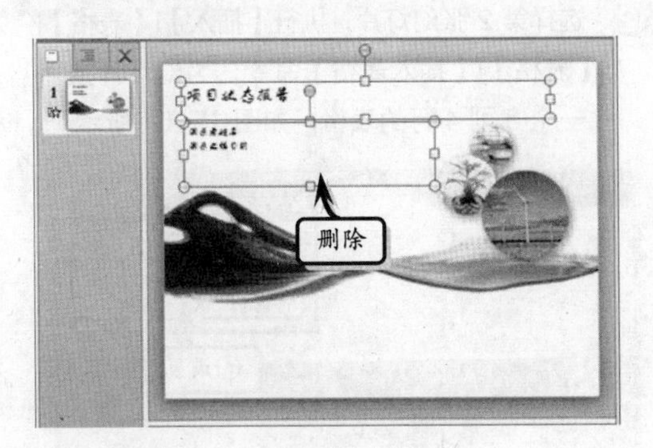

图 15-42 删除幻灯片与对象

4 为幻灯片插入一个艺术字标题，并设置文本的字体格式。使用同样的方法，为幻灯片插入一个艺术字副标题，如图 15-43 所示。

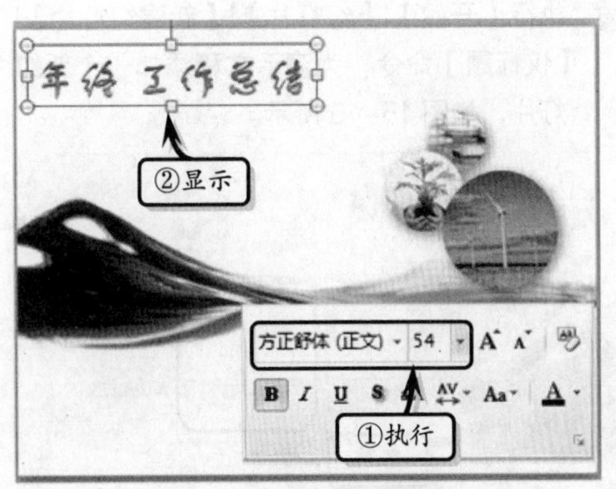

图 15-43 插入艺术字标题

5 选择艺术字标题，执行【动画】|【动画】|【擦除】命令，为标题添加动画效果，如图 15-44 所示。

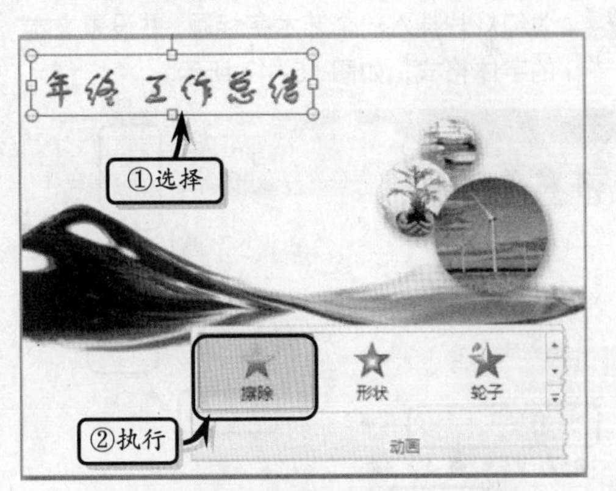

图 15-44 为艺术字添加动画效果

6 执行【动画】|【效果选项】|【自左侧】命令，并在【计时】选项组中设置动画效果的开始方式，如图 15-45 所示。使用同样的方法，为副标题添加动画效果。

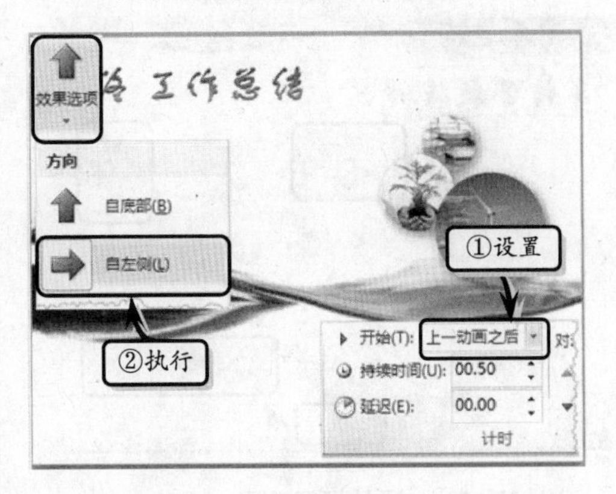

图 15-45 设置动画效果

7 执行【开始】|【幻灯片】|【新建幻灯片】|【仅标题】命令，为演示文稿添加一个新幻灯片，如图 15-46 所示。

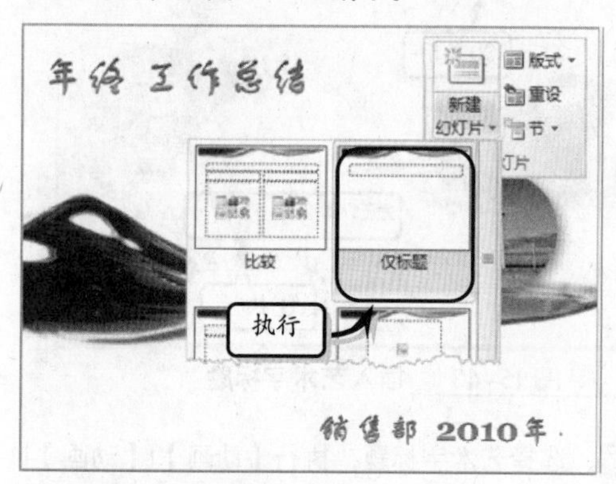

图 15-46 插入幻灯片

8 为幻灯片插入一个艺术字标题，并设置文本的字体格式，如图 15-47 所示。

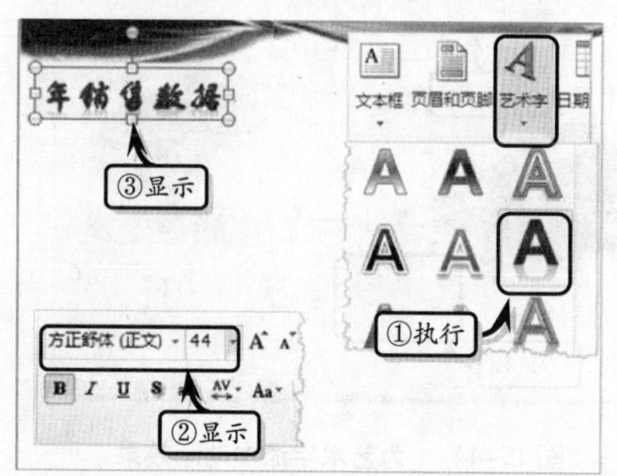

图 15-47 插入艺术字标题

9 选择艺术字标题，执行【动画】|【动画】|【形状】命令，同时执行【效果选项】|【菱形】命令，如图 15-48 所示。

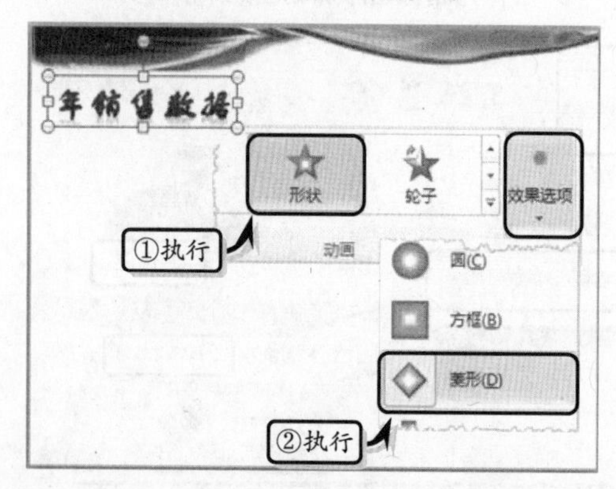

图 15-48 添加标题动画

10 在【计时】选项组中，设置动画效果的【开始】与【持续时间】选项，如图 15-49 所示。

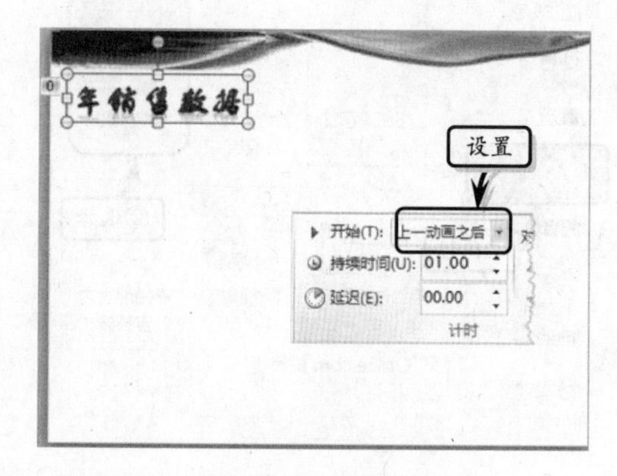

图 15-49 设置动画效果

11 选择第 2 张幻灯片，右击执行【复制幻灯片】命令，复制 4 张幻灯片，如图 15-50 所示。

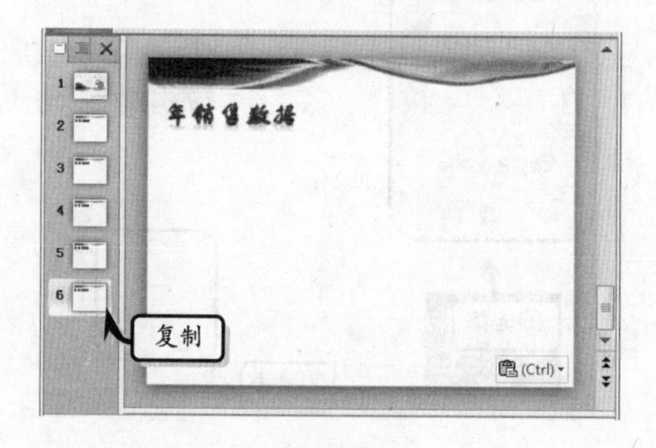

图 15-50 复制幻灯片

12 选择第 2 张幻灯片，执行【插入】|【表格】|【表格】|【插入表格】命令，为幻灯片插入一个 5 列 4 行的表格，如图 15-51 所示。

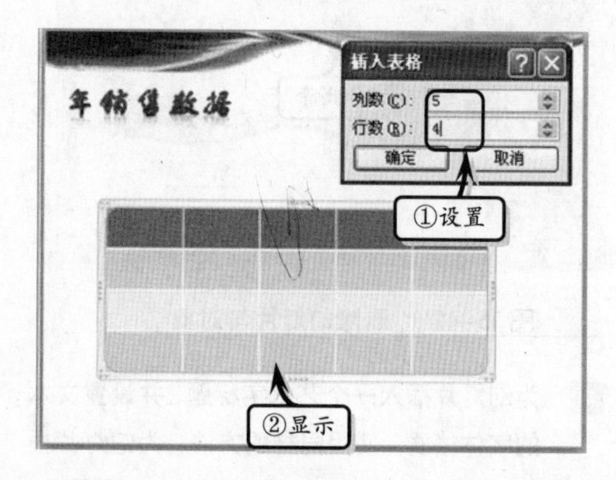

图 15-51 插入表格

13 选择表格，执行【设计】|【表格样式】|【底纹】|【底纹】命令，来设置表格的底纹颜色，如图 15-52 所示。

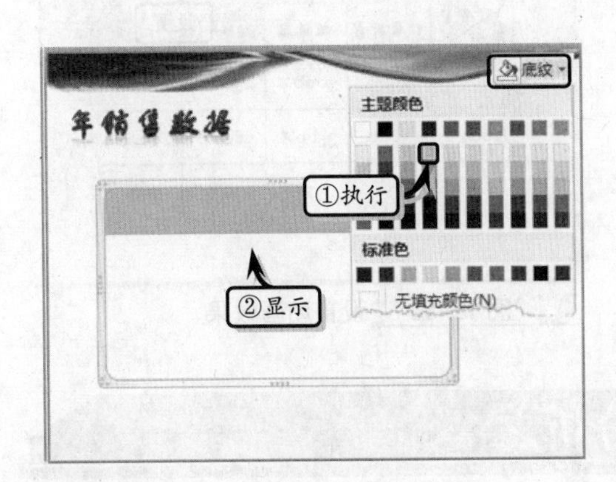

图 15-52 设置底纹样式

14 执行【设计】|【绘图边框】|【笔画粗细】命令，在其下拉列表中选择【1.5 磅】选项，如图 15-53 所示。

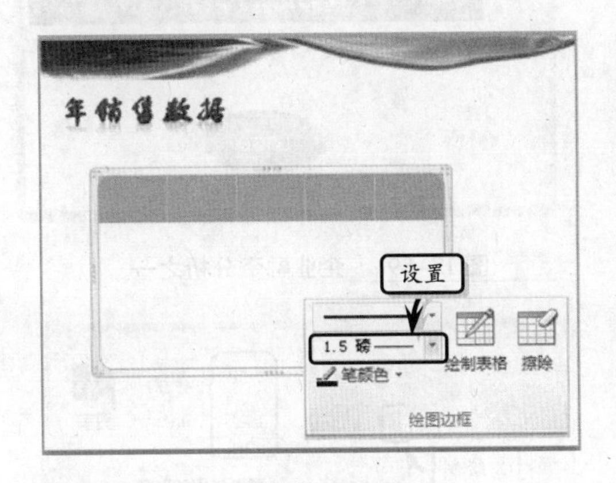

图 15-53 设置绘图格式

15 执行【设计】|【表格样式】|【边框】|【所有框线】命令，设置表格的边框格式，如图 15-54 所示。

16 执行【设计】|【绘图边框】|【绘制表格】命令，在表格的第 1 个单元格中绘制一条斜线，如图 15-55 所示。

17 在表格中输入基础数据，并设置数据的字体与对齐格式，如图 15-56 所示。

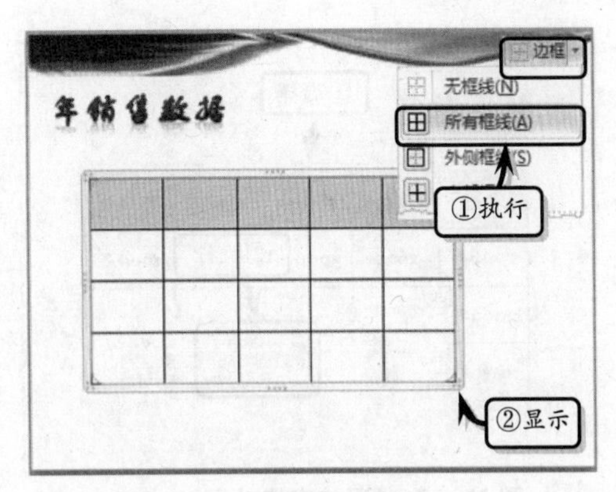

图 15-54 设置边框样式

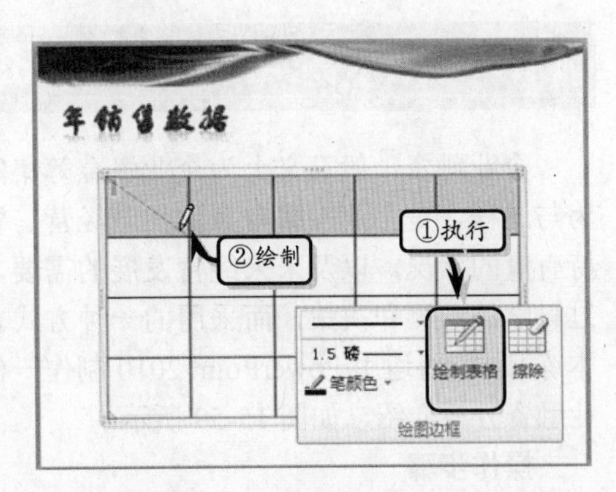

图 15-55 绘制斜线表头

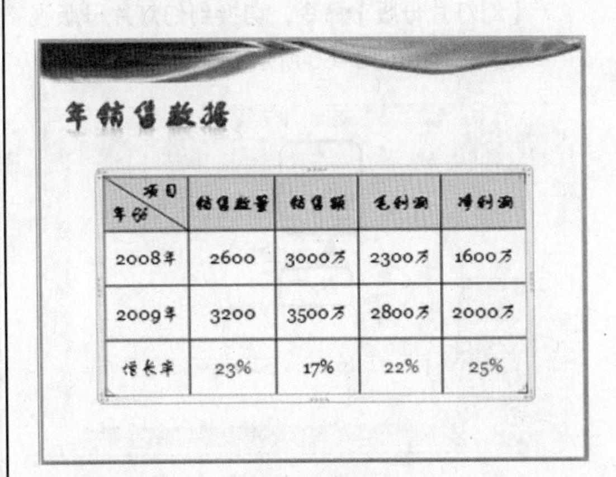

项目 / 年份	销售数量	销售额	毛利润	净利润
2008年	2600	3000万	2300万	1600万
2009年	3200	3500万	2800万	2000万
增长率	23%	17%	22%	25%

图 15-56 输入基础数据

18 选择表格，执行【动画】|【动画】|【浮入】命令，为其添加动画效果，如图 15-57 所示。

19 在【计时】选项组中，设置动画效果的【开始】与【持续时间】选项，如图 15-58 所示。

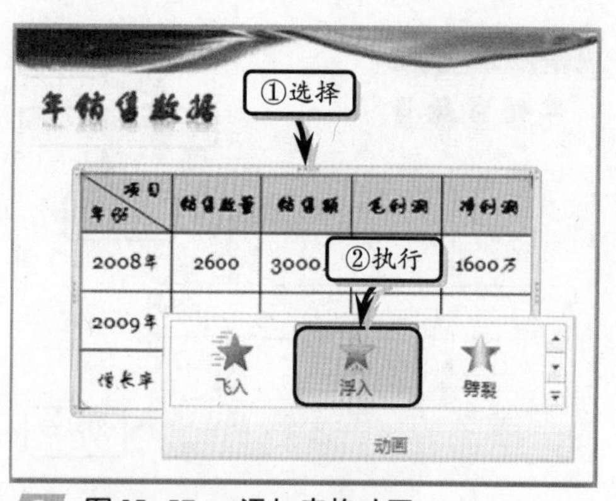

图 15-57　添加表格动画

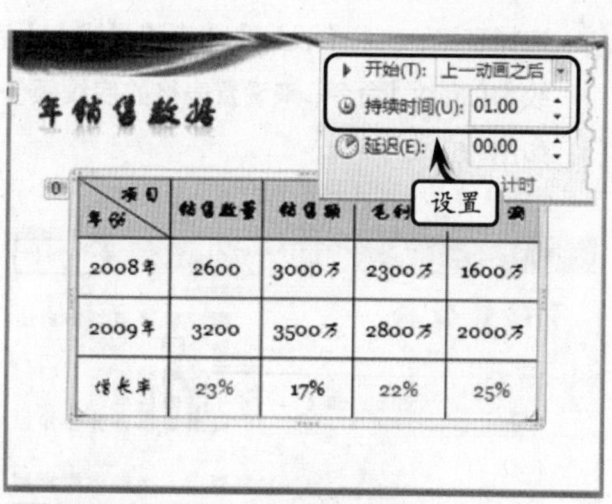

图 15-58　设置动画效果

15.7　课堂练习：企业融资分析之一

企业融资一般意义上为企业资金筹集的行为与过程，是企业根据自身的生产经营、资金持有量的状况，以及未来经营发展的需要，通过科学的预测和决策，而采用的一种方式。在本练习中，将运用 PowerPoint 2010 制作一份企业融资分析介绍，如图 15-59 所示。

图 15-59　企业融资分析之一

操作步骤

1　新建演示文稿，执行【视图】|【母版视图】|【幻灯片母版】命令，切换到幻灯片母版视图中，如图 15-60 所示。

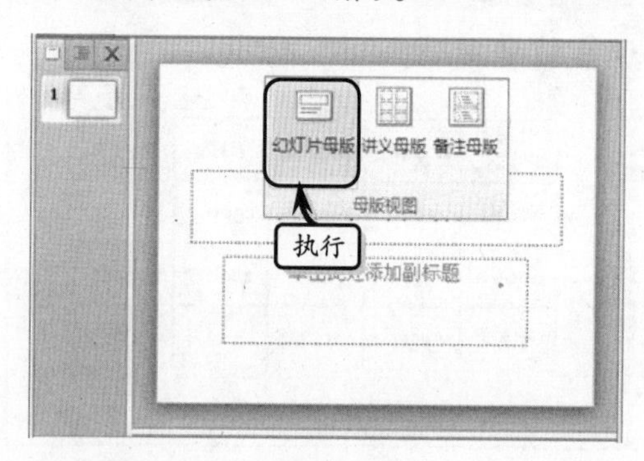

图 15-60　切换视图模式

2　执行【插入】|【插图】|【形状】命令，在幻灯片中绘制【矩形】形状，如图 15-61 所示。

3　使用同样的方法，绘制其他矩形形状，并根据规律排列形状，如图 15-62 所示。

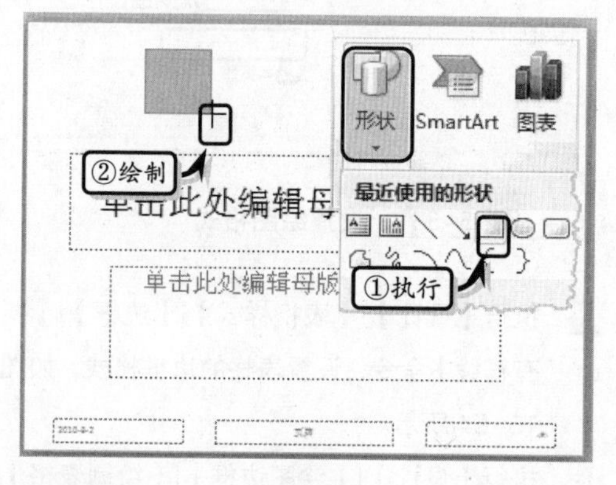

图 15-61　绘制形状

4　执行【格式】|【形状样式】|【形状填充】|【其他颜色填充】命令，为形状设置填充颜色，如图 15-63 所示。

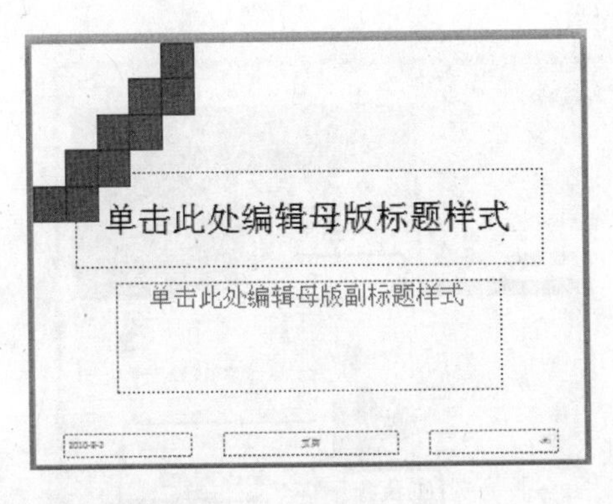

图 15-62　排列形状

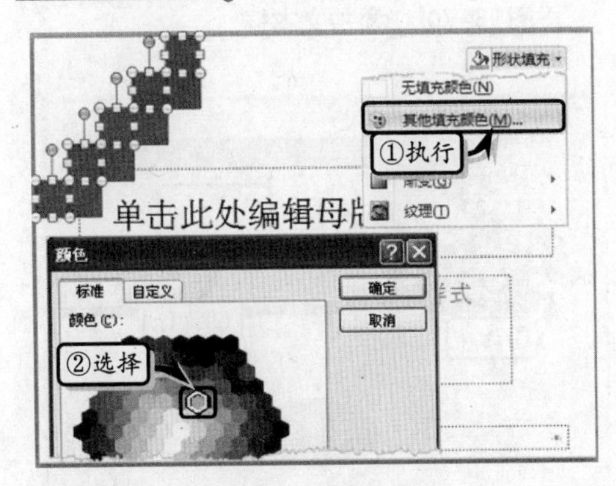

图 15-63　设置形状颜色

5　执行【形状轮廓】命令，设置形状轮廓的颜色。使用同样的方法，设置其他矩形形状的填充色，如图 15-64 所示。

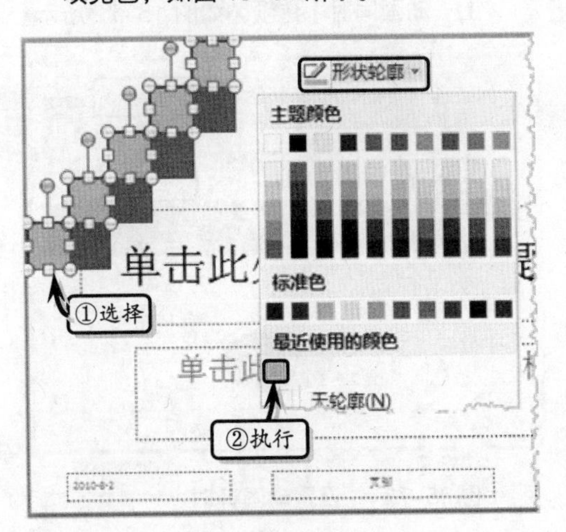

图 15-64　设置轮廓颜色

6　在幻灯片中绘制一大一小两个矩形形状，分别设置形状的填充颜色与轮廓颜色。同时，选择两个形状，右击执行【置于底层】|【置于底层】命令，如图 15-65 所示。

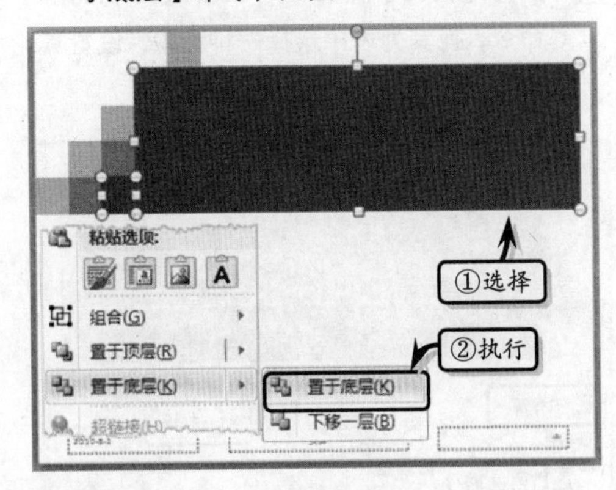

图 15-65　设置形状层次

7　同时选择两个形状，右击执行【组合】|【组合】命令，组合形状，如图 15-66 所示。

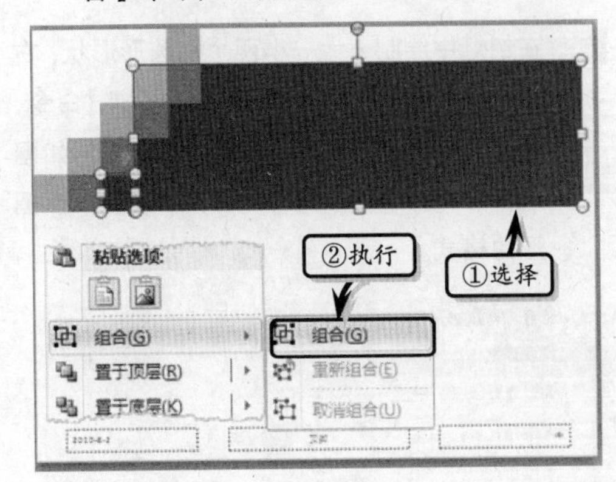

图 15-66　组合形状

8　在幻灯片中绘制一个矩形形状，调整矩形形状的大小，执行【格式】|【形状样式】|【形状填充】|【其他颜色填充】命令，设置其填充颜色，如图 15-67 所示。

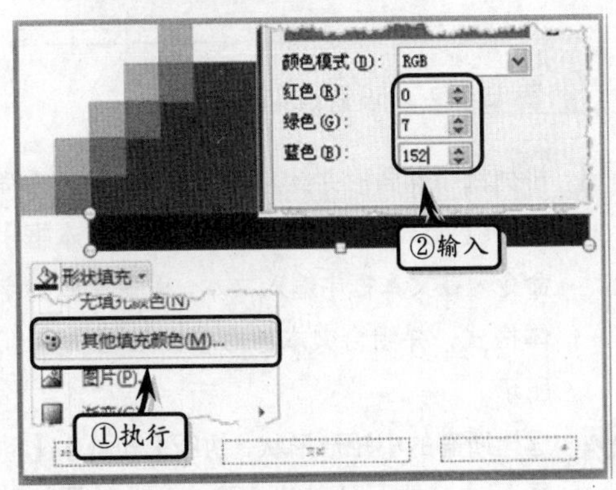

图 15-67　设置形状颜色

9 执行【格式】|【形状样式】|【形状轮廓】命令，在其列表中选择一种色块，设置其轮廓颜色，如图 15-68 所示。

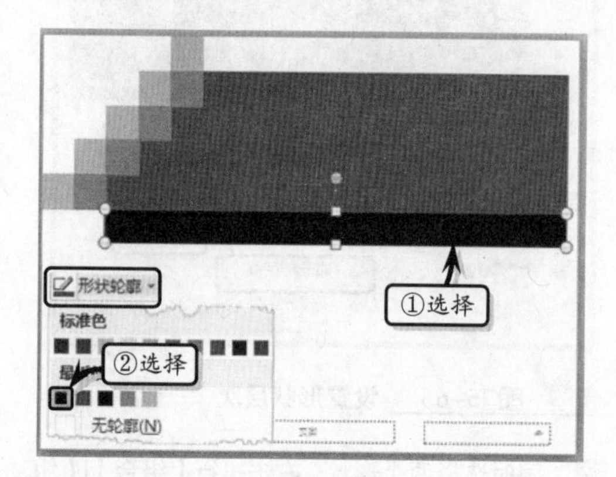

图 15-68 设置轮廓颜色

10 在幻灯中绘制一大一小两个椭圆形形状，右击大椭圆形状，执行【设置形状格式】命令，设置【渐变填充】选项的各种参数，如图 15-69 所示。使用同样的方法，设置小椭圆形的格式。

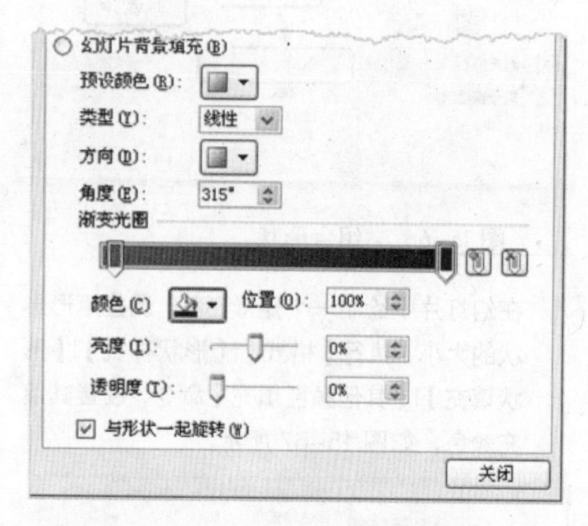

图 15-69 设置渐变颜色

11 排列大小椭圆形并组合两个形状，执行【插入】|【文本】|【文本框】|【横排文本框】命令。在文本框中输入文本，设置文本的字体格式，并组合文本与形状，如图 15-70 所示。

12 选择所有的小矩形形状，执行【动画】|【动画】|【其他】|【淡出】命令，为其添加动画效果，如图 15-71 所示。

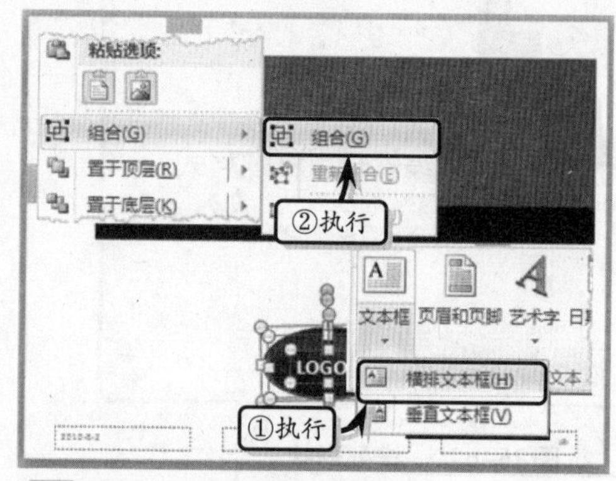

图 15-70 添加文本框

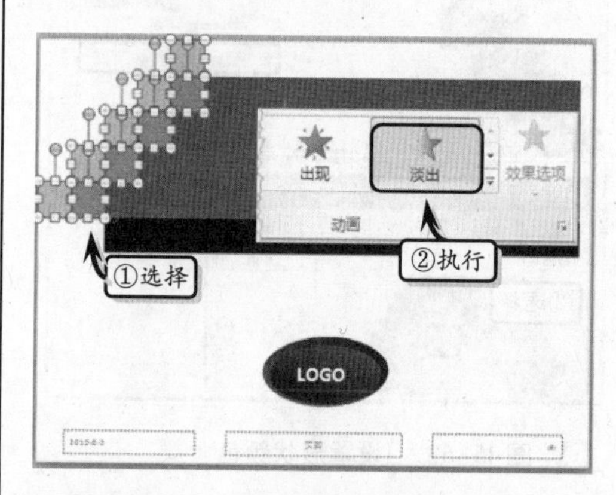

图 15-71 设置动画效果

13 在【计时】选项组中，将【开始】设置为【与上一动画同时】选项，如图 15-72 所示。

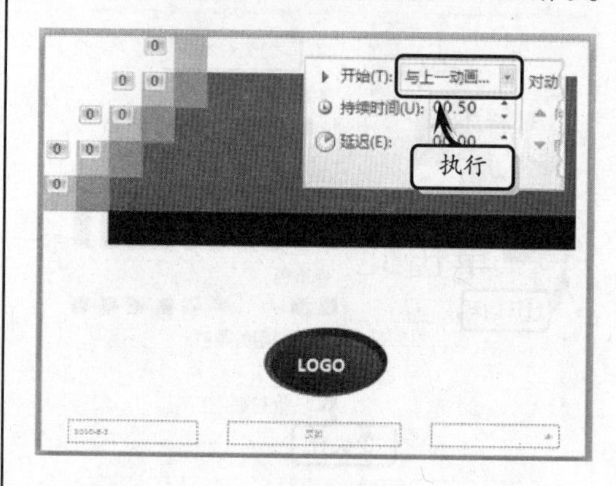

图 15-72 设置动画计时

14 执行【高级动画】|【动画窗格】命令，单击【动画窗格】对话框中的动画效果下三角按钮，在其下拉列表中选择【效果选项】选项，如图 15-73 所示。

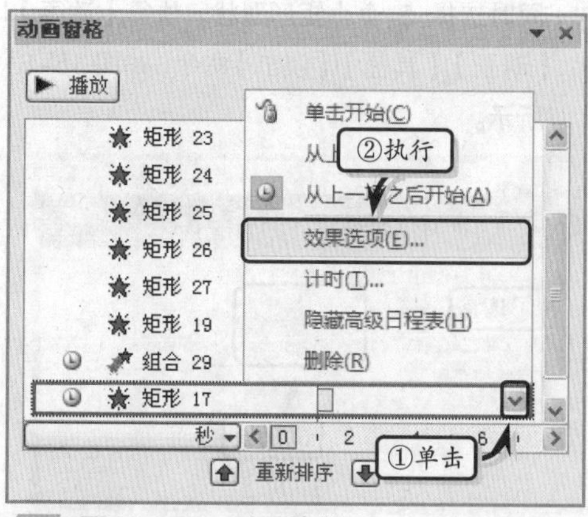

图 15-73 动画窗格

15 在弹出的对话框中，将【期间】设置为【非常快（0.5 秒）】，如图 15-74 所示。

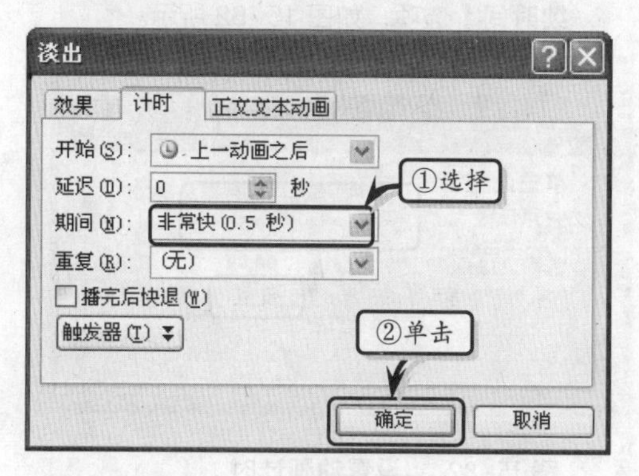

图 15-74 设置期间

16 选择组合的矩形形状，执行【动画】|【动画】|【其他】|【飞入】命令，为其添加动画效果，如图 15-75 所示。

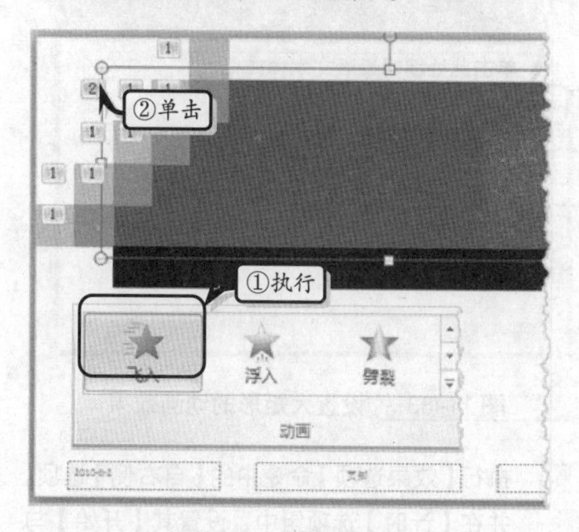

图 15-75 添加动画效果

17 执行【效果选项】|【自右侧】命令，并在【计时】选项组中，设置【开始】与【持续时间】选项，如图 15-76 所示。

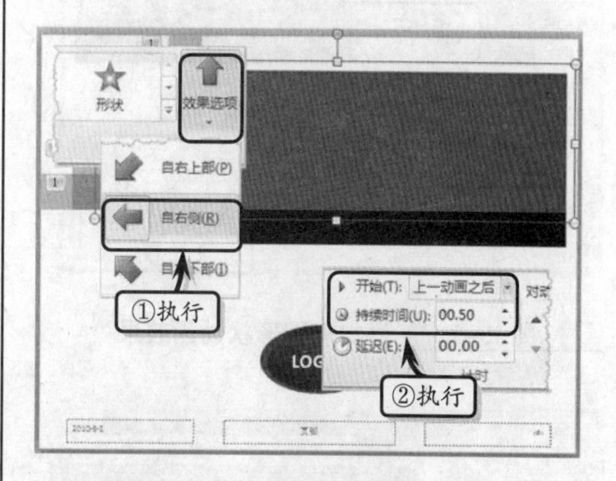

图 15-76 设置动画效果

18 选择最后绘制的矩形形状，为其添加【淡出】动画效果。同时，在【计时】选项组中，设置其【开始】与【持续时间】选项，如图 15-77 所示。

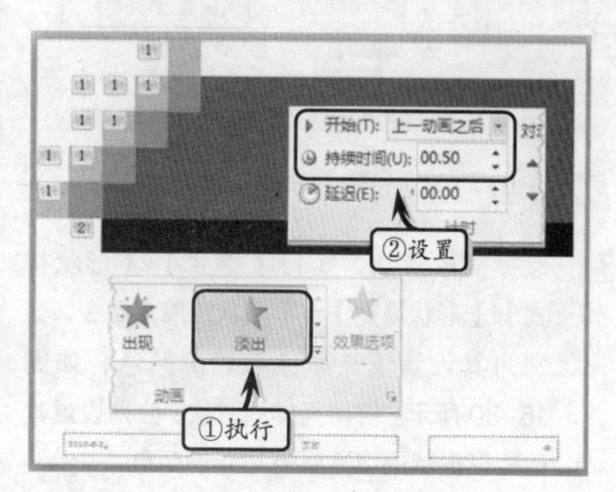

图 15-77 添加动画效果

19 选择组合的椭圆形形状，为其添加【形状】动画效果，同时执行【效果选项】|【圆】选项。然后，在【计时】选项组中，设置其【开始】与【持续时间】选项，如图 15-78 所示。

20 选择第 1 张幻灯片，在幻灯片中绘制 5 个小矩形与 1 个大矩形形状，根据要求排列矩形形状的位置，并设置大矩形形状的层次，如图 15-79 所示。

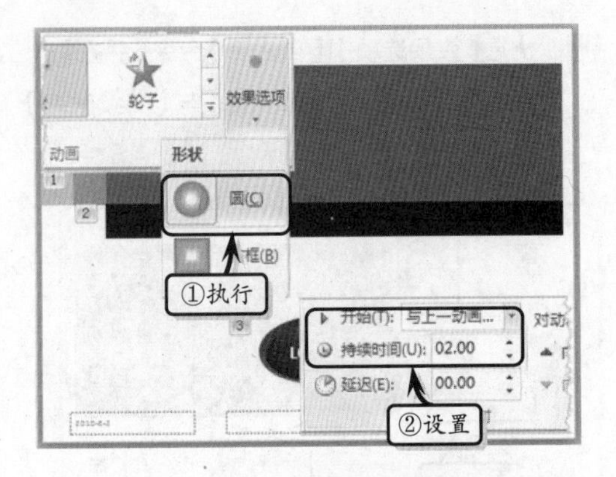

图 15-78　添加椭圆形状动画效果

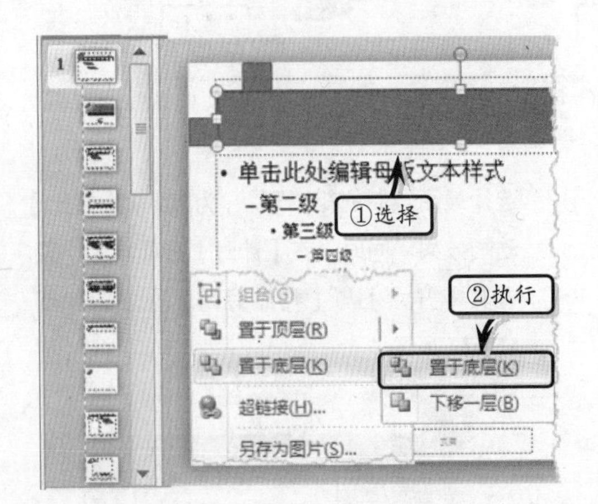

图 15-79　设置形状显示层次

21 选择矩形形状，执行【格式】|【形状样式】|【形状填充】与【形状轮廓】命令，分别为其设置填充颜色与轮廓颜色，如图 15-80 所示。使用同样的方法，分别设置其他矩形形状的填充颜色与轮廓颜色。

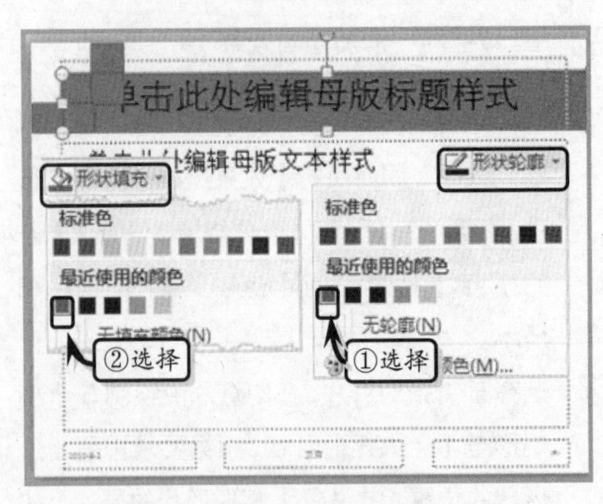

图 15-80　设置填充颜色

22 同时选择 5 个小矩形形状，执行【动画】|【动画】|【其他】|【淡出】命令，如图 15-81 所示。

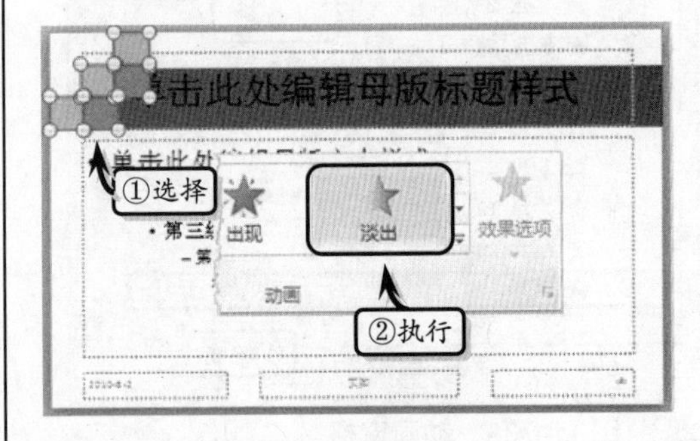

图 15-81　设置动画效果

23 在【计时】选项组中，设置其【开始】与【持续时间】选项，如图 15-82 所示。

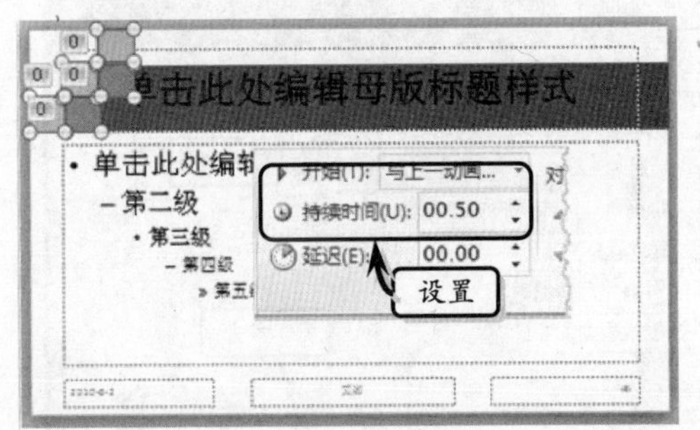

图 15-82　设置动画计时

24 选择大矩形形状，在【动画】选项组中为其添加【飞入】动画效果，如图 15-83 所示。

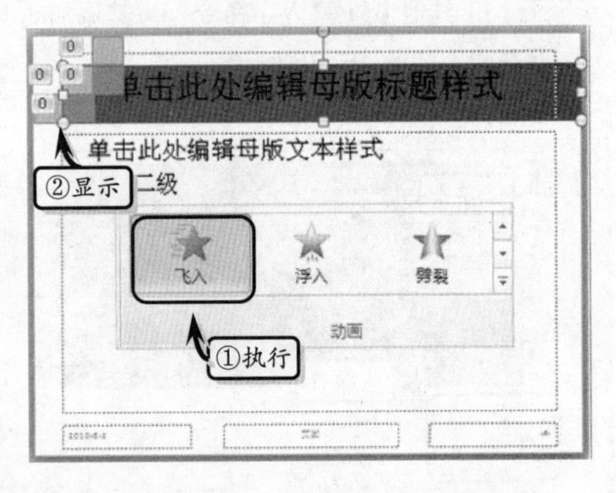

图 15-83　设置大矩形的动画效果

25 执行【效果选项】命令中的【自右侧】选项。并在【计时】选项组中，设置其【开始】与【持续时间】选项，如图 15-84 所示。

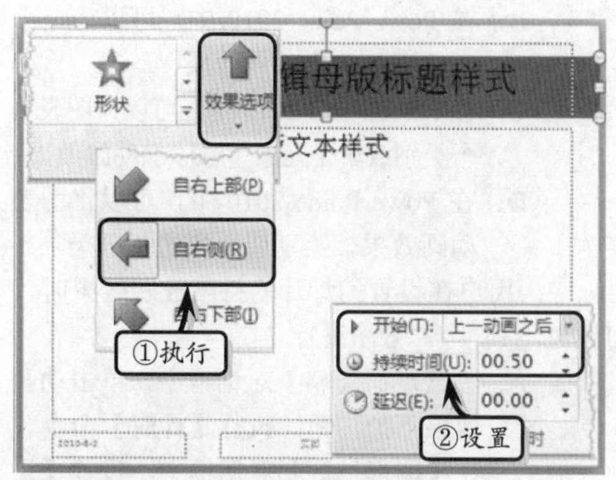

图 15-84　设置动画效果

26 选择第 2 张幻灯片，在【幻灯片母版】选项卡【背景】选项组中，选中【隐藏背景图片】复选框，并返回到普通视图中，如图 15-85 所示。

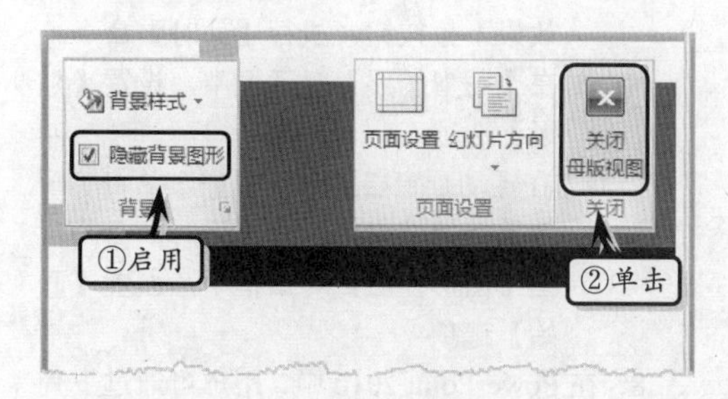

图 15-85　隐藏背景图形

27 在【单击此处添加标题】占位符中输入标题文本，并设置其字体格式，如图 15-86 所示。

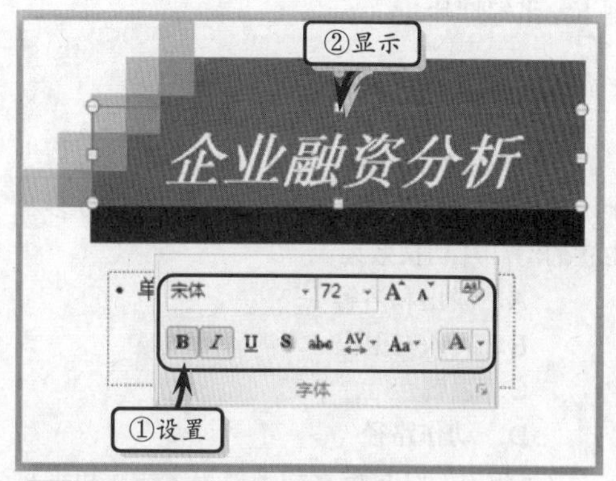

图 15-86　输入标题文本

28 在【单击此处添加副标题】占位符中输入副标题文本，并设置其字体格式，如图 15-87 所示。

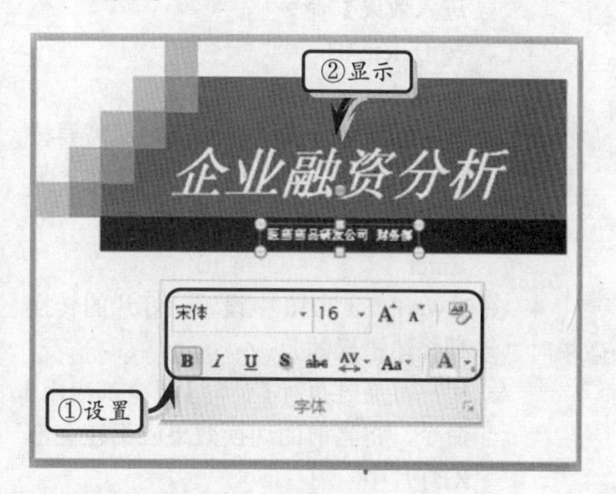

图 15-87　输入副标题文本

15.8　思考与练习

一、填空题

1. 在自定义动画时，可以为幻灯片添加进入、退出、________与________动画效果。

2. 在设置幻灯片切换声音的【添加声音】对话框中只能添加________格式的声音。

3. 只有用户在绘制________与________路径时，需要按 Enter 键完成绘制。

4. 在添加动画效果之后，用户可通过执行【动画】|【其他】|________命令的方法，来取消已设置的动画效果。

5. 在为幻灯片添加动画效果之后，用户可以通过单击对象前面显示动画效果的________，来选择具体的动画效果。

6. 默认情况下，PowerPoint 2010 为用户提供了________多种动作路径效果。除此之外，用户还可以运用________方法，自动设置动画效果的进入路径。

7. 为幻灯片添加影片之后，只有将幻灯片切换到____________视图中，才可看到影片的隐藏效果。

8. 在 PowerPoint 2010 中，所插入的视频文件主要包括______、______、______、______等格式文件。

9. 当用户取消选中______________复选框后，在放映幻灯片文稿时，单击鼠标将无法切换到下一张幻灯片。

二、选择题

1. PowerPoint 2010 为用户提供了________、推进和覆盖、擦除、条文和横纹 4 种类型 50 多种内置的幻灯片切换效果。

A．淡出和溶解
B．飞入与退出
C．强调
D．动作路径

2．在为幻灯片设置动画效果之后，可通过下列_____中的操作，删除已添加的动画效果。

A．通过执行【动画】|【其他】|【无】命令
B．通过执行【动画】|【其他】|【更多进入效果】命令
C．按 Delete 键
D．按 Delete+Ctrl 键

3．用户在绘制自定义动画路径时，需要按_____键结束绘制。

A．Delete　　B．空格
C．Enter　　D．Ctrl

4. 在 PowerPoint 2010 中设置幻灯片的转换效果时，下列描述错误的为_____。

A. 用户可通过执行【计时】|【全部应用】命令，将当前的切换效果应用在全部幻灯片中
B. 用户可通过执行【切换】|【切换到此幻灯片】|【其他】命令，在其下拉列表中选择一种切换效果的方法，来为幻灯片添加转换效果
C. 用户可通过执行【切换】|【切换到此幻灯片】|【效果选项】命令的方法，设置其切换方式的具体效果
D. 用户可通过执行【切换】|【切换到此幻灯片】|【其他】命令，在其下拉列表中设置切换声音与速度

5．在为幻灯片添加声音时，一般情况下不可添加下列_____中的声音。

A．剪辑管理器　　B．文件中
C．录制声音　　D．计时旁白

6．在为幻灯片添加动画效果时，下列描述错误的为_____。

A．在 PowerPoint 2010 中，可以为单个对象添加单个动画效果
B．在 PowerPoint 2010 中，可以为单个对象添加多个动画效果
C．在 PowerPoint 2010 中，可以为图表单个类别或单个元素单独添加动画效果
D．在 PowerPoint 2010 中，可以将图表动画效果按类别或元素进行分类

7．用户在设置幻灯片的持续放映效果时，可通过下列_____方法进行。

A．在【动画窗格】对话框中，单击动画效果下拉按钮，执行【计时】命令。在【图形扩展】对话框中，设置【重复】选项
B．在【动画窗格】对话框中，单击动画效果下拉按钮，执行【计时】命令。在【图形扩展】对话框中，设置【期间】选项
C．在【动画窗格】对话框中，单击动画效果下拉按钮，执行【计时】命令。在【图形扩展】对话框中，设置【延迟】选项
D．在【动画窗格】对话框中，单击动画效果下拉按钮，执行【计时】命令。在【图形扩展】对话框中，设置【开始】选项

8．在 PowerPoint 2010 中，用户可通过下列_____与_____方法，来设置自定义动画效果的动作路径。

A．编辑路径顶点
B．重新绘制路径
C．反转路径方向
D．设置进入效果

三、问答题

1．简述绘制自定义路径的操作步骤。

2．如何为幻灯片中的动作添加声音？

3．如何按图表的类别与元素设置动画效果？

四、上机练习

1．设置幻灯片动画

在本练习中，将运用插入与动画功能，来制作一个“舞动的心”，如图 15-88 所示。首先，新建一个幻灯片，选择【插入】选项卡【插图】选项组中的【形状】命令，在幻灯片中插入一个心形。然后，选择【格式】选项卡【形状样式】选

项组中的【形状填充】命令，在列表中选择“红色”颜色。同时，选择【形状轮廓】命令，在列表中选择“红色”颜色。

最后，选择【动画】选项卡【动画】选项组中的【自定义动画】命令，在【添加效果】下拉列表中选择【进入】选项中的“飞入”效果。同时，在【添加效果】下拉列表中选择【动作路径】选项中的“自定义动作路径”选项，在幻灯片中绘制动作路径。将【开始】设置为【之后】，将【速度】设置为【中速】即可。

图 15-88 设置幻灯片动画

2. 设置转换效果

在本练习中，将运用 PowerPoint 2010 中的切换功能来设置每张幻灯片之间的切换效果，如图 15-89 所示。首先，选择第 2 张幻灯片，执行【切换】|【切换到此幻灯片】|【其他】|【形状】命令。然后，执行【切换】|【计时】|【全部应用】命令，应用到所有的幻灯片中。最后，选择第 1 张幻灯片，执行【切换】|【切换到此幻灯片】|【其他】|【框】命令。

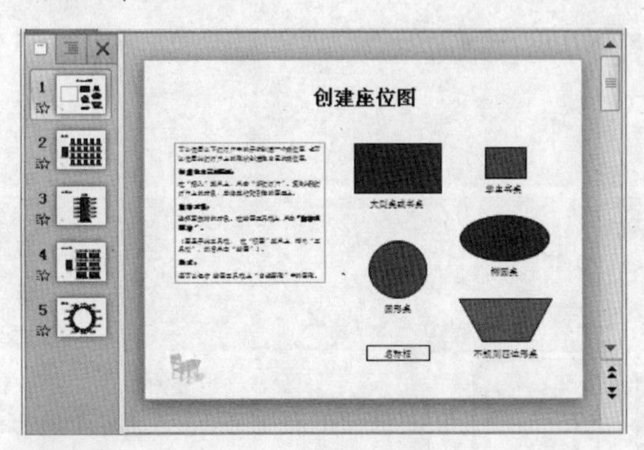

图 15-89 设置转换效果

第 16 章

放映与输出

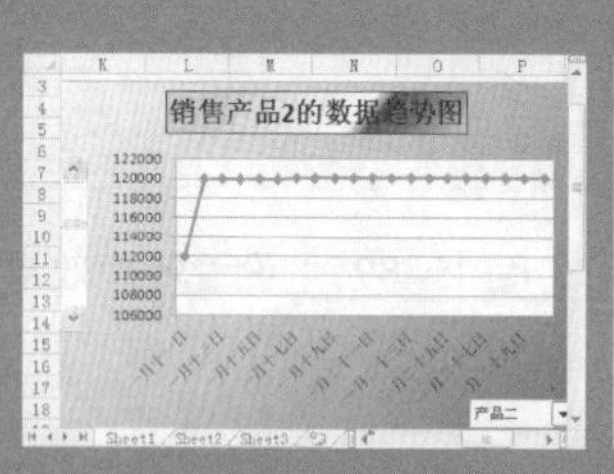

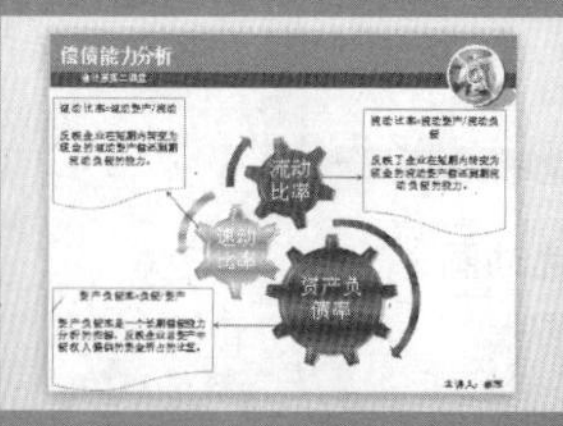

在使用 PowerPoint 2010 制作大型演示文稿时，为了实现具有条理性的放映效果，还需要使用超链接功能，实现幻灯片与幻灯片、幻灯片与演示文稿或幻灯片与其他程序之间的链接。另外，在 PowerPoint 2010 中，用户还可以根据实际环境设置不同的放映范围与方式，以满足用户展示幻灯片内容的各种需求。以及，通过将演示文稿打包成 CD 数据包、发布网络中以及输出到纸张中的方法，来传递与展示演示文稿的内容。在本章中，将详细介绍设置幻灯片的放映范围与方式，以及发布、输出与打印幻灯片的基础知识与操作方法

本章学习要点：

- 链接幻灯片
- 设置链接按钮
- 设置播放范围
- 设置放映方式
- 审阅与监视幻灯片
- 发布演示文稿

16.1 串联幻灯片

串联幻灯片就是运用 PowerPoint 2010 中的超链接功能，链接相关的幻灯片。其中，超级链接是一个幻灯片指向另一个幻灯片等目标的链接关系。用户可以使用 PowerPoint 2010 中的超级链接功能，链接幻灯片与电子邮件、新建文档等其他程序。

16.1.1 链接幻灯片

PowerPoint 2010 为用户提供了链接幻灯片的功能，一般情况下用户可通过下列方法，链接本演示文稿中的幻灯片。

1. 文本框链接

在幻灯片中选择相应的文本，执行【插入】|【链接】|【超链接】命令。在弹出的【插入超链接】对话框中的【链接到】列表中，选择【本文档中的位置】选项卡，并在【请选择文档中的位置】列表框中选择相应的选项，如图 16-1 所示。

提 示

为文本创建超级链接后，在文本下方将会添加一条下划线，并且该文本的颜色将使用系统默认的超级链接颜色。

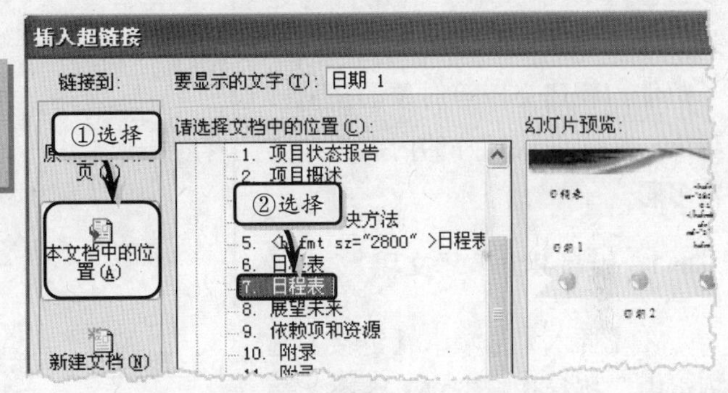

图 16-1 文本框链接幻灯片

2. 动作按钮链接

执行【插入】|【插图】|【形状】命令，在其列表中选择【动作按钮】栏中相应的形状，在幻灯片中拖动鼠标绘制该形状，如图 16-2 所示。

在弹出的【动作设置】对话框中，执行【超链接到】下拉列表中的【幻灯片】命令。在【幻灯片标题】列表框中，选择需要链接的幻灯片即可，如图 16-3 所示。

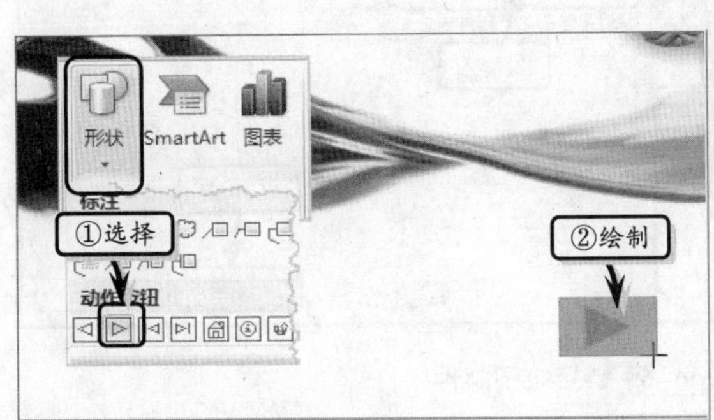

图 16-2 绘制形状

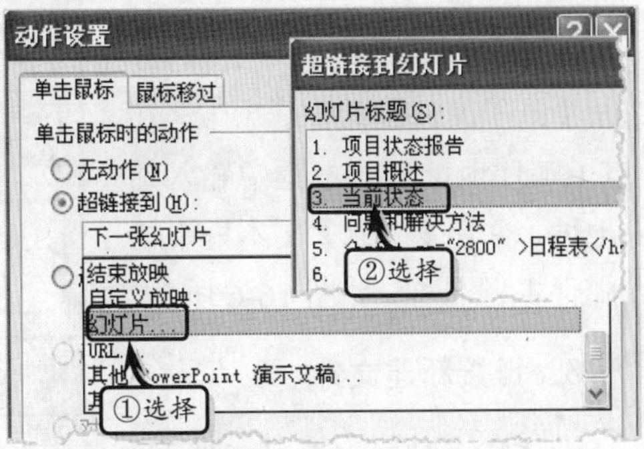

图 16-3 设置链接位置

提　示

在幻灯片中，右击对象执行【超链接】命令，在弹出的对话框中设置超链接选项即可。

3．动作设置链接

选择幻灯片中的对象，执行【链接】|【动作】命令。在弹出的【动作设置】对话框中，选中【超链接到】单选按钮。然后，单击【超链接到】下三角按钮，在其下拉列表中选择相应的选项，如图 16-4 所示。

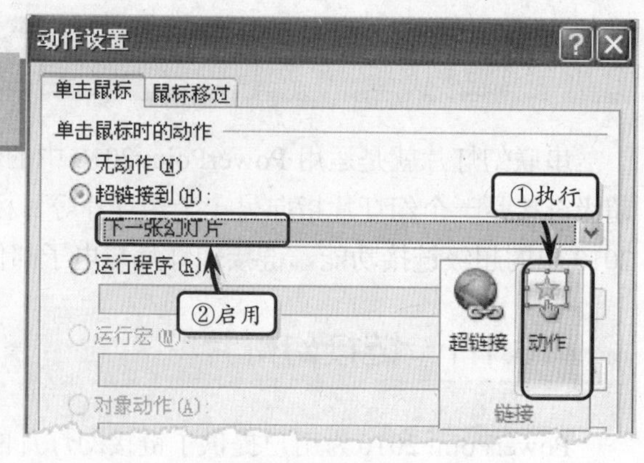

图 16-4　设置动作链接

16.1.2　链接其他对象

在 PowerPoint 2010 中，除了可以链接本演示文稿中的幻灯片之外，还可以链接其他演示文稿、电子邮件、新建文档等对象的超链接功能，从而使幻灯片的内容更加丰富多彩。

1．链接其他演示文稿

在【插入】选项卡【链接】选项组中，执行【超链接】命令。选择【原有文件和网页】选项卡，在【当前文件夹】列表框中选择需要链接的演示文稿，如图 16-5 所示。

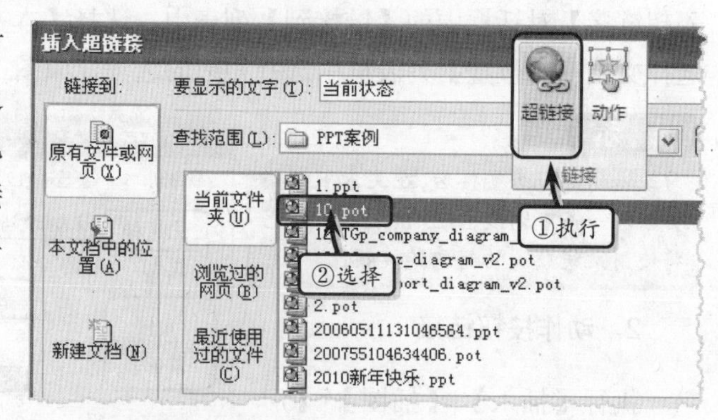

图 16-5　链接其他演示文稿

2．链接电子邮件

在【插入超链接】对话框中，选择【电子邮件地址】选项卡。在【电子邮件地址】文本框中输入邮件地址，并在【主题】文本框中输入邮件主题名称，如图 16-6 所示。

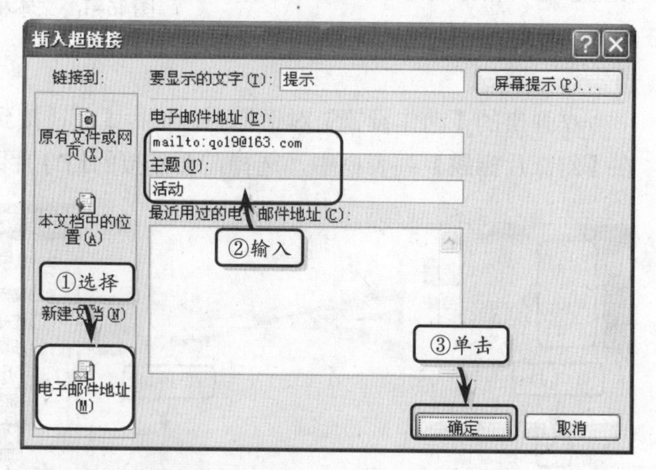

图 16-6　链接电子邮件

3．链接新建文件

在【插入超链接】对话框中，

选择【新建文档】选项卡，在【新建文档名称】文本框中输入文档名称。执行【更改】选项，在弹出的【新建文件】对话框中选择存放路径，并设置编辑时间，如图 16-7 所示。

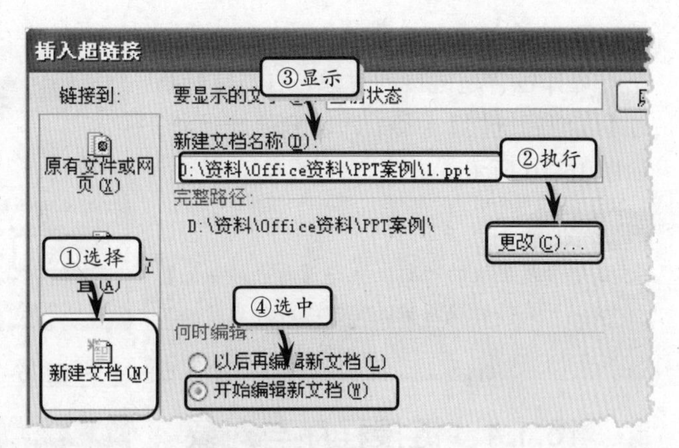

图 16-7 链接新建文件

16.1.3 编辑链接

当用户为幻灯片中的对象添加超链接之后，为了区别超链接的类型，需要设置超链接的颜色。同时，为了管理超链接，需要删除多余或无用的超链接。

1. 设置链接颜色

执行【设计】|【主题】|【颜色】|【新建主题颜色】命令，在弹出的【新建主题颜色】对话框中，执行【超链接】命令，在其下拉列表中选择相应的颜色。然后，在【名称】文本框中输入自定义名称，如图 16-8 所示。

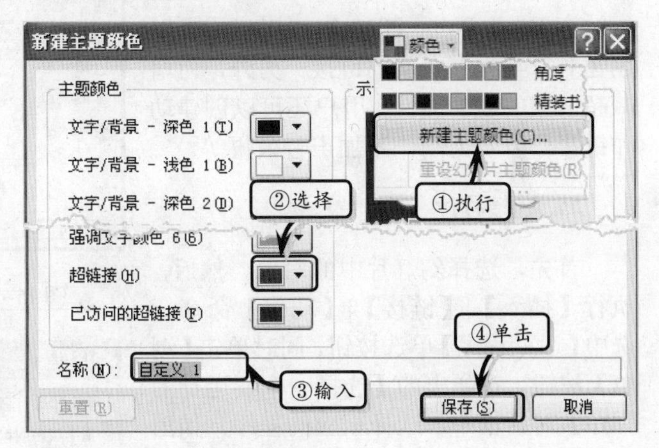

图 16-8 新建主题颜色

提 示

单击【已访问的超链接】下三角按钮，在其下拉列表中选择相应的颜色，即可设置已访问过的超链接的显示颜色。

2. 删除链接

在 PowerPoint 2010 中，可通过下列两种方法，删除幻灯片中的超链接。

❑ 对话框法

选择包含超链接的对象，执行【插入】|【链接】|【超链接】命令。在弹出的【编辑超链接】对话框中，单击【删除链接】按钮，如图 16-9 所示。

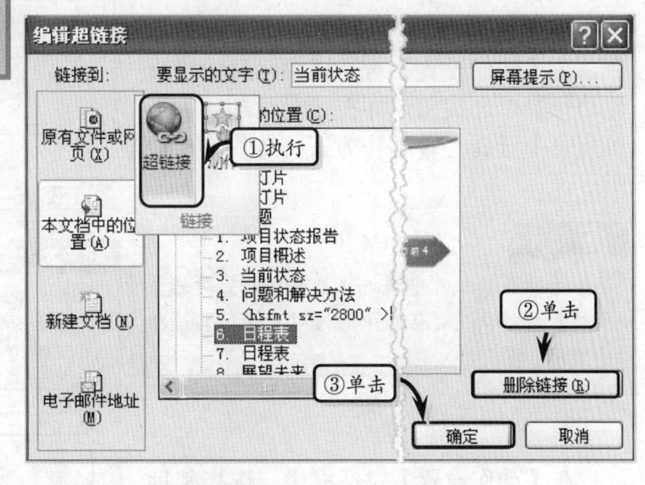

图 16-9 删除超链接

提 示

右击包含超链接的对象，执行【编辑超链接】命令，可在弹出的【编辑超链接】对话框中删除超链接。

□ 命令法

选择包含超链接的对象，右击鼠标执行【取消超链接】命令，即可删除超链接，如图 16-10 所示。

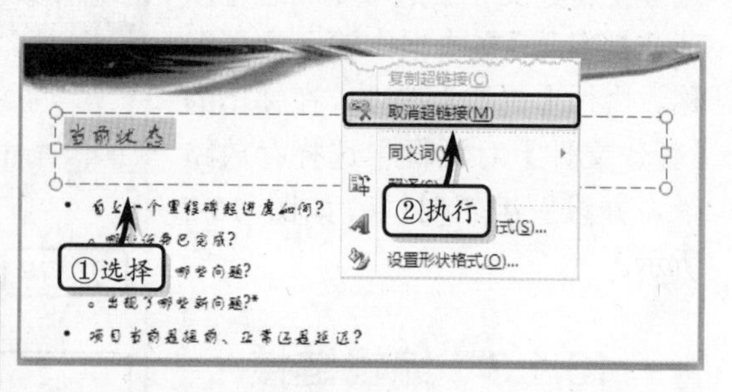

图 16-10 删除超链接

提 示

右击包含超链接的对象，执行【打开超链接】命令，可直接转换到被链接的幻灯片或其他文件中。

16.1.4 链接程序与对象

在 PowerPoint 2010 中，用户还可以创建对象与程序之间的链接。另外，为增减超链接的多功能性，用户还可以创建动作链接，以及为动作添加声音效果等。

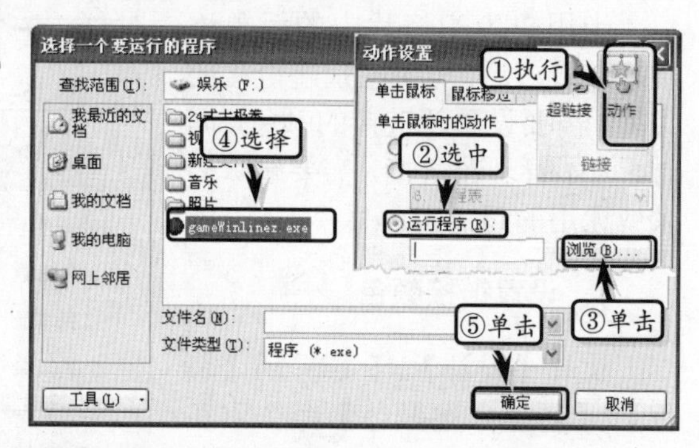

图 16-11 设置链接按钮

1．链接程序

首先，选择幻灯片中的对象。然后，执行【插入】|【链接】|【动作】命令。选中【运行程序】单选按钮，同时单击【浏览】按钮。在弹出的【选择一个要运行的程序】对话框中，选择相应的程序，如图 16-11 所示。

2．链接对象

执行【插入】|【链接】|【动作】命令，在【动作设置】对话框中，选中【对象动作】单选按钮，并在【对象动作】下拉列表中选择一种动作方式，如图 16-12 所示。

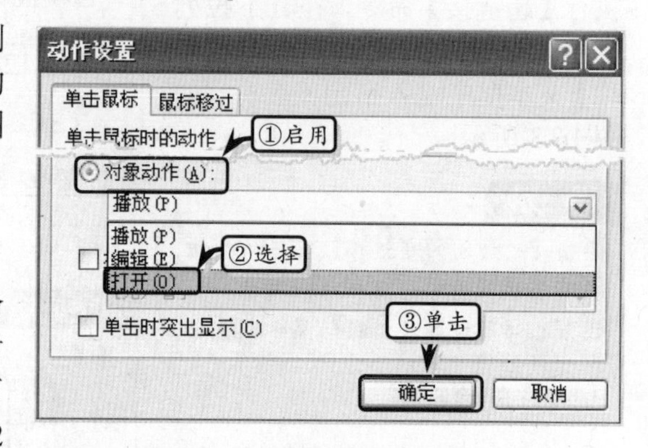

图 16-12 链接动作

提 示

只有选择在幻灯片中通过【插入对象】对话框所插入的对象，对话框中的【对象动作】选项才可用。

3．添加声音

在【动作设置】对话框中，选择某种动作后选中【播放声音】复选框。然后，单击【播放声音】下三角按钮，在其下拉列表中选择一种声音，如图 16-13 所示。

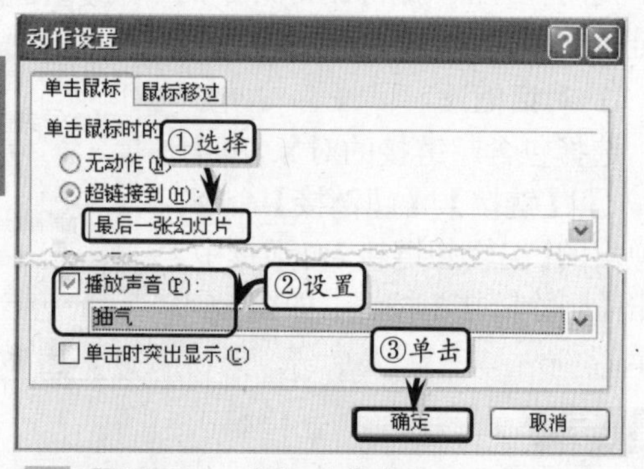

图 16-13 添加动作声音

16.2 放映幻灯片

制作完演示文稿之后，为了按规律播放演示文稿，也为了适应播放环境，还需要设置放映幻灯片的方式与范围，以及设置幻灯片的排练计时与录制旁白。

16.2.1 设置播放范围

PowerPoint 2010 为用户提供了从头放映、当前放映与自定义放映 3 种放映方式。一般情况下，用户可通过下列 3 种方法，来定义幻灯片的播放范围。

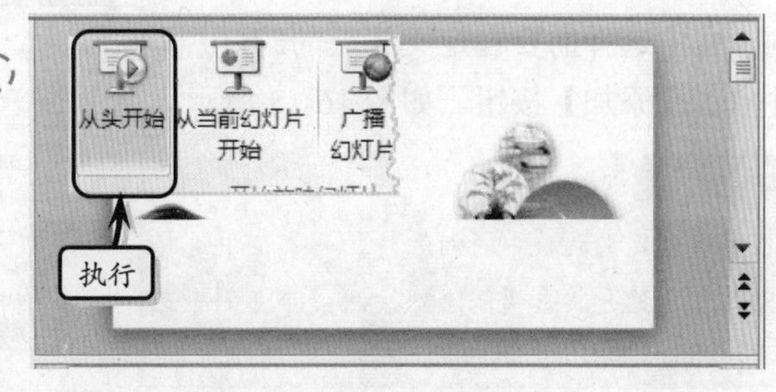

图 16-14 从头放映方式

1. 从头放映

从头放映即是从第一张幻灯片放映到最后一张幻灯片。执行【幻灯片放映】|【开始放映幻灯片】|【从头开始】命令，即可从演示文稿的第一张幻灯片开始放映，如图 16-14 所示。

提 示

用户还可以通过 F5 快捷键，将幻灯片的播放范围设置为从头开始放映。

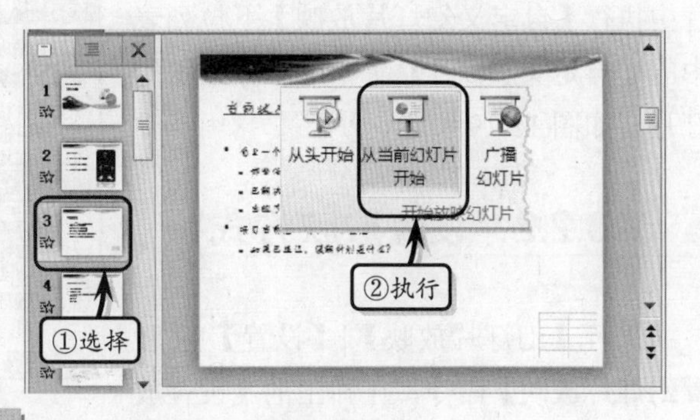

图 16-15 当前放映方式

2. 当前放映

选择幻灯片，执行【幻灯片放映】|【开始放映幻灯片】|【从当前幻灯片开始】命令，即可从选择的幻灯片开始放映，如图 16-15 所示。

提 示

选择幻灯片，按 Shift+F5 组合键，也可从当前幻灯片开始放映。

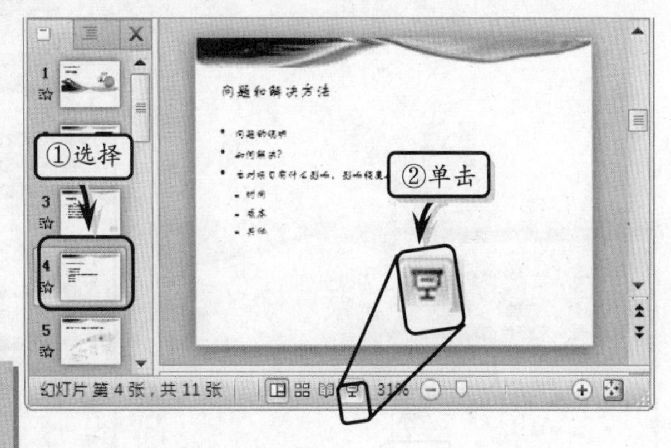

图 16-16 快速放映

另外，选择幻灯片，单击状态栏中的【幻灯片放映】按钮，也可从选择的幻灯片开始放映演示文稿，如图 16-16 所示。

3. 自定义放映

首先，执行【开始放映幻灯片】|【自定义幻灯片放映】|【自定义放映】命令，在弹出的对话框中执行【新建】命令，如图 16-17 所示。

然后，在弹出的【定义自定义放映】对话框中的【幻灯片放映名称】文本框中输入放映名称，在【在演示文稿中的幻灯片】列表框中选择需要自定义放映的幻灯片，并单击【添加】按钮，如图 16-18 所示。

提 示

在【在自定义放映中的幻灯片】列表框中选择幻灯片名称，单击【删除】按钮，即可删除已添加的幻灯片。

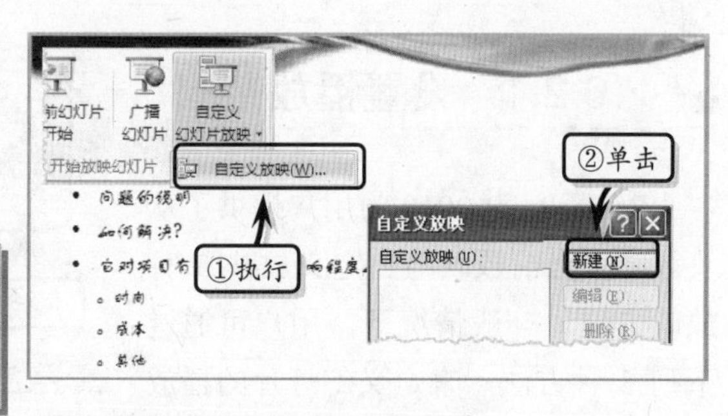

图 16-17 新建自定义放映

最后，自定义放映范围之后，在幻灯片中执行【自定义幻灯片放映】下拉列表中的【自定义放映 1】命令，即可放映幻灯片，如图 16-19 所示。

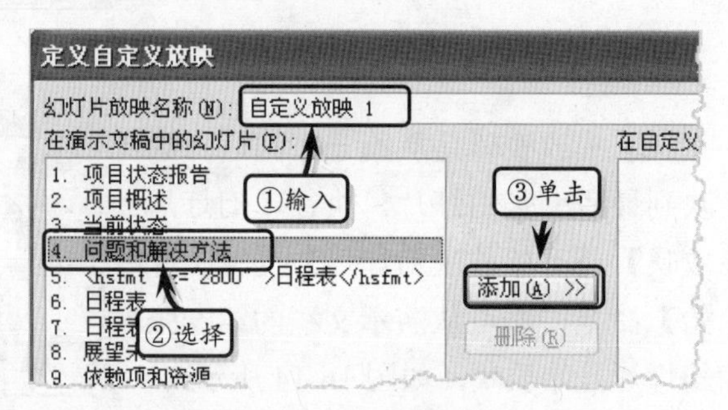

图 16-18 设置放映参数

16.2.2 设置放映方式

执行【幻灯片放映】|【设置】|【设置幻灯片放映】命令，在弹出的【设置放映方式】对话框中设置放映参数，如图 16-20 所示。

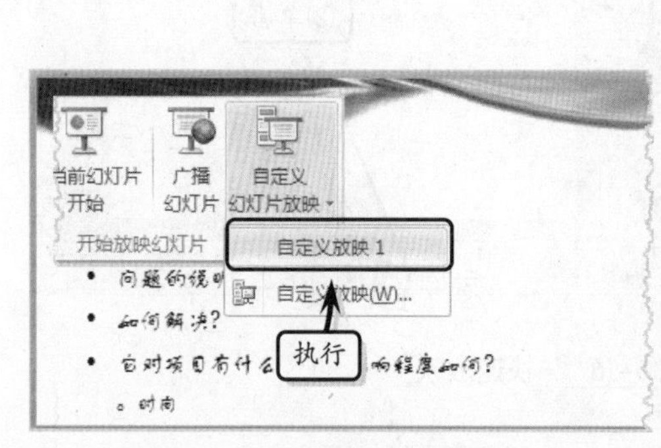

图 16-19 使用自定义放映

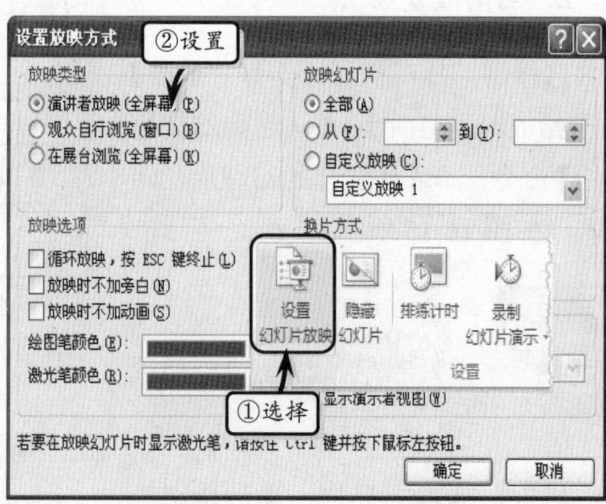

图 16-20 设置放映方式

【设置放映方式】对话框中的各选项的具体功能如表 16-1 所示。

表 16-1 设置放映方式

选 项		功 能
放映类型	演讲者放映（全屏幕）	在有人看管的情况下，运用全屏幕显示的演示文稿，适用于演讲者使用
	观众自行浏览（窗口）	可以移动、编辑、复制和打印幻灯片，适用于自行浏览环境
	在展台浏览（全屏幕）	可以自动运行演示文稿，不需要专人控制，适用于会展或站台环境
放映幻灯片	全部	可以放映所有的幻灯片
	从（F）....到（T）	可以放映一组或某阶段内的幻灯片
	自定义放映	可以使用自定义放映范围
放映选项	循环放映，按 ESC 键终止	可以连续播放声音文件或动画效果，直到按 Esc 键为止
	放映时不加旁白	在放映幻灯片时，不放映嵌入的解说
	放映时不加动画	在放映幻灯片时，不放映嵌入的动画
	绘图笔颜色	用户设置放映幻灯片时使用的解说字体颜色，该选项只能在【演讲者放映（全屏幕）】选项中使用
换片方式	手动	表示依靠手动来切换幻灯片
	如果存在排练时间，则使用它	表示在放映幻灯片时，使用排练时间自动切换幻灯片
多监视器	幻灯片放映显示于	在具有多个监视器的情况下，选择需要放映幻灯片的监视器
	显示演讲者视图	表示在幻灯片放映时播放演讲者使用监视器中的视图
性能	使用硬件图形加速	可以加速演示文稿中图形的绘制速度
	提示	可以弹出【PowerPoint 帮助】窗口
	幻灯片放映分辨率	用来设置幻灯片放映时的分辨率，分辨率越高计算运行速度越慢

16.2.3 排练计时与旁白

在 PowerPoint 2010 中，用户还可以通过为幻灯片添加排练计时与录制旁白的功能，来完善幻灯片的功能。

1. 设置排练计时

执行【幻灯片放映】|【设置】|【排练计时】命令，再切换到幻灯片放映视图中，系统会自动记录幻灯片的切换时间。结束放映时或单击【录制】工具栏中的【关闭】按钮时，系统将自动弹出【Microsoft Office PowerPoint】对话框，

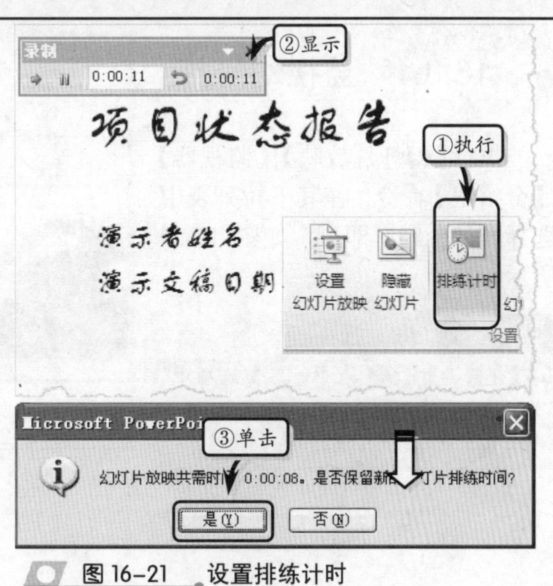

图 16-21 设置排练计时

单击【是】按钮即可保存排练计时，如图 16-21 所示。

提 示

录制完计时之后，可通过执行【设置】|【使用计时】选项，将录制的时间应用到幻灯片播放中。

2. 录制旁白

执行【幻灯片放映】|【设置】|【录制幻灯片演示】|【从头开始录制】命令，在弹出的【录制幻灯片演示】对话框中，取消选中【幻灯片和动画计时】复选框，单击【开始录制】按钮即可在放映视图中录制旁白了，如图 16-22 所示。

在放映视图下，当用户单击【录制】工具栏中的【关闭】按钮，或结束放映时系统会自动切换到【幻灯片浏览】视图下。此时，在幻灯片的底部，将显示录制时间与声音图标，如图 16-23 所示。

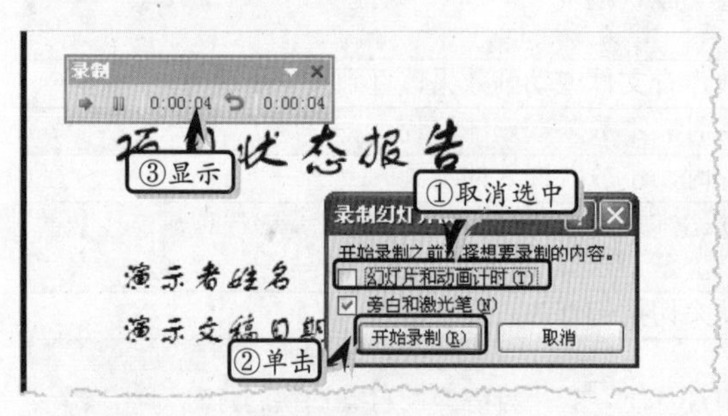

图 16-22 录制旁白

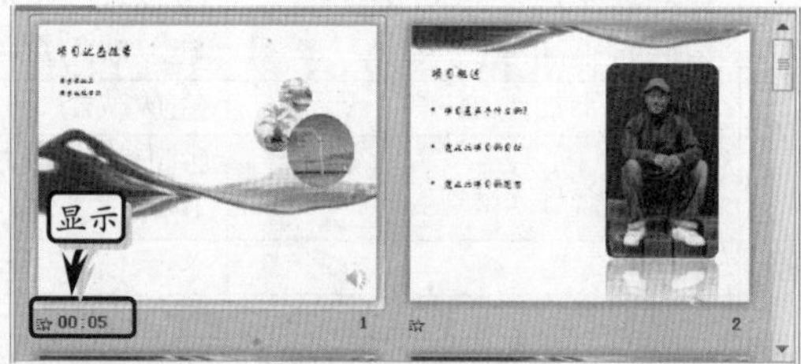

图 16-23 显示录制效果

16.3 审阅与监视幻灯片

用户可以使用 PowerPoint 2010 中宏的【监视器】与【审阅】功能，调整演示文稿的屏幕分辨率，以及校对演示文稿中的文本。

16.3.1 监视幻灯片

执行【幻灯片放映】|【监视器】|【分辨率】命令，在其下拉列表中选择一种分辨率即可，如图 16-24 所示。

提 示

在【分辨率】下拉列表中的各级选项中，从上到下的选项的放映效果将逐渐变得清晰。

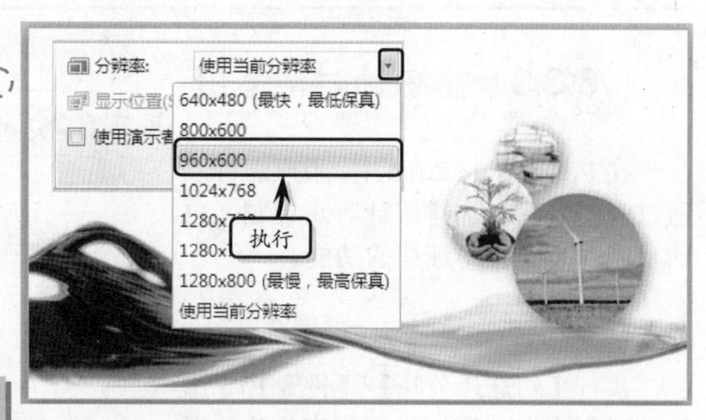

图 16-24 监视幻灯片

16.3.2 审阅幻灯片

审阅演示文稿即检查演示文稿中的拼写状态及添加批注等操作，通过 PowerPoint 2010 中的该功能，不仅可以自动检查幻灯片汇总的拼写错误，而且还可以为某些特殊数据添加解释性说明。

1. 拼写检查

执行【审阅】|【校对】|【拼写检查】命令，系统会自动检查演示文稿中的文本拼写状态，当系统发现拼写错误时，则会弹出【拼写检查】对话框，否则直接返回提示“拼写检查结束”的提示框，如图 16-25 所示。

图 16-25 进行拼写检查

2. 信息检索

在幻灯片中选择需要检索的文本，然后执行【审阅】|【校对】|【信息检索】命令。在弹出的【信息检索】对话框中，选择参考资料选项，即可在列表框中显示检索信息，如图 16-26 所示。

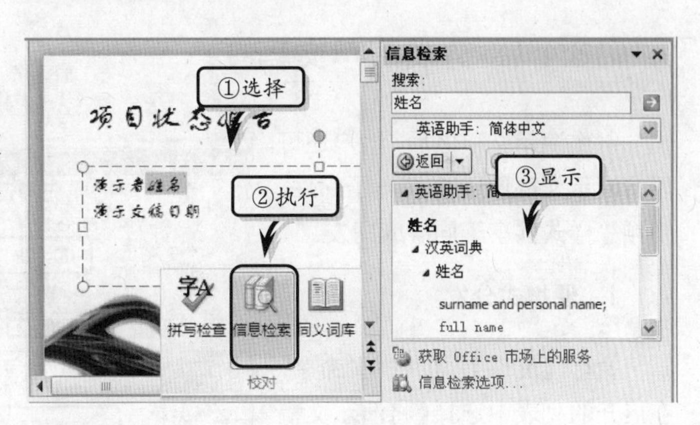

图 16-26 进行信息检索

3. 中文简繁转换

选择幻灯片中的文本，执行【审阅】|【中文简繁转换】|【简繁转换】命令。在弹出的【中文简繁转换】对话框中，选择转换选项即可，如图 16-27 所示。

提 示

用户也可以直接执行【中文简繁转换】选项组中的【繁转简】或【简转繁】命令，即可直接转换文本。

4. 添加批注

选择幻灯片中的文本，执行【审阅】|【批注】|【新建批注】命令。在弹出的文本框中输入批注内容，如图 16-28 所示。

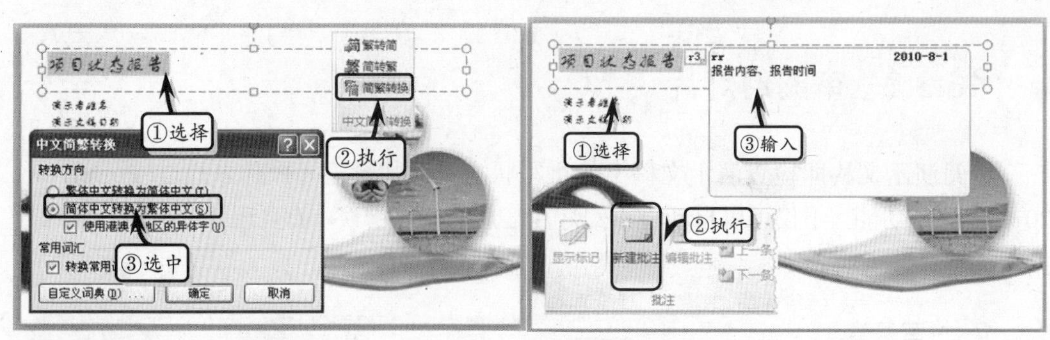

图 16-27 中文简繁转换　　图 16-28 添加批注

提　示

选择批注。在【批注】选项组中，执行【删除】命令中的【删除】命令，即可删除选中的批注。

16.4 发布演示文稿

在 PowerPoint 2010 中，用户不仅可以将演示文稿和媒体链接复制到可以刻录成 CD 的文件夹中。而且，还可以将幻灯片保存到幻灯片库中，及在 Word 中打开演示文稿并自定义讲义页。

16.4.1 分发演示文稿

制作演示文稿之后，用户还可以将演示文稿通过 CD、电子邮件、视频等样式共享于同事或朋友。

1. 便携式分发

执行【文件】|【共享】命令，在展开的列表中选择【将演示文稿打包成 CD】选项，同时单击【打包成 CD】按钮。在弹出的【打包成 CD】对话框中设置 CD 名称，单击【复制到 CD】按钮，如图 16-29 所示。

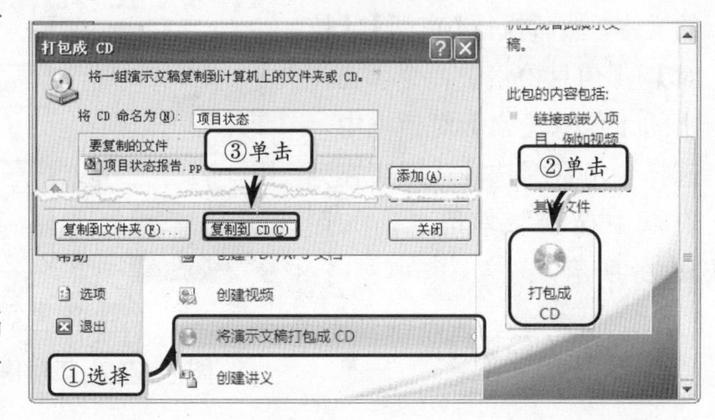

图 16-29 打包成 CD

提　示

在【打包成 CD】对话框中，单击【复制到文件夹】按钮，即可将演示文稿复制在包含.pptm 格式的文件夹中。

另外，在【打包成 CD】对话框中，主要包括下列选项。

- **将 CD 命名为**　用于设置 CD 的名称。

- **要复制的文件** 用于显示要打包成 CD 的文件。
- **添加** 单击该按钮，可将演示文稿添加到【要复制的文件】列表中。
- **选项** 单击该按钮，可在弹出的对话框中设置文件的属性。
- **复制到文件夹** 单击该按钮，可将文件复制到本地计算机中。
- **复制到 CD** 单击该按钮，可将文件录制成 CD。

2. 幻灯片分发

执行【文件】|【共享】命令，在展开的列表中选择【发布幻灯片】选项，同时单击【发布幻灯片】按钮，如图 16-30 所示。

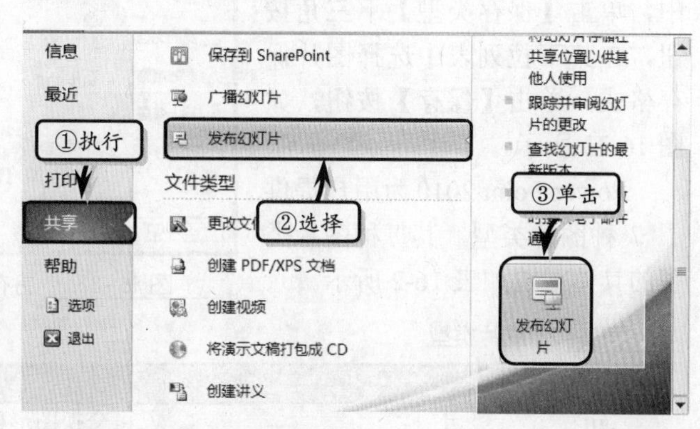

图 16-30 发布幻灯片

在弹出的【发布幻灯片】对话框择，选中需要发布的幻灯片，单击【浏览】选项，在弹出的对话框中选择存放位置。最后，单击【发布】按钮即可，如图 16-31 所示。

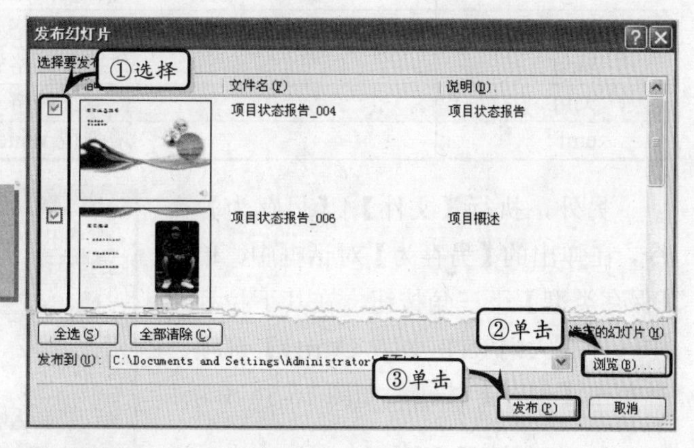

图 16-31 设置发布内容

提 示

在【发布幻灯片】对话框中选择的幻灯片，在发布后都将分别生成独立的演示文稿。

3. 讲义分发

执行【文件】|【共享】命令，在展开的列表中选择【创建讲义】选项，同时单击【创建讲义】按钮。在弹出的对话框中选择讲义版式即可，如图 16-32 所示。

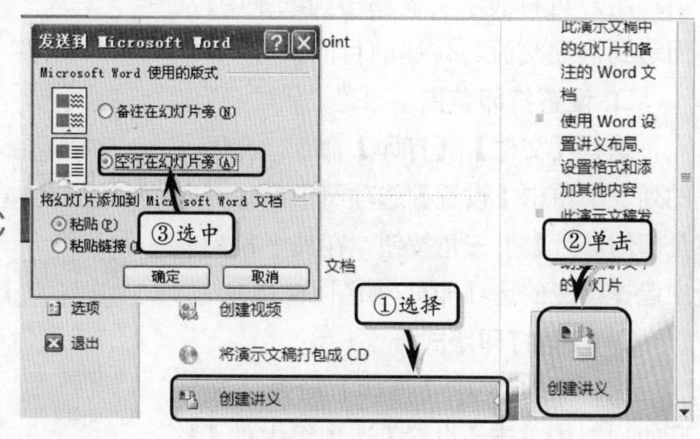

图 16-32 讲义分发演示文稿

16.4.2 输出演示文稿

输出演示文稿是将演示文稿保存与打印到纸张中。在 PowerPoint 2010 中，可以将演示文稿输出为图片或幻灯片放映等多种形式。

1. 另存为演示文稿

执行【文件】|【另存为】命令，在弹出的【另存为】对话框中，单击【保存类型】下三角按钮，在其下拉列表中选择图片保存格式，单击【保存】按钮，如图 16-33 所示。

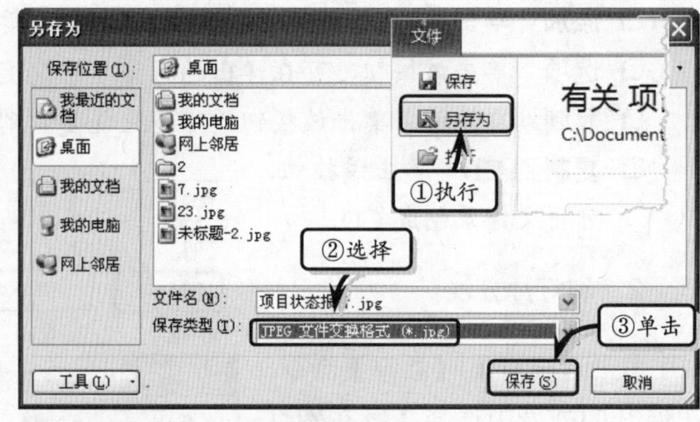

图 16-33 另存为图表格式

Power Point 2010 为用户提供了 7 种图片类型，其每种图片类型的具体说明如表 16-2 所示。

表 16-2 图片类型

扩 展 名	含 义
.gif	可交换图形格式
. jpg	图形交换格式
.png	可移植网络图形格式
.tif	图像文件格式
.bmp	位图文件格式
.wmf	图元文件格式
.emf	增强型 Windows 元文件格式

另外，执行【文件】|【另存为】命令，在弹出的【另存为】对话框中，单击【保存类型】下三角按钮，在其下拉列表中选择【大纲/RTF 文件（*.rtf)】选项，并单击【保存】按钮，如图 16-34 所示。

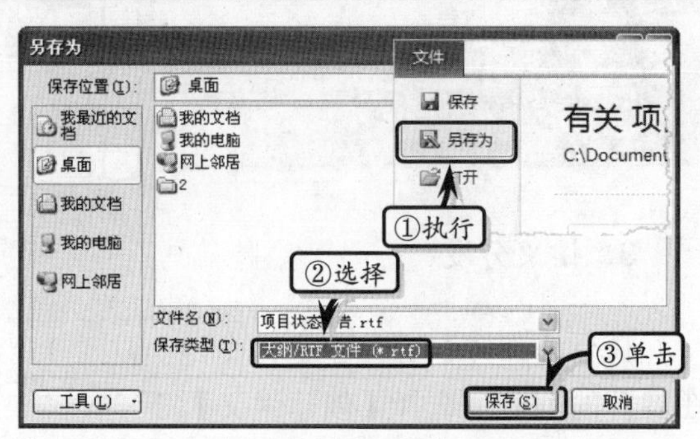

图 16-34 保存为放映与大纲形式

2. 打印演示文稿

用户可将演示文稿输出到纸张中，从而达到快速交流与传递的目的。

❑ 设置打印范围

执行【文件】|【打印】命令，在展开的列表中单击【设置】选项组中的【打印全部幻灯片】下三角按钮，在其下拉列表中选择相应的选项即可，如图 16-35 所示。

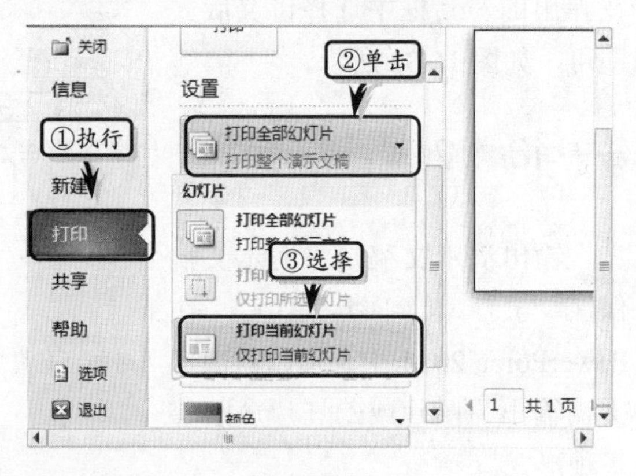

图 16-35 设置打印范围

❑ 设置打印版式

执行【文件】|【打印】命令，在展开的列表中单击【设置】选项组中的【整页幻灯片】下三角按钮，在其下拉列表中选择相应的选项即可，如图 16-36 所示。

提　示

可在【整页幻灯片】下拉列表中，选择【幻灯片加框】选项，为打印的幻灯片添加边框效果。

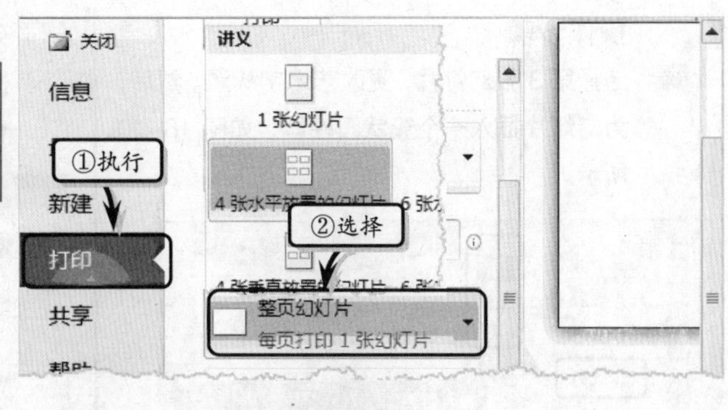

图 16-36　设置打印版式

❑ 设置打印颜色

执行【文件】|【打印】命令，在展开的列表中单击【设置】选项组中的【颜色】下三角按钮，在其下拉列表中选择相应的选项即可，如图 16-37 所示。

❑ 打印幻灯片

执行【文件】|【打印】命令，在展开的列表中单击【打印】选项组中的【副本】微调按钮。然后，单击【打印】按钮即可，如图 16-38 所示。

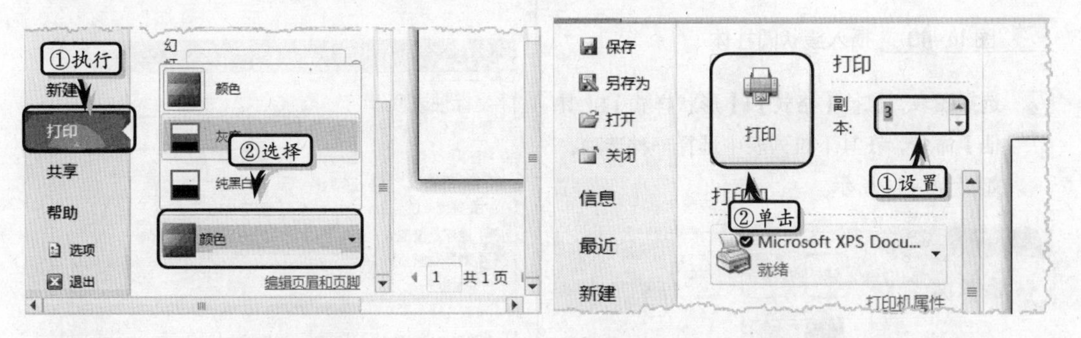

图 16-37　设置打印颜色　　图 16-38　打印幻灯片

16.5　课堂练习：年终工作总结之二

对于销售部门来讲，销售数据分析是年度工作总结中的核心内容。只有通过对今年销售数据的详细分析，才可以准确地制定下一年的销售计划与销售目标。在本练习中，将详细讲解制作数据分析幻灯片的操作技巧与方法，如图 16-39 所示。

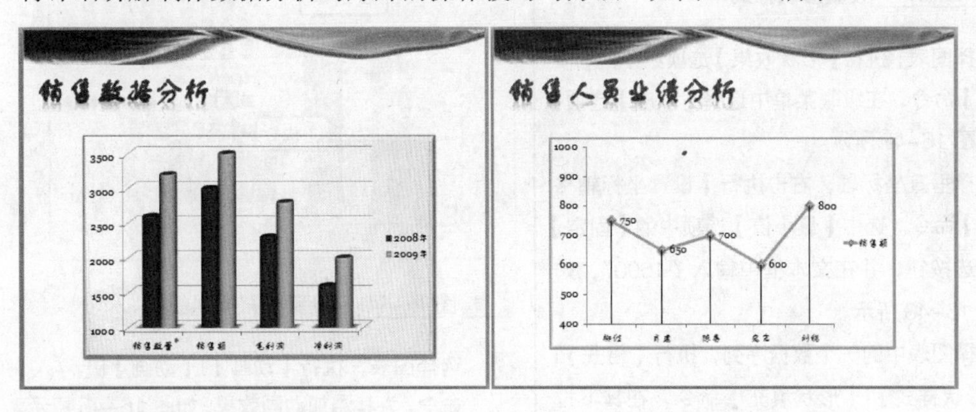

图 16-39　年终工作总结之二

操作步骤

1. 选择第 3 张幻灯片，更改艺术字标题。然后，为幻灯片插入一个簇状圆柱体，如图 16-40 所示。

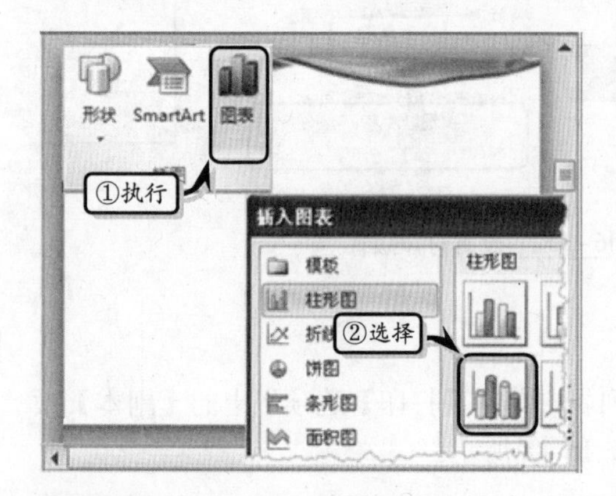

图 16-40 插入簇状圆柱体

2. 选择图表，执行【格式】|【形状样式】|【其他】命令，在其下拉列表中选择一种选项，如图 16-41 所示。

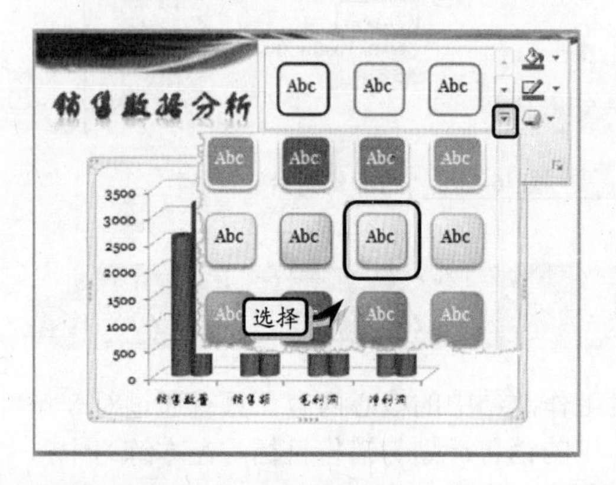

图 16-41 设置形状样式

3. 选择图表，执行【形状效果】选项组中的【棱台】命令，在级联菜单中选择【草皮】选项，如图 16-42 所示。

4. 选择垂直坐标轴，右击执行【设置坐标轴格式】命令。选中【最小值】选项中的【固定】单选按钮，并在文本框中输入“1000”，如图 16-43 所示。

5. 选择图表中的一个数据序列，执行【格式】|【形状样式】|【形状填充】命令，在其下拉列表中选择相应的色块。使用同样的方法，设置另外一个数据系列的填充颜色，如图 16-44 所示。

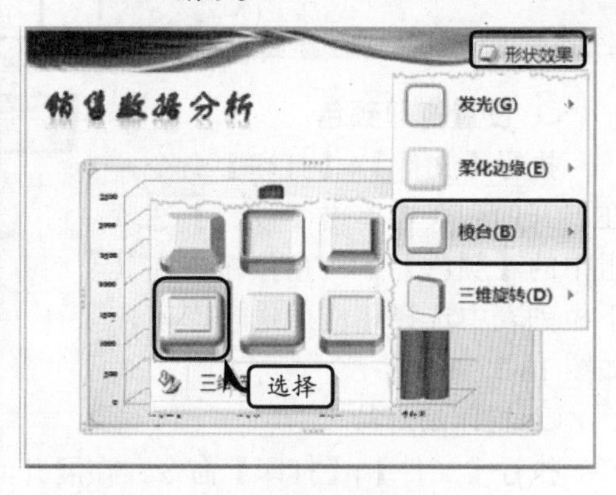

图 16-42 设置形状效果

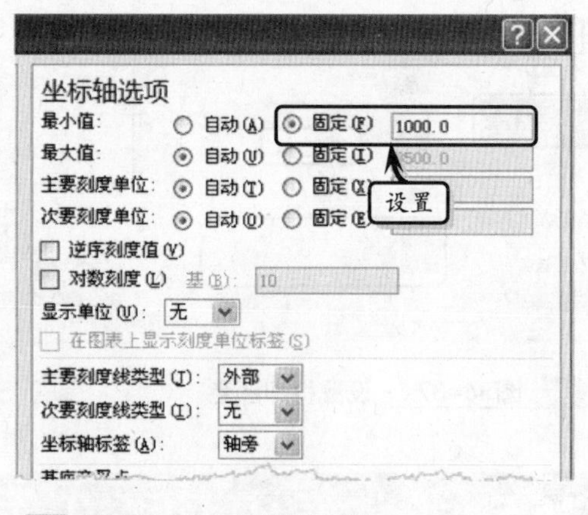

图 16-43 设置坐标轴

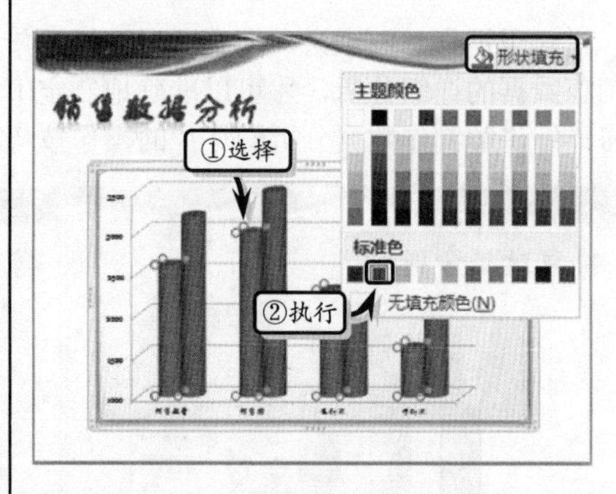

图 16-44 设置数据系列颜色

6. 选择图表，执行【动画】|【动画】|【浮入】命令，为其添加动画效果，如图 16-45 所示。

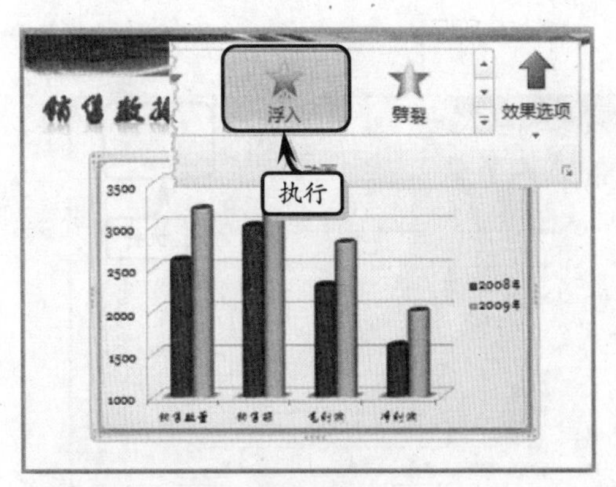

图 16-45　添加动画

7　执行【效果选项】选项组中的【按类别中的元素】命令，并将【开始】设置为【上一动画之后】，如图 16-46 所示。

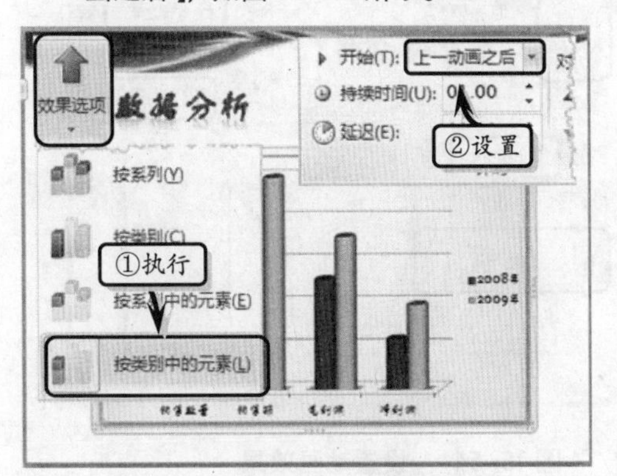

图 16-46　设置动画效果

8　选择第 4 张幻灯片，更改艺术字标题。然后，在幻灯片中插入一个带数据标记的折线图，如图 16-47 所示。

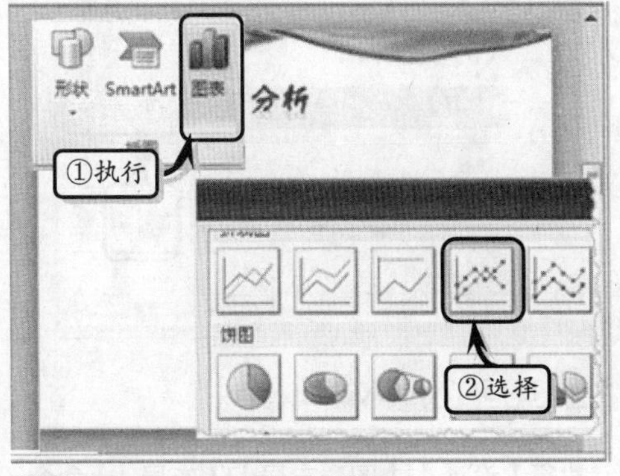

图 16-47　插入折线图

9　选择折线图，执行【设计】|【图表样式】|【其他】命令，在下拉列表中的【样式 29】选项，如图 16-48 所示。

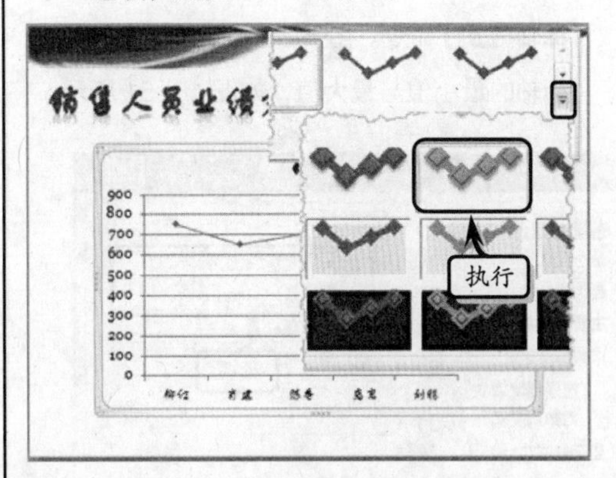

图 16-48　设置图表样式

10　执行【格式】|【形状样式】|【其他】命令，在其列表中选择一种样式，设置图表的形状样式，如图 16-49 所示。

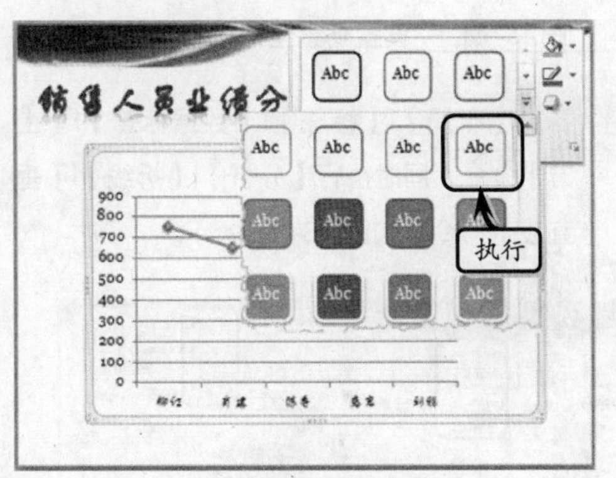

图 16-49　设置形状样式

11　执行【形状轮廓】|【粗细】|【3 磅】命令，同时执行【形状效果】|【棱台】|【圆】命令，如图 16-50 所示。

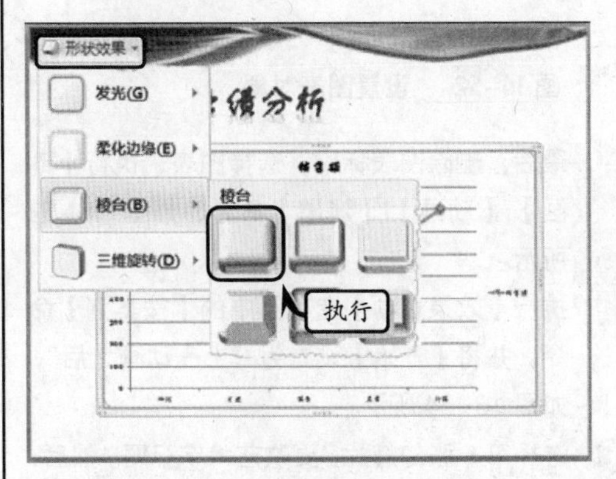

图 16-50　设置形状效果

12 选择图表中的垂直坐标轴，右击执行【设置坐标轴格式】命令。在弹出的对话框中，设置坐标轴的最小值与最大值，如图 16-51 所示。

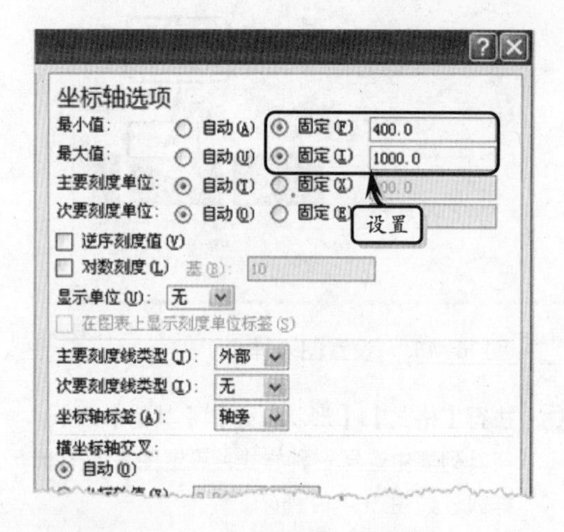

图 16-51 设置垂直坐标轴

13 执行【布局】|【标签】|【数据标签】|【上方】命令，同时执行【分析】|【折线】|【垂直线】命令，如图 16-52 所示。

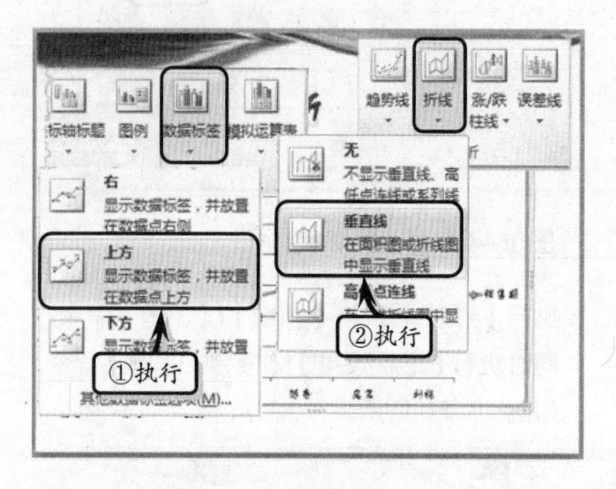

图 16-52 设置图表对象

14 最后，删除图表标题。选择图表，执行【动画】|【动画】|【淡出】命令，如图 16-53 所示。

15 执行【效果选项】选项组中的【按类别】命令，并将【开始】设置为“上一动画之后”，如图 16-54 所示。

16 选择第 5 张幻灯片，更改艺术字标题。然后，在幻灯片中插入一个分离型三维饼图，如图 16-55 所示。

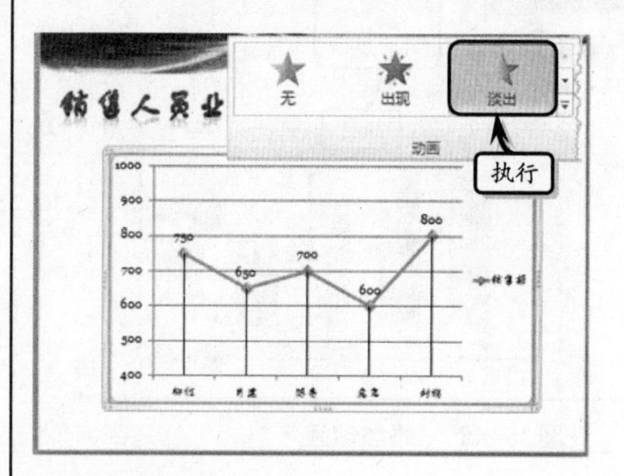

图 16-53 添加动画

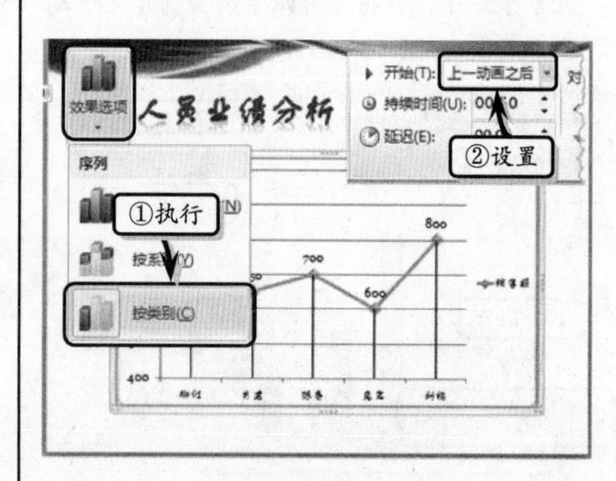

图 16-54 设置动画效果

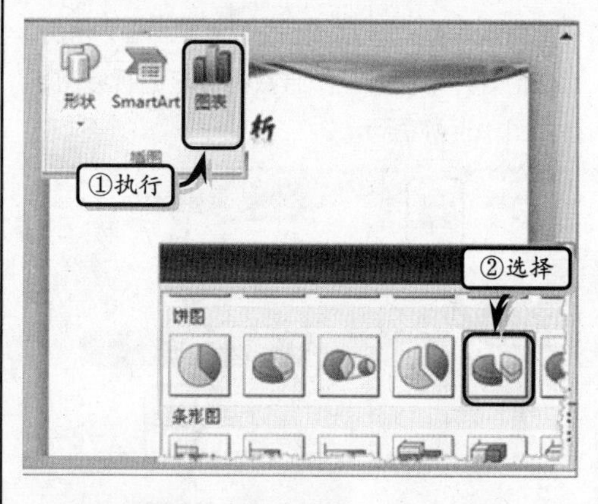

图 16-55 插入饼图

17 执行【设计】|【图表布局】|【布局 1】命令，同时执行【图表样式】|【其他】|【样式 34】命令，如图 16-56 所示。

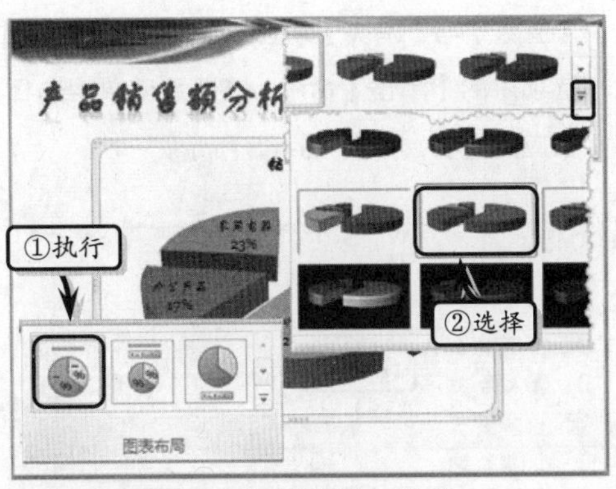

图 16-56 设置布局与样式

18 执行【布局】|【标签】|【图表标题】|【无】命令，并调整数据系列的显示位置，如图 16-57 所示。

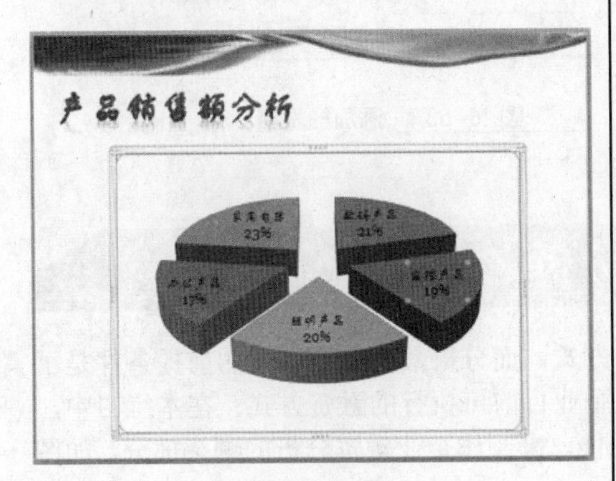

图 16-57 调整图表

19 选择图表，执行【动画】|【动画】|【淡出】命令。然后，执行【效果选项】|【按类别】命令，并将【开始】设置为【上一动画之后】，如图 16-58 所示。

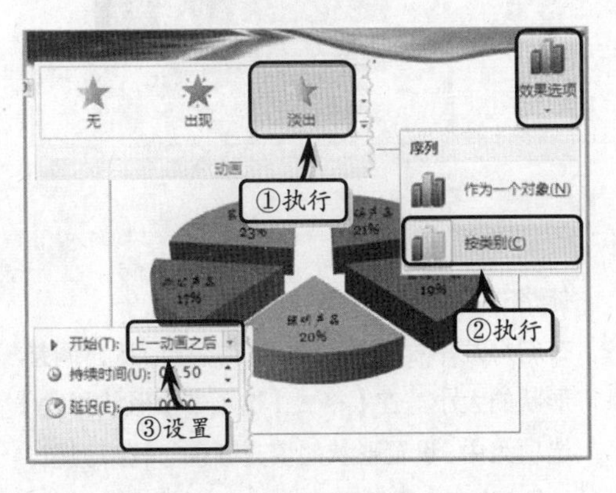

图 16-58 添加动画效果

20 选择第 6 张幻灯片，更改艺术字表头。然后，执行【插入】|【图像】|【图片】命令，为幻灯片插入一个图片，如图 16-59 所示。

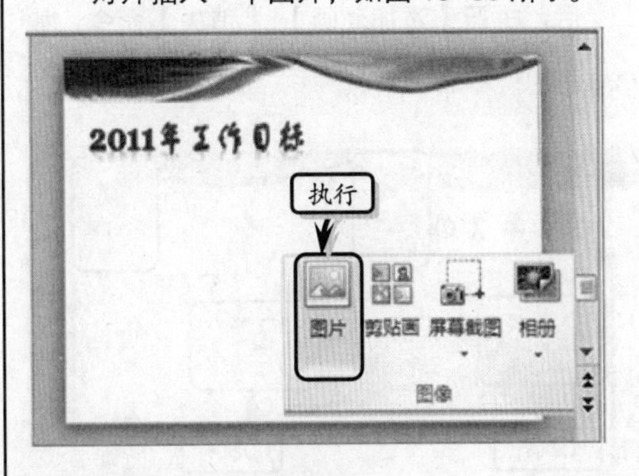

图 16-59 插入图片

21 在图片中插入一个横排文本框，在文本框中输入文本，设置文本的字体格式并为文本添加项目符号，如图 16-60 所示。

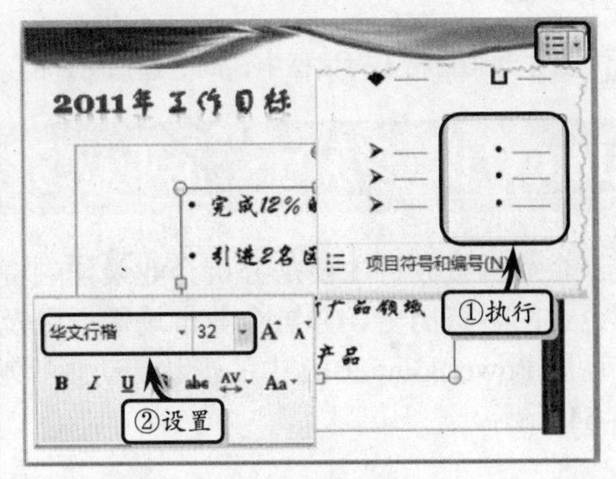

图 16-60 设置文本格式

22 将图片与文本框组合在一起，执行【动画】|【切入】命令，并将【开始】设置为“上一动画之后”，如图 16-61 所示。

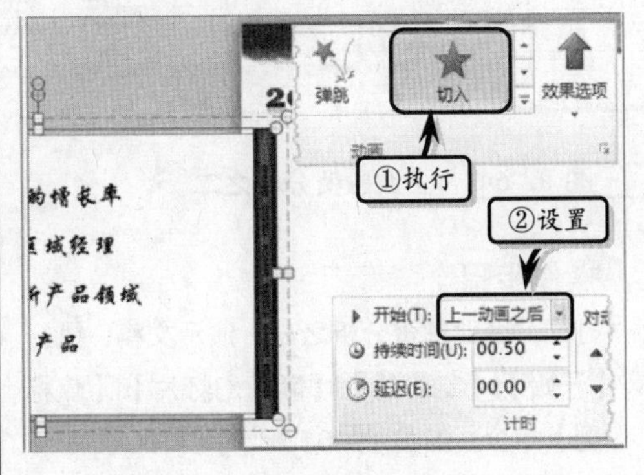

图 16-61 添加动画效果

23 在【高级动画】选项组中，执行【添加动画】|【直线】命令，并调整动作路径的方向。然后，执行【添加动画】|【消失】命令，如图 16-62 所示。

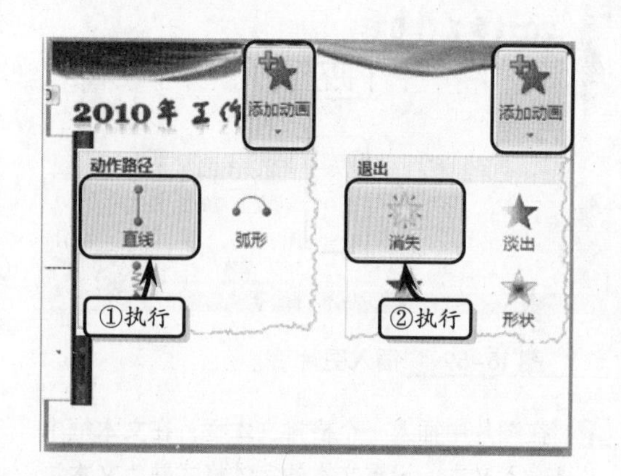

图 16-62 添加其他动画效果

24 在【动画窗格】对话框中，同时选择图片的【直线】与【消失】动画效果，执行【触发】选项中的【单击】命令，在级联菜单中选择相应的选项，如图 16-63 所示。

图 16-63 添加触发器

16.6 课堂练习：企业融资分析之二

企业融资分析主要是分析企业最佳融资方式，而分析最佳融资方式的前提条件是了解企业的融资历史、分析企业市场需求以及企业目前可执行的融资方式。在本练习中，将运用 PowerPoint 2010 中的形状、动画等功能，来制作企业融资分析的剩余部分，如图 16-64 所示。

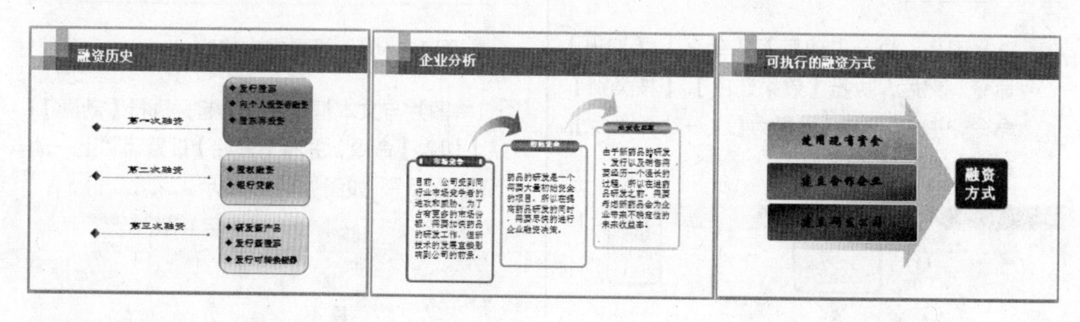

图 16-64 企业融资分析之二

操作步骤

1 打开“企业融资分析之一”演示文稿，执行【开始】|【幻灯片】|【新建幻灯片】|【仅标题】命令，如图 16-65 所示。

2 在占位符中输入标题文本，并设置文本的字体格式，如图 16-66 所示。

3 在幻灯片中插入两个等腰三角形形状，调整形状的大小。在【格式】选项卡【形状样式】选项组中，设置形状的填充颜色与轮廓颜色，如图 16-67 所示。

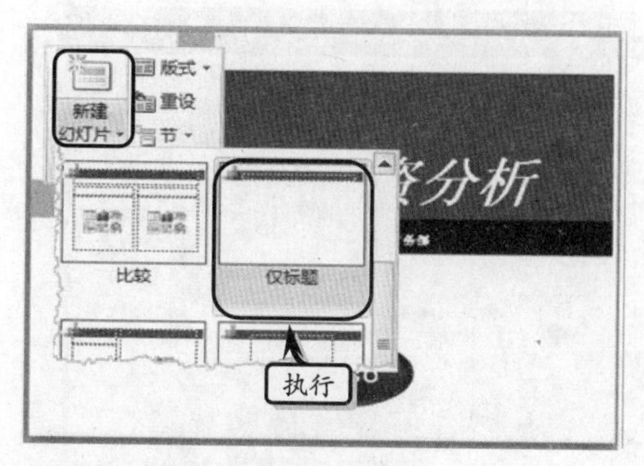

图 16-65 新建幻灯片

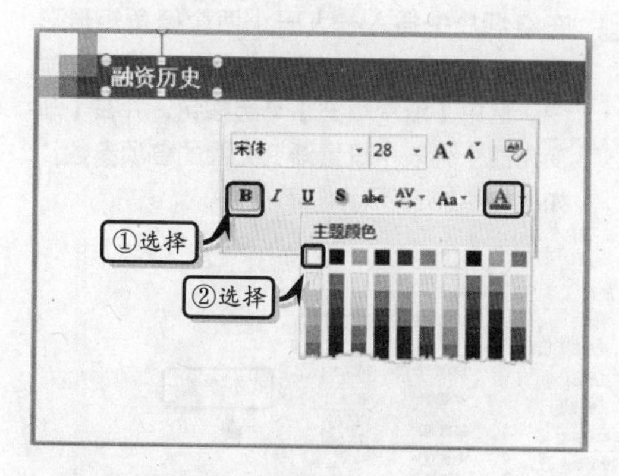

图 16-66 制作标题

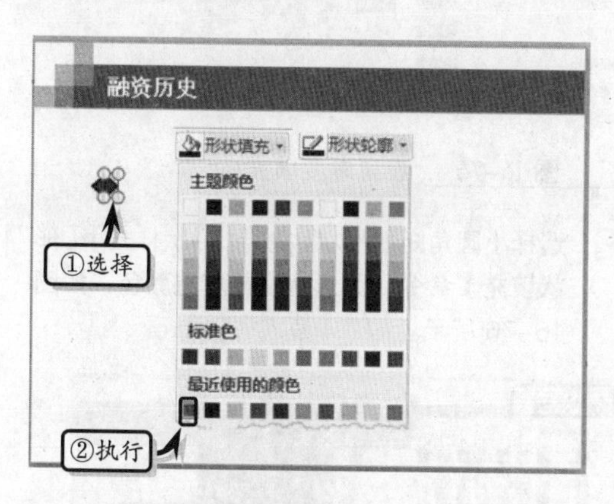

图 16-67 设置形状颜色

4 调整形状的位置，同时选择两个等腰三角形形状，右击形状执行【组合】|【组合】命令，组合形状，如图 16-68 所示。

5 复制组合后的形状，并调整各形状的具体位置，如图 16-69 所示。

6 在幻灯片中插入一个箭头形状，执行【格式】|【形状样式】|【形状轮廓】命令，分别设置形状的颜色、粗细与虚线样式，如图 16-70 所示。

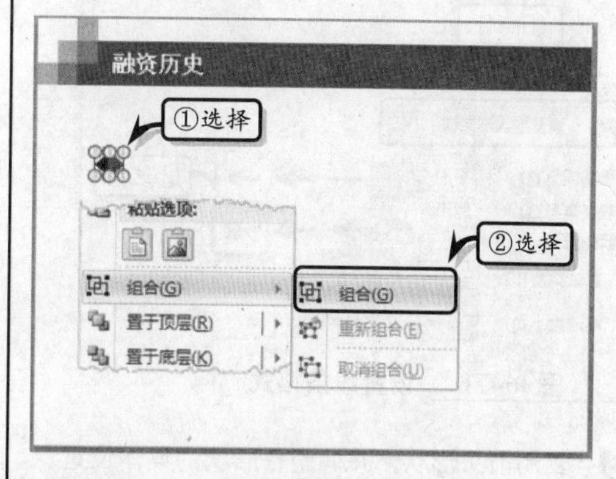

图 16-68 组合形状

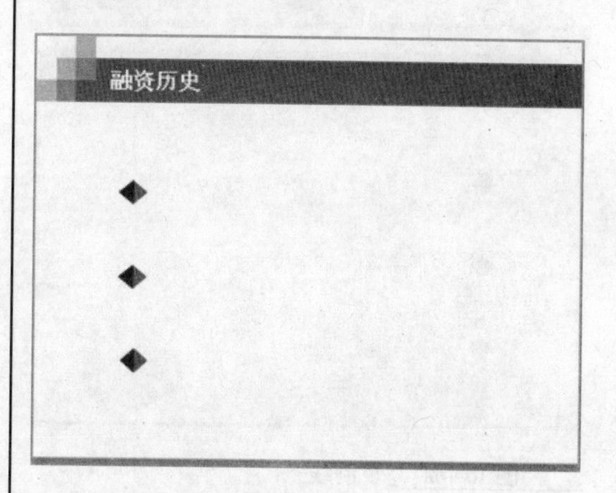

图 16-69 复制形状

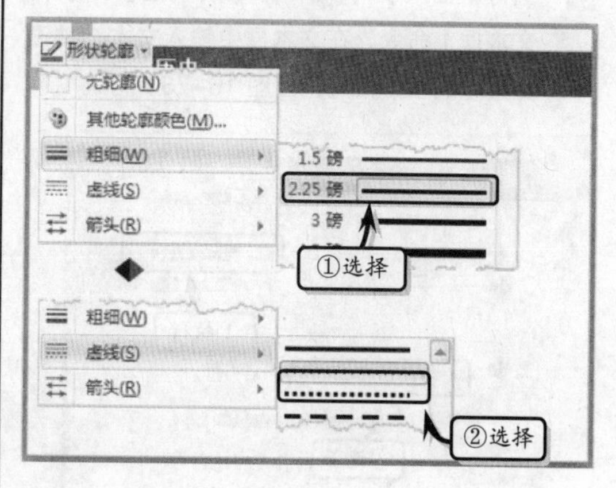

图 16-70 设置形状样式

7 右击箭头形状，执行【设置形状格式】命令。在【线型】选项卡中，设置箭头的【后端类型】选项，如图 16-71 所示。

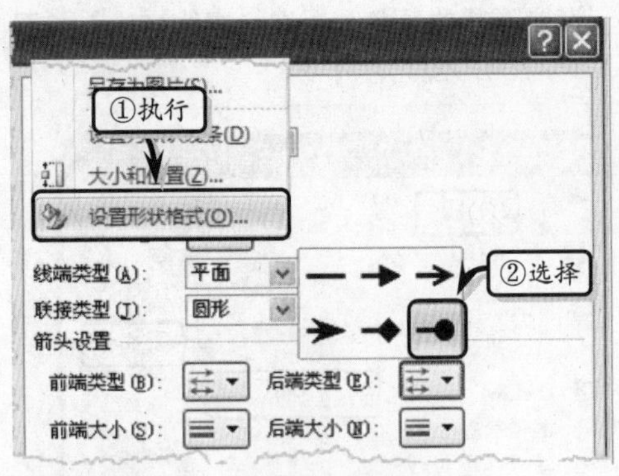

图 16-71 设置线条格式

8 复制箭头形状，并调整各形状的具体位置，如图 16-72 所示。

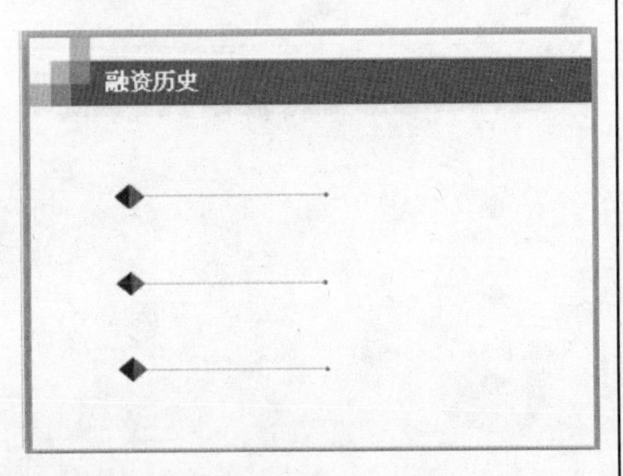

图 16-72 复制线条

9 执行【插入】|【文本】|【文本框】|【横向文本框】命令，在文本框中输入文本，并设置文本的字体格式，如图 16-73 所示。

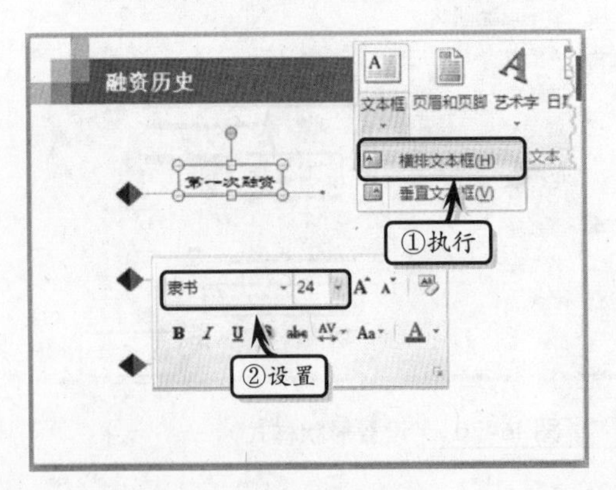

图 16-73 制作文本框

10 复制文本框、修改文本并调整其位置，如图 16-74 所示。

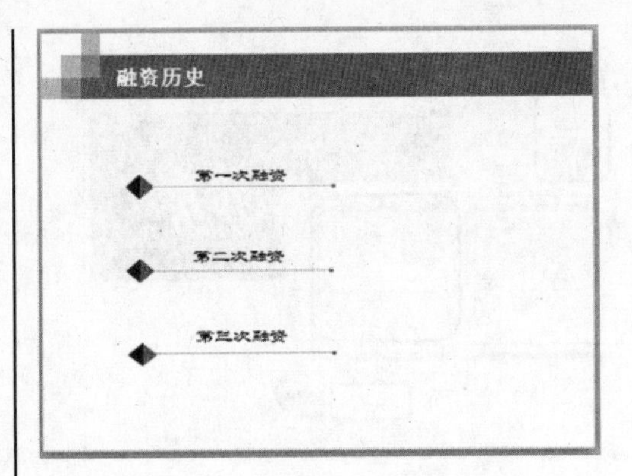

图 16-74 复制文本框

11 在幻灯片中插入一大一小两个圆角矩形形状，右击大形状，执行【设置形状格式】命令。选中【渐变填充】单选按钮，并在【渐变光圈】列表中设置渐变光圈的各项参数，如图 16-75 所示。

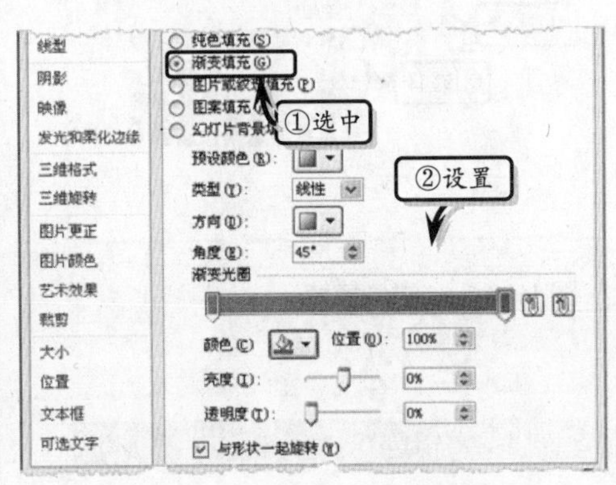

图 16-75 设置渐变填充

12 选择小圆角矩形形状，执行【形状样式】|【形状填充】命令，为形状设置填充颜色，如图 16-76 所示。

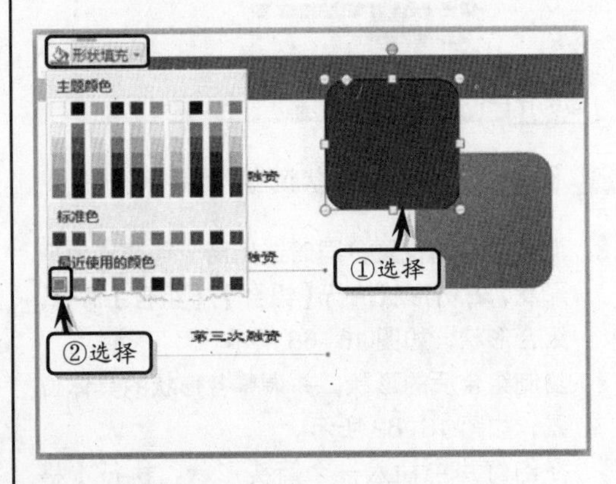

图 16-76 设置形状填充

13 执行【形状样式】|【形状轮廓】|【无轮廓】命令，设置形状的轮廓样式，如图 16-77 所示。

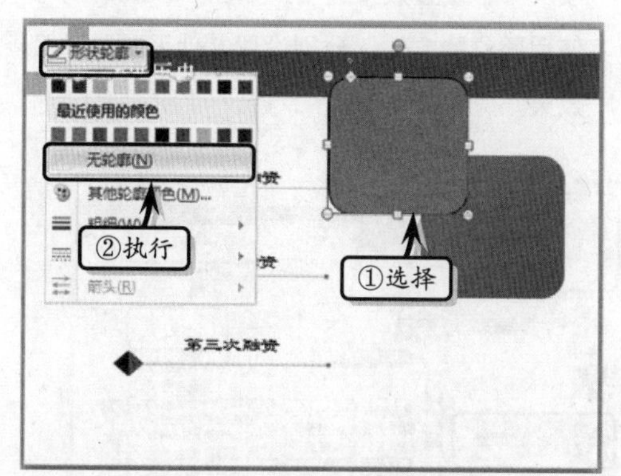

图 16-77 设置形状轮廓

14 在幻灯片中插入一个“流程图：终止”形状，右击形状执行【设置形状格式】命令。选中【渐变填充】单选按钮，并在【渐变光圈】列表中，分别设置光圈的参数。然后，在【线条颜色】选项卡中，选中【无线条】单选按钮，如图 16-78 所示。

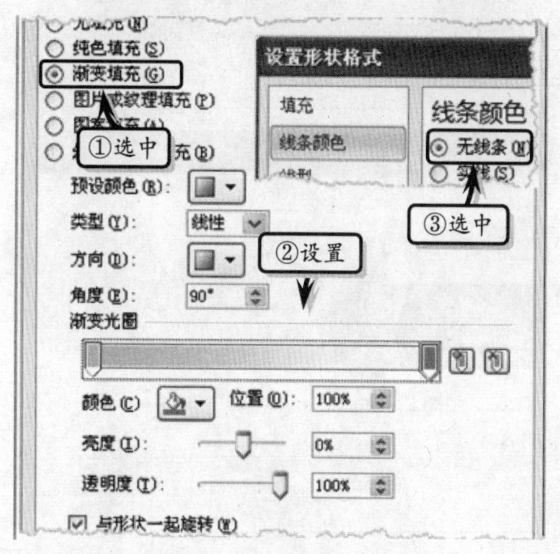

图 16-78 设置渐变颜色

15 排列一大一小矩形形状与“流程图：终止”形状的位置，同时选择上述 3 个形状，右击执行【组合】|【组合】命令，如图 16-79 所示。

16 在组合后的形状中插入一个横向文本框，输入文本，设置文本的字体格式并组合文本框与形状，如图 16-80 所示。使用同样的方法，分别制作其他类似形状。

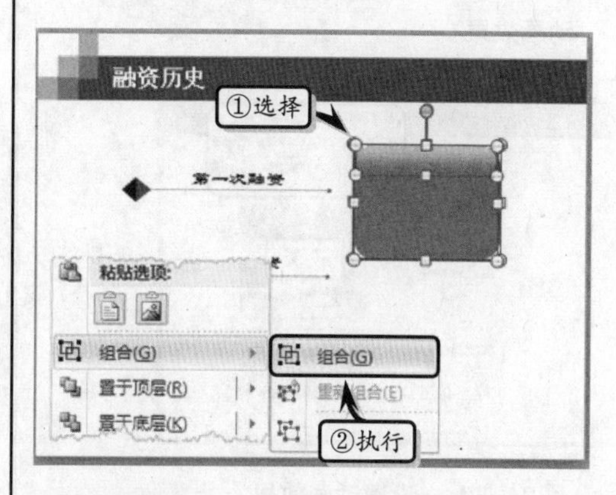

图 16-79 组合形状

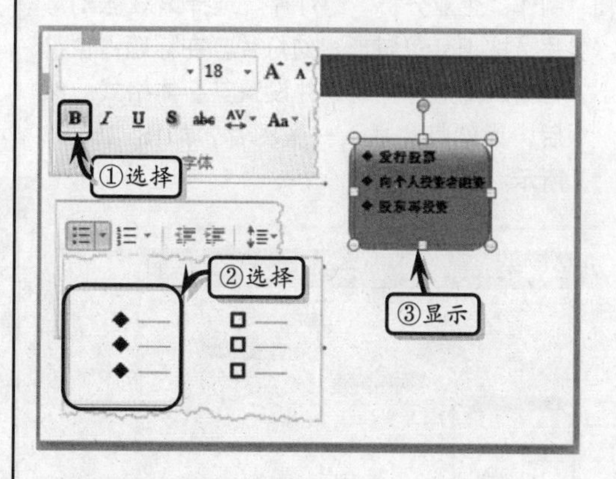

图 16-80 添加文本

17 选择所有的等腰三角形与箭头形状，为其添加【擦除】动画效果，并将【效果选项】设置为“自左侧”，如图 16-81 所示。

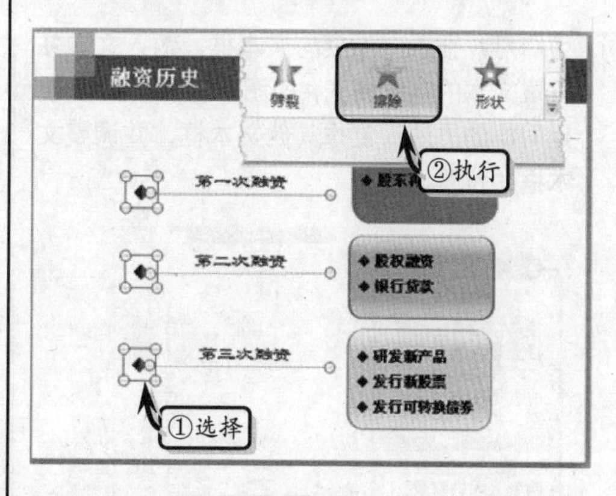

图 16-81 添加动画

18 在【计时】选项卡中，设置动画效果的开始方式、持续时间与延迟时间，如图 16-82 所示。使用同样的方法，分别设置其他对象的动画效果。

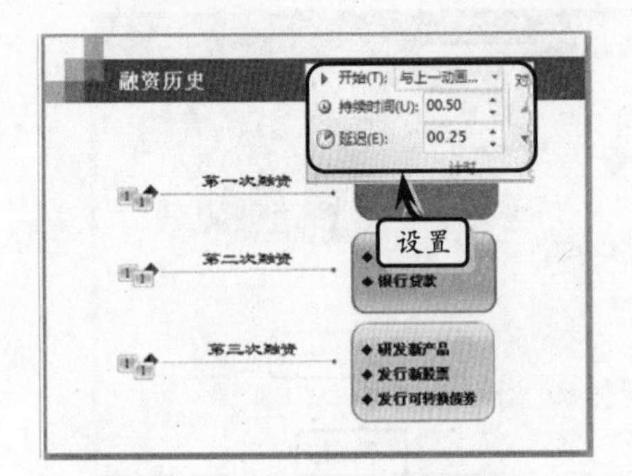

图 16-82 设置动画效果

19 制作“企业分析”幻灯片。选择第 3 张幻灯片，按 Enter 键新建幻灯片。在标题占位符中输入幻灯片标题，并设置其字体格式。然后，为幻灯片插入一张图片，如图 16-83 所示。

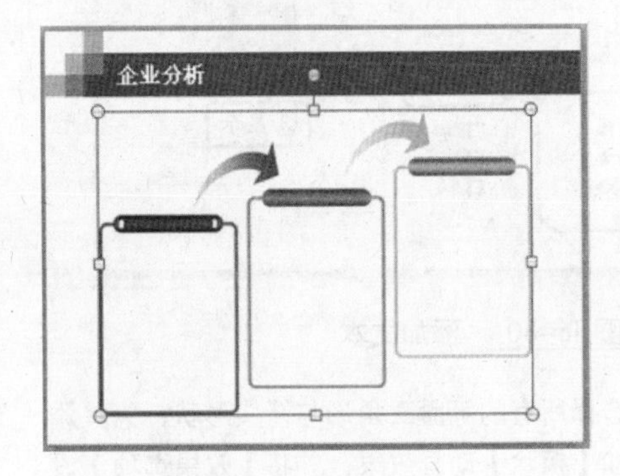

图 16-83 插入图片

20 为幻灯片插入一个横向文本框，输入文本并设置文本的字体格式，如图 16-84 所示。使用同样的方法，制作其他文本框，并调整文本框的位置。

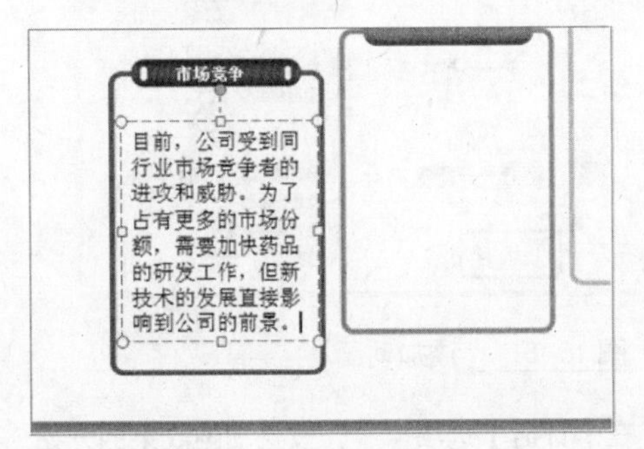

图 16-84 添加文本

21 选择图片，为其添加【轮子】动画效果，并为其设置【效果选项】选项。在【计时】选项卡中，设置效果选项，如图 16-85 所示。使用同样的方法，分别设置其他形状的动画效果。

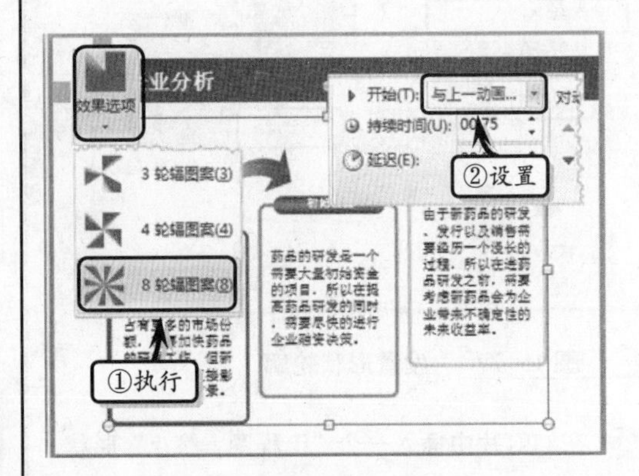

图 16-85 设置动画效果

22 选择第 4 张幻灯片，按 Enter 键新建一张幻灯片。然后，在幻灯片中插入一个右箭头形状，拖动黄色控制点调整箭头的形状，如图 16-86 所示。

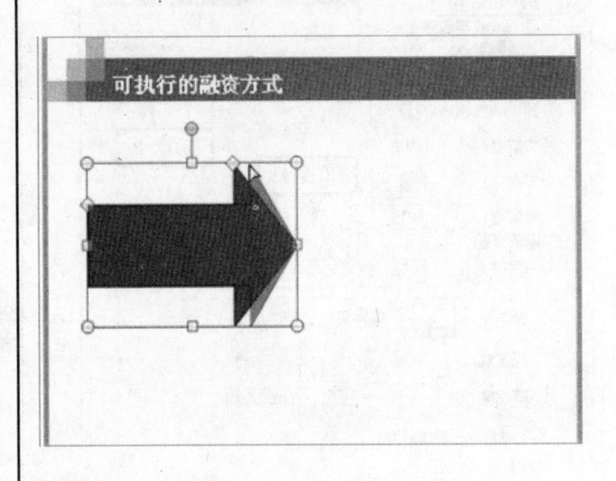

图 16-86 调整形状

23 右击形状执行【设置形状格式】命令，选中【渐变填充】单选按钮，并在【渐变光圈】列表中设置渐变光圈的参数。然后，在【线条颜色】选项卡中，设置形状的轮廓颜色，如图 16-87 所示。

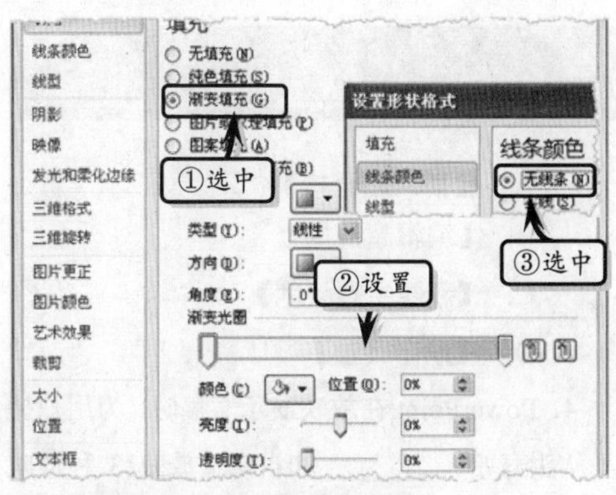

图 16-87 设置填充效果

24 为幻灯片插入 3 个圆角矩形形状，分别设置每个形状的渐变填充颜色、线条颜色与线条类型，如图 16-88 所示。

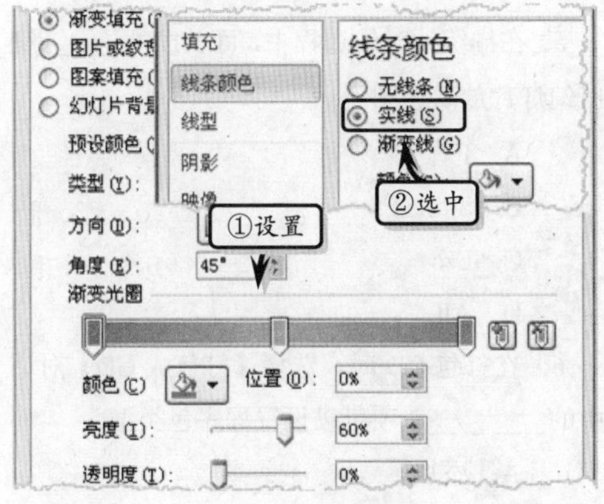

图 16-88 设置渐变效果与线条颜色

25 为幻灯片插入一个圆角矩形形状，在【形状样式】选项组中设置形状样式，如图 16-89 所示。

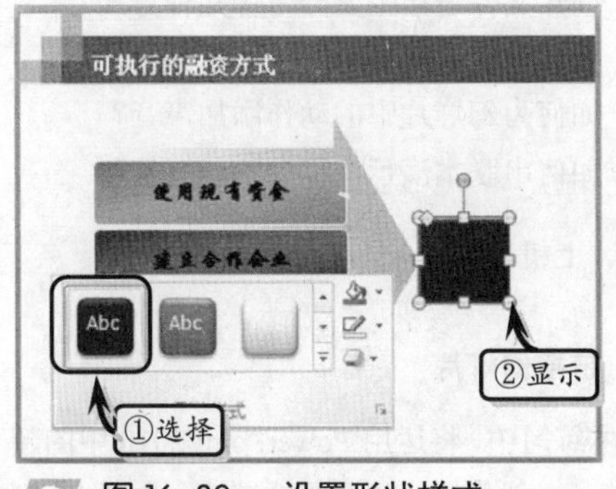

图 16-89 设置形状样式

26 在形状中输入文本，在【艺术字样式】选项组中设置文本的艺术字样式，并设置其【加粗】格式，如图 16-90 所示。

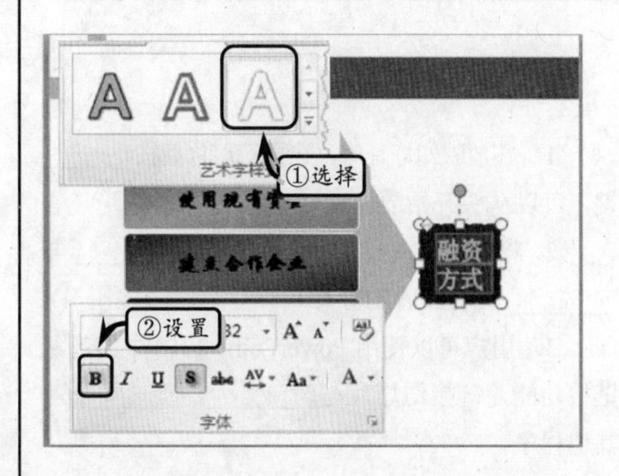

图 16-90 设置艺术字样式

27 同时选择右箭头形状与“融资方式”圆角矩形形状，为其添加【淡出】形状。并在【计时】选项组中，设置动画效果的开始方式、持续时间与延迟时间，如图 16-91 所示。使用相同的方法，分别设置其他形状的动画效果。

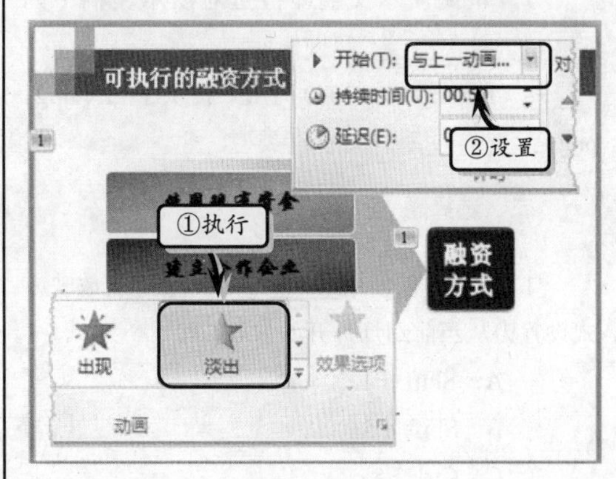

图 16-91 添加动画效果

16.7 思考与练习

一、填空题

1．在放映幻灯片时，选择幻灯片后按________键，可以从头开始放映幻灯片。

2．将演示文稿打包后，可以启用________与________文件观看幻灯片。

3．用户可以使用 PowerPoint 2010 中的超级链接功能，链接幻灯片与________、________等其他程序。

4．右击包含超链接的对象，执行________命令，即可删除超链接。

5．在设置幻灯片的放映方式时，其放映类型主要包括演讲者放映（全屏幕）、________、在展台浏览（全屏幕）3 种放映类型。

6．为幻灯片录制完计时之后，可通过执行________选项，将录制的时间应用到幻灯片播放中。

7．审阅演示文稿即检查对演示文稿中的________及________等操作。

8．Power Point 2010 为用户提供了 gif、jpg、png 等________种图片保存类型。

二、选择题

1．用户可以使用________组合键，将放映方式设置为从当前幻灯片开始放映。

A．Shift+F1

B．Shift+F5

C．Ctrl+F5

D．Shift+Ctrl+F5

2．在为幻灯片设置动作时，下列说法错误的是________。

A．可以添加【对象动作】动作

B．可以添加【声音】动作

C．可以添加【运行宏】动作

D．可以添加【运行程序】动作

3．在________对话框中，可以设置超链接颜色。

A．【插入超链接】

B．【编辑超链接】

C．【新建主题颜色】

D．【动作设置】

4．PowerPoint 在放映演示文稿时，为用户提供了从头开始、________和自定义放映 3 种放映方式。

A．从第一张幻灯片开始

B．从当前幻灯片开始

C．固定放映

D．自动放映

5．在排练计时的过程中，可以按________键退出幻灯片放映视图。

A．F5

B．Shift+F5

C．Esc

D．Alt

6．在打包 CD 时，选择【打包成 CD】对话框中的________选项可以设置程序包类型。

A．添加

B．复制到文件夹

C．复制到 CD

D．选项

三、问答题

1．创建文件链接主要分为哪几种方式？

2．如何为演示文稿录制旁白？

3．如何为幻灯片中的动作添加声音？

4．如何串联本演示文稿中的幻灯片？

四、上机练习

1．链接幻灯片

在本练习中，将运用 PowerPoint 2010 中的超链接功能，来创建幻灯片直接的链接，如图 16-92 所示。首先，打开需要创建超链接的演示文稿，选择第 2 张幻灯片，执行【插入】|【插图】|【形